生物质材料

SHENGWUZHI CAILIAO
JI YINGYONG

应用

高振华　邸明伟　编著

化学工业出版社
·北京·

本书结合材料的组成、结构、性能及应用领域，分别对纤维素、淀粉、蛋白质、甲壳素、壳聚糖、木质素、环糊精、半纤维素、魔芋葡甘聚糖、海藻酸钠、黄原胶、木材、作物秸秆、竹材等主要生物质材料作了较为全面系统的介绍，跟踪时代科技，兼顾基础理论与应用实践两个方面，对生物质材料进行了深入浅出的介绍，并且融入作者与国内外同行的最新研究进展与成果。

　　本书适合高分子材料科学与工程、材料科学与工程等专业技术人员和科技工作者阅读参考，同时可作为相关学科专业的本科生和研究生的教材或参考书。

图书在版编目（CIP）数据

　　生物质材料及应用/高振华，邸明伟编著. —北京：化学工业出版社，2008.5（2019.1 重印）
　　ISBN 978-7-122-02842-6

　　Ⅰ. 生… 　Ⅱ. ①高…②邸… 　Ⅲ. 生物材料 　Ⅳ. Q81

　　中国版本图书馆 CIP 数据核字（2008）第 065727 号

责任编辑：曾照华	文字编辑：朱　恺
责任校对：战河红	装帧设计：周　遥

出版发行：化学工业出版社（北京市东城区青年湖南街 13 号　邮政编码 100011）
印　　装：北京虎彩文化传播有限公司
787mm×1092mm　1/16　印张 20　字数 520 千字　2019 年 1 月北京第 1 版第 4 次印刷

购书咨询：010-64518888　　　售后服务：010-64518899
网　　址：http://www.cip.com.cn
凡购买本书，如有缺损质量问题，本社销售中心负责调换。

定　　价：48.00 元

前　　言

　　高分子材料是人类生产生活中一种不可或缺的材料，涉及人们生产生活和科学技术发展的方方面面。1999 年全世界高分子材料的消耗量约为 1.8 亿吨，体积已经超过金属材料，成为材料领域之首。合成高分子材料的生产依赖于储量有限、不可再生的石油资源。目前已经探明的地球石油储量大约为 1804.9 亿吨（约为 13250 亿桶），以目前的开采速度计算，预计可开采年限不到 40 年。另外，为了维持生存和提高生存品质，人类不断向环境索取，由此创造了丰富、便捷的现代物质文明，而环境却为现代物质文明的运作、发展承受着人类活动产生的废弃物和各种破坏作用。环境问题也就随之产生，并日趋严重，已成为世界各国人民共同关心的全球性问题。

　　为了人类的可持续发展，石油资源形势和环境问题迫使人们不断地寻找和应用新的、可再生的替代材料。木材、秸秆、竹材、淀粉、纤维素、木质素、树皮等具有储量丰富、可再生以及生物降解、环境友好特性的材料受到人们的广泛关注。近年来，国内也对生物质材料、生物质能源等生物质产业倍加关注。

　　生物质材料（biomass）是指由动物、植物及微生物等生命体衍生得到的材料，主要由有机高分子物质组成，在化学成分上生物质材料主要由碳、氢和氧三种元素组成。因此，这类材料具有原料广泛、可再生和生物降解的特性，有别于生物材料、天然高分子材料和合成高分子材料。

　　然而，到目前为止对生物质材料方面阐述较为全面的著作比较少见，它只是不全面地附含在高分子材料、天然高分子材料等领域的著作中。鉴于此，作者在广泛收集国内外资料的基础上，全面系统地介绍了生物质材料（木材、纤维素、木质素、淀粉、蛋白质、甲壳素、壳聚糖、环糊精、竹材、秸秆等）的结构、性能及其应用，并对其最新的研究进展加以总结概括，力图通过本书吸引更多的科技人员投身到生物质材料的研究中来，以推动本学科的发展，促进生物质材料资源的综合开发和利用。

　　本书共 10 章，第 1、2、7～10 章由高振华编著，第 3～6 章由邸明伟编著。全书最终由二人共同校改修订。

　　在本书编写过程中，承蒙东北林业大学顾继友教授、刘一星教授及于海鹏博士等领导和同事的大力支持与热心帮助；同时得到硕士研究生刘杰、吴顿、齐鑫、原建龙等的大力协助，在收集资料、文字校对等方面尽心尽力。在此一并致以深深的谢意！

　　鉴于本书内容广泛，加之作者水平有限，疏漏之处在所难免，恳请广大读者不吝指正。

编著者

2008 年 3 月

目　　录

第1章 绪 论

1.1 环境、资源与材料

1.1.1 环境

环境指与人类密切相关、影响人类生活和生产活动的各种自然（包括人工干预下形成的）力量或作用的总和。它不仅包括水、土、气、矿藏、热、动物、植物、微生物等各种自然要素构成的自然环境，还包括人类与自然要素在长期共处所产生的各种依存关系。为此，人类的环境可分为自然环境和社会环境两大方面：自然环境，主要包括大气环境、水环境、土壤环境、地质环境、生态环境等；社会环境，主要包括居住环境、生产环境、文化环境、交通环境等。

构成环境的各自然要素是人类生活与生产的物质基础，一个良好的生态环境是人类发展最主要的前提，同时也是人类赖以生存、社会得以安定的基本条件。在工业经济以前，人类的生产力发展水平较为落后，人类的发展和生存品质取决于他们所处的自然环境，准确地说是水环境、土壤环境和生态环境。因此，土地肥沃、水草丰富的地方就是当时生产力最发达的地方，例如四大文明古国都起源于自然条件优越的江河流域；工业经济以前的战争与冲突也就主要围绕着土地、水草等自然要素展开。

环境对人类的功能主要表现在两方面：一方面，它是人类生存与发展的终极物质来源；另一方面，它承受着人类活动产生的废弃物和各种作用结果。

现代文明物质产物的原料都来源于环境：我们消耗的水、电、煤、天然气、汽油，以及我们使用的衣物、布艺、家具、各种金属制品、玻璃制品、塑料制品、橡胶制品、黏土制品等都来源于自然界的动植物、石油、矿石等自然资源。人类靠环境供给的一切生存着，一旦大自然停止了原料的供给，我们的生活就会变得十分困难，人类就会失去生存条件，所以说"破坏环境就是破坏人类自身的生存基础"。

为了维持生存和提高生存品质，人类不断向环境索取并改造环境，由此创造了丰富、便捷、享受的现代物质文明，而环境却为现代物质文明的运作、发展承受着人类活动产生的废弃物和各种作用。环境问题也就随之产生，并日趋严重，已成为世界各国人民共同关心的全球性问题。

联合国的统计数据表明，支持人类生存空间和经济发展的四大生物系统——森林、海洋、耕地和草场、气候继续遭到巨大破坏。森林以每年1400万公顷的速度减少；全球土地荒漠化以每年500万至700万公顷的速度发展，有100多个国家面临荒漠化威胁；有80个国家面临淡水资源匮乏；海洋污染日益严重，赤潮成为全球性公害；全球有1/4的哺乳动物、12%的鸟类濒临灭绝。当前，全球面临着十大环境问题，现列举如下。

（1）人口问题

医疗保健条件和生活水平的提高，使得人口出生率和成活率迅速提高，死亡率大幅度下降，引起全球人口急剧增长。地球上的自然资源是有限的，可以支持的人口的能力也是有限的，例如随着人类生产生活的需要和改造自然程度增加，地球上的可用淡水储量和耕地面积

1

不断缩减，人口却急增，将来的粮食和饮水将成为重要的社会问题。

（2）温室效应

工业革命以来，大气中二氧化碳、甲烷、氮氧化物、氟氯烃等气体的含量不断增加，这些气体对地表放射出的长波辐射有强烈的吸收作用，并能透过太阳对地球的短波辐射，在空气中充当了玻璃或塑料膜的角色，导致地球表面和低层大气温度升高，全球变暖，造成"温室效应"。气候变暖导致冰川融化，海平面升高，沿海城市被淹没，大量桑田被浸泡，热浪不适于动物和植物的生存，土地荒漠化加剧。

（3）厄尔尼诺现象

海洋水温上升，过多的热量使海水将热量转给大气，并以无法预测的方式改变大气环流，重新安排大气的正常环境流，使风暴改向，打乱本来可能预报的季节天气特征的格局，引发干旱、洪水、暴风雪等自然灾害，这种具破坏性的洋流被称为厄尔尼诺。在过去40年中，9次不同强度的厄尔尼诺已经对全球气候产生了影响。

（4）臭氧层破坏

在离地球表面17～26km的平流层中，有一个臭氧层，它可以阻挡对生物有害的由太阳发出的99％紫外线辐射。但由于工业生产排放的氟氯烃物质和日常生活中冰箱、空调、喷雾剂等氟氯烃制冷剂进入大气并上升到平流层后，通过复杂的物理化学过程，会与臭氧反应，使臭氧层变薄。人们已经发现，1995年，南极的臭氧层出现250万平方公里的空洞。臭氧层破坏会威胁人类健康、影响农作物生长和海洋生物的繁殖。

（5）酸雨现象

酸雨指pH值小于5.6的酸性降水。酸雨的形成主要是由于现代工业的发展，像燃烧矿物燃料、金属冶炼等向大气排放硫氧化物和氮氧化物。酸雨危及河流、湖泊中的水生生物、危及水质、土壤、森林和各种建筑物。酸雨区已占我国国土面积的40％。

（6）土地荒漠化

土地荒漠化指气候变异和人类活动影响等因素造成的干旱、半干旱以及亚湿润干旱地区的土地退化，包括沙漠化和石漠化，被称为"地球之癌"。据联合国1995年统计，全球荒漠化面积为4560万平方公里，几乎等于俄罗斯、中国、加拿大、美国土地面积的总和，每年给全球造成直接损失达423亿美元，间接经济损失是直接经济损失的2～3倍。另据联合国环境规划署统计：全世界每年有600万公顷的土地变为沙漠，沙进人退，土地不断被蚕食。目前，全世界受荒漠化影响的国家有100多个。

（7）森林破坏

公元前700年时，地球上2/3的陆地覆盖着森林。目前，森林覆盖率不到1/3，已不足4000万平方公里，且锐减的趋势仍在继续，热带雨林的减少尤为严重。从1990年到1995年，地球上每年有11.7万平方公里的森林消失，现在则达到每年16万平方公里的消失速度。联合国粮农组织统计：全世界每年有1200万公顷的森林消失，相当于每分钟消失20hm²。森林的减少直接影响地球的气候变化，导致降水量下降，气温上升，又减少了土壤的蓄水能力，加重了洪水、干旱等自然灾害。

（8）生物多样性减少

20世纪以来，科学技术的发展和应用扩大了人类对自然的影响范围和能力，人类的活动加快了地球上物种的灭绝速度。1600～1900年间，有75个物种灭绝，平均每4年1种；20世纪以来，平均每天有一种物种灭绝；20世纪90年代以来，平均每天灭绝的物种达140个；地球正面临第6次大规模的物种灭绝，与前5次不同的是，导致这场悲剧的正是人类自己。其中，对野生动物的狂捕滥杀，对生态环境的污染和破坏是物种灭绝的两个主要原因。

由于人类的活动，使动物灭绝的速度超过自然灭绝速度的 1000 倍！物种的不断灭绝，将会导致生态平衡的破坏，或食物链的破坏，这种危害是人类所无法估计的。

（9）淡水资源问题

地球表面有 70％的面积被水所覆盖。由于开发困难和技术条件的限制，到目前为止，地球上的水资源只有 1％可供人类使用，称之为"可用水资源"。可用水资源既是基础性自然资源，又是战略性经济资源，拥有安全的可用水资源是一个国家综合国力的有机组成部分。科学家们曾警告世界："水，不久将成为一个深刻的社会危机，世界上的石油危机之后的下一个危机就是水的危机。"迄今为止，全球 60％的大陆面积淡水资源不足，100 多个国家严重缺水，其中缺水最为严重的有 40 个国家，有 20 多亿人口饮用水紧缺，世界上已经有近 80％的人口受到水荒的威胁。由于过度开采和水污染，地球上的淡水资源正在枯竭。据预测，到 2030 年，全球大约有 2/3 的人口缺水。

（10）大气污染

大气污染是指由于人类的生产、生活活动，向大气中排放的各种污染物质超过了环境所允许的极限，使大气质量恶化，对人体、动物、物品产生不良影响或受到破坏时的大气状况。大气中的主要污染物包括：颗粒物、含硫化合物（SO_x）、碳氧化合物（CO 和 CO_2）、氮氧化物（NO_x）、烃类化合物、含卤素化合物、氧化剂、光化学烟雾、酸雨等。大气中的这些污染物使地球生物（包括人类）的健康受到严重威胁、土地酸化、作物减产等，人类生存面临严重威胁。

人类与环境是相互的，人类依赖于环境又作用于环境。事实上，恩格斯早就指出："我们不要过分陶醉于我们人类对自然界的胜利。对于每一次这样的胜利，自然界都对我们进行报复。每一次胜利，在第一线都确实取得了我们预期的结果，但是在第二线和第三线却有了完全不同的、出乎意料的影响，它常常把第一个结果重新消除……阿尔卑斯山的意大利人，当他们在山南坡把那些在北坡得到精心培育的枞树林滥用个精光时，没有预料到，这样一来，他们把他们区域里的山区牧畜业的根基挖掉；他们更没有预料到，他们这样做，竟使山泉在一年中的大部分时间内枯竭了，同时在雨季又使更加凶猛的洪水倾泻到平原上来。"

为此，"保护环境、选择与环境和谐的生产生活方式、最终实现人类的可持续发展"已成为全球关注的问题，保护环境已成为一个国家和民族具有高度文明的重要标志。材料的发展也应该基于环境保护和人类的可持续发展的理念。环境问题加之资源问题已促使科学工作者本着人类的可持续发展的理念，注重材料与环境的和谐性，积极发展和应用环境友好材料。

1.1.2 资源

广义的资源指人类生存发展和享受所需要的一切物质的和非物质的要素。因此，资源既包括一切为人类所需要的自然物，如阳光、空气、水、矿产、土壤、植物及动物等，也包括以人类劳动产品形式出现的一切有用物，如各种房屋、设备、其他消费性商品及生产资料性商品，还包括信息、知识和技术、人类本身的体力和智力等无形的资财。

狭义的资源仅指自然资源，联合国环境规划署（UNEP）对资源下过这样的定义："所谓自然资源，是指在一定时间、地点的条件下能够产生经济价值的、以提高人类当前和将来福利的自然环境因素和条件的总称。"因此，自然资源包括太阳能、土地、水、大气、岩石、矿物、森林、草地、矿产、海洋、生态系统的环境机能、地球物理化学的循环机能等。

资源是国民经济与社会发展的重要基础。第二次世界大战以后，世界人口急剧增加、工业和城市迅速发展，人类用掠夺的方式开采自然资源，以消耗大量的资源来换取经济的增长，使陆地上的自然资源承受着空前的压力，许多资源趋于枯竭，全球性"资源危机"不仅制约国民经济和社会发展，而且将逐渐威胁着人类的命运。

有限性是自然资源最本质的特征，任何资源在数量上是有限的。资源的有限性在不可更新性资源中尤其明显，由于任何一种矿物的形成不仅需要有特定的地质条件，还必须经过千百万年甚至是上亿年漫长的物理、化学、生物作用过程，因此，相对于人类而言是不可再生的，消耗一点就少一点。对于可再生资源，如动物和植物，由于其再生能力受自身遗传因素和目前环境恶化等客观条件的限制，因此其再生能力是有限的，而且利用过度，使其稳定的结构破坏后就会丧失其再生能力，成为非再生性资源。例如，古代的许多内陆湖泊和森林现在都已成为寸草不生的荒漠或者沙土。

因此，出于人类可持续发展的考虑，人类在开发利用自然资源时必须从长计议，珍惜一切自然资源，注意合理开发利用与保护，绝不能只顾眼前利益，进行掠夺式开发资源，甚至肆意破坏资源；同时依靠科技进步，提高现有资源的利用率，拓展可利用的资源范围，更是对待资源有限性的重要选择。自然资源的可持续利用已成为当代所有国家在经济、社会发展过程中所面临的一大难题。

以材料为例，高分子材料是人类生产生活中一种不可或缺的材料，涉及人们生产生活和科学技术发展的方方面面。1999年全世界高分子材料的消耗量约为 1.8×10^9 t，体积已经超过金属材料，成为材料领域之首。但是，合成高分子材料的生产依赖于储量有限、不可再生的石油资源。据报道，目前已经探明的地球的石油储量大约为13250亿桶，以目前的开采速度计算，预计可开采年限不到40年。为了人类的可持续发展，石油资源形势迫使人们不断地寻找和应用新的、可再生的替代材料。木材、秸秆、竹材、淀粉、纤维素、木质素、树皮等生物质基高分子资源具有原料易得、资源丰富、可再生以及生物可降解等特点，对于这些天然高分子物质的开发利用，已引起了世界许多国家的广泛关注。为了摆脱对石油的依赖，美国农业部和能源部于2000年共同提出了生物能源研究与开发计划，美国能源部预计到2020年以植物等可再生资源为基本化学结构的材料比例要达到10%，到2050年达到50%。我国政府也积极鼓励发展生物资源的利用，并于2005年发布了《国家发展改革委办公厅关于组织实施生物质工程高新技术产业化专项通知》（发改办高技〔2005〕2875号），以推动我国生物能源、生物材料等生物质产业的技术创新与产业创新，促进我国国民经济和社会可持续发展。

1.1.3　材料

材料是指具有一定结构、组分和性能，具有一定用途的物质。人类的发展始终离不开材料，人类的物质文明发展就是围绕着材料的获得、生产和应用实现的。新材料的出现和广泛使用可代表人类的文明程度。人们把人类历史分为石器时代、青铜器时代和铁器时代。在群居洞穴的猿人旧石器时代，通过简单加工获得石器帮助人类狩猎护身和生存，人类开始使用第一种材料——石头；随着对石器加工制作水平的提高，出现了原始手工业如制陶和纺织，人们称之为新石器时代；青铜时代大约源于距今4000～5000年前，青铜是铜锡等元素组成的合金，与纯铜相比，青铜熔点低，硬度高，比石器易制作且耐用，青铜器大大促进了农业和手工业的出现；铁器时代则被认为是始于2000多年前，春秋战国时代，由铁制作的农具、手工工具及各种兵器，得以广泛应用，大大促进了当时社会的发展。钢铁、水泥等材料的出现和广泛应用，人类社会开始从农业和手工业社会进入了工业社会。20世纪半导体硅的出现和广泛应用，则把人类由工业社会推向信息和知识经济社会。

材料的获得、生产和应用始终依赖于环境又作用于环境，尤其是近现代的人口猛增，材料发展对环境产生的副作用已明显大于环境的承受能力，环境问题日益严重。《2002年生命地球》报告指出，人类目前对地球资源的掠夺性使用，已超过了地球承受能力的20%。这

4

个数字每年还在不断增加。以人类生产生活常用的纸张、玻璃、钢铁和塑料管为例，计算它们的能耗如下（单位 tec/t，指每生产 1t 产品以标准煤计算能耗）：纸张 1.2、玻璃 0.046、钢铁 1.52、聚氯乙烯（PVC）塑料水管 1.67、高性能耐温交联聚乙烯（PE-X）塑料水管 2.97。除了能耗，钢铁冶金生产排放废气、废水占工业排放量的 13%～14%，因此，有色金属行业、水泥行业、造纸业等都是污染物的排放大户。

因此，材料在推动人类物质文明发展的同时，不仅消耗了大量的资源和能源，并在生产、使用和废弃过程中排放了大量的废气、废水和工业废弃物，影响了人类的生存环境。统计表明，材料产业不仅是矿产资源的消耗者，也是能源的主要消耗者和污染环境的主要责任者。例如，20 世纪 80 年代后期，美国产生了 120 亿吨固体废物，其中有害物质达 7500 万吨，而且 95% 来自于材料生产。

基于上述形势，人们出于材料的资源及其对环境的作用，在 20 世纪 90 年代初，国际材料界出现了一个新的研究领域——环境材料（environment conscious materials），提出在研究与开发材料的过程中，既要追求良好的使用性能，又要深刻认识到自然资源的有限性和尽可能降低废弃物排放量的重要性，并在材料的提取、制备、使用直到废弃与再生的整个过程中尽可能减少对环境的影响。所谓环境材料是指具有良好使用性能和最佳环境协调性的一类材料，它对环境和能源消耗小，对生态和环境污染小，再生利用率高或可降解循环利用，而且在制造、使用、废弃直至再生利用的整个寿命周期中，都与环境有很好的协调共存性。

从人类文明发展的三个物质要素——环境、资源和材料的现状可见，人类在利用先进的科学技术和自然资源创造大量的物质财富的同时，物质文明与地球有限资源之间的矛盾日益尖锐、人类文明发展与环境问题不断突出，资源与环境问题已经逐渐制约文明的发展。因此，我们在获得文明发展不可或缺的材料同时，要兼顾资源与环境问题，这才符合人类发展的长远利益。材料是人类文明维持与发展的最基本物质元素，要实现人类的可持续发展，必须实施材料的可持续发展战略。

木材、秸秆、竹材、淀粉、树皮、纤维素、木质素、蛋白质、甲壳素等生物质基高分子材料是由植物的光合作用、动物和微生物对自然资源的友好耗用形成的，它们的形成过程不仅向人类提供了所需的各种材料，而且不消耗石油、天然气等化石资源，对环境的副作用小，通过植物的生长还能够消耗大量二氧化碳、由矿石燃料燃烧及其他材料加工的副产物，实现环境净化。而且生物质基高分子材料具有资源丰富、可再生等特点，废弃后容易被自然界微生物降解为水、二氧化碳和其他小分子，产物又进入自然界循环，符合环境友好材料的要求。而合成高分子材料的获得依赖于石油、煤炭等储量有限的化石资源。从石油和煤炭离开地表，它对其他资源的消耗和环境的副作用就已经开始了：石油和煤炭的开采、加工到最终转变成可用高分子材料的过程中，不仅需要消耗大量的能源，还产生大量的环境污染物，诸如粉尘、废气、废液、废物（包括废弃高分子材料本身），我国的原油开采加工过程的能耗（包括能耗和损耗）约为原油能值的 10%。

因此，生物质资源是未来替代石油和煤炭等化石资源、并支撑人类可持续发展的一种重要材料资源。虽然世界每年约产出 170 亿吨干生物量，但可利用量仅为 1300 万吨，不足总量的 1%。由于石油、煤炭等储量有限的化石资源不断消耗，其供需矛盾也日趋紧张，以及日益增强的全球环境保护法规压力，为生物质基高分子材料的发展和利用开创了一个良好的机遇。由于木材、秸秆、竹材、淀粉、树皮、纤维素、木质素、蛋白质、甲壳素等生物质基高分子材料含有羟基、氨基、醚键等功能基，通过化学、物理、机械等方法可创生出满足不同用途的新材料，也可通过化学降解、物理分离、生物降解等技术将它们转化成为能源或者制备高分子新材料的原料。加之这些生物质基高分子材料及其衍生物具有较好的生物降解性，符合人类可持续发展战略。许多国家的政府都积极资助和鼓励进行生物质基高分子材料资源的利用研究与开发，美国能源部预计到 2050 年以植物等可再生资源为基本化学结构的材料比例要达到 50％。近年来，生物质基高分子材料的研究和应用开发正在迅速发展。

1.2　生物质材料概述

1.2.1　生物质材料的定义

生物质材料（biomass）是指由动物、植物及微生物等生命体衍生得到的材料，主要由有机高分子物质组成，在化学成分上生物质材料主要由碳、氢和氧三种元素组成。由于是动物、植物及微生物等生命体衍生得到，未经化学修饰的生物质材料容易被自然界微生物降解为水、二氧化碳和其他小分子，其产物能再次进入自然界循环，因此生物质材料具备可再生和可生物降解的重要特征。天然橡胶虽然是由三叶橡胶树等植物衍生，组成也是有机高分子（主要成分为聚异戊二烯），但是其化学成分只由碳和氢两种元素构成，加之其生物降解性较木材、纤维素等生物质材料的差，因此基于上述定义，天然橡胶不属于生物质材料。常见的生物质材料有木材、秸秆、竹材、淀粉、树皮、纤维素、木质素、半纤维素、蛋白质、甲壳素等。

目前，许多文献和教科书存在多个与生物质材料相关或者相近的概念，主要有生物体材料、生物材料、天然高分子材料、生态材料、生物基材料等。下面将从这些名词的内涵、应用阐述它们的差别与关联。

生物体材料（biological material）。一般是指在生物体中合成的、具体组成某种组织细胞的成分，诸如纤维蛋白、胶原蛋白、磷脂、糖蛋白等，通常指蛋白质、核酸、脂类（脂质）和多糖四大类，有时也称作生物大分子或者生物高分子（biomacromolecule）。基于生物体材料与生物质材料的定义可见，二者最为接近；但是生物体材料偏向于强调具体组成某种组织细胞的成分，那么木材、秸秆等由纤维素、半纤维素、木质素等生物质材料组成的复合体就不能归分到生物体材料中，而木材、秸秆等却无可争议的是生物质材料，因此生物体材料或者生物大分子是一类特殊的生物质材料。

生物材料（biomaterial）。一般是指与医学诊断、治疗有关的一类功能性材料，主要用于制备人工器官或医疗器械以代替或者修复人体受损的组织器官，有时也称为生物医学材料（biomedical material）。广义上讲，生物材料包括生物体材料和生物医学材料。生物材料可以是生物质材料，例如用于制备人工肾的由铜氨法再生的纤维素和醋酸盐纤维素、制备人工血浆用的羟乙基淀粉等；生物材料也可以是金属材料、合成高分子材料或无机材料等，例如制备颅骨和关节的钛合金、钛金属、不锈钢、磷酸三钙、羟基磷灰石以及人工晶体用聚甲基丙烯酸甲酯、硅树脂等。因此，生物材料和生物质材料是交叉的。

天然高分子材料（nature material）。指由自然界产生的非人工合成的高分子材料，它相对于合成高分子材料提出。它包括生物基材料以及石墨、石棉、云母、辉石等天然无机高分子。

生态材料（ecomaterial）。指同时具有满意使用性能和优良环境协调性的材料。所谓的环境协调性指资源和能源消耗少、环境污染小和循环再利用率高。生态材料的概念是 20 世纪 80 年代基于能源、资源和环境污染等压力，人们强调材料与环境和可持续发展关系的背景下提出的。它通过研究材料整个生命周期的行为，强调材料对环境的影响。因此它可以包括所有材料，例如木材等生物质材料、金属材料、合成高分子材料、复合材料、陶瓷等，只要通过生态设计能够实现与环境协调的材料，都是生态材料。

生物基材料（bio-based material）。按照 ASTM（美国试验与材料协会）的定义，是指一种有机材料，其中碳是经过生物体的作用后可再利用的资源。生物基材料强调经过生物体的作用后含碳可再利用的有机材料而不注重生物降解性和可再生性，因此，涵盖了生物蜡、天然橡胶等不易生物降解的有机材料。在内涵上，生物基材料包含生物质材料，在上面提及的几个与生物质材料相关或者相近的概念，它与生物质材料最为接近。

基于上述分析，可将材料、生物质材料、生物体材料、生物材料、天然高分子材料、生态材料、生物基材料的含属关系用图 1-1 表示。

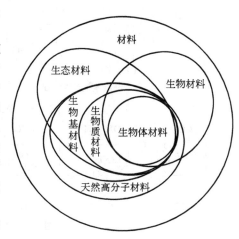

图 1-1　各种与生物质材料相关或者相近材料的含属关系示意
注：图中每个圈代表一类材料，圈大小不代表材料份额比例

1.2.2　生物质材料的分类

生物质材料的种类繁多，目前尚未有任何文献或者著作对生物质材料进行分类。而对于材料的任何分类方法都是人为的，分类的目的是为了对比、了解和认知生物质材料。

（1）按照其来源分类

① 植物基生物质材料。是指由植物衍生得到的生物质材料或者直接利用具有细胞结构的植物本体作为材料：常见的植物衍生得到的生物质材料有纤维素、木质素、半纤维素、淀粉、植物蛋白、果胶、木聚糖、魔芋葡甘聚糖、果阿胶、鹿角菜胶等；直接利用具有细胞结构的植物本体实际上是由上述植物衍生的生物质"复合"组成的复合材料，诸如木材、稻秸、麦秸、玉米秸等作物秸秆以及藤类、树皮等。

② 动物基生物质材料。是指由动物衍生得到的生物质材料或者直接利用具有细胞结构的动物的部分组织作为材料：常见的由动物衍生得到的生物质材料有甲壳素、壳聚糖、动物蛋白、透明质酸、紫虫胶、丝素蛋白、核酸、磷脂等；直接利用具有细胞结构的动物的部分组织主要是皮、毛等。

③ 微生物基生物质材料。是指通过微生物的生命活动合成出的一种可生物降解的聚合物。主要有出芽霉聚糖（pullulan）、凝胶多糖（curdlan）、黄原胶（xanthan gum）、聚羟基烷酸酯（polyhydroxyalkanoate，PHA）、聚氨基酸等。

（2）按照组分分类

① 均质生物质材料。所谓的均质指每个生物质材料分子都具有相同或者相似的化学结构组分，例如纤维素、木质素、半纤维素、淀粉、蛋白质、木聚糖、魔芋葡甘聚糖、甲壳素、壳聚糖、核酸、黄原胶、聚羟基烷酸酯等，它们的特征是结构已知或者用化学结构式可以表达。对于均质生物质材料又可分为均聚型生物质材料和共聚型生物质材料。与合成高分子材料分类类似：前者表示生物质材料由一种化学结构组成（类似均聚高分子材料），组成单一、易于纯化、化学性质差异小，例如纤维素和聚木糖分别只由吡喃型 D-葡萄糖基和吡喃型 D-木糖基聚合而得，如图 1-2 所示；后者表示生物质材料分子链中由多种化学结构组成（类似共聚高分子材料），例如海藻酸钠是由 α-L-古罗糖醛酸（GC）和 β-D-甘露醛酸（MM）形成的共聚物（图 1-3），而半纤维素则是由戊糖基、己糖基、己糖醛酸基及脱氧己糖基构成的支化线性高分子。

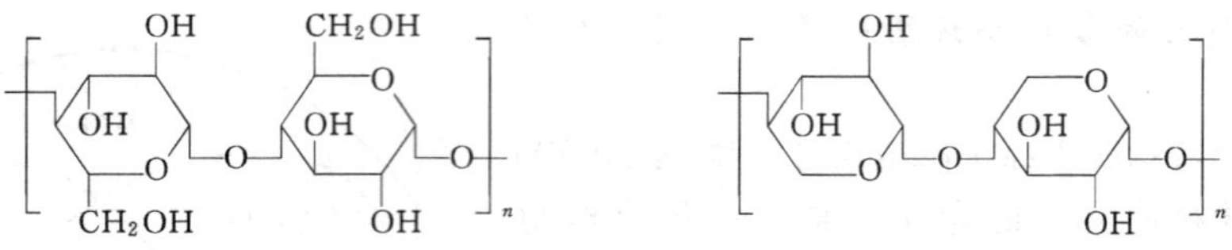

图 1-2　纤维素与聚木糖的结构单元

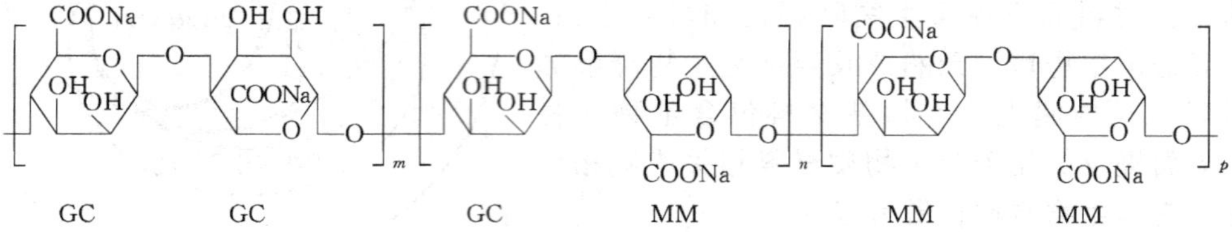

图 1-3　海藻酸钠的组成结构单元

② 复合生物质材料。所谓复合指材料中同时含有两种以上结构单元而组成不同的分子，它是一种混合物或者复合体，例如木材、作物秸秆、树皮、皮、毛等，它们主要纤维素、木质素、半纤维素、其他多糖、果胶、胶原、角蛋白、黏蛋白或脂类等生物质材料组成，其主要特点是多组分、通常具有细胞残留结构。

生物质材料 { 均质生物质材料 { 均聚型生物质材料：纤维素、木聚糖、淀粉、甲壳素、壳聚糖等
共聚型生物质材料：半纤维素、海藻酸钠、黄胶原、魔芋葡甘聚糖等
复合生物质材料：木材、作物秸秆、树皮、皮、毛等

（3）按照所含的化学结构单元分类

可分为多糖类、蛋白质类、核酸、脂类（脂质）、酚类、聚羟基烷酸酯、聚氨基酸、综合类等。

① 多糖类生物质材料。指分子的结构单元由吡喃糖基或/和呋喃糖基组成的有机高分子物质，常见的多糖类生物质材料有纤维素、半纤维素、淀粉、木聚糖、魔芋葡甘聚糖、甲壳素、壳聚糖、黄原胶等。

② 蛋白质类生物质材料。指分子的结构单元含有肽建（由一个氨基酸的氨基与另一个氨基酸羧基反应形成的酰胺键）的有机高分子物质，常见的蛋白质类生物质材料有大豆蛋白、丝蛋白、胶原、角蛋白、酪蛋白、藤壶胶、明胶、透明质酸等。

③ 核酸。是由核苷酸聚合而成的大分子，它是构成生命现象非常重要的一种高分子，主要指核糖核酸（RNA）和脱氧核糖核酸（DNA）。

④ 脂类（脂质）。指分子的结构单元含有机酯键的有机高分子物质。它包含由动物体内衍生出的脂质和通过微生物的生命活动合成出的聚酯。动物体内衍生出的脂质主要有：磷脂、神经磷脂、糖脂、紫胶等，单个脂类分子虽较小（分子质量 $750 \sim 1500u$），但上千个脂质分子经常结合在一起，形成非常大的结构，就像高分子那样发挥作用，因此，脂类结构也可纳入生物大分子之列；前面所说的核酸就是一种磷酸酯。由微生物通过生命活动合成出的一种可生物降解的聚酯通常称为聚羟基烷酸酯，也称聚羟基脂肪酸酯（polyhydroxyalkano-ate，PHA），现在报道的聚羟基脂肪酸酯有聚 3-羟基丁酸（PHB）、聚 3-羟基戊酸、聚 3-羟基己酸、聚 3-羟基庚酸、聚 3-羟基辛酸、聚 3-羟基壬酸以及它们的共聚物等。

⑤ 酚类。指分子的结构单元含有丰富的酚基或者酚的衍生物，属于多酚类的生物质材料有木质素、大漆（中华漆）、单宁等。

⑥ 聚氨基酸。是指分子的结构单元含有一种氨基酸形成的酰胺键的有机高分子物质。这里所说的聚氨基酸指由微生物通过生命活动合成出的一种可生物降解的聚合物，目前报道

的聚氨基酸主要是聚 γ-谷氨酸（PGA）和聚 ε-赖氨酸（PL）两种。

⑦ 综合类生物质材料。指材料或者分子中同时含有两种以上不同类别的化学结构单元，例如皮革中的硫酸肤质蛋白多糖是由硫酸肤质（由艾杜糖醛酸与硫酸化氨基半乳糖成生的直链多糖聚合物）与非胶原蛋白通过共价键结合而得，阿拉伯树胶是由多糖和阿拉伯胶糖蛋白（GAGP）组成，木材和作物秸秆是由多糖类（纤维素与半纤维素）和多酚类（木质素）生物质材料复合而成。

1.2.3 生物质材料的一般特性特征

主要的生物质材料通常具有如下特性特征。

① 生物质材料都含有碳、氢和氧三种元素，部分生物质材料还可能含有氮、硫或者钠等元素，因此生物质材料归属于有机高分子材料，具有有机物和高分子的一般特性特征，例如可以燃烧、分子量大、分子量分布不均一、能够进行与功能基相关的聚合物化学反应、存在不同聚集态结构等。含有氮元素和硫元素的生物质材料通常为蛋白质和聚氨基酸，含钠元素的通常就是海藻酸钠。

② 生物质材料的种类多、分布广、储量丰富。生物质材料由动物、植物和微生物衍生得到，包括动植物本身具有细胞结构的组织，因此不同的动物、植物和微生物能够产生不同的生物质材材料。以植物为例，如果利用植物本身具有细胞结构的组织作为材料，有木材、竹材、秸秆、藤类等几大类，而它们又可细分出上百种甚至上千种。生物质材料的分布非常广，可以说地球上只要有生命的地方都能找到或者获得生物质材料，从高山到平原，从湿地到海洋，都存在很多不同形态的、不同种类的生物质材料。生物质材料资源极为丰富，单植物每年光合作用生成的生物质材料就达 1500 亿吨，是每年合成高分子材料产量的 600～800 倍，然而我们目前对生物质材料的利用还不到其总量的 1%。

③ 生物质材料与合成高分子材料相比，都具有较好的生物降解性，绝大部分生物质材料在自然环境中很快被微生物完全降解为水、二氧化碳和其他小分子。对于合成高分子材料，只要分子结构中含有酰氨基、酯基或醚键的脂肪族，都容易被微生物降解。由于绝大多数生物质材料的分子结构中都含有醚键、酰胺键或酯基，而且多数为脂肪族类物质，因此生物质材料易于被生物降解。对于木质素，因其分子主体结构是苯丙烷，相对于其他生物质材料生物降解较为困难，但它也能够为白腐菌分解。由于生物质材料的生物降解性，使其废弃物不会产生像合成高分子一样的"白色垃圾"，属于环境友好性材料。

④ 生物质材料能够再生。合成高分子材料的原料是储量有限的石油和煤炭等化石资源，而生物质材料的原料是二氧化碳和水。通过植物的光合作用，将二氧化碳和水转化成植物基生物材料，部分动物或者微生物再以植物基生物质材料为原料就可获得动物基生物材料或者微生物基生物材料。合成高分子材料废弃后，通过降解、燃烧等处理不能再转为起始的石油和煤炭，而绝大部分生物质材料在自然环境中通过生物降解，完全降解为水、二氧化碳和其他小分子有机组分，产物再次进入为原料，绝大部分生物质材料通过燃烧或者在自然环境中被微生物完全降解为水、二氧化碳和其他小分子，产物又进入自然界循环。因此，生物质材料是资源丰富、可再生的材料，通过自然界碳循环可以实现永续利用，是未来支撑人类的可持续发展重要材料资源。

⑤ 生物质材料能够进行与功能基相关的聚合物化学反应，这是对生物质材料进行改性与利用的重要依据。不同种类的生物质材料，其功能基种类不同，多数都富含羟基（含酚羟基）和烷基。对于含多糖类生物质材料、木质素和核酸等，还富含醚键；对于蛋白质类生物质材料、聚氨基酸和核酸等富含酰氨基、氨基或者羧基；对于脂类生物质材料和核酸含有丰富的酯基；对于酚类和部分蛋白质类生物质材料还含有丰富的苯环。针对生物质材料所含的

功能基，就可以设计合适的化学反应，实现生物质材料的改性与利用。例如，利用生物质材料所含的烷基，通过自由基反应，实现对生物质材料的接枝改性和交联化；利用纤维素中羟基的酯化反应，可以制得硝化纤维、醋酸纤维、纤维素磺酸酯等多种改性纤维素。

⑥ 水分对生物质材料的性能影响明显。水是不可或缺的物质，因此水对生物质材料的作用比大多数合成高分子材料的显著，这是由于绝大多数生物质材料都含有丰富的亲水性羟基，很多生物质材料还含有氨基、酰氨基、羧基等亲水性基团。这些亲水性基团通过氢键作用，使得生物质材料具有较明显的吸湿性，宏观上表现为吸湿膨胀、干燥收缩，并伴随着一些性能的改变。典型的例子是书本易吸水，并且吸水膨胀、易撕坏（力学强度降低）；还有实木地板在夏天因为空气潮湿出现鼓起现象，到冬天因为空气干燥出现缩缝现象。

⑦ 生物质材料通常是多组分伴生。生物质材料取自生命体或者由生命体衍生，生命体为了维持生命，需要多种组织结构和不同的生理物质，单一的生物质材料并不能构成生命。这就注定绝大多数生物质材料的多组分特征，例如皮毛主要由胶原、弹性蛋白、角蛋白、白蛋白、球蛋白、黏蛋白、类黏蛋白等蛋白质组成，同时还含有脂类、碳水化合物、水分、无机盐等组分；甲壳素主要取自虾、蟹等动物的壳体，壳体中除了甲壳素还有粗蛋白、碳酸钙等物质；大豆蛋白取自大豆仁，大豆仁的主要成分有大豆蛋白、油脂（豆油）、多种碳水化合物、粗纤维、无机盐和水等。

⑧ 生物质材料的结构和性能变异大。不同来源、不同产地、不同气候、不同取材部位、不同生长期，生物质材料的分子结构和多种性能性质不尽相同。结构变异主要表现为分子质量大小与分布差异、分子中结构单元及其含量不同、结构单元的排序差异等。而材料的诸多性能与分子量大小、分子量分布、所含功能基种类和含量、分子种类等结构因素密切相关，并且随着生物质材料的结构变化而发生不同程度的变异。例如，同是木材的半纤维素，来自针叶材料的半纤维素主要由半乳葡甘露糖、木聚糖和阿拉伯半乳聚糖组成，来自阔叶材的半纤维素主要由酸性木聚糖和葡甘露聚糖组成；关于针叶材、阔叶材半纤维素的组成结构单元与含量随树种的变化关系见表 1-1。再例如不同来源的天然纤维素，其相对分子质量分布范围差别很大：棉花次生壁纤维素的相对分子质量在 $2.1 \times 10^6 \sim 2.3 \times 10^6$ 之间，棉花韧皮纤维的相对分子质量在 $1.1 \times 10^6 \sim 2.4 \times 10^6$ 之间，木材纤维素的相对分子质量在 $1.1 \times 10^6 \sim 1.6 \times 10^6$ 之间，细菌纤维素的相对分子质量在 $3.2 \times 10^5 \sim 6.0 \times 10^5$ 之间，单球法蓝藻纤维素的相对分子质量在 $4.3 \times 10^6 \sim 7.1 \times 10^6$ 之间。

表 1-1　针叶材、阔叶材半纤维素中非葡萄糖单元的
组成结构单元与含量（质量分数）　　　　　　　　单位：%

树　种	甘露糖	木糖	半乳糖	阿拉伯糖	糖醛酸	鼠李糖	备注
欧洲落叶松	11.5	5.1	6.1	2.0	2.2	—	针叶材
美国落叶松	12.3	6.0	2.4	1.3	2.8	—	针叶材
挪威云杉	13.6	5.6	2.8	1.2	1.8	0.3	针叶材
白云杉	12.0	7.0	1.9	1.1	4.4	—	针叶材
黑云杉	9.4	6.0	2.0	1.5	5.1	—	针叶材
欧洲山毛榉	0.9	19.0	1.4	0.7	4.8	0.5	阔叶材
美洲山毛榉	1.8	21.7	0.8	0.9	5.9	—	阔叶材
加拿大黄桦	1.8	18.5	0.9	0.3	6.3	—	阔叶材
纸皮桦	2.0	23.9	1.3	0.5	5.7	—	阔叶材
疣皮桦	3.2	24.9	0.7	0.4	3.6	0.6	阔叶材

由于生物质材料的多组分伴生以及结构和性能变异大等特征，使得生物质材料提取、加工和利用相对困难。

1.2.4 生物质材料的应用

生物质材料具有资源丰富、来源广阔、可再生以及可生物降解等特点，使其得到了广泛的应用。20世纪70年代的石油危机，唤起了世界各国在寻求可替代化石资源和对可持续发展、保护环境和循环经济的追求中，人们纷纷把目光集中到可再生资源上，"生物质经济"渐渐浮出水面。人类社会进入21世纪，石油危机日益加剧，许多国家都制订和实施了相应的开发生物质能源和产业计划。随着化石能源的渐趋枯竭、减排温室气体、保护环境的需要以及实现人类可持续发展的目标，发展生物质产业已成为国家的重要发展战略。

美国国会于2000年6月通过了《生物质R&D法案》，开展利用生物质获得燃料、动力、化学品和原料的各项相关研究。计划生物质化学制品和原料将从2001年的125亿磅（占现有美国化学用品总量的5%），增加到2010年的12%、2030年的25%。2002年提出了《生物质技术路线图》，计划2020年使生物质能源和生物质基产品较2000年增加20倍，达到每年减少碳排放量1亿吨和增加农民收入200亿美元的宏大目标。

在日本，内阁于2002年12月27日通过了《日本生物质综合战略》，资源作物作为能源和产品的原料将得到灵活应用。具体要求达到：用碳素量换算为废弃物类生物质80%以上，未利用生物质25%以上；资源作物用碳素量换算可利用量为10万吨。

我国政府也积极鼓励发展生物质资源的利用，并于2005年发布了《国家发展改革委办公厅关于组织实施生物质工程高新技术产业化专项通知》（发改办高技〔2005〕2875号），以贯彻落实我国能源发展战略和能源结构调整目标要求，推动我国生物能源、生物材料等生物质产业的技术创新与产业创新，促进我国国民经济和社会可持续发展。并决定在2006～2007年期间实施生物质工程高新技术产业化专项，实施期间，将可促使非粮原料生物能源、生物基材料实现10万吨以上。

目前，生物质材料已逐渐得到广泛的应用。像合成高分子材料一样，生物质材料可以制成塑料、工程塑料、纤维、涂料、胶黏剂、功能材料、复合材料等，应用在生产生活的各个领域中。生物质材料的利用方法主要有如下四方面。

（1）直接利用

通过物理或者机械加工，直接将生物质材料制成各种产品，例如将棉花纺线，再制成布匹、纱布等；将木材制成各种实木家具、饰品，或者制成各种用途的板条、圆木、木方等；利用猪皮移植到烧伤的皮肤；西药制备中，将淀粉提纯后用于稀释医药；通过将提纯的纤维素溶液于铜铵溶液或者尿素-氢氧化钠溶液，再经纺丝制成纤维等。

（2）改性利用

基于生物质材料所含的功能基，通过聚合物化学反应，制备出化学结构和性能与反应前不同的材料。这是生物质材料应用的主要方法。主要的聚合物化学反应有如下几种。

①衍生化。基于生物质材料所具有的功能基，通过与有机化学相似的相关聚合物化学反应，在生物质材料分子上连接一定数量的新基团或将原有的部分基团转变成新基团，例如通过纤维素在氢氧化钠水溶液中与一氯代乙酸反应制备羟甲基纤维素钠，使纤维素可以溶解在水中，纤维素原有的羟基衍生成为羧甲基醚。②接枝。在生物质材料分子连接上一定数量的链段，使得生物质材料获得新的功能、物理化学性质，或者改良生物质材料原来不理想的性质，例如纤维素极性较大，与聚乙烯等非极性聚合物相容性较差，在制备纤维素-聚合物复合材料前，纤维素与甲基丙烯酸甲酯在自由基引发剂存在下，使纤维素分子接枝上一定分子量的聚甲基丙烯酸酯链段，从而提高纤维素与聚乙烯的相容性。③交联。应用多官能度扩链剂或者通过自由基体系的反应，将生物质材料分子连接在一起，例如利用环氧氯丙烷与淀粉的羟基反应制备交联淀粉。

（3）复合或者共混

将一种生物质材料与另一种生物质材料或者合成高分子材料通过复合或者共混的方法，制备具有更好品质的新材料。这是生物质材料应用的另一种主要方法。例如，将淀粉添加到聚乙烯中，制成淀粉共混型聚乙烯农用薄膜，使之具有一定的生物降解性；将木质素在偶联剂存在下与聚乙烯复合，制得的木质素-聚乙烯复合材料不仅成本降低，还能够增加力学强度和提高热稳定性。

（4）转化利用

在热、催化剂存在下，将生物质材料转化成为分子量较小的化工原料，这是近十几年来逐渐兴起的一种生物质材料利用途径。例如将木材、木质素、单宁、淀粉、树皮等在苯酚或者聚乙二醇存在下液化，转变成为活性基团更多、分子量小的产物。这些产物被用作制备塑料、泡沫、胶黏剂等高分子材料。当然，通过裂解或者发酵，将生物质制备燃油、燃气、乙醇等能源物质也是生物质材料的一种通过转化利用方法。

总而言之，生物质材料的加工利用受到各国政府和学者的密切关注，大量的人力、物力投入到高效、低成本、高性能的生物质材料研究与开发上，生物质材料科学与工程将不断发展，其应用也不断扩展，在未来必将能够支撑人类的持续发展。

1.2.5　发展生物质材料的意义

发展生物质材料有两个重要意义：保护人类赖以生存的自然环境和替代以石油、煤炭等化石资源为原料的合成高分子材料。

据统计，2004 年全世界就三大合成材料之一的塑料总产量已超过 2.1 亿吨。如此巨大的生产量所带来的负面效应是消耗大量的石油、煤炭等化石资源，并产生大量废弃物。尽量降低合成高分子材料和再回收利用能够一定程度减少合成高分子废旧物。但是由于技术、效益和能源上的问题，目前再回收利用的高分子材料废弃物还不到产量的 1%，而高分子材料废弃的量占其产量的 50%～60%。塑料等废弃物约占固体垃圾的 7%～10%，它们在自然环境需要 100 年以上或者更长时间才能完全分解。随着聚合物在日常生活中应用越来越多，废弃高分子材料已成为固体垃圾的比例将越来越高。由此，大量的废弃物高分子材料该何去何从？

另外，合成高分子材料从石油、煤炭等原料中获得，从原料加工到材料制备，不仅消耗大量能源，还产生大量的废气、废液、粉尘烟雾，再加上高分子材料废弃物，严重污染环境。为此，人们提出了制造和利用环境友好材料。生物质材料源于自然，植物基生物质材料的合成能源是太阳能，合成过程不仅不消耗石油、煤炭等化石资源，还能够消除石油、煤炭等产品在制造与消耗中放出的二氧化碳，净化空气。同时绝大部分生物质材料都具有较好的生物降解性，在自然环境中很快被微生物完全降解为水、二氧化碳和其他小分子，产物再进入自然界循环。

从 1935 年杜邦公司成功合成出尼龙-66，实现合成高分子材料工业化，至今也就 70 多年，但是合成高分子材料总量已超过 3 亿吨，而在 1999 年仅为 1.3 亿吨，因此合成高分子材料的产量是飞速增长。按照目前的消耗速率估计，地球所储存的石油资源预计可开采年限不到 40 年，而合成高分子材料的生产主要依赖于石油资源。为此数十年以后，合成高分子材料工业将成为无米之炊。

生物质材料资源丰富，来源广泛，并且可再生和生物降解，在将来不仅可以充分替代合成高分子材料，还可以保护环境，节约其他资源，支撑人类的可持续发展。

参 考 文 献

[1]　Allcock H R, Lampe F W, Mark J E. Contemporary polymer chemistry. Third edition. Pearson Education, Inc.,

New Jersey, 2003.

[2] Alma M H, Kelley S S. J. Polymer Engineering, 2000, 20 (5): 365.

[3] Carlos A C, Riedl B, Wang X M, et al. Holzforscung, 2002, 56, 2: 167.

[4] Carraher C E Jr. Polymer chemistry. fifth edition. Marcel Dekker, Inc., New York, 2000.

[5] Gao Z H, Yuan J L, Wang X M. Pigment & Resin Technology, 2007, 36 (5): 279.

[6] Hassan E M, Mun S P. J. Ind. Eng. Chem. 2002, 8 (4): 359.

[7] Kobayashi M, Tukamoto K, Tomita B. Holzforschung, 2000, 54 (1): 93.

[8] Lee S H, Teramoto Y, Shiraishi N. Journal of Applied Polymer Science, 2000, 77: 2901.

[9] Li G, Qin T, Atsushi I. Chinese Forestry Science and Technology, 2002, 1 (4): 63.

[10] Lin L, Nakagame S, Yao Y, et al. Holzforschung, 2001, 55: 617.

[11] Lin L, Nakagame S, Yao Y, et al. Holzforschung, 2001, 55: 625.

[12] Murata T. International Workshop on Ecomaterial, 2002, 2: 5.

[13] Wang T, Hao W. International Workshop on Ecomaterial, 2002, 2: 35.

[14] 戈进杰. 生物降解高分子材料及其应用. 北京: 化学工业出版社, 2002.

[15] 郝维昌, 王天民. 材料导报, 2006, 20 (1): 1.

[16] 洪紫萍, 王贵公. 生态材料. 北京: 化学工业出版社, 2001.

[17] 李洪涛. 黑龙江科技信息, 2007, 10: 8.

[18] 李十中. 新材料产业, 2005, 7: 50.

[19] 李兆坚. 应用基础与工程科学学报, 2006, 14 (1): 40.

[20] 王旭东, 张慧媛. 农业工程学报, 2006, 22 (1): 8.

[21] 魏群义, 彭晓东. 重庆大学学报 (社会科学版), 2004, 10 (6): 29.

[22] 谢敏坚, 刘安田, 王惠光等. 重庆大学学报 (自然科学版), 2002, 25 (1): 128.

[23] 张俐娜. 天然高分子改性材料及应用. 北京: 化学工业出版社, 2006.

第 2 章   纤维素基材料

2.1   纤维素的存在与获得

纤维素（cellulose）是地球上最古老和最丰富的生物质材料，主要由植物通过光合作用形成。据估算，地球上由植物产生的纤维素总量达 2600 亿吨，在自然界构成有机体的碳元素中，纤维素碳占 40%～50%。植物中的纤维素是构成植物细胞壁的主要成分，常与半纤维素、木质素、树脂等伴生在一起。生长有纤维素的植物是维管束植物和地衣植物；然而纤维素并非植物独有，在一部分藻类细胞壁和动物中也发现有纤维素的存在，例如在醋酸菌的荚膜和尾索类动物的被囊中都有纤维素的存在。

植物作为纤维素的主要生长源，绝大多数植物都长有一定量的纤维素。其中以棉花中纤维素含量最高，可以达到 90%；其次是一些双子叶植物的韧皮部，含量在 60%～85%；再次为木材，含量在 40%～47%；草本植物的纤维素含量普遍较低，仅占 10%～25%，但在小部分草本植物中纤维素的含量较高，如竹材（*Bambusa*）、芒秆（*Miscanthus floridulus*）、芦苇（*Phragmitea communis*）、荻（*Miscanthus sacchasinensis*）、龙须草（*Eulaliopsis binata*）、蔗渣（*Saccharum officinarum*）和麦草（*Triticum aestivum*），它们的纤维素含量都高于 40%。

棉花是棉属种子植物中种子的表皮毛，因为其纤维素的纯度在自然界中最高，并且质地柔软、强度大、易提纯，是工业纤维素原料的重要来源之一。刚从开裂棉桃采摘下来的含有种子的棉称为子棉，经轧花机除去种子的称为皮棉；皮棉经弹花机弹松后就制得我们所常说的棉花，可直接用于纺织工业。将棉花经过稀碱的蒸煮处理，可以使其纤维素含量在 95%以上。

木材的主要化学成分是纤维素、木质素和半纤维素，它也是纤维素化学工业的重要原料资源，同时也是造纸的重要原料。造纸过程就是结合机械方法、化学方法或者两者结合的方法，尽量除去木材中的木质素，再经漂白获得纸浆，最后将悬浮在水中的纸浆经过各种加工结合成合乎各种要求的纸张。造纸用纸浆的主要成分是纤维素和半纤维素，因此也被称之为综纤维素（holocellulose）。如果以木材为原料制备纤维素，须通过酸性亚硫酸盐或预水解硫酸盐法蒸煮，再经漂白和盐酸酸化处理，除去木材中的木质素、半纤维素、有色物质等物质成分。由于冷杉属（*Abies*）木材和云杉属（*Picea*）木材具有密度适中、晚材率低、木材结构均匀、树脂含量低、纤维素含量高、易于制备高质量溶解浆等特点，因而是工业纤维素获得的主要原料木材。对于其他针叶木材和阔叶木材都可以用作造纸。纤维素也可以采用造纸木浆为原料获得：将综纤维素在 5%氢氧化钠溶液和 24%氢氧化钾溶液分两步在氮气保护下反复处理，除去半纤维素和残余的木质素，即得到纤维素。

由于纤维素含量、纤维素提取和精制等技术问题，目前工业上获得纤维素的原料主要是棉花和木浆。采用传统的植物原料分离方法，也可以获得纯度较高的纤维素：将植物原料在 25%氢氧化钾溶液中处理，再用 20%硝酸-80%乙醇混合溶液在沸腾下处理，所得的残渣即为纯度较高的纤维素，也称硝酸乙醇纤维素。

细菌纤维素是指在不同条件下，由醋酸杆菌属（Acetobacter）、产碱菌属（Alcaligenes）、八叠球菌属（Sarcina）、根瘤菌属（Rhizobium）、假单胞菌属（Pseudomonas）、固氮菌属（Azotobacter）和气杆菌属（Aerobacter）等微生物合成的纤维素的统称。其中比较典型的是醋酸菌属中的木醋杆菌（Acetobacter xylinum），它具有最高的纤维素生产能力，被确认为研究纤维素合成、结晶过程和结构性质的模型菌株。细菌纤维素的合成是一个通过大量多酶复合体系（纤维素合成酶，cellulose synthase，CS）精确调控的多步反应过程。首先是纤维素前体尿苷二磷酸葡萄糖（uridine diphoglucose，UDPGlu）的合成，然后寡聚CS复合物［又称为末端复合物（terminal complexe，TC）］连续地将吡喃型葡萄糖残基从UDPGlu转移到新生成的多糖链上，所形成的葡聚糖链穿过外膜分泌到胞外，最后经多个葡聚糖链装配、结晶与组合形成超分子织态结构。1976年，布朗（R. M. Brown）及其合作者首次描述了纤维素生物合成过程中醋酸菌的运动。25℃下细胞在合成和分泌纤维素微纤维时的移动速率为 $2.0\mu m/min$，相当于每个细菌每小时把108个葡聚糖分子连接到葡聚糖链上。在纤维素的生物合成过程中，醋酸菌的运动控制了所分泌的微纤维的堆积和排列。通常醋酸菌在培养液中在三维方向的自由运动，形成高度发达的精细网络织态结构。

细菌纤维素和植物或海藻产生的天然纤维素具有相同的分子结构单元，但细菌纤维素纤维却有许多独特的性质。这些性质是：①细菌纤维素与植物纤维素相比无木质素、果胶和半纤维素等伴生产物，具有高结晶度（可达95%，植物纤维素为46%～63%）和高的聚合度（DP值2000～8000）；②超精细网状结构，细菌纤维素纤维是由直径3～4nm的微纤组合成40～60nm粗的纤维束，并相互交织形成发达的超精细网络结构；③细菌纤维素的弹性模量为一般植物纤维的数倍至十倍以上，并且抗张强度高；④细菌纤维素有很强的持水能力，未经干燥的细菌纤维素的持水能力高达1000%以上，冷冻干燥后的持水能力仍超过600%，经100℃干燥后的细菌纤维素在水中的再溶胀能力与棉短绒相当；⑤细菌纤维素有较高的生物相容性、适应性和良好的生物可降解性；⑥细菌纤维素在生物合成时具有可调控性。因此细菌纤维素的发展受到极大的关注。

2.2　纤维素的结构与性质

纤维素的通式为 $(C_6H_{10}O_5)_n$，是由 D-吡喃（由五个碳一个氧构成的六元环物质）葡萄糖酐以 1,4-β 苷键连接而成的链状天然有机高分子。纤维素是由法国科学家 Anselme Payen 在1838年将木材经硝酸、氢氧化钠溶液交替处理后分离而得到的。但是纤维素的聚合物形式却直到1932年才由高分子科学奠基人——德国化学家 Staudinger 确定。

2.2.1　纤维素的结构

2.2.1.1　化学结构

纤维素的元素组成：C＝44.44%，H＝6.17%，O＝49.39%；天然纤维素的聚合度 n 通常在 500～15000 之间，其相对分子质量在 8.1×10^4～2.4×10^6 之间。纤维素大分子的化学结构式如图 2-1 所示。

由图 2-1 的化学结构式可见，纤维素分子的化学结构具有以下特点。

① 纤维素由一种糖基即 D-葡萄糖基组成，糖基之间以 1,4-β 苷键连接，即一个 D-葡萄糖单元 C_1 位置上的羟基（—OH）与相邻 D-葡萄糖单元 C_4 位置上的羟基之间脱水所形成的连接键。

② 纤维素大分子链的重复单元是纤维素二糖基，长度为 1.03nm；每个 D-葡萄糖基与相邻的 D-葡萄糖基组成依次在纸面旋转 180°。

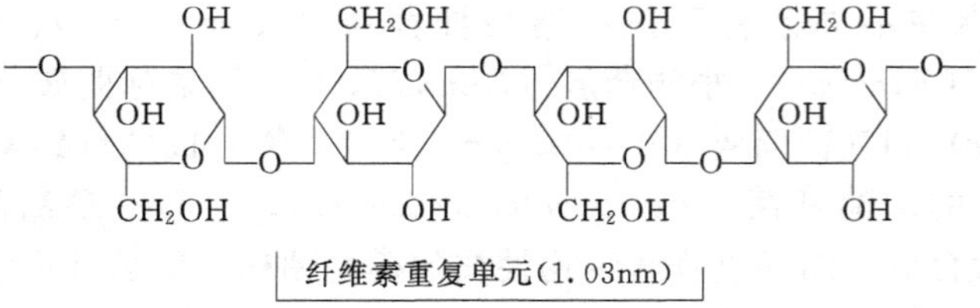

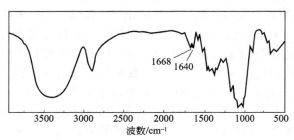

纤维素重复单元(1.03nm)

(a)

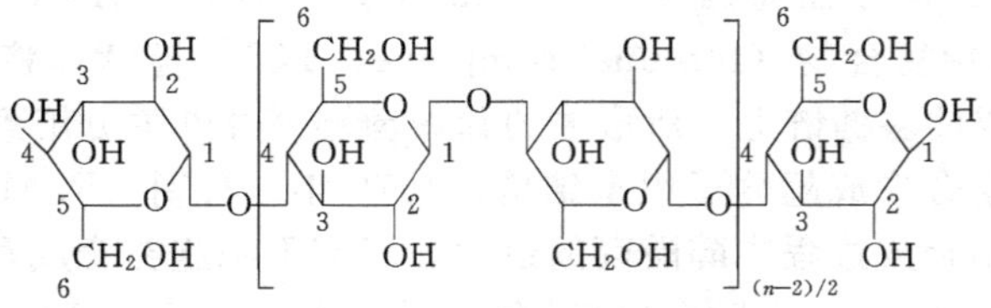

(b)

图 2-1 纤维素结构单元（a）和纤维素分子链结构（b）

③ 除两端的葡萄糖基外，中间的每个葡萄糖基都具有三个游离羟基，分别位于 C_2、C_3 和 C_6 位置上，所以纤维素的化学式也可写作 $[C_6H_7O_2(H_2O)_3]_n$。其中，在 C_2 和 C_3 位置上的羟基为仲醇羟基，在 C_6 位置上的为伯醇羟基，它们的反应活性不同，对纤维素的性质有着重要影响。

④ 纤维素分子的右端基是一个半缩醛结构，在 C_1 位置上羟基的氢原子在外界条件作用下易发生转位，并与端基环上的氧原子结合，从而使右端基开环形成开链式结构，C_1 位置上的羟基转变为醛基，体现出一定的还原性，因此右端基也被称之为还原性端基；但是由于醛基数量甚少，所以还原性不显著，然而会随着纤维素分子量的变小而逐渐明显起来。图 2-2 是脱脂棉花粉末在 KBr 压片的 FTIR 谱图，在 $1640 \sim 1670 cm^{-1}$ 附近能够看到纤维素的醛基结构。而纤维素左端基 C_4 位置上的羟基为仲醇羟基，且不是半缩醛结构上的羟基，因此左端基也被称为非还原性端基。

⑤ 除还原性右端基外，纤维素大分子链上的其他葡萄糖基均为吡喃环式结构，一般情况下较为稳定。

⑥ 纤维素分子链为线性结构，结构规整，无大的侧链，同时分子链上富含易形成氢键的羟基，因此纤维素分子易结晶。

图 2-2 脱脂棉花纤维素的 FTIR 谱图（KBr 压片）

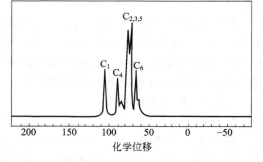

图 2-3 海岛棉（*Gossypium barbadense*）纤维素的固体 ^{13}C-NMR 谱图

对于纯纤维素的 FTIR 谱图和 ^{13}C-NMR 谱图分别如图 2-2 和图 2-3 所示，它们的峰位归属分别如表 2-1 和表 2-2 所示。

由于内旋转作用，使分子中原子的几何排列不断发生变化，产生了各种内旋转异构体，称为分子链的构象；正是构象的存在使高分子材料体现出不同程度的弹性和柔顺性。纤维素高分子中，C_6 位上的 C—O 键绕 C_5—C_6 位之间的 C—C 键旋转时，相对于 C_5—C_1 位上的

表 2-1　脱脂棉花纤维素的 KBr 压片 FTIR 吸收峰及归属

吸收峰位置/cm⁻¹	吸收峰归属	吸收峰位置/cm⁻¹	吸收峰归属
$3600\sim3000$	O—H 伸缩	1372,1368,1355	C—C—H 变形
2961	C—H 伸缩	1299,1285	CH₂—O—H 变形
2946	CH₂ 不对称伸缩	1282,1246	C—C—H 变形
$2930\sim2850$	C—H 对称和非对称伸缩振动	1239,1229	C—O—H 变形
2868	CH₂ 对称伸缩	1206	CH₂ 和 C—O—H 变形
1640	吸附 OH,共轭 C=O	1112	葡萄糖环不对称伸缩
1465	C—O—H 变形	1100	C—O—H 变形
1430	C—H 不对称弯曲	1060,1035	C—O 变形
1434	CH₂ 变形	893	C₁—H,CH₂ 和 C—OH 变形
1424	C—O—H 变形,C—C—H 变形	897	葡萄糖环伸缩,C₁—H 变形
$1375\sim1317$	C—H 对称弯曲	$700\sim400$	C—C 伸缩振动

表 2-2　棉花纤维素的固体 ¹³C-NMR 的化学位移及归属

化学位移	归　属	化学位移	归　属
65	葡萄糖基 C₆ 碳	$84\sim89$	葡萄糖基 C₄ 碳
$72\sim75$	葡萄糖基 C₂、C₃ 和 C₅ 碳	$102\sim108$	葡萄糖基 C₁ 碳

C—O 键和 C₅—C₄ 位之间的 C—C 键可以有三种不同的构象：如果 C₆ 位上的 C—O 键顺时针旋转与 C₅—C₁ 位上的 C—O 键能够重合，称为 gt 构象；如果 C₆ 位上的 C—O 键逆时针旋转与 C₅—C₁ 位上的 C—O 键能够重合，称为 gg 构象；如果 C₆ 位上的 C—O 键顺时针或者逆时针旋转 180° 与 C₅—C₁ 位上的 C—O 键能够重合，称为 tg 构象（图 2-4）。多数人认为，天然纤维素是 gt 构象，再生纤维素是 tg 构象。

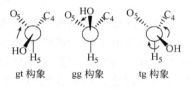

图 2-4　纤维素伯醇羟基（—CH₂OH）的构象

2.2.1.2　纤维素的超分子结构

纤维素的超分子结构也称做纤维素的聚集态或者凝聚态结构。研究纤维素分子间的相互排列和堆砌结构情况，主要包括结晶结构、取向结构和原纤结构。纤维素作为一种生物质大分子与小分子物质不同，它一般只有固态（包括晶态和非晶态及其各自的取向）和液晶态。但是由于纤维素的链式大分子结构，使其超分子结构十分复杂，不仅与分子结构相关，还与来源、处理条件等有关。纤维素的超分子结构决定了其作为材料使用的许多重要性能，诸如反应性、溶解性、力学性能等。

（1）纤维素的氢键

纤维素是由 D-吡喃葡萄糖酐以 1,4-β-苷键连接而成的链状天然有机高分子，每个葡萄糖基上都具有三个羟基以及一个吡喃环醚键。羟基和吡喃环醚键中的氧电负性大（3.44），且具有孤电子对，易与另一羟基上的氢形成氢键。纤维素分子链的氢键分为分子内氢键和分子间氢键：通过分子链中某个葡萄糖基上的 O₆（C₆ 位上的氧）与同一分子链相邻葡萄糖基上 C₂ 位的—OH 以及 O₅（C₁—C₅ 位上的氧）与 C₃ 位的—OH 通过氢键连接起来，使整个高分子链成为带状，从而使它具有较高的刚性；同时，O₆ 能与相邻纤维素分子上 C₂ 位或 C₃ 位的—OH 或 C₁—C₅ 之间的 O₅ 形成分子内氢键，如图 2-5 所示。纤维素所有羟基基本上都处于氢键之中，形成氢键网。在一个纤维素分子链内，C₃ 位置上的羟基与 C₁—C₅ 位置上吡喃环醚键上的氧形成的氢键键长为 2.75×10^{-10} m；C₂ 位置上的羟基与 C₆ 位置上的羟基形成的氢键键长为 2.87×10^{-10} m。由一个分子链葡萄糖基单元 C₆ 位置上的羟基与另一分子相邻葡萄糖基单元 C₃ 位置上的羟基形成分子间氢键的键长为 2.79×10^{-10} m。

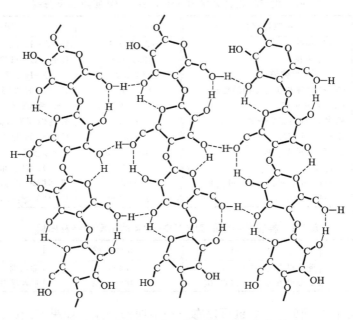

图 2-5　纤维素的分子内氢键和分子间氢键

（2）纤维素的晶胞与结晶变体

纤维素分子链为线性大分子，结构规整有序，无大的侧链，同时分子链上富含易形成氢键的羟基，因此纤维素分子易结晶。对于聚合物来说，结晶是指聚合物大分子有规律、整齐的排列。因此，将聚合物中大分子有规律、整齐排列的区域称为结晶区；将聚合物大分子有规律地整齐排列的状态称为结晶态。相对应地，将聚合物大分子无规律杂乱排列的状态称为非晶态；将聚合物大分子无规律杂乱排列的区域称为非晶区。在所有的结晶聚合物中，或多或少存在一些非晶区，为此，人们将聚合物中结晶区占整个聚合物的百分数称为结晶度。天然纤维素的结晶度与其来源密切相关，范围一般在 $65\%\sim95\%$，对于大多数植物纤维的结晶区在 65% 左右。

物质结晶后会形成有规则的外形，这一规则外形结构由分子、离子、原子、原子团、链段在空间的周期性规则排列引起。为了便于描述晶体的结构或者外形，人们采用一系列没有体积和没有质量的几何点（节点）来模拟晶体中分子、离子、原子、原子团、链段等的排列。将相邻节点按照一定规则用线连起来形成的几何图形叫做空间点阵。因此，晶体的结构可以表示为点阵与组成晶体实际结构单元（分子、离子、原子、原子团、链段等）的组合。整个空间点阵可以由一个最简单的六面体在三维方向上的重复排列而得，这种最简单的六面体称为单位点阵，也就是晶胞，如图 2-6、图 2-7 所示。由晶胞在三个晶轴方向的长度（a、b 和 c）和三个晶轴的夹角（α、β 和 γ）就可以描述晶胞的形态与大小，因此 a、b、c、α、β 和 γ 也称做晶格常数。

迄今为止，人们发现固态纤维素存在 5 种结晶变体，即天然纤维素（纤维素 I）、人造纤维素（纤维素 II）、纤维素 III、纤维素 IV 和纤维素 X。这五种纤维素结晶变体具有各自不同的晶胞结构，但都是单斜晶胞，这可由 X 射线衍射法、IR 光谱法、Raman 光谱法等实现确认。

① 纤维素 I。纤维素 I 是天然存在纤维素（包括细菌纤维素、海藻和高等植物细胞壁中存在的纤维素）的结晶形式。目前由于采用晶胞模型不同，关于纤维素 I 晶体的晶胞参数

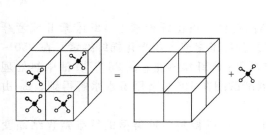 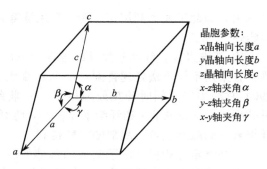

晶胞参数:
x晶轴向长度a
y晶轴向长度b
z晶轴向长度c
x-z轴夹角α
y-z轴夹角β
x-y轴夹角γ

图 2-6　晶体结构与点阵关系示意　　　　　　图 2-7　晶胞的表示方法

有如下两种。

a. Meyer-Misch 模型认为纤维素 Ⅰ 结晶变体是由一个两链单斜晶胞中含有平行的链，并采用弯曲链构象堆砌排列而得到的。依照纤维素来源和测定方法的不同，纤维素 Ⅰ 的晶胞参数略有差异，一般采用各研究者关于纤维素 Ⅰ 晶胞参数的平均值，如下：

$a = 8.20 \times 10^{-10}$ m，$b = 10.30 \times 10^{-10}$ m（纤维轴），$c = 7.90 \times 10^{-10}$ m，$\beta = 83°$

b. Honjo 和 Watanabe 在 1958 年用低温电子衍射研究海藻结构时，发现在纤维素的衍射图中出现大量的弱反射，这些弱反射在棉花和苎麻纤维素纤维中没有发现，并且不能用 Meyer-Misch 晶胞模型解释，于是提出了八链纤维素 Ⅰ 晶胞模型，即 Honjo-Watanabe 模型，也称（H-W）晶胞，其晶胞参数为：

$a = 16.34 \times 10^{-10}$ m，$b = 15.70 \times 10^{-10}$ m，$c = 10.33 \times 10^{-10}$ m，$\gamma = 96°58'$

② 纤维素 Ⅱ。纤维素 Ⅱ 是纤维素 Ⅰ 经溶液中再生或者丝光化过程得到的结晶变体，是工业上使用最多的纤维素形式。大量的研究表明，纤维素 Ⅱ 的晶胞参数与纤维素来源不同略有变化：a 轴在 $7.38 \times 10^{-10} \sim 8.06 \times 10^{-10}$ m 之间，c 轴在 $9.08 \times 10^{-10} \sim 9.38 \times 10^{-10}$ m 之间，b 轴（纤维轴）变化不大，β 在 $71.75° \sim 63.80°$ 之间。人们通常采用 Wellard 由多种来源得到的纤维素 Ⅱ 晶胞参数平均值表示：

$a = 7.93 \times 10^{-10}$ m，$b = 9.18 \times 10^{-10}$ m，$c = 10.34 \times 10^{-10}$ m，$\gamma = 117.31°$

纤维素 Ⅱ 中氢键的平均长度为 2.72×10^{-10} m，比纤维素 Ⅰ 的（2.80×10^{-10} m）略短，因此，纤维素 Ⅱ 晶胞堆砌较为紧密，在热力学上反平行链的纤维素 Ⅱ 晶胞比纤维素 Ⅰ 要稳定。另外纤维素 Ⅱ 在一个分子链 C_2 位置上的羟基能与另一分子链 C_2 位置上的羟基形成的分子间氢键，这是它与纤维素 Ⅰ 的主要区别。

③ 纤维素 Ⅲ。纤维素 Ⅲ 是干态纤维素的第三种结晶变体，是将纤维素 Ⅰ 或者纤维素 Ⅱ 用液氨或者胺类试剂（如甲胺、乙胺、乙二胺等）处理，再蒸去液氨或者胺类试剂而得到的一种低温结晶变体，因此也称做氨纤维素。这是 1936 年由 Barry 等在用液氨处理苎麻中发现的。对于不同处理方法和来源不同得到的纤维素 Ⅲ 结晶变体的晶胞参数略有变化，采用单斜晶模型得到的晶胞参数平均值为：

$a = 7.8 \times 10^{-10}$ m，$b = 10.03 \times 10^{-10}$ m（纤维轴），$c = 10.0 \times 10^{-10}$ m，$\gamma = 58°$

通过 X 射线衍射花纹和红外光谱发现，纤维素 Ⅲ 存在两种类型晶胞，被称作纤维素 Ⅲ$_Ⅰ$ 和纤维素 Ⅲ$_Ⅱ$。前者是由纤维素 Ⅰ 处理得到，也称作纤维素 Ⅲ$_α$；后者是由纤维素 Ⅱ 处理得到，也称作纤维素 Ⅲ$_β$。纤维素 Ⅲ$_Ⅰ$ 和纤维素 Ⅲ$_Ⅱ$ 的 X 射线衍射几乎一样，只是子午线衍射强度比不同。将纤维素 Ⅲ$_Ⅰ$ 和纤维素 Ⅲ$_Ⅱ$ 采用水加热处理或者稀酸处理，分别恢复到对应的母体纤维素 Ⅰ 和纤维素 Ⅱ。

经液氨或者胺类试剂处理得到的纤维素 Ⅲ，其结晶度和分子排列的有序度降低，起到消晶作用，为此工业上利用这一特点采用液氨处理棉织物，以提高棉纱和织物的染色性和尺寸稳定性。

④ 纤维素Ⅳ。纤维素Ⅳ是纤维素的第四种结晶变体。可由纤维素Ⅰ、纤维素Ⅱ或者纤维素Ⅲ采用不同方法处理得到：a. 将纤维素Ⅱ（黏胶纤维或者丝光化棉纤维）在250～290℃甘油中经不同时间热处理得到；b. 将纤维素Ⅲ$_I$和纤维素Ⅲ$_{II}$在260℃甘油中热处理可分别得到纤维素Ⅳ$_I$和纤维素Ⅳ$_{II}$；c. 将纤维素醋酸酯在100℃下用氨水水解得到；d. 由纤维素三硝酸酯或者三醋酸酯水解得到。

与纤维素Ⅲ相似，由于制备的母体原料不同，也可以得到两种类型的纤维素Ⅳ结晶变体：由纤维素Ⅰ或者纤维素Ⅲ$_I$制备得到的是纤维素Ⅳ$_I$；由纤维素Ⅱ或者纤维素Ⅲ$_{II}$制备得到的是纤维素Ⅳ$_{II}$。纤维素Ⅳ$_I$和纤维素Ⅳ$_{II}$的X射线衍射条纹也几乎一样，只是子午线衍射强度比不同。人们推测纤维素Ⅳ$_I$可能采用平行链堆砌，纤维素Ⅳ$_{II}$可能采用反平行链堆砌，但都未被详细确定。

纤维素Ⅳ结晶变体的晶胞为正方晶胞，晶胞参数为：

$$a=(8.10\pm0.02)\times10^{-10}\,\text{m}, \quad b=10.34\times10^{-10}\,\text{m（纤维轴）},$$
$$c=(8.12\pm0.01)\times10^{-10}\,\text{m}, \quad \beta=90°$$

⑤ 纤维素Ⅹ。纤维素Ⅹ结晶变体在1959年首先由Ellefen等报道，它是一种纤维素的再生形式。将纤维素Ⅰ或者纤维素Ⅱ放入38%～40.3%重量份浓度的盐酸中，于25℃处理2～4.5h，再水解再生所得到的纤维素粉末即为纤维素Ⅹ。它的X射线衍射图不同于其他纤维素结晶变体，与纤维素Ⅱ的最接近，但有新的衍射峰。纤维素Ⅹ的聚合度很低，DP=15～20。纤维素Ⅹ的晶胞与纤维素Ⅳ相近，晶胞形式可能是单斜晶胞或者正方晶胞，因为纤维素Ⅹ分子量过小，没有多大实际用途，其晶胞结构没有更详细的报道。

对于纤维素Ⅰ、纤维素Ⅱ、纤维素Ⅲ$_I$、纤维素Ⅲ$_{II}$、纤维素Ⅳ$_I$和纤维素Ⅳ$_{II}$的结晶变体，还可以采用固体核磁CP/MAS ^{13}C-NMR有效表征，如图2-8所示。关于各种纤维素结晶变体C_1、C_4和C_6的化学位移如表2-3所示。由表2-3可见，在不同结晶变体纤维素中，葡萄糖基单元C_4和C_6的化学位移有着较为明显的差别。

表2-3　不同纤维素结晶变体的^{13}C-NMR化学位移值

纤维素结晶变体	化学位移值		
	C_1	C_4	C_6
纤维素Ⅰ	105.3～106.0	89.1～89.8	65.5～66.2
纤维素Ⅱ	105.8～106.3	88.7～88.8	63.5～64.1
纤维素Ⅲ$_I$	105.3～105.5	88.1～88.3	62.5～62.7
纤维素Ⅲ$_{II}$	106.7～106.8	88.0	62.1～62.8
纤维素Ⅳ$_I$	105.6	83.6～83.4	63.3～63.8
纤维素Ⅳ$_{II}$	105.5	83.5～84.6	63.7

⑥ 各种纤维素结晶变体的转化。对于上述5种纤维素结晶变体，除了晶胞大小和形式、链的构象和堆砌方式不同外，它们分子链的化学结构和重复单元距离都几乎相同，在一定条件下，大多数纤维素结晶变体可发生相互转化，如图2-9所示。

由于纤维素Ⅰ是一种热力学亚稳态结晶结构，很容易向最为稳定的纤维素Ⅱ转变；一般上认为这种转化是不可逆的，至今尚未发现纤维素Ⅱ向纤维素Ⅰ的转变。当采取更高的能量处理，纤维素Ⅱ可以进一步向纤维素Ⅲ和纤维素Ⅳ等转化。在向纤维素Ⅲ转化过程中，纤维素Ⅰ转化为纤维素Ⅲ$_I$，而纤维素Ⅱ转化为纤维素Ⅲ$_{II}$。当纤维素Ⅲ转化为纤维素Ⅰ或纤维素Ⅱ时，纤维素Ⅲ$_I$只能转化为纤维素Ⅰ，纤维素Ⅲ$_{II}$转化为纤维素Ⅱ。对于纤维素结晶变

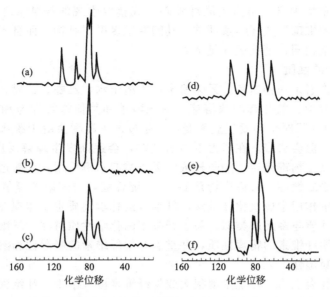

图 2-8　纤维素Ⅰ、纤维素Ⅱ、纤维素Ⅲ和纤维素Ⅳ
结晶变体的固体 CP/MAS ^{13}C-NMR 谱图
（a）纤维素Ⅰ；（b）纤维素Ⅲ$_I$；（c）纤维素Ⅳ$_I$；
（d）纤维素Ⅱ；（e）纤维素Ⅲ$_{II}$；（f）纤维素Ⅳ$_{II}$

体Ⅳ可由纤维素Ⅰ、纤维素Ⅱ和纤维素Ⅲ经不同方法得到，依照母体纤维素（Ⅰ或Ⅱ）或者结晶变体纤维素Ⅲ（Ⅲ$_I$或Ⅲ$_{II}$）的不同，分别得到纤维素Ⅳ$_I$（Ⅰ或Ⅲ$_I$→Ⅳ$_I$）和Ⅳ$_{II}$（Ⅱ或Ⅲ$_{II}$→Ⅳ$_{II}$）；通过某些处理过程它们可以转化为各自的母体纤维素（Ⅳ$_I$→Ⅰ或Ⅲ$_I$；Ⅳ$_{II}$→Ⅱ或Ⅲ$_{II}$）。为此，我们可以将纤维素结晶变体分为两个家族：

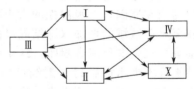

图 2-9　各纤维素结晶变体间
可能的转化示意

纤维素Ⅰ簇，纤维素结晶变体Ⅰ、Ⅲ$_I$或Ⅳ$_I$；

纤维素Ⅱ簇，纤维素结晶变体Ⅱ、Ⅲ$_{II}$或Ⅳ$_{II}$。

（3）纤维素的取向与原纤结构

纤维素大分子之间是依靠范德华力和氢键结合而形成宏观的纤维素纤维的。纤维素大分子的结构比较规整，无大侧基，大分子排列方向和纤维轴向有一定关系，一般把纤维内大分子链主轴与纤维轴平行的程度称作取向度，用各个大分子与纤维轴向平角的平均数来量度，在正常情况下，细绒棉的倾斜角为 30°左右，长绒棉 25°左右，粗绒棉 35°左右。通常倾斜角度越小，取向度越高，纤维强度越高，断裂伸长率越低；纤维的力学性质、光学性质、溶胀性等都因取向而呈各向异性。

原纤是一种细小、伸展的单元，由它聚集而构成某些天然纤维素纤维或者合成高分子纤维的结构，它使大分子链在某一方向上聚集成束。纤维素的原纤结构有基原纤、微原纤、原纤和大原纤维等结构层次。

几根直线链状纤维素大分子互相平行，按一定距离、一定角度和一定相对形状，比较稳定地结合在一起，构成结晶态的很细的大分子束，即直径为 $(1\sim3.5)\times10^{-9}$ m 的基原纤；若干根基原纤平行排列结合在一起成为较粗一点的、基本上属于结晶态的大分子束，即直径为 $(1\sim1.5)\times10^{-8}$ m 的微原纤；若干根微原纤基本平行地排列结合成更粗些的大分子束，即直径为 $(3\sim5)\times10^{-7}$ m 的原纤；由原纤基本平行地堆砌形成更粗的大分子束，即直径为

$(1\sim1.5)\times10^{-6}$m的大原纤；再由大原纤堆砌形成整根宏观的纤维素纤维。由此可见，纤维素大分子从排列到堆砌形成纤维素纤维，其间有很多微观结构，而且不同类型的纤维，各级微观结构并不完全相同，情况极其复杂。

2.2.2 纤维素的性质

通常见到的纤维素是一种白色、无味粉末，不溶于水、乙醇、乙醚、苯等普通溶剂，但能溶于氧化铜的氨溶液、氯化锌的浓溶液、硫氰酸钠和其他盐类的饱和溶液。加热也不熔融，即使加热到约150℃时也不发生显著变化，超过这一温度会由于脱水而逐渐焦化。与冷水或沸水不起作用，但会膨胀。在压力下与水共热，会逐渐发生降解反应，强度显著降低。对稀酸、稀碱和弱氧化剂都稳定。能与较浓的无机酸起水解作用，水解过程中可得到纤维四糖、纤维三糖和纤维二糖等，最终产物是D-(＋)-葡萄糖，与较浓的氢氧化钠溶液作用生成纤维碱，与强氧化剂作用生成氧化纤维素。纤维素的化学性质主要体现在葡萄糖残基上的三个自由羟基，很多性质与多元醇类似。关于纤维素的化学性质将在"纤维素化学"中详细介绍，本小节主要介绍纤维素的物理性质，并重点介绍纤维素的吸湿性和溶解性。

（1）纤维素的吸湿性

纤维素的吸湿性表现为：环境湿度很大或将纤维素浸入水中，纤维素的水分会增加，出现膨胀现象（吸湿现象）；当环境湿度较小或将纤维素进行干燥处理（103℃以下），纤维素会失去部分水，出现缩水现象（解吸现象）。因此纤维素的吸湿性会决定纤维素及材料的尺寸稳定性。

纤维素虽然作为结晶材料，大多数纤维素的结晶度在46％～63％，因此还尚有一部分未结晶的区域（非晶区）。在纤维素非晶区分子链上的部分羟基形成氢键缔合，有一部分处于游离状态。游离的极性羟基易于吸附极性的水分子，形成氢键结合，这就是纤维素能够吸湿的内在原因。其吸湿性的大小取决于纤维素中无定型区域的大小和游离羟基的数量，并随着无定型区域的增加（即结晶度的降低）而增大。如果纤维素上的羟基被疏水性基团（烷氧基等）完全取代或者封闭，纤维素纤维的吸水性则发生明显降低，尺寸稳定性大大增加。纤维素纤维吸水前后的X射线衍射图表明，其结晶区的结晶度并未发生破坏，分子链的排列也未改变，因此，纤维素的吸湿仅发生在非结晶区上。

纤维素的吸湿程度还取决于环境的湿度和温度。在一定温度和湿度条件下，纤维素中的游离羟基并不完全参与吸收水分，可用平衡含水率表征，即在固定的温度和湿度条件下，纤维素充分吸湿后所含的水分比例，数值上等于纤维素所含水分的质量与绝干纤维素质量的百分比。由于纤维素的来源不同，结晶度不同，其平衡含水率也不同，例如在20℃、60％相对湿度下，木材纤维素的平衡含水率为10.5％左右，而棉花纤维素仅为6％左右。纤维素的吸湿具有如下特征：①纤维素的吸湿程度随着环境温度的增加或者湿度的降低而降低；②在固定的温度和湿度条件下，纤维素充分吸湿后所含水分为定值（即平衡含水率）；③相同温度下，若环境的湿度较大，即环境水分蒸气压大于充分平衡含水率纤维素表面的蒸气压，纤维素会继续吸湿，反之则失去水分；④在相同的相对湿度下，纤维素吸湿时吸着水的量小于解吸时吸着水的量，即出现吸湿滞后现象，如图2-10所示的木材纤维素和棉花纤

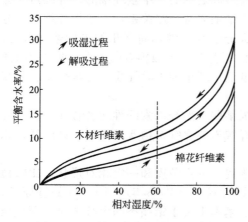

图 2-10　木材纤维素和棉花纤维素
在 20℃时的吸湿与解析等温曲线

维素的等温吸湿过程的含水率低于等温解吸过程的含水率。

对于吸湿滞后现象产生的机制如下：在吸湿过程中，纤维素的润胀破坏了部分氢键，但由于结晶区和分子间氢键的抑制作用，使得部分氢键得到保护，导致游离羟基（水分吸附点）相对较少，因此吸着的水分相应减少；在解析过程中，部分羟基-水氢键因失水重新形成羟基-羟基氢键，但受到纤维素高度有序的"网络状"结构内部阻力的抵抗，使未解吸的水分不易脱除，因此吸着的水分较多。

通过研究纤维素吸收水分过程中的热效应发现，当纤维素的含水率低于25％～30％（依照纤维素来源不同而异）时，纤维素在吸水会放出一定的热量。不含水的绝干纤维素吸水分时放出的热量最大，每吸附1mol水放出的热量为21～23kJ，与氢键的键能相当，并且随着吸附水分的增加放热量逐渐降低。当纤维素的含水率达到25％～30％后，再吸收水分就不再放出热量，为此将纤维素25％～30％的含水率称为纤维素饱和点。纤维素随着吸收水分增加热效应逐渐降低的现象表明，在绝干纤维素吸水初期（小于6％），进入纤维素非晶区的水分与纤维素羟基以次价键结合（即氢键结合），水分子排列具有方向性，并能使纤维素润胀；在此以后并在达到纤维饱和点以前，纤维素继续吸水，但进入纤维素的水分并不完全与羟基结合形成氢键，部分水而是与以氢键缔合的水通过氢键再结合，形成多层吸附水，此过程放热逐渐减少，但能使纤维素润胀；当纤维素吸水量达到纤维饱和点以后，再进入纤维素的水分为自由水，既无热效应也不使纤维素润胀。

纤维素的吸湿性使未经稳定化处理的纤维素基材料的体积和力学性能随着湿度的变化而变化，例如湿棉布的强度大于干强度、实木地板夏天因湿度大易鼓起而冬天因干燥易缩缝等。其实并非纤维素独有这种吸湿性特征，对于大多数生物质材料，因为生命衍生过程离不开水分，生物质材料组成分子中都含有大量亲水性极性基团（醇羟基、酚羟基、氨基、酰氨基、羧基等），所以随着环境湿度变化易吸收水分或解吸水分，进而对生物质材料的尺寸稳定性和力学性能产生重要影响，这应受到关注。

（2）纤维素的溶解性

纤维素虽然含有丰富的亲水性羟基，但由于纤维素化学结构规整易结晶，加之大多数羟基形成分子内或分子间氢键，致使纤维素分子链间形成高度有序的"网络状"结构，因此纤维素不溶于水和普通有机溶剂，也不能熔融。然而纤维素的许多应用，诸如改性、衍生化、溶液纺丝、成膜化加工等需要纤维素能够溶解在一定的溶剂或溶剂体系中。因此采用合适方法和有效、安全、经济的溶剂体系是纤维素科学与纤维素材料发展的关键。110多年以来，人们一直使用传统的 $NaOH/CS_2$ "溶剂体系"，通过 CS_2 在碱性下使纤维素黄原酸酯化而溶解，最后再生出纤维素产品（黏胶法），但是黏胶法存在副反应多、污染环境等问题，在发达国家已经停止使用。

自1939年人们发现三甲基氧化胺、三乙基氧化胺等叔胺氧化物可以作为纤维素的溶剂以来，关于溶解纤维素的有机溶剂体系的研究与开发应用引起了人们的广泛重视。1967年美国柯达公司首次将 N-甲基吗啉-N-氧化物（NMMO）作为纤维素溶剂，通过 NMMO 中很强的偶极基团（N^+O^-）与纤维素发生氢键化作用，破坏纤维素内原有的分子间氢键，使纤维素在130℃高温下完全溶解；后来 McCorsley 又发展了 $NMMO/H_2O$ 溶剂体系，成功实现采用溶剂法再生纤维素并纺织出纤维素纤维。此后美国的 Enka、英国的 Courtaulds、奥地利的 Lenzing、德国的 TITK 等公司和机构采用该方法，开发出了多种商业纤维素纤维，这些纤维都称之为 Lycoll。因为 Lycoll 纤维的强度高（尤其是在湿态下）和优异的尺寸稳定性，被称之为"天丝"或"21世纪纤维"。虽然 NMMO 系溶剂已经商业化应用，但由于溶剂价格昂贵、工艺要求苛刻，Lycoll 纤维的生产并未大规模工业化，年产量约10万吨。

溶解纤维素的溶剂体系根据体系中是否含水可分为水体系溶剂和非水体系溶剂。水体系溶剂可分为无机酸类、Lewis 酸类、无机碱类、有机碱类、配合物类和复合型六种；而非水体系则是根据体系中含有的组分数分类，分为一元非水溶剂体系、二元非水溶剂体系和三元非水溶剂体系三种。对于目前常见的纤维素溶剂体系总结于表 2-4 中。

表 2-4 主要的纤维素溶剂体系

纤维素溶剂体系类别		溶剂体系名称
水体系溶剂	无机酸类	65%～80%的硫酸，40%～42%盐酸，73%～83%磷酸，84%硝酸等
	Lewis 酸类	氯化锂溶液，氯化锌溶液，高氯酸铍溶液，硫代氰酸盐溶液，碘化物溶液，溴化物溶液等
	无机碱类	氢氧化钠溶液，肼(联氨)等
	有机碱类	三甲基氧化胺，三乙基氧化胺，N-甲基吗啉-N-氧化物，N,N-二甲基环己胺-N-氧化物等
	配合物类	铜氨溶液，铜乙二胺溶液，钴乙二胺溶液，锌乙二胺溶液，铁-酒石酸-钠配合物溶液等
	复合型	二硫化碳/氢氧化钠溶液，氢氧化锂/尿素溶液，氢氧化钠/尿素溶液，氢氧化钠/硫脲溶液，纤维素氨基甲酸酯/碱溶液等
非水体系溶剂	一元非水体系溶剂	三氟乙酸，乙基吡啶化氯，无水 N-甲基吗啉-N-氧化物，无水 N,N-二甲基环己胺-N-氧化物，以及由烷基吡啶或双烷基咪唑与 BF_4^-、PF_6^-、NO_3^-、Cl^- 等阴离子组成的离子液体等
	二元非水体系溶剂	二甲基甲酰胺/四氧化二氮，二甲亚砜/四氧化二氮，N,N-二甲乙酰胺/四氧化二氮，氯化锂/N,N-二甲乙酰胺，液氨/硫氰化铵，二甲亚砜/甲胺，二甲亚砜/多聚甲醛，二甲亚砜/三氯乙醛等
	三元非水体系溶剂	二甲亚砜/三乙胺/二氧化硫，二甲基甲酰胺/三乙胺/二氧化硫，二甲亚砜/亚磺酰氯/二氧化硫，二甲基甲酰胺/三乙胺/二氧化硫等

纤维素在上述溶剂体系溶解过程中，如果通过衍生化反应实现溶解的溶剂体系被称之为衍生化溶剂，例如三氟乙酸、二甲基甲酰胺/四氧化二氮、二甲亚砜/多聚甲醛、二硫化碳/氢氧化钠/水溶液、二甲亚砜/三乙胺/二氧化硫等；如果纤维素的溶解不是通过衍生化实现的溶剂体系被称之为非衍生化溶剂，例如 10%氢氧化钠溶液、60%氯化锌溶液、氯化锂/N,N-二甲乙酰胺、氨/硫氰化铵、氢氧化锂/尿素/水溶液、氢氧化钠/尿素/水溶液、氢氧化钠/硫脲/水溶液等。

2.3 纤维素化学

从分子结构来看，纤维素大分子上除端基外存在两种能参与化学的功能基：分子结构中联结葡萄糖剩基的苷键和葡萄糖剩基上的三个自由羟基。除燃烧外，几乎纤维素所有的化学反应都与两个基团相关。例如，强无机酸对纤维素的作用、降解等就是与纤维素分子结构中联结葡萄糖剩基的苷键有关的化学反应；对染料和水分的吸附、氧化、酯化、醚化、交联和接枝等都是与纤维素分子结构中的三个自由羟基有关的化学反应。

纤维素是一种天然有机高分子，它的相关化学反应与其他高分子物质的聚合物化学反应类似，主要表现为：①纤维素反应与对应功能基的低分子化合物的反应类型相似，故一般低分子化学反应也适用于聚合物，包括氧化、还原、取代、酯化、醚化、水解等；②纤维素化学反应产物复杂，纤维素大分子链在物理或化学因素作用下，往往伴随着降解或交联反应，或两者兼而有之，因此，反应过程中聚合度常伴有不同程度的变化；③结晶度对纤维素化学反应影响甚大，由于纤维素存在较高的结晶程度（植物纤维素的结晶度在 46%～63%），反应物很难扩散进入结晶区，致使纤维素的化学反应往往只发生于非晶区，反应不均一且多为非均相反应。

2.3.1 纤维素化学反应的可及度与反应性

纤维素化学反应的可及度是指反应试剂抵达纤维素羟基的难易程度。在纤维素的多相（非均相）反应中，纤维素的可及度主要受纤维素结晶区与非结晶区比例的影响。对于高结晶度纤维素的羟基，反应试剂只能抵达其中的 $10\% \sim 15\%$，因此普遍认为，大多数反应试剂只能穿透纤维素的非结晶区，而不能进入紧密的结晶区。通常人们将纤维素的非结晶区称为纤维素的可及区。纤维素化学反应的可及度还取决于化学试剂的性质和空间位阻大小。可以理解，体积小、无支链、高反应性的化学试剂，不仅容易进入纤维素的非结晶区，还容易逐渐进入纤维素有序的"网络"内，破坏分子链间的氢键，例如二硫化碳、氢氧化钠、氢氧化锂、环氧乙烷、氯代乙酸等，它们均能够在多相体系中与纤维素羟基反应，形成高取代度的纤维素；如果化学试剂的体积大、多侧基或支链，例如 3-氯-2-羟丙基二乙胺、对-硝基-氯甲苯等，即使采用活化的纤维素，它们也只能达到纤维素的结晶区表面，而生成低取代度的衍生物。因此，在评价纤维素的可及度时，既要注意纤维素的来源和超分子结构，还需要注意处理试剂的结构、性质、体积等因素以及处理方式。

纤维素的反应性主要指纤维素大分子里葡萄糖残基上三个羟基的反应能力。尽管影响纤维素反应活性的因素很多，在多数情况下，伯羟基的反应能力要比相同条件下的仲羟基高，即纤维素分子链中 C_6 的羟基活性高于 C_2 和 C_3 上的羟基。尤其在与较大位阻的试剂反应时，由于伯羟基位阻小、运动较为自由，它的反应活性明显大于仲羟基。例如纤维素与甲苯磺酰氯的酯化反应主要发生在伯羟基。对于纤维素衍生物的取代基分布测定表明：纤维素羟基的反应活性还与反应类型和反应介质相关，对于可逆反应主要发生在 C_6 上的羟基，而不可逆反应主要发生在 C_2 羟基。因此，在纤维素的酯化反应中 C_6 羟基的反应活性最高，对于纤维素醚化反应 C_2 羟基反应活性最高；碱性介质中主要是纤维素仲羟基的化学反应，在酸性介质中有利于伯羟基的化学反应。注意：在纤维素的醚化反应中，首先是羟基的离子化与稳定，加上取代基的邻位效应（位阻），使得纤维素三个羟基的活性顺序为 C_2 羟基＞C_3 羟基＞C_6 羟基，亦即 C_2 羟基和 C_3 羟基虽都属于仲羟基，但由于所处位置的空间位阻不同，C_2 羟基的反应能力大于 C_3 羟基。

2.3.2 纤维素的主要化学反应

纤维素的化学反应是纤维素的衍生化和改性以及功能性纤维素基材料制备的基础，纤维素所涉及的主要化学反应如下。

（1）纤维素的酯化反应

纤维素酯是纤维素的一个重要衍生物，在众多工业领域得到广泛应用。通过纤维素羟基与有机酸或者无机酸反应可制得相应的纤维素酯，除与异氰酸酯的反应外，纤维素与酸的酯化反应可用如下通式表示：

$$Cell—OH + HO—\overset{\overset{X}{\|}}{Z}—Y \longrightarrow Cell—O—\overset{\overset{X}{\|}}{Z}—Y + H_2O$$

式中，Z 可以是 C、S=O、O=S=O、O=P—OH、O=N=O、N=O、Ti(OH)$_2$、B—OH 等；X 可以是 O 或 S；Y 可以是烷基、苯基、烯基或者它们的衍生基团，或者 —OH，或者 —SH，或者为空；Cell 表示纤维素分子骨架，下略。

纤维素与异氰酸酯反应形成纤维素氨基甲酸酯可用下式表示：

$$Cell—OH + OCN—R \longrightarrow Cell—O—\overset{\overset{O}{\|}}{C}—NH—R$$

式中，R 为烷基或者苯基或者它们的衍生基团。

上述酯化反应可以用酸酐、酰氯、磺酰氯、磷酰氯代替。根据使用的酸的种类，纤维素酯可分为有机酯和无机酯。常见的纤维素无机酯的种类有硫酸酯、硝酸酯、黄原酸酯和磷酸酯四大类。常见的纤维素有机酯可分为酰基酯、氨基甲酸酯、磺酰酯和脱氧卤代酯四类。酰基酯是纤维素与有机酸或者有机酸酐或者酰氯反应形成的酯，常见的有乙酯、丙酯、丁酯、异丁酯、戊酯、十二酯、十六酯、十八酯，或者它们的混合酯等。氨基甲酸纤维素酯主要是异氰酸酯与纤维素羟基反应得到的产物，工业应用中最常见的是用作织物拒水处理的氨基甲酸十八烷基纤维素酯和用于制备除草剂的纤维素芳异氰酸酯。常见的纤维素磺酰酯主要有甲苯磺酰酯、甲基磺酰酯和苯磺酰酯，由纤维素与对应的磺酰氯反应得到。纤维素脱氧卤代酯是纤维素磺酰酯用碘化钠卤化，或者在无水吡啶中与卤化氢反应，或者在 N,N-二甲基甲酰胺存在下与无机卤化物反应得到。

（2）纤维素的醚化反应

纤维素醚是纤维素的另一个重要衍生物，其制备方法主要有三个：Williamson 醚化反应、碱催化烷氧基化反应和碱催化 Michael 加成反应。

① Williamson 醚化反应。其原理是用碱处理纤维素先制备成碱纤维素，再经过卤代烃烷基化得到，用反应式表示如下：

$$Cell—OH + NaOH + RX \longrightarrow Cell—OR + NaX + H_2O$$

式中，X 是 Cl 或 Br，以 Cl 使用最多；R 是烷基或者烷基衍生基团，最常见的是甲基、乙基和羧甲基。

在利用 Williamson 醚化反应制备纤维素醚时，都存在卤代烃与氢氧化钠反应形成小分子醇以及醇与卤代烃反应形成小分子醚的两个副反应。采用 Williamson 醚化反应主要制备甲基纤维素、乙基纤维素和缩甲基纤维素，也可用于制备苄基纤维素（苯甲基纤维素）。应当说明，在制备苄基纤维素时，由于引入了位阻很大的苄基，反应主要发生在纤维素 C_6 位置上的羟基上。另外，虽然可合成出苯基纤维素，但由于氯苯中氯-苯环之间强烈的共轭效应，苯基纤维素的制备并不是通过氯苯与纤维素通过 Williamson 醚化反应制备，而是苯酚钠与纤维素甲苯磺酰酯反应得到。

② 碱催化烷氧基化反应。其原理是在有机稀释剂（丙酮、四氢呋喃等）存在下，碱纤维素与环氧烷通过 SN2 亲核取代反应制得羟烷基纤维素醚，用反应式表示如下：

$$Cell—OH + H_2C\underset{O}{\overset{}{\diagdown\!\!\diagup}}CH—R \xrightarrow{NaOH} Cell—OCH_2—\underset{OH}{\overset{}{C}}H—R$$

式中，R 是烷基或氢，最常见的环氧烷是环氧乙烷和环氧丙烷。

在利用碱催化烷氧基化反应制备羟烷基纤维素醚时，存在环氧烷水解形成二元醇（乙二醇、1,2-丙二醇等）、醇钠、多缩乙二醇、多缩丙二醇等副反应。采用碱催化烷氧基化反应主要制备羟乙基纤维素醚和羟丙基纤维素醚。

③ 碱催化 Michael 加成反应。其原理是在碱存在下，碱纤维素与丙烯腈发生 Michael 加成反应，制得氰乙基纤维素醚，用反应式表示如下：

$$Cell—OH + H_2C\!\!=\!\!CH—CN \xrightarrow{NaOH} Cell—O—CH_2—CH_2—CN$$

在利用碱催化 Michael 加成反应制备氰乙基纤维素时，存在较多的副反应，例如丙烯腈与水或氢氧化钠反应生成氰基乙醇、丙烯酰胺、丙烯酸钠等副反应，为此要严格控制反应体系的反应温度、碱浓度、体系水含量等，以尽量减少副反应。

（3）纤维素的接枝反应

纤维素的接枝反应主要通过链式聚合反应或逐步聚合反应实现，主要的实施方法有自由基接枝、离子接枝、加成接枝和缩合接枝等。纤维素接枝后，不仅保留纤维素主要的优良特征，同时又赋予所接枝聚合物的新性能，诸如耐磨性、尺寸稳定性、胶接性、吸水性、阻燃性等，使纤维素的应用领域大大增加。

① 自由基接枝。纤维素的自由基接枝是通过自由基链式反应在纤维素分子的某些位置连接上一定长度的乙烯基链段。进行自由基接枝首先要产生自由基（即链引发），可以通过各种方法诸如化学方法、高能辐射、光照射、等离子体辐射等方法获得自由基，进而引发乙烯基单体的聚合，形成接枝。

在各种链引发方法中，采用氧化-还原体系最为常见，它通过高价金属离子 X^{n+}（例如三价锰盐、四价锰盐、四价铈盐、五价钒盐等）与纤维素上的羟基发生氧化-还原反应，使纤维素大分子产生自由基，用反应式表示如下：

$$X^{n+} + H\text{—}Cell \longrightarrow Cell\cdot + X^{(n-1)+} + H^+$$

使纤维素大分子产生自由基还可以通过过氧化物（例如过氧化氢、过硫酸盐、过氧化苯甲酰等）分解产生初级自由基，初级自由基再抽取纤维素大分子上的氢，而使纤维素大分子产生自由基，用反应式表示如下：

$$R\text{—}O\text{—}O\text{—}R' \longrightarrow 2R\text{—}O\cdot$$

$$R\text{—}O\cdot + H\text{—}Cell \longrightarrow Cell\cdot + R\text{—}OH$$

通过纤维素分子上羟基的衍生化，在纤维素大分子上引入过氧基或者重氮盐基，再热分解产生自由基，用反应式表示如下：

$$Cell\text{—}CH_2OH \longrightarrow Cell\text{—}\overset{\overset{\large O}{\|}}{C}\text{—}OH$$

$$Cell\text{—}\overset{\overset{\large O}{\|}}{C}\text{—}OH + H_2O_2 \longrightarrow Cell\text{—}\overset{\overset{\large O}{\|}}{C}\text{—}OOH + H_2O$$

$$Cell\text{—}\overset{\overset{\large O}{\|}}{C}\text{—}OOH \longrightarrow Cell\text{—}\overset{\overset{\large O}{\|}}{C}\text{—}O\cdot + HO\cdot$$

或者

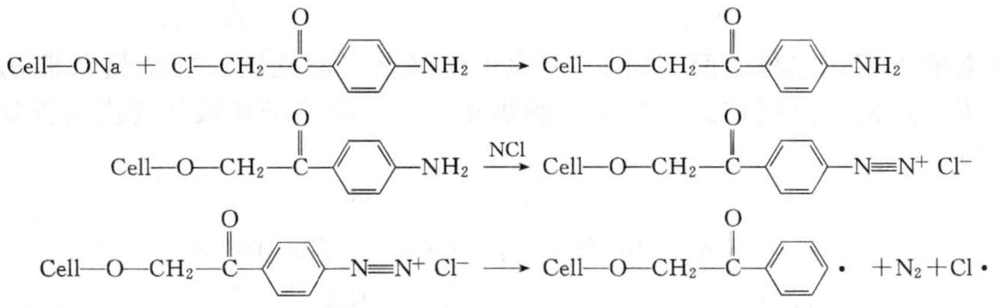

通过引入光敏剂，或者采用高能辐射或等离子体辐射，均可在纤维素大分子上产生自由基。

在纤维素大分子上通过上述方法产生纤维素大分子自由基后，就可以引发乙烯基单体，进而接枝到纤维素大分子上，其接枝反应历程如下：

链引发

$$Cell\cdot + M \longrightarrow Cell\text{—}M\cdot$$

链增长（链接枝）

$$Cell\text{—}M\cdot \xrightarrow{+M} Cell\text{—}MM\cdot \xrightarrow{+M} \cdots \xrightarrow{+M} Cell\text{—}(M)_n\text{—}M\cdot$$

链终止，主要通过金属离子分解聚合物自由基或者自由基双基终止实现

$$Cell\text{—}(M)_n\text{—}M\cdot + X^{n+} \longrightarrow Cell\text{—}(M)_n\text{—}M + X^{(n-1)+} + H^+$$

$$\text{Cell}\!-\!\!(\text{M})_{\overline{n}}\text{M} \cdot \ + X^{(n-1)+} + H^+ \longrightarrow \text{Cell}\!-\!\!(\text{M})_{\overline{n}}\text{M}\!-\!\text{H} + X^{n+}$$

$$\text{Cell}\!-\!\!(\text{M})_{\overline{n}}\text{M} \cdot \ + \ \text{Cell}\!-\!\!(\text{M})_{\overline{n}}\text{M} \cdot \longrightarrow 接枝产物$$

通过上述纤维素大分子自由基产生过程以及自由基接枝反应历程可见，纤维素的自由基接枝反应十分复杂。除了上述反应外，由于体系存在各种小分子自由基（初级自由基），它们也能够引发单体均聚，同时还存在多种复杂的链转移反应。

② 离子接枝。通过离子引发纤维素与乙烯基单体接枝的研究应用不多，在纤维素的接枝产物中所占比例也不大，并且以阴离子接枝聚合为主。但是，离子接枝可以大大减少甚至消除接枝单体均聚物、能够有效控制接枝的侧链分子量和取代度、接枝反应重复性好等自由基接枝所不具备的优点。

纤维素阴离子接枝通过碱纤维素或者纤维素碱金属化合物与丙烯腈、苯乙烯、丙烯酰胺或其他乙烯基单体反应。以丙烯腈的接枝为例，阴离子接枝的反应历程如下：

链引发

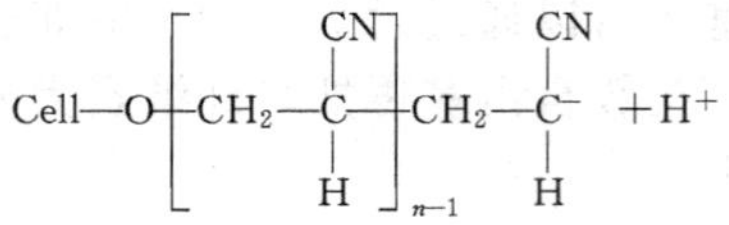

链增长（链接枝）

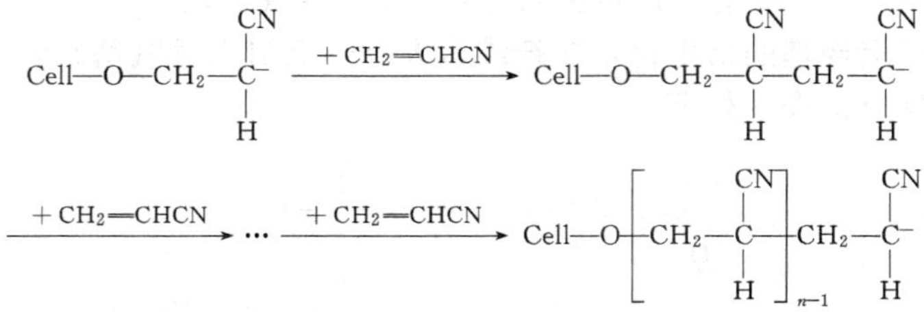

链终止，主要通过加入链终止剂实现

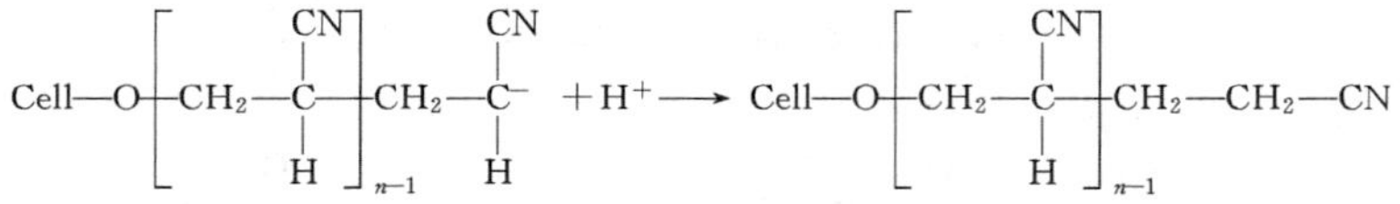

纤维素的阳离子接枝主要利用 BF_3、$TiCl_4$ 等金属卤化物，在微量共催化剂存在下，形成碳正离子，进而引发接枝。以异丁烯的接枝为例，阳离子接枝的反应历程如下：

链引发

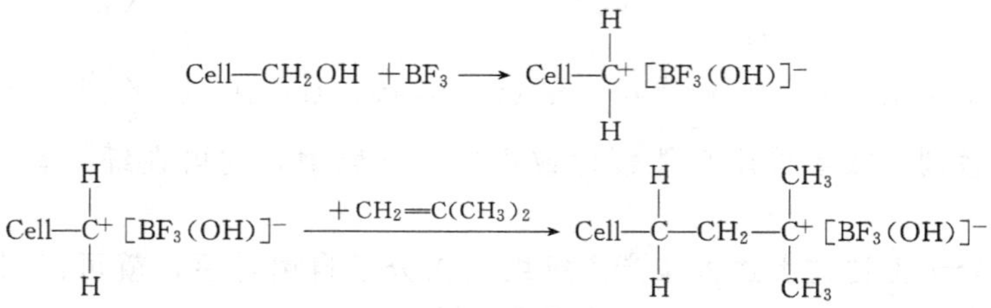

链增长（链接枝）

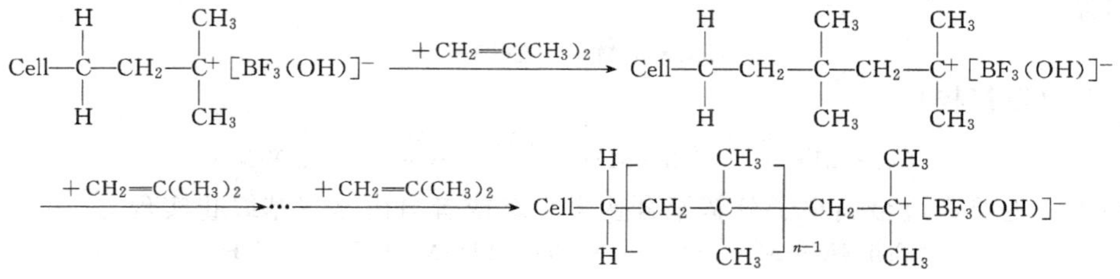

链终止，通过链碳正离子与反离子形成共价键终止，也可加入链终止剂实现终止。

$$\text{Cell}-\underset{\underset{H}{|}}{\overset{\overset{H}{|}}{C}}-[CH_2-\underset{\underset{CH_3}{|}}{\overset{\overset{CH_3}{|}}{C}}]_{n-1}-CH_2-\underset{\underset{CH_3}{|}}{\overset{\overset{CH_3}{|}}{C^+}}[BF_3(OH)]^- \longrightarrow \text{Cell}-\underset{\underset{H}{|}}{\overset{\overset{H}{|}}{C}}-[CH_2-\underset{\underset{CH_3}{|}}{\overset{\overset{CH_3}{|}}{C}}]_{n-1}-CH_2-\underset{\underset{CH_3}{|}}{\overset{\overset{CH_3}{|}}{C}}-OH+BF_3$$

③ 缩合或加成接枝。通过纤维素羟基的缩合反应或加成反应实现纤维素的接枝。例如纤维素与环氧化合物或内酰胺等环状单体的接枝，纤维素也可以通过二异氰酸酯实现与聚乙二醇的接枝等。前者属于环状单体开环加成聚合，其本质可能是离子聚合，因为接枝反应过程中往往要加入引发剂；后者是通过采用接枝共聚实现纤维素-聚合物之间的接枝反应，只要任何与纤维素羟基和聚合物能发生有效反应的双官能团或多官能团物质都可用作接枝共聚，常见的有多异氰酸酯、二酰氯、二磺酰氯、二羧酸等，但要注意接枝共聚的活性、反应工艺、接枝方法等因素，否则容易造成纤维素的交联、接枝效率低等问题。以六亚甲基二异氰酸酯（HDI）为例，说明纤维素与聚乙二醇单醚的接枝原理，如下反应式表示：

$$OCN-(CH_2)_6-NCO + HO-[CH_2CH_2]_{n-1}-O-CH_2CH_2-O-R \longrightarrow$$

$$OCN-(CH_2)_6-NH-\overset{\overset{O}{\|}}{C}-O-[CH_2CH_2]_{n-1}-O-CH_2CH_2-O-R$$

$$\text{Cell}-OH + OCN-(CH_2)_6-NH-\overset{\overset{O}{\|}}{C}-O-[CH_2CH_2]_{n-1}-O-CH_2CH_2-O-R \longrightarrow$$

$$\text{Cell}-O-\overset{\overset{O}{\|}}{C}-NH-(CH_2)_6-NH-\overset{\overset{O}{\|}}{C}-O-[CH_2CH_2]_{n-1}-O-CH_2CH_2-O-R$$

（4）纤维素的交联

线型纤维素大分子链间以共价键连接成网状或体型聚合物分子的反应称为纤维素交联。纤维素的功能基主要是羟基，因此其交联化主要通过双官能度分子或者树脂与羟基缩聚反应或加聚反应来实现。纤维素交联以后，分子链之间形成了比氢键更为牢固的化学键连接，因此其力学强度、尺寸稳定性、耐溶剂性、化学稳定性等方面均有改善，但交联也会使纤维素的一些性能劣化，例如硬度和脆性增加、冲击强度降低、回弹性和耐磨性变差等。关于纤维素交联以后的性能变化与交联剂的种类、交联程度等密切相关，因此须辩证地看待纤维素的交联与性能关系。

能与纤维素羟基反应的功能基种类主要有醛基、羟甲基、环氧基、酸酐、羧基、酰氯、磺酰氯、异氰酸酯基、乙烯基、卤代烃等。含有两个（及以上）上述功能基的化合物或者树脂，或者只含有一种上述功能基但具有两个（以上）官能度的化合物或者树脂，都能与纤维素羟基发生交联反应。

① 醛基。主要种类有甲醛、乙二醛、戊二醛、α-羟基己二醛等，其中甲醛是应用最早和最多的醛类交联剂，它们的交联反应实质是醛醇缩醛结构，如下反应式：

$$\text{Cell}_1-OH + H-\overset{\overset{O}{\|}}{C}-H + HO-\text{Cell}_2 \longrightarrow \text{Cell}_1-O-CH_2-O-\text{Cell}_2$$

$$\text{Cell}_1-OH + OHC-R-CHO + HO-\text{Cell}_2 \longrightarrow \text{Cell}_1-O-\underset{\underset{CH_2}{|}}{\overset{\overset{RCHO}{|}}{}}-O-\text{Cell}_2$$

② 羟甲基。常见含有羟甲基的化合物有二羟甲基脲、三羟甲基脲、二羟甲基亚乙基脲、二羟甲基亚丙基脲、二羟甲基二羟亚乙基脲、三羟甲基三聚氰胺（三羟甲基蜜胺）、六羟甲基三聚氰胺、亚乙基双（N-羟甲基氨基甲酸酯）、二羟甲基苯酚、三羟甲基苯酚、二羟甲基甲酰胺、二羟甲基乙酰胺、羟甲基丙烯酰胺等；常见的含有羟甲基的树脂有尿素-甲醛树脂（脲醛树脂）、三聚氰胺-甲醛树脂、三聚氰胺改性脲醛树脂、酚醛树脂、硫脲-甲醛树脂、聚

羟甲基丙烯酰胺等。它们对纤维素的交联反应式如下：

$$Cell_1—OH + HO—CH_2—R—CH_2—OH + HO—Cell_2 \longrightarrow$$
$$Cell_1—O—CH_2—R—CH_2—O—Cell_2 + 2H_2O$$

③ 环氧基。含有环氧基并能与纤维素羟基交联的物质主要是环氧树脂，或者是环氧树脂单体（主要是环氧氯丙烷）。它们对纤维素的交联反应式如下。

采用环氧树脂实现交联：

$$Cell_1—OH + \underset{O}{CH_2{-}CH}—R—\underset{O}{CH{-}CH_2} + HO—Cell_2 \longrightarrow$$

$$Cell_1—O—CH_2—\underset{OH}{CH}—R—\underset{OH}{CH}—CH_2—O—Cell_2$$

采用环氧氯丙烷实现交联：

$$Cell_1—OH + \underset{O}{CH_2{-}CH}—CH_2Cl \longrightarrow Cell_1—O—CH_2—\underset{OH}{CH}—CH_2Cl$$

$$Cell_1—O—CH_2—\underset{OH}{CH}—CH_2Cl \xrightarrow{NaOH} Cell_1—O—CH_2—\underset{O}{CH{-}CH_2}$$

$$Cell_1—O—CH_2—\underset{O}{CH{-}CH_2} + HO—Cell_2 \longrightarrow Cell_1—O—CH_2—\underset{OH}{CH}—CH_2—O—Cell_2$$

④ 酸酐。主要有马来酸酐、邻苯二甲酸酐等，在酸性催化剂下实现纤维素交联：

$$Cell_1—OH + [邻苯二甲酸酐] + HO—Cell_2 \longrightarrow Cell_1—O—C(=O)—[苯环]—C(=O)—O—Cell_2$$

⑤ 酰氯与磺酰氯。借助于酰氯或磺酰氯的高活性，与纤维素羟基的进行酯化，从而实现纤维素的交联，其反应式与酸酐接枝纤维素类似：

$$Cell_1—OH + Cl—X—R—X—Cl + HO—Cell_2 \longrightarrow Cell_1—O—X—R—X—O—Cell_2 + 2HCl$$

式中，X 为碳时表示酰氯，X 为硫时表示亚磺酰氯，X 为 S=O 时表示磺酰氯。

⑥ 异氰酸酯基。常见的含异氰酸酯基的化合物有 TDI（2,4-甲苯二异氰酸酯或 2,6-甲苯二异氰酸酯）、MDI（4,4'-二苯甲烷二异氰酸酯）、NDI（1,5-萘二异氰酸酯）、PAPI（多亚甲基多苯基多异氰酸酯）等；脂肪族类的主要有：HDI（六亚甲基二异氰酸酯）、HMDI（4,4'-二环己基甲烷二异氰酸酯）、IPDI（异佛尔酮二异氰酸酯）、HDI（六亚甲基二异氰酸酯）、HMDI（氢化 MDI）等；含有异氰酸酯基的树脂由上述异氰酸酯单体与聚醚多元醇、聚酯多元醇、蓖麻油等多元醇反应得到端异氰酸酯基的聚氨酯预聚体。通过异氰酸酯与羟基的反应实现纤维素的交联：

$$Cell_1—OH + OCN—R—NCO + HO—Cell_2 \longrightarrow Cell_1—O—C(=O)—NH—R—NH—C(=O)—O—Cell_2$$

⑦ 乙烯基。乙烯基在碱性条件下能与纤维素发生 Michael 加成反应形成醚键，通常通过乙烯基实现纤维素交联时需要另一个功能基（诸如羟甲基或异氰酸酯）配合才能实现。乙烯基与纤维素的反应如下：

$$Cell_1—OH + CH_2{=}CH\sim\sim \xrightarrow{NaOH} Cell_1—O—CH_2—CH_2\sim\sim$$

⑧ 卤代烃，与乙烯基类似。卤代烃在碱性条件下能与纤维素发生 Williamson 醚化反应形成醚键，通常卤代烃中会含有另一种功能基（诸如环氧基、羟甲基或异氰酸酯等），以实现纤维素的交联。反应式如下：

$$\text{Cell}_1\text{—OH} + \text{X—CH}_2\text{\textasciitilde} + \text{NaOH} \longrightarrow \text{Cell}_1\text{—O—CH}_2\text{\textasciitilde}$$

（5）纤维素的氧化

当纤维素完全氧化（充分燃烧）时，纤维素转化为水和二氧化碳。纤维素作为有机高分子，在储存、使用和加工过程中，会被逐渐氧化。通过认识纤维素的氧化反应，对预防和利用氧化反应都具有积极意义。纤维素氧化分为选择性氧化和非选择性氧化。前者是通过使用合适氧化能力的氧化剂和氧化条件，使纤维素在特定位置发生特定形式的氧化，从而将纤维素中的羟基衍化成醛基、酮基、羧基，或者吡喃糖基开环（不影响纤维素的聚合度），生成不同性质的水溶性氧化物或者不溶性氧化物，称之为氧化纤维素；后者是在较强的氧化剂或者氧化条件下，使纤维素多个位置氧化，并伴随着氧化降解。纤维素主要的选择性氧化是使用高碘酸盐、四氧化二氮等氧化剂，或者采用间接衍生法实现。木浆、棉质织物采用过氧化氢、次氯酸钠、亚氯酸的漂白就是发生非选择性氧化，能够产生多种衍生物以及分子链断裂。

高碘酸盐氧化纤维素需要避光进行，适度的高碘酸盐氧化使纤维素的吡喃糖环在 C_2—C_3 位置开环，同时将 C_2 和 C_3 羟基氧化成醛基。过量高碘酸盐氧化还会使纤维素端基通过剥皮反应（脱甲酸或甲醛）而逐渐脱去，最终完全降解。有关反应式如下：

适度氧化

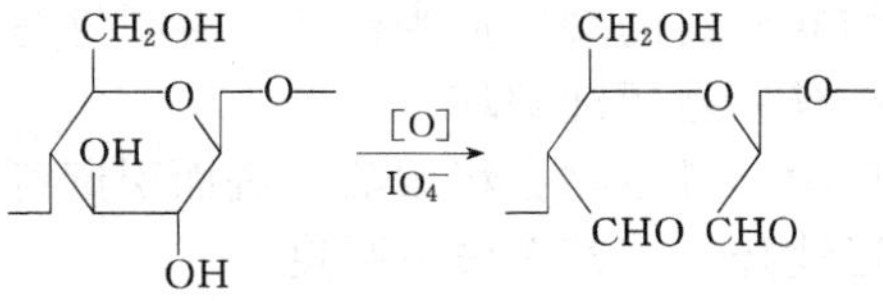

过度氧化

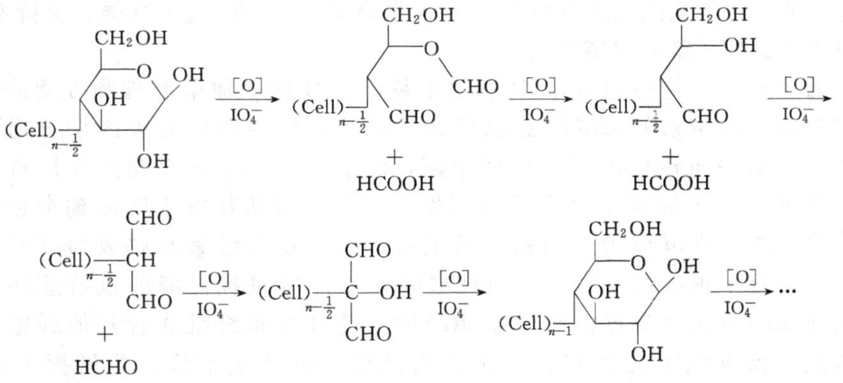

四氧化二氮氧化纤维素时，主要将吡喃糖环 C_6 羟甲基氧化成羧基，但它也能够将少量 C_6 羟甲基氧化成醛基，或者将少量 C_2 和 C_3 羟基氧化成醛基、羧基或者酮基。有关反应式如下：

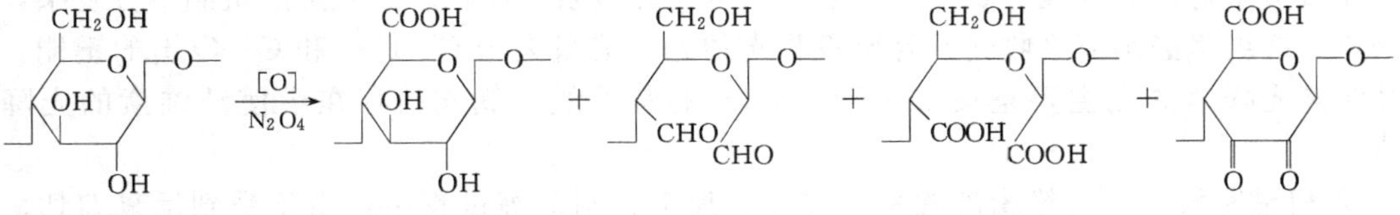

如只将纤维素 C_6 羟甲基氧化成醛基，则需要间接氧化方法才能实现：先将纤维素在 N,N-二甲基甲酰胺中用甲磺酰氯把 C_6 羟基用氯取代，再用叠氮化钠处理制得 6-叠氮-6-脱氧纤维素，最后经光解得到 6-醛纤维素，有关反应如下：

$$CH_2OH \xrightarrow{CH_3SO_2Cl} CH_2Cl \xrightarrow{NaN_3} CH_2N_3 \xrightarrow[h\nu]{H_2O} CHO$$

（6）纤维素的降解

纤维素的降解是指纤维素在微生物、酶、机械力、光、氧、水、热、辐射或者化学试剂中聚合度降低，甚至转化成小分子物质的过程。因此常见的纤维素降解有微生物降解、酶降解、光降解、机械降解、水解降解、热降解、高能辐射降解、化学降解等。

① 微生物降解。纤维素在自然界中能够被许多真菌、细菌、白放线菌等微生物所降解，产生水、二氧化碳和其他小分子。通过这些降解过程维持着生物圈碳元素的新陈代谢，使得生命得以不断延续。纤维素等所有生物质材料正是具备了这种可生物降解和循环再生的特点，既可避免材料废弃物对环境的污染，又可源源不断地循环再生，从而支撑未来人类的可持续发展。

纤维素的生物降解过程有两种。a. 从外逐渐向内破坏。主要是细菌等微生物，它们先黏附在纤维素纤维或其他纤维素材料表面上，从表面逐渐向内部增生，在细菌等微生物接触的区域，纤维素被消化，纤维或材料表面出现锯齿蚀痕。b. 从内向外破坏。主要是霉菌，它们在纤维素纤维或其他纤维素材料的端部最为活跃，会贯穿进入材料内部并不断生长，由内向外消化纤维素，最终使纤维素被侵蚀破坏。

纤维素被微生物降解过程中，微生物会释放酶，进而引起纤维素的酶降解。纤维素被微生物降解后，其力学强度会迅速降低，甚至失去强度。

② 酶降解。能够降解纤维素的酶称之为纤维素酶，在自然界中的纤维素酶降解主要伴存于微生物降解。纤维素酶可将纤维素水解成葡萄糖，其降解选择性强，但降解条件温和，是一种干净无污染的纤维素水解方法。

纤维素酶主要有三种酶组分-内切-β-葡聚糖酶、外切-β-葡聚糖酶和β-葡糖苷酶。目前认为，纤维素酶对纤维素的水解降解机理如下：结晶纤维素首先被内切-β-葡聚糖酶攻击生成无定型纤维素进而转化成可溶性低聚糖，然后被外切-β-葡聚糖酶作用直接形成葡萄糖；也可被纤维二糖水解酶水解成纤维二糖，再被β-葡糖苷酶水解成葡萄糖。内切-β-葡聚糖酶不能将纤维素水解成为葡萄糖，其主要作用是将纤维素水解成为纤维二糖和纤维三糖。酶降解过程中提高纤维素的水溶性或降低结晶度可提高酶的水解速率，但纤维素取代衍生化使酶降解速率降低。纤维素酶降解将使纤维素纤维或者其他纤维素材料的碱润胀程度增加、易发生横向裂解、抗拉强度降低、聚合度下降、质量损失并产生还原性糖。

③ 光降解。太阳光或者紫外线照射棉纱、棉质织物、木材等物质，尤其是伴随着湿气和氧气，能够使它们的强度和聚合度降低、水溶性产物增加、出现羰基和羧基。棉纱和棉质织物在石英汞灯（紫外线）长时间照射下，可使纤维素变成粉末。光降解机制十分复杂，但有一点：纤维素必须要吸收光并且所吸收光的光子能量大于C—C键和C—O键的键能。引起纤维素光降解的光主要是波长小于340nm的紫外线。氧气的存在会使纤维素的光降解加速。

④ 机械降解。在纤维素的提取、纯化、加工、制造等过程中，由于受到反复剪切、拉伸、压缩或捶打等机械力的作用，使纤维素的物理性质和化学性质发生了较大改变，例如纤维素分子链变短、纤维束分散、还原性端基增加、聚合度和结晶度降低、强度也降低、反应可及度增加等。例如，棉花纤维在加工成棉纱的过程中，经受了大量磨损，造成一定程度的

降解，聚合度减少了 26% 左右。

纤维素的机械降解主要指纤维素经过机械球磨发生的降解。球磨过程产生压缩和剪切相结合的应力，在局部超过共价键的强度时，引起化学键断裂，使纤维素降解。球磨产生的机械能通过两条途径作用到纤维素样品上：一是能量的吸收；二是能量的扩散。如果球磨产生的动能只被扩散，不会引起纤维素聚合度的下降和还原性端基的增加。如果球磨产生的动能被样品吸收，可克服分子间作用力，如氢键、范德华力等，并引起共价键断裂，使纤维束分散，聚合度下降。

⑤ 水解降解。纤维素的水解降解有：酸水解、酶水解和微生物水解三类。酸水解和酶水解用于生产各种糖浆，进而转变为乙醇和其他化学产品；微生物水解则主要生产动物饲料用单细胞蛋白。纤维素的酸水解是纤维素在合适的氢离子浓度、温度和时间作用下，使纤维素糖苷键断裂、聚合度降低。如纤维素部分水解，其产物称之为水解纤维素；若完全水解，产物就是葡萄糖。纤维素的酸水解可以在浓酸中（41%～42%盐酸、65%～70%硫酸或者80%～85%磷酸等）均相水解，产物为葡萄糖、不完全解聚的多糖、单糖以及葡萄糖与酸的复合物；也可采用稀酸条件下高温高压非均相水解纤维素，这种方法可将纤维素完全水解成葡萄糖；还可采用乙醇、无水氢氟酸等非水介质来水解纤维素。

⑥ 热降解。纤维素及其衍生物在高于 120℃ 时就很不稳定，易分解出较小的挥发性分子；当温度高于 300℃ 时，纤维素转变为碳化物。而纤维素的热降解通常是在真空或者惰性气氛下干馏，产生炭化固体物、黏滞的热解油和部分气体或挥发分。纤维素热解得到的炭化固体物主要是炭和纤维素碎片；热解油主要是左旋葡聚糖和少量的 1,6-失水-D-呋喃葡萄糖、5-羟甲基糠醛、失水吡喃葡萄糖以及十余种多环烃；挥发分的组分多而复杂，可辨认和分离的主要成分就已达到 50 余种，有氢、甲烷、一氧化碳、二氧化碳等小分子，烃类、醇类、羰基化合物等中等分子量物质，左旋葡聚糖以及质量与葡萄糖单元相当的其他脱水物质等。因此，纤维素高温热降解是一系列非常复杂的反应。

⑦ 高能辐射降解。当高能辐射作用于纤维素分子时，如果辐射量子的能量大于一个电子的结合能，纤维素中最高占据分子轨道（HOMO）上的一个电子就会被移走（即电离），于是在原先的 HOMO 上留下一个不成对电子。具有不成对电子的原子、原子团或分子都被称为自由基。分子中少了一个电子而带正电荷，形成正离子。既带正电荷又有不成对电子的分子被称为自由基正离子，自由基正离子具有很高的反应活性。除产生自由基外，经过高能辐射的纤维素，其葡萄糖苷键因为键能较弱，最易发生断裂，进而使聚合度降低，同时生成多种气体产物（如 H_2、CH_4、H_2O、CO、CO_2 等）以及还原性葡萄糖分子、羰基化合物、羧基化合物等。纤维素的形态（粉末、膜状、浆状等）以及体系中的水分、氧、敏化剂含量、辐射剂量等因素都会影响纤维素的辐射降解程度。当 γ 辐射剂量大于 42kGy 时，纤维素的羰基、羧基和溶解度大大增加；当 γ 辐射剂量大于 8.3kGy 时，体系产生的自由基就足以用作乙烯基单体的接枝与交联；若纤维素分子中引入具有 π 电子结构的基团，可使纤维素降解的程度降低，例如在相同辐射条件下（γ 辐射、250kGy），纯棉纤维或者丝光化棉纤维断裂强度降低 65%～83%；棉纤维若经过苯甲酰化（取代度 0.8）、二苯甲基化（取代度 0.46）或三苯甲基化（取代度 0.3）后，断裂强度降低不足 20%。

⑧ 化学降解。在一些化学试剂存在下，通过试剂与纤维素的功能基团作用，会使纤维素聚合度、结晶度和力学性能降低。前面说到的纤维素选择性与非选择性氧化、衍生化溶剂的溶解等现象本质上都属于化学降解。因为未经处理的纤维素不溶于水，因此在纤维素的预处理、提取、纯化、衍生化、接枝、加工等过程中往往需要借助于化学试剂实现，因此化学降解不可避免地要存在。在纤维素衍生化或者棉质织物化学处理前，为了提高纤维素反应的

反应性、可及度和均一性，需要对纤维素进行一些化学预处理，以破坏纤维素的结晶区和氢键，释放结晶区内氢键化的羟基。常见化学预处理时所采用的化学试剂有氢氧化钠溶液、液氨、氯化锌、甲胺、乙胺、丙酮、乙醇等。

适当的化学预处理，主要使纤维素的结晶度降低、晶型转变、晶体尺寸减小、反应活性增加、反应可及度和均匀性增加，力学性能明显降低，同时也伴随着部分纤维素聚合度的降低；若化学预处理条件较为剧烈时（例如高温、长时间、高压、高浓度）且伴随着机械力的作用（研磨），会使纤维素的聚合度明显降低，例如在95℃下碱预处理纤维素，纤维素的氧化降解速度是20℃时的1000倍，而在160～180℃下碱预处理，可使纤维素糖苷键发生明显的碱性水解；若采用催化剂（无机强酸或有机强酸）并伴随着高温高压，可使纤维素在苯酚或聚乙二醇中发生较为全面的降解（液化），不溶不熔的纤维素转化为甲醇、丙酮等普通溶剂能溶解、加热可软化的液化产物，液化纤维素的反应点增加，可用作制备胶黏剂、热固性塑料或者聚氨酯等合成高分子原料。

2.4　纤维素的衍生物及应用

纤维素衍生物是人类开发应用最早的改性天然高分子。硝酸纤维素早在19世纪就已问世，由法国人布拉孔诺于1832年用浓硝酸与木材或棉花相作用而制得。1846年瑞典化学家舍恩拜通过"围裙着火"现象进行研究，发现使用硝酸/硫酸混合酸制得的硝酸纤维素的威力比黑火药大2～3倍，并用作炸药。1869年，海厄特用一定聚合度的硝酸纤维素加入樟脑和酒精，制成了赛璐珞，同年有人发现醋酸纤维素。受舍恩拜以硫酸为催化剂制备硝酸纤维素的启发，1879年，弗兰克曼以硫酸为催化剂制得了性质稳定的纤维素有机酯-纤维素三醋酸酯。1884年，夏尔多内伯爵首先采用硝酸纤维素溶液纺丝发明了人造丝，但硝酸纤维素人造丝极易燃烧，纺织厂的工人们把这种丝称为岳母丝。后来，相当部分的硝酸纤维素人造丝被性质稳定的醋酸纤维素代替。1903年，迈尔斯由纤维素三醋酸酯部分水解发现了纤维素二醋酸酯，并开始用它来制造塑料、薄膜、涂料、纤维等。从此，纤维素衍生物得到真正意义上的应用。

理论上讲，通过纤维素的羟基反应，纤维素能够形成多种衍生物，但工业上应用的纤维素衍生物就是纤维素酯和纤维素醚两种，因此，就纤维素而言，其衍生物是纤维素的羟基基团部分或全部被酯化或醚化而形成的一系列化合物。所以，本节将介绍纤维素酯和纤维素醚的性质和应用。

2.4.1　纤维素酯

纤维素酯根据其反应使用酯化剂的种类，可分为纤维素无机酸酯和纤维素有机酸酯。纤维素无机酸酯指纤维素与硝酸、硫酸、磷酸、黄原酸等无机酸或酸酐反应得到的酯，其中纤维素硝酸酯和纤维素黄原酸酯是最重要的、已广泛工业化生产的无机酯。而纤维素有机酸酯是纤维素与有机酸或酸酐等有机酯化剂反应得到的酯类，出于来源和经济的考虑，目前有价值并形成规模工业化生产的有醋酸纤维素、醋酸丙酸纤维素和醋酸丁酸纤维素，后两者属于纤维素混合酯。

2.4.1.1　纤维素无机酸酯

（1）纤维素硝酸酯

纤维素硝酸酯，通常被称为硝化纤维素，是一种由天然纤维素通过硝化衍生得到的重要工业产品。虽然硝化纤维素不是完全人工合成的，但它却是人类第一个通过人工行为从自然界中制备得到的可塑性聚合物。由于它具有快速干燥、与其他树脂相容性好等优点，引起了人们的极大兴趣，并对涂料工业的发展产生了很大的影响。虽然合成高分子得到迅猛发展和广泛应用，硝化纤维素仍然较为广泛地应用于涂料、胶黏剂、日用化工、皮革、印染、制药、磁带工业等领域。

目前，制备纤维素硝酸酯用纤维素主要是化学级木浆，只有个别特殊或者高黏度纤维素硝酸酯制备使用棉花纤维素。理论上说由于硝酸或者硝酸酐（N_2O_5）的活性大，在纤维素酯化时可以不用任何催化剂，但出于技术和经济上的因素（例如提高溶胀和酯化程度、硝化均匀、降低成本等），会加入适量的硫酸作为催化剂。工业上硝化剂的配比为：硝酸 20%～30%、硫酸 55%～65%、水 8%～20%。纤维素硝酸酯的酯化程度（γ）可用取代度（DS）或含氮量（$N\%$）表示，酯化程度、取代度和含氮量关系如下：

$$N\%=\frac{14DS}{162+45DS}\times 100 \quad 或 \quad \gamma=100DS$$

硝酸纤维素的许多性质都与酯化程度密切相关，例如溶解性、密度、延伸率、强度、偏振光下的颜色变化等。

由于工业生产纤维素硝酸酯采用硝酸/硫酸混合酸，产物中含有诸如硫酸酯、吸附混合酸（硝酸与硫酸）、游离混酸、低级硝化纤维、氧化或水解纤维素、其他聚糖硝酸酯等杂质，使得纤维素硝酸酯具有易燃不稳定的性质，易引起火灾，甚至有产生爆炸的危险。因此必须采取一些措施对纤维素硝酸酯进行纯化来实现稳定化，例如水洗除酸、用稀碳酸钠溶液中和酸等。有专利报道，采用硝酸镁、硝酸锌、胺类物质或者有机酸与硝酸混合作为硝化剂，或者向纤维素与硝酸混合液中通入二氧化氮和氧气替代硝酸/硫酸硝化剂，可以制得稳定的纤维素硝酸酯，同时还可避免纤维素纤维的凝胶化。为了保证储存和运输安全，硝酸纤维素需加入 30%左右的乙醇或水。

纤维素硝酸酯应用十分广泛，选用时以其含氮量及黏度为技术要求，含氮量低于 10.5%的硝酸纤维素溶解性很差，10.5%～11.2%的较多用于赛璐珞，而高于 12.3%时则易于分解爆炸，12.6%以上者常用以制造炸药、涂料工业用的硝酸纤维素含氮量为11.2%～12.2%，其中 11.7%～12.2%者更多。涂料工业所用硝酸纤维素有两种：R. S. 级（regular soluble，酯溶级）和 S. S. 级（spirit soluble，醇溶级）；前者含氮 11.7%～12.2%，主要用于制造硝基喷漆，后者含氮 10.7%～11.2%，主要用于制造醇溶性纸张涂料、铝箔涂料等。以上产品又有几种黏度规格。此外，硝酸纤维素还用于制造铅笔漆、透布油、修正液、指甲油、油墨、皮革、胶帽、打字蜡纸、薄膜材料、生物膜材料等。在 10.5%～11.2%的纤维素硝酸酯中加入增塑剂（以樟脑为主），就制成了纤维素塑料（赛璐珞），具有优良的冲击性能，因此乒乓球、眼镜架用塑料主要是赛璐珞，它还可用作玩具、日用品、化妆品盒、自行车手柄等。

（2）纤维素黄原酸酯

纤维素黄原酸酯是生产再生纤维素的一个重要中间体，于 1892 年由 Cross 和 Beven 首先发现。其制备原理是碱纤维素与二硫化碳反应得到，但是反应过程存在许多复杂的并列反应。其过程是由反应活性较小的 CS_2 与 NaOH 反应，形成高反应性的离子化水溶性产物：二硫代碳酸酯，它能够自发地与纤维素反应，生成纤维素黄原酸酯；在此过程中，CS_2 也可以直接与碱纤维素反应生成黄原酸酯，同时二硫代碳酸酯还会分解成三代硫酸酯、硫化物、碳酸盐、硫化羰基等副反应，用于副反应的 CS_2 约占总量的 25%。相关反应式如下：

$$\left.\begin{array}{r}CS_2+NaOH\longrightarrow HCS_2O^-Na^+\\ HCS_2O^-Na^++HO—Cell\longrightarrow Cell—OCS_2O^-Na^+\\ CS_2+HO—Cell+NaOH\longrightarrow Cell—OCS_2O^-Na^++H_2O\end{array}\right\}主反应$$

$$HCS_2O^- Na^+ + NaOH \longrightarrow CS_2O^{2-} + 2Na^+$$
$$CS_2 + CS_2O^{2-} \longrightarrow COS + CS_3^{2-}$$
$$COS + 3OH^- \longrightarrow CO_3^{2-} + SH^- + H_2O$$
$$CS_2 + SH^- \longrightarrow CS_3H^-$$
$$CSH^- + OH^- \longrightarrow CS_3^{2-} + H_2O$$
$$CS_2O^{2-} + 2OH^- \longrightarrow 2SH^- + CO_3^{2-}$$

副反应

由于纤维素黄原酸化主反应的速度大致与其副反应的速度相当，因此当反应体系呈橘黄色，即生成三硫代碳酸钠时，反应就基本达到终点。黄原酸基可以和纤维素吡喃糖基上所有的羟基结合，但是由于 C_2 和 C_3 位置上的羟基更易于酯化，因此超过半数的黄原酸酯基出现在 C_2 和 C_3 位置上；虽然 C_6 位置上的羟基酯化活性较低，但它能够生成比 C_2 羟基或 C_3 羟基更为稳定的黄原酸酯。通常制得纤维素黄原酸酯的酯化度 γ 在 $50\sim60$，相当于取代度 DS 为 $0.5\sim0.6$。如要制备更高酯化度的产品，可采用如下措施：①用更大量的 CS_2 进行黄原酸化；②将纤维素先溶于金属钠/液氨或者有机胺类后再进行黄原酸化；③将低酯化度的纤维素黄原酸酯先溶于碱溶液后补充黄原酸化；④用气态 SO_2 中和碱纤维素中的游离 $NaOH$，抑制副反应，从而提高酯化度；⑤采用纤维素溶胀剂（例如二乙基氯乙酰胺）。

目前，纤维素黄原酸酯主要用于生产再生纤维（黏胶纤维）的重要中间体，也有人将纤维素黄原酸酯用于制备离子螯合型吸附材料。利用黄原酸酯极性基—OCS_2H 与金属离子作用形成螯合环，黄原酸酯阴离子官能团为 SP_2 杂化，具有四中心六电子的 π 共轭体系，使得硫原子的负电荷能在较大的空间分散，即可在较大的范围呈现负场，捕集重金属阳离子，生成溶解度小的螯合物或盐。有研究表明，不同的金属元素与纤维素黄原酸酯基团亲和力不同，—OCS_2H 能与 Cu^{2+}、CrO_4^{6+} 等发生氧化-还原反应，生成的 Cu^+、Cr^{3+}，再与 —OCS_2H 发生离子交换反应，生成相应的纤维素黄原酸盐，其吸附顺序是 $Cu(Ⅱ) > Zn(Ⅱ) > Cr(Ⅳ) > Pb(Ⅱ)$。

（3）其他纤维素无机酸酯

除了纤维素硝酸酯和黄原酸酯外，其他常见的纤维素无机酯种类有纤维素硫酸酯、纤维素磷酸酯、纤维素硼酸酯、纤维素钛酸酯、纤维素亚硝酸酯等。

① 纤维素硫酸酯。早期的制备方法是将纤维素直接与 $70\%\sim75\%$ 的浓硫酸作用，并通过温和的碱中和多余硫酸制得，但是这种方法制得的产物具有降解严重、产量低、热稳定性差等不足。于是后来提出了很多纤维素硫酸酯的改进制备方法，例如采用硫酸与 $C_3\sim C_8$ 醇类、异丙醇或醋酐/乙酸等混合物代替单一的硫酸，从而制备出低降解、水溶性好、热稳定性好的纤维素硫酸酯；若采用溶胀剂预先处理纤维素后再硫酸酯化，可制得取代度高（$DS=2$）且相当均匀的硫酸酯；也有人采用转移酯化反应制备纤维素硫酸酯，例如硫酸丁酯和纤维素在硫酸中的转移酯化。

纤维素硫酸酯是一种水溶性酯，其用途颇为广泛，目前已被广泛地用作洗涤剂、相片抗静电剂、采油的黏度变性剂、化妆品及药物的增稠剂、食品添加剂等。

② 纤维素磷酸酯。纤维素磷酸酯通常是在酸催化剂存在下由磷酸和纤维素反应得到。对于低含磷量的纤维素磷酸酯，还可以通过木浆或棉绒浆在熔融尿素中与磷酸作用而得，此工艺中反应温度和纤维素-尿素-磷酸的比例对产物有着不同的影响；也可采用纤维素与磷酰氯反应得到。若制备高含磷量的纤维素磷酸酯，则必须采用较高的尿素加入量、高温（$140℃$）和较短的时间（约 $15min$）反应。在吡啶存在下，于三氯甲烷中用五氧化二磷处理经酰化的纤维素，则制得不溶于水的纤维素磷酸酯。纤维素磷酸酯具有较好的防燃和阻燃特

性，广泛用于织物处理以获得难燃性质；也可用作离子交换树脂。

③ 纤维素硼酸酯。纤维素硼酸酯的制备是通过硼酸甲酯或硼酸正丙酯与纤维素酯基的酯化转移得到，能够制得最大取代度为 2.88 的纤维素硼酸酯，然而产品对醇解和水解非常敏感。

④ 纤维素钛酸酯。纤维素钛酸酯的制备主要是在 DMF 中纤维素与四氯化钛反应得到，或者与氯酸酐、氯化乙酸酐和原钛酸的酯化物反应得到。甲基三氯钛酸纤维素酯具有很高的反应性，其钛含量为 16%。钛含量在 3%～5% 的纤维素钛酸酯不能燃烧或者熏烧，它们在中性或弱碱性介质中的水解稳定性良好，但在酸性较强的环境中易水解。

⑤ 纤维素亚硝酸酯。纤维素与亚硝酸或者亚硝酸气体作用，能够生成纤维素亚硝酸酯。粉状纤维素亚硝酸酯在润湿状态下呈灰色凝胶状。或者在二甲基甲酰胺存在下，用 N_2O_4 处理纤维素得到，此时纤维素 C_6 上的羟基完全被亚硝酸化，而 C_2 和 C_3 上的羟基则部分被取代。纤维素亚硝酸酯很不稳定，当氮含量低于 2.5% 时，不溶于大多数有机溶剂。通过酯化转移反应，纤维素亚硝酸酯可用于制备纤维素硫酸酯或者磷酸酯，例如先将纤维素溶解于 N_2O_4/DMF 体系，再加入硫酸酯化剂和磷酸酯化剂，即可制得较高取代度的纤维素硫酸酯和纤维素磷酸酯。

2.4.1.2 纤维素有机酸酯

纤维素有机酸酯从类型上可分为纤维素酰基酯、纤维素氨基甲酸酯、纤维素磺酰酯和纤维素脱氧卤代酯四类有机酯，其中最重要的应属纤维素酰基酯。常见重要的纤维素酰基酯有纤维素醋酸酯、纤维素醋酸酯丁酸酯和纤维素醋酸酯硝酸酯。

（1）纤维素醋酸酯

纤维素醋酸酯，又称乙酰化纤维素、醋酸纤维素或纤维素乙酸酯，是最早开发应用的纤维素有机酯，早在 1865 年，学者通过加热棉花与乙酸酐混合物至 180℃，即可制得降解严重、分子质量低的纤维素醋酸酯。1879 年，由弗兰克曼借助于硫酸催化在低温下合成纤维素醋酸酯。在硫酸存在下，用乙酸或者乙酸酐处理纤维素即得到纤维素醋酸酯，它是纤维素三醋酸酯，在一般的有机溶剂中不溶解，同时又缺乏塑性，因此一直没有得到工业应用。一般所说的纤维素醋酸酯是一个广泛的概念，包含酯化度大于 0 的一切乙酰化纤维素品种。为了使纤维素醋酸酯获得溶解性，须将纤维素三醋酸酯部分水解，得到酯化度在 2.7 以下的纤维素醋酸酯，它可以溶解在丙酮或水等普通溶剂中，由此才使纤维素醋酸酯得到广泛的商业应用。

目前纤维素醋酸酯的主要制备方法有纤维素纤维的乙酰化和纤维素溶液的乙酰化。纤维素纤维的乙酰化是使用惰性稀释剂（苯、甲苯、吡啶等）部分替代醋酸作为酯化剂，使纤维素纤维保持纤维状结构下进行酯化。催化剂通常是硫酸，因为高氯酸酯化催化性强同时不与纤维素酯化，所以也可使用高氯酸。纤维素溶液的乙酰化是以冰醋酸为溶剂、硫酸为催化剂、乙酸酐为酯化剂，将纤维素用冰醋酸活化处理，再用乙酸酐在硫酸存在下对活化处理后的纤维素进行酯化；酯化剂除了醋酸酐外，还可以使用乙酰氯、烯酮，甚至只采用冰醋酸。

在硫酸存在下，乙酸酐对纤维素的酯化反应机制如下反应式表示：（a）纤维素先与硫酸酯化形成纤维素硫酸酯，然后纤维素硫酸酯与乙酸酐反应形成纤维素醋酸酯和乙酰硫酸；同时（b）乙酸酐会与硫酸反应，也生成乙酰硫酸；（c）乙酰硫酸与纤维素反应形成纤维素醋酸酯和硫酸；（d）释放的硫酸又按照（a）～（c）循环反应。由此得到的都是纤维素三醋酸酯，只溶于冰醋酸、二氯甲烷、三氯甲烷、吡啶、二甲酰胺等有限的溶剂，同时缺乏塑性等，因此还要通过水解，从纤维素三醋酸酯中除去若干乙酰基，同时除去体系中结合的硫酸酯，才能制得溶于丙酮或者水等普通溶剂的纤维素醋酸酯（取代度小于 3），借以提高纤维素醋酸酯的塑性和热稳定性。一般上，取代度在 2.2～2.7 的纤维素醋酸酯可以溶于丙酮，取代度在 0.6～0.9 的纤维素醋酸酯可以溶于水。因此，工业制备纤维素二醋酸酯过程往往包含如下几个工艺步骤：① 纤维素冰醋酸预处理；② 纤维素乙酰化；③ 纤维素三醋酸酯水解；④ 水解产物沉淀等成品处理。

$$\text{Cell—OH} + \text{HO—SO}_2\text{—OH} \longrightarrow \text{Cell—O—SO}_2\text{—OH} + \text{H}_2\text{O} \tag{a}$$

$$\text{Cell—O—SO}_2\text{—OH} + \text{CH}_3\text{—CO—O—CO—CH}_3 \longrightarrow \text{Cell—O—CO—CH}_3 + \text{CH}_3\text{—CO—O—SO}_2\text{—OH} \tag{b}$$

$$\text{HO—SO}_2\text{—OH} + \text{CH}_3\text{—CO—O—CO—CH}_3 \longrightarrow \text{CH}_3\text{—CO—O—SO}_2\text{—OH} + \text{CH}_3\text{—CO—OH} \tag{c}$$

$$\text{Cell—OH} + \text{CH}_3\text{—CO—O—SO}_2\text{—OH} \longrightarrow \text{Cell—O—CO—CH}_3 + \text{HO—SO}_2\text{—OH} \tag{d}$$

因此，不仅可以制得完全取代的纤维素三醋酸酯，通过水解工艺控制，还可制备单取代的纤维素醋酸酯、二取代的纤维素醋酸酯和其他部分水解的纤维素醋酸酯。由此也使纤维素醋酸酯得到了广泛的应用。纤维素醋酸酯是最主要的纤维素塑料，通过不同的纤维素醋酸酯制备工艺配合不同的助剂，制备不同使用要求的纤维素醋酸酯，在汽车、飞机、建筑、机械、办公用品、电器配件、包装材料、家庭用品、化妆品器具、照相、印刷、胶卷等领域得到广泛应用。纤维素三醋酸酯广泛用作电影胶片、X 光胶片、绝缘薄膜、高压电机绝缘电线等；纤维素二醋酸酯广泛用作香烟过滤嘴、录音带、海水淡化膜、净水过滤膜、包装膜、保温绝缘材料、板管棒型材、疏水性油和试剂的容器等。

（2）纤维素醋酸酯丁酸酯

虽然纤维素醋酸酯具备防燃、高熔点、硬度大、透明性好等优点，然而它的抗水性、溶解性、与其他树脂相容性等性能不尽如人意，为此人们提出了使用混合酯的构思，在保证纤维素醋酸酯的优良品质的同时，改善其不足。纤维素混合酯是在纤维素大分子链中引入不同的酯基。实践证明，采用混合酯的方法能够实现人们的预期效果；纤维素混合酯主要是基于在纤维素醋酸酯中引入另一种酯基。最典型的纤维素混合酯主要是纤维素醋酸酯丁酸酯、纤维素醋酸酯硝酸酯和纤维素醋酸酯丙酸酯。

纤维素醋酸酯丁酸酯的制备可以采用均相法或非均相法，溶剂可以采用有机酸或者二氯甲烷，催化剂可以采用硫酸或者氯化锌；但通常是以有机酸（乙酸、丁酸混合物）为溶剂、硫酸为催化剂的均相法制备。其反应机制与纤维素醋酸酯类似：（a）纤维素与硫酸反应形成纤维素硫酸酯，因为纤维素硫酸酯稳定性较差，会与体系中的乙酸酐或丁酸酐反应形成乙酰硫酸或者丁酰硫酸；同时（b）乙酸酐或者丁酸酐会与硫酸反应，也生成乙酰硫酸或者丁酰硫酸；（c）乙酰硫酸或丁酰硫酸与纤维素反应形成纤维素醋酸酯、纤维素丁酸酯、纤维素醋酸丁酸混合酯和硫酸；（d）释放的硫酸又按照（a）～（c）循环反应。

通过控制反应物中乙酸酐和丁酸酐的比例，以及最终产物的酯化程度（羟值），可制得不同丁酰基含量的纤维素醋酸酯丁酸酯，由此获得不同性能的混合酯。由于丁酰基的尺寸大于乙酰基，引入丁酰基会使纤维素分子主链的间距增大；丁酰基的极性低于乙酰基，增加丁酰基会影响纤维素分子链之间的相互作用；所以引入丁酰基后会使纤维素混合酯的溶解性、柔韧性、强度、熔点、耐油性、密度、相容性等性能发生改变。

一般来说，随着丁酰基的增加，纤维素醋酸酯丁酸酯的溶解度提高，因而能够溶解于更多普通溶剂之中；作为涂料使用可以具有更高的稀释剂容许极限，即允许加入更多的稀释剂；柔韧性增加，或者是应用更少的增塑剂；与其他树脂的混溶性或相容性变好；具有更高的抗湿性；但耐油性、密度、硬度和熔点等却降低。因此，纤维素醋酸酯丁酸酯具有很好的性能可调节性，在塑料工业、涂料工业及胶黏剂工业得到广泛的应用。

在塑料工业中，依照不同丁酰基含量及其性能，可制成不同用途的塑料产品，例如制造电话机座、工具手柄、玩具、笔杆、各种输送管道、各种摄影片基、薄膜和膜材料等。在涂料工业，不同的纤维素醋酸酯丁酸酯可以用作金属、塑料、木材、玻璃等材料的涂料，诸如铝、钢、铜等金属的透明清漆，醋酸酯、丙烯酸酯、乙烯类树脂、硝酸纤维素等塑料制品的表层清漆，家具、地板、墙材、竹材的底漆与表层清漆，闪光灯泡、招牌玻璃、镜子等涂料。在胶黏剂领域，可用作金属、塑料、纸张、布料的热封胶黏剂或热熔胶。此外，纤维素醋酸酯丁酸酯还可以用作织物、纸张等涂布和浸渍树脂，例如包装纸袋的防水与增强涂层，壁纸、墙纸、卡片纸、广告纸涂层，多种蒙布、遮阳布、绳索等材料的浸渍增强树脂。

（3）纤维素醋酸酯硝酸酯

纤维素醋酸酯硝酸酯，又称纤维素乙酰硝酸酯，是将纤维素醋酸酯硝化，或者纤维素硝酸酯乙酰化，或者将纤维素同时进行乙酰化和硝酸化处理得到的产物。因此其制法就有分步法和一步法。前者是将纤维素先乙酰化制得纤维素醋酸酯再进行硝化而制得；或者是将纤维素先硝化制得纤维素硝酸酯再进行乙酰化而制得。后者是纤维素同时进行乙酰化和硝酸化处理制得，但是由于纤维素的硝化反应速率比乙酰化要快得多，因此采用一步法获得的产物多为纤维素硝酸酯，而纤维素醋酸酯硝酸酯的含量甚微。因此，实践中多采用低取代度的纤维素硝酸酯进行乙酰化制备纤维素醋酸酯硝酸酯。

在采用低取代度的纤维素硝酸酯乙酰化制备纤维素醋酸酯硝酸酯的过程中，同时存在硝酸酯基脱硝作用和游离羟基的硝酸酯化反应，因此最终产物中的硝酸酯基会降低。纤维素吡喃糖基上不同羟基硝酸酯基的脱硝作用活性不同，乙酰化剂与硝酸酯基或游离羟基的反应活性如下：$-O_{(6)}-NO_2 > -O_{(2)}-NO_2 > OH \gg -O_{(3)}-NO_2$。纤维素醋酸酯硝酸酯具有纤维素醋酸酯和纤维素硝酸酯的基本化学性质，但降低了纤维素硝酸酯的可燃性。

（4）其他的纤维素有机酸酯

① 纤维素甲酸酯。纤维素甲酸酯是在硫酸、氯化锌或吡啶等催化剂存在下，用甲酸在室温处理纤维素而得到。由于甲酸是一种强酸，在酯化过程中，或多或少会使纤维素发生降解，为了避免纤维素降解，甲酸酯化纤维素时的处理温度一般不高于25℃。纤维素甲酸酯的酯化度取决于酯化反应体系中甲酸的浓度，当甲酸浓度低于90％时，甲酸不能使纤维素甲酰化。在纤维素所有的酯中，以纤维素甲酸酯最不稳定，在湿气的存在下，甚至纤维素甲酸酯溶液蒸发时，它能够与空气中的水汽发生水解反应，而得到水化纤维素。但很有趣的是，以氯化锌为催化剂制得的纤维素甲酸酯，却比硫酸为催化剂时的产物稳定，该纤维素甲酸酯膜的强度和抗水性甚至优于纤维素醋酸酯。

② 纤维素苯甲酸酯。纤维素苯甲酸酯通常是由溶胀的纤维素与苯酰氯在碱存在下反应得到，由此得到的纤维素苯甲酸酯的酯化度最高为250。但若在吡啶或硝基苯存在下，用苯甲酰氯处理溶胀的纤维素可以得到酯化度达到300的纤维素苯甲酸酯。为了使纤维素充分苯甲酰化，对纤维素进行充分的溶胀处理是必要的，未经溶胀的纤维素几乎不能被苯甲酰化。

通过碱溶胀后的纤维素与苯酰氯酯化处理时，不仅存在纤维素的苯甲酰化反应，还存在碱与苯酰氯的副反应（皂化反应）。纤维素苯甲酸酯能够被碱性染料着色，对于要被碱性染料染色的纤维素制品，可采用纤维素材料表面苯甲酰化处理来实现。

③ 纤维素醋酸丙酸酯。纤维素醋酸丙酸酯也是一种纤维素有机酸混合酯，是纤维素用丙酸处理后，再用丙酸、丙酸酐、乙酸、乙酸酐混合液在硫酸存在下酯化得到。为了控制最终产物的取代度，往往还需要对纤维素醋酸丙酸酯进行水解处理。纤维素醋酸丙酸酯具有较好的抗湿性、耐寒性、柔韧性、电绝缘性、耐油脂等性能，产品透明，与不少高沸点增塑剂混溶性好；但是它不耐无机酸、碱、醇、酮、烃、氯代烃等。由于纤维素醋酸丙酸酯制成的塑料制品质地均匀、尺寸稳定性好、模塑性好、表面光泽好等优点，被用于制造汽车零件、方向盘、收音机和电视机的零部件等。

除上述纤维素有机酯外，还有纤维素丙酸酯、纤维素丁酸酯、纤维素六氟丁酸酯、纤维素戊酸酯、纤维素邻苯二甲酸酯、纤维素丙烯酸酯、纤维素醋酸琥珀酸酯、纤维素醋酸邻苯二甲酸酯、纤维素醋酸戊酸酯、纤维素醋酸异丁酸酯、纤维素丙酸酯异丁酸酯、纤维素氨基甲酸酯、纤维素甲苯磺酰酯、纤维素苯磺酰酯、纤维素脱氧卤代酯等有机酯，鉴于篇幅限制，就不一一介绍了。

2.4.1.3　纤维素酯的主要应用

纤维素酯已传统地用于制作涂料、薄膜、塑料和纤维，是很多功能性物品（如无机材料、药品、酶等）的极好载体。作为重要的溶剂型涂料已经超过 50 年的历史；用于涂料时，纤维素酯可以改善其色泽的光亮度、清晰度、润湿特性、流动性能、均匀性等，并能够调节其干燥时间、减少缺陷、增加成膜剂的相容性、控制黏度和分散性等。在指甲油等化妆品中，可改进配方控制其厚度、黏性，调节颜料分散性。在药品中，由于纤维素酯的安全性、易改性和易加工等特点，在药物释放领域也得到较多的应用，例如作为肠衣覆盖层、薄膜包衣、半渗透膜、活性物质的控制释放等。作为药片的外膜，可控制药料成分的释放，使不同配方可按要求时间进度持续释放，或者使药品吃起来没有苦的味道。基于纤维素酯的众多优良性能，例如良好的力学性能、光学性质、易得性、安全性和可生物降解性，被广泛用作热塑性塑料、生物膜、分离膜、吸水材料、保水材料、胶卷胶片等。

纤维素酯可与很多种添加剂、混合物材料相配伍，在配方灵活性方面，更是独有所长。它可以为薄膜材料提供防水和抗油脂的屏障，而同时保持其透气性，使水蒸气和氧气等仍能透过；并且与生物的配伍性良好，一般在美国食品和药物管理分类中属于"安全"级别，无毒/低应变原性，可以看作是环境友好型材料。

纤维素酯在非织造生产中的应用，具有良好的应用前景。包括从纤维改性到复制生产、整理工序，可以作为生产新一代非织造用品的关键成分。只要配方匹配，即使添加量不大，也能改善非织造产品的触感、外观和总体效应。例如通过调节注浆条件和所应用的水溶性或非水溶性增塑剂的量，就可以显著改变其宏观结构（如粒度和孔隙性），进而得到具有不同透气性能的产品；如使用水溶性增塑剂可以大大提高水蒸气传递速率；若使用非水溶性增塑剂，则可降低水蒸气传递速率。通过纤维素酯调节水蒸气传递速率，进而调节湿气（水蒸气）的散逸或滞留，使其产品适于制备手术外衣、绷带和遮盖帷帘布等用品，因为在这些应用场合，它的阻液性、透气性和舒适性是人们特别关注的因素。

2.4.2　纤维素醚

纤维素醚是碱性纤维素与醚化剂在一定条件下反应生成的一系列具有醚结构物质的总称。醚化处理可以破坏纤维素分子内和分子间很强的氢键作用，借以改善纤维素的溶解性，尤其是在水介质中的溶解性。纤维素醚的制备方法主要有 Williamson 醚化反应、碱催化烷氧基化反应和碱催化 Michael 加成反应三种（详见"2.3 纤维素化学"）。

2.4.2.1　纤维素醚的分类

纤维素醚的分类可以按照取代基的种类、电离性和溶解性进行分类。

按照取代基的种类，总体上可分为单一醚和混合醚，如图 2-11 所示。前者是一种醚化剂作用的产物，又可进一步分为烷基纤维素醚、羟烷基纤维素醚和其他类纤维素三种，常见的有甲基纤维素、乙基纤维素、羟乙基纤维素、羧甲基纤维素、氰乙基纤维素等；后者是纤维素与两种醚化剂作用的产物，常见的有乙基羟乙基纤维素、羟乙基甲基纤维素、羟乙基羧甲基纤维素等。

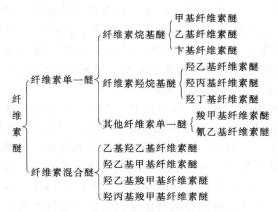

图 2-11　不同取代基种类的纤维素醚

按照醚化取代基的电离性，纤维素醚可分为离子型、非离子型和混合型三种，也有人将之分为阴离子型、阳离子型、非离子型和混合型四种。阴离子型纤维素醚都含有羧甲基，诸如羧甲基纤维素、羟乙基羧甲基纤维素醚、羟丙基羧甲基纤维素醚、羧甲基甲基纤维素醚等都是阴离子型纤维素醚，它们在水溶液中都会电离形成羧基阴离子。阳离子型纤维素醚一般含有铵基或者季铵盐结构，常见的是 N,N-二乙基胺乙基纤维素和 3-氯-2-羟丙基三甲基氯化铵纤维素醚；目前已有人采用甲基膦酸、乙基膦酸、苯基膦酸等与纤维素反应形成含有镤基的阳离子型纤维素醚。非离子型纤维素醚种类较多，只要醚化取代基中不含带羧基的纤维素醚都是，例如纤维素烷基醚、纤维素羟烷基醚、乙基羟乙基纤维素醚、羟乙基甲基纤维素醚等。混合型纤维素醚又称两性型纤维素醚，在纤维素醚中同时含有阴离子基团和阳离子基团，例如由纤维素与 NaOH 反应后，再与一氯乙酸或阳离子醚化剂 3-氯-2-羟丙基三甲基氯化铵进行醚化反应而得到的产物，同时含有羧甲基和季铵盐结构，如下化学结构式（图 2-12）所示：

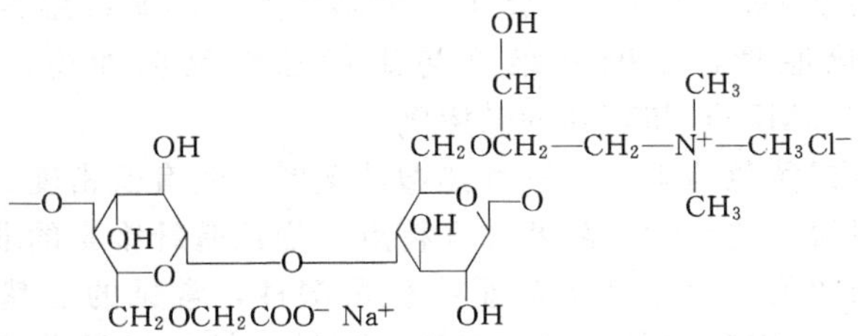

图 2-12　一种同时含有羧甲基和季铵盐结构的混合型纤维素醚

按照溶解性，纤维素醚可分为水溶性纤维素醚和非水溶性纤维素醚。常见水溶性纤维素有甲基纤维素、羧甲基纤维素等，对于醚化取代基中含有羟甲基、羟乙基，或者同时兼含羧甲基的纤维素醚，都或多或少溶解于热水或冷水中。常见的非水溶性纤维素醚主要是乙基纤维素和氰乙基纤维素。

2.4.2.2　纤维素烷基醚

纤维素烷基醚是指纤维素的醚化基团为烷基，最常见和最重要的纤维素烷基醚是甲基纤维素和乙基纤维素，前者为水溶性纤维素醚，后者为有机溶性纤维素醚。除此之外还有苯甲基纤维素、苯基纤维素等，它们属于芳香族纤维素醚。

① 甲基纤维素。甲基纤维素（MC）是最常见和具有商业重要性的纤维素醚，纤维素的醚化基团是甲基。但广义上讲，带有起支配作用甲基的各种纤维素混合醚也可称做甲基纤维素醚，诸如羟乙基甲基纤维素、羟丙基纤维素、乙基甲基纤维素、羧甲基纤维素等，这些具有与甲基纤维素（MC）具有很相似的性质——在热水中的凝胶作用和水溶性。甲基纤维素于 1905 年首次被研制成功，在 20 世纪 20 年代先后在英国、德国和美国进行工业化生产，我国于 1977 年在湘潭市化学试剂厂首先成功生产。甲基纤维素的工业化制备原理是碱纤维素根据 Williamson 醚化原理与氯代甲烷反应而得。

甲基纤维素是水溶性的纤维素醚；取代度在 0.25～1.0 范围内的甲基纤维素呈碱溶性，可在 2%～8% 的氢氧化钠水溶液中完全溶解；取代度在 1.4～2.0 范围内的甲基纤维素能在冷水中溶解；取代度大于 2.4 的甲基纤维素可溶于有机溶剂中，随着取代度的增加，甲基纤维素醚依次可溶于水、醇和芳香烃溶剂。除了取代度外，甲基纤维素在水中的溶解度还取决于其分子量、溶解温度、电解质存在：相同取代度的甲基纤维素，分子量越高，其溶解度越低；温度升高溶解度降低，并表现出热凝胶化性质；在甲基纤维素溶液中加入电解质（无论阴离子或阳离子）因为能够破坏甲基纤维素大分子周围的水合层，而使甲基纤维素沉淀下来，从而降低溶解度或者降低凝胶化温度。

甲基纤维素"冷水可溶、热水不溶"或者溶解度随温度升高而降低的现象产生机制如下：在冷水中，甲基纤维素的线性长链分子因为甲基的取代，破坏了分子内氢键，因此能够吸收大量的水分子而形成水合链，并且保持两个甲基纤维素分子链之间充足的距离，因此使水分能够在分子链之间自由渗透运动；然而升高温度，能够破坏甲基纤维素与水形成的水合结构，使分隔的分子链相互靠近而聚集凝胶。

甲基纤维素能够与各种水溶性物质，如肥皂、水溶性树脂、多元醇、淀粉等良好相容；甲基纤维素能够降低水的表面张力，并具有良好的粘接力和分散力；能够进行多种化学改性，完善甲基纤维素的多种性能，适应不同的应用要求，因此它是一种重要的商业化纤维素醚。

② 乙基纤维素。乙基纤维素（EC）是另一种最常见且具有商业重要性的纤维素醚，纤维素的醚化基团是乙基。由于乙基比甲基更具疏水性，所以乙基纤维素是一种有机可溶性纤维素，一般不溶于水。乙基纤维素在 1913 年首次被研制成功，第二次世界大战前在德国有少量的应用生产，我国于 1957 年在泸州化工厂试制生产。乙基纤维素的工业化制备原理也是根据 Williamson 醚化原理，由碱纤维素与氯代乙烷反应而得，但需要高温（100～130℃）、高压（0.7～2.8MPa）和较高的碱溶度。

乙基纤维素是白色或黄色粉末，是一种热塑性塑料，具有低密度、较高力学强度、低吸湿性、耐酸、耐碱、耐盐、抗热性、耐寒性等特点。当乙基纤维素的取代度较低时（<1.7）可溶于水或者碱水；当取代度大于 1.5 时呈有机可溶性，常见的乙基纤维素的取代度大于 2，因此可混溶于烃类和低级醇的混合物、酯类、酮类、低分子醚类等有机溶剂。当乙基纤维素的醚化度在 220～250 范围内时，可溶于绝大多数有机溶剂，但当醚化度大于 250 时，只能溶于非极性溶剂。乙基纤维素常用的有机溶剂是苯、甲苯、乙苯、二甲苯等芳烃与甲醇、乙醇等醇类溶剂形成的复合溶剂，芳烃溶剂的比例占 60%～80%。乙基纤维素作为热

塑性塑料使用，其软化点受取代度的影响，一般随着取代度的增加而先降低后增加，当取代度在 2.5 左右时的软化点最小。

乙基纤维素主要用作耐寒涂料和耐寒塑料，即使在 −60℃ 也能够正常使用，多用于航空领域。

2.4.2.3 羟烷基纤维素醚

羟烷基纤维素醚是一种世界性生产的重要纤维素醚类，其中最主要的是羟乙基纤维素和羟丙基纤维素。注意：羟丙基纤维素的羟丙基结构式为 $—CH_2—CHOH—CH_3$，而不是 $—CH_2—CH_2—CH_2OH$。

① 羟乙基纤维素。羟乙基纤维素的醚化基团是羟乙基（$—CH_2CH_2OH$）。由于羟乙基是一种很好的亲水性基团，所以羟乙基纤维素也是一种非常重要的水溶性纤维素醚。羟乙基纤维素的制备首先在 1921 年的英国专利中出现，其制备方法是由碱纤维素与卤代醇（例如 1-氯-乙醇）反应得到；目前主要通过碱催化烷氧基化反应实现工业化生产。羟乙基纤维素的制备方法于 1922 年由 Hubert 报道。

理论上讲，因为每个纤维素葡萄糖基（非端基）只有 3 个羟基，所以羟乙基纤维素的取代度最大应为 3。然而，我们有时能够看到取代度为 3.5 甚至更高的羟乙基纤维素。这是因为在碱催化烷氧基化反应过程中，环氧乙烷不仅能够对纤维素的羟基进行烷氧化，只要环氧乙烷过量，还能对反应产物羟乙基纤维素继续进行烷氧基化反应，形成类似多缩乙二醇的醚化基团，如下反应式。

$$\text{Cell}—\text{OH} + \text{H}_2\text{C}\underset{\text{O}}{\overset{\displaystyle\diagup\!\!\diagdown}{—}}\text{CH}_2 \xrightarrow{\text{NaOH}} \text{Cell}—\text{OCH}_2—\text{CH}_2—\text{OH}$$

$$\text{Cell}—\text{OCH}_2—\text{CH}_2—\text{OH} + \text{H}_2\text{C}\underset{\text{O}}{\overset{\displaystyle\diagup\!\!\diagdown}{—}}\text{CH}_2 \xrightarrow{\text{NaOH}} \text{Cell}—\text{OCH}_2—\text{CH}_2—\text{O}—\text{CH}_2—\text{CH}_2—\text{OH}$$

$$\text{Cell}—\text{OCH}_2—\text{CH}_2—\text{O}—\text{CH}_2—\text{CH}_2—\text{OH} + \text{H}_2\text{C}\underset{\text{O}}{\overset{\displaystyle\diagup\!\!\diagdown}{—}}\text{CH}_2 \xrightarrow{\text{NaOH}} \cdots$$

因此，人们通常采用摩尔取代度（MS）表示平均多少环氧乙烷分子与每个脱水葡萄糖基反应；而取代度（DS）则表示脱水葡萄糖基上的平均羟基值，含义为有多少脱水葡萄糖基与环氧乙烷反应。纤维素葡萄糖基上三个羟基的烷氧基化反应速率并不相同，相对速率约为 $C_2—OH∶C_3—OH∶C—OH = 3∶1∶10$。

羟乙基纤维素与水溶性的甲基纤维素不同，它既可溶于冷水中又可溶于热水，并且都形成假塑体溶液。但是在 100℃ 以上的热水中，羟乙基纤维素会逐渐分解，尤其在酸、碱或者盐的存在下分解更为明显；当加热到 200℃ 以上就开始炭化。羟乙基纤维素的溶解性也与其取代度密切相关：当 MS 在 0.05～0.15 时，它能分散于 0℃ 的碱水溶液中；当 MS 在 0.15～0.9 时，它是碱溶性纤维素醚；当 MS 大于 1 时，它是水溶性的，以 MS 为 1.3～2.5 的羟乙基纤维素在工业中的应用最多；各种取代度羟乙基纤维素中，以 MS 为 2.5 的水溶性最佳。另与甲基纤维素不同，由于羟乙基纤维素是非离子型纤维素醚，它具有很好的盐溶性或者对电解质耐受性（除硫酸盐外），其溶液中即使含有较高的盐类溶质也能够稳定存在。因此可用作高浓度电解质溶液的增稠剂。羟乙基纤维素能与多数水溶性树脂相容，形成清晰、均匀的高黏度溶液，可与羟丙基纤维素、羧甲基纤维素钠、糊精、阿拉伯树胶等完全混溶，能与淀粉及其衍生物、甲基纤维素、明胶、聚乙烯醇等部分混溶。

羟乙基纤维素是一种非离子型水溶性胶体，具有增稠、悬浮、黏合、乳化、成膜、保水、胶体保护等性质，被广泛用作表面活性剂、胶体保护剂、分散剂、分散稳定剂、黏合剂。

② 羟丙基纤维素。羟丙基纤维素也是一种非离子型纤维素醚，但由于醚化基团中的羟基存在一个甲基，使其憎水性大于羟乙基纤维素。通常可溶于40℃以下的水中和大量的极性溶剂中，但在40℃以上的水中不能溶解；取代度越高，溶液温度越低，其表面活性越高；在100℃以上具有塑性流动性，因此可以挤压、注塑加工；其浓溶液能够形成正规取向液晶。由于羟丙基纤维素具有黏合、增稠、悬浮、乳化、成型、成膜、涂布、热塑等性质，被广泛用作黏合剂、陶瓷、化妆品、医药、食品、清漆、造纸、注塑模件、油墨等领域。

羟丙基纤维素的制备也是通过碱催化烷氧基化反应实现，与羟乙基纤维素不同，它采用环氧丙烷作为醚化剂，由于醚化基团中甲基的位阻或者钝化作用，使得环氧丙烷与羟丙基纤维素羟基的进一步反应大大降低。

③ 其他含羟烷基纤维素醚。除了上面两种重要的羟烷基纤维素醚外，常见的含羟烷基的纤维素醚还有羟丙基甲基纤维素、羟乙基甲基纤维素、羟丁基甲基纤维素等混合醚。

羟丙基甲基纤维素是一种重要的非离子型水溶性混合醚。因为同时含有甲基和羟丙基，它在有机溶剂的溶解性优于甲基纤维素和羟乙基纤维素，例如羟丙基 MS 在 $1.5\sim 1.8$ 和甲氧基 DS 在 $0.2\sim 1.0$ 的羟丙基甲基纤维素（总取代度在 1.8 以上），就能够溶于无水甲醇和乙醇中，且具有热塑性和水溶性，同时也可溶于氯化烃、丙酮、异丙醇等有机溶剂中（在有机溶剂的溶解性优于水溶性）。由于羟丙基甲基纤维素具有良好的分散、悬浮、增稠、乳化、稳定、黏合等性质，同时又无嗅无味、无毒，可用于食品、医药、日用化工、涂料、聚合物反应、建筑等领域。其制备方法是由碱纤维素同时与环氧丙烷和氯甲烷反应得到。

羟乙基甲基纤维素的性质与羟乙基纤维素相似，能耐大部分盐；但与羟乙基纤维素不同，它在沸水中没有热凝胶性，工业用羟乙基甲基纤维素的 DS 范围是羟乙氧基 $1.8\sim 2.0$、甲氧基 DS 在 $0.8\sim 1.2$。可用作化妆品添加剂。

羟丁基甲基纤维素与甲基纤维素具有类似的性质，在100℃水中具有热凝胶性，可溶于有机溶剂。用氧化丁烯羟丁基化制得的羟丁基甲基纤维素醚，在羟丁基的 MS 为 0.1 时具有 DS 为 1.8 的甲基纤维素的有机可溶性。为了制备高甲氧基取代度的羟丁基甲基纤维素（甲氧基 $DS>1.4$），需要耗用大量的碱，氢氧化钠与葡萄糖基单元的摩尔比必须在 $3\sim 4$ 之间。

2.4.2.4 羧甲基纤维素及其混合醚

羧甲基纤维素是一种非常重要且最具代表性的离子型纤维素醚，是由羧甲氧取代纤维素羟基上的氢得到，通常见到的是它的钠盐；它也可以铵盐、铝盐或者羧酸形式使用。因此它属于水溶性纤维素阴离子醚。羧甲基纤维素在1918年在德国首先制得，但直到1921年才以专利见诸于世，我国于1958年在上海赛璐珞厂首次投产。羧甲基纤维素最初主要用作胶体和胶黏剂；在第二次世界大战前后，羧甲基纤维素工业应用研究十分活跃，先后被用于合成洗涤剂、食品添加剂等。目前，全世界有不同纯度、不同级别和规格的羧甲基纤维素300多种，被广泛用于石油、纺织、印染、造纸、硅酸盐、食品、医药和日用化学等工业。其制备是通过碱纤维素与氯代乙酸（或氯代乙酸钠）的 Williamson 醚化反应实现。

羧甲基纤维素外观为白色或乳白色纤维粉末或颗粒，无嗅无味，不溶于酸、甲醇、乙醇、乙醚、丙酮、三氯甲烷、苯等有机溶剂，而溶于水。与其他纤维素相似，羧甲基纤维素溶解性与取代度相关：取代度在 0.3 左右呈碱溶性；取代度大于 0.4 即为水溶性；随着取代度的增加，溶液的透明度也随之改善。由于羧甲基纤维素含有高极性的羧基或者羧酸盐，所以羧甲基纤维素的极性大，难溶于有机溶剂，且吸湿性大。即使羧甲基纤维素含有 15% 的水分，其外观与干燥的羧甲基纤维素没有明显差别。羧甲基纤维素溶液的黏度随着浓度的增加而急剧增加，但浓度在 2% 左右时，就几乎成冻胶状；除浓度外，羧甲基纤维素溶液的黏

44

度还与纤维素的聚合度、pH 值、温度、取代度、流速梯度、加热时间、电解质、放置时间等因素相关。当聚合物降低、pH 值小于 6 或者大于 9 时、温度升高、加热时间延长、存在无机盐等情况下，羧甲基纤维素的黏度都会有不同程度的降低。

主要的羧甲基纤维素混合醚是羧甲基羟乙基纤维素和羧甲基甲基纤维素。羧甲基羟乙基纤维素综合了羟乙基纤维素作为表面保护的优异盐相容性和羧甲基纤维素的悬浮稳定性，与羧甲基纤维素相比，由于羧甲基羟乙基纤维素的羟乙基基团的隔离作用和可溶性氢氧化物作用，它在酸性和强碱性介质中的稳定性有了很好的改善。因此，在石油生产的应用非常有意义。羧甲基甲基纤维素是一种低羧甲基取代度的混合醚，主要用作烟草薄片黏合用胶黏剂。

2.4.2.5　氰乙基纤维素

氰乙基纤维素由 1938 年的法国专利首次报道，但到 20 世纪 50 年代才出现以丙烯腈为醚化剂、通过碱催化 Michael 加成反应制备工艺，而实现商业化生产。纤维素的氰乙基化反应对温度十分敏感，当温度高于 15℃时，水解副反应就十分明显而产生大量的副反应；提高碱的用量在提高氰乙基化速率的同时，也使水解副反应速率明显增加。因此，在制备氰乙基纤维素时，必须严格控制反应的各参数，尤其是反应温度、碱用量和反应体系的水含量，以尽量降低副反应的发生。

随着取代度的增加，氰乙基纤维素的性质差别较大：取代度在 0.2～0.3 时，具有碱溶性和良好的耐热降解性；取代度在 0.7～1.0 时，具有水溶性，且比纯纤维素有更高的耐微生物和耐热降解、耐酸降解等；取代度在 2.6～2.8 时，它既不溶于水也不溶于碱溶液，但溶于有机溶剂，具有高介电常数和低介电损耗，因此可用于高介电常数、低损耗电器材料，如侦查雷达的高介电塑料套管等。

2.4.2.6　纤维素醚的主要应用

纤维素醚类品种繁多，性能优良，广泛用于建筑、水泥、石油、食品、纺织、洗涤剂、涂料、医药、造纸及电子元件等工业。

（1）石油工业

羧甲基纤维素钠主要用于石油开采中，在制造泥浆时使用，起增黏、降失水量作用，它能抵抗各种可溶性盐污染，提高采油率。

羧甲基羟丙基纤维素钠（NaCMHPC）及羧甲基羟乙基纤维素钠（NaCMHEC）是一种较好的钻井泥浆处理剂和配制完井液的材料，造浆率高，抗盐、抗钙性能好，有很好的增黏能力、耐温（160℃）性。适合用来配制淡水、海水和饱和食盐水钻井液，在氯化钙加重下可以配成各种密度（1.03～1.27g/cm³）的钻井液，而且使其具有一定的黏度和较低滤失量，其增黏能力和降滤失量能力都比羟乙基纤维素好，是一种良好的增产石油的助剂。羧甲基纤维素钠是在石油开采过程中广泛应用的纤维素衍生物，在制备钻井液、固井液、压裂液以及提高石油开采量方面都有应用，特别在钻井液中用量较大，主要起降滤失和增黏作用。

羟乙基纤维素（HEC）应用于钻井、完井、固井的处理过程中，作为泥浆增稠稳定剂。由于羟乙基纤维素与羧甲基纤维素钠、瓜耳胶等相比具有增稠效果好、悬砂强、容盐量高、耐热好、液体流失少、破胶块、残渣低等特点，已被广泛采用。

（2）建筑工业

建筑用筑砌和抹面砂浆掺合料：羧甲基纤维素钠可作为缓凝剂、保水剂、增稠剂和黏结剂，如可作为石膏底层以及水泥底层的灰泥、砂浆和地面抹平材的分散剂、保水剂、增稠剂使用。用羧甲基纤维素制成的一种加气混凝土砌块专用砌筑和抹面砂浆掺合料，能改善砂浆的和易性、保水性、抗裂性，避免砌块墙体出现开裂和空鼓。

建筑表面装饰材料：采用甲基纤维素可制作环保型建筑表面装饰材料，其制作工艺简单，清洁，可用于高档墙面、石瓦表面，也可用于立柱、碑的表面装饰。利用羧甲基纤维素可制成瓷砖填缝剂，具有黏结力强、较好的变型能力，不产生裂缝和脱落、防水效果好、颜色鲜艳多彩，具有极佳的装饰效果。

（3）涂料工业

甲基纤维素和羟乙基纤维素可作为乳胶涂料的稳定剂、增稠剂和保水剂使用，此外，也可作为彩色水泥涂料分散剂、增黏剂和成膜剂。在乳胶漆中加入适宜规格和黏度的纤维素醚，可以提高乳胶漆的施工性能、防止飞溅、提高储存稳定性和遮盖力等。

国外主要的消费领域为乳胶涂料，因此，纤维素醚产品经常成为乳胶漆增稠剂的首选。例如，改性甲基羟乙基纤维素醚因具有良好的综合性能，使其能够在乳胶漆增稠剂中保持领先的地位。又例如，因为纤维素醚具有独特的热凝胶特性和溶解性能，耐盐、耐热性好，且具有适当的表面活性，可作为保水剂、悬浮剂、乳化剂、成膜剂、润滑剂、黏合剂及流变改良剂。

（4）造纸工业

造纸湿部添加剂　CMC可作为纤维分散剂和纸张增强剂加入纸浆中，由于羧甲基纤维素钠与纸浆和填料颗粒具有相同的电荷，可增加纤维的匀度，提高纸张的强度。作为纸张内部添加型增强剂，增加了纤维间的键合作用，可提高纸张的抗张强度、耐破度、纸张匀度等物理指标。羧甲基纤维素钠又可作为浆内施胶剂，除自身具有一定的施胶度外，也可以作为松香胶、AKD等施胶剂的保护剂。阳离子纤维素醚还可以作为造纸助留助滤剂，提高细小纤维和填料的留着率，也可作为纸张增强剂。

涂布黏合剂　用于涂布加工纸涂料黏合剂，可代替乳酪素、部分胶乳，使印刷油墨容易渗入，边缘清晰。还可用作颜料分散剂、增黏剂、稳定剂。

表面施胶剂　羧甲基纤维素钠可作为纸张表面施胶剂，提高纸张表面强度，与目前使用的聚乙烯醇、变性淀粉施胶后表面强度相比可提高10％左右，用量降低30％左右。羧甲基纤维素钠是一种非常有前途的造纸表面施胶剂，应积极开发其系列新品种。阳离子纤维素醚具有比阳离子淀粉更为优越的表面施胶性能，不但可以提高纸张的表面强度，又可以提高纸张的吸墨性能，增加染色效果，也是一种具有发展前途的表面施胶剂。

（5）纺织工业

在纺织工业中，纤维素醚可作为纺织浆料的上浆剂、匀染剂和增稠剂等。

上浆剂　纤维素醚如羧甲基纤维素钠、羟乙基羧甲基纤维素醚、羟丙基羧甲基纤维素醚等品种均可作为上浆剂，且不易变质发霉，印染时，无需退浆，促使染料能在水中获得均匀的胶体。

匀染剂　能增强染料的亲水力和渗透力，由于黏度变化较小，调整色差容易；阳离子纤维素醚还具有印染增色效果。

增稠剂　羧甲基纤维素钠、羟乙基羧甲基纤维素醚、羟丙基羧甲基纤维素醚等可作为印染浆的增稠剂，具有残渣小，着色率高等特点，是一类非常有潜力的纺织助剂。

（6）日用化学品工业

稳定增黏剂　羧甲基纤维素钠在固体粉质原料的膏状产品中起分散悬浮稳定作用，在液体或乳化液化妆品中起增稠、分散、均质等作用。可作为稳定剂及增黏剂。

乳化稳定剂　作软膏、洗发液的乳化剂、增黏剂和稳定剂。羧甲基羟丙基纤维素钠可作牙膏黏合剂和稳定剂，具有良好的触变性能，使牙膏成形性好，久置不变形，口感均一细腻。

增黏剂　羧甲基羟丙基纤维素钠的耐盐性、耐酸性优越，效果远远优于羧甲基纤维素，可作为洗涤剂中的增黏剂、污垢附着防止剂。

分散增稠剂　在洗涤剂生产中，一般用羧甲基纤维素钠作为洗衣粉的污垢分散剂、液体洗涤剂的增稠剂和分散剂。

（7）医药、食品工业

在医药工业中，羟丙基羧甲基纤维素（HPMC）可作为药物辅料，广泛用于口服药物骨架控释和缓释制剂，作为释放阻滞材料调节药物的释放，用作包衣材料缓释剂、缓释小丸、缓释胶囊。应用最多的是甲基羧甲基纤维素、乙基羧甲基纤维素，如 MC 常用于制造片剂及胶囊，或者包覆糖衣片。

优质品等级的纤维素醚可在食品行业中使用，在各种食品中是有效的增稠剂、乳化剂、稳定剂、赋型剂、保水剂和机械发泡起泡剂等。甲基纤维素和羟丙基甲基纤维素已是公认的对生理无害的代谢惰性物质。高纯度（纯度99.5％以上）的羧甲基纤维素（CMC）可添加于食品中，如奶及奶油产品、调味品、果酱、皮冻、罐头、餐用糖浆和饮料。纯度90％以上的羧甲基纤维素可在与食品有关的方面使用，如应用于新鲜水果的运输储存，这种保鲜膜具有保鲜效果好、污染少、不破损、易于机械化生产的优点。

（8）光、电功能材料

电解液增稠稳定剂　由于纤维素醚的纯度高，有良好的耐酸、耐盐性，特别是铁和重金属含量较低，故配成的胶体十分稳定，适于碱性电池、锌锰电池的电解液增稠稳定剂。

液晶材料　自从 1976 年首次发现羟丙基纤维素-水体系液晶中间相以来，相继发现在适合的有机溶液中，许多纤维素衍生物在高浓度下可形成各向异性溶液。例如，羟丙基纤维素和它的乙酸盐、丙酸盐、苯甲酸盐、邻苯二甲酸盐、乙酰氧乙基纤维素、羟乙基纤维素等。除了形成感胶离子液晶溶液外，羟丙基纤维素（HPC）的一些酯类物质也显示了这种特性。

许多纤维素醚都显示出热致液晶性。醋酸基羟丙基纤维素在 164℃ 以下形成热致性胆甾型液晶。乙酰醋酸基羟丙基纤维素、三氟醋酸基羟丙基纤维素、羟丙基纤维素及其衍生物、乙基羟丙基纤维素、三甲基硅纤维素和丁基二甲基硅纤维素、庚基纤维素和丁氧基乙基纤维素、羟乙基纤维素醋酸酯等都显示出热致性胆甾型液晶。一些纤维素酯如纤维素苯甲酸酯、对甲氧基苯甲酸酯和对甲基苯甲酸酯、纤维素庚酸酯都可以形成热致性胆甾型液晶。

电气绝缘材料　氰乙基纤维素的醚化剂为丙烯腈，其介电常数高，损耗系数低，可作磷和电发光灯具的树脂基质及变压器的绝缘质等。

2.4.3　其他纤维素衍生物

除了纤维素酯和纤维素醚外，其他的纤维素衍生物主要有纤维素醚酯、功能性纤维素衍生物等。

纤维素醚酯是纤维素的羟基既进行醚化又进行酯化反应的产物，结构中同时存在酯基和醚键结构。纤维素醚酯可以用纤维素醚进行酯化或者用纤维素酯进行醚化获得。典型的种类有乙酸羧甲基纤维素、邻苯二甲酸羟丙基甲基纤维素、二羟丙基纤维素硝酸酯等。一些纤维素醚酯类衍生物常用在医药工业中，作为片剂黏结剂、片剂崩解剂或者片剂涂层材料；由于一些含游离酸基团的醚酯涂层产品不溶于酸性或中性的溶液介质中，但可溶于含盐结构的弱碱溶液中，因此可用作药物缓释剂，这种游离酸基团既可来源于醚组分（如羧甲基纤维素），又可来源于酯基部分（如用邻苯二甲酸、偏苯二甲酸等对纤维素醚的酯化）。二羟丙基纤维素硝酸酯是一种含能推进剂用高分子黏合剂，具有能量高、力学性能优良、成本低、与其他成分相容性好、综合性能更好的特点。

功能性纤维素衍生物种类很多，通过化学衍生化引入不同的化学基团，可赋予纤维素衍生物不同的功能，可用作离子交换树脂、药物载体、生物相容性材料等。通过硫酸等处理纤维素、纤维素醚或者纤维素酯等衍生物，可制得含有磺酸或者硫酸单酯的阴离子型纤维素重金属离子交换树脂；在醚化剂中引入氨基后对纤维素进行醚化，再通过季铵盐化，或者直接对纤维素醇羟基进行胺化处理，可制得阴离子交换树脂；或者在纤维素大分子骨架上连接螯合基团制备成螯合型重金属吸附树脂，离子螯合型纤维素吸附材料主要分为含硫型、含氮型、含磷型以及同时含硫氮等多种可配位元素的螯合型纤维素。

许多药物都是低分子化合物，它既作用于病灶又作用于正常组织或细胞，为此通过偶合化反应，将酶、抗生素、维生素等药效成分偶合于纤维素或者纤维素衍生物基材上，可获得药效持久、专一和生物活性的高分子药物。为了获得生物活性，在纤维素上引入氯代羧甲基、羧苯基、羧甲基、4-氨基-苯基、二乙酰胺、氨乙基或 N-羧苯基等基团或者多种基团，实现对目标组织（病灶）高效的亲和；再以生物活性的纤维素衍生物为载体，通过它所含的羧基、酰氯、羧苯基、氨基等活性基团与药物上的活性基团进行偶合化反应，即可获得功能性高分子药物。

2.5　纤维素纤维及应用

纤维素纤维是一大类由纤维素构成的长径比很大的纤细材料。常见的纤维素纤维有棉纤维、麻纤维、黏胶纤维、醋酸纤维、铜氨纤维等。其中棉纤维和麻纤维属于天然纤维，而黏胶纤维、醋酸纤维和铜氨纤维属于人造纤维。

2.5.1　棉纤维

2.5.1.1　棉纤维的结构

棉纤维的微观结构被认为是由数十根链状纤维素大分子集聚形成的横向尺寸约为 6nm 的微原纤；由微原纤基本平行地排列聚集形成横向尺寸为 10～25nm 的原纤；再由原纤排列形成日轮层，最后形成棉纤维。在棉纤维中，微原纤内有 1nm 左右的缝隙和孔洞，原纤之间有 5～10nm 的缝隙和孔洞，次生胞壁中日轮层之间具有 100nm 左右的缝隙和孔洞，因此棉纤维微观内部也是一种多孔性材料。

一根成熟棉纤维的形态并不均一：棉纤维的梢部圆形度最高、中部次之、基部最低；横截面积在中部最大、基部次之、梢部最小；周长则是梢部最小，中部和基部差别不大；棉纤维的梢顶部封闭，中部略粗，长度与宽度比为 1000～3000。正常成熟的棉纤维具有天然转曲，即棉纤维纵向呈不规则且沿纤维长度方向不断改变转向的螺旋形扭曲，这是棉纤维所特有的纵向形态结构，在鉴别时可与其他纤维区别开来。

由于棉铃在吐絮之前的水分含量较高，经过伸长并加厚以后，棉纤维成为不同厚薄的管状细胞，截面呈圆形；当棉铃裂开吐絮后，棉纤维干涸瘪缩，胞壁产生旋转，截面呈腰圆形，如图 2-13(a) 所示。棉纤维的横截面由许多同心圆组成，目前已可区分出初生层、次生层和中腔三个部分，共计六个层次。如图 2-13(b) 所示。

初生层是棉纤维的外层，即棉纤维在生长期形成纤维细胞的初生部分。它由外皮和初生胞壁两层构成；外皮由极薄的蜡质、果胶及半纤维素组成；初生胞壁由网状的原纤组成，厚度为 $(1～2)×10^{-7}$ m，质量只占纤维的 $2.5\%～2.7\%$，纤维素大分子呈螺旋状排列，与纤维轴倾斜角度约 $70°$，有时也发现几乎与纤维轴垂直。

次生层是棉纤维在生长加厚期淀积纤维素而成的部分，又可分为 S_1、S_2 和 S_3 三个层次。S_1 层位于初生层之下，厚度不到 $1×10^{-7}$ m，由微原纤紧

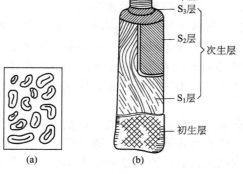

图 2-13　棉纤维的截面（a）和剖面（b）示意

中腔
S_3层
S_2层　次生层
S_1层
初生层

(a)　　(b)

密堆砌而成，几乎没有空隙和孔洞，微原纤与纤维轴呈螺旋状排列，倾斜角约 $25°\sim30°$。S_1 层下面是厚度为 $(1\sim3)\times10^{-6}m$ 的 S_2 层，全部由纤维素组成，微原纤与纤维轴的平均螺旋角约为 $25°$，螺旋方向沿纤维长度方向周期性地左右改变，微原纤与原纤之间形成空隙。S_2 层下面是 S_3 层，其厚度不到 $1\times10^{-7}m$，层内原纤的螺旋角比 S_2 层的大，并附有纤维细胞原生质干涸后的残留物。次生层是棉纤维的主体结构，决定了棉纤维的主要物理力学性能。

中腔是棉纤维生长停止后遗留下的内部空隙。其空腔大小与棉纤维的成熟程度有关，当次生壁厚时中腔就小，若次生壁薄则小。因为中腔内留有少数原生质和细胞核残留物，对棉纤维的颜色有影响。

2.5.1.2　棉纤维的分类

（1）按照棉纤维按照产地分类

① 海岛棉。纤维细长而富有丝光，强度高。长度一般为 $33\sim39mm$，最长的可达到 $64mm$，细度 $1\sim1.4dtex$，单根纤维的强力平均在 $0.04\sim0.05N$。世界广泛种植的海岛棉发现于美洲大西洋沿岸群岛，后传入北美洲东南沿海岛屿，因而得名。

② 陆地棉。又称高原棉，是棉花栽培中的主要品种，栽培范围广、产量最多。纤维色泽洁白，带有丝光，长度 $23\sim33mm$，细度 $1.5\sim2dtex$，能纺制 $10\sim100dtex$ 的细纱。原产于南美洲安第斯山区，由墨西哥传入美国，又从美国传播到世界各产棉国。陆地棉占世界棉花总产量的 85% 以上，占中国棉花总产量的 98%。

③ 亚洲棉。纤维粗短，一般长度为 $15\sim24mm$，细度 $2.5\sim4dtex$，能纺制 $28dtex$ 以上的中、粗号纱。亚洲棉的可纺织性差，但弹性好，适宜作起绒纱用棉、医药用棉、民用棉絮等。

④ 非洲棉。又称草棉，纤维短而细，使用价值低下。

（2）按照纤维的细度长度和强度分类

① 细绒棉。为陆地棉种，纤维线密度和长度中等，色泽洁白或乳白色，有丝光。纺制成的面纱较粗，是一般棉织物的原料，我国种植的棉花多属于这一类。

② 长绒棉。为海岛棉种，较细绒棉细且长，品质优良。乳白色或淡棕黄色，富有丝光，是用于纺制高档和特种棉纺织品的原料。

③ 粗绒棉。纤维粗短，色白或呆白，少丝光，只能纺粗特纱、作起绒织物等，因产量和纺织价值低，目前已趋于淘汰。

除此之外，棉纤维的分类还可按照纤维的色泽进行分类，分为白棉和彩色棉；按照棉籽初加工的扎棉机来进行分类，分为锯齿棉和皮辊棉。

2.5.1.3　棉纤维的主要应用

棉纤维的最主要用途是服装面料。利用棉纤维纺制纱线，按照不同的组织结构和加工工艺可以制出风格不同的织物，主要的织物种类有平纹类棉织物、斜纹类织物、贡缎类织物和其他特殊棉织物四大类。平纹类棉织物主要是平布和府绸；斜纹类织物主要有纹布、哔叽、华达呢和卡其；贡缎类织物主要是直贡缎和横贡缎；其他特殊棉织物种类很多，常见的有平绒、灯芯绒、牛仔布、牛津布、泡泡纱、麻纱、巴里纱、麦尔纱、竹节布、结子布等。

棉织品在医用方面应用也很多，主要有医用棉线、绷带、棉纱布、药棉等。由于棉胚布具有良好的吸湿性、透气性、触感轻柔、抗过敏等优点，通常采用纯棉织造的布作为医用手术布；纯棉普通纱布医用绷带和纯棉弹力绷带是医用绷带的主要种类，弹力绷带具有包扎使用方便、不易松脱、敷用舒适透气、松紧适合等优点。随着医学的发展，棉纤维及制品在医学领域的应用越来越多。

纯棉制品或者棉与其他类纤维混纺制品，在家居、酒店、餐饮服务业的使用也是十分广泛，例如窗帘、毛巾、床罩、枕罩、棉絮等。

2.5.2 麻纤维

麻纤维的主要成分是纤维素，视麻的品种而定，其含量在 60% ~ 80% 。除了纤维素质外还有木质素、果胶、脂肪、蜡质、糖类、灰分等。

2.5.2.1 麻纤维的结构

麻纤维的大分子结构和超分子结构与棉纤维类似。

不同种类麻纤维的截面形态不尽相同。苎麻大多呈腰圆形，有中腔，胞壁有裂纹；亚麻和黄麻的截面成多角形，也有中腔；槿麻的截面呈多角形或圆形，有中腔。麻纤维的纵向大多较平直、有横节、竖纹，亚麻的横节呈"×"状。

2.5.2.2 麻纤维的种类

由于麻类草本植物种类多，因此麻纤维的品种也很多，常见的有苎麻、亚麻、黄麻等。

（1）苎麻

苎麻别名白苎、苎子、线麻、紫麻等，有多个品种，如细叶绿、芦竹青、黑皮兜、黄壳麻等。属于多年生宿根草本植物，在我国主要是白叶苎麻（又称白脚麻）。苎麻因品种和环境条件而异，一般可达 2~3m，呈圆柱形，粗 1~2cm，花期中秋，果实秋末成熟，次年春抽芽发叶复茂。原产于我国，为最古栽培的农作物之一。蔡伦造纸所用的破布和敝渔网，其原料当时主要是苎麻。其后日本、越南、朝鲜、印度和南洋，均从我国引种，后来渐渐传入欧美、非洲等地，但质量不佳。我国的苎麻产量占世界第一位，占世界总产量的 80% 以上，产地分布较广，除东北和西藏高原较寒地带外，黄河、长江和珠江流域等地区都有栽培，其产量以四川、湖北等省为最多。上述各个品种苎麻的纤维细软，单纤维支数都在 1800~2500，可纺织麻的确良。供纺织用的苎麻多为栽培的草本麻，在温带地区每年收割两次，在亚热带或热带地区每年收割 3~4 次，苎麻纤维是麻类纤维中最优良的品种，可织造麻布、帆布、强韧绳索、降落伞等。造纸多用其下脚料、破布、破麻袋等，常在钞票纸、证券纸、卷烟纸等高级纸张中使用。苎麻种子可以榨油。

（2）亚麻

亚麻又称鸦麻、胡麻、土芝麻、大芝麻等，为一年生草本植物，商业上所称的亚麻为整株亚麻茎秆内表皮的韧皮纤维部。亚麻是在汉代与葡萄、棉花同时引入中国的。由于亚麻对气候的适应性强，南起印度，北至俄罗斯都有种植，最适宜的种植地区为北纬 $48°$ ~ $55°$ 。我国东北、西北、华北地区都是种植亚麻的黄金地带。普通栽培的亚麻，按其使用的目的可分为三种：①皮用亚麻或称纤维用亚麻，纤维较长，韧皮纤维含量较高，多用于纺织工业；②油用亚麻，韧皮纤维含量较低，种子含油量高（可达 34% ~ 38% ），可榨取使用油或工业用油，使用油即麻油或称香油；③两用亚麻，纤维及油含量介于上述二者之间。纺织工业用亚麻，其特点是采取细株密植，尽量使茎秆细长，少或无叉枝，并且在长到半成熟（下部刚开花结籽、上部还在开花）时，进行收割，以保证细度细、木质素含量低、较好的纤维品质，以适于纺织用途。亚麻单纤维的形状是两端尖细的瘦长细胞，截面呈扁平形，平均长度 17~20mm，宽 0.5~1μm，因为亚麻纤维长度太短，一般采用纤维束纺纱。亚麻纤维的主要特点是：热导率大、吸湿散热能力强，织物穿着凉快；纤维无卷曲、纤维之间不易抱合；纤维呈直线状，故织物硬挺，穿着不贴身；湿强度大于干强度。亚麻纤维也是造纸的优良原料。钞票纸、证券纸、字典纸、卷烟纸等常掺部分亚麻纤维，多系纺织厂所余的废弃麻屑及破旧麻布和绳索等。

（3）黄麻

黄麻又称络麻、绿麻、铁麻、草麻、印度麻等，多为一年生草本植物，黄麻是一种热带和亚热带植物，一般茎高 1~3m，茎秆圆形或椭圆形，直径可达 3cm 左右。黄麻原产地为印度，现在盛产于印度、巴基斯坦、巴西等地区。黄麻在我国分布较广，多在长江流域以南地区，野生和栽培都有。黄麻分圆果种黄麻和长果种黄麻；前者经脱胶后所得纤维束色泽洁白，又称白麻；后者脱胶后所得纤维色泽呈浅棕色，又称红麻或吐纱麻。黄麻纤维质量好，可分裂的纤维束细度较细。黄麻多用以编织麻袋、地毯、绳索等，又可与棉、亚麻、羊毛等混合纺织品用，也作造纸原料。

除上述的麻纤维之外，还有胡麻、洋麻、青麻、大麻、罗布麻、剑麻、蕉麻、菠萝麻等种类。

2.5.2.3 麻纤维的主要用途

（1）苎麻

苎麻纤维的品质是麻类中最优良的，纤维长而细、强度高，易于吸水，干燥快，适于制备夏季服装等。由于苎麻纤维坚韧，在水中不易腐烂，抗霉性强，可用于制造帆布、绳索、渔网、水龙带、鞋线、滤布、蓬幕及其他军用品原料；苎麻纤维的抗张强度高，质地轻，也可作为飞机翼布和降落伞的原料；富有绝缘性，可制造各种橡胶工业的衬布、车胎内衬、电线包皮、传动带等；另外苎麻的短纤维或者麻绒可以制造高级纸张，用于印制钞票、有价证券，或者制造地毯、人造丝、火药等。

（2）亚麻

亚麻纤维耐皱，伸缩性小，可作为家具饰品和夏季衣料；亚麻纤维吸水后强度增加，膨胀力大，防漏效果好，适于制造军用帐篷、炮衣、雨布、水龙带等；亚麻纤维细而坚韧，耐磨擦，导电性小，也适于飞机翼布、电线包皮、传动带等；另外，亚麻纤维具有高吸收性能，具有抑制微生物群落发展和建立消毒条件的能力，所以适于优质医用纺织品生产。

（3）黄麻

黄麻纤维在工业的用途很广，主要用于制作包装物料，如麻绳、麻袋等；经过改性处理，可以织成窗帘布、蚊帐布、台布等；还可用来制作地毯、钢丝内芯、草席的经线和造纸原料等。

（4）大麻

大麻织物具有"挺而不硬、轻而不飘、爽而不皱"的美称，可与苎麻、亚麻媲美。大麻纤维的耐热性能好，因此大麻纺织品特别适于制作防晒服装、太阳伞、露营帐篷、各种特殊要求的工作服和室内装饰面料等；大麻纤维韧度强，弹性大，可以纺制帆布、绳索、地毯等；在工业上，大麻纤维主要用作制造高级纸张、卷烟纸、钞票纸等。

2.5.3 黏胶纤维

黏胶纤维在 1891 年由美国人 Cross 和 Bevan 发明，本质上属于再生纤维素，因此其化学结构和超分子结构与纤维素类似。其制备工艺是将纤维素通过衍生化或者溶解在一定的体系中，采用溶液纺丝的方法，将纤维素再生得到。黏胶法是生产黏胶纤维的传统方法，其工艺过程是将纤维素用碱处理制成碱性纤维素，再与 CS_2 反应形成纤维素黄原酸钠；将纤维素黄原酸钠在 $15\sim20℃$、高剪切条件下溶解在氢氧化钠溶液中，形成黏性橙色黏胶液，经过熟化后进行溶液纺丝；黏胶液通过喷头喷射进入含有硫酸、硫酸钠和硫酸锌的凝固液中，黏胶液凝固并再生出纤维。由于黏胶法生产黏胶纤维使用二硫化碳，有毒易污染环境，近年来有人开发出采用纤维素氨基甲酸酯，或者采用 NMMO、NaOH/水、NaOH/尿素/水、NaOH/硫脲/水、LiOH/尿素/水等溶剂体系，制备再生纤维素纤维。

与天然纤维素纤维相比，黏胶纤维具有如下优缺点。

① 优点。吸湿性能较高，在标准状态下回潮率为 $12\%\sim14\%$（棉纤维约为 8.5%），手感柔软、悬垂性好、穿着舒适，染色性能优良，可采用活性染料常温常压染色。所织造的织

物外观光泽好。

② 缺点。被水浸湿后，强力显著降低，只有干燥时强力的一半多一些，因此其制成的织物寿命短，洗涤时不能用力搓洗；织物的缩水率大，尺寸稳定性差；弹性大易变形，穿着时容易产生皱褶，衣服的肘部和膝盖部易发生局部隆起。

黏胶纤维的品种按照用途可分为纺织与工业两类。其中用于纺织的纤维可分为长丝和短纤维两类。长丝按照外观又可分为有光、无光、半无光、纺前着色丝等多种；短纤维可分为普通型纤维、高性能纤维、特种纤维等几大类。

2.5.3.1 普通黏胶纤维

普通黏胶短纤维，是将连续状黏胶纤维长丝束切成各种不同需要长度的短纤维，可以代替棉花或羊毛供纺织加工使用。由于黏胶纤维的生产能力大、制造成本低、纺丝用途广泛，已成为人造纤维的一大类。普通黏胶短纤维与棉纤维相比，具有高吸湿性、优良染色性、抗静电性、织物穿着舒适等优点，但由于湿态强度较低、伸长大、耐碱性差、织物尺寸不稳定、容易变形等不足，限制了其更广泛的应用。

黏胶长丝是世界上最早工业化的化纤品种之一，早在 1903 年就在英国考陶尔兹公司实现工业化生产。黏胶长丝由于优良的使用性能和加工性能，在纺织工业的各个部门得到广泛的应用。然而由于品种单一、花色少，加之涤纶和锦纶等化学纤维的激烈竞争，严重地影响了其市场占有率。黏胶长丝的主要用途已由单纯的服装和床上用品向服装、床上用品、室内装饰等多种用途方向发展。

2.5.3.2 富强纤维

富强纤维具有如下性能特征：①未处理纤维湿润时，于 0.44dN/tex 负荷下延伸度在 4％以下；②在 20℃下，经质量分数 5％的氢氧化钠溶液处理后，润湿纤维于 0.44dN/tex 负荷下延伸度在 8％以下，断裂强度在 1.76dN/tex 以上；③打结强度在 0.4dN/tex 以上；④纤维聚合度在 450 以上。

富强纤维的性能较普通黏胶纤维更接近于棉纤维，如表 2-5 所示。因此富强纤维在性能上具有如下特点：①干湿强度高，干强度可与棉纤维相媲美，大大高于普通黏胶短纤维；②耐碱性能好，能够像棉纤维一样经受丝光处理；③形态稳定，具有高的弹性恢复率和湿模量很低的负荷伸长；④具有高的湿干强度比以及较低的水中溶胀度。由此，富强纤维织物较普通黏胶短纤维织物耐穿、耐洗、耐褶皱，成衣尺寸稳定性好，即使在湿态的变形收缩也较小。

表 2-5　富强纤维、普通黏胶短纤维和棉纤维的性能对比

项　目	富强纤维	普通黏胶短纤维	棉 纤 维
干强/(cN/den)	3.1～5.1	2.2～3.0	2.4～4.0
湿强/(cN/den)	2.4～3.5	1.4～1.8	2.6～4.2
湿干强比/%	70～80	0～60	1.05～1.15
干伸/%	9～12	15～22	7～12
湿伸/%	10～16	20～30	9～14
经 5％NaOH 溶液处理后的湿强/(cN/den)	2.0～3.0	约 1.0	约 3.4
经 7％NaOH 溶液处理后的湿强/(cN/den)	无影响	被破坏	无影响
弹性恢复率/%	96	65	95
模量/(cN/den)	10～30	2～6	7～16
0.5cN/den 负荷伸长/%	3.0	11	3.5
水中溶胀度/%	55～75	90～115	35～45

富强纤维与普通黏胶短纤维性能差异取决于它们的结构差异，如表 2-6 所示。富强纤维的结构特点是横截面为全芯圆形，聚合度较高，并由原纤维聚合体结构组成，结晶度和取向度都较高，且结晶粒子的尺寸粗大，羟基可及度较小。

表 2-6　富强纤维与普通黏胶短纤维的结构差异

项　　目	富强纤维	普通黏胶短纤维	项　　目	富强纤维	普通黏胶短纤维
横截面	皮芯结构,呈圆形	皮芯结构,呈锯齿形	晶区长度/DP	110～130	80
聚合度	500～600	300～400	晶区厚度/nm	8.0～10.0	5.0～7.0
微细结构	有原纤结构	原纤结构少或无	取向度/%	80～90	70～80
结晶度/%	44	30	羟基可及度/%	50	65

2.5.3.3　高湿模量纤维

高湿模量纤维指湿模量高于棉纤维的黏胶纤维,其湿模量约在 8.83cN/dtex 以上。从某种意义上讲,因为富强纤维的湿强度很高,在定义上属于高湿模量纤维;但是高湿模量纤维除了保持普通黏胶纤维的高吸湿性及易染性外,还具有高的干强度和湿强度、低伸长、高湿模量的特点;虽然在伸度、湿强、耐碱性不如富强纤维那么接近棉纤维,湿模量也较富强纤维低,但高湿模量纤维不会发生"原纤化"现象,并具有较好的韧度和耐磨性。因为它的勾强、伸长、卷曲等性能较好,故易于纺丝。高湿模量纤维的生产工艺是采用加入多种变形剂的高碱比黏胶,于高锌凝固浴中纺丝成型,基本与帘子线工艺相近。

高湿模量纤维的主要性能如表 2-7 所示。高湿模量纤维的结构特点如下:①横截面为圆形或近似圆形,有皮芯结构,皮层比普通黏胶纤维厚,皮芯分界不明显;②纤维的平均聚合度介于普通黏胶短纤维与富强纤维之间,约为 450～550 之间;③具有稠密的波形起伏的原纤维聚合体结构;④纤维结晶度为 41% 左右,晶体长度约为 85DP(聚合度),晶区厚度为 7.0～10nm,纤维定向度为 75%～80%,羟基可及度约为 60%,这些指标都介于普通黏胶短纤维与富强纤维之间。

表 2-7　高湿模量纤维的主要性能

项　　目	性 能 指 标	项　　目	性 能 指 标
干强/(cN/den)	3.35～4.06	勾强/(cN/den)	0.62～2.65
湿强/(cN/den)	2.30～3.00	湿模量/(cN/den)	8.83～17.66
干伸/%	17～21	经 5%NaOH 溶液处理后	1.32～1.77
湿伸/%	19～23	的湿强/(cN/den)	

2.5.3.4　永久卷曲黏胶短纤维

不经特殊卷曲处理的普通黏胶短纤维也具有一定的波形,但它与卷曲纤维相比,其波形的大小、个数和稳定性显然不同,这是由于纤维截面的对称性程度差异所致。卷曲黏胶纤维在含水率增加的同时,施加一定的张力,卷曲有消退的倾向,只有在干态下卷曲才能保证相对稳定,这是一般纤维素纤维的一种共同特征。

黏胶短纤维不采取机械挤压的方法来获取卷曲,因为这种卷曲在纺纱过程中极易失去。永久卷曲黏胶短纤维是由化学卷曲法得到,其基本原理是在纺丝中使纤维形成的不对称横截面。在特殊的成型条件下,凝固浴沿细流呈径向流动,使在细流两侧的酸浴浓度不同。浓度高的一侧所形成的黏胶细流皮层较厚,浓度低的一侧所形成的黏胶细流皮层较薄,从而形成了不对称横截面的纤维。当纤维受拉伸作用时,因为应力分布不均匀,使薄侧皮层破裂,在纤维横截面上形成破裂皮层的不对称结构。然后给纤维以松弛或膨化,使纤维因发生不对称伸缩而形成三维空间的永久性卷曲。

另外,还可以利用两种不同性能的黏胶溶液在同一个喷丝孔内复合喷出,由于两种组分的凝固能力不同,所形成的纤维在结构上亦产生差异。例如采用两种不同熟成度的黏胶溶液,在嫩胶形成皮层,老胶形成芯层,最终形成厚薄皮层,获得不对称横截面纤维。此外,在高锌凝固浴中,使凝固浴刚成型纤维的一边受冲击,新形成的皮层破裂,沿裂缝形成新的连续皮层，最终获得锯齿形不对称横截面结构的纤维。

卷曲黏胶短纤维是一种仿羊毛纤维，因此常用于纯纺或者与羊毛、腈纶、棉等纤维混纺，即可改变纤维的纺织加工性能，又能够维持织物风格。而被誉为第三代黏胶纤维的高湿模量卷曲纤维，微小的卷曲使织物具有丰满的手感、良好的覆盖性和耐皱褶性。卷曲黏胶纤维适于制造膨体织物、外衣料、室内装修、毛巾、毡毯、棉絮、不织布等。

2.5.3.5　Lyocell 纤维（天丝）

Lyocell 纤维是将纤维素浆粕直接溶于有机溶剂 NMMO（N-甲基吗啉-N-氧化物）纺制而成的新型纤维素纤维。Lyocell 这一名词是国际人造丝及合成纤维标准化局（BISEA）于 1989 年确认，并经国际标准化组织（ISO）批准，归类于纤维素纤维中。Lyocell 纤维与铜氨纤维、高湿模量黏胶纤维、普通黏胶纤维、二醋酯纤维和三醋酯纤维一起统称为六大纤维素纤维品种。Lyocell 纤维首先于 20 世纪 70 年代由美国 ENKA 公司研发，1992 年在美国建厂生产。目前生产这种纤维的国家主要在西欧和美国，年产仅为 16 万吨左右。

Lyocell 纤维以溶剂直接溶解纤维素进行纺丝，改革了黏胶生产体系，在纤维性能以及生产环境保护方面有了重大突破，是一类有发展前途的新型纤维素纤维品种，被誉为 21 世纪纤维。

Lyocell 纤维的横截面为椭圆或者圆形，没有明显的皮-芯结构，纵面一般较为规整光滑。Lyocell 纤维的结晶结构为纤维素 Ⅱ 型，结晶度（47%）低于富强纤维而远大于高湿模量纤维和普通黏胶纤维，但结晶取向因子（0.94）和双折射率（0.040）都高于富强纤维、高湿模量纤维或普通黏胶纤维，说明 Lyocell 纤维具有较高的结晶度和很高的分子取向性。Lyocell 纤维与富强纤维、高湿模量纤维或普通黏胶纤维一样，都具有原纤结构，但是 Lyocell 纤维的原纤化倾向最大，原纤排列平行规整，微原纤薄而细。

Lyocell 纤维的强度高，尤其是湿强度和湿模量最高，延伸度适中，其湿干强度比值高达 80%～85%，远高于普通黏胶纤维（50%）。Lyocell 纤维的性能相当于或优于棉纤维，是唯一一种湿强度高于棉纤维的再生纤维素纤维，因此 Lyocell 纤维也被誉称为"天丝"。Lyocell 纤维和织物具有优良的染色性，手感丰满柔软，吸湿性、透气性好，穿着舒适，缩水率低，尺寸稳定，挺括性、悬垂性良好，其综合服用性能相当于甚至在某些方面优于棉纤维。

Lyocell 纤维是一类优良的服用和装饰用纤维，既适于纯纺又适于混纺。其纯织物吸水、透气、易染色，具有牢度高、尺寸稳定、挺括等优点，适于制作内衣、外衣以及各种服装和装饰织物。利用 Lyocell 纤维的原纤化特征，通过特殊处理（如碾磨起绒），可制造具有特殊风格的绒毛织物，如桃皮绒、仿麂皮织物等。利用 Lyocell 纤维的高强度、高模量特性，可用于制作缝纫线、防护服、帘子线、传动带、帐篷等，以及特种高强度纸、非织造布，各种衬里、隔膜、滤布等。

2.5.4　醋酯纤维

醋酯纤维是将纤维素醋酸酯溶于有机溶剂，通过精制后由干法纺丝制备得到一种纤维素纤维，其酯化程度为 2～3。醋酯纤维的强度为 1.1～1.2cN/dtex，断裂伸长为 25%～45%，是一种低强度纤维，限制了它在工业中的广泛应用。但是在传统衬里和服装方面的应用比较广，尤其是在仿麂皮表面整理和起绒织物方面，醋酯纤维具有独到的优势。醋酯纤维的弹性模量低，织物具有柔软的手感和优良的悬垂性。醋酯纤维是一种无定性聚合物，在高温和潮湿条件下，其剩余收缩率低；不能热定形，醋酯纤维面料可以干洗。

虽然纤维素二醋酯和三醋酯溶于浓硫酸、浓盐酸和浓硝酸，但 10% 的硫酸对纤维素二醋酯纤维基本无影响；在 5% 的硫酸、5% 甲酸或 5% 乙酸中 80℃ 处理 60min，其光泽、强力、伸长等均无变化。醋酯纤维一般不耐受碱，对化学试剂的耐受性一般，但对一般的盐耐受性好，耐日光性良好。醋酯纤维的特性在化纤中最接近真丝。

醋酯纤维的染色性好，织物色彩鲜艳、外观明亮，但存在强度低的不足，主要应用于绒织物、装饰用绸、高档里子料、绣制品底料、缎类织物和编制物、扎纹绸、时装及高级时装面料等方面。

2.5.5 铜氨纤维

铜氨纤维是将纤维素溶解于铜氨溶液中，然后纺丝而得。铜氨纤维的性能接近真丝，尤其是铜氨短纤极具丝绸般感觉。其截面呈近似圆形，强度高，颜色洁白，光泽柔和悦目，手感柔软；表面多孔，无皮层，具备优越的染色性能和吸湿吸水性；密度较黏胶纤维、真丝、涤纶等大，因此极具悬垂性；回潮率较高，仅次于羊毛，与真丝相等，而高于棉及其他化纤，因而吸湿效率高，穿着更具舒适感。

铜氨纤维与黏胶纤维大致相同，但两者存在以下差别：①铜氨丝的强度比黏胶丝高，但伸长率低于黏胶丝；②铜氨丝均为无捻丝，且复丝的单丝根数比同规格的黏胶丝要多，所以产品手感柔软、绸面细洁而丰满，染色色调较深，但易产生色花和起毛；③铜氨丝的含油量比黏胶丝高2倍左右，有利于减少无捻铜氨丝的相互粘连，但炼染过程不易清除干净；④铜氨长丝的染色速度快于黏胶人造丝，饱和上染量也高，染色时间较短。

2.6 改性纤维素材料及应用

储量有限、不可再生的化石资源的不断消耗，是人类可持续发展面临的一个重要问题。纤维素因为来源丰富、可再生、可生物降解、易衍生化等特点，将成为人类可持续发展的重要支撑资源，已被广泛用于塑料、纺织、造纸等传统工业。然而，纤维素存在耐水性差、弹性低、不易加工等不足，限制了其更为广泛的应用。采用改性的方法，可以消除纤维素材料的一些缺点，满足工业应用要求。纤维素材料的改性方法主要有交联改性、接枝改性、共混改性和复合改性。

2.6.1 交联改性纤维素材料及应用

交联是纤维素改性的重要途径，并已在工业上广泛用于改善纤维素织物的性能。纤维素的交联反应主要是通过相邻纤维素链上—OH基的烷基化反应并以醚键的方式连接，形成三维网状结构的大分子。20世纪初已有文献报道用甲醛来交联纤维素，目前纤维素产生化学交联的主要途径有：①通过化学或引发形成的纤维素大分子基团的再结合；②纤维素阴离子衍生物通过金属阳离子（二价或二价以上）交联；③通过纤维素吸附巯基化合物形成二硫桥的氧化交联；④纤维素的羟基与异氰酸酯反应形成氨基甲酸酯键；⑤与多聚羧酸反应的酯化交联；⑥与多官能团醚化剂反应的醚化交联。醚化交联反应包括醛类与纤维素的缩醛反应、N-羟甲基化合物与纤维素的交联反应以及纤维素中的羟基与含环氧基和亚氨环基的多官能团化合物的开环反应。甲醛是最早使用的交联剂，其他醛类还有乙二醛、高级脂肪族二醛等；N-羟甲基化合物可以是二羟甲基脲、环脲衍生物、三氮杂苯类化合物等；与纤维素发生开环反应的多官能化合物包括乙烯亚氨基化合物（如三氮杂环丙烯膦化氧、环氧化物等）。

纤维素的交联剂品种繁多，反应复杂，交联后因产物不溶或难溶，致使结构的系统全面分析十分困难，因此很多交联剂对纤维素的交联机理尚不明晰。

由于交联剂的种类、结构以及交联化处理工艺的不同，因而通过交联反应可改变纤维材料的很多性质。一般来说，交联化处理可以降低纤维素的润胀和溶解，使反应试剂的扩散减缓而使纤维素的反应性大为降低，还可阻碍酶在纤维素材料中的扩散而提高抗生物降解性，使纤维素纤维或织物的抗皱性、耐久烫性、黏弹性、湿稳定性以及纤维的强度提高，但也会使干态褶皱恢复性变差、织物变硬、耐磨性降低等。目前，对人造丝和棉纱织物的处理通常使用脲类交联剂，织物以 60～100m/min 的速度通过交联剂溶液，然后在 100～130℃（条件下）干燥固化即可。纤维素经环氧氯丙烷交联后可明显改善其孔结构和溶胀行为。水溶性纤维素醚交联后可得到水凝胶，并可用作色谱柱填充材料。

影响交联纤维素性质的因素主要有三个。①交联程度。由于交联剂的多功能性和纤维素材料结构的不均一性，加之交联化伴随着各种副反应，且难以彻底纯化，交联化反应程度对纤维素材料性能的影响关系尚难以定量确定；棉纤维采用二羟甲基脲、二羟甲基亚乙基脲、甲醛、N-羟甲基丙烯酰胺等交联剂交联化处理，随着交联程度的增加，棉纤维织物的褶皱恢复性先随之提高并达到最大值，纤维的抗张强度和伸长则逐渐降低，交联主要发生在棉纤维的可及区。②交联剂的结构。短链交联剂（如甲醛）可有效防止纤维素分子链的滑移，而可更好地提高纤维或织物的褶皱恢复性，但纤维的抗张强度和伸长损失更大；如采用柔性长链交联剂可减少强度和伸长的损失；采用交联基团数目大于2的交联剂，交联效果并不比双功能基交联剂有效，这是由于某些交联剂自缩聚倾向更大、空间位阻过大。③交联位置及分布。由于纤维素材料的结晶性，交联一般发生在可及的低序区和表面，造成交联位置沿纤维素纵向和横向的不均一性，进而影响纤维素材料的性质；例如在干态和低湿态下交联时，交联反应主要发生在非晶区和少部分结晶区，交联后纤维的干态密度、微孔尺寸和内表面积都减少，赋予交联纤维和织物高的干、湿褶皱恢复性以及低的回潮和吸水性；在高度润胀态下交联时，交联剂可以进入较高序态，交联共价键取代了结晶区内相当多的氢键，非结晶区中的交联较干态交联时的减少，交联分布较为均匀，为此交联后的纤维和织物有良好的湿褶皱恢复性，大的微孔尺寸和内表面积，但干态的褶皱恢复性改进不大；当使用非润胀试剂（如乙醇）为反应介质时，可以得到皮层交联的纤维素材料；要使芯层交联，首先要使纤维素在高度润胀后使交联剂渗透到整根纤维内部，再用非润胀剂使表层交联剂失效，交联只在芯层进行，由此可大大提高纤维的吸湿性、离子交换性，又基本保持纤维与织物的强度性质。

2.6.2　接枝改性纤维素材料及应用

接枝共聚是对纤维素进行化学改性的重要方法之一。它可赋予纤维素某些新的性能，同时又不至于完全破坏纤维素材料所固有的优点。其特征是合成单体发生聚合反应，生成高分子链，经共价化学键接枝到纤维素大分子链上。纤维素接枝共聚物的主要合成方法包括自由基聚合、离子型共聚及缩聚与开环聚合。

大多数的接枝共聚都是首先在纤维素基体上形成自由基，然后与单体反应而生成接枝共聚物。自由基的形成可通过引发剂的链转移反应、能量辐射或机械应力等物理手段，以及采用氧化还原体系或引发剂的化学活化法。大分子自由基的产生可借助各种化学方法、光、高能辐射和等离子体辐射等，利用能量引发纤维素的接枝。化学引发纤维素接枝包括诱导热分解法和氧化还原法。诱导热分解法指的是借助一些化学引发剂在纤维素大分子引入含有 —O—O—、—C—N= 等受热易分解的弱键基团使其成为热引发剂。加热时，这些弱键易发生均裂形成大分子自由基，引发单体得到接枝共聚物。常用的此类化学引发剂有：臭氧（O_3）；过氧化物，如过氧化物二苯甲酰等；偶氮化合物，如偶氮二异丁腈；能够重氮化的芳香族氨基化合物。氧化还原法是引发纤维素与乙烯基类单体接枝共聚最常见的方法。

氧化还原引发体系通常由氧化剂和还原剂两种物质组成，但也有由三种物质或兼备氧化和还原性质的一种物质组成。单组分体系主要有：Ce^{4+} 盐、V^{5+} 盐、Mn^{3+} 盐、高锰酸钾和过硫酸盐。Ce^{4+} 盐引发纤维素接枝的工作早有报道。一般认为，Ce^{4+} 氧化纤维素首先生成具有络合结构的中间体，然后 Ce^{4+} 被还原成 Ce^{3+}，同时一个 H 原子被氧化生成纤维素自由基；葡萄糖单元的 C_2—C_3 键断裂，于是纤维素自由基便与单体发生接枝反应。丙烯腈、丙烯酰胺、丙烯酸酯、甲基丙烯酸酯等都可用此法接枝到纤维素上。高锰酸钾是一种很有应用前景的引发剂，已广泛应用于丙烯腈与纤维素、丙烯腈与木质纤维素、丙烯酰胺与纤维素等的接枝共聚反应。高锰酸钾主要是以 Mn^{3+} 先与纤维素络合，然后在 C_1、C_2 或 C_3 上产生活性中心而实现接枝反应，其特点是可将接枝反应中生成的均聚物控制在最低限度且其价廉易得。双组分体系主要有：H_2O_2/Fe^{2+}、$H_2O_2/$纤维素黄原酸酯。H_2O_2/Fe^{2+} 体系常用于纤维素与乙烯基单体的接枝，H_2O_2 与 Fe^{2+} 反应首先生成 Fe^{3+} 和 HO·，产生的 HO· 使由纤维素大分子骨架上的 H 原子被抽取，产生的活性点引发接枝。在反应体系中，HO· 既可引发纤维素产生接枝共聚反应，也可引发单体产生均聚反应。通常将纤维素底物浸入一定浓度的 Fe^{2+} 溶液，浸泡到达规定时间后进行吸滤，洗去过多的未被吸附的 Fe^{2+}，随后放入有 H_2O_2 的单体溶液中进行共聚反应，可得到较好效果。$H_2O_2/$纤维素黄原酸酯体系是将纤维素先经 NaOH 溶液处理，然后加入 CS_2 使之反应至一定酯化度形成纤维素黄原酸酯，后者经水洗、中和后与丙烯腈等单体在 H_2O_2 和酸存在下发生接枝反应。由于纤维素黄原酸酯是制造黏胶纤维的中间产物，因而有可能将接枝共聚作为生产黏胶纤维的一个工艺部分。目前，已成功进行了乙烯磺酸酯、乙烯磺酸酯与丙烯酰胺或丙烯酸混合单体、丙烯腈与苯乙烯或甲基丙烯酸甲酯混合单体等与纤维素的接枝共聚。$H_2O_2/Fe^{2+}/$纤维素黄原酸酯三元体系也可有效引发纤维素与乙烯基类单体的接枝共聚，其反应过程被认为是与 Fe^{2+} 与纤维素整合形成络合物中间体，进而在纤维素分子链上产生自由基，随后进行接枝共聚。

纤维素的离子型接枝共聚可分为阳离子引发接枝与阴离子引发接枝。阳离子引发接枝是采用 BF_3、$AlCl_3$、$TiCl_4$ 和 $SnCl_4$ 等金属卤化物和微量共催化剂（如痕量的水或盐酸），通过形成纤维素正碳离子而进行接枝共聚。阴离子引发接枝则是根据 Michael 反应原理，由纤维素与氨基钠、甲醇碱金属盐等作用形成醇盐，再与乙烯基单体反应。离子型共聚法需在无水介质中进行，这造成实验上的困难。同时，在碱金属氢氧化物存在下，纤维素可能发生降解，故此在接枝共聚合成中所占比例较少。然而，离子型共聚在反应的可重复性、侧链分子量和取代度等参数的可控制性，以及减少甚至消除均聚物方面的优势，则是自由基聚合所无法媲美的。因而，近年来对此法的研究进展颇快。

基于纤维素分子上—OH 基的活性，还可通过缩聚反应进行接枝共聚。纤维素与木质素聚氨酯缩聚，制得的棉织物不仅耐压，且拉伸强度、耐磨性及尺寸稳定性都相当高。许多环状单体（如环氧化物、环亚胺或内酰胺等），可通过纤维素上的活泼羟基或纤维素轻微氧化生成的羧基或羰基，引发开环反应而生成接枝共聚物。

同纤维素的醚化、酯化反应一样，纤维素的接枝共聚反应都是在多相介质中进行，反应主要发生在纤维素的表面及其无定形区，并且明显受到纤维素材料的微细结构和实验方法以及反应条件的制约，反应可控性和产物的均匀性都比较差。有人尝试了纤维素及其衍生物的均相接枝共聚：首先将纤维素溶解，然后在溶液中与单体进行接枝共聚反应。这些均相接枝反应主要是在纤维素的非水溶剂体系〔如（DMSO/PF）〕中进行。与多相接枝比较，纤维素均相接枝的一个突出特点是：纤维素分子链上均匀分布的接枝侧链短而数目多，而异相接枝则是支链长而数目少。但由于存在纤维素浓度较低、溶剂的处理和回收困难、产物的处理等问题，均相接枝反应仍主要处于实验室研究阶段。

通过纤维素及其衍生物与丙烯酸、丙烯腈、甲基丙烯酸甲酯、丙烯酰胺、苯乙烯、乙酸乙烯酯、异戊二烯以及其他高分子单体之间的接枝共聚反应，人们已制备出性能优良的高吸水材料、离子交换材料、永久性的染色织物以及具有优良力学性能的模压板材等新型化工产品。接枝亲水性单体可改善纤维的润湿性、黏合性、可染性及提高洗涤剂的去油污速率；接枝疏水性单体则生成对油污等各种液体低润湿性的产物；而采用两种单体的混合接枝，更能制得综合性能优异的产品。一般说来，表面接枝可使纤维素具有耐磨、润湿或疏水、抗油与黏合等性能，本体接枝则赋予其抗微生物降解与阻燃性能。

纤维素接枝某些极性单体（如丙烯腈、丙烯酸和丙烯酰胺等）会提纤维素的吸水能力，可用作高吸水材料。纤维素系高吸水材料作为一种新型功能性高聚物，已在生理卫生用品、农林园艺、土木建筑、沙漠改良、石油化工、医药、食品、包装等领域得到广泛应用。采用硫酸盐浆与丙烯腈接枝聚合，再经 NaOH 水解可制备纤维素高吸水材料，其吸水性随接枝率的提高而提高，当接枝率达到 120％时，保水值可超过 30g/g。在酸性条件下进行纤维素的接枝反应，如果水解后的产物再用硫酸铵或硫酸二甲酯处理，吸水性可以提高到 200～300 倍以上。纤维素直接接枝丙烯酸的产品吸水性可提高 100 倍以上，与丙烯腈接枝水解物比较而言，吸水能力强并且吸水速度快。通常，纤维素接枝丙烯腈吸水为 30～300 倍；接枝丙烯酸吸水为 30～600 倍，甚至高达 1000 倍。

以铈盐为引发剂，微晶纤维素经碱糊化后与丙烯腈单体接枝共聚反应制成高吸水性树脂，其吸水倍数在常温下可达 450 位。羟烷基纤维素（如 HEC）的接枝共聚物吸水性为 50～3000 倍；羧甲基纤维素接枝丙烯腈吸水为数十倍，而接枝丙烯酸吸水可达 2000 倍。纤维素接枝共聚物可用于过渡金属离子及贵重金属的吸附、分离和提取。如含氮接枝的纤维素对 Cu^{2+}、Ni^{2+}、Co^{2+}、Cr^{3+} 等金属离子具有较好的吸附效果，并可重复使用。将石蜡、脂肪酸酯、异氰酸酯等接枝到纤维素分子上，可提高纤维素与油的亲和性，用作吸油材料。此外，接枝共聚还可制备一些特殊用途的吸附材料，如接枝改性的纤维素粉粒可以吸附染料。

2.6.3 共混改性纤维素材料及应用

共混改性是开发高分子新材料的重要途径之一。实现共混的基本方法有熔融共混和溶液共混两种。纤维素不能熔融加工（其分解温度低于熔融温度），但随着纤维素的各种新型溶剂体系的出现，溶液共混成为改性纤维素材料的重要方法，通过溶液共混技术可明显改善纤维素材料的性能和功能。

① 纤维素与合成高分子共混材料。与纤维素共混的合成高分子必须含有能与纤维素分子的羟基形成强相互作用（如氢键）的基团，这种分子间的相互作用力使共混体系达到热力学相容，即分子水平的相容。这样的合成高分子主要有聚酰胺、聚酯、聚乙烯醇、聚乙二醇、聚丙烯腈、聚氧化乙烯、聚乙烯基吡咯烷酮、聚 4-乙烯基吡啶、对苯二甲酸乙二酯、聚乳酸等。所用的共溶剂有 DMAC/LiCl、DMSO/PF、DMSO/季铵盐、三氟乙酸、DMSO 或 DMF/N_2O_4、NMMO 和 NMMO/苯酚等。通常，DMAC/LiCl 溶剂体系以乙醇、甲醇等非溶剂作沉淀剂，NMMO 体系以水或醇类作凝固剂，而 DMSO 和三氟乙酸体系则采用减压真空干燥来除去溶剂制备共混材料。用固体 NMR、X 射线衍射及示差扫描量热法（DSC）等研究纤维素溶解在 DMAC/LiCl 中分别与聚 ε-己内酯、尼龙 6、聚乙烯醇、聚丙烯腈、聚乙烯基吡咯烷酮、聚 4-乙烯基吡啶的共混。结果表明，纤维素与聚乙烯醇、聚乙烯基吡咯烷酮和聚 4-乙烯基吡啶有良好的相容性；当纤维素组分大于 50％时，与聚丙烯腈相容；而尼龙-8 与纤维素则完全不相容。而且聚乙烯醇/纤维素可用作气体的渗透分离和生物相容手术缝合线等功能材料。在聚乙二醇/纤维素共混体系中，聚乙二醇与半刚性的纤维素链作用后呈无定形态，使只有熔化现象的聚乙二醇出现玻璃化温度。当纤维素含量大于 5％时，共混物中聚乙二醇结晶结构未变化，但热力学性质发生了较大的变化，在高于其熔点 40℃时，聚乙二醇不再熔化为液体，表现出固态相变行为，可作为固态相变储能温控材料。

以 DMSO/PF 为溶剂制备纤维素/聚丙烯腈共混膜，其水流通量随聚丙烯腈含量的增加而增大，而对葡聚糖 T40 的保留则降低；而且这种共混膜对肌酸酐和尿素有很好的分离效果。沉淀剂或凝固剂的选择对共混材料的结构和性能有很大影响。如以 NMMO/苯酚（80/20，质量比）为共溶剂制备纤维素/聚酰胺（PA-66）共混纤维，以甲醇为凝固剂制备的纤维强度，断裂伸长率和杨氏模量都明显要高于以水为凝固剂制得的共混纤维。水溶性高分子如聚乙二醇还可与纤维素黏胶液或铜氨溶液进行共混。用聚乙二醇作制孔剂与纤维素铜氨溶液可制备再生纤维素微孔膜和凝胶粒子，改变聚乙二醇的含量和分子量可调节微孔膜或凝胶粒的孔尺寸和水通量。而且，由此制备的纤维素凝胶填料可用于水相和有机溶剂相的有效分离、分级和纯化多糖及其他高聚物。通过共混改性可保持纤维素可生物降解性以及合成高分子的一些优良性质。

② 纤维素与天然高分子共混材料。由于强的氢键作用，纤维素与天然高分子在合适的溶剂中具有较好的相容性，可得到性能优异的共混材料。甲壳素、壳聚糖具有优异的广谱抗菌性、良好的生物相容性、无毒无刺激性以及无抗原性等特性，用它们改性纤维素纤维研制抗菌纤维是近几年抗菌织物开发研究的热点。基于黏胶的特性和黏胶法的生产工艺，日本 Omikenshi 公司将甲壳素和纤维素的黏胶液共混并进行湿法纺丝制得纤维素/甲壳素抗菌纤维，商品名为 Crabyon。日本富士纺织株式会社则用超微粉碎机把壳聚糖粉碎为粒径在 $5\mu m$ 以下稳定的微细粉末，然后将其混炼入纤维素黏胶液中制得壳聚糖/黏胶抗菌纤维 Chitopoly。这种纤维可以单独使用，也可与棉、聚酯等混纺，其制品具有优良的抗菌性能。通常，随着甲壳素、壳聚糖含量的增加，共混纤维的抗菌性加强，但力学性能会有所下降。以 N,O-羧甲基壳聚糖为增溶剂，将微晶壳聚糖水分散体与黏胶纺丝液共混得到的改性纺丝液可纺性良好，可进行连续纺丝。由此制得的纤维素/壳聚糖抗菌纤维力学性能各项指标均达到了国家规定的黏胶长丝的优等品标准。此外，以 TFA、DMAC/LiCl、NMMO 为共溶剂制备纤维素/甲壳素、壳聚糖共混膜和纤维也已取得成功。

纤维素还可与甲壳素、海藻酸钠、蛋白质（包括丝蛋白、干酪素、大豆蛋白、明胶等）、魔芋葡甘聚糖等天然高分子在铜氨溶液以及 NaOH/尿素 或 NaOH/硫脲水溶液中共混制备功能材料。纤维素铜氨溶液与海藻酸钠水溶液共混，当海藻酸钠的质量分数小于 43％时，体系具有较好的共混相容性，该共混溶液经 $CaCl_2$ 溶液凝固、硫酸再生后可得到透明的纤维素/海藻酸共混膜。然而，如果以 NaOH/尿素水溶液作为共溶剂，纤维素和海藻酸在任何比例都是相容的，所制得的共混膜具有均匀的网眼结构，网眼尺寸随海藻酸含量的增加而增大。两种方法制备的共混膜的力学性能和热稳定性均明显高于纯海藻酸膜，并具有较高的离子交换容量，可有效吸附 Cd^{2+}、Sr^{2+} 等有害重金属离子。而且，经 Ca^{2+} 桥交联后共混膜强度可进一步提高，并具有良好的渗透性能。

可见，纤维素与天然高分子的共混材料不仅具有较好的力学性能，而且保持了共混组分的功能性（如对金属离子的吸附、血液相容性、分离功能等），可作为生物降解性功能材料。

2.6.4 纤维素复合材料及应用

纤维素的复合材料主要包括以纤维素作为聚合物基底材料，可以通过将纤维素与其他无机粒子组分构成复合材料；用涂料涂敷纤维素膜制备防水膜或用纤维素本身作为增强组分与其他高聚物基底构成复合材料。

再生纤维素膜具有水敏感性，在水中易溶胀而影响其应用，利用互穿聚合物网络（IPN）涂料对纤维素的表面复合改性可以提高膜的防水性、平整性、透光性和力学性能等。聚氨酯/苄基魔芋葡甘聚糖、聚氨酯/硝化纤维素、聚氨酯/桐油等半 IPN 或接枝型 IPN 涂料超薄涂敷再生纤维素膜表面，可制得一系列防水性、力学性能及光学透过性优良的生物降解膜。例如，用聚氨酯/苄基魔芋葡甘聚糖半 IPN 涂料涂敷再生纤维素膜，涂层厚度仅为

$0.6\mu m$，但涂层膜在干态和湿态的拉伸强度、断裂伸长率、耐水性、热稳定性和透光性均高于纯纤维素膜。当苄基魔芋葡甘聚糖在涂料层中的含量由5％（质量分数）增加到80％（质量分数）时，涂层膜的强度和模量明显提高，生物降解速率也随苄基魔芋葡甘聚糖含量的增加而增加。尤其当苄基魔芋葡甘聚糖含量高于60％（质量分数）时，所得涂层膜可以完全降解。聚氨酯/苄基魔芋葡甘聚糖半IPN涂料涂敷纤维素膜制备的防水膜具有优良的界面黏结力，不仅使光学性能提高，而且使再生纤维素膜同时增强和增韧。

通过加入纳米粒子来扩展纤维素及其衍生物的性能和功能已引起研究者的兴趣。天然纤维素纤维中具有丰富的纳米级孔道，可作为纳米反应器合成出直径小于10nm、窄分布的贵金属（Ag、Au、Pt、Pd）纳米粒子，由此可得到稳定的并具高催化活性的纤维素复合材料。利用纤维素微纤的三维网络结构作为模板，可合成具有纳米尺度的高催化活性的硅酸盐沸石纤维素复合材料以及含钴和铁的磁性纳米复合材料。将电气石纳米晶体分散在纤维素的NaOH/硫脲溶液中可制得纤维素/电气石纳米晶复合膜。由于具有良好的界面黏结效果，含2％～15％电气石纳米晶体的复合膜拉伸强度在92～107MPa范围，显示出优良的力学性能。同时，这些复合膜还具有明显的抗菌性能。含有纳米级铁（3～15nm）和铜（30～120nm）的乙酸纤维素复合膜对烯烃的加氢反应、CO氧化反应、NO还原反应等具有高度催化活性。同时，通过电纺丝制得的含银纳米粒子的超细乙酸纤维素纤维也表现出显著的抗菌效果。

另一方面，以纤维素作为增强组分可以构建具有特殊力学性能的复合材料。晶须状的纤维素微纤存在于植物组织结构中，在基因导向下形成近乎完美的结晶结构，使植物（一种特殊结构的复合材料）具有相当大的轴向物理性能。"微晶纤维素"（microcrystal cellulose，MCC）若为棒状粒子则称为纤维素晶须，它是一类在可控条件下生长的高纯度单晶纤维。MCC不溶于普通溶剂，一般在水溶液中形成稳定的胶体悬浮液。

对于棉纤维素晶须，其长度和侧序维度分别为200nm和0.5nm。由晶须构成的复合材料具有相当高的强度，这种高有序结构不仅体现出高强度，同时引起光、电、磁、铁磁、介电甚至超导性的改变。纤维素晶须可作为增强相制备复合材料，如向聚合物基材引入纤维素晶须可制得新的微米甚至纳米复合材料。这种复合材料的性质与两组分性质（晶须和聚合物）、组分形态、界面结合力等密切相关。由于晶须在水相中可以形成高稳定的悬浮液，并可以在后续的复合过程中更好地分散在聚合物基材中，因此复合材料的制备一般采用水相体系。首先将晶须悬浮液和水溶性聚合物充分混合，也可高压高温混合，然后在聚四氟乙烯或聚乙烯模板上流延成膜，经烘干、冷冻干燥后热压或冻干挤出，并结合热压的方式得到复合材料。冷冻干燥后热压的方式均匀度较差，膜的上下表面会出现晶须的浓度梯度。这些处理过程的优劣顺序是：蒸发＞热压＞挤出。如果聚合物基材上有不饱和基团，可以采用光致及联剂或热致交联剂交联聚合。纤维素晶须/合成高分子复合材料的玻璃化温度和熔点一般不会有明显变化。晶须在复合材料中可以作为成核剂，特别是经过表面衍生化的晶须与聚合物基材产生强的相互作用，可使熔点升高。经过表面活性剂修饰的晶须还会改变复合物的结晶态，处理过的纤维素晶须明显提高聚氧化乙烯、全同聚丙烯复合物的结晶度。

然而，未处理的晶须几乎对结晶度没有影响，甚至会干扰纤维素乙酸丁酯的结晶。同时，纤维素晶须还能在聚 β-羟基辛酸酯、甘油增塑淀粉等半晶态聚合物体系中出现反向结晶现象（transcrystallization），这是由于高分子的无定形部分在晶须表面优先结晶所致。纤维素晶须/天然高分子复合物显示出很多不同的性质。例如，纤维素/支链淀粉复合物的玻璃化转化温度随着环境湿度的变化而变化。当晶须含量低于3.2％（质量分数）时，水是增塑剂；当晶须含量高于6.2％（质量分数）时，水分子却起相反的作用。在山梨糖醇增塑的淀粉基材中引入未经表面修饰的纤维素晶须也可增加体系的结晶度。采用FTIR研究流延法制备的纤维素晶须/丝蛋白复合物，发现丝蛋白的无规线团链构象会因晶须的高度有序结构而转变为有序链构象。晶须因力学渗透现象（mehcanlcal percolation）形成的刚性填料网络赋予纤维素复合材料优异的力学性能。

2.7 功能纤维素材料的制备及应用

要获得功能纤维素材料，必须进行功能设计。所谓功能设计，就是赋予纤维素材料以功能特性的科学方法。其主要途径有物理方法，化学方法，表面、界面化学修饰方法等。

2.7.1 物理方法

通过特殊加工，使纤维素的物理形态发生变化，如薄膜化、球状化、微粉化等，赋予纤维素新的性能，称为物理方法。例如，纤维素及其衍生物通过薄膜化，可制得各种分离膜，这些分离膜广泛应用于反渗透、超滤、气体分离等膜分离工艺中。又如，纤维素粉体通过调整结晶度，可得到粉状或针状的微纤化或微晶纤维素，具有巨大的比表面积和特殊的性能，广泛应用于医疗、食品、日用化学品、陶瓷、涂料、建筑等领域。物理方法主要是相对化学改性方法而言，它不同于化学改性通过引进新的基团使纤维素或其衍生物的化学结构单元发生变化，而仅仅是物理形态发生了变化。珠（球）状纤维素由于其具有良好的亲水性网络、大的比表面积和通透性以及很低的非特异性吸附，而且来源广泛、价格低廉，广泛用作吸附剂、离子交换剂、催化剂和氧化还原剂，亦用于处理含金属、有机物、色素废水，还可用于从海水中回收铀、金、铜等贵重金属；并且可通过交联、接枝、制备复合材料等手段进一步改善珠（球）状纤维素的性能，使其在生物大分子分离、纯化、药物释放等方面得到更广泛的应用。

早在 1951 年 Nell 就首次制备了珠状纤维素，此后许多学者也展开了大量的研究工作，也有专利发表。例如张中勤等以球状再生纤维素为基体，采用一种新颖的合成方法，制备了一系列阴、阳离子交换剂。该离子交换剂具有大孔网状结构和良性的水力学性能，对大分子有高的交换容量，可用于对蛋白质、酶等大分子的分离提纯。采用纤维素黄原酸酯为原料的制备路线，加入 $CaCO_3$ 作致孔剂，结合"热溶胶转相法（thermal-sol-gel transition, TSGT）"，可以制备大孔球形纤维素离子交换剂。采用这种方法制备大孔球形纤维素，既可以调整孔结构，又可以控制粒度。球状纤维素还可通过化学改性方法，引进新的官能团，赋予材料新的功能。

近年来，磁性高分子微球因其巨大的应用潜力，特别是在生物医学、生物工程等领域中的应用引起了各国研究者的高度重视，成为生物医学材料研究领域中的一个热门课题。磁性高分子微球是一类能稳定地分散在介质中、在外加磁场作用下又能从介质中分离出来的一类功能高分子微球，它除具有高分子微粒子的特性，还可通过共聚、表面改性，赋予其表面多种反应性功能基，如—OH、—COOH、—CHO、—NH$_2$ 等，还因具有磁性，可在外加磁场的作用下方便地分离，被形象地称为动力粒子（dynabead）。纤维素磁性微球一般通过包埋法和共混法制备，方法简单，但所得粒子粒径分布宽、形状不规则、粒径不易控制。

2.7.2 化学方法

分子设计（包括结构设计和官能团设计）是使纤维素材料获得具有化学结构本征性功能团特征的主要方法，因而又称为化学方法。纤维素的化学反应主要分为两大类，即纤维素的降解反应和与纤维素羟基有关的衍生化反应，前者指纤维素的氧化降解、酸降解、碱降解、机械降解、光降解、离子辐射和生物降解等，而后者包括纤维素的酯化、醚化、亲核取代、接枝共聚和交联等化学反应。纤维素化学反应是纤维素化学改性和功能材料合成的基础，它既与有机化学反应和高分子化学反应颇为相似，但作为多糖类反应，又具有其特色。

2.7.2.1　氧化反应

化学上，几乎所有的氧化剂均能氧化纤维素。纤维素完全氧化的最终产物是二氧化碳和水，但人们感兴趣的是部分氧化作用，它可以把新的官能团（如醛基、酮基、羧基或烯醇基等）引入纤维素大分子，生成不同性质的水溶性或不溶性的氧化物，称之为氧化纤维素。其中，以纤维素的选择性氧化反应，如高碘酸盐攻击 C_2 或 C_3 生成高还原性二醛基的选择性氧化反应受到人们的高度重视，因为二醛纤维素是制备不含葡萄糖环骨架的纤维素衍生物的优异原料，利用高分子化学反应，二醛纤维素分子中的醛基可以方便地转变为其他官能团，这样便可得到具有新功能和新用途的纤维素衍生物。例如将二醛纤维素、二醛羧甲基纤维素与胺类反应，可制备一系列具有较强荧光发射的纤维素希夫碱，它是一类非常有实用价值的材料，在激光、荧光、太阳能储存及一些防伪技术领域都有广阔的应用前景。将二醛纤维素进一步氧化，可得到羧酸纤维素。羧酸纤维素作为生物医用高分子材料具有优良的水溶性和抗凝血性，可用于血液透析、血浆分离及人工肾等方面，羧酸纤维素还是一种优良的贵重金属提取分离螯合剂。制备高氧化度二醛纤维素的传统方法往往需要一周多时间，因为多相氧化反应需要较长时间才能使结晶结构崩裂。而且这样长的反应时间会进一步引起纤维素的强烈降解。20 世纪 80 年代，日本学者 Okamoto 采用三取代羟甲基纤维素为原料，解决了纤维素水溶性的难题，实现了纤维素的均相高碘酸盐氧化反应，可缩短氧化反应时间，且不发生纤维素链降解。但此法也存在着原料制备要求高、条件苛刻，氧化反应过程中产生的甲醛造成成本上升、环境污染等缺点。采用经微波和超声波处理后的纤维素试样，可以大大改善高碘酸高选择氧化纤维素的反应条件，且具有反应速率快、反应试剂用量少的优点。将先进的微波和超声波技术应用于纤维素学科的研究中，对提高纤维素化学反应活性、开通新的反应通道、合成新的纤维素功能材料，具有非常重要的意义。

2.7.2.2　酯化反应和醚化反应

在纤维素化学中已经介绍，纤维素分子链上的羟基可与酸反应生成酯，与烷基化试剂反应生成纤维素醚。纤维素的酯化和醚化反应是最为重要的纤维素衍生化反应，于 20 世纪 50～60 年代相继实现工业化。纤维素酯中，以纤维素硝酸酯、纤维素醋酸酯和纤维素黄原酸酯最为普遍和重要，目前已广泛应用于涂料、日用化工、制药、纺织、塑料、烟草、黏合剂、膜科学等工业部门和研究领域中。在纤维素醚产品中，以羧甲基纤维素、羟乙基纤维素、羟丙基纤维素、羟丙基甲基纤维素等为代表，其产品也已商品化。尽管对纤维素酯、醚化反应的研究历史悠久，但近年来，基于对环境保护、资源充分利用的考虑以及纤维素新溶剂研究成果的不断出现，涌现出大量关于纤维素酯化、醚化反应研究和应用的报道，主要有：向优化生产工艺方向发展，达到节约能源、降低成本和污染的目的；合成新的纤维素酯、醚化衍生物，开拓新功能和应用领域。在纤维素酯的合成工艺中，一般采用优质棉短绒或亚硫酸盐溶解浆为原料，而原料溶解浆的制备能耗、化学药品消耗都很大，污染也很严重。最近有报道采用较低级的阔叶木硫酸盐溶解浆、机械浆、甚至用由蔗渣制得的溶解浆为原料，进行均相酯化来制备纤维素酯，为蔗渣资源的充分利用提供了一条新的途径。在纤维素酯、醚的应用研究中，纤维素酯的银盐可作抗菌剂；纤维素酯与聚苯胺复合，可制备透明、高导电性材料。而低取代度羧甲基纤维素可作为纺织纤维，具高吸水性。

纤维素功能材料的分子设计涉及有机化学、高分子化学、无机化学等多门学科的交叉科学，根据结构与性能关系，可以合成出具有指定分子结构、链结构和超分子结构的新型纤维素功能材料。立体选择性功能化（regioselective functionalization）是目前纤维素化学的研究热点，也是合成功能材料的一条重要途径。对纤维素的衍生化反应来说，"立体选择性"

指的是两方面的内容：其一指的是在纤维素结构单元-无水葡萄糖单元上 C_2、C_3 和 C_6 位的三个羟基中的一个或两个选择性地参与衍生化反应；其二指的是它们在分子链上的选择性分布，如图 2-14 所示。

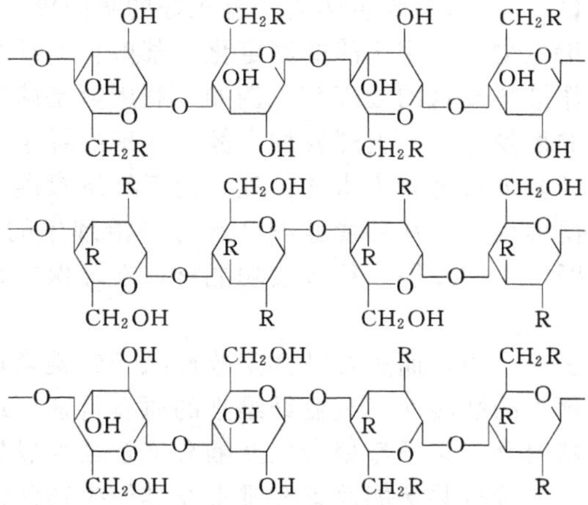

图 2-14　取代基 R 在纤维素分子链上的选择性分布示例

通过引入大体积基团或者环化试剂、对无水葡萄糖单元上羟基加以屏蔽或活化、超分子水平上可及度的控制、选择性催化剂的使用等，即可实现纤维素的选择性功能化。例如，控制适当的反应条件，将纤维素与三苯甲基氯化物、甲氧基取代的三苯甲基氯化物进行均相三苯甲基化反应。由于立体位阻的影响，纤维素的三苯甲基化反应选择性地取代 C_6 位羟基，这样 C_6 位羟基就被屏蔽保护起来。因此，相应的纤维素取代物是进一步进行选择性功能化、制备 2,3 位取代的功能化纤维素的重要中间体。利用这一性质，控制适当的反应条件，将三苯甲基纤维素经碱化、醚化，再在酸性条件下，将三苯甲保护基移去，就可得到 2,3-位取代的羧甲基纤维素。

利用三甲基硅烷纤维素为中间体，还可制备出具有梳形结构（comb-like structure）的感紫外线的纤维素肉桂酸酯。一些纤维素酯（如纤维素三亚硝酸酯、纤维素甲酸酯、纤维素三氟醋酸酯、纤维素醋酸酯等）也可作为中间体，经进一步的酯化反应，得到高立体选择性的纤维素酯取代产物。

2.7.2.3　亲核取代反应

在糖类化学中，羟基的亲核取代反应（主要为 SN_2 取代）起着相当重要的作用，采用这种反应，可以合成新的纤维素衍生物，其中包括 C 取代的脱氧纤维素衍生物，如脱氧纤维素卤代物和脱氧氨基纤维素。

首先，将纤维素转化为相应的甲苯磺酸酯或甲基磺酸酯，然后用卤素或卤化物、氨、一级胺和二级胺或三级胺等亲核试剂，将易离去基团（$CH_3C_6H_5SO_3$）取代，即可得到脱氧纤维素卤代物和脱氧氨基纤维素。

有研究表明，在均相反应条件下，纤维素溴化反应只有 C_6 位羟基被取代，而氯化反应则 C_6、C_3 上羟基均可被取代；在异相反应条件下，溴化和氯化的选择性较差，C_6 及 C_3 位均有可能被取代，但 C_6 位反应性大于 C_3 位；通过部分取代的纤维素酯的均相氟代反应可制备脱氧氟代纤维素，该反应具有较高的取代度（$DS = 0.6$），反应过程中，纤维素不发生明显的降解，反应主要发生在 C_6 位的羟基上。如在纤维素及其衍生物分子链上引入氟原子，可改善材料的透气性、拒水拒油性及介电损耗等。

脱氧纤维素卤代物是制备纤维素功能衍生物的原料。例如，通过亲核取代，与硫醇或氨

（胺）反应，可制得含硫或含氮的纤维素材料。含硫或含氮的纤维素材料与 Lewis 酸有强的亲和力，因此，可作为重金属离子的吸附剂，可用于含金属离子的废水处理。例如制备肼基脱氧纤维素和羧烷基肼基脱氧纤维素，侧基上有两个氮原子，能与金属离子形成五元环状络合物，对 Cu^{2+}、Mn^{2+}、Ni^{2+}、Co^{2+} 等金属离子有较好的吸附能力，其中对 Cu^{2+} 的选择性吸附性最好。含氮纤维素衍生物还可用于酶的固定化，某些含氮纤维素衍生物与离子型染料有良好的亲和力，可望用作染料废水的处理剂。例如，利用氨基硫脲纤维素衍生物对金的分离富集作用，将之用于金的痕量分析。上述各种含氮、含硫的纤维素衍生物对重金属离子具有选择性吸附性能，可用于多种重金属废水的处理。由于纤维素离子交换剂具有发达的比表面积以及成本低、使用方便等优点，在环境监测、水污染治理中的分离富集应用日趋增多。随着研究和开发工作的不断深入和发展，纤维素功能材料在环保中将做出更大的贡献。

2.7.2.4　接枝共聚

在纤维素功能化的分子设计中，通过接枝共聚改性赋予纤维素功能性，是一条常用的途径，它能赋予纤维素某些预想的性能而不改变纤维素的原有特征。纤维素的接枝共聚反应可分为三个基本类型：游离基聚合、离子型聚合以及缩合聚合或加成聚合。其中大量的研究报告集中在游离基引发方法上。接枝共聚能改善纤维素及其衍生物的结构与性质，它是一种能与高分子合成材料相竞争的新颖而有效的改性技术。不同类型的单体与纤维素的接枝共聚物，因具有不同性能而应用于不同领域。例如，甲基丙烯酸甲酯、马来酸酐等单体与纤维素醋酸酯的共聚物，是优良的离子交换剂；某些共聚单体与纤维素的接枝物则是优质的吸油剂，用于净化海面和厂矿；将水溶性或含亲水基团的聚合物接枝于纤维素骨架上，便形成不溶于水但高度吸水而膨胀的聚合物材料，可作为医疗保健一次性高级卫生材料；将丙烯腈接枝于珠（球）状纤维素，再一同进行胺肟化（amidoximation），可制得吸附重金属离子（如铀、金等）的离子交换树脂。例如包埋了 γ-Fe_2O_3 的纤维素基磁芯，与丙烯腈接枝改性并一起胺肟化，可制备纤维素基聚胺肟树脂，对 Co^{2+}、Ni^{2+}、Zn^{2+}、Cd^{2+}、Cu^{2+}、Hg^{2+}、Pb^{2+} 等重金属离子及 $H_2(PtCl_6)$、$(NH_4)_2IrCl_6$、$HAuCl_4$ 和 $PdCl_2$ 等贵金属配位阴离子和溴有不同程度的吸附行为。

2.7.2.5　交联

交联是纤维素及其衍生物改性获得功能化的重要途径之一。由于纤维素结构中含有大量醇羟基、植物纤维物理结构上的多毛细管性及大的比表面积等特征，使天然纤维素自身就具有较强的吸水性，因而作为吸水材料得到一定的应用。通过交联反应，使纤维素具有更适宜的亲水结构，可进一步提高纤维素及其衍生物（如羧甲基纤维素、羟乙基纤维素、甲基纤维素等）的吸水性，因此可制备高吸水性高吸附材料，目前有大量关于纤维素高吸水性材料的制备研究报道，例如采用皮层交联的原理，首先使纤维素纤维外层低度酯醚化，然后在非润胀介质中使之交联，既大大提高纤维的吸湿性、离子交换性，又保持纤维和织物的强度性质。在纤维素交联改性的研究中，一些水溶性纤维素衍生物（如羟丙基甲基纤维素、羟丙基纤维素、羟乙基纤维素）的交联产物，对外界环境刺激具应答性，在目前引起各国科学家广泛兴趣的智能聚合物（intelligent polymer）制备中占有一席之地。利用智能聚合物的环境应答性，可以将热能、光能、电刺激等转化为电力和电能，可得到各种感能、感应力的功能材料，同时也可应用于人工关节、智能药物释放体系。这类聚合物往往是具有交联网状结构的聚合物系统，例如，纤维素衍生物等天然高分子钠盐在含单体的水溶液中混合或者与多官能团试剂发生交联反应，可以得到包含有天然高分子的智能水凝胶。

2.7.3　表面、界面化学修饰方法

材料表面、界面的性质对材料的性质影响很大，因此可以通过对材料进行各种表面处理

以获得新功能。处理的方法有各种化学或物理的表面改性方法，如表面涂饰、用火焰、电晕放电、辉光放电或酸蚀等方法进行的氧化处理、等离子体处理、利用表面活性剂、表面化学反应等，甚至还可通过高能辐射和紫外线引发的接枝共聚合实现。20世纪50年代末60年代初，在纤维素材料的表面接枝某些烯类单体的均聚物，可改善材料的吸水性、浸润性、染色性、粘接性、抗霉菌腐烂性和生物活性。研究发现，纤维素膜、手抄纸经电晕放电处理后，可在膜和纸表面的主要分子链上引入羧基基团。此外，微晶纤维素、纤维素微球等也可进行表面化学改性处理，获得所需要的功能。可以预见，运用现代科学技术对纤维素材料表面进行优化处理，必将涌现大批具有特异功能的新型材料，它们将广泛应用于高技术领域。

2.8 液晶纤维素材料

纤维素这种天然高分子物质或其化学改性产品能在特定的条件下可显示奇特的热致液晶性和溶致液晶性，如琥珀酸单胆甾醇羟乙基纤维素酯在加热和冷却过程中可显示稳定的热致液晶性，又如羟丙基纤维素、正已酰氧丙基纤维素、纤维素甲基丙烯酸酯、乙酰乙基纤维素等绝大多数纤维素衍生物可显示溶致液晶性。已经知道，液晶态的特征有序性导致熔体和溶液具有低黏性、剪切变稀性和良好加工性，进而赋予成型材料特殊的有序结构，最终导致一系列特有的性能（如高力学性能、选择透过性、旋光性等），可望用作光学分离用膜材料、显示材料、功能性凝胶、复合材料等。因此，自1976年报道纤维素衍生物的液晶性以来，有关液晶纤维素及其衍生物的研究便十分活跃，研究内容主要涉及液晶纤维素及其衍生物的合成、液晶态的形成、相转变及有序度、手征性、液晶功能性凝胶、液晶溶液或熔体的流变性及成型加工性、成型品的结构与性能等。

2.8.1 液晶纤维素及其衍生物薄膜的结构与性能

羟丙基纤维素是一种既能热致又能溶致的液晶纤维素衍生物高分子。它既可加工成膜和纤维，又可通过交联反应形成交联凝胶，因而具有极大的研究价值。羟丙基纤维素膜的结构与性能明显受其相对分子质量的影响，重均分子量 $\overline{M}_w$ 为 1.92×10^5 的羟丙基纤维素/乙酸溶液浇铸的厚度为 $126 \sim 714 \mu m$ 的无拉伸膜，当入射激光偏振方向与检偏镜偏振方向相垂直时，形成的小角散射图（HV散射图）为椭圆形或圆形，但当相对分子质量为 1.0×10^6 并逐渐加大拉伸比（λ）时，其HV散射图逐渐变为四叶瓣形（$\lambda = 1.0 \sim 1.2$）、细长四叶瓣形（$\lambda = 1.5 \sim 2.0$）和明显清晰的四叶瓣形（$\lambda = 3 \sim 5$），相应的双折射从 5×10^3 加大到 1.6×10^4。同时，膜的结晶度也随拉伸比加大而加大，只是变化不大，均为20%左右。羟丙基纤维素液晶熔体挤压膜中存在由向列液晶棒状聚集组成的自偏振层，而更多的人认为羟丙基纤维素液晶熔体或溶液成膜中存在微纤结构和原纤结构，在偏光显微镜下呈现条状织构，条带宽约 $1.5 \mu m$，条状织构长方向与应力方向垂直，但分子链沿应力方向高度取向。这些特征的结构在热致液晶聚酯、溶致液晶聚酰胺和聚亚苯基苯并二噻唑中也可观察到，故可认为条状织构是液晶高聚物共有的结构。

由干湿法和湿法所制纤维素和三乙酸纤维素膜均具有微纤结构且含有 $10 \sim 50nm$ 的微孔，双轴取向三乙酸纤维素膜比单轴取向三乙酸纤维素膜具有较小的孔隙率，液晶溶液浓度加大既可使微纤增多，又可使孔隙率加大。双轴取向的三乙酸纤维素膜显示出平衡力学性能，但单轴取向三乙酸纤维素膜显示出各向异性的力学性能，在 $275℃$ 对膜热处理 $0.5min$ 可明显提高力学性能。单轴取向三乙酸纤维素膜的最高拉伸强度和弹性模量分别为 $82MPa$ 和 $0.93GPa$；双轴取向三乙酸纤维素膜的最高拉伸强度和弹性模量分别为 $220MPa$ 和 $2.9GPa$；热处理双轴取向膜的拉伸强度和弹性模量分别为 $310MPa$ 和 $6.3GPa$。但是热处理温度不宜高于 300℃，否则将导致热降解，反而使力学性能降低。

由液晶相态和非液晶相态加工成型所得的肉桂酸纤维素膜的力学性能相差较大。前者的断裂强度和弹性模量分别为 84.8MPa 和 3.22GPa，而后者仅为 58.8MPa 和 1.72GPa。若对前者进行紫外线辐射，则其强度和模量可分别上升到 93.1MPa 和 4.12GPa。力学性能的提高可能是肉桂酸纤维素中的肉桂酰基的二聚作用引起分子间交联之故。

原本是非液晶相态的纤维素衍生物在成型加工中有时也可获得液晶有序相。这主要是挤出加工过程中增塑剂的作用，它增强了大分子链的链段的运动能力，从而实现了增塑诱导液晶现象。例如，将乙酸乙酯质量分数 55.8％、黏均分子量为 4.5×10^4（溶剂丙酮）的二乙酸纤维素与总质量分数为 35％～100％ 的三醋精增塑剂共混，并在高速涡轮型混合机中于室温下搅拌混合 12min，然后在挤出塑炼机中均匀混合，并通过一个温度为 180℃ 的挤出机孔口将熔体挤出，所得混合物条带冷却切粒后可在缝口模头挤塑机上制成厚度为 20～300μm 的连续膜，也可在 150℃ 及 12MPa 压力下用热压模方法制膜。经偏光显微镜、小角光散射、广角 X 射线衍射、电子显微镜、流变仪等研究证明，这样制得的二乙酸纤维素共混物及其薄膜具有胆甾液晶有序结构，其液晶态转变温度为 180℃（增塑剂总质量分数为35％），形成液晶后，其熔体黏度由原来的 $4.8 \times 10^4 Pa \cdot s$ 下降到 $1 \times 10^3 Pa \cdot s$，且显示出特有的珍珠光泽，该光泽加热后会消失，冷却又可重复出现。这种增塑诱导的二乙酸纤维素液晶膜具有比同种各向同性膜更好的力学性能和使用寿命。液晶膜的抗张强度和弹性模量分别可达传统各向同性膜的 1.8 倍和 2.9 倍，且液晶有序二乙酸纤维素膜具有较低的低分子物质渗出性、较低的增塑剂挥发性，从而具有较长的使用寿命，可用来制备食品用包装膜及其他特殊高性能包装膜。

2.8.2 液晶纤维素及其衍生物的结构与性能

液晶纤维素及其衍生物均具有很高的取向度和结晶度，因此其性能较好，同时显示出对其聚合度的显著依赖性，如聚合度越大，其力学性能通常越高。如聚合度为 290 的纤维素/LiCl-DMA 或 NH_3/NH_4SCN 的胆甾或向列液晶溶液纺制的纤维素纤维，其抗张强度为0.42GPa、弹性模量为 22GPa 左右。如果使用高分子量的纤维素/N-甲基吗啉-N-氧液晶溶液进行液晶态干湿法纺丝，所制纤维的抗张强度和弹性模量可分别提高到 2.2GPa 和65GPa。若在纤维素液晶纺丝溶液中添加某些无机盐（如氯化铵、氯化钙等），对其纤维性能将有明显改善，一般力学性能可提高 1～2 倍。

对于液晶熔纺羟丙基纤维素纤维来说，其纤维不存在皮芯结构，而液晶干湿纺羟丙基纤维素纤维中的羟丙基纤维素分子呈现棒状三股螺旋，螺旋棒之间相互沿纤维轴向无规平行排列，螺旋棒分子直径为 0.8nm。液晶熔纺羟丙基纤维素纤维的最大拉伸强度及弹性模量分别为 80MPa 和 3GPa，具有中等模量，但纤维呈脆性。

液晶干湿纺乙酸丁酸纤维素和三乙酸纤维素纤维都具有皮芯结构，皮层由微纤组成，这与"干喷"过程有关。液晶干湿纺二乙酸纤维素纤维具有类似 Kevlar 纤维的高取向结构。研究表明，乙酸丁酸纤维素、甲基纤维素、二乙酸纤维素和三乙酸纤维素纤维的最大拉伸强度分别为 110MPa、254MPa、489MPa 和 2.3GPa，相应的弹性模量分别为 2.3GPa、9.6GPa、202GPa 和 56GPa。对于三乙酸纤维素/三氟乙酸-二氯甲烷液晶溶液纺丝所制得的三乙酸纤维素纤维，如用甲醇钠皂化得再生纤维素后，其抗张强度提高到 2.8GPa、断裂伸长为 10％、弹性模量为 52.8GPa。

2.8.3 功能分离膜

液晶纤维素及其衍生物除了用作纤维和塑料薄膜等常规用途之外，还可用作功能分离膜。日本的须藤等研究了羟丙基纤维素固膜的气体透过现象，比较了羟丙基纤维素的胆甾液晶膜与无定型膜对于氧气、氮气、氦气、二氧化碳等气体的透过行为，指出羟丙基纤维素的胆甾液晶膜的透过系数比羟丙基纤维素无定型膜小 10 倍，但前者的选择透过性比后者要大。显然，这与液晶相具有有序排列的分子链结构有关。

液晶纤维素及其衍生物用于空气分离领域较多，有时是用于制备整个选择分离层，但更多的是用于某些选择分离层的添加剂，以利用液晶态的有序性及流动性来改善原有薄膜的分离性能。目前，这一研究虽未真正进入实用阶段，却也取得了许多令人振奋的成果。如乙基纤维素膜对标准状态下的氧气透过系数为 1.1×10^{-12} cm^3 · cm/(cm^2 · s · Pa)，一级富氧体积分数为 32.6%；加入液晶三庚基纤维素后，其富氧性能明显提高，透氧系数大于 1.5×10^{-12} cm^3 · cm/(cm^2 · s · Pa)，一级富氧体积分数可达 44%。如果再将这种液晶膜分别与聚 4-甲基戊烯-1 膜、聚砜膜和聚碳酸酯膜进行复合，在室温及 0.5MPa 的操作压力下，其一级富氧体积分数分别可达 43.6%、48.0% 和 50.0%。有时，利用纤维素衍生物膜柔软性，将其层压成多层复合膜，这种复合膜也表现出了较好的真实空气分离性能。如以聚 4-甲基-1-戊烯为顶层、以乙基纤维素为中间层、以聚砜为多孔支撑层组成的三功能层复合膜，对于标准状态下的气体具有较高的富氧空气流量 1×10^{-3} cm^3/(s · cm^2)；其富氧空气氧体积分数也在 40% 左右，高于常见高分子膜的空气分离性能。

2.8.4 液晶纤维素及其衍生物交联凝胶

液晶纤维素及其某些含羟基的衍生物因大量羟基存在而使其在水、醇及其他许多有机溶剂中都存在高度的溶解性，从而限制了其应用领域。然而，如果将其与交联剂反应制得一种网状大分子，这个问题便迎刃而解了。像羟丙基纤维素可用二醛、二环氧化合物、二异氰酸酯或二甲基脲等进行化学交联，也可使用光引发或 γ 射线辐射进行物理交联。交联后的羟丙基纤维素在 30～180℃ 的范围内均能显示双折射，而未交联的羟丙基纤维素在温度从室温升高到 180℃ 时，其双折射特征会逐渐消失，说明交联不仅能降低液晶纤维素衍生物的溶解性，而且还能保留并固定其液晶有序结构。

据报道，使用乙二醛、戊二醛作为交联剂可以制得一种凝胶质量分数在 90% 以上的交联羟丙基纤维素膜。其制法如下：先将羟丙基纤维素粉末（相对分子质量为 1.17×10^5，分子质量分布指数为 2.25）与甲醇剧烈搅拌配制成质量分数为 60% 的羟丙基纤维素溶液，将其置于黑暗处在 10℃ 下静置 7 天形成一种单纯的液晶相溶液。然后将质量分数为 10% 的乙二醛或戊二醛交联剂及质量分数为 5% 的盐酸加入到该液晶溶液中，同时用玻璃棒搅拌 5min 后脱泡，并再在黑暗处静置 7 天。将所得无泡溶液以约 20s^{-1} 的剪切速率铺展在玻璃板上，并储存在用甲醇蒸气饱和的密闭容器中。1 天后转入大气环境中，再过 1 天便可将膜取下，所得薄膜厚约 85μm，凝胶质量分数为 90% 左右。若对该膜在 90℃ 下热处理 2 天，则其凝胶质量分数可提高 3% 左右，最高可达 98%。可见，热处理可以加大交联度及提高胆甾液晶有序度。

典型的制备胆甾液晶有序性的交联羟丙基纤维素膜的方法如下：以质量分数 3% 的盐酸为催化剂，将相对分子质量为 1.17×10^5、数均分子量（$\overline{M}_n$）为 5.29×10^4、分子取代度为 4.25 的羟丙基纤维素的质量分数为 60% 甲醇溶液与质量分数为 3%～5% 的交联剂戊二醛混合均匀后，浇铸在玻璃板上，一定温度下，待溶剂挥发后即得厚度为 350μm 的保留有胆甾液晶有序性的交联型羟丙基纤维素膜。使用所占质量分数很低的羟丙基纤维素（如 5%），在质量分数为 5% 的戊二醛和 3% 的盐酸情况下，则获得厚度为 200μm 无序的羟丙基纤维素膜。与无序的羟丙基纤维素膜相比，这种保留有胆甾液晶有序性的羟丙基纤维素交联膜表现出不同的溶胀行为。其在水中的平衡溶胀比随温度增加而减小，而无定型的羟丙基纤维素膜却随温度增加而增加。在丙醇溶剂中两者均随温度增加而增加，两者之间溶胀行为的差异可能是由于交联链间数均分子质量的不同而引起的。

另外，交联剂对所得有序交联膜的性能也有较大的影响，以乙二醛为交联剂所制得的胆甾液晶有序性羟丙基纤维素膜，其溶胀比要比以戊二醛为交联剂所制得的胆甾液晶有序性羟丙基纤维素膜的大。但两者的溶胀比以及圆二色性随浸渍时间的变化规律却几乎相同。更为有趣的是，这种保留有胆甾液晶有序性的羟丙基纤维素交联膜还表现出了各向异性的溶胀行为，即在膜厚度方向上的溶胀比要大于长宽方向。圆二色性研究表明膜厚度方向的溶胀与交联膜胆甾螺距的改变有关。

Yamagishi也研制出了一种羟丙基纤维素戊基醚的交联型胆甾凝胶。这是一种浅黄绿色的胆甾羟丙基纤维素戊基醚凝胶。将其溶胀于四氢呋喃中，这种颜色将消失，而随着四氢呋喃的蒸发，彩色又重新出现。如将其加热至90℃，该彩色仍然保持，直至100℃后消失，再冷却至室温也不重复出现，说明该凝胶的胆甾有序结构可保持到90℃，其完全各向同性化的温度为140℃，比未交联的羟丙基纤维素戊基醚低10℃。

近年来，也有人研究了纤维素的交联凝胶。将纤维素与双官能团的脂肪酰氯或含有反应性双键的单官能团物质4-戊烯酰氯进行交联，制得了两种液晶纤维素有机凝胶。随着溶剂含量的改变，这两种液晶纤维素凝胶都会发生从液晶相到各向同性相的可逆转变。形成的稳定液晶相的临界浓度与交联度之间的依赖关系取决于所用交联剂。这两种液晶纤维素凝胶在二甲基乙酰胺和丙酮溶剂中都会溶胀，但溶胀规律有所不同：在二甲基乙酰胺溶剂中，溶胀度随交联度的增加而减小；在丙酮溶剂中，溶胀度随交联度的增加而增加。显然，这种差异是由于交联网络的组成不同导致的。

交联型液晶纤维素衍生物凝胶具有液晶网络结构，这种液晶网络具有良好的免疫相容性能、力学性能及尺寸稳定性能，很有潜力应用于色谱柱填充材料、人工器官、旋光过滤器、光学显示器以及分子复合材料中。

2.9　纤维素的人工合成

目前，可通过四种不同的途径得到纤维素，其中两种是自然界中存在的纤维素，即植物通过光合作用合成和微生物合成；另外人工合成有以下两个途径，即在生物体外从纤维二糖的氟化物用酶合成纤维素，以及由新戊酰衍生物开环聚合生成的葡萄糖化学合成纤维素，近30年来，随着分子生物学的发展和体外无细胞体系的应用，对自然界中纤维素的生物合成机制已有了深入地研究。仿生合成纤维素及人工调控微生物的合成过程，成为人工创造"天然生态材料"的重要途径和前沿课题。

细菌纤维素是由部分细菌产生的一类高分子化合物，最早由英国科学家Brown在1886年发现，他在静置条件下培养醋杆菌时，发现培养基的气-液表面形成一层白色的凝胶状薄膜，经过化学分析，确定其成分是纤维素。为了与植物来源的纤维素相区别，将其称之为"微生物纤维素"或"细菌纤维素"。细菌纤维素在物理性质、化学组成和分子结构上与天然（植物）纤维素相近，均是由 β-1,4-葡萄糖苷键聚合而成。其中，木醋杆菌（*Acetobacter xylinum*）是比较典型的产生细菌纤维素的细菌之一。

木醋酸菌的纤维素合成过程大致可以分为4个步骤，即：①葡萄糖在葡萄糖激酶的作用下转化为6-磷酸-葡萄糖；②6-磷酸-葡萄糖在异构酶的作用下转化为1-磷酸-葡萄糖；③1-磷酸-葡萄糖在焦磷酸化酶的作用下生成尿苷二磷酸葡萄糖（UDPG）；④在细胞膜上，通过纤维素合成酶的催化作用，将UDPG（纤维素的直接前体物质）合成为 β-1,4-葡萄糖苷链，然后再聚合成纤维素。果糖在激酶、磷酸化酶和异构酶等的催化作用下转变为6-磷酸-葡萄糖后同样依照上述步骤参与细菌纤维素的合成。细菌纤维素的合成速度很快，一个木醋杆菌细胞在 1s 可以聚合 200000 个葡萄糖分子。将纤维素合成酶用毛地黄皂苷溶解，在一定的条件下，数分钟内即可以在体外合成细菌纤维素丛。

细菌纤维素的分泌伴随合成同时进行。木醋杆菌在细胞中合成纤维素后，从细菌细胞壁的微孔道中分泌出与细胞纵轴平行的宽 1～2nm 的亚小纤维（纤维素的最小构成单元），亚小纤维之间通过氢键连接成直径为 3～4nm 的微纤维，微纤维间相互缠绕，组成网状多孔的纤维丝带，其宽度为 40～100nm，长度不定，结晶方式与植物中的 I 型纤维素相同。纤维丝带相互交织，形成网状多孔结构，并在培养基的气-液界面形成一层透明的凝胶薄膜。利用冰冻蚀刻技术进行研究，发现细菌纤维素微纤维在形成的初期存在一个由无定型外壳形成的核，分泌纤维素的微孔呈线形排列，孔径 12～15nm，深 315nm。据报道，在静置培养下，纤维素单纤维的分泌速率为 $2\mu m/min$。

细菌纤维素的生物合成过程复杂，受多种酶和基因以及其他因素的调节和控制，其中研究较为透彻的是环二鸟苷酸（c-di-GMP）系统。参与细菌纤维素生物合成的酶有 8 种，其中纤维素合成酶是纤维素合成过程中的特征酶和关键酶，为一细胞膜结合蛋白复合体，至少含 4 种蛋白，分子质量分别为 85ku、85ku、141ku 和 17ku，分别由 bcsA、bcsB、bcsC 和 bcsD 等 4 个结构基因所编码，催化 UDPG 合成纤维素。c-di-GMP 是对细菌纤维素的生物合成进行调节的关键因子，它作为纤维素合成酶的变构激活剂，以可逆方式结合到酶的调节位点，使非活性的纤维素合成酶转变为活性形式；如果缺乏 c-di-GMP，纤维素合成酶活性很低，甚至不具备催化活性。环二鸟苷酸浓度高低受其合成和降解两条代谢途径双重控制，其中合成受两种环化酶的催化，在 PDE-A、PDE-B 两种磷酸二酯酶的催化作用下则由于被降解而失活。纤维素合成酶的活性受 Ca^{2+} 和 PEG 的极大调节，Ca^{2+} 对位于细胞膜上的降解环二鸟苷酸的 PDE-A 酶的活性起选择性抑制作用。

许多研究表明，摇瓶培养降低纤维素产量，其中一个重要的原因是菌株的遗传不稳定性，使部分菌株突变成非生产性菌株。在产生纤维素的醋杆菌中也发现有引起遗传不稳定性的插入序列的存在。为了调控纤维素的合成，日本的 Yoshinaga 等发展了一套宿主-载体系统，并构建出一穿梭载体，以便向 PBR2001 中引入各种基因。Robertson 等对致癌农杆菌中影响纤维素合成的染色体基因的研究发现：Tn5 位点的突变可以导致纤维素的过量合成，仅靠 ilv-13 的另一个位点的突变同样可以导致纤维素的过量合成。

细菌纤维素形成独特的织态结构，而且因"纳米效应"具有高吸水和保水性、对液体和气体的高透过率、高湿态强度，尤其在湿态下可原位加工成型等特性。高纯度和优异的性能使细菌纤维素纤维已在一些特殊领域广泛应用，并极有可能成为未来理想的工业纤维素。细菌纤维素经碱和/或氧化剂以及热压处理后，杨氏模数高达 30GPa，可用于制造具有高传播速度和高内耗（产生的声音清晰）的声音振动膜，目前已经有一些相关产品投放市场（如日本 SONY 公司的部分音像制品）。由于良好的生物相容性、湿态时的高力学强度、良好的液体和气体透过性以及抑制皮肤感染，使细菌纤维素可作为人造皮肤用于伤口的临时包扎，且优于常规皮肤代用品，在巴西已实现商业化；向纸浆中添加微生物纤维素，可以提高纸张的强度和耐用性以及吸附容量，从而生产出高强度纸。在食品工业，因为细菌纤维素具有很强的亲水性、黏稠性和稳定性，可以作为食品增稠剂、结合剂、成型剂、分散剂、食品骨架，或者作为纤维食品。细菌纤维素还可以替代棉、麻等纺织原料或者作为医药新材料，如纱布、绷带和药物载体。此外，还可以作为化妆品、高吸水材料和功能性树脂、哺乳动物细胞的培养载体以及生物传感器。

目前，细菌纤维素的生产都采用浅盘培养，劳动强度大、生产效率低，致使产品价格偏高，大规模应用受到限制。今后，要筛选和构建基因工程菌株，通过改变菌株的遗传结构，将纤维素合成的关键酶基因导入其他可利用便宜底物的菌株中，或者将底物利用基因转入生产菌株中，将植物纤维素基因导入细菌，甚至是将细菌产生纤维素的基因导入光合细菌，直接通过光合作用生产纤维素；可以利用价格低廉、来源广泛的工农业废料和下脚料作为生产原料，同时优化培养条件和发酵工艺，以不断降低成本、提高产量，使细菌纤维素能及早在众多领域得到广泛应用。

参 考 文 献

[1] Akgül M, Camlibel O. Building and Environment, 2008, 43 (4): 438.

[2] Bondeson D, Oksman K. Composites Part A: Applied Science and Manufacturing, 2007, 38 (12): 2486.

[3] Cai J, Liu Y, Zhang L. Journal of Polymer Science- Polymer Physics, 2006, 44: 3093.

[4] Cai J, Zhang L. Biomacromolecules, 2006, 7: 183.

[5] Chen Q, Nattakan S, Ni X, et al. Carbohydrate Polymers, 2008, 71 (3): 458.

[6] Cheng L H, Karim A, Seow C C. Food Chemistry, 2008, 107 (1): 411.

[7] Demirbas A. Energy Edu. Sci. Technol, 2000, 5: 21.

[8] Demirbas A. Energy Edu. Sci. Technol, 2000, 6: 77.

[9] Demirbas A. Energy Sources, 2002, 24: 337.

[10] Demirbas A. Fuel Processing Technology, 2007, 88 (6): 591.

[11] Demirbas A, Arýn G. Energy Sources, 2002, 5: 471.

[12] Gelin K, Bodin A, Gatenholm P, et al. Polymer, 2007, 48 (26): 7623.

[13] Gullu D. Energy Sources, 2003, 25: 753.

[14] Ibbett R N, Domvoglou D, Fasching M. Polymer, 2007, 48 (5): 1287.

[15] Kabel M A, Bos G, Zeevalking J, et al. Bioresource Technology, 2007, 98 (10): 2034.

[16] Klemm D, Heublein B, Frink H P, et al. Angrew Chem Int Ed, 2005, 44: 3358.

[17] Knaus S. Carbohydrate Polymers. 2003, 53 (4): 383.

[18] Kosaka P M, Kawano Y, Petri D F S. Journal of Colloid and Interface Science, 2007, 316 (2): 671.

[19] Mohan D, Pittman C U Jr, Steele P H. Energy Fuels, 2006, 20: 848.

[20] Ruan D, Zhang L, Zhou J, et al. Macromolecule Rapid Communication, 2006, 27: 1495.

[21] Salgado P R, Schmidt V C, Ortiz S E M, et al. Journal of Food Engineering, 2008, 85 (3): 435.

[22] Shaabani A, Rahmati A, Badri Z. Catalysis Communications, 2008, 9 (1): 13.

[23] Swatloshi R P, Spear S K, Holbrey J D, et al. Journal of American Chemistry Society, 2002, 124: 4974.

[24] Tewfik S R. Energy Edu. Sci. Technol, 2004, 14: 1.

[25] Wang D, Sun Y. Biochemical Engineering Journal, 2007, 37 (3): 332.

[26] Zhang L, Hsieh Y L. Carbohydrate Polymers, 2008, 71 (2): 196.

[27] Zhang L, Ruan D, Gao S. Journal of Polymer Science- Polymer Physics, 2002, 40: 1521.

[28] Zhang L, Ruan D, Zhou J. Ind Eng Chem Res, 2001, 40: 5923.

[29] Zhao H, Kwak J H, Zhang Z C, et al. Carbohydrate Polymers, 2007, 68 (2): 235.

[30] Zhou J, Zhang L. Polymer Journal, 2000, 32: 866.

[31] Zugenmaier P. Progress in Polymer Science, 2001, 26: 1413.

[32] 哈益明, 刘世民. 激光生物学报, 2001, 10 (2): 112.

[33] 胡继文, 沈琳, 王晓青等. 纤维素科学与技术, 2003, 11 (2): 14.

[34] 柯敏, 杨联敏, 陈远霞等. 化工技术与开发, 2006, 35 (6): 1.

[35] 李新贵, 黄美荣, 华轶敏. 同济大学学报, 2002. 30 (4): 464.

[36] 李忠彦, 陈巍, 何小维等. 中国酿造, 2006, 159 (6): 1.

[37] 罗儒显, 朱锦瞻. 广东化工, 2001, 28 (6): 14.

[38] 邵自强, 王飞俊, 杨斐霏等. 含能材料, 2004, 12 (3): 138.

[39] 沈青, 顾庆锋, 胡剑锋等. 纤维素科学与技术, 2003, 11 (1): 1.

[40] 宋贤良, 温其标, 郭桦. 高分子通报, 2002, (4): 47.

[41] 唐爱民, 梁文芷. 高分子通报, 2000, (4): 1.

[42] 王树荣,刘倩,骆仲泱等.浙江大学学报(工学版),2006,40(7):1154.

[43] 王瑀,王丹,商士斌.生物质化学工程,2007,41(1):49.

[44] 杨莉燕,柴淑玲,谭惠民.中国塑料,2004,18(9):17.

[45] 杨礼富.微生物学通报,2003,30(4):95.

[46] 杨鸣波,唐志玉.中国材料工程大典(第6卷):高分子材料工程(上).北京:化学工业出版社,2006.

[47] 尹继明.造纸化学品,2002,14(2):35.

[48] 尹继明.造纸化学品,2003,15(3):35.

[49] 游天彪,谭英,唐青等.应用化学,2006,23(3):346.

[50] 张发爱.化工新型材料,2001,29(11):21.

[51] 张光华,朱军峰,徐晓凤.纤维素科学与技术,2006,14(1):60.

[52] 张黎明.高分子材料科学与工程,2001,17(1):16.

[53] 张俐娜.天然高分子改性材料及应用.北京:化学工业出版社,2006.

[54] 郑一平,邵自强,李永红等.纤维素科学与技术,2005,13(1):61.

第 3 章　淀粉基材料

淀粉是自然界植物体内存在的一种资源丰富的天然高分子化合物，是绿色植物进行光合作用的产物，植物以叶绿素为催化剂，通过光合作用将二氧化碳和水合成葡萄糖，葡萄糖再经过各种生物化学反应，最终生成淀粉等多聚糖，从而将能量以碳水化合物的形式储藏在植物体内。

淀粉除作为食品工业的原料外，也可作为基础工业的原料。与石油化工原料相比，淀粉具有价廉、可再生、可生物降解、污染小等特点，符合环境保护和可持续发展战略。淀粉及其水解产物葡萄糖经发酵可生产醇、醛、酮、酸、酯、醚等有机化工产品，可作为生产高分子材料的原料。另外，淀粉经物理、化学或生物的方法进行改性可制备多种淀粉衍生物，并已广泛应用于造纸、纺织、制革、胶黏剂、制药、化妆品、洗涤剂、超吸水材料、水处理絮凝剂等领域。以热塑性淀粉及淀粉衍生物为基底添加增塑剂或者将淀粉及其衍生物作为添加剂与可降解的合成高聚物共混、接枝共聚等可制备生物可降解塑料。淀粉在非食用领域的开发和利用已引起世界上许多国家的重视。因此一个多世纪以来淀粉工业发展很快。全世界淀粉年产量，在 20 世纪 70 年代中期为 700 余万吨，到 80 年代已发展到 1800 余万吨，到 90 年代初期突破 2000 万吨，进入 21 世纪更是以很快的速度增长，2003 年全世界淀粉年产量已达 4900 万吨，预计 2007 年将突破 6000 万吨。

美国的淀粉产量居世界首位，达 2500 余万吨，占世界总量的 51%（2003 年计）。我国淀粉工业起步较晚，但从 20 世纪 80 年代中期粮食生产出现转机之后，尤其是进入 20 世纪 90 年代取得了长足的发展。2001 年以来，我国淀粉总产量以年均 17% 的速度递增，2004 年产量 930 多万吨，2005 年产量高达 1100 万吨，增长速度居各国之首。

从现代观点看，淀粉作为一种可由生物合成的可再生资源，是取之不尽、用之不竭的有机原料，必将愈来愈受到人们的重视，淀粉及其深加工产品的开发与应用前景广阔、机遇无限。我国淀粉资源十分丰富，是世界第二大玉米生产国，因此在我们国家开展淀粉的深加工更有利于促进可再生资源的利用和农副产物的高值化。

3.1　淀粉的存在

天然淀粉又称原淀粉，就其分布而言，来源遍布整个自然界，其广泛存在于高等植物的根、块茎、籽粒、髓、果实、叶子等。淀粉的种类很多，一般按来源可分为以下几类：①禾谷类淀粉，主要包括玉米、大米、大麦、小麦、燕麦和黑麦等；②薯类淀粉，在我国以甘薯、马铃薯和木薯为主；③豆类淀粉，主要有蚕豆、绿豆、豌豆和赤豆等；④其他淀粉，在一些植物的果实（如香蕉、芭蕉、白果等）、基髓（如西米、豆苗、菠萝等）中含有淀粉。此外，一些细菌、藻类中也含有淀粉或糖元。根据生产淀粉的植物来源命名或分类，可见到种类繁多的淀粉品种，如玉米淀粉、木薯淀粉、马铃薯淀粉、甘薯淀粉、小麦淀粉、稻米淀粉、高粱淀粉、绿豆淀粉、豌豆淀粉、蚕豆淀粉、藕淀粉、菱淀粉、百合淀粉、山药淀粉、葛根淀粉、蕨根淀粉等。但作为商业化生产的原料，淀粉原料一般仅局限在少数几个品种的范围里。以我国为例,目前玉米淀粉约占总产量的 80%,木薯淀粉占 14%,其他薯类、谷类及野生物淀粉占 6%。

3.1.1　玉米淀粉

玉米属一年生草本植物,又名玉蜀黍,在世界谷类作物中,玉米的种植面积和总产量仅次于小麦和水稻而位居第三位,平均单产则居首位。美国玉米产量占世界第一位,2004 年玉米产量 29991 万吨,占世界产量的 42%,人均占有量和人均消费量均占世界之首。我国玉米种植面积占世界种植面积的 18% 左右,总产量已高居世界第二位。

玉米籽粒的化学组成因玉米的品种、产地及气候条件的不同而有可差异。表 3-1 为玉米的一般化学成分。

表 3-1　玉米的化学成分范围及平均值　　　　　　　　　　　　　　单位:%

成　分	范　围	平均值	成　分	范　围	平均值
水分	7~23	16.7	灰分	1.1~3.9	1.42
淀粉	64~78	71.5	纤维	1.8~3.5	2.66
蛋白质	8~14	9.91	糖	1.0~3.0	2.58
脂肪	3.1~5.7	4.78			

玉米籽粒主要分胚乳、胚芽、玉米皮、玉米冠等几个部分,其中淀粉含量最高的部分是胚乳,详见表 3-2。

表 3-2　玉米籽粒各部位的组成　　　　　　　　　　　　　　单位:%

成　分	全粒	胚乳	胚芽	玉米皮	玉米冠
淀粉	71	86.4	8.2	7.3	5.3
蛋白质	10.3	9.4	18.8	3.7	9.1
脂肪	4.8	0.8	34.5	1	3.8
糖	2	0.6	10.8	0.3	1.6
矿物质	1.4	0.6	10.1	0.8	1.6

玉米的品种是否优良将直接影响到淀粉的产量和质量,对淀粉产品的应用也会产生不同的影响。

国际上,玉米淀粉的生产多采用湿磨工艺,其中封闭式的工艺路线只在最后的淀粉洗涤时用新水,其他用水工序都用循环水,干物质损失率低,生产污染较轻。

玉米淀粉广泛用于食品、造纸、纺织、酿造、医药、建筑材料、采矿、胶黏剂等许多领域。以美国为例,2004 年美国用于淀粉糖生产的淀粉占 28%,用于酒精生产的占 55%,其他工业用淀粉约 17%。

3.1.2　其他谷类淀粉

谷类淀粉除玉米淀粉以外,常见的品种还有小麦淀粉、大米淀粉及高粱淀粉等。

小麦是世界主要粮食作物之一,在所有粮食作物中,小麦总的播种面积及总产量都居首位。在我国小麦产量位于第二位,仅次于水稻。小麦淀粉一般以面粉为原料,出粉率约 55%,同时可提取谷朊粉,但谷朊粉中含有 72%~85% 的蛋白质,遇水就变成很黏滞的物质,不易与淀粉分离。

小麦淀粉具有热黏度低、糊化温度低的特性,糊化后黏度的热稳定性能较好,经长时间加热、搅拌后黏度降低仍很少,冷却后可结成强度很高的凝胶体。小麦淀粉可广泛应用于纺织轻工、食品、冷饮、医药等行业。

水稻是我国主要粮食作物,其种子部分就是大米,一般含淀粉 70%~80%,是主要粮食作物中含淀粉量最高的。生产大米淀粉的原料多为大米加工企业的剩余物。大米淀粉颗粒是一般淀粉中最小的，未经糊化也能渗透到纤维内部，适于浆洗衣物及纺织工业上浆纱之用，还可用来生产淀粉糖浆、味精等。

高粱籽粒的化学组成接近玉米，淀粉含量为 65.9% ～77.4%，高粱淀粉中的蛋白质含量高于玉米淀粉。由于其淀粉中的蛋白质网构造牢固不易分离，加之种皮细胞中还含有花青素的单宁，具有苦涩味，给精加工高粱淀粉造成困难，也限制了高粱淀粉的大量应用。

3.1.3 薯类淀粉

马铃薯、木薯、甘薯并称"世界三大薯类"作物，既是主要的粮食作物之一，也是重要的淀粉原料。

（1）马铃薯

茄科茄属一年生草本，又称土豆、洋芋、洋山芋、山药、山药蛋、馍馍蛋、薯仔（香港、广州人的惯称）等。国外对它的称谓主要有，意大利：地豆；法国：地苹果；德国：地梨；美国：爱尔兰豆薯；俄国：荷兰薯。马铃薯的块茎可供食用，是重要的粮食、蔬菜兼用作物。世界马铃薯主要生产国有前苏联、波兰、中国、美国。中国马铃薯的主产区是西南山区、西北、内蒙古和东北地区。马铃薯具有很高的营养价值和药用价值，一般新鲜薯中所含成分为淀粉 8% ～29%、蛋白质 0.7% ～4.6%、脂肪 0.1% ～1.1%、粗纤维 0.6% ～0.8%。根据淀粉、蛋白质的含量高低以及经济作用，马铃薯可分为食用型和工业型两大类。工业型马铃薯含淀粉量较高，国内一般为 12% ～20%，国外一般为 22% ～24%，个别高达 28%。

从淀粉加工市场分析，马铃薯加工业已成为世界农产品加工业中最具生机和活力的产业。美国马铃薯总产量的 50% 用于加工，荷兰为 58%，德国为 30%，而在我国还不足 10%。

马铃薯淀粉能调制出高黏度的淀粉糊，进一步加热或搅拌黏度下降较少，同时还可生产出优良柔韧的淀粉膜、黏合能力强，且糊化温度较低，这些性质甚至优于玉米淀粉及其他淀粉。马铃薯淀粉多用于变性淀粉的深加工处理。我国目前由于马铃薯加工业比较落后，近 90% 的马铃薯商品淀粉需要依赖进口。

马铃薯的块茎中含有酪氨酸及酪氨酸酶，易被空气氧化变成红褐色的物质，若接触到铁离子，则被氧化为黑色，在制粉时应使用二氧化硫水（亚硫酸）清洗。

（2）木薯

属大戟科木薯属作物，又称木番薯、树薯。木薯起源于热带美洲，广泛栽培于热带和部分亚热带地区，主要分布在巴西、墨西哥、尼日利亚、玻利维亚、泰国、哥伦比亚、印度尼西亚等国。我国于 19 世纪 20 年代引种栽培，现已广泛分布于华南地区，其中广东和广西的栽培面积最大，福建和台湾地区次之，云南、贵州、四川、湖南、江西等省亦有少量栽培。

木薯淀粉含量丰富，鲜薯块根内含量 10% ～30%，且蛋白质和脂肪含量少，易于加工制粉。木薯的主要用途是食用、饲用和工业上开发利用。块根淀粉是工业上主要的制淀粉原料之一。世界上木薯全部产量的 65% 用于人类食物，是热带湿地低收入农户的主要食用作物。作为生产饲料的原料，木薯粗粉、叶片是一种高能量的饲料成分。在发酵工业上，木薯淀粉或干片可制酒精、柠檬酸、谷氨酸、赖氨酸、木薯蛋白质、葡萄糖、果糖等，这些产品在食品、饮料、医药、纺织（染布）、造纸等方面均有重要用途。在中国主要用作饲料和提取淀粉。

木薯淀粉的颜色呈白色，本身无味道，因此较普通淀粉更适合于需精调味道的产品，例如食品和化妆品等。木薯淀粉蒸煮后，形成的浆糊清澈透明，适合于用色素调色。可用于高档纸张的胶黏剂。由于木薯原淀粉中支链淀粉与直链淀粉的比例高达 80：20，因此具有很高的峰值黏度。同时，木薯淀粉也可通过改性消除黏性而产生疏松结构，从而用于食品加工中。对于冷冻-解冻稳定性来说，木薯原淀粉浆糊表现出相对低的逆转性，因而在冷冻解冻循环中可防止水分丢失。木薯淀粉可用于食品、饮料、糖果、化工、胶黏剂、造纸、纺织、药品、化妆品、可生物降解材料等。

（3）甘薯

旋花科甘薯属一年生或多年生蔓生草本，又名番薯、山芋、红薯、白薯、地瓜等。世界甘薯主要产区分布在北纬 40°以南。栽培面积以亚洲最多，非洲次之，美洲居第 3 位。甘薯在中国分布很广，以淮海平原、长江流域和东南沿海各省最多。甘薯的块根可作为粮食、饲料和工业原料。鲜薯中含水量 60%～80%，糖分 10%～30%，其中以淀粉为主，其他成分大致含量为：蛋白质 1.5%、脂肪 0.2%、灰分 0.9%、纤维 0.5%，还含有少量的有机酸。

甘薯的营养成分如胡萝卜素、维生素 B_1、维生素 B_2、维生素 C 和铁、钙等矿物质的含量都高于大米和小麦粉。非洲、亚洲的部分国家以此作为主食；此外还可制作粉丝、糕点、果酱等食品。工业加工以鲜薯或薯干提取淀粉，广泛用于纺织、造纸、医药等工业。甘薯淀粉的水解产物有糊精、饴糖、果糖、葡萄糖等。酿造工业采用曲霉菌发酵使淀粉糖化，用以生产酒精、白酒、柠檬酸、乳酸、味精、丁醇、丙酮等。

3.1.4 野生植物淀粉

这类淀粉主要分布在野生植物的果实、种子、块根、鳞茎或根中。含淀粉的野生植物以壳斗科、禾本科、蓼科、百合科、天南星科、旋花科的种类为主，其次是蕨类、兰科、莲科、桔梗科、菱科、檀香科及银杏科等，如魔芋淀粉、葛根淀粉、蕨根淀粉、栎子淀粉、茅栗淀粉等，它们中绝大多数种类淀粉含量十分丰富。

3.2 淀粉的结构与性质

3.2.1 淀粉的结构

3.2.1.1 化学结构

淀粉是由葡萄糖组成的多糖类碳水化合物，其广泛存在于自然界植物的根、茎、种子等组织中，来源不同其组成成分也各不相同。表 3-3 列出了几种植物淀粉的主要成分。

表 3-3　淀粉的主要成分　　　　　　　　　　　　单位：%

组　　成	玉米淀粉	马铃薯淀粉	小麦淀粉	木薯淀粉	蜡质玉米淀粉
淀粉	85.7	80.3	85.4	86.7	86.4
水分(20℃,65%相对湿度)	13.0	19.0	13.0	13.0	13.0
类脂物(干基)	0.8	0.1	0.9	0.1	0.2
蛋白质(干基)	0.35	0.1	0.4	0.1	0.25
灰分(干基)	0.1	0.35	0.2	0.1	0.1
磷(干基)	0.02	0.08	0.06	0.01	0.01
淀粉结合磷(干基)	0.00	0.08	0.00	0.00	0.00

淀粉是由 α-D-葡萄糖单元通过 α-(1,4)-D-糖苷键连接而成的聚合物，其化学结构式为 $(C_6H_{10}O_5)_n$，式中 $C_6H_{10}O_5$ 为脱水葡萄糖单元，n 为组成淀粉高分子的脱水葡萄糖单元的数量，即聚合度。除 α-(1,4)-D-糖苷键外，淀粉中还含有一定量的 α-(1,6)-D-糖苷键。1940年，瑞士 Merey 和 Schoch 首先发现淀粉由两种高分子组成，即直链淀粉（amylose）和支链淀粉（amylopectin）。直链淀粉和支链淀粉结构和性质具有明显的差异，直链淀粉可溶解于 70～80℃的热水中，而支链淀粉则不溶，借此特性可将二者区分开并测定出二者所占天

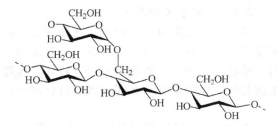

然淀粉的比例。

直链淀粉是一种线性高聚物，由 α-D-葡萄糖通过 α-D-糖苷键连接，其分子结构如图 3-1 所示。

图 3-1　直链淀粉的结构

直链淀粉不是完全伸直的，如图 3-2 所示。它的分子通常为卷曲的螺旋形，每一转有 6 个葡萄糖分子，每 6 个葡萄糖单元组成螺旋的一个螺距，在螺旋内部只有氢原子，羟基位于螺旋外侧。

最新研究结果表明，直链淀粉一般也存在微量的支化现象，分支点由 α-(1,6)-D-糖苷键连接，平均每 180～320 个葡萄糖单元有一个支链，分支点 α-(1,6)-D-糖苷键占总糖苷键的 0.3%～0.5%。支链淀粉的直链部分仍是由 α-(1,4)-糖苷键连接，而在其分支位置则由 α-(1,6)-糖苷键连接，如图 3-3 所示。支链淀粉是一种高度支化的大分子，研究结果表明，分支点的 α-(1,6)-D-糖苷键占总糖苷键的 4%～5%，其主链和侧链的连接方式如图 3-4 所示。A 链以 α-(1,6)-D-糖苷键连接到 B 链上，而这一 B 链有可能与另一个 B 链相连，也可能连接到唯一的主链 C 链上。

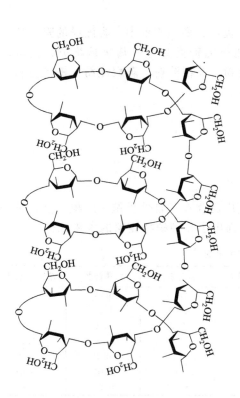

图 3-2　直链淀粉的螺旋形结构

图 3-3　支链淀粉的结构

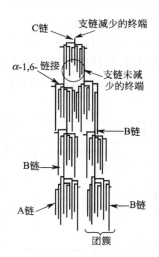

图 3-4　支链淀粉主链与侧链的连接方式示意

目前，自然界中尚未发现完全由直链淀粉构成的植物品种，普通品种的淀粉多由直链淀粉和支链淀粉共同组成，其中少数品种均由支链淀粉组成。如表3-4 所示。

直链淀粉和支链淀粉在天然淀粉中的含量与淀粉的来源有关。从表 3-4 可以看出，普通的玉米淀粉仅含有 27% 的直链淀粉，而经人工特别培育的玉米品种，可获得含直链淀粉 70% 以上的"高直链淀粉"，从而可以通过在直链淀粉与支链淀粉的混合物中分离出直链淀

76

粉以用于特殊用途。天然淀粉中，支链淀粉含量较高，占 70%～80%，由表 3-4 所知，有的淀粉不含直链淀粉，完全由支链淀粉组成，如黏玉米、黏高粱和糯米淀粉等。实验室分离提纯直链淀粉和支链淀粉的方法一般采用正丁醇法，即用热水溶解直链淀粉，然后用正丁醇结晶沉淀分离得到纯直链淀粉。

表 3-4　不同品种淀粉的直链淀粉含量　　　　　　单位：%

淀　　粉	含　　量	淀　　粉	含　　量
玉米	27	糯米	0
黏玉米	0	小麦	27
高直链淀粉玉米	>70	马铃薯	20
高粱	27	木薯	17
黏高粱	0	甘薯	18
稻米	19		

由于直链淀粉具有螺旋链结构，在一定条件下，它可以键合相当它本身重量 20% 的碘而产生纯蓝色复合物，而支链淀粉的碘键合量不到 1%，由此用这种方法不仅可以区分直链淀粉和支链淀粉，还可以算出天然淀粉中直链淀粉的含量。

淀粉分子的特征红外吸收峰归属为：位于 $3500～3300cm^{-1}$ 处的—OH 伸缩振动峰，$1263cm^{-1}$（V 型结晶）、$1254cm^{-1}$（B 型结晶）处的—CH_2OH 弯曲振动峰，以及 $946cm^{-1}$（V 型结晶）、$936cm^{-1}$（B 型结晶）处的—CH_2—振动峰。

淀粉分子的核磁谱峰位移值如表 3-5 所示。

表 3-5　直链淀粉分子的核磁共振谱化学位移

淀粉分子	样品及条件	化　学　位　移
液体 [1] H NMR	DMSO-d_6(100℃)	5.07(H_1),3.30(H_2),3.64(H_3),3.32(H_4),3.4(H_5),3.7(H_6)
	D_2O,500MHz(75℃)	5.896(d)(H_1),4.162(dd)(H_2),4.478(dd)(H_3),4.162(t)(H_4),4.350(H_5),4.406(dd)(H_{6_a}),4.328(dd)(H_{6_b})
液体 [13] C NMR	[13]C 化学位移	100.4(C_1),72.6(C_2),73.7(C_3),79.4(C_4),72.1(C_5),61.2(C_6)
固体 [13] C NMR	A 型结晶	102.30,101.32,100.05(t)(C_1),63.67,62.73(肩峰)(C_6)
	B 型结晶	101.71,100.74(d)(C_1),62.69(C_6)
	V_h 型结晶	103.85(C_1),62.21(C_6)
	V_a 型结晶	103.76(C_1),61.79(C_6)

3.2.1.2　分子质量

直链淀粉的分子量依据来源的不同而差别很大，相对分子质量一般为 $10^5～10^6$，流体力学半径为 7～22nm。直链淀粉的聚合度约在 100～6000 之间。例如玉米直链淀粉的聚合度在 200～1200 之间，平均约为 800；马铃薯直链淀粉的聚合度在 1000～6000 之间，平均约为 3000。支链淀粉的相对分子质量要比直链淀粉大很多，高达 $10^7～10^9$，然而其流体力学半径却仅为 21～75nm，呈现高密度线团构象。

上述结构的差异决定了直链淀粉与支链淀粉具有不同的性质。二者的主要差别如表 3-6 所示。

表 3-6　直链淀粉与支链淀粉的比较

项　　目	直　链　淀　粉	支　链　淀　粉
分子形状	直链分子	支链分子
聚合度	100～6000	1000～3000000
尾端基	一端为非还原尾端基,另一端为还原尾端基	分子具有一个还原尾端基和许多个非还原尾端基

77

项　目	直 链 淀 粉	支 链 淀 粉
碘着色反应	深蓝色	红紫色
吸附碘量/%	19～20	<1
凝沉性质	溶液不稳定,凝沉性强	溶液稳定,凝沉性很弱
络合结构	能与极性有机物和碘生成络合结构	不能与极性有机物和碘生成络合结构
X射线衍射分析	高度结晶	无定形
乙酰衍生物	能制成强度很高的薄膜	制成的薄膜很脆弱

3.2.1.3　颗粒及晶体结构

在显微镜下观察,可以见到天然淀粉大大小小的颗粒状态,它们大量存在于植物体内,为植物储藏必需的营养物质。不同种类的淀粉粒具有不同的形状。一般淀粉粒的形状为球形、卵形和多角形,如小麦、黑麦、粉质玉米淀粉颗粒为球形,稻米淀粉颗粒呈不规则多角形,而马铃薯淀粉颗粒为卵形。不同来源的淀粉颗粒的大小相差很大,一般以颗粒长轴的长度表示淀粉粒的大小,它介于 $3～120\mu m$ 之间。在显微镜或电镜下观察,可以看到淀粉颗粒具有类似洋葱的环层结构,有的可以看到明显的环纹和轮纹,各环层共同围绕的一点称为粒心或核。

用原子力显微镜(AFM)观察小麦和马铃薯淀粉的表面形貌以及微观组成,结果显示淀粉颗粒表面存在微孔结构,其中小麦淀粉的孔径为 $10～50nm$,而马铃薯淀粉为 $200～500nm$。将玉米淀粉和高粱淀粉用汞溴红处理后,利用共聚焦扫描激光显微镜也观察到淀粉颗粒表面存在着从表面深入到核的微孔。这种微孔结构的发现是人们对淀粉颗粒认识的一大进步。

淀粉具有半结晶性质,它的结晶度不高,并且其结晶度与其来源有密切的关系。一般来说,淀粉的结晶结构占颗粒体积的 $25\%～50\%$,其余为无定形结构。由于淀粉颗粒内部存在着这两种不同的结构,因而其具有双折射性。结晶区由连续的具有"团簇"结构的支链淀粉组成,其螺旋结构中存在空隙,可以容纳直链淀粉分子。淀粉晶束之间的区域分子排列较为杂乱,从而形成无定形区,其具有高渗透性能,允许化学试剂的快速进入,淀粉的化学反应主要发生在无定形结构区。支链淀粉分子庞大,可以贯穿多个晶区和无定形区,为淀粉颗粒结构起到骨架支撑的作用。淀粉的结晶区和无定形区并无明确的界线,其变化是渐进的。

3.2.2　淀粉的性质

3.2.2.1　物理性状

淀粉为白色粉末,具有很强的吸湿性和渗透性,水能够自由地渗入淀粉颗粒内部。淀粉颗粒不溶于一般的有机溶剂,但可溶于二甲亚砜。淀粉的热降解温度为 $180～220℃$,比热容为 $1.25～1.84kJ/(kg \cdot K)$。淀粉的密度随含水量的不同略有变化。通常干淀粉的密度为 $1.52g/cm^3$。表3-7列出了几种植物淀粉颗粒的物理性质。

表3-7　几种植物淀粉颗粒的物理性质

性　质	小麦淀粉	玉米淀粉	大米淀粉	土豆淀粉	木薯淀粉
颗粒大小/μm	20～35	5～25	3～8	15～100	15～25
直链淀粉含量/%	23～28	24～28	14～25	20～24	约17
密度/(g/cm^3)	1.65	1.50	1.48～1.51	1.62	—
结晶度/%	36	39	38	25	—
凝胶温度/K	325～336	335～345	334～350	329～339	331～343
凝胶焓/(kJ/mol)	2.0	2.8～3.3	2.3～2.6	3.0	2.7
熔点/K	454	460	—	441	—
熔化焓/(kJ/mol)	52.7	57.7	—	59.8	—
比表面积/(m^2/g)	0.51	0.70	1.04	0.11	0.28

3.2.2.2 糊化、熔融及溶解

淀粉在加热和大量水存在下半结晶性消失，即发生糊化。糊化是淀粉的基本特性之一。通常，把淀粉分散在纯水中，搅拌制成乳白色不透明的淀粉乳悬浮液，再对体系进行缓慢加热，使之糊化。淀粉颗粒由吸水溶胀到完全糊化可分为三个阶段：第一阶段，加热初期（低于 50℃），颗粒吸收少量水分，在无定形区域发生膨胀，其体积膨胀较少，颗粒表面变软并逐渐发黏，但没有溶解，水溶液黏度也没有增加，此时若脱水干燥后仍为颗粒状态；第二阶段，随着温度升高到一定程度（如 65℃，随淀粉来源而定），淀粉颗粒急剧膨胀，表面黏度大大提高，淀粉开始糊化，由于有少量淀粉溶解于水中，因此溶液的黏度也开始上升，此时的温度称为淀粉糊化的开始温度；第三阶段，随着温度继续上升至 80℃ 以上，淀粉颗粒增大到数百甚至上千倍，大部分淀粉颗粒逐渐消失，体系黏度逐渐升高，最后变成透明或半透明淀粉胶液，这时淀粉完全糊化。糊化的本质就是淀粉结晶受热后破坏，如果体系的温度降低，那么淀粉分子之间趋向于重新聚集，但是不能恢复原有的结构。此时，如果体系的浓度较小，体系会变成溶胶；相反，如果浓度较大，体系则会成为凝胶。淀粉发生糊化的温度称为糊化温度，也称为胶化温度。由于淀粉颗粒本身的结构比较复杂，淀粉的糊化与淀粉中晶型的多样性、结晶的完整度、分子链处于晶区中的长度、稀释剂的含量（提高稀释剂的含量会降低转变温度）等密切相关。同一般的结晶高聚物一样，淀粉加入稀释剂（水）可以降低熔融温度（T_m）。淀粉的溶解度是指在一定温度下，在水中加热 30min 后，淀粉的溶解质量分数。天然淀粉几乎不溶于冷水，而且其在水中的溶解度随温度的升高而增加。同时，晶型的不同对淀粉的溶解行为也有影响。

3.2.2.3 玻璃化转变温度

玻璃化转变温度（T_g）是非晶态高聚物的重要特征，它反映分子链段开始运动的温度。一般高聚物难以形成 100% 的结晶，因此总有部分非晶区的存在，即存在对应的玻璃化转变。高聚物发生玻璃化转变时，许多物理性质必然发生急剧变化，例如比体积、折射率、形变、热容等。淀粉作为半结晶聚合物，也具有玻璃化转变温度。淀粉受热时的物理化学变化包括糊化、熔融、玻璃化转变、结晶、晶型的转变、体积膨胀、分子降解等，比一般的高聚物要复杂得多，因而会导致测试结果的不一致性。例如，当小麦淀粉的含水量在 13% ~ 18.7% 时，玻璃化温度（T_g）在 30~90℃ 的范围内；然而，当含水量为 55% 时，淀粉的 T_g 却在 50~85℃ 的范围内。虽然淀粉 T_g 的测量结果不尽相同，但水分含量对 T_g 有着重要影响却是毋庸置疑的。由于淀粉存在很强的分子内和分子间氢键，致使 T_g 高于热降解温度，因此无法通过实验得到纯淀粉的玻璃化转变温度 T_g。在淀粉中加入水，可以明显降低 T_g，水对淀粉具有很好的增塑作用。虽然水是一种增塑剂，但是它具有挥发性，水分含量的轻微变化会导致玻璃化转变行为的较大改变。因此，常使用低挥发性的增塑剂与水混合使用，比如甘油、乙二醇、聚乙烯醇和山梨醇等。用 29% 甘油和 1% 水的混合物增塑大麦淀粉，可使 T_g 下降到 70℃。值得注意的是，在淀粉/水/甘油三元共混物材料中，淀粉具有两个玻璃化转变温度，这是由于共混体系的微观相分离，从而导致对应于富甘油区的 T_{g1} 和富淀粉区的 T_{g2}。

3.3 淀粉的深加工利用

天然淀粉只是各类淀粉植物的初级产品，为了进一步提高经济效益，还应该对淀粉进行深加工利用，以提高淀粉产品的附加值，从而更为合理的利用资源。

美国是世界上玉米产量和深加工的大国，玉米是美国的主要农作物品种，在淀粉深加工

上，主要以玉米为原料，其产品伴随技术的进步而不断地丰富，由过去单纯的淀粉产品发展到淀粉糖、各种发酵产品、变性淀粉、玉米油和蛋白饲料等多门类的产品体系。2004年美国的玉米深加工主要用于生产淀粉糖（葡萄糖和果葡糖浆）、发酵酒精（燃料酒精和食用酒精）、淀粉制品（含变性淀粉）和玉米食品（玉米片和膨化食品等），其中前三类产品都是由玉米淀粉深加工而来，占深加工产品总消费量的90％以上。美国玉米深加工的产品，由19世纪的淀粉、葡萄糖、饲料、玉米油，发展到20世纪的变性淀粉、淀粉糖和燃料酒精，尤其是目前作为玉米深加工的两大主导产品淀粉糖和燃料酒精，成为推动美国玉米深加工产业发展的主要动力。

据统计，用淀粉和淀粉质原料可以生产包括20多个门类的2000多种产品。图3-5列出了玉米淀粉深加工的工业化产品种类。

淀粉
- **变性淀粉**：抗消化淀粉、预糊化淀粉、糊精、酸变性淀粉、氧化淀粉、交联淀粉、酯化淀粉、醚化淀粉、两性淀粉、复合变性淀粉、接枝淀粉、多孔淀粉
- **淀粉糖**：
  - 麦芽糊精
  - 固体葡萄糖（口服葡萄糖、结晶葡萄糖、工业葡萄糖、全糖粉）
  - 液体葡萄糖（低DE值糖浆、中DE值糖浆、高DE值糖浆）
  - 麦芽糖（饴糖浆、高麦芽糖浆、超高麦芽糖浆、固体麦芽糖浆）
  - 果葡糖（42％果葡糖、55％果葡糖、90％结晶国糖）
  - 糖醇（麦芽糖醇、甘露糖醇、赤鲜糖醇、山梨糖醇、氢化淀粉糖醇）
  - 低聚糖（麦芽低聚糖、异麦芽低聚糖、海藻糖）
  - 葡萄糖衍生物（葡萄糖苷）
  - 全糖粉
- **淀粉多糖**：黄原胶、环糊精、普鲁蓝、聚羟基丁酸、透明质酸、结冷胶
- **发酵产品**：
  - 黄原胶、环糊精、普鲁蓝、聚羟基丁酸、透明质酸、结冷胶
  - 酒精（食用酒精、工业酒精、燃料酒精、医用酒精）
  - 有机酸（柠檬酸、乳酸、苹果酸、衣康酸、琥珀酸、葡萄糖酸、丁二酸、富马酸）
  - 氨基酸（谷氨酸及味精、赖氨酸、色氨酸、苏氨酸、精氨酸）
  - 醇酮类（甘油、丁醇、1,3-丙二醇、乙二醇、丙酮、甲乙酮）
  - 抗生素及维生素（青霉素、红霉素、灰黄霉素、洁霉素、维生素B、维生素C）
  - 酵母（食用酵母、饲料用酵母、活性干酵母、药用酵母）
  - 酶制剂（淀粉酶、糖化酶、脂肪酶、蛋白酶、葡萄糖酶、纤维素酶、果胶酶等）
- **淀粉高分子树脂**：高吸水性树脂、聚乳酸、淀粉热塑性树脂、淀粉醇酸树脂、淀粉聚醚树脂、淀粉聚氨酯树脂、聚谷氨酸、聚丁二酸丁二醇酯

图3-5　玉米淀粉深加工的工业化产品

在淀粉深加工产品中，有一大类非常重要的产品——变性淀粉。所谓变性淀粉（也称改性淀粉或淀粉衍生物）是指天然淀粉经物理、化学、生物等方法处理改变了淀粉分子中的某些D-吡喃葡萄糖单元的化学结构，同时也不同程度地改变天然淀粉的物理性质和化学性质，经过这种变性处理的淀粉通称为变性淀粉。

目前，世界上变性淀粉年产量近600万吨，主要集中在欧美等西方发达国家，亚洲的日本、泰国和中国也是变性淀粉的主要生产国。按人均计算，世界年人均消费量为0.95kg左右，美国年人均消费量为10kg左右。我国年产变性淀粉45万吨（食品用变性淀粉约5万吨；食品、饲料用预糊化淀粉约7万吨；医用、食品包装黏接剂用变性淀粉约8万吨），年人均消费量为0.35kg，远低于世界平均水平，更低于美国人均消费水平。由此可见，在我国变性淀粉还有很大的发展空间。另一方面，随着我国经济增长，工业产品规模不断扩大，对变性淀粉的需求量也将不断增加。此外，作为可再生资源的变性淀粉又是很多石油化工产品的替代品，天然石油的逐渐减少，势必给变性淀粉带来发展空间。因此，变性淀粉仍是一

个朝阳产业，发展前景十分广阔。

3.4 淀粉的改性与应用

淀粉的物理性质和化学性质主要取决于淀粉颗粒的大小与形状、淀粉分子中直链淀粉与支链淀粉的比例以及淀粉分子结构等因素。作为原料，原淀粉在应用中存在着很多不足，主要表现在原淀粉不溶于冷水，糊液热稳定性差，抗剪切性能差，冷却后易脱水，成膜性、耐水性以及耐老化性差等方面。针对分子上的羟基或葡萄糖环化学结构对原淀粉进行改性，可获得原淀粉不具有的性能，从而可以拓宽淀粉的应用领域。

生物质材料的改性应用可分为衍生化、接枝和交联三方面的应用，以下将分别加以介绍。

3.4.1 淀粉的衍生化及其应用

3.4.1.1 糊精

（1）概述

糊精是最早发现的改性淀粉品种。早在 1821 年，英国就发现了糊化改性淀粉，其后便开始工业化生产。广义上说，通过化学法或酶法处理所获得的淀粉降解产物均可称为糊精，但通常为了区别水解程度的高低，将局部或部分淀粉的降解产物称为糊精。

在糊精的生产过程中发生的主要反应是：①α-1,4 苷键水解；②重聚，随着反应条件的不同重聚反应有可能是转苷反应，也可能是还原反应。根据生产工艺和参数的不同，糊精通常又分为白糊精、黄糊精和大不列颠胶三种类型。

白糊精是淀粉 α-1,4 键断裂后的降解产物，分子质量较低，在水中有一定的溶解性。黄糊精是水解和重聚反应的综合产物，这两种反应是相继发生的。在重聚反应中将发生还原（醛基与 C_6、C_3 或 C_2 上的羟基之间的反应）和转苷两种路线。反应条件特别是水分含量会影响具体发生的反应类型。还原反应形成 α-1,6 糖苷键、α-1,3 糖苷键，并放出水，水可进一步诱发水解，产生还原糖。转苷反应是先将 C—O—C 链断裂，再接到水解反应所释放的醛基碳上。在低温脱水条件下还原反应较多，而当反应温度超过 160℃后转苷反应加剧，此时，糊精的分支率提高，黏着力增加，在水中的溶解度也随之增加，溶液更为稳定。将淀粉加热到 180～200℃，保温 20h，不加催化剂或者加入少量碱性缓冲物，则可减少淀粉的水解，得到大不列颠胶，其溶液冷却时黏度下降较快，具有较好的胶体性质。

（2）糊精的基本性质

糊精泛指一类淀粉不完全降解的产物，其化学组成相当复杂，其性质主要有以下几方面。

① 颗粒结构。糊精仍保留着原淀粉的颗粒结构，但较高转化度的糊精具有明显的结构弱点及外层剥落现象。

② 色泽。糊精具有一定的颜色，其色泽的深浅与糊精热转化时的温度高低有关，也与体系的 pH 值大小有关。

③ 溶解度。糊精的溶解度用一个范围值表示，白糊精的溶解度为 60%～95%，黄糊精几乎为 100%，大不列颠胶的溶解度取决于其转化度，最大可达 100%。

④ 黏度及成膜性。糊精的黏度较低则允许其分散在水中具有更高的固含量，从而更易成膜并具有更好的粘接能力。例如，白糊精通常在 25%～55% 的固含量时仍可分散使用，而黄糊精则可以达到 70% 的固含量。

⑤ 溶液稳定性。糊精水溶液的稳定性指其在低温条件放置时所形成不透明浆液的难易

程度，这取决于转化度、糊精种类、原淀粉的特性以及糊化时所添加的物质等多重因素。黄糊精溶液最稳定，其次是大不列颠胶溶液，而白糊精溶液的稳定性最差。添加硼砂或烧碱有助于增加糊精的稳定性。

⑥ 还原糖含量。还原糖的含量是指由于水解反应而生成的葡萄糖、麦芽糖、低聚糖等还原性糖的量。糊精形成过程中，还原糖的含量先是迅速增加，在达到含量最高时又较快地下降。具体含量与糊精种类有关，例如，白糊精的还原糖含量为 $10\%\sim12\%$，黄糊精为 $1\%\sim4\%$，大不列颠胶更少。

（3）糊精的制备及应用

淀粉糊化首先要破坏淀粉团粒结构，导致团粒润胀，使淀粉分子进行水合和溶解。糊化方式有以下几种。

① 间接加热法。间接加热是最基本的淀粉糊化方式，往往需要加入大量的水，并经过蒸煮烘烤等传统加热处理实现糊化。其实质是淀粉和水构成的悬浮液在受热的情况下发生一定的物理化学变化。在间接加热法中，淀粉的糊化温度取决于加热温度。温度较低时，淀粉通过形成氢键结合水分子而形成分散，此时为物理变化，淀粉的结构不发生改变。升高至一定温度后，淀粉分子会大量吸收水分而发生急剧膨胀，分子结构发生伸展，形成糊化。糊化后微晶束胶体质点脱离淀粉颗粒进入到溶液中是体系黏度骤升的主要原因。

② 通电加热法。通电加热法的特点是升温速率快，加热均匀，无传热面，也没有传热面的污染问题，热效率高（90%以上），易于连续操作，能够在较短时间内实现淀粉完全糊化。通常在淀粉-水的悬浮液两端接入电极，然后通电，使淀粉悬浮液受热。为增加导电性，常在淀粉悬浮液中加入少量盐后进行通电。

③ 高压糊化法。高压糊化是指淀粉-水悬浮液在较高的压力下发生糊化。其优点在于节省能源。研究表明，糊化压力大于 $600\sim700MPa$ 才能破坏淀粉的微晶束结构，实现淀粉分子的水合和溶解。

淀粉除了在水中可以糊化以外，还可以在一些非水溶剂中糊化，例如，液态氨、甲醛、氯乙酸、二甲亚砜。这些非水溶剂能够破坏淀粉颗粒中分子之间的氢键，与淀粉形成可溶性混合物，从而使淀粉发生糊化。

工业上常将淀粉制成预糊化淀粉，即预先将淀粉糊化、干燥、磨细、过筛、包装制成商品，使用时直接用冷水调成淀粉糊即可。

糊化淀粉广泛应用于食品、医药、化工、水产饲料、石油钻探、铸造、纺织、造纸等许多领域。国内由于生产工艺以及产品价格等因素的制约，目前应用还仅限于纺织行业的织物整理、水产饲料、食品等少数几个领域，具有很大的应用开发潜力。

3.4.1.2　氧化淀粉

（1）概述

氧化淀粉是指一系列经各种不同的氧化剂处理后所形成的变性淀粉，是最常见的变性淀粉品种之一。

淀粉链上每个脱水葡萄糖单元 C_2、C_3、C_6 三个位置上各有一个醇羟基，是淀粉分子的活性基团，氧化反应主要发生在 C_2、C_3、C_6 及 1,4-位的环间苷键上。氧化结果除苷键断裂外，还引入了醛基和羧基。氧化反应具体发生的位置、生成的基团以及氧化反应的程度即淀粉中每个葡萄糖单元羟基被取代的程度（也称为取代度，DS）均与体系的空间位阻效应、氧化剂的类型以及氧化条件有密切的关系。采用不同的氧化工艺、氧化剂和原淀粉可以制成性能各异的氧化淀粉。

氧化淀粉的生产大多在水相中完成，氧化后淀粉颗粒仍保持原淀粉的结晶结构，但在淀粉颗粒的无定形区却发生了变化，即氧化后淀粉颗粒的一部分转变成水溶性物。经显微镜观察可知淀粉颗粒形状发生了较大的变化，原淀粉颗粒表面比较完整光滑，而氧化淀粉颗粒表面粗糙不平，具有皱纹和凹洞，这是由于氧化后淀粉无定形区分子被氧化成水溶物而流失造成的，由此可见氧化反应主要是发生在淀粉颗粒表面。

（2）氧化淀粉的性质

氧化淀粉由于羧基的存在，使得其比原淀粉的黏合性大大提高，同时由于羧基体积较大，阻碍了分子间氢键的形成，从而使得氧化淀粉具有易糊化、黏度低、凝沉性弱、成膜性好、膜的透明度高及强度高等特点。其性质可概括如下。

① 由于氧化剂对淀粉有漂白作用，因而氧化淀粉的色泽较原淀粉颗粒为白，而且氧化处理的程度越高，淀粉越白。

② 氧化淀粉的颗粒不同于原淀粉，颗粒中径向裂纹随氧化程度增加而增加。当在水中加热时，颗粒会随着这些裂纹裂成碎片，这与原淀粉的膨胀现象不一样。

③ 氧化后的淀粉颗粒对甲基蓝及其他阳离子染料的敏感性增强，这主要是经氧化的淀粉已带了弱阴离子性，容易吸附带阳电荷的染料。

④ 氧化淀粉随氧化程度的增加，分子质量与黏度降低，羧基或羰基含量增加。

⑤ 由于淀粉分子经氧化切成碎片，氧化淀粉的胶化温度下降，糊液清晰度、稳定性增加。糊液经干燥能形成强韧、连续的薄膜。

（3）氧化淀粉的制备

能氧化淀粉的氧化剂种类很多，一般按氧化反应所要求的介质，将氧化剂分为三类：a. 酸性介质氧化剂，如硝酸、铬酸、高锰酸钾、过氧化氢、卤氧酸、过氧乙酸、高碘酸和臭氧等；b. 碱性介质氧化剂，如碱性次氯酸盐、碱性高锰酸钾、碱性过氧化氢和碱性过硫酸盐等；c. 中性介质氧化剂，如溴、碘等。在众多的氧化剂中，考虑到经济实用，工业上常采用次氯酸钠氧化剂生产氧化淀粉，此外常用的氧化剂还有高锰酸钾和双氧水等。

① 次氯酸钠。次氯酸钠为非选择性强氧化剂，其容易渗透到淀粉颗粒的深处，在淀粉的低结晶区发生氧化作用，并使分子断链，从而引起淀粉分子的解聚。次氯酸钠可以按以下四种方式随机地氧化淀粉。a. 将直链淀粉与支链淀粉分子中的还原性醛基氧化成羧基。一般来说，醛基比羟基更容易氧化，因此淀粉分子中的醛基首先氧化成羧基是可能的。天然淀粉中醛基含量很少，但由于水解和氧化断裂的发生，会形成附加的醛基，新生成的醛基会立即被氧化成羧基。b. C_6 碳原子上的伯羟基被氧化成羧基，生成糖醛酸链。c. C_2、C_3 及 C_4 碳原子上的仲羟基被氧化成酮基。d. 乙二醇基被氧化成醛基，然后再氧化成羧基。

从对最终产品的性能影响方面来说，每类反应都是重要的。但在影响大小方面，C_1 羟基与 C_4 羟基处发生的反应，只能是次要的，因为这些反应只发生在 C_1 位置上的还原性端基及 C_4 上的非还原性端基上，每个大分子中 C_1 及 C_4 位置上的羟基量比 C_2、C_3 及 C_6 位置上的羟基量少得多。因此可以推断，在 C_2、C_3 及 C_6 位置上发生的羟基氧化反应对最终的氧化淀粉的性能起着决定性的作用。

次氯酸钠在不同 pH 值下是以不同的形式存在的。这种结构的变化，也影响着淀粉的氧化反应。在酸性条件下，次氯酸钠很快转变成 Cl_2。Cl_2 与淀粉的羟基发生反应，生成次氯酸酯和氯化氢。酯进一步分解，生成酮和氯化氢。在这两步反应中，各有一个质子分别由氧原子和碳原子分离出来。质子过量的酸性介质会阻碍质子的分离，因而酸性越强，氧化速率越慢。在碱性条件下，淀粉与碱生成带有负电荷的淀粉钠，数量随 pH 值的升高而增加；而次氯酸钠主要以 ClO^- 的形式存在，其也带有负电荷，这样相互之间的排斥作用对氧化反应的影响较大。因此，pH 值的提高会降低氧化速度。但在弱碱性条件下，淀粉以中性形式存在，因而氧化反应速度较快。在中性条件下，次氯酸钠主要以 HOCl 和 ClO$^-$ 的形式存在，未离解的 HOCl 作用于中性淀粉，生成淀粉次氯酸酯和水。酯再分解成酮和氯化氢。介质中存在的任何次氯酸根阴离子都会以相似的方式对非解离的淀粉羟基发生作用。如图 3-6 所示。

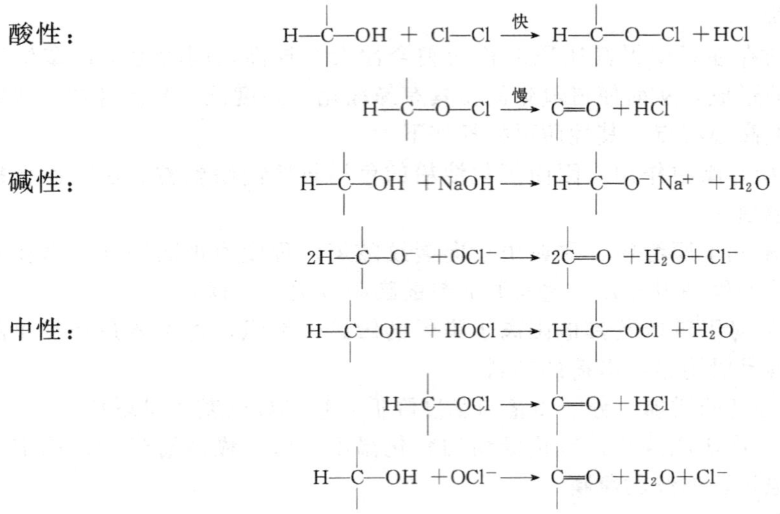

酸性：

$$H-\overset{|}{\underset{|}{C}}-OH + Cl-Cl \xrightarrow{快} H-\overset{|}{\underset{|}{C}}-O-Cl + HCl$$

$$H-\overset{|}{\underset{|}{C}}-O-Cl \xrightarrow{慢} \overset{|}{C}=O + HCl$$

碱性：

$$H-\overset{|}{\underset{|}{C}}-OH + NaOH \longrightarrow H-\overset{|}{\underset{|}{C}}-O^- Na^+ + H_2O$$

$$2H-\overset{|}{\underset{|}{C}}-O^- + OCl^- \longrightarrow 2\overset{|}{C}=O + H_2O + Cl^-$$

中性：

$$H-\overset{|}{\underset{|}{C}}-OH + HOCl \longrightarrow H-\overset{|}{\underset{|}{C}}-OCl + H_2O$$

$$H-\overset{|}{\underset{|}{C}}-OCl \longrightarrow \overset{|}{C}=O + HCl$$

$$H-\overset{|}{\underset{|}{C}}-OH + OCl^- \longrightarrow \overset{|}{C}=O + H_2O + Cl^-$$

图 3-6   pH 值对氧化反应历程的影响

② 高锰酸钾。高锰酸钾对淀粉进行氧化的选择性不高，既可以对 C_2、C_3 上的羟基进行氧化，使之转变成羰基、醛基和羧基，也可以对 C_6 上的羟基进行氧化，使伯羟基转化为羧基，同时还伴随着 α-1,4 糖苷键和 α-1,6 糖苷键的断裂。相比之下，C_6 位氧化的概率更大一些。氧化反应可在酸性、碱性或中性介质下进行，碱性条件下产物微呈黄色，可用二氧化硫、亚硫酸氢钠或草酸等除色，其产品粘合力较差；酸性条件下的氧化效果较好，氧化程度高，羧基含量高，解聚度小，黏结性能优于次氯酸钠氧化的淀粉。由于酸性条件下，高锰酸钾的氧化性强，而副产物 Mn^{2+} 溶于水，可用水洗方法除去，因此，工业上常采用在酸性介质下进行氧化。

③ 双氧水（H_2O_2）。常温下过氧化氢并不影响淀粉分子，但在一定温度和催化剂存在下，淀粉分子能够被过氧化氢氧化。在碱性介质下，过氧化氢极易释放出活性氧，将淀粉分子中的伯羟基氧化成醛基，再进一步氧化成羧基，同时分子环间的糖苷键部分断裂而降解成聚合度较低的氧化淀粉，羧基与 Na^+ 结合，增强了胶质的亲水性和溶解度，也增加了胶质的流动性，同时又使淀粉具有抗凝冻性的拆离作用。过氧化氢最终分解成水，对环境无污染，是一种比较理想的氧化剂。

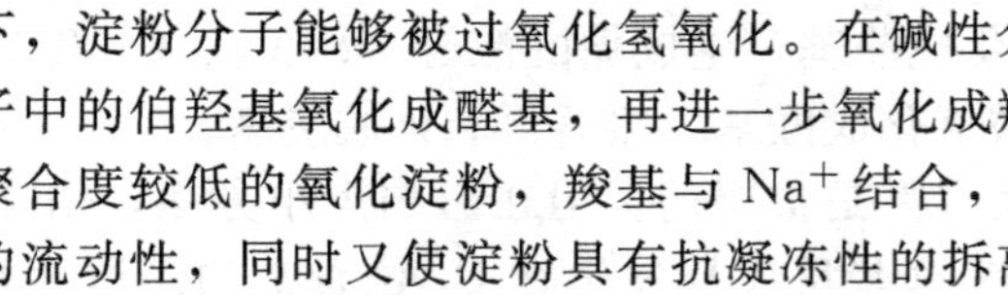

目前，制备氧化淀粉大都采用湿法工艺，其工艺流程如图 3-7 所示。其优点是反应物能均匀地反应，产品的性能差异小，在进行液-固分离时，水介质能够带走大部分的副产物，使氧化淀粉的杂质减少，有利于提高产品的性能；而缺点是生产流程长，生产中易造成环境的污染等。除湿法生产工艺外，也可以采用干法生产工艺。干法与湿法相比，可避免生产中过滤、洗涤、干燥等工序，具有流程短、能耗低、设备简便等优点，但反应的不均匀性是显而易见的，与湿法相比，加温的均匀性也大打折扣，生产出的产品性能稳定性稍差。干法的工艺流程如图 3-8 所示。

稀 NaOH　HCl
淀粉浆乳 ——→ 氧化 ——→ 中和 ——→ 洗涤 ——→ 干燥 ——→ 成品
　　　　　　NaClO　　Na$_2$SO$_3$

图 3-7   湿法生产氧化淀粉的工艺流程

NaOH 粉末　30％H₂O₂ 和少量蒸馏水

原淀粉 —→ 活化 —→ 混合均匀 —— 氧化反应 —— 过筛 —— 包装 —→ 成品

图 3-8　干法生产氧化淀粉的工艺流程

（4）氧化淀粉的应用

① 纺织工业中的应用。纺织工业上常使用氧化淀粉作为上浆剂，其适合棉、人造棉、合成纤维和混纺纤维的使用。氧化淀粉糊化容易，能在较低温度上浆，节约热能，并能改善操作条件。氧化淀粉在高固含量的情况下，其高流动性、稳定的黏稠性和流动性能以及渗透性可使棉纤维及合成纤维上浆均匀，减少浆斑，使之更多地吸附在纱线上，从而提高纤维的抗磨性。同时，这些淀粉易溶解，容易从纺织产品中退浆。与 PVA、NaCMC 等化学浆料的共溶性好，适于复合浆料中的使用。氧化淀粉还可用于背填工艺中。将氧化淀粉的糊剂和白土或其他填料的混合物施用在纺织物背面，可填平织物的缝隙，使之不透气，以加强织物的挺度。低黏度氧化淀粉穿透织物的程度大于高黏度淀粉，能提高浆料浓度，提高纤维吸着量，适合于高车速操作。用以上光，可以增加织物重量，改善手感和悬垂性能，同时补偿因加工氧化而增加的费用。

② 造纸工业中的应用。氧化淀粉有 80％～85％用于造纸工业，其主要用途用作造纸湿部添加剂、纸页表面施胶剂、涂布纸胶黏剂。氧化淀粉用作造纸湿部添加剂的优点为：a. 能增强纤维之间的结合力，提高纸页的物理强度、耐折度、裂断长、挺度及纸页的表面强度；b. 有明显的助留作用，能改善松香胶的施胶效果，降低白水浓度，减少细小纤维及填料的流失，可降低消耗和降低成本；c. 能改善纸页匀度、平整度，提高平滑度，有利于工艺系统防腐，改善工艺操作情况，减少刷洗时间。造纸工业主要使用氧化淀粉作为涂布纸胶黏剂，特别是在采用机械涂布技术以后。这种机械涂布操作速度快，需要涂布胶料浓度高、流动性好、胶黏力强，氧化淀粉糊的性质完全符合这种要求。氧化淀粉也可用于纸的表面施胶，如辊施胶和光机施胶。其成膜性好，凝沉性弱。涂施于纸页表面，使纸页表面形成一层连续均匀的薄膜，从而改进纸页的耐油、耐擦性能；提高纸页二向强度、平滑度和光泽度；纸面细密匀整，减少印刷中的掉粉、掉毛现象；增强纸的印刷性能，使印记清晰、层次分明、色泽艳丽。氧化淀粉还也用于内施胶，加到打浆机的浆粕中，可以增强纸张强度和抗墨水渗入性。氧化淀粉的分散性好，流动性高，易被纤维吸收。渗入纤维内部，施胶效果好。也常与树脂胶料混合，能更好地提高纸张的抗水性和抗墨水性。还能将干氧化淀粉直接加入打浆机浆粕中，因为易于糊化，当混纸经过烘缸时受热能完全糊化，于纤维表面形成光滑的薄膜。

③ 包装行业中的应用。瓦楞纸箱黏合剂，除出口包装箱外，国内大多数厂家使用水玻璃即泡花碱。由于水玻璃含碱量大，其固形物易泛碱、易吸潮、脆性大，不仅受潮后容易塌楞，使包装箱失去抗冲击性，严重时甚至散架，而且污染纸面，使包装箱上的印刷文字模糊、色彩灰暗、陈旧不堪。而使用氧化淀粉黏合剂则能克服这些弊病，同时又能保证小型纸箱厂快干的要求。

④ 食品工业中的应用。食品工业中氧化淀粉常用来代替阿拉伯树胶和琼脂，以制造胶冻和软糖食品。用氧化淀粉制造的软糖，其储存稳定性好。

⑤ 建筑材料工业中的应用。氧化淀粉的糊状物可作糊墙纸、绝缘材料、墙板材料及音响贴纸的胶浆料、黏合剂、胶黏材料。由于它们带有负电荷，具有强烈的黏附性，所以应根据纸张制造工艺，选择合乎要求的氧化淀粉为粘接剂和涂胶料。

⑥ 医药工业中的应用。采用高碘酸或其钠盐氧化淀粉而制得的变性淀粉常称为双醛淀

粉或二醛淀粉，其结构是淀粉分子中葡萄糖单元上 C_2—C_3 的碳碳键断裂开环后，C_2 和 C_3 碳原子上的羟基被氧化成醛基。双醛淀粉中的醛基易于游离出来，因此会发生加成、羟醛缩合等醛基化合物特有的反应。医药工业中，双醛淀粉常用于治疗尿毒症，由于使用时又经表面覆醛处理，用于这种场合时常称为包醛氧化淀粉。这类淀粉利用醛基的反应活性吸附病人因肾功能衰竭而无法排出的体内致毒性代谢物质，使其由人的粪便排出体外，起到代偿肾功能及降低血液、尿液中含氮物质浓度的作用。

3.4.1.3 酯化淀粉

酯化淀粉是一类由淀粉分子上的羟基与无机酸或有机酸反应而生成的淀粉衍生物，也称淀粉酯。可分为淀粉无机酸酯和淀粉有机酸酯两大类。作为淀粉酯化剂的无机酸有硝酸、硫酸和磷酸，有机酸有醋酸等，实际上还包括许多羧酸衍生物作为酯化剂。在碱的作用下，淀粉与二硫化碳作用还可以得到淀粉黄原酸酯。

（1）淀粉无机酸酯

淀粉硝酸酯是最古老的淀粉衍生物，商业上多使用高取代的硝酸酯作为炸药原料。淀粉硫酸酯主要用于医药工业，如羟烷基硫黄酸酯可用作血液代用品、酶降解的淀粉硫酸酯可用于肠溃疡的治疗。

无机酸酯中用途最广的当属淀粉磷酸酯。实际上，马铃薯淀粉中就存在着天然磷酸酯淀粉，但真正采用化学改性方法研究淀粉磷酸酯则起始于 1919 年采用氯氧化磷合成的淀粉磷酸酯。目前，制备淀粉磷酸酯的方法主要有三种：与无机磷酸盐反应、与含氮物质及磷酸盐反应、与有机含磷试剂反应。

① 与无机磷酸盐反应。无机磷酸盐具有多种形式，如正磷酸盐（磷酸二氢钠 NaH_2PO_4 和磷酸氢二钠 Na_2HPO_4）、偏磷酸盐（$Na_4P_2O_7$）、三偏磷酸盐 $[(NaPO_3)_3]$、三聚磷酸盐（$Na_5P_3O_{10}$）和三氯氧磷（磷酰氯）（$POCl_3$）等。由于淀粉分子中结构单元上有三个羟基，因此，当淀粉与无机磷酸盐反应时可得到不同的产品，如淀粉磷酸一酯（单酯）、淀粉磷酸二酯（双酯）和淀粉磷酸三酯，其中单酯产品工业上应用最为广泛，双酯和三酯属于交联淀粉产品。

制备淀粉磷酸单酯时可采用正磷酸的钠盐，包括磷酸氢钠盐和磷酸二氢钠盐，或三聚磷酸钠与淀粉进行反应而制得。淀粉与正磷酸钠盐的化学反应式如下：

淀粉与三聚磷酸钠的反应反应式如下：

淀粉磷酸酯的生产工艺分为湿法和干法两种。湿法工艺是将相当于淀粉质量 60% 的固体磷酸氢二钠和 20% 的磷酸二氢钠的混合物加入到 45% 的淀粉乳中，在室温或 40~45℃ 下搅拌 10~30min，过滤，在不超过 60~70℃ 的干燥温度干燥滤饼至含水 10%~20%，然后再在 120~160℃ 下反应 0.5~6h，即得到产品。干法工艺是将酯化剂用喷雾的方式喷到干淀粉颗粒上，然后混合、干燥水分、反应。这两种方法各有特点：前者于液相中反应，酯化剂与淀粉反应较为均匀、充分，但滤饼需干燥，反应时间长，并且存在三废问题；后者对制备设备要求较高，均匀性较差，但却克服了湿法工艺存在的缺点。实际生产中，体系的 pH 值、反应温度、反应时间、分布加热（对湿法而言）以及添加剂等都是重要的工艺变量，控制不同的工艺参数，可得到不同性质的磷酸酯产品，从而决定了产品的最终用途也有所不同。

如果使用三偏磷酸钠作为酯化剂，则生成磷酸双淀粉酯，实际上是一种以磷酸盐为交联剂的交联淀粉：

$$2St-OH+(NaPO_3)_3 \longrightarrow St-O-\overset{\displaystyle O}{\underset{\displaystyle ONa}{\overset{\|}{P}}}-O-St +Na_2H_2P_2O_7$$

除钠盐外，磷酸的钾、锂、铵盐也都能作为酯化剂使用。

② 与含氮物质及磷酸盐反应。在淀粉与上述酯化剂的反应体系中加入水溶性的有机胺类含氮物质可明显地改进产品的性能和外观，提高反应效率。这些含氮物质包括尿素、甲基尿素、乙酰尿素、硫脲、氨基氰、二氰基二胺、甲酰胺、丙烯酰胺和三乙醇胺等，其中最经济、最常用的含氮物质是尿素，它与淀粉反应生成氨基甲酸酯衍生物，其结构已从红外光谱分析和示差扫描量热法试验结果得到证实，产品称为淀粉氨基甲酸酯或尿素淀粉，也称为酰胺淀粉。其反应如下：

$$St-OH+ H_2N-\overset{\displaystyle O}{\overset{\|}{C}}-NH_2 \longrightarrow St-O-\overset{\displaystyle O}{\overset{\|}{C}}-NH_2 +NH_3$$

这种淀粉衍生物由于酯基的存在增加了对合成纤维尤其是聚酯纤维的黏附性，可用做纺织工业中的经济上浆。但更多的场合，尿素等含氮物质都作为淀粉与磷酸酯化剂反应的催化剂使用。

③ 与有机含磷试剂反应。采用有机磷试剂可以提高淀粉磷酸酯化的反应效率。目前使用的有机磷试剂包括烷基磷酸酯、烷基焦磷酸酯、β-氰乙基磷酸酯、N-磷酰基-N-甲基咪唑氯化物、水杨基磷酸酯、N-苯酰氨基磷酸等。

磷酸酯淀粉可溶于冷水（磷酸酯交联淀粉除外），水溶液的胶黏性较强而且稳定。淀粉磷酸酯的离子带负电荷，对水中的阳离子和带正电荷的物质有吸附能力。磷酸酯淀粉还具有抗腐、抗酸、无毒、无臭、气味清新、营养丰富等优点。这些性质使得淀粉磷酸酯广泛应用于造纸、纺织、制药、建材、食品、乳胶制品、水处理等许多领域。在造纸工业上，磷酸酯淀粉可以通过造纸明矾（主要成分为硫酸铝）的"架桥"作用而用于吸附纸浆纤维和造纸填料，从而起到助留、助滤和纸张增强的作用。在纺织工业上，淀粉磷酸酯用于上浆和织物整理，浆膜柔软，对纤维的黏附性明显增强。在制药工业上，淀粉磷酸酯可提高前列腺素的热稳定性，可作为药物填充剂，增塑后的淀粉磷酸酯薄膜可用于皮肤创口修复，可减少感染，促进组织愈合、生长。在食品工业上，淀粉磷酸酯主要用做乳化稳定剂及食品增稠剂。

（2）淀粉有机酸酯

除无机酯化剂外，淀粉分子上的羟基还可与有机酯化剂反应生成各种淀粉有机酸酯。这类淀粉酯主要包括淀粉醋酸酯、淀粉甲酸酯、淀粉丙酸酯、淀粉硬脂酸酯、淀粉丁二酸酯等，其中使用效果较好、应用范围最广的是淀粉醋酸酯。

淀粉醋酸酯俗称醋酸淀粉，按酯化度的不同，通常可分为低取代度产品和高取代度产品两大类。

低取代度（<0.2）产品通常以淀粉乳作为原料与酯化剂反应，酯化剂主要有醋酸酐、醋酸乙烯和醋酸，有关的化学反应可表示如下：

$$St{-}OH+(CH_3COO)_2O \xrightarrow{NaOH} St{-}O{-}\overset{\overset{O}{\|}}{C}{-}CH_3 +CH_3COONa+H_2O$$

$$St{-}OH+ CH_2{=}CHO{-}\overset{\overset{O}{\|}}{C}{-}CH_3 \longrightarrow St{-}O{-}\overset{\overset{O}{\|}}{C}{-}CH_3 +CH_3CHO$$

$$St{-}OH+CH_3COOH \xrightarrow{H^+} St{-}O{-}\overset{\overset{O}{\|}}{C}{-}CH_3 +H_2O$$

工业上制备低取代度淀粉醋酸酯时可采用 3% 的烧碱溶液将含量为 35%～40% 的淀粉乳调至 pH 值为 7～11，然后缓慢加入醋酸酐，再加入碱液以使反应体系的 pH 值维持在 7～9 的范围内，反应温度一般为 25～35℃，反应时间因反应条件不同而不同，一般为 1～6h。低取代度产品的显著特点是具有比天然淀粉更高的胶体分散能力及黏度稳定性，因而其成膜性能如透明度、膜强度、柔韧性、溶解性等显示出相比于原淀粉的优越性，更有利于在造纸表面施胶剂、糖果包装材料、纺织品上浆等实际用途中应用。淀粉醋酸酯的上浆效果优于氧化淀粉，可用于中、细号棉浆上浆，尤适用于涤-棉等混纺纱的上浆，在涨合浆料中可替代 30%～50% 的合成浆料。

淀粉醋酸酯高取代（取代度 2～3）产品的制备需在有机溶剂中将淀粉"活化"后方可制得。活化的目的是破坏淀粉颗粒的氢键，使酯化剂容易地进入结晶区和无定形区。常见的淀粉活化剂有氮杂苯、液态氨、吡啶等。吡啶是一种碱，常用于高取代度淀粉醋酸酯的工业制备。高取代度的淀粉醋酸酯与低取代度的淀粉醋酸酯具有许多共同应用的领域，如电气绝缘纸、印刷电路板压板、特殊电缆和绝缘带等。

（3）淀粉黄原酸酯

二硫化碳（CS_2）可以看作是黄原酸（HO—CS—SH）的酸酐，因此，在碱性条件下二硫化碳可以与淀粉分子中的羟基发生酯化反应得到淀粉黄原酸酯。反应如下：

$$St{-}OH+NaOH+CS_2 \longrightarrow St{-}O{-}\overset{\overset{S}{\|}}{C}{-}SNa +H_2O$$

淀粉黄原酸酯的工业制法之一是将淀粉、二硫化碳和氢氧化钠溶液分别连续引入螺旋挤压机中反应 2min，卸料，产物呈糊状，浓度为 53%～61%，取代度为 0.07～0.47。

淀粉黄原酸酯与淀粉醋酸酯相比，稳定性较差，主要原因是淀粉中的黄原酸酯容易发生氧化、交联、与多元盐络合等反应。淀粉黄原酸单酯可溶于水，但其稳定性差不易保存，使用时应采取现场制备的生产方法。为提高其稳定性，可通过氧化剂如过氧化氢将单酯转变成双酯，反应式如下：

$$2St{-}O{-}\overset{\overset{S}{\|}}{C}{-}SNa +H_2O_2 \xrightarrow{2H^+} St{-}O{-}\overset{\overset{S}{\|}}{C}{-}S{-}S{-}\overset{\overset{S}{\|}}{C}{-}O{-}St +2H_2O+2Na^+$$

淀粉黄原酸酯作为 20 世纪 70 年代开发的产品，目前已在橡胶、造纸、农药、塑料、环境保护等多种领域获得应用。淀粉黄原酸钠能取代炭黑用作橡胶增强剂，可用于生产粉末橡胶；在纸浆中添加 1%～5% 的淀粉黄原酸酯，可减少打浆时间，提高滤水速度，有助于提高纸机车速，而且还可以提高纸张的强度和湿强；将淀粉黄原酸酯与聚氧乙烯乳液混合后共沉淀，然后过滤、干燥、粉碎，再加入增塑剂，即可成为降解塑料；淀粉黄原酸酯可以对农药进行控制缓释，不仅可以提高农药利用率，更重要的是可以减少因农药流失而造成的环境污染。

淀粉黄原酸酯的主要用途是作为高效污水处理剂用于工业废水中重金属离子的脱除，以锌离子为例，淀粉黄原酸酯的钠离子可以和锌离子进行离子交换，生成物是两个淀粉黄原酸基通过一个锌离子连接起来：

$$2St—O—\overset{\overset{\displaystyle S}{\|}}{C}—SNa + Zn^{2+} \longrightarrow St—O—\overset{\overset{\displaystyle S}{\|}}{C}—S—Zn—S—\overset{\overset{\displaystyle S}{\|}}{C}—O—St + 2Na^+$$

还可以先将淀粉交联生成交联淀粉，然后再进行黄原酸酯化，生成交联淀粉黄原酸酯，即不溶性淀粉黄原酸酯。常用的交联剂是环氧氯丙烷。交联淀粉黄原酸酯作为污水处理的离子交换剂，较淀粉黄原酸酯更为实用。由于它在水中不溶，其带负电荷的颗粒吸附水中的重金属阳离子后迅速沉降，很容易从水中分离出去，从而简化污水处理工序，降低处理成本。

3.4.1.4 醚化淀粉

醚化淀粉是淀粉分子中的羟基与反应活性物质反应生成的淀粉取代基醚。利用不同的醚化剂可制得功能与性质不同的淀粉醚化物。根据淀粉醚水溶液呈现电荷的特性，可将其分为非离子型淀粉醚和离子型淀粉醚。

（1）非离子型淀粉醚

非离子型淀粉醚的淀粉糊性质不受电解质或水硬度的影响，如羟烷基淀粉醚类。这类淀粉醚品种繁多，主要采用的醚化剂有环氧丙烷、环氧乙烷、氯甲烷、氯乙烷、氯丙烯、苄基氯、二甲基硫酸及部分碘和溴的烃类。

羟烷基淀粉是典型的非离子型淀粉醚，它是淀粉和烯基氧化物在碱性条件下反应所得到的淀粉醚类衍生物。其主要产品有以环氧乙烷作为醚化剂的羟乙基淀粉和以环氧丙烷作为醚化剂的羟丙基淀粉。有研究表明，醚键取代主要发生在 C_2 原子上，淀粉中的羟基被羟烷基取代，生成羟烷基醚化物，其反应如下：

$$St—OH + CH_3CH—CH_2 \xrightarrow{\text{NaOH}} St—OCH_2\overset{}{\underset{\overset{|}{OH}}{C}}HCH_3$$

由于环氧乙烷沸点低，不易储存，安全性和操作性较差，因而工业上更多时候采用环氧丙烷制备淀粉醚，所得到的产品为羟丙基淀粉，但其衍生化效率低于环氧乙烷。

羟烷基为非离子基，羟烷基淀粉不具有离子性，因此，不会引起填料、颜料的絮凝作用，具有较强的抗盐、抗硬水性能。羟烷基淀粉的低取代产品仍能保持颗粒结构，并且由于羟烷基基团的引入，更具有亲水性、易于膨胀和糊化。因而羟烷基淀粉广泛应用于食品工业上的增稠剂、纸张的施胶剂和抗油剂、纺织品的上浆、石油钻井泥浆中的防失水剂、洗涤产品用的污垢悬浮剂、建筑材料的淀粉胶及涂料、化妆品的凝胶剂以及医疗上的血浆代用品等。

（2）离子型淀粉醚

离子型淀粉醚又分为阳离子型淀粉醚和阴离子型淀粉醚。阳离子型淀粉醚主要以含氮的醚衍生物为主，分子中的氮原子带正电荷，如叔胺烷基淀粉醚和季铵烷基淀粉醚。阴离子型淀粉醚在水溶液中以 $St—OCH_2COO^-$ 电离状态存在，带负电荷，如羧甲基淀粉。

① 阳离子型淀粉醚。阳离子型淀粉醚是淀粉与阳离子化剂进行醚化反应的生成物。阳离子型淀粉醚常用的醚化剂是季铵氯化物，如 3-氯-2-羟丙基三甲基氯化铵、2,3-环氧丙基三甲基氯化铵等。反应如下：

$$St—\underset{\overset{|}{OH}}{OH} + ClCH_2CHCH_2N(CH_3)_3Cl + NaOH \longrightarrow St—OCH_2\underset{\overset{|}{OH}}{C}HCH_2N(CH_3)_3Cl + NaCl + H_2O$$

$$\text{St—OH} + \underset{\displaystyle O}{\text{CH}_2\text{—CHCH}_2\text{N(CH}_3)_3\text{Cl}} \longrightarrow \text{St—OCH}_2\underset{\displaystyle OH}{\text{CHCH}_2}\text{N(CH}_3)_3\text{Cl}$$

与原淀粉比较，阳离子型淀粉醚性能优良，价格低廉，用途广泛，具有较好的糊稳定性、冷水溶解性、成膜性和透明度，而且它在水溶液中析出阳离子而具有对带负电荷物质的吸附能力。阳离子型淀粉醚可用作造纸工业中湿部添加、涂布黏合和表面施胶等的助剂，纺织工业中的上浆料，水处理领域的絮凝剂以及石油钻井的泥浆处理剂等。

② 阴离子型淀粉醚。常用的阴离子型醚化剂是一氯醋酸。其与淀粉在碱性条件下反应生成羧甲基淀粉。反应如下：

$$\text{St—OH} + \text{ClCH}_2\text{COOH} \xrightarrow{\text{NaOH}} \text{St—OCH}_2\text{COONa} + \text{NaCl} + \text{H}_2\text{O}$$

羧甲基淀粉（简称 CMS）是工业上产量最大的淀粉醚。所得的淀粉衍生物本应称为羧甲基淀粉钠，但与羧甲基纤维素（CMC）类似，习惯上称为羧甲基淀粉。CMS 外观为白色或微黄色无定形不结块的淀粉状粉末，无臭、无味、无毒，常温下溶于水形成透明黏性液体。CMS 最重要的特性是水溶液的黏度，其主要取决于聚合度、取代度及杂质含量、温度、浓度、pH 值等。工业上制备羧甲基淀粉的工艺按所采用的溶剂种类及多少，可分为干法、半干法、湿法和溶剂法等四种。

干法是将干淀粉、固体氢氧化钠粉末和固体一氯醋酸按比例混合，在一定温度下反应约 30min 而制成。半干法是使用少量的水溶解氢氧化钠和一氯醋酸，然后再将溶液喷到天然颗粒状淀粉上而制得。湿法制备工艺是将氢氧化钠溶液和一氯醋酸溶液加入到淀粉乳中，在低于糊化温度下搅拌反应，最终产品经过滤、清洗和干燥而成。湿法制备工艺的反应均匀性高于干法和半干法制备工艺，但容易使淀粉发生糊化现象，难以制备取代度高的产品。因此，更常使用的制备工艺是溶剂法，常用的溶剂是水和醇的混合物或水和酮的混合物。可选择的醇或酮有甲醇、乙醇、异丙醇、叔丁醇、丙酮等。溶剂法反应效率高且能保证淀粉不溶解，但回收溶剂困难，会造成环境污染，或者能够回收溶剂，但生产成本较高。

羧甲基淀粉具有优良的黏结、增稠、保湿、乳化、悬浮、分散等功能，因此可以用来替代羧甲基纤维素，从而在多个领域获得广泛应用。石油开采业上，CMS 具有优异的降失水性、抗盐性能和一定的抗钙能力，可耐 130℃ 的高温，用于石油钻井泥浆中的降失水剂，可保护油层不受泥浆的污染，而且具有可携带钻屑及促进泥浆致密的作用。纺织印染业上，CMS 是上浆、印染黏合以及后整理加工的理想浆料，它的黏度高、黏结力强、成膜性好、浆膜柔韧、浆液渗透性强，能增强纤维间的黏合力，适合于织机高速化和织物高档化的要求。洗涤与日用化学工业上，CMS 可用于配制面膜、洗发染发剂、发胶、除臭复合皂粉等，也可应用于洗涤剂、清洁剂、涂料黏合剂、灭火剂、固态空气清新剂以及印刷业的印墨。食品业上，CMS 是食品乳化、增稠的天然添加剂、食品质量改良剂及稳定剂。医药业上，CMS 已大量用于药物的乳化剂及悬浮剂、血浆体积扩充剂、滋补型制剂的增稠剂和口服悬浮剂的药物分散剂及糖浆、胶囊、药丸、片剂、内血管给药媒剂及分离剂等。水处理工业上，羧甲基交联淀粉具有优良的吸附重金属离子的能力，且可再生重复使用，是一种值得推广使用的吸附重金属离子的废水处理剂。

3.4.2 接枝淀粉及其应用

淀粉在引发剂的作用下与单体通过共聚反应而得到的产物称为淀粉接枝共聚物。常用的单体有丙烯酸、丙烯腈、丙烯酰胺、甲基丙烯酸甲酯、丁二烯、苯乙烯、乙酸乙烯酯以及环氧化合物。接枝共聚物的合成一般采用自由基引发，此外还有阴离子引发和偶联反应。自由基引发又分为物理引发和化学引发两大类。物理引发包括辐射引发和机械方法引发等，优点是引发效率高，最终产物中没有引发剂残留，后处理工序简单。化学引发方法易得，容易操作，但后处理相对复杂。工业上常用化学引发来制备淀粉接枝共聚物。

3.4.2.1 淀粉接枝共聚物的制备

（1）物理引发

① 辐射引发。根据辐射源的不同，辐射引发可分为微波引发、紫外线引发、γ 射线引发和电子束引发等。例如，淀粉在 ^{60}Co 射线辐射下，会产生自由基，从而引发单体共聚形成接枝淀粉，辐照时通常先单独辐照淀粉，使之活化，然后再将活化的淀粉与单体反应，这样得到的接枝共聚物中，均聚物含量较少。为了防止空气中氧气的影响，辐射过程一般在氮气保护的无氧状态下进行。

② 机械方法引发。利用机械的方法也可以引发淀粉的接枝共聚。当淀粉受到机械应力处理，如塑炼、撕裂、粉碎以及冷冻、熔化等都能导致淀粉链的断裂而生成大分子自由基，如有单体存在，则可以引发接枝共聚发生，在淀粉自由基形成的部位连接单体聚合物。

（2）化学引发

用于化学引发的体系种类较多，其中最常用的是氧化-还原引发体系。氧化-还原引发体系的优点在于：比一般自由基引发剂分解活化能低；在较低和较宽的温度范围内也能够产生足够数量和高活性的自由基；能在短时间内获得高分子质量的支链；可通过氧化剂和还原剂的量控制接枝速率；可通过改变氧化剂或还原剂的种类获取不同的引发体系；操作相对简单，成本低，易于工业化生产。常见的用于引发淀粉接枝共聚的氧化还原体系如表 3-8 所示。

表 3-8　用于引发淀粉接枝的氧化还原引发体系

氧　化　剂	还　原　剂	淀粉类型	单体类型
铈盐（Ce^{4+}）		玉米淀粉	醋酸乙烯酯
		玉米淀粉	丙烯酸甲酯
		玉米淀粉	丙烯酸乙酯
		玉米淀粉	丙烯酸丁酯
		交联淀粉	甲基丙烯酸甲酯
		交联淀粉	丙烯腈
		洋芋淀粉	丙烯腈
		淀粉	丙烯酰胺
过氧化氢	亚铁盐	玉米淀粉	丙烯腈
	亚铁盐	交联淀粉	丙烯腈
	亚铁盐	玉米淀粉	丙烯酰胺
	硫脲	玉米淀粉	丙烯酰胺
	亚铁盐	淀粉	醋酸乙烯酯
高锰酸钾		木薯淀粉	丙烯腈
		马铃薯淀粉	丙烯酰胺
锰盐（Mn^{3+}）		玉米淀粉	丙烯腈
过硫酸盐	亚硫酸氢钠	玉米淀粉	丙烯酸甲酯
		木薯淀粉	丙烯腈
		玉米淀粉	丙烯酸乙酯
		可溶淀粉	丙烯酸
		玉米淀粉	丙烯酰胺

① 铈盐引发体系。铈盐的接枝引发效率较高，应用较为广泛。常用的铈盐有硝酸铈铵等。其引发机理如图 3-9 所示。Ce^{4+} 首先和淀粉 C_2 和 C_3 位的羟基形成配位络合物，然后引发 C_2 和 C_3 的碳-碳键断裂，其中一个羟基氧化成醛基，并在相邻的碳原子上形成自由基。同时 Ce^{4+} 被还原成 Ce^{3+}，自由基再和单体反应后生成接枝共聚物。在没有单体存在下，淀

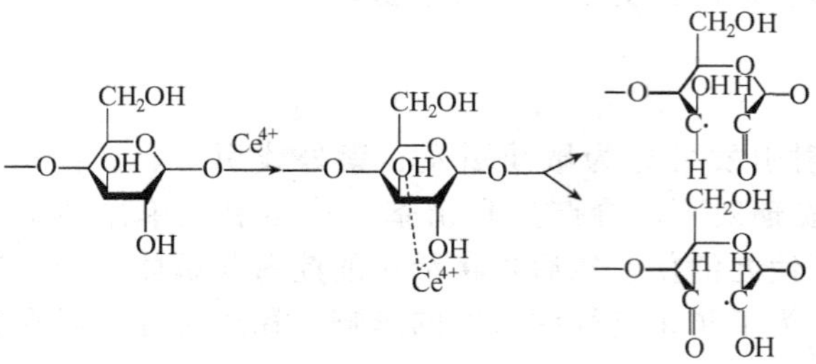

图 3-9 Ce^{4+} 引发淀粉接枝反应的机理示意

粉自由基会进一步被氧化成二醛。利用硝酸铈铵作引发剂，可使淀粉与丙烯腈反应制得淀粉接枝丙烯腈共聚物。淀粉接枝丙烯腈共聚物属于功能性淀粉基高分子材料，具有极高的吸水性，可以吸收重量高达自身重量数百倍乃至数千倍的水。需要指出的是，单纯的淀粉接枝丙烯腈共聚物吸水率并不高，只有将其腈基转变成亲水性的羧基或酰氨基才具有较好的吸水性能。丙烯酸甲酯（MA）也可以很容易地通过铈盐引发接枝到淀粉颗粒或糊化淀粉上，制得含 40%～75% 的聚丙烯酸甲酯（PMA）的淀粉接枝共聚物。通过改变 Ce^{4+} 和淀粉的比例，可以控制接枝 PMA 的分子质量。淀粉/PMA 接枝共聚物可以通过挤出成型制得泡沫塑料，其强度和回弹性可以和聚苯乙烯泡沫塑料相媲美，并且具有更好的防水性。

② 过氧化氢引发体系。过氧化氢受热分解成 HO· 自由基，但活化能较高（约220kJ/mol），故而很少单独用作引发剂。过氧化氢与亚铁盐组成氧化-还原体系，其分解活化能可降至 40kJ/mol，使接枝反应易于发生。常用的亚铁盐有 $FeSO_4$、$(NH_4)_2Fe(SO_4)_2$ 等。过氧化氢与亚铁离子发生反应，产生 HO· 自由基，自由基夺取单体或淀粉中的氢原子，形成单体自由基或淀粉自由基。淀粉自由基引发单体形成淀粉接枝共聚物，同时也会存在由单体自由基引发形成的均聚物。

$$H_2O_2 + Fe^{2+} \longrightarrow HO\cdot + OH^- + Fe^{3+}$$
$$HO\cdot + M \longrightarrow H_2O + M\cdot$$
$$HO\cdot + St \longrightarrow H_2O + St\cdot$$

若还原剂过量，将进一步与自由基发生如下反应：

$$HO\cdot + Fe^{2+} \longrightarrow OH^- + Fe^{3+}$$

故 Fe^{2+} 的用量常少于 H_2O_2。

③ 高锰酸钾引发体系。高锰酸钾不能单独用作引发剂，但可以与酸形成有效的引发体系。在酸存在下，高锰酸钾可以引发淀粉发生接枝共聚。常用的酸有草酸、柠檬酸等。淀粉的接枝反应是从淀粉氧化开始，淀粉的羟基首先被高锰酸钾氧化成醛基，醛基进行重排，变为烯醇结构。烯醇进一步与 Mn^{4+} 或 Mn^{3+} 反应，在淀粉上产生自由基，从而诱发单体进行接枝共聚反应。

④ 过硫酸盐引发体系。过硫酸盐（过硫酸钾、过硫酸铵等）是淀粉接枝反应中应用最广的引发剂，可以用来引发淀粉与醋酸乙烯、苯乙烯或甲基丙烯酸甲酯的接枝共聚。过硫酸盐引发体系价格低廉，无毒，是引发效率及重现性较好的引发剂，其引发速率较慢，反应时间长，而且反应温度要比铈盐高，但反应过程平稳，无温度的剧烈变化。除单独使用外，过硫酸盐还可以与硫醇、亚硫酸氢钠、氯化亚铁等组成氧化-还原引发体系。

3.4.2.2 淀粉接枝共聚物的应用

淀粉与各种不同的单体形成的接枝共聚物，性能比原淀粉有了很大地改善，可广泛应用于造纸、食品、石油工业、电池工业、医药卫生、农业、建材、采矿与冶金以及环保等领域。

① 吸水剂。淀粉接枝共聚物作为淀粉系高吸水性树脂，能吸收其自身重量几百倍甚至上千倍的水，具有优良的保水性能，近几年发展很快，已成为吸水性树脂中研究与应用的重点。在农业领域，以甘薯淀粉为原料制备出的高吸水树脂对玉米种子进行包衣可有效地提高

玉米种子的发芽率；在土壤中加入含有淀粉接枝丙烯酸聚合物和炭粉的土壤颗粒改良剂，可以保持土壤的水分含量和通气性，提高农作物的产量。在食品工业上，以丙烯酸与玉米淀粉高温快速接枝共聚制得的高吸水性树脂，具有优良的吸水和加压保水性能，在食品保鲜应用上有显著的效果。在医疗卫生领域，淀粉接枝共聚物可用于婴儿纸尿布以及妇女卫生用品等，如夹到多层片当中的粉状树脂可用作妇女卫生巾和纸尿布，块状的用作脱臭剂，纤维状的用作防静电纤维，薄膜状的用作防止结露片等；淀粉接枝共聚物经部分水合可生成一种医治皮肤创伤特别有效的水凝胶，水凝胶大量吸收伤口所分泌的体液，从而减轻疼痛和防止皮下组织干燥。

② 絮凝剂。淀粉接枝共聚物絮凝剂可分为非离子型和离子型两类。离子型又分为阳离子型和阴离子型两种。作为非离子型絮凝剂的淀粉/丙烯酰胺接枝共聚物，可用于印染废水、造纸废水以及其他工业废水中去除重金属离子。在碱催化剂存在下，以 N-(2,3-环氧氯丙基) 三甲基氯化铵为阳离子化试剂而制备的交联高取代度季铵型阳离子淀粉接枝共聚物对活性染料有优异的脱色效果。以淀粉为基本原料，加入丙烯酰胺、三乙胺、甲醛和适量的盐酸进行接枝共聚反应而合成的阳离子型高分子絮凝剂，对高岭土悬浊液有良好的絮凝除浊效果，对城市污水投药量为 10mg/mol 时即能达到理想的净化效果，浊度、色度的去除率均在90％以上。

③ 可降解塑料。淀粉价格低廉，由淀粉接枝物利用物理方法或化学方法改性其他高聚物材料而制成的生物降解塑料可广泛应用于农用薄膜、包装材料等。例如将淀粉接枝改性后用硅烷偶联剂进行表面处理，使改性淀粉具有一定的亲酯性能，然后与一种可生物降解的聚酯类物质在复合增塑剂（甘油、乙二醇体积比为 1∶2）、增溶剂 EAA 存在情况下，利用双螺杆挤出造粒，所得膜的机械性能、耐水性、熔融性均达到了国家行业标准，其中改性淀粉的含量可高达 50％～70％。

④ 医药制剂。淀粉基接枝共聚物可用于吸收负载药物以进行药物缓释，控制药物的释放速度，减小药物为对人体的副反应。淀粉基吸水树脂的凝胶还可以抑制血浆蛋白质和血小板的黏着，使之难以形成血栓，这为研究抗血栓药剂开辟了新途径。以反相悬浮法制备多孔球状淀粉接枝共聚物为载体，采用直接压片法制备药物缓释片剂，该片剂中的多孔球状淀粉接枝共聚物可在水中膨胀形成凝胶，阻止水分进入内芯，延缓了药物溶解成饱和溶液并从膜孔向外扩散释放的时间，在胃中释放率较低，可减轻对胃的刺激。

3.4.3 交联淀粉及其应用

为了获得高性能淀粉基材料，对淀粉进行交联改性是有效的方法之一。淀粉的醇羟基与具有多官能团的化合物反应形成二醚键或二酯键，使两个或两个以上的淀粉分子连接在一起而形成的淀粉衍生物称为交联淀粉。淀粉交联后，平均分子量明显提高，糊化温度也增加。随着交联度的提高，淀粉颗粒变得更为紧密，溶胀和溶解程度也相应降低。常用的交联剂有三氯氧磷、偏磷酸三钠、甲醛、丙烯醛、环氧氯丙烷等。其中淀粉与环氧氯丙烷、甲醛和丙烯醛的反应为醚化反应，而与三氯氧磷、偏磷酸三钠的反应则为酯化反应。

3.4.3.1 交联淀粉的制备

（1）三氯氧磷

在碱性条件下，三氯氧磷与淀粉发生反应，可制得交联淀粉，反应如下：

$$2St\text{—}OH + Cl\text{—}\overset{\overset{\displaystyle O}{\|}}{\underset{\underset{\displaystyle Cl}{|}}{P}}\text{—}Cl \xrightarrow[\text{pH}=8\sim12]{\text{NaOH}} St\text{—}O\text{—}\overset{\overset{\displaystyle O}{\|}}{\underset{\underset{\displaystyle ONa}{|}}{P}}\text{—}O\text{—}St + 3HCl$$

反应过程中应控制反应温度不能太高，以防止 $POCl_3$ 分解，交联效率降低。三氯氧磷的加入量通常为淀粉的 0.005％～0.25％。当三氯氧磷的加入量大于淀粉量的 1％时，可制得耐糊化性质的交联淀粉。如在反应体系中加入 0.1％～10％的无机盐（如 NaCl、Na₂SO₄）时，不仅可以防止三氯氧磷分解，提高交联效率，而且还可以有效抑制淀粉的膨胀，防止淀粉发生糊化。

（2）环氧氯丙烷

环氧氯丙烷化学性质极为活泼，分子上具有环氧基和氯基，环氧基团在催化剂存在下极易开环，是一种常用的交联剂。它与淀粉的反应式如下：

$$2St—OH+ CH_2—CH—CH_2Cl \longrightarrow St—O—CH_2—CH—CH_2—O—St +HCl$$

交联反应的结果是在葡萄糖基之间通过"架桥"形成交联的淀粉分子网络。工业上制备常采用如下的工艺：将 2000 份玉米淀粉（10％含水率），加入 3000 份冷水搅拌后，再加入 30 份 30％的烧碱溶液制得碱性淀粉乳，然后加入 10 份环氧氯丙烷，在 25～30℃下搅拌，反应 20h 后，用酸中和到 pH＝5.5，然后过滤水洗，室温下风干，产率可达 99％以上。

（3）醛类

醛类是交联淀粉中最先使用、应用最多的一类交联剂。常用的醛类交联剂主要有甲醛、乙醛、丙烯醛、乙二醛、蜜胺甲醛、尿素甲醛树脂等。通常反应在酸性条件下进行。醛与淀粉的反应历程分为两个阶段，第一阶段是醛类与淀粉的羟基先生成半缩醛，第二阶段为交联阶段，即半缩醛再与淀粉的羟基反应形成缩醛，从而交联。

（4）三偏磷酸钠

三偏磷酸钠的交联形式属于酯化交联，即形成磷酸双淀粉酯：

$$2St—OH+(NaPO_3)_3 \longrightarrow St—O—P—O—St +Na_2H_2P_2O_7$$

3.4.3.2 交联淀粉的应用

淀粉的交联作用使得淀粉分子之间架桥形成化学键，其平均分子量明显提高，因而即使是在水中加热条件下，交联淀粉的颗粒仍保持不变。随交联度的增加，交联淀粉的糊化温度也随之上升，甚至在沸水中也不能溶解。这些特殊的性能使其在各个领域有着特殊的用途。

造纸工业中，利用交联淀粉颗粒在常压下受热膨胀但不易糊化，可以被温纸页大量吸着的特点，可用作内施胶剂。例如，环氧氯丙烷交联的淀粉常用作瓦楞纸箱的胶黏剂。

纺织工业中，甲醛交联淀粉呈酸性，糊化温度较高，当受热时糊液黏度变化较小，利用其良好的耐煮性使其作为棉纱上浆料，这种浆料能充分渗透到棉纱纤维的内部，提高纱的强度，从而可以避免浆料仅附着在纤维表面的缺陷。

医疗卫生领域中，交联淀粉可用做医疗外科手套、乳胶套等乳胶制品的表面润滑剂，它能够在病菌蒸煮过程中不糊化，涂在乳胶制品表面具有很好的滑腻感，交联淀粉是生物材料，对人体无害，没有刺激性，因此可替代滑石粉。

医药业中，可以通过先在淀粉分子上导入带有碳-碳双键的侧链，然后用双丙烯酰胺作交联剂，于反相乳液中使用氧化-还原引发体系将双键聚合交联成淀粉微球，可用于给药系统或作为药物载体。利用其在水中溶胀形成弹性凝胶，通过调整溶胀度来控制药物的释放速率，从而实现药物缓释，用于药物控制释放领域，可以大大提高药物的选择性，减少药物的不良反应，增加治疗指数。

此外，交联淀粉还可用于食品工业的增稠剂、吸附重金属离子的水处理剂、日用品工业的爽身粉以及石油钻井泥浆、印刷油墨和干电池电解质的保留剂等。

3.5 淀粉基材料及应用

随着高分子工业的迅速发展，人类在享受现有成就的同时，却发现正面临着两大前所未有的难题：环境污染和资源短缺。过去几十年来，塑料工业的发展，主要是建立在以石油为基础的合成树脂上。但石油是一类资源有限、不可再生的资源，近几年来价格暴涨，给塑料工业带来了不小冲击。目前，研究制定减量化、再资源化及实施利用可再生资源的石油资源补充和替代战略，确保塑料工业可持续发展，已成为一股不可抗拒的潮流。同时，由于塑料废弃物在环境中较难自然降解，特别是一次性塑料制品废弃物质轻、量大、分散、脏乱，很难收集，由此造成的环境污染日趋严重，从而遭到各国环保部门和公众的责难，给发展中的塑料工业无疑带来了严峻的挑战。从 20 世纪 90 年代开始发展的生物降解塑料产业，目前正在成为塑料工业缓解石油资源矛盾和治理环境污染的有效途径之一。

近年来，世界工业发达国家十分重视生物降解塑料，特别是原料来自可再生资源或产业废气综合利用（如 CO_2）的生物降解塑料。据报道，目前全球研发的生物降解塑料品种已有几十种，可批量生产和工业化生产的品种主要有：微生物发酵合成的聚羟基脂肪酸酯（PHA、PHB、PHBV 等），化学合成的聚乳酸（PLA）、聚己内酯、二元醇二羧酸脂肪族聚酯（PBS）、脂肪族/芳香族共聚酯、二氧化碳/环氧化合物共聚物（APC）、聚乙烯醇（PVA）等，天然高分子淀粉基塑料及其生物降解塑料共混物、塑料合金等。其中，淀粉基材料正以其来源丰富、可再生、良好的生物降解性和可加工性以及实用、价廉、方便等特点，已成为当今材料领域的研究热点之一。

3.5.1 全淀粉材料

淀粉由于本身存在很强的分子内和分子间氢键，导致其玻璃化温度和熔融温度都高于其分解温度（225～250℃），从而不能直接按合成塑料那样进行加工和利用。然而，通过加入一定量的增塑剂可以削弱淀粉分子中的氢键作用，大大降低其玻璃化温度和熔融温度，由此实现淀粉的热塑加工。

将淀粉分子变构而无序化，形成具有热塑性的淀粉树脂，再加入极少量的增塑剂等助剂，就是所谓的全淀粉塑料。其中淀粉含量在 90％以上，而加入的少量其他物质也是无毒且可以完全降解的，所以全淀粉是真正的完全降解塑料，并且几乎所有的塑料加工方法均可应用于加工全淀粉塑料。热塑性淀粉的力学性能与增塑剂的含量有直接的关系。例如，土豆淀粉在甘油和水作增塑剂时，通过反应挤出得到热塑性淀粉材料。当试样的含水量少于 9％时，该淀粉材料呈玻璃态，其弹性模量为 400～1000MPa；当试样的含水量为 9％～15％时，材料表现出良好的韧性和高的断裂伸长率；随着含水量的进一步增加，该材料的强度和伸长率则明显降低。此外，热塑性淀粉的力学性能还与淀粉的来源有着密切的关系。例如，玉米淀粉由于支链淀粉含量较高，而比含有更多直链淀粉的土豆淀粉更容易被水塑化。除了甘油，可以用作淀粉的增塑剂还有山梨醇、乳酸钠、尿素、乙二醇、二甘醇、聚乙二醇以及丙三醇乙二酯等。不同的增塑剂对淀粉的增塑效果不同。例如，用相对淀粉质量 36％的甘油、木糖醇、山梨醇和麦芽糖醇增塑蜡质玉米淀粉，淀粉的玻璃化温度随增塑剂分子质量的降低或者水分的增加而下降，而疏水性则随增塑剂分子量的增加而增加。除此之外，据报道还可以采用含有氨基的化合物作为增塑剂制备热塑性淀粉塑料，得到的全淀粉材料不仅具有优良的力学性能，而且还因为所含的氨基与淀粉形成稳定的氢键而有效地抑制淀粉重结晶的发生，从而提高了材料的稳定性。

全淀粉塑料是目前国内外认为最有发展前途的完全生物降解塑料。日本住友商事公司、美国 Wanler-lambert 公司和意大利的 Ferruzzi 公司等研制成功淀粉质量分数在 90%～100% 的全淀粉塑料，产品能在 1 年内完全生物降解而不留任何痕迹，无污染，可用于制造各种容器、薄膜和垃圾袋等。德国 Battelle 研究所用直链含量很高的改良青豌豆淀粉研制出可降解塑料，可用传统方法加工成型，作为 PVC 的替代品，在潮湿的自然环境中可完全降解。

3.5.2　共混淀粉材料

淀粉共混材料是淀粉以颗粒或糊化形式与合成高分子或其他天然高分子通过物理共混加工而成的淀粉材料。

3.5.2.1　淀粉与聚烯烃的共混

淀粉基塑料是降解塑料的一类，泛指其组成中含有淀粉或其衍生物的塑料。就其降解程度而言，淀粉基塑料可分为完全降解型和不完全降解型两种。前述的全淀粉塑料属于完全降解型淀粉基塑料，而不完全降解型淀粉基塑料，又称为填充型淀粉塑料或崩溃型淀粉塑料，是以颗粒状淀粉为原料，以非偶联的方式与聚烯烃共混而成的淀粉基塑料。尽管不完全降解型淀粉基塑料在许多应用领域已被否定，但鉴于像聚乙烯、聚丙烯、聚苯乙烯、聚氯乙烯等的非生物降解材料不可能在短时间内被完全可降解高分子所取代，用共混或共聚的方法引入生物可降解成分或基团，仍然不失一条解决问题的办法。

淀粉资源丰富，价格低廉，是合成高分子材料生物降解改性的理想添加剂。但淀粉的结构与聚烯烃差异较大，淀粉是亲水性高分子，而聚烯烃为疏水性，二者的相容性差，必须经过物理改性或化学改性的方法才能制得相容性好混合均匀的淀粉-聚烯烃降解材料。在共混物中加入适量的相容剂可明显改善聚合物界面的相互作用，提高相容性，改善制品的力学性能和生物降解性。如淀粉与聚乙烯共聚，可加入乙烯-丙烯酸共聚物、苯乙烯-丙烯腈共聚物、淀粉接枝物（淀粉-丙烯酸酯）等作为相容剂，此外，苯乙烯-丁二烯-苯乙烯共聚物（SBS）也可以作为淀粉-聚乙烯共混的相容剂，同时，由于 SBS 中含有双键，容易被空气中的氧所氧化，也可以作为一种助氧化剂，提高共混物的降解速度。另外，通过将淀粉改性以改进其疏水性，从而改善其与聚烯烃的相容性，如将改性淀粉-醋酸乙烯共聚物与 LDPE 共混挤出，以环氧改性的二甲基硅氧烷处理淀粉、再与 LDPE 共混，表面处理淀粉与聚氯乙烯共混，均可得到力学性能良好的淀粉基生物降解材料。

20 世纪 70 年代初，G. J. L. Grinffin 首次将淀粉颗粒添加到聚乙烯（PE）中制备生物可降解膜，用于食品包装和农用地膜等领域，并且用硅氧烷混合淀粉与水的悬浮液于 80℃下喷雾干燥得到的粉末与自氧化剂混合后再与 PE 共混，得到淀粉添加量低于 15% 的第一代淀粉塑料。时至今日，通过物理共混制备的淀粉塑料已有多种产品推向市场，如加拿大 St Lawrence 公司用硅烷处理淀粉后，添加少量不饱和脂肪酸，与 HDPE、LDPE、PE 等共混制得 Ecostar 生物降解母料；美国 Ampacet 公司用未处理的淀粉通过添加相容剂及助降解剂制成 Poly Grad Ⅰ 母料；美国农业部北方研究中心 Otey 博士研究小组，采用淀粉与具有聚烯烃近似结构的乙烯基单体接枝共聚后形成改性淀粉，再加入淀粉与聚合物的混合体系中，可制得均匀的淀粉塑料，该产品的力学性能不因淀粉的添加而降低，美国 Agri-Tech 公司已获得该专利，于该年计划投资 1 亿美元建厂生产；此外，美国的 Coloroll 公司、美国的 Ampacet 公司、意大利的 Ferruzzi 公司以及瑞士的 Battele 公司也相继有淀粉型生物降解塑料研究报道和中试产品。

我国的淀粉塑料首先由江西省科学院研制成功。目前国内的研发单位有北京市降解塑料研究中心、中科院长春应用化学研究所、北京华新淀粉降解制品有限公司、华南理工大学、天津大学、广西大学、青岛科技大学、可控降解西北集团公司等，他们的研究成果主要集中在将淀粉或变性淀粉加入到聚乙烯中制成塑料地膜、薄膜以及垃圾袋或将聚氯乙烯（PVC）

与淀粉共混制成降解薄膜、包装袋等。

3.5.2.2　淀粉与天然高分子的共混

淀粉与聚烯烃的共混产品属于不完全降解材料，如果把淀粉与可降解的天然高分子共混，不仅可制成完全降解的淀粉基材料，而且对减少石油资源的消耗也具有积极意义。

淀粉与其他一些天然高分子（如纤维素、半纤维素、木质素、果胶、甲壳素、蛋白质等）复合可制备完全降解的淀粉基材料，是一种全天然的生物材料。这种材料一方面可利用剩余农产品或农业副产品作为原料，来源丰富，价格低廉，在一定程度上缓解了石油资源的消耗；另一方面，该材料可以很容易地被土壤中的微生物完全分解，而且分解产物往往还能改善土壤结构，利于耕作，增加农业收成，其对环境的影响是良性的。

目前，日本、荷兰等国对这一方面进行了比较多的研究。例如，荷兰的研究人员将小麦、玉米和马铃薯的淀粉混合，并与大麻纤维素共混制成可降解材料，用于包装、涂层、食物储藏箱、购物袋以及农用薄膜等，这种材料能完全溶于水，并最终降解成水和二氧化碳。日本的细川纯等人将机械粉碎的淀粉细颗粒与壳聚糖溶液共混，并加入增塑剂、增强剂、发泡剂等，用流延法成型，其膜材或片材可制成生物降解的包装材料；此外，他们还将淀粉与壳聚糖溶液混合加热胶凝化，配制成高浓度原料，控制原料水分含量在60%以下，通过水蒸气发泡，膨胀后热压成型制成发泡产品，用作盛装新鲜食物的容器。该产品有较高的强度，发泡性能也很好，而且完全能够生物降解，可望在某些方面取代聚苯乙烯泡沫塑料的使用。日本的安腾贞正用几种淀粉与水混炼，并通过引入纤维素、纸、糖等天然产物或 SiO_2、滑石等非水溶性矿物作为增强剂而制得用于食品容器、包装材料以及垃圾箱内衬等的生物降解材料，该材料可以通过控制增强剂的添加量及成品的含湿量而具有足够的强度，并且由于材料的发泡结构具有一定的绝热性，因而对食品的保温也有一定的效果。德国的研究人员以90%的改性豌豆淀粉以及10%的天然高分子物质研制成可溶于水、并能用常规设备加工的用于制造一次性用包装材料及卫生用品的材料，该材料具有很好的生物降解性，并且价格与通用塑料相近，具有广阔的应用前景。日本的水上义胜报道了由淀粉（马铃薯淀粉）、天然高分子多糖（半乳糖或羧甲基纤维素）及增塑剂（甘油）组成的生物降解塑料。该材料中淀粉的含量为83%～90%，高分子多糖的含量为7%～12%，增塑剂含量为3%～5%。这种以天然多糖为原料的生物降解塑料原料价格低，埋入土中短期内即可被分解，且分解产物对环境无污染。由于这种材料具有一定的热塑性，既可热封处理，又可进一步深拉成型，是一种理想的生物降解材料，其膜材、片材可作为包装材料，也可以作为原材料加工成各种成型制品，用途非常广泛。我国的王锡臣等人以阳离子淀粉、交联改性淀粉为原料，与纤维素、PVA、轻质碳酸钙等在双滚筒炼塑机上共混塑炼，制得可生物降解的片材，该材料可制备各种发泡塑料制品，用于快餐盒、包装材料等。目前我国在这一领域的研究与国外还有相当大的差距，而且产品由于成本高、机械强度差，还难以推广应用，但是随着开发力度的进一步扩大以及技术的不断成熟，势必会在更多领域得到广泛应用。

3.5.2.3　淀粉与可降解合成高分子的共混

淀粉/聚乙烯、淀粉/聚氯乙烯、淀粉/聚苯乙烯等淀粉基材料虽然能够降解，但该种降解只是部分降解，其中的合成高分子材料仍以碎片形式残留，造成二次污染，因此仅仅是崩解性聚合物。近年来，国际社会大力呼吁不能使用这种不能完全生物降解的塑料，因为它有可能带来更为严重的后果。因此，一些具有良好耐水性和生物降解性的脂肪族聚酯被用于与淀粉共混而制备可完全降解的淀粉基材料。这类聚酯主要有聚乳酸（PLA）、聚己内酯（PCL）、聚羟烷基聚酯（PHA）、聚丁二酸和己二酸共聚丁二醇酯（PBSA）、聚酯酰胺（PEA）、聚羟基酯醚（PHEE）等。目前研究较多的是聚己内酯与淀粉的共混体系，其已有商品化的产品，如 Novamont 公司的 Mater-BTM 的 Z 系列产品。此外，聚乳酸与淀粉的共混体系也是人们研究的热点之一。

由于 PCL 和淀粉及其他树脂具有良好的相容性，所以可赋予共混物优异的生物降解性，如美国 Bioplastics 开发的薄膜树脂 Envar，就是 PCL 和淀粉的掺混物，可用于堆肥袋、覆盖薄膜等，这种材料具有同线型低密度聚乙烯（LLDPE）一样的物理性能，能在经过很少改动的 LLDPE 吹塑设备上加工，并且可在 20 天内完全降解。美国 Navon Products 公司也推出了类似产品，商品名为 M4900、M5600、M1801，主要用于包装袋、容器衬袋、食品和医药容器以及医用制品等。日本地球新技术研究所也开发出了由聚己内酯（PCL）和凝胶淀粉共混制成的生物降解材料，凝胶淀粉有可塑性，在加入增塑剂后与 PCL 掺混加工更为容易，制品具有较好的力学性能，并且是可以完全生物降解的。此外，以玉米淀粉（或马铃薯淀粉、大米淀粉、小麦淀粉等）为原料制备淀粉醋酸酯，以甘油三酯（或亚麻酸酯、乳酸酯、柠檬酸酯、豆油等）为增塑剂，可以将淀粉醋酸酯与可生物降解聚酯 PCL 共挤出成膜，该产品耐水性好、透明、柔韧性强。我国在这一领域也有一些研究，如牟立等先制备淀粉接枝 ε-己内酯，并以此作为相容剂与聚酯酰胺、淀粉进行三元共混，利用扫描电镜、电子能谱等分析手段研究了共混物的相容性变化，发现淀粉接枝 ε-己内酯作为相容剂可以大幅度提高聚酯酰胺和淀粉的相容性，其接枝率越高，添加量越大，三元共混物的相容性越好。吴俊等通过用硅烷偶联剂对偏磷酸钠交联改性的淀粉进行表面处理，使之具有一定的亲酯性能，然后再与可生物降解的聚酯类物质在复合增塑剂（甘油/乙二醇，体积比为 1∶2）、增容剂 EAA 存在的情况下，采用双螺杆挤出造粒，所得膜的机械性能、耐水性、熔融性均达到了国家行业标准，其中改性淀粉的质量分数可达 50%～70%。

聚乳酸原料成本低、来源广、可再生，且在国际上实现了产业化生产，是最具发展潜力的生物合成类聚酯，业内人士普遍看好其应用于淀粉共混材料的前景。Tainyi Ke 和 Xiuzhi Sun 对不同比例混合的淀粉/聚乳酸体系做了物理性能的研究，结果表明淀粉的添加并不会影响聚乳酸的热力学性能，但共混物样品的拉伸强度和断裂伸长均随淀粉含量的提高而降低。当淀粉含量超过 60% 时，聚乳酸便难以成为连续相，样品的吸水性也会急剧增高。此外，Tainyi Ke 和 Xiuzhi Sun 还研究了淀粉的水分含量和加工条件对淀粉/聚乳酸体系物理性能的影响。淀粉水分含量和淀粉的凝胶化程度对聚乳酸的热力学和结晶性能、淀粉/聚乳酸间的相互作用影响较小，而对体系的微观形态影响很大。水分含量低的淀粉在共混体系中没有发生凝胶化反应，只是起到填料的作用而嵌入聚乳酸的基体中；水分含量高的淀粉在共混体系中发生凝胶糊化，使共混体系更加趋于均一。加工条件对淀粉/聚乳酸体系的力学性能也有很大影响。注塑样品与压模样品相比，具有较高的拉伸强度和伸长率、低的杨氏模量和吸水性。与此同时，美国堪萨斯州立大学的一个课题组对山梨醇、ATEC（乙酰柠檬酸三乙酯）、TEC（柠檬酸三乙酯）、PEG（聚乙二醇）、PPG（聚醚）、甘油等多种增塑剂进行了对比研究。结果表明，随着 ATEC、TEC、PEG、PPG 含量的增加，共混物的拉伸强度和杨氏模量均显著降低，断裂伸长明显提高；甘油能够达到相似的效果，但无法与聚乳酸相融；山梨醇则能够提高体系的拉伸强度和杨氏模量，减少断裂伸长。J. W. Park、S. S. Im 等将淀粉用不同含量的甘油进行糊化后再与聚乳酸进行共混。淀粉的糊化破坏了淀粉颗粒之间的结晶，降低了淀粉的结晶度，增强了淀粉与聚乳酸界面间的黏结性。共混物中淀粉作为一种成核介质，甘油作为增塑剂，增强了混合物中聚乳酸的结晶能力。但是，体系仍存在明显的相分离，力学性能明显下降。为了改善淀粉/聚乳酸共混体系的两相相容性，提高共混体系的物理性能，可以将 MDI（二苯基甲烷二异氰酸酯）、HDI（己二异氰酸酯）和 LDI（己酸甲酯二异氰酸酯）等偶联剂通过发生原位聚合反应所形成的共聚物作为一种增容剂，以此降低聚乳酸与淀粉两相之间的界面张力，增强两相间的结合力，达到提高机械性能的效果。另外，淀粉-聚醋酸乙烯酯（S-g-PVAc）、淀粉-聚乳酸（S-g-PLA）接枝共聚物也能够显著降低共混体系的短时吸水性，提高共混体系的拉伸强度。

3.5.2.4　淀粉基泡沫材料

泡沫塑料是塑料中的一大类，也是现代塑料工业的重要组成部分。泡沫塑料是聚合物基体和发泡气体的复合材料，具有密度小、导热率低、隔热、吸音及缓冲等优良性能，价格低廉，制造工艺简单，因而在工业、农业、军事、日用品和办公用品等各方面得到广泛应用。但由于大多泡沫塑料制品（如聚苯乙烯、聚乙烯、聚丙烯、聚氯乙烯、聚氨酯等泡沫塑料）难以降解，在实际应用中带来巨大的环境污染。因此近年来各国都限量使用以上产品，并且投入大量的人力、物力、财力研究可生物降解的泡沫塑料。其中，淀粉基泡沫塑料由于其优异的缓冲性能及生物降解性，越来越得到人们的重视。

淀粉基泡沫塑料按组成可分为淀粉泡沫塑料和淀粉复合泡沫塑料两大类，按淀粉的来源又可以分为天然淀粉泡沫塑料和变性淀粉泡沫塑料。

天然淀粉含有微孔结构，其中普通淀粉（直链淀粉含量为22%～28%）所形成的淀粉泡沫塑料大多为开孔结构，泡孔均匀性差，较脆；而高直链淀粉所形成的淀粉泡沫塑料则形成闭孔结构，泡孔小且比较均匀，压缩强度较普通淀粉泡沫塑料小，脆性明显降低。如直链淀粉含量为70%的高直链淀粉泡沫塑料的堆密度和缓冲性能与聚苯乙烯泡沫塑料（EPS）十分接近。用于变性淀粉泡沫塑料的变性淀粉包括酯化淀粉、醚化淀粉、接枝共聚改性淀粉、交联淀粉等，其中酯化淀粉、醚化淀粉和接枝共聚改性淀粉较为常见，尤其是乙酰化淀粉。高直链淀粉（70%直链淀粉）经乙酸酐酰化后成为乙酰化淀粉，由于羟基被乙酰基团取代，其吸水性显著降低，尺寸稳定性相应提高，当水作发泡剂时，随着其取代度（DS）从1.11增加到2.23，乙酰化淀粉泡沫塑料的吸水性能降低。尤其值得注意的是，乙酰化淀粉泡沫塑料具有相当优异的缓冲性能，其弹性指数高达96.8%，甚至高于EPS；而其压缩强度较大，这可能与乙酰基团的刚性有关，但其作为缓冲包装材料的前景是相当诱人的。

淀粉泡沫塑料吸水性较强，脆性较大，性能不能满足工业生产的要求，因而常将淀粉或变性淀粉与能够生物降解的合成树脂［如聚乳酸（PLA）、聚羟基醚酯（PHEE）、醋酸纤维（CA）、聚乙烯醇（PVOH）、聚己内酯（PCL）、羟基丁酸-羟基戊酸共聚酯（PHBV）、对苯二甲酸-己二酸共聚丁二醇酯（PBAT）、聚酯酰胺（PEA）和聚琥珀酸-丁二醇酯（PBSA）］共混制成淀粉复合泡沫塑料，可以有效地提高淀粉泡沫塑料的物理机械性能，拓展其应用范围。例如，将乙酰化淀粉和可生物降解的合成树脂共混可以进一步提高淀粉类生物降解泡沫塑料的疏水性和缓冲性能。与淀粉/聚对苯二甲酸己二醇酯（EBC）复合泡沫塑料相比，乙酰化淀粉/EBC复合泡沫塑料的膨胀率和弹性指数提高了约10%，差示扫描量热仪（DSC）和傅里叶变换红外光谱仪（FTIR）测试结果显示，这是乙酰化淀粉与合成树脂有更好的相容性的缘故。PLA的吸水性较大，与不同取代度的乙酰化玉米淀粉（DS=2.3）和乙酰化土豆淀粉（DS=1.07）共混后疏水性能改善较大。通过DSC、FTIR和X射线衍射仪（XRD）分析发现，乙酰化玉米淀粉/PLA复合泡沫塑料和乙酰化土豆淀粉/PLA复合泡沫塑料的相容性均较好，由于PLA和乙酰化土豆淀粉（DS=1.07）吸水性相近，乙酰化土豆淀粉/PLA复合泡沫塑料的相容性相对更好些。

然而，乙酰化淀粉泡沫塑料的高成本是其工业化的主要障碍。考虑到植物纤维（如木纤维、燕麦纤维、玉米棒纤维和玉米秸秆纤维）等来源广泛，价格低廉，采用这些天然纤维增强乙酰化淀粉泡沫塑料可以大大降低生产成本。植物纤维主要由纤维素、半纤维素和木质素等构成，一般是亲水性的，和疏水性的乙酰化淀粉共混时相容性不太理想，需要对其进行处理以提高相容性。乙酰化淀粉/木纤维复合泡沫塑料中，未改性的木纤维和乙酰化淀粉分子间的作用力很弱，相容性差，木纤维只起到填充的作用。在发泡过程中，乙酰化淀粉倾向于单独发泡，木纤维作为不能发泡的独立相，对乙酰化淀粉基体泡沫塑料泡孔的生长会起到阻碍和破坏作用，导致泡孔塌陷。乙酰化淀粉/燕麦纤维复合泡沫塑料和乙酰化淀粉/玉米棒纤维复合泡沫塑料的情况类似，只是程度不同而已。相反，纤维素和乙酰化淀粉分子间作用力强，相容性好，分散均匀，因而乙酰化淀粉/纤维素复合泡沫塑料的综合性能更为优异。

近年来，以有机黏土尤其是改性的蒙脱土（MMT）填充改性的各种纳米塑料由于其优异的物理机械性能而备受关注。把改性的 MMT 以纳米级分散在乙酰化淀粉中，由于纳米效应将可以进一步提高乙酰化淀粉泡沫塑料的某些性能。目前，这方面的报道还很少。已经报道的乙酰化淀粉/MMT 纳米复合泡沫塑料是以乙醇为发泡剂，采用双螺杆挤出机熔融插层法制备的。通过广角 X 射线衍射仪（WAXD）、扫描电镜（SEM）、差示扫描量热仪（DSC）和热重分析仪（TG）分析表明，乙酰化淀粉分子已经进入蒙脱土片层之间，形成插层型的纳米复合泡沫塑料。乙酰化淀粉分子进入蒙脱土片层之间后，其运动受到限制，同时也有效阻碍了氧的渗透，使得乙酰化淀粉/MMT 纳米复合泡沫塑料的玻璃化转变温度和分解温度较乙酰化淀粉泡沫塑料都有所提高。由于纳米效应增强了分子间作用力，乙酰化淀粉/MMT 纳米复合泡沫塑料的压缩强度较乙酰化淀粉泡沫塑料有较大的降低，而对弹性指数影响甚微，其热性能和缓冲性能都得到了较大的提高。

参 考 文 献

[1] Alavi S, Rizvi S H, Harriott P. Food Res. Inter., 2003, 36 (4): 309.

[2] Alavi S, Rizvi S H, Harriott P. Food Res. Inter., 2003, 36 (4): 321.

[3] Cha J Y, Chung D S, Seib P A, et al. Ind. Cro. Prod., 2001, 14: 23.

[4] Chen L, Gordon S H, Imam S H. Biomacromolecules, 2004, 5 (1): 238.

[5] Fang Q, Hanna M A. Biore. Tech., 2001, 78 (2): 115.

[6] Fu Z S, Liang W D, Yang A M. J. Appl. Polym. Sci., 2002, 85: 896.

[7] Gaudin S, Lourdin D, Forssell P M, et al. Carbohydr. Polym., 2000, 43: 33.

[8] Glenn G M, Orts W J. Ind. Cro. Prod., 2001, 13 (2): 135.

[9] Guan J J, Hanna M A. Biomacromolecules, 2004, 5 (6): 2329.

[10] Guan J J, Hanna M A. Ind. Cro. Prod., 2004, 19 (3): 255.

[11] Guan J, Fang Q, Hanna M A. Cere. Chem., 2004, 81 (2): 199.

[12] Guan J, Hanna M A. Ind. Eng. Chem. Res., 2005, 44 (9): 3106.

[13] Ke T Y, Sun X Z. Cere. Chem., 2000, 77 (6): 761.

[14] Ke T Y, Sun X Z. J. Appl. Polym. Sci., 2001, 81 (12): 3069.

[15] Ma X, Yu J. J. Appl. Polym. Sci., 2004, 93: 1769.

[16] Ma X, Yu J. Starch/Starke, 2004, 56: 545.

[17] Miladinov V D, Hanna M A. Ind. Cro. Prod., 2001, 13: 21.

[18] Nabar Y, Raquez J M, Dubois P, et al. Biomacromolecules, 2005, 6 (2): 807.

[19] Preechawong D, Peesan M, Rujiravanit R, et al. Macro. Symp., 2004, 216: 217.

[20] Preechawong D, Peesan M, Supaphol P, et al. Polym. Tes., 2004, 23 (6): 651.

[21] Shogren R L, Lawton J W, Tiefenbacher K F. Ind. Cro. Prod., 2002, 16 (1): 69.

[22] Sjoqvist M, Gatenholm P. J. Polym. Envir., 2005, 13 (1): 29.

[23] Wang L J, Ganjyal G M, Jones D D, et al. Advan. Polym. Tech., 2005, 24 (1): 29.

[24] Willett J L, Shogren R L. Polymer, 2002, 43 (22): 5935.

[25] Xu Y X, Dzenis Y, Hanna M A. Ind. Cro. Prod., 2005, 21 (3): 361.

[26] Xu Y X, Zhou J H, Hanna M A. Cere. Chem., 2005, 82 (1): 105.

[27] YAO W R, YAO H Y. Starch, 2002, 54: 260.

[28]　Yu L, Christie G. Carbohydr. Poly., 2001, 46: 179.

[29]　Zhou J H, Hanna M A. Starch/Starke, 2004, 56 (10): 484.

[30]　邓宇. 淀粉化学品及其应用. 北京: 化学工业出版社, 2002.

[31]　付庆伟, 于九皋, 马骁飞. 高分子通报, 2006, 9: 79.

[32]　高嘉安. 淀粉与淀粉制品工艺学. 北京: 中国农业出版社, 2001.

[33]　戈进杰. 生物降解高分子材料及其应用. 北京: 化学工业出版社, 2002.

[34]　胡玉洁. 天然高分子材料改性与应用. 北京: 化学工业出版社, 2003.

[35]　李永红, 蔡永红, 曹凤芝等. 化学研究, 2004, 15 (4): 71.

[36]　林华, 符新. 化学世界, 2007, 5: 314.

[37]　刘峰, 于九皋. 化学工业与工程, 2000, 17 (1): 43.

[38]　刘亚伟. 淀粉生产及其深加工技术. 北京: 轻工业出版社, 2001.

[39]　娄玲, 尹静波, 高战团等. 高分子材料科学与工程, 2003, 19 (2): 72.

[40]　马骁飞, 于九皋. 高分子通报, 2003, 4 (2): 15.

[41]　钱欣, 郑荣华, 钱伟江等. 离子交换与吸附, 2001, 17 (5): 341.

[42]　任杰. 可降解与吸收材料. 北京: 化学工业出版社, 2003.

[43]　王康建, 唐琴琼, 王芸. 胶体与聚合物, 2005, 23 (1): 43.

[44]　魏巍, 魏益民, 张波. 包装材料, 2007, 28 (1): 23.

[45]　吴校彬, 傅和青, 黄洪等. 化学工程师, 2006, 4: 37.

[46]　张斌, 周永元. 高分子材料科学与工程, 2007, 23 (2): 36.

[47]　张国栋, 杨纪元, 冯新德等. 化学进展, 2000, 12 (1): 89.

[48]　张俐娜. 天然高分子改性材料及应用. 北京: 化学工业出版社, 2006.

[49]　张燕萍. 变性淀粉制造与应用. 北京: 化学工业出版社, 2001.

[50]　周建, 罗学刚, 林晓艳. 化工进展, 2006, 25 (8): 923.

[51]　周江, 佟金. 包装工程, 2006, 27 (1): 1.

第4章 甲壳素基材料

4.1 甲壳素的存在与发现

4.1.1 甲壳素的存在

甲壳素（chitin）又名甲壳质、几丁质，是虾、蟹等甲壳动物或昆虫外壳及菌类细胞壁的主要成分。甲壳素是自然界中产量最大的三大多糖之一，又是地球上产量最大的含氮化合物，其量在蛋白质之上。因此，甲壳素在自然界中占有重要地位。壳聚糖（chitosan）是甲壳素脱去乙酰基形成的衍生物，是天然多糖中唯一的碱性多糖，也是少数具有电荷特性的天然产物之一，具有许多特殊的物理性质、化学性质和生理功能。因而在医药卫生、食品饮料、农业生产、水处理、化妆品、轻化、纺织、印染等行业中均存在着巨大的应用潜力。

甲壳素是重要的海洋生物资源，广泛存在于虾蟹、昆虫、菌类以及植物的茎叶之中。其在自然界中的分布如表4-1所示。

表 4-1 甲壳素在自然界中的分布

生物门类	所属纲	代 表 生 物	甲壳素含量
节肢动物	甲壳纲	虾、蟹等	可达58%～85%
	昆虫纲	蝗、蝶、蚊、蝇、蚕等蛹壳	可达20%～60%
	多足纲	马陆、蜈蚣	
	蛛形纲	蜘蛛、蝎、螨、蜱	可达4%～22%
软体动物	双神经纲	石鳖	
	腹足纲	鲍、蜗牛	
	掘足纲	角贝	可达3%～26%
	瓣鳃纲	牡蛎	
	头足纲	乌贼、鹦鹉螺	
环节动物	原环虫纲	角窝虫	
	毛足纲	沙蚕、蚯蚓	有的含量很少,有的高达20%～38%
	蛭纲	蚂蟥	
腔肠动物	水螅虫纲	中水螅、筒螅	
	钵水母纲	海月水母、海蜇、蟹水母	含量较少,有的能达到3%～30%
	珊瑚虫纲		
海藻		绿藻	含量很少
真菌		子囊菌、担子菌、藻菌	微量至45%
植物		香菇	
其他		动物的关节、蹄、足坚硬部分	

在全部天然高分子中，最丰富、最容易获得的应属纤维素和甲壳素，据推测甲壳素的年生物合成量100亿～1000亿吨。尽管有这样大量的天然资源存在，但它的利用还是比不上纤维素的利用，其原因是甲壳素不溶、不融，利用及处理极其不便，因此是目前还未很好利

用的丰富天然资源之一。

4.1.2　甲壳素的发现

1811年，法国学者 Braconnot 首先从蘑菇中提取了甲壳素，并命名为 Fungine，意即真菌纤维素。1823年，另一位法国学者 Odier 从昆虫的护膜（cuticle）中分离出同样的物质，并命名为甲壳素。1843年，法国人 Lassaigne 发现甲壳素中含有氮，从而证明甲壳素与纤维素不是同一种物质。1859年法国人 Rouget 发现将甲壳素在浓氢氧化钾水溶液中煮沸，可以制备一种"改性甲壳素"，这种改性甲壳素可溶解于稀的有机酸溶液中，因此与水不溶性的甲壳素有明显的差异。后来，德国人 Hoppe-Seiler 于1894年确认这种"改性甲壳素"是脱掉了部分乙酰基的甲壳素，并命名为 Chitosan，即壳聚糖。

1878年，德国人 Ledderhose 将甲壳素溶于热浓盐酸中，溶液蒸发后得到一种晶体，经测定为含氮糖类，并命名为 glycosamin，即氨基葡萄糖，指出氨基葡萄糖和乙酸是甲壳素的水解产物。之后的20年，许多试验证据都表明，这种新糖的结构是葡萄糖分子 C₂ 位上的羟基被氨基取代，但直到1939年，Haworth 才证明将这种氨基糖确定为葡萄糖结构是正确的。

20世纪初，在对甲壳素/壳聚糖的研究中，甲壳素的来源问题研究较多，并确定了壳聚糖是氨基葡萄糖的一种聚合物。20世纪50年代，X射线分析技术的出现推动了真菌中甲壳素/壳聚糖的研究。在这一时期，人们对甲壳素/聚糖的化学结构、性能和制备方法有了较为深入的了解。1963年，Budall 根据X射线衍射光谱得到的结果，提出甲壳素存在着 α、β、γ 三种晶型。到20世纪70年代，对甲壳素/壳聚糖的研究日益增多，这主要源于对大量海鲜产品剩余物的利用。世界范围内的科学家开始更为详尽地研究与记录甲壳素及其衍生物的性质，逐渐挖掘这种生物质材料的各种应用潜力。20世纪80～90年代是甲壳素/壳聚糖研究的全盛时期，在全球范围内形成了甲壳素/壳聚糖的开发研究热潮。

我国对于甲壳素/壳聚糖资源的开发研究也越来越重视，尤其是甲壳素/壳聚糖的酶法降解、壳聚糖的溶液性质、壳聚糖用作絮凝剂、壳聚糖降解制备低聚壳聚糖及更低分子质量的水溶性壳聚糖等方面进行了广泛的研究，现又将研究领域扩展到甲壳素/壳聚糖在化妆品、医药敷料等方面的应用研究，尤其是壳聚糖的高分子微包囊药物释放体系，成为新一轮研究的热点。

4.2　甲壳素与壳聚糖的结构与性质

4.2.1　甲壳素与壳聚糖的结构

甲壳素化学名称为1,4-二-乙酰氨基-2-脱氧-β-D-葡聚糖，相对分子质量在一百万左右，是 N-乙酰-2-氨基-2-脱氧-D-葡萄糖以 β-1,4-糖苷键形式连接而成的多糖。甲壳素的结构与纤维素非常相似，只是2位上的—OH基被—NHAc置换。由于甲壳素分子中—O—H⋯O型及—N—H⋯O型强氢键作用，分子间存在有序结构，使结晶质密稳定，因而一般反应较纤维素更困难，成本更高一些。壳聚糖是甲壳素脱去55%以上 N-乙酰基的产物，甲壳素和壳聚糖的化学结构如图4-1所示。

甲壳素作为多糖，它与蛋白质一样，具有一级、二级、三级和四级结构。甲壳素的一级结构是指线性链中以 β-1,4-糖苷键连接 N-乙酰氨基葡萄糖残基的顺序。甲壳素的大分子链上分布着许多羟基和 N-乙酰氨基，它们会形成各种分子内和分子间氢键，正是这些氢键的存在，形成了甲壳素大分子的二级结构。甲壳素的二级结构是指糖链之间以氢键结合形成的各种聚集体。二级结构只与甲壳素分子主链的构象有关。甲壳素分子主链中，

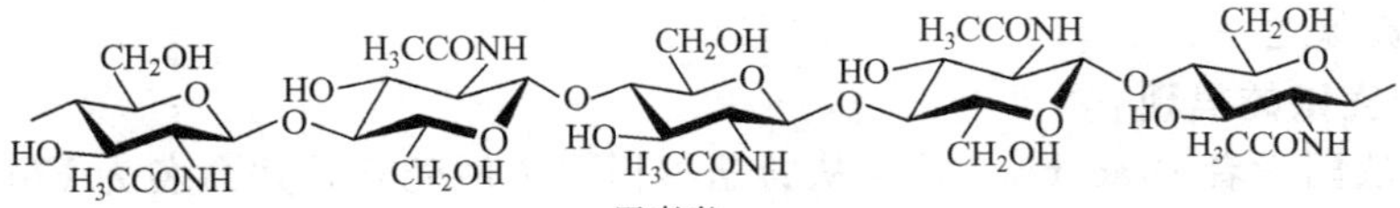

图 4-1　甲壳素和壳聚糖的结构

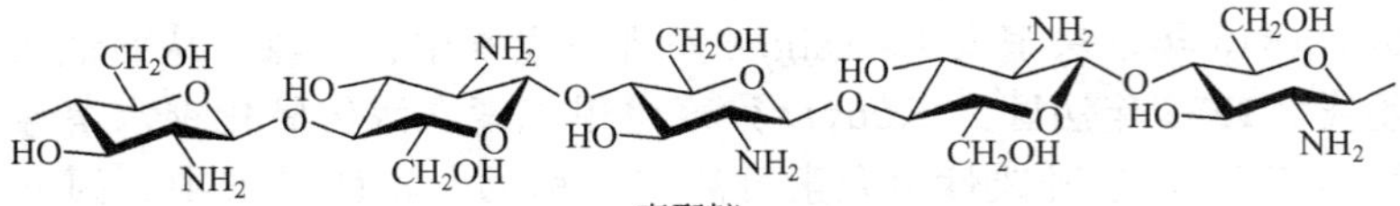

N-乙酰氨基葡萄糖残基的 C_3 位的—OH 可与相邻的糖苷基氧原子—O—之间形成一种分子内氢键；另一种分子内氢键则由 C_3 位的—OH 与同一条分子链的另一个 N-乙酰氨基葡萄糖残基的呋喃环上的氧原子形成，如图 4-2 所示（箭头所指虚线）。同时，甲壳素分子链 C_3 位的—OH 可以与相邻的另一条分子链的糖苷基形成分子间氢键，或与呋喃环上的氧原子形成分子间氢键，如图 4-3 所示（箭头所指虚线）。除了这些分子内和分子间氢键外，C_2 位的—$NHCOCH_3$ 的羰基氧原子、C_2 的—NH_2 以及 C_6 的—OH 也可形成一系列的分子内或分子间氢键。这些氢键的存在，不仅阻止了邻近的糖残基沿糖苷键的旋转，同时，相邻糖环之间的空间位阻也降低了糖残基旋转的自由度，从而形成甲壳素刚性链分子。

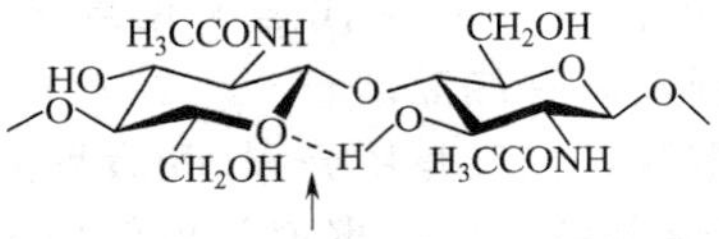

图 4-2　甲壳素分子之间的氢键

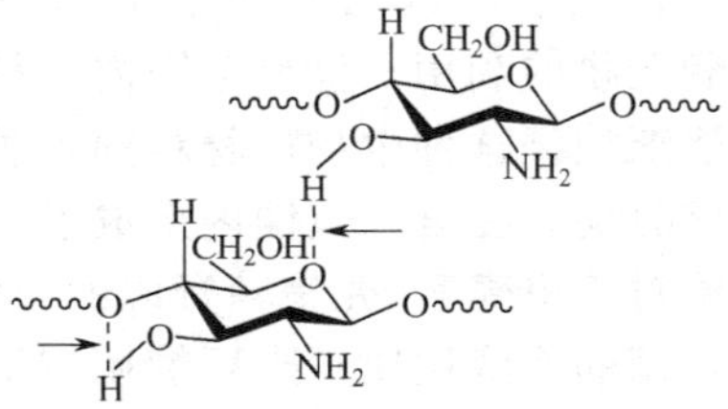

图 4-3　壳聚糖的分子间氢键

甲壳素的三级结构是指由一级结构和非共价相互作用造成的有序的二级结构致使甲壳素在空间形成有规则而宏大的构象。但是，一级结构和二级结构中较大的不规则的分支结构会阻碍三级结构的形成。

甲壳素的四级结构是指甲壳素长链间以非共价结合规整排列和堆砌在一起而形成的聚集体。甲壳素是由 N-乙酰氨基葡萄糖残基以 β-1,4-糖苷键形成的同质多糖，这种多糖链具有有序性和周期性。现已证实，像这样的多糖在聚集态下的构象通常都认为是双螺旋结构，如图 4-4 所示（虚线表示氢键）。

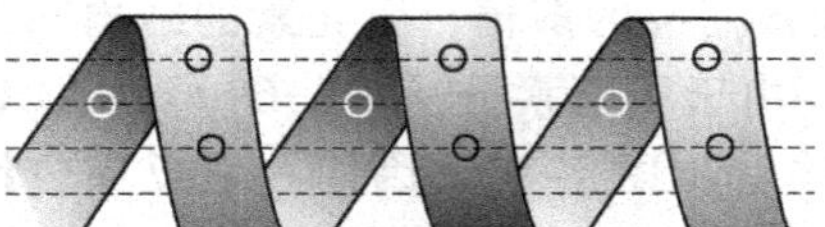

图 4-4　甲壳素的螺旋结构

由于分子内和分子间不同的氢键作用，甲壳素存在 α、β、γ 三种晶型。其中量最大并且最容易获得的是 α-甲壳素。α-甲壳素具有致密的晶体结构，由两条反向平行的糖链排列而成，是三种晶型中最稳定的一种形式，主要存在于节肢动物的角质层和某些真菌中。

α-甲壳素分子链的排列如图 4-5 所示。β-甲壳素由两条平行的糖链排列而成，分子间的氢键较弱，结构松散，稳定性不如 α-甲壳素，可以从海洋鱼类中得到。在溶解或充分溶胀之后，β-甲壳素可转变为 α-甲壳素，即使在盐酸水溶液中，固态的 β-甲壳素也可以转变为 α-甲壳素，但 α-甲壳素却不能转变为 β-甲壳素。β-甲壳素的分子链排列如图 4-6 所示。γ-甲壳素由

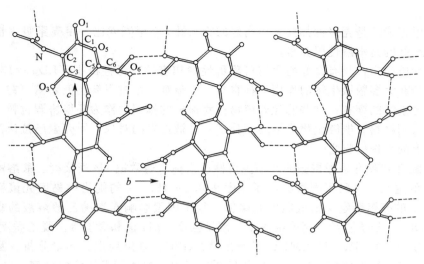

图 4-5 α-甲壳素的分子链排列

三条糖链组成，其中两条糖链同向，一条糖链反向且上下排列而成。壳聚糖也具有以上三种结晶态。

4.2.2 甲壳素与壳聚糖的提取

甲壳素大量存在于动物、植物及菌类中，从蟹、虾中分离甲壳素是最普遍使用的方法。由于甲壳中除了甲壳素外还有蛋白质、碳酸钙等主成分，因此需要用碱或酸分解，去除残存的成分，得到分离的甲壳素。

甲壳素从各种甲壳类废弃物资源中的分离过程基本相同，可分为两步：用 $4\%\sim 6\%$（质量分数）HCl 溶液重复浸泡脱钙 24h 以上去除矿物质，用 40%（质量分数）

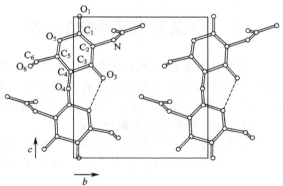

图 4-6 β-甲壳素的分子链排列

NaOH 溶液在 115℃保温 6h，再通过离心和洗涤脱除蛋白。反复进行除矿物质和脱蛋白的过程，直到除去所有的无机物和蛋白。壳聚糖是甲壳素脱乙酰的产物，其制备方法多种多样。最常使用的方法是采用异相反应，在强碱溶液如 40%（质量分数）的 NaOH、135℃氮气保护下反应 3h。脱乙酰反应开始时非常快，但是反应后期由于 C_3 位上的乙酰基和羟基的重排阻碍了反应的进行而致使反应减慢或停止。壳聚糖也可以由酶催化脱乙酰而制备，这样不仅能提高脱乙酰度，同时避免打断分子链。但是对于酶的选择必须十分谨慎，因为很多酶同时会降解大分子链。

4.2.3 甲壳素与壳聚糖的性质

甲壳素是白色或灰白色半透明片状固体，由于多糖链间氢键相连，导致甲壳素不溶于水、稀酸、稀碱或一般有机溶剂，但可溶于浓碱、浓盐酸、浓硫酸、浓磷酸和无水甲酸，同时主链发生降解。α-甲壳素是刚硬的结晶构造，在通常的溶剂中不溶。但 β-甲壳素能在甲酸中完全溶解，另外由于它在各种溶剂中较易润胀，因此在化学改性中比 α-甲壳素具有高得多的反应性。甲壳素经浓碱处理后生成壳聚糖。壳聚糖是白色或灰白色略有珍珠光泽的半透明片状固体，不溶于水和碱液，可溶于大多数稀酸。壳聚糖因有游离氨基的存在，反应活性比甲壳素强。

无论是甲壳素还是壳聚糖都具有相当好的吸水性，β-甲壳素比 α-甲壳素吸水性好。吸湿性、保水性最好的是水溶性甲壳素。

甲壳素性质稳定，具有良好的生物可降解性和相容性，毒性极小（$LD_{50}=16g/kg$）。甲壳素和壳聚糖在大多数微生物的作用下都容易生物降解，生成甲糖及低聚糖。在许多植物中已经发现甲壳素酶的存在，这些酶起着植物自我保护的作用。作为环境协调材料，甲壳素常被用作生物医用材料。能够生物降解的高分子总是被追求的对象，甲壳素已被认为是适合这些用途和要求的首选材料之一。

N-脱乙酰度和黏度是壳聚糖的两项主要性质指标。通常把1%壳聚糖乙酸溶液的黏度在1Pa·s 以上的定义为高黏度壳聚糖，而黏度在 0.1～1Pa·s 的则为中黏度壳聚糖，黏度在0.1Pa·s 以下的壳聚糖定义为低黏度壳聚糖。很多因素影响壳聚糖乙酸溶液的黏度，包括脱乙酰度（DD）、分子质量、高聚物浓度、离子强度、pH 值和温度等。脱乙酰度（DD）的测定有很多方法，如 IR、^{1}H-NMR、紫外光谱、GPC、电位滴定、元素分析、圆二色谱和苦味酸法。一般采用电位滴定法，最近也有许多新的方法用于 DD 值的确定，如固体核磁、近红外等。甲壳素和壳聚糖以及它们衍生物的分子质量可以用膜渗透压、光散射法、尺寸排除色谱（SEC）及其与光散射联用（SEL-LS）来确定。

4.3 甲壳素与壳聚糖化学

甲壳素和壳聚糖作为糖苷键连接的天然高分子多糖，其化学反应主要有两类：与糖残基官能团有关的反应和与主链降解有关的反应。前者主要包括与糖残基羟基和氨基有关的碱化、酰化、醚化、酯化、接枝共聚、交联等化学反应；后者主要包括各种水解、降解反应。

4.3.1 甲壳素与壳聚糖的碱化

甲壳素的糖残基含有两个羟基，即 C_6—OH 和 C_3—OH，两者均为醇羟基，可与浓碱反应，生成碱化甲壳素。低温有利于碱化反应的进行，并且取代反应主要发生在 C_6—OH上，但 C_3—OH 上并非不能发生取代反应。壳聚糖也可发生类似的反应。反应过程是小分子的碱先进入甲壳素的团粒中，引起甲壳素的润胀，尤其是在温度较低（-10℃）的情况下，侵入甲壳素或壳聚糖内部的水分子结成冰，体积胀大，削弱了甲壳素或壳聚糖分子内的氢键，破坏了甲壳素或壳聚糖分子的规整性，降低了

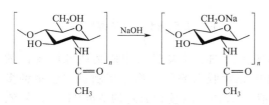

图 4-7　甲壳素的碱化反应

它们的结晶度，从而促进了碱化反应。常温下进行甲壳素的碱化反应，会伴随着甲壳素的脱乙酰化反应。甲壳素的碱化反应方程式如图 4-7 所示。

4.3.2 甲壳素与壳聚糖的酰化反应

甲壳素和壳聚糖糖残基中的羟基，可与多种有机酸的衍生物发生 O-酰化反应，形成有机酯。壳聚糖的糖残基上还含有氨基，酰化反应既可在羟基上进行生成酯，也可以在氨基上进行而生成酰胺。甲壳素的乙酰氨基，虽然已是酰氨基，但氮原子上的氢还有一定的活性，在适当的条件下，也能发生酰化反应。然而，与纤维素相比，甲壳素因其分子内和分子间存在众多的氢键，其结构非常致密，使得酰化反应很难进行，一般需要使用酸酐或酰氯做酰化试剂，相应的酸作反应介质，在催化剂催化和冷却的条件下进行。常用的催化剂有氯化氢、甲磺酸、高氯酸等。壳聚糖分子结构中的氨基，破坏了一部分氢键，故而酰化反应比甲壳素

要容易得多，可不用催化剂，反应介质常使用甲醇或乙醇。

　　甲壳素和壳聚糖的糖残基上有两种活性羟基：一个是 C_6 位的—OH，另一个是 C_3 位的—OH。C_6 位的—OH 是一级羟基，从空间构象上来讲，可以较为自由地旋转，位阻也小；而 C_3 位的—OH 为二级羟基，空间位阻大一些，又不能自由旋转。所以一般情况下，C_6 位的—OH 的反应活性比 C_3 位的—OH 大。此外，壳聚糖糖残基上氨基的活性又比一级羟基的活性大。酰化反应究竟先在哪个官能团上进行，除了与这些甲壳素或壳聚糖本身的官能团活性有关外，还与反应溶剂、酰化试剂的结构、催化剂、反应温度等因素有关。需要指出的是，酰化反应可能在 C_2 位的—NH_2、C_6 和 C_3 位的—OH 上同时发生，因而往往得不到单一的酰化产物。

　　甲壳素的乙酰化反应在非均相条件下进行缓慢，而且必须在乙酸酐和盐酸存在条件下才能获得乙酰化的产物。乙酰化反应优先发生在游离氨基上，其次发生在羟基上。反应混合物在开始时是非均相，但随着乙酰化程度增加，乙酰化衍生物逐渐溶解，在乙酸酐和甲磺酸存在的条件下可获得完全乙酰化的甲壳素。壳聚糖在乙酸水溶液或吡啶溶剂中先形成高度溶胀的胶体，然后进行 N-乙酰化反应。在吡啶中反应可以获得 50% N-乙酰化度的壳聚糖，该产物可以溶于中性水溶液。除了乙酰化反应外，甲壳素和壳聚糖还可以发生其他酰化反应。在 LiCl/N,N-二甲基乙酰胺（DMAC）溶剂中用有机卤化合物与甲壳素反应，可制备酰化甲壳素。还可以在吡啶/三氯甲烷溶剂中用脂肪族长链的 α-氯代羧酸对壳聚糖进行酰化反应，氯代羧酸包括氯代己酸、氯代十二酸、氯代十四酸等。

　　针对不同的酰化要求，大致有三类不同的酰化体系。第一类是甲磺酸酰化体系，如图4-8 所示。甲磺酸在反应中既是催化剂，又是溶剂。这个体系可以得到双 O-长链酰基化壳聚糖产物，同时也可用于制备 N-芳酰基化壳聚糖产物。反应可以在均相条件下进行，反应中控制温度在 0℃左右非常重要。温度上升到 25℃就会导致壳聚糖剧烈降解。在甲磺酸条件下，甲壳素溶液的黏度在 40℃时变化剧烈，在 25℃时，黏度的下降也很明显，说明甲壳素分子发生了明显的降解，但在 0℃时，则观察不到明显的降解现象。第二类是在三氯甲烷和吡啶等非质子极性溶剂中壳聚糖或甲壳素与酰氯反应，得到 N,O-酰基化的产物，如图4-9 所示。利用这种方法能够在比较温和的反应条件下得到取代度较高的产物，在吡啶中反应可以获得取代度为 50% N-乙酰化度的壳聚糖衍生物，不足之处为反应在非均相条件下进行，反应之前原料需经过特殊处理，如溶剂多次长时间浸泡、疏松处理等，才能得到比较高的取代度。第三类酰化反应在甲醇或乙醇、有机酸和水组成的均相体系中进行，如图 4-10所示。体系中有机醇的含量高达 80%，正是由于有机醇羟基的竞争作用，酰化反应优先在吡喃环的氨基上进行，从而使本反应体系具有优良的位置选择性，只在 C_2 位氨基发生酰化反应。该反应可以方便地制得 N-酰化壳聚糖产物，而且可以通过酸酐用量的多少控制产物

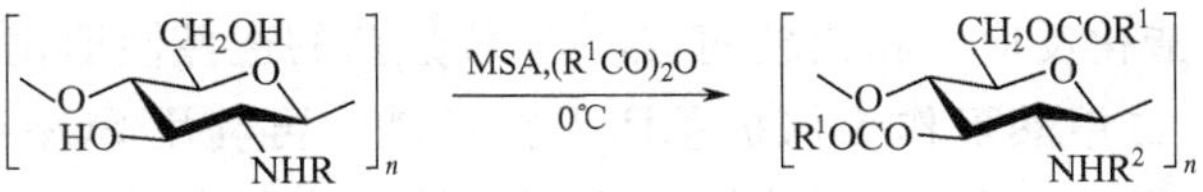

图 4-8　甲壳素/壳聚糖在甲磺酸体系中的化学反应
R＝$COCH_3$，H；R^1 为酰基官能团；R^2＝H，$COCH_3$，酰基官能团；MSA 表示甲磺酸

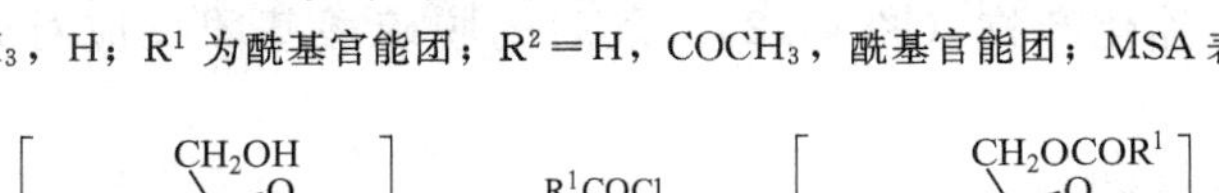

图 4-9　甲壳素/壳聚糖在三氯甲烷和吡啶有机溶剂中的反应
R＝$COCH_3$，H；R^1 为酰基官能团；R^2＝H，$COCH_3$，酰基官能团

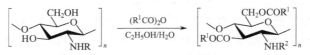

图 4-10　甲壳素/壳聚糖在乙醇中的反应

R＝COCH₃，H；R¹ 为酰基官能团；R²＝H，COCH₃，酰基官能团

的酰化程度。

利用氨基保护的方法可以得到选择性 O-酰化壳聚糖。利用脂肪醛或芳香醛与氨基反应形成 Schiff 碱，再与酰氯反应而实现 O-位上的酰化。酰化反应完成后，在醇中脱去 Schiff 碱即可得产物。用于保护的脂肪醛或芳香醛官能团越大，越有利于酰化反应。用于酰化的二元酸酐有顺丁烯二酸酐和邻苯二甲酸酐。

4.3.3　甲壳素与壳聚糖的酯化反应

甲壳素和壳聚糖分子链上具有很多羟基，因此可进行酯化反应，在含氧无机酸酯化剂的作用下，形成有机酯类衍生物。常见的酯化反应有硫酸酯化、黄原酸酯化和磷酸酯化。

4.3.3.1　硫酸酯化

甲壳素和壳聚糖的硫酸酯化反应，主要发生在 C_6 位的—OH 上，此外，C_3 位的—OH 和 C_2 位的—NH₂ 上也可进行酯化反应。甲壳素和壳聚糖的硫酸酯化衍生物在结构上与肝素相似，具有较高的抗凝血活性、抗免疫活性等，而且没有肝素的副作用，除此之外，有的硫酸酯化衍生物还显示了一定的抗癌作用。甲壳素和壳聚糖的硫酸酯化试剂主要有浓硫酸、氯磺酸、二氧化硫、三氧化硫等，反应一般在非均相中进行。由于浓硫酸用于酯化反应所引起的降解很严重，目前已很少采用。现在一般利用 SO_3 与一些有机胺的络合物如 SO_3-吡啶、SO_3-甲酰胺、SO_3-DMF 等在有机溶剂（如 DMF、甲酰胺、DMSO）中反应，相对而言降解

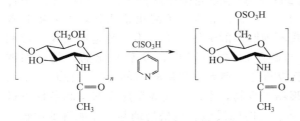

图 4-11　甲壳素的硫酸酯化反应

程度低一些。由于 SO_3-有机胺的络合物价格昂贵，保存条件苛刻，因此大规模生产多半采用氯磺酸制备甲壳素和壳聚糖的硫酸酯化物。上述反应都不存在取代位置的选择性。甲壳素的硫酸酯化反应方程式如图 4-11 所示。

壳聚糖的硫酸酯化反应可以实现定位酯化。C_2 位的选择性酯化反应主要利用氨基与羟基在弱碱性条件下反应活性的差异使反应完全发生在氨基上。由于反应在弱碱性条件下进行，不会导致壳聚糖分子量的降解和脱乙酰度的下降。C_6 位的选择性酯化则利用 Cu^{2+} 的配合作用将氨基保护起来，实际上 Cu^{2+} 不仅与氨基配合，与 C_3 位的羟基也有配合作用，从而保护 C_3 位不发生酯化反应。相比较而言，C_3 位羟基的选择性酯化则必须使用复杂的保护基团。首先利用邻苯二甲酸酐作为保护基团保护氨基，再利用 SO_3-有机胺的络合物进行酯化，得到的壳聚糖硫酸酯在肼/水混合溶剂中反应脱去保护基团后，再经过 C_6 位脱硫酸基团，即可得到 C_3 位酯化产物（图 4-12）。最后的脱硫酸基团反应对壳聚糖的脱乙酰度没有影响。

4.3.3.2　黄原酸酯化

甲壳素用碱处理后，可与二硫化碳反应生成甲壳素黄原酸酯（图 4-13）。反应在低温下（0℃）进行，反应中可加入尿素，破坏甲壳素分子间的氢键作用，促进反应的进行。将壳聚糖加到二硫化碳和氢氧化钠的水溶液中，在 60℃下反应 6h，用丙酮沉析，可得到 N-黄原酸

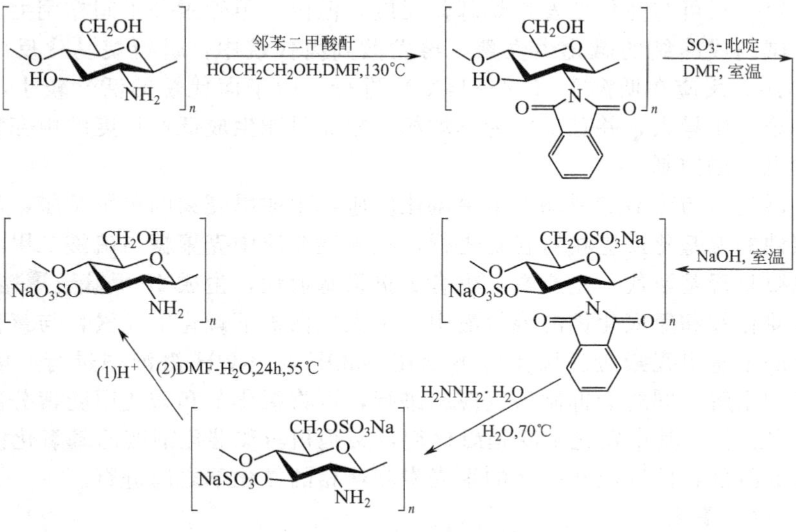

图 4-12 壳聚糖 C$_3$ 位硫酸酯化产物的制备过程

化壳聚糖钠盐（图 4-14）。*N*-黄原酸化壳聚糖钠盐是一种亮黄色粉末，可溶于水，对重金属有很强的螯合能力，螯合物不溶于水，可用于水处理中重金属的去除。

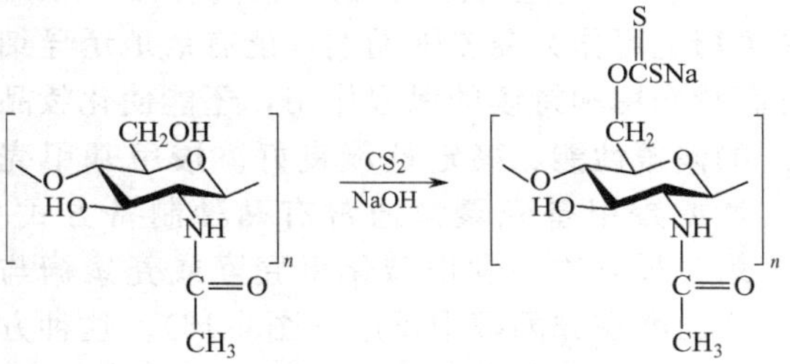

图 4-13 甲壳素黄原酸酯的制备

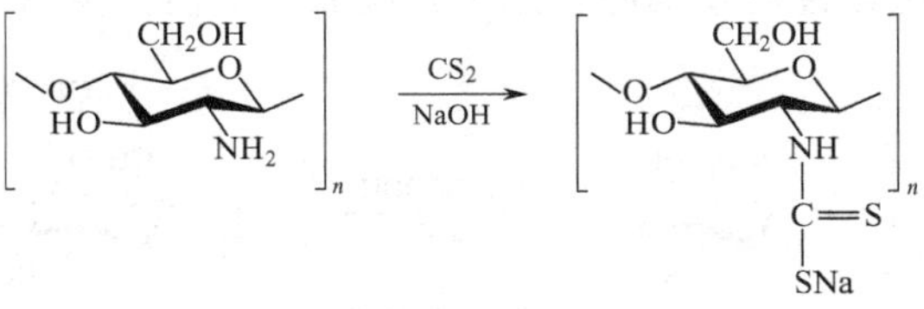

图 4-14 *N*-黄原酸化壳聚糖钠盐的制备

4.3.3.3 磷酸酯化

甲壳素或壳聚糖的磷酸酯化物通常是在甲磺酸中利用 P$_2$O$_5$ 与甲壳素或壳聚糖进行反应而得到（图 4-15）。各种取代度的甲壳素磷酸酯化物都易溶于水，而且取代度越高，越易溶于水。而对于壳聚糖来说，高取代度的壳聚糖磷酸酯化物不溶于水，而低取代度的溶于水，原因可能是壳聚糖磷酸酯的氨基与磷酸根之间形成了盐。甲壳素和壳聚糖的磷酸酯也具有很强的吸附重金属离子的能力，尤其能捕集海水中的铀，因而也是一类非常重要的甲壳素/壳聚糖衍生物。

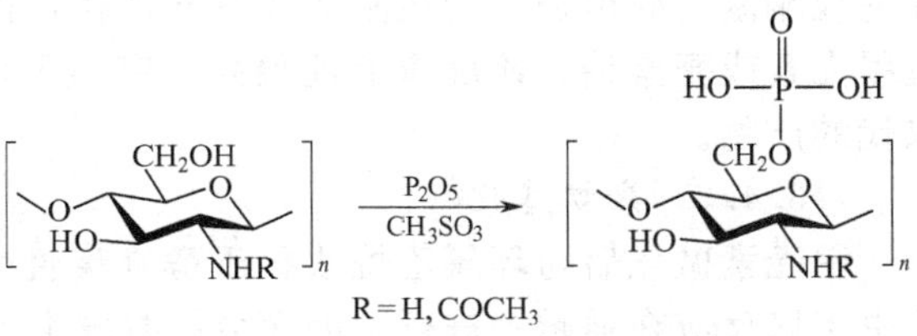

图 4-15 甲壳素/壳聚糖的磷酸酯化

4.3.4 甲壳素与壳聚糖的醚化反应

甲壳素和壳聚糖的羟基可与羟基化试剂反应生成醚，以改善溶解性或得到具有特殊功能的新材料。根据所用醚化剂的不同，醚化反应分为烃基（*O*-烷基化、*O*-苄基化）醚化反应、羧烷基化（羧甲基化）反应、羟烷基（羟乙基、羟丙基）醚化反应和氰乙基醚化。

4.3.4.1 烃基化

烃基化主要包括甲壳素或壳聚糖的羟基所发生的 *O*-烷基化和 *O*-苄基化反应。

原则上，甲壳素可与卤代烷发生烷基化反应，但由于甲壳素分子间作用力较强，通常先将甲壳素与浓碱制成冻结的碱化甲壳素，再发散到卤代烷中，进行烷基化反应。为了避免 N-脱乙酰化作用，反应在低温下（12～14℃）进行。由于卤代烷的活性较小，加之甲壳素的结晶度高，分子质量大，并且反应为非均相，故而只能生成低取代度的甲壳素醚，并且醚化反应的位置也无法控制。

甲壳素经碱化后与硫酸二甲酯发生甲基化反应，生成甲壳素的单甲基醚，但反应相对比较艰难。壳聚糖的烷基化反应相对容易进行，在碱性介质中壳聚糖与硫酸二甲酯反应生成甲基醚，产物主要是羟基取代，生成醚，也有少量氨基取代，生成 N-甲基壳聚糖。

在四乙基氯化铵和氢氧化钠的混合液中，于氮气保护下碱化甲壳素，与氯化苄反应，可制备高取代度的苄基甲壳素醚。该反应不能在 NaOH 或 KOH 溶液中进行，因为水的存在会造成氯化苄的水解，同时会抑制该反应的进行，可将氯化苄和碱化甲壳素分散在二甲基亚砜（DMSO）中进行。其中氯化苄既是醚化剂，又是相转移催化剂四乙基氯化铵和反应副产物苄醇、苄醚的溶剂，使反应在固相的甲壳素和液相的氯化苄之间进行。

4.3.4.2 羧烷基化

甲壳素和壳聚糖的羧烷基化反应是指用氯代烷酸或乙醛酸在甲壳素或壳聚糖的 C_6 位羟基或氨基上引入羧烷基基团。研究最多的是羧甲基化反应，相应的产物为羧甲基甲壳素、O-羧甲基壳聚糖、N-羧甲基壳聚糖和 O,N-羧甲基壳聚糖。通过羧基化反应可赋予甲壳素许多有用的功能。例如羧甲基甲壳素能吸附 Ca^{2+}，对其他碱土金属离子也有吸附作用，在废水处理领域中可用于金属离子的提取和回收；在医药上可作为免疫辅助剂，能有效地诱导细胞毒性巨噬细胞；用于化妆品中能使化妆品具有润滑作用和持续的保湿作用，还能使化妆品的储藏性能、稳定性能良好。羧甲基甲壳素或羧甲基壳聚糖通常有两种制备方式。第一种方法是利用碱化甲壳素或壳聚糖与氯乙酸在异丙醇中反应（图 4-16）。这种方法进行羧甲基化反应，温度对取代位置有较大影响。通常在 30℃ 左右主要得到 O-羧甲基化产品，而加热到 60℃ 则可得到

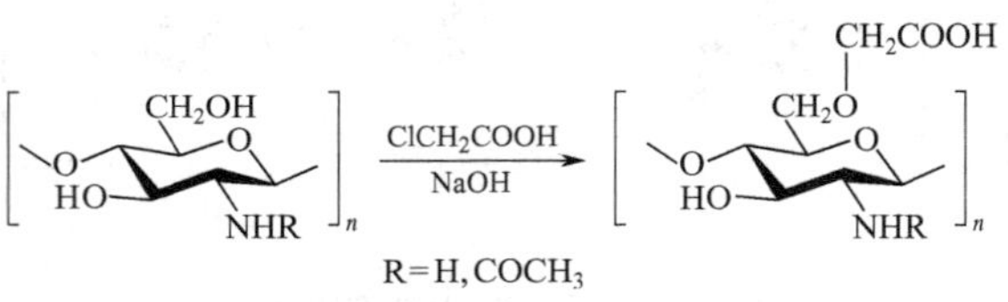

图 4-16　甲壳素/壳聚糖的羧甲基化反应

N,O-羧甲基化产品。这里，异丙醇既是溶剂，又是膨松剂，它能将碱液均匀地输送到壳聚糖分子内部，促进反应进行。第二种方法是利用甲壳素或壳聚糖与乙醛酸或丙酮酸反应，由醛基或酮基与壳聚糖上的氨基形成 Schiff 碱，再通过还原亚胺形成 C—N—C 键，得到羧甲基甲壳素或壳聚糖。该反应活性很高，室温下可以顺利进行，提高温度还可以得到 N-位双取代的产物。

4.3.4.3 羟烷基化

甲壳素碱化后与环氧乙烷或氯乙醇在碱性介质中反应生成 O-羟乙基甲壳素（图 4-17）。但由于该反应在强碱中进行，因而会同时发生 N-脱乙酰化反应，得到 O-羟乙基壳聚糖。甲壳素与环氧丙烷反应则可得到羟丙基甲壳素。

在碱性条件下，壳聚糖也可以与环氧乙烷和环氧丙烷直接反应，得到 N-位、O-位取代的衍生物（图 4-18）。将羟乙基、羟丙基等连接到壳聚糖上，由于这些基团能够打破分子链的紧密排列，

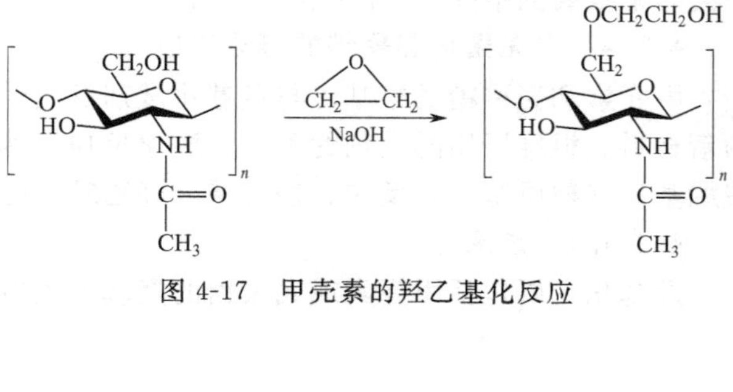

图 4-17　甲壳素的羟乙基化反应

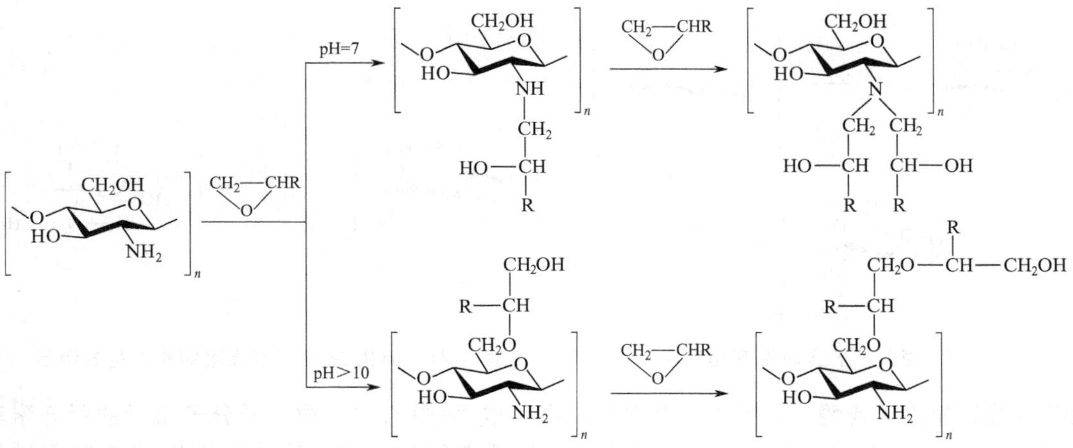

图 4-18　壳聚糖的羟烷基化反应

改善其分子空间结构，削弱分子间作用力，因而使壳聚糖具有水溶性。

4.3.4.4　氰乙基化

甲壳素和壳聚糖在碱性条件下可与丙烯腈发生氰乙基化反应，生成甲壳素/壳聚糖氰乙基醚（图 4-19）。同时伴随着副反应，主要是氰乙基醚的腈基水解，生成 *O*-丙酰氨基甲壳素和 *O*-羧乙基钠甲壳素。壳聚糖的氰乙基醚化反应，在 20℃ 时生成是 6-*O*-氰乙基壳聚糖，氨基上没有反应，若反应温度提高至 70℃，则生成 30% 的 *N*-氰乙基取代物。

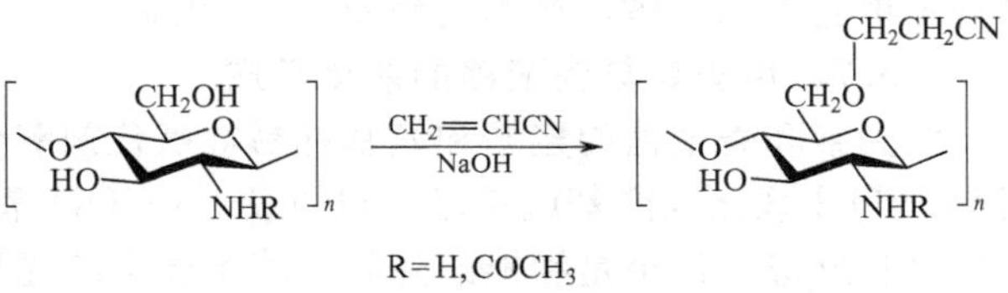

图 4-19　甲壳素/壳聚糖的氰乙基化反应

4.3.5　甲壳素与壳聚糖的 N-烷基化反应

如前所述，壳聚糖与环氧化物在接近中性的反应条件下，可以发生 *N*-烷基化反应。例如，将壳聚糖与 2,3-环氧-1-丙醇（GCD）反应，可以在发生 *N*-烷基化反应的同时引入两个亲水性的羟基，生成物能溶于水，如果与过量的 GCD 在水溶液中反应，壳聚糖氨基上的两个氢原子都可以被取代，生成的 *N,N*-双二羟基正丙基壳聚糖易溶于水，且能与阴离子洗涤剂相容，适用于洗发香波。若用缩水甘油三甲胺氯化物（GTMAC）代替 GCD 与壳聚糖反应，则产物为 N 上取代的阴离子聚合物（GTCC），该衍生物用在洗发香波中可提高头发的湿梳理性能。

为了选择性地在壳聚糖氨基上引入烷基，也可以采用还原烷基化的途径。壳聚糖在中性介质中与醛或酮反应生成 Schiff 碱（醛或酮亚胺化衍生物），再通过硼氢化钠或氰基硼氢化钠还原能较为容易地转变为 *N*-烷基衍生物（图 4-20）。

利用壳聚糖与过量的卤代烷或含有环氧烷烃的季铵盐反应，可以得到壳聚糖的季铵盐。由于碘代烷的反应活性较高，因而常用作卤代化试剂。将碘甲烷与壳聚糖在 *N*-甲基-2-吡咯烷酮中于碱性条件下反应可生成碘化 *N*-三甲基壳聚糖季铵盐（图 4-21）。

4.3.6　甲壳素与壳聚糖的水解反应

甲壳素和壳聚糖是高分子物质，它们的水解是制备单糖和低聚糖的主要途径。水解反应是较常见的降解反应。对于甲壳素和壳聚糖来说，水解方法一般有辐射法、高硼酸氧化法和酸溶液回流法。甲壳素和壳聚糖水解时，主链上 *β*-1,4-糖苷键水解断裂，生成各种各样低分子质量的多聚糖、葡胺糖的衍生物。采用氢氟酸水解则更方便，并可保存酰胺键。若选用其

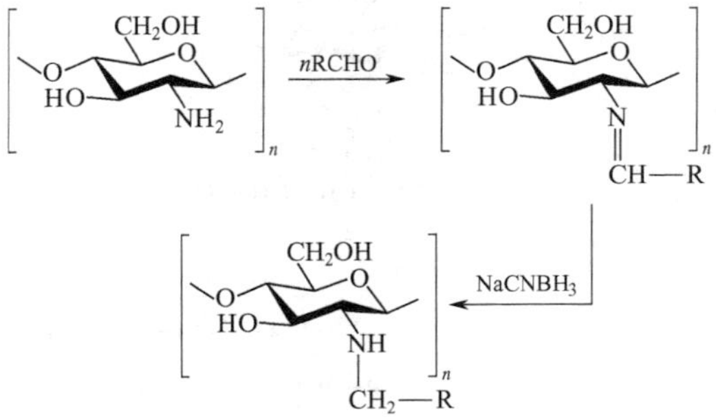

图 4-20　壳聚糖的还原烷基化反应 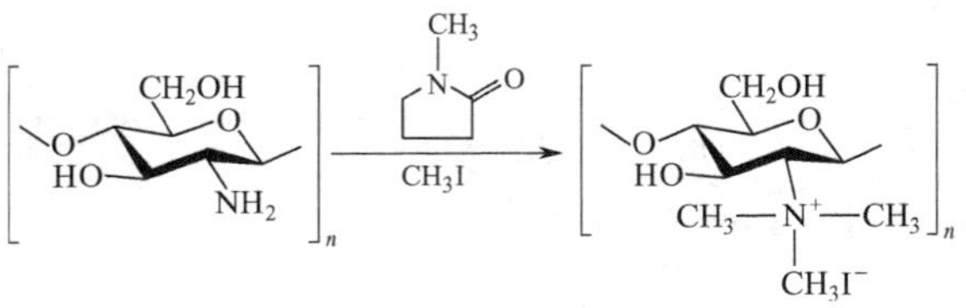　　　　图 4-21　碘化 N-三甲基壳聚糖季铵盐的制备

他无机酸如盐酸、磷酸、三氯乙酸等水解，会生成 N-脱乙酰产物。低分子质量的甲壳素和壳聚糖表现出不同的物理性质和生物活性，包括植物抗生素、抗菌活性以及免疫促进活性等。

用酶水解甲壳素是另一种降解主链的方法，而且酶对多糖的水解具有高度选择性，不会发生其他副反应。甲壳素由甲壳素酶和溶菌酶水解，可制备特定聚合度的低聚物，嗜热甲壳素消化菌（*Vibrio anguillum* 和 *Bacillus licheniformis*）对胶体甲壳素有很高的选择性，可以得到甲壳素二聚体，产率达到 40%～50%。

4.3.7　甲壳素与壳聚糖的氧化反应

甲壳素和壳聚糖的羟基和氨基都易被氧化剂氧化，随着氧化剂和反应条件的不同，既可使 C_6—OH 氧化成醛基或羧基，也可使 C_3—OH 氧化成羰基，还可能发生部分脱氨基或脱乙酰氨基反应，甚至是糖链的降解。将甲壳素和壳聚糖上的伯醇基氧化成羧基后，再进行硫酸酯化反应，可以得到结构与肝素更加接近的衍生物。

甲壳素和壳聚糖与亚硝酸可以进行重氮化反应消除氨基，得到末端链上带有醛基的低聚合度葡胺糖。可利用该反应对甲壳素和壳聚糖进行降解，这种降解作用比酸的随机降解更有选择性。或利用该反应制备壳聚糖支链化的中间体，也可用于测定—NH_2 在甲壳素和壳聚糖中的分布。

4.3.8　甲壳素与壳聚糖的交联反应

甲壳素和壳聚糖可由双官能团的醛或酸酐等进行交联，得到网状结构的不溶性产物。此外，还可以利用环氧氯丙烷等交联剂，在壳聚糖上同时引入其他活性基团。

常用的醛类交联剂有戊二醛、甲醛、乙二醛等，反应可在室温下进行，反应速度较快。它们的交联反应可在均相和非均相体系中进行，反应体系的 pH 值范围较宽。交联反应主要是醛基和氨基生成 Schiff 碱，其次是醛基与羟基的反应。如壳聚糖和 2,4-戊二酮反应生成 N-乙烯酰基衍生物，衍生物不溶于稀酸，在水溶液中性能稳定，其以两个螯合位点与金属阳离子螯合，对金属阳离子铜（Ⅱ）和钴（Ⅱ）有很强的螯合能力，可用于水处理。

利用环氧氯丙烷可将壳聚糖粉末在稀碱溶液中进行交联，同时在两个壳聚糖分子链的交联键之间形成羟基（图 4-22）。如果用环硫氯丙烷在水-二氧六环溶液的稀碱液中对壳聚糖进行交联，则可在交联键之间形成巯基。

4.3.9　甲壳素与壳聚糖的接枝共聚反应

接枝共聚反应不但可提高分子质量，而且可获得所需的材料性能，当然对于甲壳素和壳聚糖也不例外，它是其改性的重要方法之一。如乙烯基单体在甲壳素和壳聚糖上进行接枝聚合，可得到新型的特种合成多糖聚合物。接枝共聚物在生物医学上具有很大的应用价值。

甲壳素和壳聚糖的接枝共聚反应一般分为化学法、射线辐射法和机械法三种，以前两种

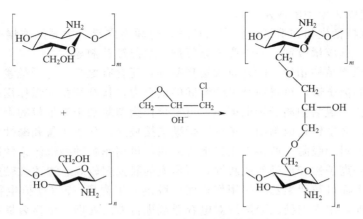

图 4-22　环氧氯丙烷对壳聚糖的交联反应

为主。化学法包括自由基引发和离子引发接枝两种反应机理。射线辐射法属于自由基引发接枝，目前还只有^{60}Co 的 γ 射线照射法和用低压汞灯产生的紫外线照射法可用于甲壳素和壳聚糖的接枝共聚。例如，以硝酸铈铵或硫酸铈铵（Ce^{4+}）作为催化剂，可将乙烯基单体（如丙烯酰胺和丙烯酸）接枝共聚到粉状甲壳素上，其接枝率分别达到 240% 或 200%，接枝共聚物的溶解性明显改善。

4.3.10　甲壳素与壳聚糖的螯合反应

甲壳素和壳聚糖糖残基 C_2 位上是乙酰氨基或氨基，C_3 位上是羟基，从构象上看，它们都是平伏键，这种特殊结构，使得它们对过渡金属离子具有很好的螯合作用。尤其是壳聚糖，与金属离子的螯合作用更为广泛。碱金属和碱土金属离子由于离子半径较小，不会被甲壳素和壳聚糖螯合。壳聚糖对过渡金属离子的螯合容量大致按下列顺序递减：

$$Pd^{2+}>Au^{3+}>Hg^{2+}>Pt^{4+}>Pb^{2+}>Mo(Ⅵ)>Zn^{2+}>Ag^+>Ni^{2+}>Cu^{2+}>Cd^{2+}>Co^{2+}>Mn^{2+}>Fe^{2+}>Cr^{3+}$$

金属离子在壳聚糖上的螯合容量除与金属离子的种类有关外，还随溶液的 pH、浓度、温度、时间等因素而变化。

壳聚糖与金属离子螯合后，本身的结构并未改变，但产物的性质却发生了改变。从外观上看，大都伴随着颜色的改变，如壳聚糖与钛离子形成红色的螯合物、与偏钒酸盐形成橘黄色螯合物、与三价铬产生绿色、与六价铬产生橙色、与二价铁产生黄棕色、与三价铁产生黄绿色、与钴离子产生粉红色、与镍离子产生绿色、与铜离子产生蓝色等。

当有两种或两种以上的过渡金属离子共存于一种溶液中时，离子半径合适的离子将优先被壳聚糖螯合。利用这种性质，可以将不同离子半径的过渡金属分离。此外，金属离子的价态不同，其与壳聚糖的螯合能力也不同。例如，亚铁离子与壳聚糖的螯合能力不如高铁离子。

4.4　甲壳素、壳聚糖及其衍生物的应用

甲壳素/壳聚糖及其衍生物资源丰富，价格低廉，具有许多优异的性能，如易成膜成纤、良好的吸附和螯合能力等，尤其是固有的生物活性、生物相容性、生物可降解性、安全无毒可食用等性能更是许多合成高分子所无法比拟的。近年来，甲壳素/壳聚糖及其衍生物的应用范围不断扩大。目前，在废水处理、重金属回收、食品、化妆品、农业、医药卫生、生物工程、纺织、造纸、烟草等许多领域均有应用。

4.4.1 在造纸工业中的应用

甲壳素/壳聚糖衍生物在造纸中的应用较早，也颇为广泛，主要用作增强剂、助留助滤剂、表面施胶剂、施胶增效剂、造纸废水絮凝剂、功能纸助剂等。

壳聚糖与纤维素结构相似，除含有大量羟基外，还含有氨基，与纤维素上的羟基、羧基等结合形成氢键和离子键，可提高纸张纤维间的结合力，具有纸张增强作用。壳聚糖在酸性介质中发生质子化，成为阳离子聚电解质，可直接作为絮凝剂用于纸料的聚集，提高纸料的留着与滤水性能；经季铵化或与阳离子聚丙烯酰胺接枝后，分子质量和碱性条件下的阳电荷密度均提高，对纸料的吸附、桥接作用也随之提高，可用作各种抄纸体系的助留助滤剂。壳聚糖具有一定的阳离子性和良好的成膜性，所形成的膜强度较高、渗透性较好，并且具有较稳定的抗水性，因而可替代聚乙烯醇用作表面施胶剂。甲壳素/壳聚糖衍生物还可以用作功能纸的助剂。例如，用壳聚糖乙酸溶液对电容器纸进行表面处理，可显著提高电容器纸的电阻率；用氰乙基壳聚糖对纸张表面进行改性，纸张的抗水性、耐击穿强度、电阻率和耐破度显著提高；水解的甲壳素与纤维素复合后可提高纸张的绝缘性；复印纸表面涂覆壳聚糖后，可大幅度提高纸张的抗静电性能等。

4.4.2 在食品工业中的应用

国内外大量研究表明，甲壳素和壳聚糖是无毒和安全的天然高分子化合物，美国食品与卫生管理局（FDA）已批准其为食品添加剂。在日本，甲壳素和壳聚糖在食品工业中使用的数量要占到总数的70％。甲壳素/壳聚糖及其衍生物在食品方面的主要有如下应用。

（1）液体处理剂

利用甲壳素/壳聚糖的吸附和絮凝性能，可作为许多液体产品或半成品的除杂处理剂和脱酸剂，如降低液体中总固形物含量、从废水中回收蛋白质、饮用水的净化、饮料及酒类的澄清等。壳聚糖溶液作为阳离子絮凝剂，不但能絮凝果汁果酒中的胶体微粒，还能螯合金属离子，因而经过滤就能得到清亮的、稳定性很好的产品。同时壳聚糖还能吸附结合果汁果酒中的有机酸和杂酚类物质，从而改善其口感。

（2）食品添加剂

将壳聚糖悬浮于水中剧烈搅拌，可以形成均匀的凝胶状物质，将其加入到食品中，不但能起增稠、稳定和抑菌保鲜的作用，而且还可以改变食品的风味，起到与常用调味品（如味精）不同的效果。壳聚糖与酸性多糖反应生成壳聚糖络盐，此络盐呈肉状组织纤维，可作为组织形成剂，与猪肉、牛肉、鱼和禽肉等混合，制成优质和低热量的填充食品，不但具有保健功能，提高机体免疫力，排除多余脂肪防止发胖，而且还特别适合高甘油三酯、高胆固醇患者食用。此外，微晶甲壳素可作为食品的增稠剂和稳定剂，用于蛋黄酱、花生酱、芝麻酱、玉米糊罐头、奶油代用品、酸性奶油、酸性奶油代用品等。

（3）功能食品

壳聚糖有许多保健功能，如减肥、降血甘油三酯、降胆固醇、强化肝脏功能、调节肠内微生物群、补充微量元素、排除体内毒素、清洁口腔保护牙齿等。此外，将壳聚糖螯合锌、铁等金属离子后，添加到食品中，可作为微量元素补充剂使用。

（4）抑菌和保鲜

壳聚糖由于可以形成半透膜而能改变内部大气压与减少水果的呼吸损失，从而延迟水果的成熟及腐烂变质，因而可用于肉类和果蔬的保鲜、防腐作用。例如，将壳聚糖溶液喷洒在肉类和果蔬（如番茄、猕猴桃等）表面，干燥后可在表面形成一层透明的可食用壳聚糖薄膜。由于这层膜独特的物理性能和生物性能，可在一定程度上起到保鲜的效果。

4.4.3 在环境保护中的应用

甲壳素/壳聚糖及其衍生物在环境保护方面的应用主要包括两个方面：作为絮凝剂和作为重金属螯合剂。

（1）絮凝剂

现在通用的水处理絮凝剂可分为两类：无机絮凝剂［包括低分子的化合物（如明矾、三氯化铁）和高分子化合物（如聚合氯化铝、聚合氯化铁）］以及有机高分子絮凝剂（如聚丙烯酰胺）。作为饮用水的预处理，这两类絮凝剂均有弱点。使用无机絮凝剂会造成水体中铝离子或铁离子含量增高，长期饮用这种水会损害健康；而使用有机高分子絮凝剂，虽然这类高聚物本身没有毒性，但高聚物内部带有的未聚合的单体丙烯酰胺或丙烯腈是有毒的。壳聚糖分子链上分布着大量的游离羟基和氨基，在一些稀酸溶液中氨基容易质子化，从而使壳聚糖分子链带上大量的正电荷，成为一种可溶性的聚电解质，其具有阳离子型絮凝剂的作用。使用甲壳素/壳聚糖衍生物作为净水剂，不但能有效地除去水中的悬浮无机固体物，还能除去一些有害的极性有机物（如农药、表面活性剂等），并且用量少，效果好，是一类理想的絮凝剂。

食品加工产生的废水对环境的污染很严重，废水量大，并且含有高浓度的有机物，处理难度大。壳聚糖作为一种无毒高效的天然高分子絮凝剂，在食品工业废水处理如蔬菜罐头废水、渔业加工废水、味精生产废水等方面已受到高度的重视，它可以降低浊度，减少悬浮固体量，大大提高化学需氧量（COD）的去除率，而且处理后的水可以在洗涤操作中循环使用，从而减少废水排放量。壳聚糖还可以对一些生物大分子物质（如蛋白质、核酸、多糖等）凝聚和回收，然后再作为饲料使用，这一技术的开发成功将具有很大的社会效益与经济效益。

（2）重金属螯合剂

如前所述，甲壳素、壳聚糖对金属离子具有很强的吸附能力，特别是壳聚糖具有相当高的吸附能力，不仅对水银、铜等多种过渡金属离子具有吸附性，而且对有机水银化合物有很高的捕捉能力，可用作盐溶液、天然水、海水、含盐工业废水等富集过渡金属离子的螯合剂，从而降低污染，回收贵重金属。

围绕甲壳素/壳聚糖及其衍生物的高吸附能力和极低毒性等特性，从而促进吸入体内的放射性元素的排泄功能，是近来另一种期待的应用。日本学者在动物试验中已经发现相当有意义的结果，从而为将甲壳素/壳聚糖衍生物用作放射性防护剂提出了可能性。

4.4.4 在医药卫生方面的应用

甲壳素/壳聚糖及其衍生物最引人注目的功能是其生物学功能，这些功能涉及增强免疫、延缓衰老、增强排毒、生理调节等，故被称为"人体免疫卫士"；日本和欧美医学界还将其誉为继糖、蛋白质、脂肪、纤维素和矿物质 5 大生命要素之后的"第 6 生命要素"。

（1）降脂和降胆固醇

甲壳素/壳聚糖能有效阻止消化系统对胆固醇和甘油三酯的吸收，防止胆固醇和脂肪酸在体内的囤积，这对防治动脉粥样硬化、高血压和脂肪肝具有重要的意义。同时也可用于减肥。为了减少口服剂量，提高甲壳素/壳聚糖的降脂作用，可制备相应的衍生物，如烟酰化壳聚糖和季铵化壳聚糖，均具有很好的疗效。

（2）凝血和抗凝血

壳聚糖本身具有很强的凝血作用，在手术中用以替代止血用的明胶海绵，不但能起到更好的止血效果，还可防止感染。甲壳素/壳聚糖的硫酸酯衍生物还具有抗凝血作用，可作为肝素替代物。肝素具有相当高的抗凝血活性，是一种手术常用的抗凝血药物，但因来源于动物肝脏，提取困难，售价很高。而类似于肝素的壳聚糖衍生物，其抗凝血活性高于肝素，价格却比肝素低廉得多。

（3）壳低聚糖的生物功能

临床观察发现，甲壳素/壳聚糖及其衍生物，尤其是其低聚糖（又称壳寡糖），如六糖和七糖具有明显的提高免疫力和抑制肿瘤生长的作用。研究认为，其抗肿瘤的机理与甲壳素/壳聚糖的聚阳离子电解质和碱性多糖的性质有关。甲壳素或壳聚糖在盐酸中充分降解可得到氨基葡萄糖盐酸盐，它是生产抗癌药物氯脲霉素和治疗关节炎药物氨基葡萄糖硫酸盐的重要原料，这也是近年来我国氨基葡萄糖出口量增大、价格升高的原因之一。

（4）医用纤维和人造组织材料

甲壳素/壳聚糖具有很好的成纤性、成膜性、抗菌性，可用于制备自降解手术缝合线以代替普遍使用的聚酯缝合线或羊肠线。这种缝合线在预定时间内，可在血清、尿、胆汁、胰液中保持良好的强度，但经过一段时间后，该缝合线又能被人体产生的溶菌酶溶解，从而自行吸收而不必拆线。更为人们感兴趣的是甲壳素对伤口治愈有促进作用。目前以甲壳素为原料的手术用缝合线已进入商品化市场。临床试验结果表明，使用这种手术线缝合伤口，不仅伤口好得快，而且留下的疤痕非常不明显，这种缝合线在外科美容手术中也已开始应用。

人的皮肤是再生能力很强的组织，即使是大面积的烧伤和创伤也可通过自身皮肤的再生或自体移植皮肤而逐渐愈合，但大面积烧伤病人在愈合过程中需要用人造皮肤来防止水分和体液的蒸发和流失，防止伤口感染，促进伤口愈合等。甲壳素/壳聚糖是一种制造人造皮肤的理想材料，除具备以上功能外，它既透气、又吸水，还有止血、消炎、免疫和抑制疼痛的功效，且能在伤口愈合自身皮肤生长过程中被自行吸收，从而大大减少病人的痛苦。此外，甲壳素/壳聚糖衍生物也可以用于制作创可贴、医用纱布和绷带等材料。近年来，在研制人工肾膜和人工肝脏等方面，甲壳素/壳聚糖及其衍生物也引起了人们的重视。

（5）眼科材料

甲壳素/壳聚糖膜的透光性好，机械强度稳定，湿润性好，对气体尤其是氧气和二氧化碳有良好的透过性，还具有高度的生物相容性，这使得它成为制作接触镜片（隐形眼镜）的理想材料，可以取代通用的聚甲基丙烯酸羟乙酯、纤维素乙酸-丁酸酯和聚硅氧烷等材料，并且其易于被酸性溶液溶解或被眼泪中的溶菌酶分解的弊端可通过制备交联壳聚糖衍生物来解决。

此外，甲壳素/壳聚糖及其衍生物还可用作药物载体，具有良好的药物缓释和控释作用。

4.4.5 在化妆品中的应用

保湿剂是化妆品中最重要的成分之一，无论是护发还是护肤，都少不了保湿剂。透明质酸（HA）是目前公认最好的保湿剂，是从牛眼、鸡冠、人的脐带等特殊原料中提取的，近年也有从某些细菌（如马链球菌）中提取。但由于资源和提取工艺的限制，这种天然保湿剂的价格非常昂贵。甲壳素/壳聚糖的羧甲基衍生物具有突出的水溶性、稳定性、保湿保水性、成膜性、调理性、胶凝性、乳化性、增稠性、润肤性、固发和抗菌性，并且无毒无副作用，可以代替透明质酸用于化妆品中，并且其还具有透明质酸所不具备的抗菌性。作固发剂时，成膜硬度适中，不发黏，具有抗静电作用、抗氧化性和日光老化性，并且具有很好的梳理性，对稀、软、易悬垂的头发尤为有效。在洗发香波中加入壳聚糖，可明显改善头发的梳理性，使头发具有光泽。在牙膏、牙粉、漱口剂、口香糖等中加入壳聚糖，还具有防龋抑菌、预防牙周溃烂等功效。

4.4.6 在农业中的应用

甲壳素和壳聚糖在农业中的应用主要是作为饲料的添加剂和种子处理剂而使用。甲壳

116

素/壳聚糖可以作为鸡饲料添加剂、鱼饵料添加剂以及饵料黏合剂等，也可以通过分析甲壳素含量的变化来确定霉菌侵害仓储粮食的程度。壳聚糖作为粮食、蔬菜作物（如棉花、玉米、小麦、萝卜等）的种子处理剂，可激发种子提前发芽，促进作物生长，提高抗病能力，从而提高粮食和蔬菜产量。另外将甲壳素、壳聚糖加入到土壤中，或者用甲壳素溶液对蔬菜进行喷洒，也能提高蔬菜的产量。种子经壳聚糖处理后，表面形成一层保护膜，不仅能吸水，还能促进土壤中放线菌及其他一些有益微生物的生长，因此具有改善土壤性质的作用，可以用作液体土壤改良剂。甲壳素还可以作为生物农药和农药载体，把农药键合到高分子链上，为生产低毒、高效农药开辟新路。此外，壳聚糖作为一种含氮高分子化合物还可以作为缓慢释放的"固氮"基质被植物直接吸收，或者通过微生物作用氧化成硝酸盐而被植物吸收。

4.5 特种甲壳素/壳聚糖的制备与应用

4.5.1 二丁酰甲壳质

甲壳质是地球上仅次于纤维素的第二大有机资源，具有无毒、抗菌、生物相容性和生物可降解性优异等特点。但甲壳质既不熔融，也不溶解于水、稀酸等一般的有机溶剂，其溶解性差极大地限制了甲壳质的应用。对甲壳质进行化学改性是改善甲壳质溶解性常用的方法。通过甲壳质的丁酰化制备的二丁酰甲壳质能有效地改变甲壳质的溶解性能，从而可以进一步开发甲壳质类纤维。

二丁酰甲壳质是在甲壳质中 C_3 位和 C_6 位上引入两个较大的丁酰基团，即甲壳质大分子中的羟基全部被丁酰化。其结构如图 4-23 所示。

可以采用高氯酸作为催化剂、丁酸酐作为酰化剂而制备二丁酰甲壳质。通过红外光谱、X 射线衍射和热分析等方法对其进行表征，结果表明，在二丁酰甲壳质的红外光谱上，3343cm^{-1}处—OH 的强特征吸收峰极大地减弱，2964cm^{-1}、2936cm^{-1}、2880cm^{-1}处出现了饱和烃的强吸收峰，说明反应后产物的结构单元比原来增加了—CH$_2$—和—CH$_3$ 基团，这与反应后丁酰基团引入大分子链密切相关；由于二丁酰甲壳质分子链上引入了两个体积较大的丁酰基团，影响了甲壳质大分子链结构的规整性，使二丁酰甲壳质的结晶能力降低；从 DSC 曲线上可知，二丁酰

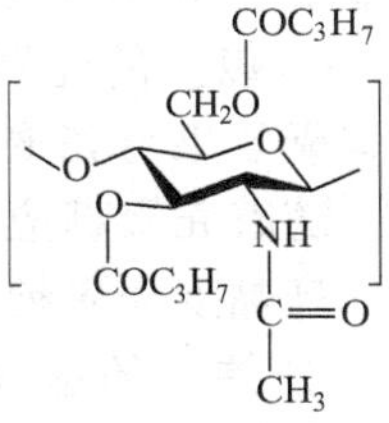

图 4-23 二丁酰甲壳质的化学结构

甲壳质纤维的热分解温度为 270℃左右，与原料甲壳质的热分解温度基本相同，说明丁酰基团的引入没有对甲壳质主链降解有太大的影响。二丁酰甲壳质的图谱上未出现明显的吸热峰，说明二丁酰甲壳质在空气中的吸湿性较小。

二丁酰甲壳质能够溶解在丙酮以及二甲基甲酰胺等常用溶剂中，因而其最主要用途是制备二丁酰甲壳质纤维。制备二丁酰甲壳质纤维的纺丝方法可采用湿法、干法和干-湿法三种纺丝方法。二丁酰甲壳质在易挥发的有机溶剂丙酮中具有较好的溶解性能，其纺丝原液含量可达 26％以上，因而可采用干法纺丝。但由于这种方法溶剂回收设备复杂，所以多采用凝固浴为水的湿法纺丝或干-湿法纺丝。在湿法成形工艺中，所采用的凝固浴一般有下列几类：丙酮、二乙基甲酮等有机酮类；二氯乙烷、四氯化碳等氯化烃类；环己烷、己烷、石油醚等烃类；甲醇、乙醇、异丙醇、正丁醇等醇类；醋酸等；N-甲基吡咯烷酮、二甲基乙酰胺等酰胺类以及水。由于大多类有机溶剂较易挥发并且价格较贵，一般湿纺成形时凝固浴多选用乙醇或水作为凝固剂。根据湿纺成形的机理，当二丁酰甲壳质的纺丝原液进入凝固浴后，细流中的溶剂和凝固浴中的凝固剂之间进行双扩散，最终固化成形。凝固剂和溶剂的双扩散系数的大小将直接影响凝固速度，凝固速度是湿纺成形中的关键因素之一。有时，为了避免原

液在凝固浴中细流固化过快,凝固浴内有时常加入适当的溶剂,以降低原液细流的固化速度,提高初生纤维的质量。二丁酰甲壳质纤维的干-湿法纺丝是将湿法和干法的特点结合起来,纺丝溶液从喷丝头压出后,先经过一段有惰性气体包围的空间(气隙),然后再进入凝固浴的一种纺丝方法。与湿法纺丝相比,干-湿法纺丝的速度可提高5～10倍,并且可采用孔眼较大的喷丝头,同时可采用浓度较高、黏度较大的纺丝溶液。与干法纺丝相比,干-湿法纺丝除可能增大喷丝头而提高纺丝速度外,还可以比较有效地调节纤维的结构形成过程。控制气隙长度是干-湿法纺丝的重要工序之一。干-湿法纺丝凝固浴的组成多以醇、水为主。凝固浴的温度依据凝固剂的种类、原料及生产工艺的不同而不同,一般控制在－11～30℃之间。

二丁酰甲壳质初生纤维的物理-机械性能较差,必须经过适当的后处理才能达到实用的目的。二丁酰甲壳质纤维的后处理包括拉伸和还原等工序。拉伸可在纺丝成形时连续进行,也可以在制成初生纤维后再进行后拉伸。拉伸倍数一般选择在1.5～5倍之间。拉伸工艺可采用一段拉伸,也可以采用两段拉伸或多段拉伸。拉伸一般在湿态下进行,拉伸介质多以醇、水为主,拉伸温度控制在20～95℃。拉伸后的纤维经水洗或在沸水中处理,以除去残余的凝固剂、溶剂。热处理后即可得到甲壳质类纤维制品。对于二丁酰甲壳质纤维,可以直接使用,也可以根据需要采用合适的方法将其还原成甲壳质纤维,如将二丁酰甲壳质纤维进行非均相碱水解,在不破坏被处理纤维结构的情况下,使其还原成甲壳质纤维。

4.5.2　高黏度壳聚糖和高脱乙酰度壳聚糖

黏度和脱乙酰度(DD)是壳聚糖的两项主要性质指标。黏度在壳聚糖的具体应用中十分重要,不同黏度的产品有着不同的用途。高黏度壳聚糖一般是指1%乙酸溶液的黏度在1Pa·s以上的壳聚糖,其分子质量高,制成的制品如膜或纤维强度大,此外,由于壳聚糖的絮凝效果与壳聚糖的黏度有关,因而高黏度壳聚糖还常用作处理污水和捕集重金属的沉淀剂。随着壳聚糖应用范围的扩大,对高黏度壳聚糖的需求越来越大。

高黏度壳聚糖的制备,通常需要注意以下几个环节。

① 原料的选择。一般来说,梭子蟹的蟹背壳和龙虾的头壳是制备高黏度壳聚糖的首选原料,并且还需选用新鲜的蟹壳或虾壳。

② 生产高黏度壳聚糖的关键是首先要生产出高黏度的甲壳素,即在生产甲壳素的过程中,不能用浓度大的强酸、强碱高温长时间处理。

③ 在生产壳聚糖的过程中,要掌握高温、短时间的原则。

④ 不能使用高锰酸钾等强氧化剂长时间脱色,强氧化剂对糖苷键的破坏也非常严重。

要生产高黏度的壳聚糖,可采用以下两种方案。第一,较低温度、较长时间下进行反应。如在常温或60～65℃下脱乙酰化,均能获得质量较好、黏度较高的壳聚糖产品。第二,高温短时间。如将甲壳素粗粉碎后,先用50%的NaOH溶液浸泡,然后在110℃均匀保温1h左右,也可得到黏度在1Pa·s以上的壳聚糖。

此外,还可以采用超声波法制备高黏度壳聚糖,利用超声波的"空化作用",一方面有利于碱液的渗透,促进脱乙酰化反应在较低温度下进行;另一方面,减少了反应中与氧气的接触,使壳聚糖分子链不易发生降解,从而得到黏度较高的产品。

作为一般工业使用,并不要求壳聚糖有很高的脱乙酰度,但在食品、医药、活细胞和酶的固定化、制作反渗透膜和超滤膜等应用中常需要使用高脱乙酰度的壳聚糖。如果只是要求高脱乙酰度,则只要在脱乙酰化反应时提高反应温度和延长反应时间即可。例如,当用40%的氢氧化钠,反应温度保持在135～140℃,1～2h即基本上能得到100%脱乙酰度的壳聚糖产品。但由于壳聚糖的DD值对溶液的黏度有很大影响,DD值越低,溶液的黏度越高,因而，这种制备高脱乙酰度壳聚糖的方法不能得到高黏度的壳聚糖。现在一般采用多次、短时间脱乙酰基的方法来得到高脱乙酰度的壳聚糖，同时还对壳聚糖的黏度下降影响不大。

4.5.3 低聚甲壳素和低聚壳聚糖

低聚糖也叫寡糖，过去将双糖到十糖称之为寡糖，现在一般把这个范围扩大到二十糖，称做低聚糖。低聚甲壳素可叫甲壳寡糖，低聚壳聚糖又称壳寡糖。对于甲壳素和壳聚糖来说，相对分子质量低于10000的壳聚糖具有许多优于高分子质量壳聚糖的功能，尤其是具有生物活性的甲壳素和壳聚糖的五糖至九糖，特别是六糖和七糖在抑制肿瘤方面具有明显的作用，这已成为当今国内外研究开发的热点之一。

低聚甲壳素和低聚壳聚糖的制备大体有以下三类方法：酸水解法、氧化法和酶解法。

（1）酸水解法

壳聚糖在酸性溶液中不稳定，会发生长链的部分水解，即糖苷键的断裂，形成许多分子质量大小不等的链段，完全水解则变成单糖。因此，酸水解是制备单糖和一系列相应寡糖的主要途径之一。但酸水解法不宜控制，水解得到的主要是单糖，其次是双糖，很难得到所需的活性寡糖。因而，现在许多研究工作都集中于如何控制水解的关键技术。

壳聚糖溶于酸，可在较温和的条件下水解，而甲壳素不溶于水和稀酸，必须用强酸并加热回流才能使其降解，而且在水解的同时，氨基上的乙酰基也将脱落，从而得到的最终产品是壳寡糖，而不是甲壳寡糖。为了得到甲壳寡糖，可以先通过壳聚糖的水解获得壳寡糖，然后再用乙酰化技术制备甲壳寡糖。

常用的酸有盐酸、乙酸酐或乙酸以及磷酸等，氢氟酸也可以用来降解壳聚糖，但由于设备腐蚀以及很难脱掉产物中的氟离子，因此无法付之实用。

（2）氧化法

氧化降解法是近年来研究最多的方法，其中以过氧化氢氧化法为主，已经用于工业生产。过氧化氢降解法有酸法、碱法与中性法三种。酸法是均相反应，是将壳聚糖溶于1%乙酸中，加入适量的过氧化氢水溶液，调节溶液pH值为3～5进行降解。碱法是非均相反应，是把壳聚糖溶液的pH值调节到11.5，温度70℃左右，分批加入过氧化氢溶液，进行降解反应。中性法是指直接将壳聚糖分散在水中，加热到所需温度，在搅拌下分批加入过氧化氢溶液，反应一段时间后，用碱调节pH值7以上，滤出沉淀，用水洗涤、干燥，得到水不溶部分的低聚壳聚糖；同时，还可以将滤液减压浓缩，用乙醇沉淀、洗涤、干燥，而得到水溶部分的低聚壳聚糖。除过氧化氢法外，还可以使用过硼酸钠法、次氯酸钠法等，其中，过硼酸钠法反应温和，相对容易控制，并且其价格也很低廉，但降解产物的分子质量较高，另外，后处理也比较麻烦，很难将硼酸盐彻底除去。

（3）酶解法

酶解法是利用专一性或非专一性酶对甲壳素或壳聚糖进行降解的方法。在整个降解过程中，不加入其他试剂，因而无其他副反应发生。目前已发现大约几十种专一性或非专一性酶可用于甲壳素和壳聚糖的降解。

甲壳素酶（chitinase）广泛分布于细菌、真菌、放线菌等多种微生物以及植物组织和动物的消化系统中。其对线性结构的乙酰氨基葡萄糖苷键有专一性的水解作用，水解的最终产物是甲壳二糖。由于甲壳素不溶于水，反应在非均相下进行，速度很慢，因而一般采用壳聚糖作为底物来水解，得到壳聚糖的低聚糖，然后再乙酰化，得到甲壳素的低聚糖。

实际应用最多的是壳聚糖酶（chitosanase），由于壳聚糖可溶于稀酸，成为胶体溶液，壳聚糖酶很容易与壳聚糖发生降解反应，生成壳二糖，最后被氨基葡萄糖苷酶水解成氨基葡萄糖。

纤维素酶作为非专一性酶也可以降解壳聚糖，如利用从 *Trichoderma riride* 得来的纤维素酶在 50℃和 pH=5.6 的条件下水解壳聚糖，可以得到主要为六糖至八糖的低聚壳聚糖。

4.5.4 微晶壳聚糖和磁性壳聚糖

微晶壳聚糖是壳聚糖一种新的存在形式，与一般壳聚糖相比，微晶壳聚糖由于颗粒小，比表面积大大增加，具有更优越的性能，如保水性好、成氢键能力强、成膜性好、生物相容性和抗菌性强等，在农业、纺织、医药、水处理等领域有着广泛的应用。

微晶壳聚糖有凝胶状水分散体和微晶粉末两种形式，可以由壳聚糖的稀酸水溶液中通过凝聚作用而得到。如用乙酸稀溶液将壳聚糖溶解，溶液经过滤除去不溶杂质后，在搅拌下滴加 NaOH 溶液，直至 pH=8.0。产物经蒸馏水充分洗涤即得凝胶状水分散体，再经除水干燥处理可得壳聚糖的微晶粉末。这种溶解—碱中和—再生制取微晶壳聚糖的方法，为壳聚糖分子提供了最大程度的相互接触和有序排列，从而可以得到较高的结晶度。微晶壳聚糖也可直接由甲壳素经一系列处理制得。如先将甲壳素在异丙醇中用磷酸处理，再于高速搅拌下进行碱处理和冷冻处理后，干燥即得到微晶壳聚糖。在上述处理过程中，甲壳素经高速搅拌、冷冻处理后，其结构和部分氢键被破坏，再经脱乙酰处理后，最终得到多孔性微晶壳聚糖。

壳聚糖由于具有生物相容性、生物亲和性和无毒等特性，分子链上大量存在的羟基和氨基又使其易于进行化学改性，因此常被用作磁性高分子材料的"外壳"。壳聚糖与 Fe_3O_4 复合形成的磁性壳聚糖微球具有磁响应性，可作为分离富集、靶向药物、固定化酶的载体，从而广泛应用于医药、生物等领域。

磁性材料一般采用粉状 Fe_3O_4，与壳聚糖溶液高速搅拌均匀，再用制备凝胶树脂的方法操作，用水洗涤至中性，真空干燥，即得到磁性壳聚糖树脂。通常为了使壳聚糖能很好地包裹在 Fe_3O_4 粒子表面，同时防止壳聚糖的降解，往往需要在合成过程中加入交联剂，然而正是由于这种交联的结果，往往导致氨基的含量大大下降，从而限制了磁性壳聚糖的应用。为解决这一问题，可采用一步包埋法制备磁性壳聚糖微球，并在壳聚糖的分子结构中分别引入羟丙基和氨基，使其结构中氨基的含量上升，碱性增强。此微球除具有多氨基的反应性功能基团，还因具有磁性可在外加磁场的作用下迅速分离的优点。

4.6 甲壳素/壳聚糖基材料及其应用

4.6.1 甲壳素/壳聚糖基功能材料

功能高分子是目前高分子科学中最为活跃的研究领域，包括生物医用高分子、离子交换剂、高分子吸附剂、高分子试剂、高分子催化剂、固定化酶、光敏高分子、导电高分子、液晶高分子等方面。这里所说的功能是指这类高分子除了具有一定的物理机械性能外，还具有在温和条件下有高度选择能力的化学反应活性、对特定金属离子的选择螯合性、薄膜的选择透气性和透液性及离子通透性、催化活性、相转移性、光敏性、光致变色性、光导性、导电性、磁性以及生物活性等。甲壳素和壳聚糖作为一种天然高分子，也具有上述的许多功能，是一类可贵的功能高分子。

（1）膜材料

甲壳素和壳聚糖是一种新型膜材料，用其制成的薄膜柔韧性好、无毒副作用。此外，甲壳素和壳聚糖基膜材料的物理化学性能好，能耐碱、有机溶剂，交联改性后还能耐酸、热等，可在较大的 pH 范围内使用。甲壳素/壳聚糖基材料可制成超滤膜、反渗透膜、渗透蒸发和渗透汽化膜、气体分离膜等，用于有机溶液中有机物的分离和浓缩、超纯水制备、废水处理、海水淡化等。用其制成的反渗透膜对金属离子具有很高的截留率，尤其对二价离子的截留效果更佳，这种膜还具有生物相容性，废膜可生物降解，不会造成环境污染，而且其降解产物在土壤中能改善微生态环境。甲壳素/壳聚糖基材料优良的生物学性能也适用于血液渗析膜这样的医疗卫生材料，是极有发展前途的天然高分子膜材料。此外，将壳聚糖与丝蛋白、胶原蛋白、淀粉、果胶、纤维素、明胶等共混，通过共混改性，可使天然高分子立体异构化，进一步开发其分子潜在功能。

（2）功能纺织材料

甲壳素纤维纺织品不但具有抗菌防霉作用，还有良好的生物学效应，因而可起到强身健体和防治疾病的效果。用这种纤维可制成内衣、袜子、床垫、枕套等织品，因符合人们注重健康的生活潮流，市场前景十分广阔。

（3）人工模拟酶

人工模拟酶是高分子催化剂研究的高级阶段，具有光学活性的特殊高级结构的高分子金属配位化合物，是人工合成模拟酶研究的热点，研究的目的在于获得高活性、高选择性、常温、常压的模拟酶。壳聚糖作为特殊的天然高分子化合物，由于对一些金属离子具有极好的螯合能力，因而也就成为模拟酶或高分子金属催化剂的研究对象。

（4）烯类单体的聚合引发剂

壳聚糖-铜（Ⅱ）的螯合物在四氯化碳存在下可作为烯类单体（如甲基丙烯酸甲酯和丙烯腈）聚合的引发剂，而且被看作是壳聚糖单体的葡糖胺与铜（Ⅱ）的螯合物也具有这种引发作用。除此之外，甲壳素和壳聚糖的钯或铂螯合物对共轭双键和三键（如环戊二烯、2,4-己二烯、3-己炔等）、芳香族硝基化合物、丙烯酸等具有较高的氢化催化活性，而且这些氢化反应可在常温常压下进行。这种催化剂可在无溶剂存在下进行氢化，也可在醇类或醇类水溶液中进行氢化，使用十分方便。低聚壳聚糖-铜（Ⅱ）的螯合物在常温常压下具有较强的氧化-还原催化活性，可使过氧化氢的分解速度提高 10 倍。

（5）吸附材料和絮凝材料

吸附材料是一类能发生吸附和解析作用的材料。最常用的吸附材料有活性炭、硅胶、硅藻土、氧化铝等以及近来发展的一些合成高分子吸附材料，但在食品和医药等领域使用这些吸附材料常受到限制。壳聚糖和甲壳素具有很好的吸附性能，无毒，有抑菌、杀菌作用，而且甲壳素和壳聚糖是天然生物高分子，不会对环境造成二次污染，废弃后可生物降解成 CO_2 以及低分子物质，因此是食品、饮料工业和饮用水净化的理想吸附材料。选择适当的凝固剂将其在活性炭上凝固，能获得吸附能力强、使用寿命长、成本低的多用途吸附材料，可用于工业废水处理、果汁等饮料的脱色和脱臭、吸附碘和重金属、净化血液或作生活用品。如利用 6％（质量分数）NaOH/5％（质量分数）硫脲水溶液溶解纤维素和甲壳素，制备纤维素/甲壳素共混吸附材料，试验证明，静态吸附下其对重金属 Cu^{2+}、Cd^{2+} 和 Pb^{2+} 有较高的吸附性能，并且明显高于纯甲壳素的吸附性。此外，以甲壳素、壳聚糖为原料制备的吸附材料还能吸附、富集放射性元素，可用作放射性废液的去污剂。

甲壳素/壳聚糖基吸附材料还可用于吸附废水中的有机颜料。以壳聚糖为原料制备的吸附材料，对印染废水中具有酸性基团的染料分子和活性染料表现出优异的吸附能力，吸附量约为粒状活性炭的数倍。在印染工业废水的脱色处理，用壳聚糖吸附材料的吸附法明显优于传统的凝聚沉淀法、活性炭吸附法等。采用壳聚糖吸附材料吸附处理废水，不会出现吸附剂泄漏等问题，可降低处理成本和设备费用，处理效果理想，而且原料本身无毒，易于回收和处理，不会造成二次污染。

甲壳素衍生物作为一种天然的阳离子絮凝材料，已广泛用于食品工业及其他工业废水处理等领域。肉类联合加工厂及食品厂排放的废液中往往含有淀粉类和蛋白质等有机悬浮物，其中绝大部分呈胶体状并带负电荷，甲壳素衍生物对蛋白质、淀粉等有机物的絮凝作用很强，可用于从食品加工废水中回收蛋白质、淀粉。由于该絮凝剂无毒、无害，所得絮凝产物经脱水后可作饲料使用。这样既解决了环境污染问题，同时也提高了工厂的经济效益。

4.6.2 甲壳素/壳聚糖基生物医用材料

近年来，随着高分子科学和生物医学工程的发展，有关甲壳素/壳聚糖及其衍生物在生物医学方面的研究日益增多。甲壳素/壳聚糖作为天然高分子，具有良好的生物相容性和生物降解性，并且无毒，免疫性小，这些都是生物医用材料所期望的优良性能。

（1）医用纤维

甲壳素/壳聚糖具有消炎作用，用甲壳素/壳聚糖纤维制造的无纺布柔软，又能消炎，是理想的医用材料。甲壳素和壳聚糖及其衍生物溶液具有良好的可纺性，可以采用湿法或干-湿法纺丝制成纤维。外科手术离不开缝合线，但一般伤口愈合后必须拆线。壳聚糖纤维制成的手术缝合线，在预定的时间内在血清、尿、胆汁、胰液中能保持良好的强度。缝合和打结性好，在体内有良好的适应性，尤其是经过一定时间，壳聚糖缝合线能被溶菌酶所酶解，从而被人体自行吸收，当伤口愈合后不必再拆线。因此，它们作为手术缝合线具有良好的应用前景。用甲壳素或壳聚糖与其他高分子共混有利于提高纤维强度和其他性能。例如，将胶原蛋白与甲壳素共混，在特制纺丝机上纺制，再根据临床需要得到一种与伤口愈合期相吻合的外科缝合线。其优点是可完全吸收，术后组织反应轻，无毒副作用，伤口愈合后缝线针脚处无疤痕，打结强度尤其是湿打结强度甚至超过美国药典所规定的指标。

（2）医用敷料

羧甲基甲壳素制备的伤口敷料，具有很强的吸液能力，从而可以吸收伤口中的分泌物。在伤口敷料中引入抗菌剂（如磺胺嘧啶银）则愈合效果更好，并可减少伤口的感染。甲壳素纤维和聚乙烯醇作为黏合剂制备的甲壳素无纺布敷料可大大加快伤口愈合速度。壳聚糖具有促进皮肤损伤的创面愈合作用、抑制微生物生长、创面止痛等效果。利用壳聚糖乙酸溶液制成的壳聚糖无纺布，用于大面积烧伤、烫伤，效果良好。以甘油作增塑剂，制备壳聚糖/淀粉/聚乙烯醇为基材的含有原儿茶酸（对烧伤、痂有特效的中药）和环丙沙星等的复合性生物敷料，该混合药膜中药物的释放速率均较其单一药膜的要小。此外，由 $1\%\sim3\%$（质量分数）的壳聚糖乙酸水溶液，与 $2\%\sim7\%$（质量分数）的双醛淀粉水溶液充分搅拌混合，离心脱泡、制膜、除酸、水洗、晾干，干膜即为高强度抗菌性双醛淀粉交联壳聚糖膜。该壳聚糖交联膜具有优异的力学强度、柔韧性及良好的抗菌性能，对人体无毒副作用，将其作为生物医用材料具有很好的应用前景。

（3）人造皮肤

壳聚糖制成的人工皮肤柔软、舒适，创面的贴合性好，既透气又有吸水性，具有抑制疼痛和止血功能以及抑菌消炎作用，而且随着皮肤创面慢慢愈合，壳聚糖能自行降解并被机体吸收，并促进皮肤再生。这种人工皮肤具有良好的生物相容性和引导组织再生的能力，应用于烧伤创面治疗，可以促进作伤口愈合、减少疤痕形成、防止体液流失和感染作用。此外，将人的成纤细胞接种于由壳聚糖与胶原、黏多糖交联成的基质材料上，制备成一种离体皮肤模型。此皮肤模型可以代替人体皮肤进行化妆品、家用化工产品及药物等对皮肤或眼睛的刺激性实验。

（4）组织工程

理想的神经导管应具备良好的生物相容性和降解性，能与周围组织融为一体并支持神经再生及成熟，并且具有足够的长度和直径，还应具有神经再生所需的物质以及能够防止疤痕侵入。壳聚糖在体内具有良好的组织相容性、无毒性、可被吸收，因此在神经组织工程中具有良好的应用前景。例如，将2%的壳聚糖充入硅胶管再生室中，然后将之套接在10mm间距的大鼠坐骨神经缺损处。手术 16 周后表明，壳聚糖可促进再生轴突数目的恢复以及横断面髓鞘面积的增加，而髓鞘横断面积是有髓神经再生成熟程度的标志，且与其功能密切相关。利用壳聚糖作为神经修复导管的新技术，有望克服移植法的弊端，该材料可黏合或缝合于患者断裂的两段神经之间，用作神经组织生长的"脚手架"。当神经纤维长到所需长度并开始执行正常功能时，此修复材料则开始降解。

当肝脏发生病变或损伤时就必须将其切除，或者移植异体肝。壳聚糖与胶原蛋白、明胶、白蛋白结合并利用戊二醛交联制得的材料作为细胞支架，培养动物肝细胞的研究表明，这种材料有很好的强度和柔韧性，并能促进肝细胞附着在骨架上。因此，壳聚糖与其他生物大分子复合材料在肝组织工程上具有很好的应用前景，可为肝细胞形成和生长提供适当支持。另外，甲壳素/壳聚糖基材料还可以作为骨骼替代材料或骨骼细胞的支架，在骨组织材料工程上具有良好的应用前景。现已证明，壳聚糖对促进人骨的愈合有一定的作用。将硫酸软骨素与壳聚糖结合后制成一种支持软骨生长的材料，将原代培养的牛关节软骨细胞接种于此材料制成的薄层上，发现它们保持了分化软骨的许多表型特征，从而证明这种材料非常适合作为自体软骨细胞移植或骨骼代用品的材料。

（5）药物载体

随着药物制剂向"三效"（高效、速效、长效）和"三小"（毒性小、副作用小、剂量小）发展，具有无毒、可生物降解、良好的组织相容性、缓释和控制释放的药物载体（药物运送系统）已日益引起人们的关注。甲壳素和壳聚糖及其衍生物可用作药物载体，稳定或保护药物中的有效成分，促进药物的吸收，延缓或控制药物释放，帮助药物送达目的器官。

壳聚糖及其衍生物可以以凝胶、颗粒、片剂、薄膜、微囊等形态包封药物。壳聚糖与聚丙烯酸、聚丙烯酰胺等合成高分子材料形成的复合物水凝胶，具有一定的 pH 敏感性，有望成为一种口服的智能释放体系。壳聚糖-多聚磷酸凝胶珠是一种好的聚合物载体，用于抗癌药物在模拟肠液和胃液介质中的持续释放，这种凝胶将在日常饮食和药物领域存在应用前景。此外，利用壳聚糖所制得的微胶囊或微球可以增加蛋白质、多肽类药物的稳定性，降低药物在体内的副作用，延长药物疗效。壳聚糖的分子质量、浓度、交联剂种类、交联度、壳聚糖溶液的 pH 值、溶出介质的 pH 值、包封药物等都会影响微囊的强度和释放。乳化-化学交联法是最常用的制备微球的方法，如将壳聚糖的乙酸溶液加入到包含表面活性剂的油相溶液中，搅拌乳化，然后滴加交联固化剂固化成球。一般用戊二醛或甲醛作交联剂，其醛基和壳聚糖的氨基发生交联反应使微球固化，药物固定在骨架上。利用聚氧乙烯-丙烯二嵌段物和明胶与壳聚糖喷雾干燥制得壳聚糖微球，可用于运载抗炎症药物双氯芬酸钠，其包封率达 95%，缓释时间达 12h。

（6）片剂

通过直接压片法制备一种在水中不溶的药物脱氢皮质甾醇的缓释片，壳聚糖的含量越高，缓释作用越显著。茶碱控释片采用壳聚糖粉末与药物混合直接压片，片剂释药速率随壳聚糖膨胀性能的提高而提高。采用壳聚糖制备药物双氯芬酸钠的压缩片，该片剂在酸性环境中可延缓药物和释放，并且药物的释放随着 pH 值的增大而增加。

（7）膜制剂

利用壳聚糖及其衍生物与其他高聚物共混，或采用交联等方法可制备 pH 值敏感膜。随着壳聚糖分子质量减小，膜降解加快，但分子质量过小会影响成膜性，会降低膜的机械强度。将壳聚糖经戊二醛交联后的膜材，载以心得安盐酸盐等得到透皮吸收制剂，其药物释放近似零级，利用壳聚糖膜的交联度和体系的厚度可有效地控制药物的释放。用壳聚糖制备的药物控制膜，可使药物的释放完全可由膜控制，同时还增加了药物的稳定性。

4.6.3 甲壳素/壳聚糖基复合材料

(1) 甲壳素/壳聚糖互穿网络 (IPN) 材料

天然高分子与聚氨酯预聚物反应可形成互穿聚合物网络结构，这是天然高分子改性的新途径。例如，采用 2,4-甲苯二异氰酸酯与聚丙二醇 (PPG, $\overline{M}_w = 1000$) 在 75℃ 反应后再加入 2,2'-二羟甲基丙酸 (PMPA) 作为扩链剂继续反应，直到 NCO 含量达到定值，得到水性聚氨酯预聚物。将水性聚氨酯预聚物与一定量的羧甲基壳聚糖 [40%～65% (质量分数)] 混合，然后在聚四氟乙烯板上流延成膜，室温固化几天，由此制备出透光率、性能和耐溶剂性优良的功能膜。当共混膜中羧甲基壳聚糖 (CMCH) 的含量低于 50% (质量分数) 时，共混膜在 800nm 处的透光率 (T_r) 值比纯 CMCH 膜的 T_r 值还高，显示出水性聚氨酯 (WPU) 和 CMCH 之间具有较好的相容性。该膜具有良好的力学性能，拉伸强度可达 28.9MPa，断裂伸长率高达 100%，透光率达 60% 以上。

此外，还可以将 1% (质量分数) 的聚丙烯酸溶液和 1% (质量分数) 的壳聚糖甲酸溶液以不同的比例混合得到共混液，共混液在玻璃板上流延成膜，膜在 30℃ 条件下干燥 24h 后用水洗涤得到共混膜。其中，壳聚糖和聚丙烯酸质量比在 50:50 的膜具有较低的甲醇渗透性以及较好的导电性，可用作甲醇燃料电池的离子交换膜。

(2) 甲壳素/壳聚糖-纤维素复合材料

壳聚糖和纤维素共混并通过流延法可以得到具有生物降解性的塑料。日本早在 20 世纪 80 年代末就利用微细纤维与壳聚糖分散在乙酸水溶液中，混合后在平板上流延成膜，然后处理得到高强度的透明薄膜。此膜埋在土壤中 2 个月后完全降解。此外，还可以利用甲壳素和纤维素共混制备包装袋和农用薄膜等，其组成为：纤维素:甲壳素:明胶=100:10:40。这些甲壳素、壳聚糖与纤维素的共混材料可用于农业上的育苗、包装等领域。

(3) 壳聚糖-淀粉复合材料

壳聚糖和淀粉复合薄膜不溶于冷热水，其拉伸强度高，可用于包装食品，克服了传统包装材料对人体和环境的不利影响。用热糊的土豆淀粉与壳聚糖的乙酸溶液和甘油混合后用流延法成膜，并经热处理得到薄膜，可用于食品包装等领域。壳聚糖和淀粉通过热膨胀后热压成型制备的发泡材料还可作为食品的包装容器，该材料具有较高的强度，可望在应用方面取代聚苯乙烯泡沫塑料。

参 考 文 献

[1] Aba S I. Int. J. Biol. Macromol., 1986, 8: 173.

[2] Augustin C, Frei V. Skin Pharmcol., 1997, 10 (2): 63.

[3] Baumann H, Scheen H, Huppertz B, et al. Carbohydr. Res., 1998, 308: 381.

[4] De Vincenzi M, Dessi M R, Muzzarelli R A. Carbohydr. Polym., 1993, 21: 295.

[5] Domard A, Cartier N. Int. J. Biol. Macromol., 1989, 11: 297.

[6] Domard A. Int. J. Macromol., 1987, 9: 333.

[7] Elcin Y M, Dixit V, Gitnick G. Artificial Organs, 1998, 22 (10): 837.

[8] Freiera T, Montenegroc R, Koha H S, et al. Biomaterials, 2005, 26: 4624.

[9] Gomez Guilen M, Gomez Sanchez A, Martin Zamora M E. Carbohydr. Res., 1992, 233: 255.

[10] Hackmann R H. J. Biol. Sci., 1954, 7: 168.

[11] Hayes E R. US Patent, 4619995, 1986.

[12] Holme K R, Perlin A S. Carbohydr. Res., 1997, 301: 43.

[13] Huang Y C, Ye M K, Chang C H. Inter. J. Pharma., 2002, 242: 239.

[14] Jameela S R, Kumary T V, Lal A V, et al. J. Control Release, 1998, 52: 17.

[15] Jenkins D W, Hudson S M. Macromolecules, 2002, 35: 3413.

[16] Kaplan D L. Biopolymers from renewable resources. Germany：Springer-Verlag，1998.

[17] Kurita K. Prog. Polym. Sci.，2001，26：1921.

[18] Lee K Y，Jo W H，Kwon I C，et al. Macromolecules，1998，31：378.

[19] Mi F L，Shu S S，Wu Y B，et al. Biomaterials，2001，22：165.

[20] Nara K，Yamaguchi Y，Tane H. US Patent，4651725，1987.

[21] Nishimura S I，Kai H，Shinada K，et al. Carbohydr. Res.，1998，306：427.

[22] Raymond L，Morin F G，Marchessault R H. Carbohydr. Res.，1993，246：331.

[23] Ren L，Miura Y，Nishi N，et al. Carbohydr. Polym.，1993，21：23.

[24] Rinando M，Dung P I，Milas M. Int. J. Biol. Macromol.，1992，14：122.

[25] Rinaudo M. Prog. Polym. Sci.，2006，31：603.

[26] Roberts G A F. Chitin chemistry. London：Macmillan，1992.

[27] Sabins S，Rege P，Block L H. Pharma. Dev. Technol.，1997，2：243.

[28] Smitha S，Sridhar S，Khan A A. Macromolecules，2004，37：2233.

[29] Takiguchi Y，Shimahara K. Agric. Biol. Chem.，1989，53：1537.

[30] Takiguchi Y，Shimahara K. Lett. Appl. Microbiol.，1988，6：129.

[31] Thacharodi D，Rao K P. Biomaterials，1996，17：1307.

[32] Varum K M，Anthonsen M W，Grasdalen H，et al. Carbohydr. Res.，1991，211：17.

[33] Yan G Y，Viraraghavan T. Bioresource Technology，2001，78（3）：243.

[34] Yusof N L M，Lim L Y，Khor E. J. Bimed Mater. Res.，2001，54：59.

[35] Zeng M，Zhang L. Polymer，2004，45：3535.

[36] Zong Z，Kimura Y，Takanashi M. Polymer，2000，41：899.

[37] 常德富，王江涛. 日用化学工业，2006，36（4）：243.

[38] 陈嘉川等. 天然高分子科学. 北京：科学出版社，2008.

[39] 陈煜，陆铭，罗运军等. 高分子通报，2004，2：54.

[40] 董炎明，毛微. 大学化学，2005，20（2）：27.

[41] 杜予民，唐汝培，樊李红. CN03118535. 5.

[42] 方波，江体乾. 华东理工大学学报，1998，24：286.

[43] 方月娥，吕小斌，王永明等. 应用化学，1997，14（5）：67.

[44] 戈进杰. 生物降解高分子材料及其应用. 北京：化学工业出版社，2002.

[45] 韩怀芬，单海峰. 化学世界，2000，5：241.

[46] 胡玉洁. 天然高分子材料改性与应用. 北京：化学工业出版社，2003.

[47] 蒋挺大. 甲壳素. 北京：化学工业出版社，2003.

[48] 蒋挺大. 壳聚糖. 北京：化学工业出版社，2001.

[49] 朗雪梅，赵建青. 造纸科学与技术，2003，22（3）：26.

[50] 刘其凤，任慧霞. 中国药事，2004，18（8）：507.

[51] 鲁从华，罗传秋，曹维孝. 高分子通报，2001，6：46.

[52] 马宁，汪琴，孙胜玲等. 化学进展，2004，16（4）：643.

[53] 王峰，赵士贵，王旭波. 现代生物医学进展，2007，7（9）：1405.

[54] 王惠武，董炎明，赵建青. 化学进展，2006，18（5）：601.

[55] 温永堂，郭振友，付振刚等. CN94119089. 7.

[56] 吴德升，赵定麟. 中国矫形外科杂志，1997，4（1）：46.

[57] 吴清基. 高科技纤维与应用，1998，23（2）：3.

[58] 谢长志，王井，刘俊龙. 材料导报，2006，20（4）：369.

[59] 许晨，卢灿辉. 功能高分子学报，1997，10：51.

[60] 严瑞瑄. 水溶性高分子. 北京：化学工业出版社，1998.

[61] 张凯，郝晓东，黄渝鸿等. 应用化工，2004，33（3）：6.

[62] 张俐娜. 天然高分子改性材料及应用. 北京：化学工业出版社，2006.

[63] 赵希荣. 精细与专用化学品，2003，18：18.

[64] 庄旭品，管云林，刘伟. 化工时刊，2001，2：13.

第5章 其他多糖类材料

多糖（polysaccharide）是生物体内一类重要的大分子，是由多个单糖分子缩合、失水而成的一类分子机构复杂且庞大的糖类物质。多糖来源广泛且可再生，多糖根据其来源可分为动物多糖（如糖原、甲壳素、肝素、透明质酸等）、植物多糖（如半纤维素、魔芋多糖、海藻酸钠等）以及微生物多糖（如环糊精、黄原胶、短梗霉多糖等）。多糖是构成生命的基本物质之一，如纤维素和几丁质等多糖可构成植物或动物的骨架，淀粉和糖原等多糖可作为生物体储存能量的物质等。除了储存能量和支持结构外，多糖还是一类重要的信息分子，在生物体内起着信息传递的功能。大量的药理和临床研究表明，多糖是一种非特异性的免疫调节剂（生物效应调节剂 BRM），它主要影响网状内皮系统（RES）、巨噬细胞（Mφ）、淋巴细胞、白细胞以及 RNA、DNA 和蛋白质的合成，cAMP（环化腺核苷-磷酸）与 cGMP（环化鸟苷-磷酸）的含量，抗体、补体的生成以及干扰素（IFN）的诱生，并具有抗肿瘤、抗炎、抗凝血、抗病毒、抗放射、降血糖、降血脂等活性。随着研究的深入，多糖在医疗上的价值越来越重要，新的用途也不断被发现。此外，多糖还在日用化妆品方面，在食品工业、发酵工业及石油工业等行业上也有着广泛的应用。

5.1 环糊精

1891 年，Villiers 从芽孢杆菌属（*Bacillus*）淀粉杆菌（*Bacillus amylobacter*）的淀粉消化液分离出一种未知物质，并确定其分子组成为 $(C_6H_{10}O_5)_2 \cdot 3H_2O$。这就是最早发现的环糊精（cyclodextrin，CD），当时由于其没有还原性并且能被酸分解，故而称之为"木粉"。1903 年，Schardinger 分离菌株消化淀粉时得到两种晶体，经确认它们与"木粉"是同种物质。为了区别，把与碘-碘化钾反应生成蓝灰色晶体的晶型叫做 α-环糊精，生成红棕色晶体的叫做 β-环糊精。20 世纪 30 年代中期，Frendenberg 最先得到纯的环糊精，并提出了这些结晶性糊精的结构，1948～1950 年，Frendenberg 和 Cramer 又发现了 γ-环糊精，并确认了其结构。20 世纪 70 年代后，环糊精化学的研究进入了鼎盛时期。1971 年，首个开展环糊精在药品、食品、化妆品、分析化学等领域研究的生物化学实验室成立。至此，环糊精进入工业应用时期。目前，许多国家都已开展对环糊精及其衍生物以及环糊精包合技术等方面的研究，并且已有多种环糊精产品进入工业化生产阶段。随着人们对其深入了解，相信会有更多的环糊精产品问世并应用于更多领域。

5.1.1 环糊精的结构与性质

5.1.1.1 环糊精的结构

环糊精是环糊精葡萄糖转位酶（CGTase，由嗜碱性杆菌在中性或碱性条件下制造的一种碱性淀粉酶）作用于淀粉的产物，是由六个以上葡萄糖以 α-1,4-糖苷键连接的环状寡聚糖。其中最常见、研究最多的是 α-环糊精（α-cyclodextrin）、β-环糊精（β-cyclodextrin）、γ-环糊精（γ-cyclodextrin），分别由六个、七个和八个葡萄糖分子构成，是相对大和相对柔性的分子。经 X 射线衍射和核磁共振研究，证明环糊精分子呈锥柱状或圆锥状花环，有许多可旋转的键和羟基，内有一个空腔，表观外型类似于接导管的橡胶塞，如图 5-1 所示。空腔内部排列着配糖氧桥原子，氧原子的非键电子对指向中心，使空腔内部具有很高的电子密度，因而表现出部分 Louis 碱的性质。

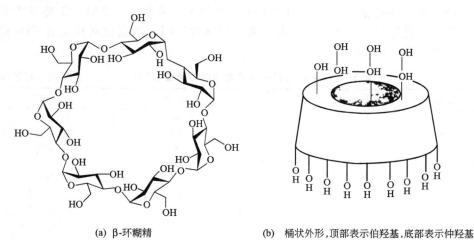

(a) β-环糊精　　　(b) 桶状外形,顶部表示伯羟基,底部表示仲羟基

图 5-1　环糊精的分子结构表达式

环糊精分子构型为葡萄糖的 C_1 椅式构型，在它的空腔内部含有—CH—和葡萄糖苷结合的 O 原子，故而呈疏水性。葡萄糖的 2 位和 3 位的—OH 基在筒体的一端开口处，6 位的—OH 基在筒体的另一端开口处，所以筒体的二端开口处都呈亲水性，在水中有一定的溶解度。

5.1.1.2　环糊精的性质

环糊精（CDs）像淀粉一样，可以贮存多年不变质。CDs 在碱性乃至强碱性溶液中都是稳定的，在酸性溶液中则部分水解生成葡萄糖和非环麦芽糖。由于环糊精没有还原性末端，因而总体来说，其反应活性较低，只有少数的酶能使它明显水解。CDs 没有一定的熔点，当温度升至约 200℃时开始分解。CDs 具有良好的结晶性。在 α-CD、β-CD 和 γ-CD 中，以 β-CD 最易制备成晶体，浓水溶液（20%～60%）在室温或冷冻下放置，特别是当用玻璃棒搅动时迅速生成大量白色粉末晶体，2%～5% 以下的稀溶液室温下长时间放置可生成体积较大的透明立方晶体。α-CD 由于水中溶解度大，不易得到晶体，但 12% 的浓 α-CD 水溶液在长时间冷冻下能得到无色的针状晶体。不同类型的 CD 可与碘液（$I_2 \cdot KI$）形成不同颜色、形状的包结物晶体，以此来简单快速的判断样品是否为 CDs 以及是哪种 CD。例如，$\alpha\text{-CD} \cdot I_2 \cdot KI$ 包结物晶体在低浓度时为蓝-黑色板状正六边形，而高浓度时则为黑色长针状；$\beta\text{-CD} \cdot I_2 \cdot KI$ 晶体为棕黄-黄棕色短针状晶体；$\gamma\text{-CD} \cdot I_2 \cdot KI$ 晶体为棕黄色小方块状晶体。CDs 不具有吸湿性，但易形成各种稳定的水合物。其在水中的溶解度是温度的函数，如表 5-1 所示。

表 5-1　不同温度下 CDs 在水中的溶解度

$T/℃$	溶解度/(mg/g)			$T/℃$	溶解度/(mg/g)		
	α-CD	β-CD	γ-CD		α-CD	β-CD	γ-CD
20	90	16.4	185	55		60.5	
25	127	18.8	256	60		72.9	
30	165	22.8	320	65		101.8	
35	204	28.3	390	70		120.3	
40	242	34.9	460	75		148.0	
45	285	44.0	585	80		196.6	
50	347	52.7					

α-CD、β-CD、γ-CD 在水中的溶解度不同，尤其是 β-CD，与 α-CD、γ-CD 相比溶解度反常的低。

能溶解 CDs 的有机溶剂屈指可数。表 5-2 列出了 α-CD、β-CD、γ-CD 在常用有机溶剂中的溶解度。CDs 在一些通常作为溶剂的有机化合物如苯、甲苯、石油醚、丁醇等中的溶解度较低，主要原因是生成了包结物，因此，常使用这些溶剂作为沉淀剂从混合 CDs 的水溶液中选择回收较纯的一种 CD。

表 5-2　CDs 在各种有机溶剂中的溶解度（25℃）　　　　　单位：g/100ml

有 机 溶 剂	α-CD	β-CD	γ-CD
甲醇(100%)	×	×	>0.1
甲醇(50%水溶液)	0.3	0.3	208.0
乙醇(100%)	×	×	>0.1
乙醇(50%水溶液)	>0.1	1.3	2.1
异丙醇	×	×	>0.1
丙酮	×	×	>0.1
三氯甲烷	×	×	>0.1
吡啶	7	37	—
四氢呋喃	×	×	×
二甲基甲酰胺	54	32	—
二甲基亚砜	2	35	—
乙二醇	9	21	—
丙二醇	1	2	—
甘油	×	4.3	—

注："×"表示不溶；"—"表示无测试数据。

环糊精特殊的疏水空腔结构赋予其独特的性质，即在水溶液中具有容纳其他形状和大小适合的疏水性物质的分子、离子或基团而嵌入其洞中、形成包合物的特性。环糊精在包合物中作为"主体"，在其空腔内将其他物质的分子作为"客体"包合起来，故人们形象地称之为"分子囊"，也有称为"超微囊"。能被环糊精包合的物质范围很广，包括稀有气体、卤素等无机化合物和许多有机化合物，当各种物质被环糊精包合后，其稳定性、挥发性、溶解性等各种理化性质会发生显著的变化。包合是一种物理过程，目前普遍认为环糊精与客体之间主要存在着以下几种作用力：①环糊精与客体之间的范德华引力（偶极力、色散力、诱导力）；②客体分子与环糊精羟基基团之间的氢键作用力；③客体与环糊精之间的库仑力；④环糊精与客体之间相互作用的疏水力；⑤主客体形成包合物时释放的高能水合张力能；⑥被客体取代释放出的水分子部分补偿了由于环糊精分子与客体结合而引起的熵失。环糊精所形成的包合物是在单分子空洞内，而不是在晶格中，所以它在水中溶解时，包合物的形式仍然稳定，并不分裂。正是这一特性，使得环糊精的工业应用范围相当广泛。

5.1.2　环糊精的修饰与应用

5.1.2.1　环糊精的修饰

修饰环糊精（modified cyclodextrins）是指在保持大环基本骨架不变的情况下引入取代基，因而，修饰后的环糊精也称为环糊精衍生物（cyclodextrin derivatives）。

母体环糊精（天然环糊精）具备空腔，可以作为结合底物或客体分子的位点，但是对于用于构筑超分子、特别是功能化超分子聚集体来说，则显得力不从心，因而如何用环糊精分子作为骨架构筑各种超分子，就成为环糊精化学的一个重要研究课题，这也是合成化学家们将眼光投向修饰环糊精的原因。

环糊精通过修饰可以达到下述目的：

① 引入基团增加水溶性，特别是包结物或超分子复合体的水中溶解度；

② 在结合位附近构筑立体几何关系，形成特殊的手性位点；

③ 进行三维空间修饰，扩大结合空腔或者提供有特定几何形状的空间，以与底物或客体分子有适宜的匹配；

④ 引入特殊基团，构筑有特殊功能的超分子和自集成超分子聚集体；

⑤ 引入特殊原子或基团，构筑研究弱作用力模型；

⑥ 融入高分子结构，获得有特殊性质的新材料。

从理论上讲，环糊精可以进行各种各样的反应。从构成环糊精的基本单元吡喃葡萄糖环的结构和键的化学性质出发，可以进行反应和断裂的有 C_2、C_3 和 C_6 位的—OH 以及 C—O、C—H、C—C 键，然而人们的修饰兴趣通常在于保持大环不变下的反应，即对羟基的亲电进攻。从化学反应性考虑，环糊精分子中 3 种羟基的反应活性顺序是 C_6—OH>C_2—OH>C_3—OH，酸性强弱顺序则为 C_2—OH>C_3—OH≫C_6—OH。C_2 与 C_3 位羟基的活性也有明显的差别，C_3 位羟基活性要比 C_2 位低得多，由于互相处于邻位，从而影响 C_2 位上的取代，使之反应不完全，但当 C_3 位羟基磺酰化后，在碱性条件下也易与 C_2 位羟基生成 2,3-脱水环糊精。由于空间位阻效应，体积较大的反应试剂优先与 C_6—OH 反应。C_2—OH 酸性最强，pK_a＝12.2，在无水条件下易选择性地去质子，进而与亲电试剂反应。C_3—OH 反应性最低，在 C_2—OH、C_6—OH 已被封锁之后才能选择性地进行反应。羟基可以直接与卤代烃、环氧化合物、烷基或芳基酰卤、异氰酸酯以及无机酸的衍生物等反应生成环糊精的醚或酯。

环糊精可以通过上述反应引入各种基团，但是由于分子是由 6～8 个具有相同结构、构型和反应活性的吡喃葡萄糖单元组成，因而这些反应的产物大多是多种异构体的混合物，欲获得纯净的化合物，则需要较高的分离提纯技术，并且取代基如何选择定位也是比较关键的问题。

通常选择定位的有效途径有如下方法。

（1）控制反应条件

在不同的溶剂中，取代基可以选择地与不同羟基反应。例如，磺酰化剂 TsCl 与 α-CD、β-CD、γ-CD 反应，在吡啶溶剂（弱碱性）中进入 C_6 位，而在碱性水溶液（pH12～13）中多数情况选择进入 C_2、C_3 位。如在选择修饰时，仔细调控 pH 值、修饰剂、溶剂和反应时间，可以在 α-CD、β-CD、γ-CD 的 C_2 位和 C_3 位之间选择定位磺酰基，从而可以选择定位转化后基团的位置。

（2）通过中间体定位

如在（1）中所述选择适宜的条件，可以得到 C_6 或 C_2、C_3 位单取代的环糊精对甲苯磺酸酯，再与亲核试剂反应，在此活化位引入取代基得到定位去氧衍生物。生成的 2-O-甲苯磺酰基环糊精、6-O-甲苯磺酰基环糊精可以转化为相应的脱水环糊精，在有亲核试剂进攻时开环生成新的衍生化环糊精。对于需要在确定吡喃葡萄糖单元引入两个取代基的结构时，可采用空间位置适宜的二磺酰氯与之进行上述反应，从而得到确定相对位置的二取代衍生物。

（3）利用保护基选择定位

α-CD、β-CD 中，相同羟基的反应性不同，β-CD 仲羟基一侧存在很强的氢键网络，在进行选择多磺酰化时没有发现仲羟基甲苯磺酰基化的产物，而同样条件下 α-CD 则极易得到仲羟基甲苯磺酰基化产物。基于这种性质上的差别，在合成 C_6 位选择修饰 β-CD 时，可以采用在伯羟基处首先生成全取代的三苯基磷鎓醚进行活化，随后在 C_6 位进行亲核取代的方法，得到预定的修饰环糊精。对于 α-CD 则适于采用首先将吡喃葡萄糖单元的全部羟基苯甲酰化，而后用 2-丙醇钾在 2-丙醇-苯溶液中选择脱去全部 C_6 位取代基，在 C_6 位引入预定取代基后，再于甲醇-KOH 溶液中醇解，脱去全部 C_2、C_3 位的苯甲酰基。

5.1.2.2 环糊精的应用

（1）环糊精的包结功能

包结技术是指一种分子被包嵌于另一种分子的孔穴结构内，形成包结物的技术。这种包结物是由主分子和客分子两种组分加合而成，主分子具有较大的孔穴结构，足以将客分子容纳在内。由于环糊精的外缘亲水而内腔疏水，因而它能够像酶一样提供一个疏水的结合部位，作为主体包结各种适当的客体，如有机分子、无机离子以及气体分子等。这种选择性的包结作用即通常所说的分子识别，其结果是形成主客体的包结物。环糊精是迄今所发现的类似于酶的理想宿主分子，并且其本身就有酶模型的特性。因此，在催化、分离、食品以及药物等领域中，环糊精受到了极大的重视和广泛应用。

（2）环糊精包结物的制备方法

目前，工业上主要以淀粉为原料，采用微生物发酵的方式生产环糊精。其主要阶段包括菌种的筛选、培养；环糊精葡萄糖转位酶（CGTase）的制备；CGTase 的分离、纯化、浓缩和粉体化；CGTase 转化淀粉制备环糊精；环糊精的分离、纯化和结晶。

环糊精包结物的制备方法主要有共沉淀法、研磨法、冷冻干燥法、超声波法以及喷雾干燥法等。

① 共沉淀法。在环糊精的饱和水溶液中加入客体分子化合物，混合 30min 以上，大多数的包结物几乎是定量地沉淀分离，但是有些溶解度大的分子，相当数量的包结物溶解在溶液中，不能定量地沉淀分离。对于那些难溶、难分散的固体客体分子，需要少量适当的溶剂（如丙酮等）溶解后，再混合，就可得到均匀的包结物。将析出的包结物过滤、洗涤后，再根据客体分子的性质，用适当的溶剂洗涤、干燥，即得稳定的包结物。

② 研磨法。取环糊精加入 2～5 倍的水，混匀后加入客体分子物质（必要时将客体分子物质溶于有机溶剂中），在研磨机中充分混合，研成糊状物，干燥后，再用适当溶剂洗涤，即得稳定的包结物。

③ 冷冻干燥法。如得到的包结物溶于水或在加热干燥条件下易于分解和变色，但又要求得到粉末状包结物的情况下，可通过冷冻干燥法去除溶剂，使包结物粉末化。

（3）环糊精的应用

① 医药工业。医药工业上，环糊精多数作为药物载体使用，将药物分子全部或部分包裹于其中，类似微型胶囊。将环糊精与药物如苯巴比妥、氯霉素等制成包结物，可以增加药物的溶解度。用环糊精处理药物后，还可以增加药物的稳定性，如维生素 A-环糊精包结物在 100％氧气环境（37℃）中，自氧化试验是稳定的，4h 内吸氧少于 $10\mu L$。维生素 D_2 与 β-环糊精制得的包结物，对光、氧、热稳定，于 60℃ 放置 10h，含量为 100％，而对照品则为 0。环糊精包结药物后，还具有降低药物的刺激性、毒性、副作用以及掩盖苦味等功效。如吲哚美辛与 β-环糊精制得的包结物，比吲哚美辛耐受性好，加入微粉硅胶、微晶纤维素等辅料，制成胶囊剂，具有吲哚美辛相同的抗炎效能，但无引起溃疡的副作用。保泰松与 β-环糊精的包结物，经大鼠给药试验，能有效地减轻药物对胃的损伤。利用环糊精还可以将挥发性液体、固体、油状液体药物进行粉末化。如肉桂醛、肉桂酸甲酯、乙酯等液体与 β-环糊精形成包结物后，其挥发性大大降低。三硝酸甘油的乙醇溶液与 β-环糊精制得的粉状包合物，稳定性好，安全、无爆炸性。碘、碘化钾与 β-环糊精制得粉状包结物，无碘臭，室温放置 1 个月，重量无损失。薄荷醇与 β-环糊精水溶液包结，可形成不挥发性包结物，加入其他辅料即可制粒压片。此外，环糊精包结还可以提高药物的生物利用度。如水杨酸与 β-环糊精形成的

包结物，口服生物利用度比单纯的两者混合物为高，包结物中分子分散状态的客分子物质在肠道内释放较快。巴比妥衍生物与β-环糊精的包结物，比单体溶解度大，胃肠道吸收较快。家兔体内试验表明，能提高巴比妥的生物利用度。吲哚美辛、氟芬那酸、布洛芬等与β-环糊精形成冷冻干燥包结物后，与它们的单体冷冻干燥剂相比，家兔口服给药的血药浓度、累积尿排药量均较高。

② 化妆品工业。在化妆品工业上可以使用环糊精的复合物作为中介物，以改善活性成分的性能。例如，利用抗衰老活性成分来防止皮肤老化，如维生素A、维生素E和维生素F等，甚至越来越多的在化妆品中添加从一种植物的叶子中提取出来的茶树油。对于以上的有效物质，尽管特别有效，但是它们对紫外线、热和大气的氧化都很敏感，容易受到破坏。因此必须进行有效的保护才能使化妆品延长货架寿命。但是，这个保护不但不能破坏活性成分，而且不能产生副产品。利用环糊精就可以达到这种效果。在环糊精微囊中装入抗衰老物质，微囊就在皮肤表层溶解以释放活性成分，目前这种微囊包结处理工艺已经相当成熟。

③ 纺织工业。环糊精在纺织工业上同样具有很大的发展潜力。由于环糊精具有独特的外部亲水、内部疏水的分子结构，环糊精处理到织物上后可以赋予织物某些性能，如提高合成纤维的吸湿性、吸收不愉快的气味、吸收人体排出的汗水以及微生物降解汗水所产生的异味等。利用包结药物的环糊精处理过的织物，还具有保健或抗菌作用。利用环糊精包结香料或香精，在特定的环境下缓慢释放，可使织物持久留香。在织物加工过程中，可将芳香整理与服装的功能相结合，如袜子、内衣等产品可用抗菌除臭香精、床上用品可用镇静安神的香精、工作服上可用提神醒脑香精等。

④ 印染工业。将环糊精用于印染工业中可以提高难溶性染料的"溶解度"，如分散黄23染料经β-环糊精包结后其溶解度可由原来的23mg/L增至589mg/L，从而提高了染料在水中的分散性，使染色后的织物不匀性得到改善。环糊精与染料之间形成包结物的主要作用力为疏水键，当外力大于此作用力时，染料分子将会重新释放出来。因此使用环糊精-染料包结物进行染色时，降低了染料的初始上染速率，有利于匀染。当使用环糊精-染料包结物进行染色时，染料以分子形式吸附到纤维表面，染浴中未固着的染料量减小，因此可以提高染料的上染量，减少染色废水中的残留染料量，提高了染料的利用率。另外，天然染料的稳定性较差，影响了其染色性能。经环糊精包结后，染料分子进入环糊精的空腔中，染料的活性部分被藏在环糊精之中，相对减少了与外界环境（如光、热等）的接触机会，从而提高了染料的稳定性。

⑤ 环境保护。利用环糊精对客体的分子识别作用装配分子传感器，可用于有害气体（如多环芳烃）的检测。此外，环糊精还可用于染整废水的处理。在印染废水处理中，微生物代谢是最有效、最经济的净化方法之一，但是某些印染废水中存在的大量毒性物质会使微生物组织"麻醉"失活，甚至完全失活。若在废水中加入环糊精，毒性物质可比较容易地与环糊精形成包结物，被暂时地包结起来。而且环糊精具有一定的亲水性能，可有效地避免有机毒性物质的疏水基团对微生物细胞膜的亲合与破坏。

⑥ 食品工业。食品工业上通常将香料等芳香物质与环糊精一起制成包结物来使用，这样可以简化家庭烹调并可以在很大范围内选择香型和品味，而且各种片状或粉状芳香成分可以长期储存而不至于损失活性成分，同时还可以避免含芳香成分的调料对胃肠产生的刺激。还可以利用环糊精去除食品中不希望有的成分或异味，如羊肉加工和鱼肉炼制品中的膻味或鱼腥臭、大豆制品中的豆腥味、咖啡中的咖啡因等。此外，在食品加工过程中，添加环糊精能够改善许多食品的物理性质（如改进乳化作用、保持色泽等）从而提高产品的品质。在食品的防腐方面，可以将环糊精与防腐剂形成包结物，从而在保持防腐功能的同时降低防腐剂

的毒性。

⑦ 农业。用 β-CD 水溶液处理春小麦的种子，可使种子发芽推迟，但可令后期产量增收 20%～45%；同样，将一定浓度的 β-CD 水溶液在一定生育期喷洒番茄、红辣椒等蔬菜的叶面，可对蔬菜产生类似的增产效应。环糊精还可用于农药的调节、增溶和长效。农药经环糊精包结后，可增加药物对光的稳定性、减少挥发性、延长药效，降低对人畜的接触毒性，如除虫菊酯、有机磷等包结物具有上述的特点。在一定压力下，乙烯与 α-CD 可形成稳定的包结，这种粉末晶体能缓慢地释放出乙烯气体，因而可用作植物生长素。

5.2　半纤维素

半纤维素广泛存在于植物中，针叶材含 15%～20%，阔叶材和禾本科草类含 15%～35%，是一种植物资源中含量仅次于纤维素的、取之不尽、用之不竭的再生性植物资源。半纤维素是构成植物细胞壁的主要组分，是植物组织中聚合度较低的（平均聚合度约为 200）、在植物细胞壁中与纤维素共生、可溶于碱溶液、遇酸后又远较纤维素易于水解的那部分非纤维素植物多糖。

5.2.1　半纤维素的结构与性质

5.2.1.1　半纤维素的结构

与纤维素不同，半纤维素是两种或两种以上单糖组成的不均一聚糖，是一群复合聚糖的总称。原料不同，复合聚糖的组分也不同。组成半纤维素的糖基主要有 D-木糖基、D-甘露糖基、D-葡萄糖基、D-半乳糖基、L-阿拉伯糖基、4-O-甲基-D-葡萄糖醛酸基、D-半乳糖醛酸基、D-葡萄糖醛酸基等，还有少量的 L-鼠李糖基、L-岩藻糖基和乙酰基等。一种半纤维素一般由两种或两种以上糖基组成。大多带有短支链的线状结构。构成半纤维素主链的主要单糖有木糖、甘露糖和葡萄糖，构成半纤维素的支链的主要单糖有半乳糖、阿拉伯糖、木糖、葡萄糖、岩藻糖、鼠李糖、葡萄糖醛酸和半乳糖醛酸等。一种植物往往含有几种由两或三种糖基构成的半纤维素，其化学结构各不相同。树茎、树枝、树根和树皮的半纤维素含量和组成也不同。因此，半纤维素是一类物质的名称。

半纤维素主要分为三类，即聚木糖类、聚葡萄甘露糖类和聚半乳糖葡萄甘露糖类。聚木糖类是以 1,4-β-D-吡喃型木糖构成主链，以 4-O-甲基-吡喃型葡萄糖醛酸为支链的多糖；聚葡萄甘露糖类是由 D-吡喃型葡萄糖基和吡喃型甘露糖基以 1,4-β 型键连接成主链的多糖；另一类聚半乳糖葡萄甘露糖类则是在此主链的若干 D-吡喃型甘露糖基和 D-吡喃型葡萄糖基上用支链的形式以 1,6-α 型键连接 D-吡喃型半乳糖基的多糖。半纤维素的分布因植物种属、成熟程度、早晚材、细胞类型及其形态学部位的不同而有很大差异。例如针叶材的主要半纤维素是聚半乳糖葡萄甘露糖类，而阔叶材和禾本科草类的却是聚木糖类；针叶材、阔叶材的射线细胞比管胞细胞和纤维细胞含较多的聚木糖类；在针叶材细胞次生壁的中层，聚木糖类含量最低，在次生壁外和内层却较高，而聚半乳糖葡萄甘露糖类的分布则恰恰相反。

半纤维素是不均一聚糖，由两种或两种以上糖基组成，命名时要将半纤维素的各种糖基都列出，常用的表示方法是首先列出支链的糖基，当含有多个支链时，将含量少的支链排在前面，将含量多的支链排在后面，而将主链的糖基列于最后，若主链含有多于一种糖基时，则将含量少的主链糖基排在前面，含量多的主链糖基列于最后，并于各糖基之前加“聚”字。例如，聚 O-乙酰基-4-O-甲基葡萄糖醛酸木糖，表示木糖是主链糖基，而乙酰基和 4-O-甲基葡萄糖醛酸是支链糖基，并且乙酰基含量少于 4-O-甲基葡萄糖醛酸含量。

在半纤维素的结构中，虽然主要是线状的，但大多带有短支链。为了表示半纤维素带有支链的情况，可以引用分支度的概念，以表示半纤维素结构中支链的多少，支链多的分支度高，分支度高低对半纤维素的物理性质有很大影响。例如，用相同溶剂在相同条件下，同一类聚糖，分支度高的聚糖溶解度较大。

5.2.1.2　半纤维素的性质

由于半纤维素的化学结构和大分子聚集状态与纤维素有很大差别，在天然状态为无定形物，聚合度低，可反应官能团多，化学活性强，所以化学反应比纤维素复杂，副反应多，并且反应速度快。与纤维素酸性水解一样，半纤维素的苷键在酸性介质中被裂开而使半纤维素发生降解，在碱性介质中，半纤维素也可发生剥皮反应和碱性水解。半纤维素的羟基可发生酯化和醚化反应，形成多种衍生物，也可发生接枝共聚反应，制备各类复合高分子材料。

半纤维素是木材高分子聚合物中对外界条件最敏感、最易发生变化和反应的主要成分。它的存在和损失、性质和特点对木材材性及加工利用有着重要影响。

（1）对木材强度的影响

木材经热处理后多糖的损失主要是半纤维素，因为在高温下半纤维素的降解速度高于纤维素，耐热性差。半纤维素在细胞壁中起黏结作用，所以半纤维素的变化和损失不但降低了木材的韧性，而且也使抗弯强度、硬度和耐磨性降低。

（2）对木材吸湿性的影响

半纤维素是无定形物，具有分支度，主链和侧链上含有较多羟基、羧基等亲水性基团，是木材中吸湿性强的组分，是使木材产生吸湿膨胀、变形开裂的因素之一。另一方面，在木材热处理过程中，半纤维素中某些多糖容易裂解为糖醛和糖类的裂解产物，在热量的作用下，这些物质又能发生聚合作用生成不溶于水的聚合物，因而可降低木材的吸湿性，减少木材的膨胀与收缩。

（3）对木材酸度的影响

半纤维素是木材呈现弱酸性的主要原因之一。半纤维素具有较多的还原性末端基，易氧化为羧基，在潮湿和湿度高的环境中，半纤维素分子上的乙酰基易发生水解而生成醋酸，使木材的酸性增强，当用酸性较高的木材制作盛装金属零件的包装箱时可导致对金属的腐蚀。在木材的窑干过程中，由于喷蒸和升温，能加速木材中的半纤维素水解生成游离酸，因而导致长期使用的干燥室的墙壁和干燥设备出现腐蚀现象。

（4）对纤维板生产工艺的影响

半纤维素的存在与变化对纤维板生产工艺有一定影响。①软化。在纤维分离之前，原料需要进行软化处理，而软化过程与半纤维素的水解作用有关，半纤维素水解时生成的酸又成为水解过程的催化剂。半纤维素和木质素一样，也具有热塑性，其软化温度与木材含水率有关。当水分含量升高时，软化温度降低。②磨浆。半纤维素的润胀能力比纤维素强。半纤维素含量多的原料，其塑性大，容易分离成单体纤维或纤维束，缩短磨浆时间，提高设备利用率；同时由富有塑性的原料制得的浆料，横向切断少，纵向分裂多，有利于提高纤维板的强度。③热压。木材中的纤维素和半纤维素都含有大量的游离羟基，热压时这些组分中的羟基相互作用形成氢键和范德华力的结合，因而湿法纤维板不施胶而能热压成板。此外，木质素和其降解产物（含多酚类物质）与半纤维素的热解产物（糠醛等）发生反应形成的"木质素胶"有良好的黏结作用，即"无胶胶合（self-bonding）"。因而热压后纤维板具有较高的力学强度。④废水。水是湿法纤维板生产过程浆料的载体，生产厂家每天都要排放大量的废水。废水中含有大量的溶解糖类，这大部分是由于木材中的半纤维素在热磨热压过程中发生水解和降解作用的结果。废水中的溶解物质，一方面，加重了对江河湖泊及周围环境的污染；另一方面，废水中的糖类物质，可通过酶的作用而转化成为饲料酵母，提高资源利用率。

5.2.2 半纤维素的改性与应用

5.2.2.1 半纤维素的改性

尽管半纤维素广泛分布于植物中，但是由于结构的复杂性限制了其在工业中的应用。例如，大多数半纤维素具有很强的氢键，因而在水中不溶。另外，半纤维素具有独特的化学结构，不同类型的单糖（杂多糖）和不同类型的官能团（如羟基、乙酰基、羧基、甲氧基等），与纤维素和淀粉相比，这些不同类型的聚糖具有不同的化学行为，这些也将限制它们的应用。为了克服半纤维素的缺点，可以对其进行化学改性。通常的方法是对其进行官能团的衍生化，衍生化方法根据取代基与半纤维素成键的方式不同可分为氧化、醚化、酯化等。根据取代基种类的不同，半纤维素可分为非离子半纤维素、阳离子半纤维素、阴离子半纤维素。改性半纤维素的一个重要技术指标就是取代度（DS），取代度越大，被改性的半纤维素越多，就有越多的取代基物质接枝到半纤维素链上。半纤维素的改性为最大限度开发半纤维素的不为人知的宝贵特性提供必要条件，为其成为一种新型的可降解聚合物提供了很大的应用空间。

半纤维素与低分子醇类相似，半纤维素上的羟基可与酸反应生产半纤维素酯，与烷基化试剂反应生产半纤维素醚。半纤维素的醚化与酯化是最重要的半纤维素衍生化反应。

（1）半纤维素的酯化

在半纤维素的酯化反应中，最为常见的是半纤维素的乙酰化反应。乙酰基比羟基更加疏水，因此半纤维素的乙酰化是一种改善聚合物疏水性能应用最广泛的方法。用乙酸酐对半纤维素进行乙酰化反应，能够增强半纤维素的抗水性能。半纤维素羟基基团的衍生化作用还可以减少半纤维素形成强氢键结合网络的倾向，提高半纤维素膜的柔韧性，其改性产物可用来生产可降解的食品包装膜。通常，这类反应可在多相介质或均相介质中进行，生成相应的具有不同取代度的产物。目前大部分酯化改性在多相介质中完成，且未对半纤维素进行预活化处理，因而酯化反应的产率低、成本高，限制了工业应用。在均相体系中对半纤维素进行酯化改性，不但可以获得满意的产率而且可以减少半纤维素主链的解聚程度，反应速度可提高5～10倍，从而使产量提高，生产成本降低。

乙酰化反应一般采用酸酐或酰基氯在叔胺（如吡啶和4-二甲氨基吡啶）催化剂存在的条件下进行。传统的乙酰化催化剂4-二甲氨基吡啶价格昂贵并且容易吸水，国内华南理工大学的孙润仓首次将 N-溴丁二酰亚胺（NBS）用作半纤维素酯化反应的催化剂，以代替4-二甲氨基吡啶。在 N,N-二甲基甲酰胺/氯化锂的均相体系中，以NBS为催化剂对从蔗渣中分离出的半纤维素进行乙酰化。结果表明，NBS不仅是一种快速高效的乙酰化催化剂，可在几乎中性的温和反应条件下催化反应，而且NBS还具有价格便宜、容易获得等优点。使用NBS催化剂得到的半纤维素乙酸酯取代度较低，一般在0.41～0.82的范围内。低取代度的半纤维素通常适合于生产环境友好的热塑性材料。利用4-二甲氨基吡啶（DMAP）作为乙酰化催化剂进行反应，可以得到较高取代度的产物，如在 N,N-二甲基甲酰胺/氯化锂的均相体系中，采用DMAP作催化剂，对从麦草中提取的半纤维素进行乙酰化，其取代度为0.59～1.25。

半纤维素与长链酰氯类酯化剂反应可赋予半纤维素以抗水性能。相反，半纤维素与丁二酸反应则赋予半纤维素以亲水性能。另外，半纤维素侧链高密度的羧基还能够表现出优良的性能，如金属的螯合作用。通常，丁二酰化反应在碱存在条件下进行，如采用吡啶和4-二甲氨基吡啶（DMAP）共同催化进行化学改性半纤维素，但这些催化剂价格昂贵，限制了工业上的应用。采用价格低廉的 N-溴丁二酰亚胺也具有同样的催化效果。改性后的半纤维素羧基含量明显增加，不但半纤维素的亲水性增强，而且具有良好的金属螯合能力。

（2）半纤维素的醚化

半纤维素的羟基可与烷基化试剂反应生产半纤维素醚。使用不同的醚化剂，如卤代物、环氧化合物以及烯类单体与半纤维素反应可生成不同的醚化产物。

羧甲基半纤维素一直是人们热衷研究的重点之一。将半纤维素羧甲基化便可得到羧甲基变性半纤维素（carboxymethyl modified hemicellulose，CMMH）。其制备方法类似于羧甲基纤维素，把半纤维素悬浮在碱性乙醇溶液中，加入醚化剂，反应完毕过滤出产物，再用乙醇洗至无氯离子。例如以一氯醋酸为醚化剂，将从麦草碱制浆黑液中提取的半纤维素进行羧甲基化反应，制备羧甲基变性半纤维素。可以通过控制一氯醋酸和氢氧化钠的用量而调节反应产物的取代度。如一氯醋酸的用量为 $5\sim10mol/mol$ 对糖基、氢氧化钠的用量为一氯醋酸的 2 倍（摩尔比）时，可得到取代度为 $0.3\sim0.6$ 的产物。经多方药理验证，产品具有提高免疫功能的作用，能够防止放疗引起的骨髓抑制，迅速增高白细胞。羧甲基变性半纤维素在药用方面的效果优于其他天然多糖的羧基化衍生物，具有广阔的药用前景。

季铵化的半纤维素能够增加半纤维素的水溶性、阳离子性或两性离子性，并且具有较高的取代度以及与阳离子聚合物和两性聚合物相似的化学特性。其合成方法与阳离子淀粉相类似，如在碱催化下将半纤维素与 3-氯-2-羟丙基三甲基氯化铵反应，经过加热、搅拌、过滤、洗涤、中和、干燥而得到羟烷基阳离子半纤维素。

半纤维素醚化的取代度对聚合物物理性能（如水溶性、溶胀性等）的影响较大。取代度的均一性主要在于半纤维素链上等同的衍生化反应。均相体系醚化反应提供了反应的均一性和比多相反应产生更为均匀分布的产物，可以获得满意的得率，并且可降低半纤维素主链的解聚程度。例如，半纤维素的甲基化反应可以在均相体系中实现。在均相体系中对半纤维素进行改性，可以有效控制半纤维素的取代度，有规律地将取代基团引入到半纤维素主链上，比非均相体系更好地控制所得产物的物理化学性质，有利于提高反应速度和产品性质的均一性。

5.2.2.2　半纤维素的应用

（1）在生物和医药工业的应用

近年来，半纤维素特别是富含木聚糖的半纤维素在生物和制药工业中的应用引起了人们的广泛兴趣，但是人们还没有完全认识到半纤维素利用的潜力。木聚糖很容易从农林废弃物（如玉米芯、稻壳、农作物秸秆）、果皮、果壳、刨花和锯末等中获得，与半纤维素的分离也相对容易。如从几种禾本科植物分离出的阿拉伯糖木葡聚糖具有免疫刺激行为；从肉桂树皮中分离出的阿拉伯糖木聚糖与网状内皮组织系统有关；从车前草种子中分离的高分枝度的半纤维素具有很强的抗补体行为；从木姜子属植物中分离出来的高分枝度、水溶性的阿拉伯糖木聚糖，经水煎熬出的汁在斯里兰卡用作土产医药等。

据报道，从富含木聚糖的一年生植物废弃物（如竹叶、玉米秆、小麦草）和从日本山毛榉中分离的 4-O-甲基葡萄糖醛酸木糖，具有明显的抑制恶性肿瘤-180 及其他肿瘤的行为，这大概是由于其对非特异性免疫防御主体的直接刺激所致。另外，含有羧甲基化木聚糖的木材半纤维素具有刺激 T-淋巴细胞和免疫细胞的作用，被称为中国新的抗癌药物；从某些植物中分离出的 4-O-甲基葡萄糖醛酸木糖和高分枝度乙酸异木糖还具有抗发炎性。

磷酸化的木聚糖及其他多糖的抗凝血作用可与硫酸化多糖相媲美。在欧洲，近 30 年来从山毛榉葡萄糖醛酸木糖衍生的戊聚糖多硫酸盐（PPS）一直被作为抗凝血剂，其抗凝血能力可与肝素媲美。另外，PPS 的生物学行为非常广泛，与肝素钠相比，PPS 能延迟皮肤过敏反应，能够降低患有结石的老鼠体内血清中胆固醇和甘油三酸酯的水平。此外，研究还表明 PPS 不仅是一种有效的抗癌剂，还对疼痛、急症和间质性膀胱炎等的治疗有显著疗效。标记了红色的木聚糖硫酸盐可以作为一种新型荧光探针，用来探测人类克隆组织的冷冻切片中肿瘤细胞的位置，并且还具有将细胞素的化合物运输到克隆组织的作用。

半纤维素还可以作为一种新型的预防和治疗变性关节疾病的药物，或作为胆固醇抑制剂、镇静剂、药片分解剂和艾滋病毒抑制剂等用于医药卫生行业。

（2）在食品工业上的应用

在食品工业中，半纤维素可作为食品黏合剂、增稠剂、稳定剂、水凝胶、食用纤维、薄膜形成剂及乳化剂，如应用在面包生产中可增加面包的体积和吸水量，并提高面包的质量。谷类原料中的阿拉伯糖木聚糖能够抑制细胞之间冰的形成，该性质使之可以用于生产冷冻食品。谷类原料中的半纤维素可以作为一种潜在的发酵原料，用于生产乙醇、丙酮、丁醇和木糖醇。如目前利用生物工程菌 E.coli ATCC11303（该菌株携带含 PET 操纵子的质粒 pLO I 297）能够以 94％理论最大效率转化半纤维素水解物为乙醇。该转化效率高于已经报道的利用五碳糖酵母最高转化效率的 15％。木糖醇是一种多羟基化合物，它具有甜味及胰岛素独立代谢作用的性质，能够用于食品工业生产之中。此外，木聚糖也可以用作食用纤维。

（3）在造纸工业的应用

木聚糖在造纸工业中是一种优良的添加剂。山毛榉、玉米芯中分离出的富含木聚糖的半纤维素和季铵化改性的半纤维素在造纸中经常使用，这些衍生物能提高漂白硫酸盐浆和未漂热磨机械浆的强度性质，增加细小纤维的留着。用 3-氯-2-羟丙基三甲基氯化铵（CHMAC）在碱性水溶液中对蔗渣、白杨木粉和玉米芯进行烷基化，得到用水可抽提的富含木聚糖的多糖，木聚糖的得率为原始木聚糖的 60％，白杨木中三甲基铵-2-羟丙基（TMAHP）木聚糖可以作为打浆添加剂，它能够使打浆阻力加倍，显著增加漂白云杉有机溶剂溶解浆的撕裂强度。阳离子木聚糖具有抗菌性，能够抵抗某些革兰阴性和革兰阳性细菌，使植物原料抵抗细菌侵蚀的能力增加。

（4）在涂料工业上的应用

对麦草中半纤维素的广泛研究发现，天然半纤维素胶乳具有良好的制造装饰涂料的性质，可以用来生产商用装饰涂料。木聚糖-2,3-双（苯氨基甲酸酯）、木聚糖-2,3-双（甲基苯氨基甲酸酯）和木聚糖苯醚，这些衍生物可以作为热塑性原料用于涂料工业的生产。羟丙基木聚糖是一种低分子质量、分枝的水溶性多糖，它具有低特性黏度和热塑性，可用于涂料相关原料的工业生产。

（5）在其他工业上的应用

到目前为止，半纤维素在其他工业上的利用正在逐渐开发。例如，改性后的半纤维素可作为表面活性剂，应用在洗涤和肥皂等化学工业生产中。使用有机酸使纤维原料预水解，水解残渣可制浆，从水解液中分离出戊糖和己糖组分，所得木糖经处理后制成木糖醇，可作增甜剂、增塑剂以及表面活性剂等。

5.3　魔芋葡甘聚糖

魔芋（*Amorphophallus konjac*）是天南星科魔芋属单子叶植物纲多年生草本植物，又名花伞把、鬼芋、花梗莲、蛇玉米、土星楠、蛇头草等。全世界有魔芋品种 260 种以上，主要分布在地球东经 65°～140°，北纬 35°～南纬 10°，包括中国、日本及越南等东南亚国家。我国魔芋资源丰富，迄今已发现并命名的有 26 种，其中 10 多种为我国特有，如白魔芋、疏毛魔芋等。魔芋的主要成分为魔芋葡甘聚糖（konjac glucomannan，KGM），是从魔芋精粉中提取的天然高分子化合物。由不同的提取路线所得 KGM 的分子质量、溶解性等物性有所差异，主要提取方法有铜盐法、乙醇沉淀法、真空冷冻干燥法等。

5.3.1　魔芋葡甘聚糖的结构与性质

5.3.1.1　魔芋葡甘聚糖的结构

魔芋葡甘聚糖（KGM）的化学结构最早由西田等人确定。他们用铜盐法制备出试样，然后将其衍生化，并将衍生化产物水解后，根据单糖的结构判定出葡萄糖和甘露糖的初步键合方式。通过用 X 射线以及近代仪器和方法对魔芋葡甘聚糖的化学结构研究表明，魔芋葡甘聚糖是由 β-D-葡萄糖和 β-D-甘露糖以 1-4 键接的杂多糖，而且 KGM 分子中甘露糖和葡萄糖的摩尔比为 $1.6\sim4.2$，依魔芋来源不同而异。在主链甘露糖的 C_3 位上存在 β-(1-3)键合的支链结构，每 32 个糖残基上存在大约 3 个支链，支链只有几个糖残基的长度。KGM 的化学结构如图 5-2 所示。不同品种与来源的 KGM 分子质量有所不同，其黏均分子量 $(\overline{M}_\eta)$ 一般在 $7\times10^5\sim8\times10^5$，重均分子量 $(\overline{M}_w)$ 为 $8\times10^5\sim2.6\times10^6$。

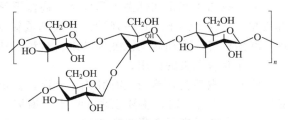

图 5-2　魔芋葡甘聚糖的化学结构

天然 KGM 由放射状排列的胶束组成，其晶型结构有 α 型（非晶型）和 β 型（结晶型）两种。X 射线衍射表明，KGM 粒子显示近似无定形结构，退火的纤维状 KGM 在 X 射线衍射图上显示出伸展的二折叠螺旋型结构。

5.3.1.2　魔芋葡甘聚糖的性质

（1）水溶性和保水性

魔芋葡甘聚糖分子中含有大量羟基等亲水性基团，因而魔芋葡甘聚糖易溶于水。它能够通过氢键作用吸收相当于其自身体积 $80\sim100$ 倍的水，与水分子结合形成难以自由运动的巨大分子。魔芋葡甘聚糖水溶液为假塑性流体，具有剪切稀化的性质。魔芋葡甘聚糖水溶胶的表观黏度与剪切速率成反比，并随温度的上升而逐渐降低，冷却后又重新升高，但不能回升到加热前的水平。魔芋葡甘聚糖水溶胶在 80℃ 以上较不稳定，其溶胶于 120℃ 下保温 0.5h 时，黏度约下降 50%。

（2）增稠性

魔芋葡甘聚糖分子质量大、水合能力强和不带电荷等特性决定了它具有优良的增稠性能。1% 魔芋精粉的黏度可达数十至数百 Pa•s，是自然界中黏度较大的多糖之一。与黄原胶、瓜尔豆胶、刺槐豆胶等增稠剂相比，魔芋葡甘聚糖属非离子型增稠剂，受体系中盐的影响相对很小。

（3）胶凝性

魔芋葡甘聚糖具有独特的胶凝性能。魔芋葡甘聚糖溶液的浓度在 $2\%\sim4\%$ 时，在强烈的搅拌作用下剪切稀化，具有一定的流动性，静置后，流动性变小，逐渐形成凝胶。魔芋葡甘聚糖与黄原胶、卡拉胶等混合具有强烈的凝胶协同作用；与卡拉胶复配，魔芋葡甘聚糖所占比例越大，凝胶韧性越强，反之，凝胶脆性越强。魔芋葡甘聚糖在上述情况下形成的凝胶都具有热可逆性，但在碱性条件下加热，如有 KOH、NaOH、Na_2CO_3、K_2CO_3 等存在时，所形成的凝胶则是热不可逆的。这是由于在碱性条件下加热，魔芋葡甘聚糖链上由乙酸与糖残基上羟基形成的酯键发生水解，即脱去乙酰基，葡甘聚糖变为裸状，部分分子间形成氢键而产生结晶作用，以这种结晶为结点形成了网状结构体（即凝胶），这种凝胶具有热不可逆性。魔芋葡甘聚糖凝胶的热固特性是魔芋葡甘聚糖可以热成型的基础。魔芋葡甘聚糖凝胶进行透析除碱后仍可保持凝胶结构，这是魔芋葡甘聚糖膜抗水、耐水溶解的原因。

（4）成膜性

魔芋葡甘聚糖改性后具有很好的成膜性，在 pH＞10 条件下加热脱水后可形成有黏着力的、透明度和致密度高的硬膜，这种膜在冷水、热水及酸溶液中都很稳定。添加保湿剂可改变膜的机械性能。随着保湿剂的添加量增大，膜的强度降低，柔软性提高。膜的透水性则受添加剂性质的影响，添加亲水性物质，膜的透水性提高；添加疏水性的物质，膜的透水性降低。

（5）可逆性

大多数物质都是在低温下呈固态，高温下呈液态。然而，魔芋葡甘聚糖溶胶具有奇特的可逆性，它在低温下（10～15℃）呈液态或糊状，而在常温或升温至 60℃ 以上则变为固态或半凝固状态，冷却后又恢复为液态。这种奇特的性质使魔芋葡甘聚糖在食品加工及农产品保鲜方面有着积极的作用。

此外，魔芋葡甘聚糖还有乳化、悬浮、稳定等特性。它的这些性质与体系的 pH 值关系密切。当 pH＜10 时，主要表现为保水、增稠、乳化、悬浮、稳定的作用；当 10＜pH＜12 时，在不同的温度下有凝胶和溶胶的可逆性，表现为成膜、成型、保鲜的作用；当 pH＞12 时，在加热条件下形成热不可逆凝胶，有成膜作用。

5.3.2 魔芋葡甘聚糖的改性与应用

5.3.2.1 魔芋葡甘聚糖的改性

由于魔芋葡甘聚糖本身具有的一些特性，如溶解度较低，溶胶稳定性差，流动性不好等，使其应用受到限制，为提高魔芋葡甘聚糖的性能，近年来人们采用生物学手段、物理学手段以及化学手段对其进行了改性。魔芋葡甘聚糖作为可再生资源天然高分子，它的改性和利用一方面可节省大量石油资源，另一方面可以缓解大量非降解合成高分子材料废弃物造成的环境污染，因此属环境友好材料。由于生物学和物理学的改性手段仅能从精粉的纯化和除杂方面提高葡甘聚糖的质量及其水溶液的黏度，因而越来越多的研究热点开始转向用化学手段对其进行改性。

（1）物理改性

物理改性主要用于魔芋葡甘聚糖的纯化、凝胶化等。KGM 的物理改性主要为 KGM 与其他天然高分子的物理共混改性。KGM 可与壳聚糖、黄原胶、卡拉胶、纤维素、淀粉或天然蛋白质-大豆蛋白等发生共混、复配以及协同增效作用。其共混物可在一定条件下脱水制成性能良好的复合膜。如将 KGM 和纤维素分别溶解于铜氨溶液中，以各种比例混合搅拌均匀，然后在不同的絮凝条件下，如 10％NaOH、20℃ 或 40℃ 水，制备得到共混膜。试验结果表明，当 KGM 的含量小于 20％ 时，在 10％NaOH 中絮凝得到的共混材料的拉伸强度较高；质量分数为 7％ 的 KGM 水溶液与 2％ 壳聚糖的乙酸水溶液共混，并在 40℃ 下干燥 4h，制得透明的 KGM/壳聚糖共混膜，该共混膜的热稳定性、干态下的拉伸强度和断裂伸长率均高于纯 KGM 或纯壳聚糖膜。除天然高分子外，KGM 也可以与合成的高分子材料（如聚丙烯酰胺、蓖麻油基聚氨酯、羧甲基纤维素钠等）通过共混得到复合膜。此外，可以在葡甘聚糖中加入能水解为多羟基的元素形成凝胶，并将魔芋混合胶脱水制成复合膜；也可利用纳米技术开发出薄膜，如用复合抗菌母粒、复合防紫外母粒、复合抗静电母粒等纳米功能母粒，与魔芋葡甘聚糖结合制取特定功能性包装膜材料。

（2）生物改性

魔芋葡甘聚糖的生物改性技术主要是酶法改性，通过相应的多糖酶作用，使 KGM 的空间结构发生相应的改变，使长的 KGM 分子链水解为短的 KGM 分子链，也就是将 KGM 多糖部分地转为低聚糖或寡糖。KGM 的酶解过程中，底物浓度、酶用量以及反应条件不同，所得 KGM 的水解度也不同，从而表现出不同的功能理化特性。例如，利用 P-甘露低聚糖酶降解魔芋精粉，从而得到 KGM 低聚糖。KGM 低聚糖是一种促生双歧杆菌增殖的有效物质，称为"双歧杆菌增殖因子"，作为载体可大量地应用于食品、医药、生物制品、农药等方面。

（3）化学改性

在 KGM 的分子链上引入或脱掉一些基团，使 KGM 的分子结构发生改变，可开发出多种具有特殊性能的 KGM 衍生物。KGM 的分子链中含有乙酰基团和三个羟基，可利用它们进行脱乙酰基、酯化、接枝共聚等化学改性。

① KGM 的脱乙酰基改性。KGM 在温和的碱性条件下，能脱掉乙酰基团，脱乙酰基后的葡甘聚糖有利于分子间羟基的氢键相互交联及成膜性能的改变。将乙酰化 KGM 在 Na_2CO_3 弱碱条件下脱乙酰，得到脱乙酰化的魔芋葡甘聚糖，通过调节 Na_2CO_3 的浓度可以得到不同脱乙酰化度的魔芋葡甘聚糖，并且能够产生凝胶。

② 酯化改性。将魔芋葡甘聚糖与酸或酸酐等在一定的条件下反应，即可生成相应的酯化产物。有关魔芋葡甘聚糖的酯化改性研究，我国进行的比较早，主要有葡甘聚糖与磷酸盐、水杨酸钠、苯甲酸、马来酸酐、没食子酸、醋酸、黄原酸的酯化改性。经过酯化的 KGM 耐剪切、酸碱的性能显著提高，特别是乙酰化 KGM，其具有良好的黏度稳定性、高的胶液透明度、很好的黏附纱线特性及高的抗张强度和柔韧性。采用磷酸二氢钠和磷酸氢二钠作为酯化剂，在尿素的催化下，加热使其发生磷酸盐酯化反应，生成的 KGMP 可作为一种新型的有机高分子絮凝剂，用于煮茧废液处理。它用量少，成本低，可提高絮凝沉淀设备的处理能力，便于大规模应用，同时也为农副产品的综合利用开辟了一条途径。

③ 氧化改性。氧化魔芋葡甘聚糖（OKGM）与 KGM 相比，颜色洁白，糊液黏度低且稳定性、透明性和成膜性好。氧化原理为 KGM 经氧化作用而引起解聚，产生低黏度分散体，并引进羰基和羧基，使其糊液黏度稳定性增加。可广泛应用于涂料、印染糊料、造纸工业等。采用不同的氧化工艺、氧化剂可制得性能不同的 OKGM。常采用的氧化剂有双氧水、过乙酸、次氯酸钠、高锰酸钾等。影响 OKGM 的因素较多，主要有氧化剂用量、反应温度、反应的 pH 值等。例如以 H_2O_2 作氧化剂，先在 500ml 三口瓶中加入料液比为 1:4 的异丙醇及 KGM，搅拌 5min，调节 pH=7.5，在反应温度 45℃下滴加 2.4% 的 H_2O_2，30min 滴完，反应 4h，过滤、洗涤、干燥即得氧化成品。

④ 甲基化、羧甲基化改性。用硫酸二甲酯作为甲基化试剂，在 NaOH 的碱性条件下生成部分甲基魔芋葡甘聚糖，KGM 的甲基化取代度在 0.3~1.4 之间时，产物溶于水，是具有较好黏结性、透明的溶液。取代度为 0.45 时，产物的溶剂化作用最强，而且溶液稳定，其黏度在 30℃下保持 4 天而不改变。将魔芋葡甘聚糖浸没在甲醇中，用 30% 的氢氧化钠进行碱化处理，然后与氯乙酸反应，可以得到羧甲基化的魔芋葡甘聚糖（CMKGM）。通过调节 NaOH、氯乙酸用量以及反应时间，可以得到取代度范围从 0.02~0.32 的不同产物。羧甲基基团的引入抑制了原有 KGM 分子间的相互作用，使其更趋向于液体的流变性。

⑤ 接枝共聚改性。KGM 分子链上含有大量羟基，其伯、仲羟基皆可成为接枝点，魔芋葡甘聚糖水溶性高，因此可在水体系与丙烯腈、甲基丙烯酸甲酯、丙烯酸丁酯、丙烯酰胺、丙烯酸等单体进行接枝共聚反应，形成接枝共聚 KGM。不同的接枝单体、接枝率、接枝频率，可以制备各种具有独特性能的产品，可分为吸水性接枝共聚物、热塑性接枝共聚物等。例如，在铈离子引发下，KGM 与丙烯腈反应制得接枝共聚物，其黏度比 KGM 提高 2~4 倍，溶胶稳定性提高近 4 倍，而且成膜更为均匀、细密，气泡明显减少。采用硝酸铈铵引发

丙烯酰胺与魔芋粉接枝共聚，其共聚物具有很好的水溶性，水溶液黏度高，稳定性好，该共聚物可作为涂料印花增稠剂使用。魔芋精粉与丙烯酸丁酯的接枝共聚物黏度较魔芋精粉提高99％，用此接枝物对柑橘进行涂膜保鲜，室温储藏130天后，与魔芋精粉对照相比，柑橘的轻耗率、烂果率、维生素 C 损失率、呼吸强度分别有所下降，且外观良好，酸甜适口，保鲜效果显著好于未改性的魔芋精粉。许多单体与 KGM 接枝都具有吸水功能，有的可作为超强吸水剂。吸水性 KGM 可应用于医疗卫生品（如一次性尿布、卫生巾等）、林业、农业、园艺、有机溶剂的脱水剂方面。热塑性 KGM 可在农用地膜、购物方便袋和一次性餐具等方面具有应用前景。

5.3.2.2　魔芋葡甘聚糖的应用

（1）食品领域

由于魔芋葡甘聚糖具有多种生理保健功能，被联合国食品卫生组织认定为"宝贵的天然保健食品"，因而可直接加工成食品，用于制成豆腐、面条、糕点、米粉、干燥丝、素腰片、果冻等。魔芋胶溶液具有良好的流变性，因此可用作食品加工领域的添加剂和增稠剂。KGM 磷酸酯化改性后，由于分子链上带负电荷的磷酸基团间存在着相互斥力，并且磷酸基团有较强的溶剂化作用，使 KGM 分子链伸展扩张，故水溶胶黏度大大提高，因而可用于食品的增稠剂。KGM 与刺槐豆胶、革兰胶、玉米淀粉、黄原胶、卡拉胶等多糖形成二元复合体系，均能够产生协同作用，引起凝胶增强现象，从而使体系黏度增加，有利于食品增稠。由于优良的黏结性和胶凝性，魔芋精粉可以用作面条、面包、蛋糕等食品的品质改良剂。利用精粉的乳化性、稳定性及悬浮性，用于冷冻食品，能改善冰淇淋的组织状态，提高其黏度和膨胀率，使制品滑润、吸水力强以及增强对产品溶化的抵抗力。用 40％的魔芋精粉、40％的卡拉奇胶、10％的柠檬酸钾和 10％的氯化钙配方制备出的魔芋精粉果冻不仅透明、弹性好，而且用勺切开后无析水并保持凝胶形状，成本低于卡拉奇胶。此外，魔芋葡甘聚糖具有成膜性和抑菌性，能在果蔬表面形成一层半透膜，从而阻止 O_2 进入、减缓 CO_2 向外扩散、减缓营养物质的损耗、减少外源微生物的侵染、抑制由氧引起的酶促褐变。利用魔芋及其共混物或衍生物的成膜性可作于食品保鲜。果蔬可以直接用 KGM 进行涂膜，也可以将其改性后进行涂膜。如用 KGM 保鲜板栗时，0.3％的 KGM 水溶液和 0.3％的 KGM 水溶液＋0.2％的丙酸钙处理分别降低呼吸强度 53.7％和 54.1％，减少水分损耗 34.1％和 41.3％，处理后的板栗在 0～2℃条件下储藏 6 个月后无霉坏发生。另外，KGM 加碱进行化学改性后制得可食性膜，改性后 KGM 膜的耐水性和力学性能均显著提高，有望成为食品包装材料。

（2）医药领域

魔芋有消肿、散毒、化痰、通脉、健胃等功能，常食魔芋制品能清洁肠胃、增加血液中的胰岛素、降低胆固醇，有防止高血压、糖尿病、消化系统疾病和肥胖症等多种功效。魔芋具有增强肠道功能、降低脂质和糖代谢的作用。它可促进排便，缩短排便时间，缩短肠内细菌与肠黏膜的接触时间，起到"肠道清道夫"的作用。KGM 能有效预防血清、肝脏胆固醇和甘油三酯升高，同时还具有使脂肪肝逆转的作用。长期食用魔芋可延缓脑神经胶质细胞、心肌细胞和动脉内膜皮细胞的老化进程。因此 KGM 是很有应用前景的药用材料和医用材料。另外，KGM 及其衍生物也可用作外用材料和组织工程支架材料。在水等液体介质下，经冷冻干燥将 KGM 制成干态的凝胶，经过灭菌后，可以用作伤口包裹材料，能明显的提高伤口的愈合速度。用 KGM、三价硼酸盐和水制成的胶束玻璃的水分含量和透光率分别达到96％和 94.3％，可以用作医用光学设施如隐形眼镜和医疗光学制品。用 KGM、海藻酸钠和其他助剂制成的膜材料，以及 KGM 和半乳甘露聚糖共混制备的凝胶材料可以用作药物释放材料，其中 KGM 凝胶具有更好的硬度和提高药物与包衣分离性能的效果。如已研制出的

KGM/硼复合凝胶对水杨酸的控释。魔芋葡甘聚糖经羧甲基化改性后，其溶解性、抗潮性、成膜性能等明显改善，可用作空心胶囊的囊材。

（3）生物与化工领域

改性魔芋葡甘聚糖在生物与化工领域中也有较好的应用前景。用氯乙酸、氯乙醇和硫酸二甲酯对魔芋葡甘聚糖进行醚化改性，用硝酸铈铵引发丙烯酰胺与葡甘聚糖接枝聚合反应，均可以制得一系列变性植物胶增稠剂。这些产品可用作活性染料、阳离子染料及涂料印花增稠剂。KGM经凝胶化处理制备成固定化载体，可用于分离、纯化、分级生物大分子或特异性吸附金属离子。KGM凝胶还具有化学稳定性、无毒性和易处理等实际优势，因而可望成为一种优良的柱分离添加组分。KGM与苯甲酸于pH＝3、50℃下反应2h，所得酯化产物对空气中SO_2的吸附率可达98.7%、抑菌率可达到86.3%。KGM与蛋白质的共混物可用作新型环保絮凝剂，用于废水的处理。利用KGM的成膜性和可生物降解性，还可将其改性制成膜性材料，大大减少"白色污染问题"。

此外，由于KGM具有水溶、成膜、可塑和黏结等特性，可在轻工、纺织、烟草、石油、化妆品等工业领域用作黏结剂、赋形剂、保水剂、稳定剂、悬浮剂和成膜剂等。

5.4 海藻酸钠

5.4.1 海藻酸钠的结构与性质

海藻酸钠又名褐藻酸钠、海带胶、褐藻胶、藻酸盐，是从褐藻类的海带或马尾藻中提取碘和甘露醇后的天然多糖碳水化合物。褐藻类、马尾藻都是生长在海水中一大类隐花植物，它们没有根、茎、叶等部分的区别，但有叶绿素，可以自己制造养料。海藻种类很多，有红藻、绿藻、褐藻类海藻（海带、马尾藻）等。海带在我国沿海有丰富的资源，每吨海带平均可制得160kg海藻胶。海藻酸钠是线性的聚糖醛酸水凝胶。在所有的海生褐藻细胞壁和一些特定的细菌中都存在这种无毒的天然高分子电解质。海藻酸（alginate）是存在于褐藻类植物中的天然高分子，是从褐藻或细菌中提取出的天然多糖，类似于细胞外基质中的糖胺聚糖，无亚急性/慢性毒性或致癌性反应，可作为食用的食品添加剂，也可作为支架材料用于医学用途，具备良好的生物相容性。海藻酸是由β-D-甘露糖醛酸（记为M段）和其立体异构体α-L-古洛糖醛酸（记为G段）通过α-1,4-糖苷键链接的线性共聚物，而海藻酸钠则是海藻酸用碱中和后的产物，相对分子质量为10^6左右。

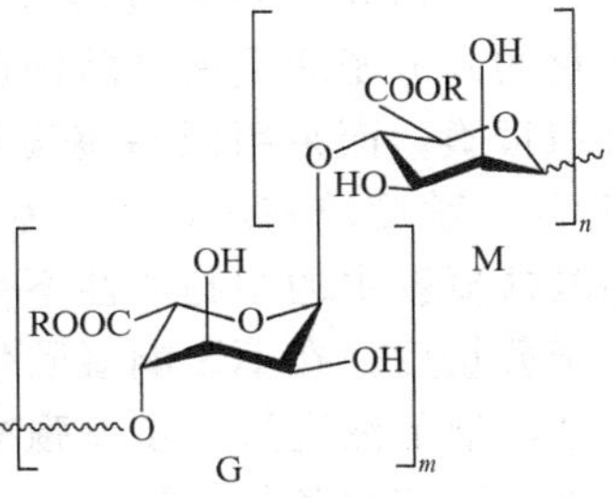

由于M和G是C_5的差向异构体，导致单分子手性构象的转变，从而引起了分子水平上四种不同的葡萄糖残基的链接，其结构如图5-3所示。

海藻酸钠中M和G是嵌段构成的，并且这种嵌段方式是无规的，即这两种糖醛酸可以均聚或杂聚，从而形成均聚甘露糖醛酸（MM）、均聚古洛糖醛酸（GG）以及甘露糖醛酸和古洛糖醛酸的杂聚物（MG）。从褐藻提取的海藻酸钠中，甘露糖醛酸和古洛糖醛酸之比以及三种聚合物的组成不同，这与它生长的环境（暴露的或隐蔽的）有关。当有二价

图5-3 海藻酸（R＝H）和海藻酸钠（R＝Na）的化学结构

和三价离子存在时，以1,4-糖苷键链接的线性海藻酸的单体形成链间组装而形成水凝胶。海藻酸钠的分类方法较多，从结构上分，可分为高G/M比、中G/M比、低G/M比三种；从黏度上分，可分为低黏度、中黏度和高黏度海藻酸钠；从纯度上分，可分为工业用、食用以及医用三个级别。海藻酸钠易溶于水，是一种电荷密度很高的聚电解质，由于其良好的生

物降解性和相容性，而应用于医药、化学、生物、食品等领域。

海藻酸钠外观为白色或乳白色不定型粉末，几乎无臭无味，安全无毒。海藻酸钠不溶于乙醇、乙醚、三氯甲烷等有机溶剂中，遇水则变湿，微粒的水合作用使其表面具有黏性，然后微粒迅速黏合在一起形成团块，团块很缓慢的完全水化并溶解，遇酸则析出褐藻酸，与镁以外的两价以上金属离子结合时，立即生成该金属的不溶性盐类。海藻酸钠具有吸湿性，平衡时所含水分的多少取决于相对湿度。干燥的海藻酸钠在密封良好的容器内于 25℃ 及以下温度储存相当稳定。海藻酸钠溶液在 pH＝5～9 时稳定。聚合度（DP）和分子质量与海藻酸钠溶液的黏性直接相关，储藏时黏性的降低可用来估量海藻酸钠去聚合的程度。高聚合度的海藻酸钠稳定性不及低聚合度的海藻酸钠。海藻酸钠特有的稳定性、水合性及胶凝性使它能被广泛地应用于冷饮、糕点、糖果、速溶饮料、仿生食品等多种食品中。

5.4.2　海藻酸钠的改性与应用

5.4.2.1　海藻酸钠的改性

海藻酸钠作为增稠剂、乳化剂、稳定剂、黏合剂、上浆剂等广泛应用于食品、医药、纺织、印染、造纸、日用化工等领域。为了更好地利用海藻酸钠，通常将海藻酸钠进行凝胶化、共混以及化学衍生等改性。

（1）凝胶化

物理交联型水凝胶（非共价交联水凝胶）是指由于分子链缠结和离子、氢键、疏水相互作用的存在而形成的网络结构。海藻酸钠在水溶液中呈现聚电解质溶液行为。聚电解质与带相反电荷的多价离子键合时所形成的物理交联型水凝胶又称为离子交联水凝胶。在物理交联型水凝胶中，分子间的缠绕、疏水相互作用或离子键合区域也会形成团簇结构，因此造成凝胶的不均匀性。海藻酸钠很容易与某些二价阳离子键合，形成水凝胶，是典型的离子交联水凝胶。在海藻酸钠水溶液中加入 Ca^{2+}、Sr^{2+}、Ba^{2+} 等阳离子后，G 单元上的 Na^+ 与二价离子发生离子交换反应，G 基团堆积而形成交联网络结构，从而转变成水凝胶。尽管 Pb^{2+}、Cu^{2+}、Cd^{2+}、Co^{2+}、Ni^{2+}、Zn^{2+} 和 Mn^{2+} 也都能与海藻酸钠键合形成凝胶，而且 Pb^{2+}、Cu^{2+} 的键合能力比 Ca^{2+} 强，但由于这些阳离子具有一定毒性，从而限制了这些凝胶在医学领域上的应用。

作为组织工程材料，通常选用 Ca^{2+} 作为海藻酸的离子交联剂。阳离子交联海藻酸盐水凝胶的功能和物理性能取决于聚合物的成分、序列结构以及分子尺寸。Ca^{2+} 的键合发生在 G 单元，每 6 个 G 单元残基中有 2 个 G 单元与 Ca^{2+} 反应而凝胶化。在低 pH 值条件下，质子化的高分子质量海藻酸钠也可以形成弱酸性凝胶。采用高 G 海藻酸钠制备出的凝胶刚性大但很脆，而采用低 G 海藻酸钠形成的凝胶力学强度差但弹性好。对于高 G 海藻酸钠来说，当 Ca^{2+} 浓度较高时，由于水凝胶的交联密度过大，从而影响细胞的活性。但包埋于低 G 海藻酸盐凝胶中的细胞活性不受 Ca^{2+} 浓度的影响。采用辐射降解的方法降低高 G 海藻酸钠的分子质量后，在不影响凝胶化性能的前提下，可提高所包埋细胞的活性，从而通过提高海藻酸钠溶液的浓度进一步增强凝胶的力学强度。由于离子交联的海藻酸钠水凝胶可以在冰水、热水以及室温条件下形成，反应条件温和，简单易行，且可注射、原位凝胶化，因此可应用于组织工程领域。

化学交联型水凝胶（共价交联水凝胶）是运用传统合成方法或辐射、光聚合等技术，通过共聚反应或缩聚反应而形成的共价交联网络。水溶性聚合物通过交联较容易形成化学交联型水凝胶。水凝胶根据不同交联密度达到一定的平衡溶胀度，因此在高交联低溶胀区域形成团簇结构，它们分散在低交联高溶胀区域内。用于海藻酸盐共价交联的交联剂有己二酸二酰肼、聚乙二醇二胺和赖氨酸等，它们通过氨基和羧基的脱水缩合反应形成酰胺键，从而得到稳定的共价交联水凝胶。这种水凝胶无色透明、含水率高、柔软，经冷冻干燥后呈层状结构，吸水后变得透明。共价交联时可根据使用要求选用不同的交联分子精确控制交联密度、溶胀度，获得力学性能稳定的水凝胶。值得注意的是，交联剂分子通常具有一定毒性，形成水凝胶后应彻底清除它们以避免植入体内后对细胞及组织的毒副作用。共价交联海藻酸盐水凝胶的力学性能主要通过交联密度控制，但在一定程度上也受到交联剂分子种类的影响。凝胶的溶胀度与交联剂的特性有很大联系，将亲水性物质（如 PEG）作为第二组分大分子引入，可以弥补主链的亲水结构在交联过程中所丧失的亲水性，聚乙二醇二胺作为海藻酸盐水凝胶的交联剂形成共价交联网络。交联剂分子的链长和交联密度都可以调控水凝胶的弹性模量。在一定范围内，聚乙二醇二胺的链段越长，分子间交联的效率比分子内交联的效率越高。

（2）共混改性

采用其他生物相容性材料与海藻酸钠复合形成的水凝胶与单一成分的水凝胶相比，改善了力学性能，提高了生物学功能，从而可扩大海藻酸盐水凝胶在组织工程领域的应用。海藻酸钠海绵支架和水凝胶都可用于软骨细胞的体外培养，添加透明质酸后能进一步促进细胞的增殖和蛋白多糖合成能力。将透明质酸/海藻酸钠混合体系用 Ca^{2+} 交联能够获得力学性能良好的水凝胶。透明质酸的加入虽然降低了凝胶的硬度，但凝胶孔径增大而利于细胞的嵌入。在这类复合凝胶中，透明质酸只是被包埋于凝胶结构中，并未与分子或离子产生稳定的键合结构，材料的力学性能和凝胶性能仅由海藻酸钠贡献。聚异丙基丙烯酰胺（PNIPAAm）是典型的温度响应型水凝材料，它与海藻酸钠进行不同方式的复合可制备多种类型的水凝胶，如 PNIPAAm 梳型接枝海藻酸盐水凝胶和二者络合形成的半互穿网络水凝胶，这两种水凝胶都具有快速的 pH 值、温度和离子强度的响应性。在反复收缩溶胀过程中，表面接枝的水凝胶比本体接枝的水凝胶更不易解体。因此它们作为组织工程材料更具有应用前景。

（3）化学改性

迄今为止，海藻酸钠唯一有商业价值的衍生物是丙烯乙二醇海藻酸钠（PGA）。这种产品由海藻酸钠与环氧丙烯发生酯化反应得到。由于 PGA 在低 pH 值条件下具有较高的溶解性，因而可用于啤酒和沙拉的调味品。除此之外，另外两种新的衍生方法逐渐引起人们的注意。其一是基于在有机非质子溶剂中，将海藻酸的季铵盐与烷基化试剂反应可制备出宽范围的海藻酸酯。这种含有药理活性醇的酯的独特之处在于修饰的聚合物可作为药物释放的载体。第二种衍生化的方法是制备光致交联的海藻酸钠。通过紫外线聚合，海藻酸钠与丙烯酸酯或烯丙基接枝，同时伴有共价键交联而得到强的和高度形变的海藻酸钠凝胶。即使取代度很低，这种海藻酸钠在有钙离子存在时仍然形成凝胶，表明光致聚合容易铸造和加强球型和纤维凝胶。

5.4.2.2 海藻酸钠的应用

海藻酸钠的水溶液具有很高的黏度，可用作食品的增稠剂、填充剂、澄清剂及凝结剂等。海藻酸钠不仅是一种安全的食品添加剂，而且可作为仿生食品或疗效食品的基材，由于它实际上是一种天然纤维素，可减缓脂肪糖和胆盐的吸收，具有降低血清胆固醇、血中甘油三酯和血糖的作用，可预防高血压、糖尿病、肥胖症等现代病，并且在肠道中能抑制有害金属（如锶、镉、铅等）在体内的积累。正是由于海藻酸钠这些重要的作用，在国内外已日益被人们所重视，被誉为"奇妙的食品添加剂"、"长寿食品"等。

由于海藻酸钠的生物相容性、低毒性和相对低廉的价格，因而在药物释放体系和组织工程领域以及制药领域作抗凝血剂、止血剂、代用血浆等具有广阔的应用前景。此外在橡胶、造纸和电焊等工业中也有应用。

（1）凝胶材料

海藻酸盐水凝胶目前主要作为包载药物、细胞、基因和蛋白质等的微囊载体，以及软骨组织工程材料。另外，作为组织工程用材料，海藻酸盐水凝胶还应注重与细胞的相互作用以及信号传导，并控制凝胶的孔隙结构，提高其扩散能力。例如将多孔海绵结构的海藻酸盐水凝胶作为肝细胞组织工程的三维支架材料，可增强肝细胞的聚集性，从而为提高肝细胞的活性以及合成蛋白质能力提供了良好的环境。用 Ca^{2+} 交联的海藻酸盐水凝胶也可作为鼠骨髓细胞增殖的基质，起到三维可降解支架的作用。海藻酸钠还可用于微囊化胰岛移植。微囊化胰岛移植是把生物材料制成微囊将胰岛细胞包裹，使移植物与受体免疫系统隔离。微囊的半透膜允许小分子的营养物质、激素、代谢产物等自由扩散，阻止免疫细胞、大分子免疫球蛋白、补体通过，可抑制受体对移植物（胰岛细胞）的免疫攻击，从而延长移植物存活时间。微囊的半透膜通过免疫隔离作用抑制受体对移植物的免疫攻击，能有效地延长细胞发挥功能和存活的时间。它为解决移植免疫排斥问题提供了可能，也使 I 型糖尿病患者异种胰岛移植成为可能。实验证明，海藻酸钠是一种理想的包囊材料，用其作为基本材料制成的微囊生物相容性好，具有免疫隔离作用，能有效地延长细胞发挥功能的时间。此外，海藻酸钠水凝胶可以干燥，当遇水时显示独特的溶胀特征，具有高吸水性，即在短时间内可以吸收自身质量几百倍甚至几千倍的水，并且具有优良的保水性，因此在农林业、工业、建筑、医药卫生及日常生活等方面具有应用前景。

（2）共混材料

海藻酸钠自身没有抗菌性，而壳聚糖是另一种生物相容性良好且具有抗菌性能的天然材料。在海藻酸钠中添加壳聚糖，海藻酸钠的—COO^- 和壳聚糖的—NH_3^+ 之间发生静电相互作用，形成聚电解质复合物。此类聚电解质复合物既可作为药物释放载体，从而提高微囊的稳定性和载药量，又可调节药物释放度，同时还可加强海藻酸钠凝胶的 pH 值依赖性，应用于多肽蛋白质控制释放更具有优越性。用明胶/海藻酸钠聚合物交联互穿网络作为基材，以戊二醛和氯化钙溶液为交联剂，对质子泵抑制剂药物奥美拉唑进行包覆，制备 pH 敏感型微胶囊药物制剂。不同交联时间及 pH 值环境下的药物释放结果表明，此制剂具有在酸性环境中持续释放，且释放百分数较小，而在碱性环境中为突释型制剂的特性。此包覆体系适用于在酸性环境（如胃）中需要保护药效，防止药物失活；在碱性环境（如小肠）中发挥药效的药物制剂。将聚乙烯醇和海藻酸钠的混合水溶液通过凝固浴凝固，再通过反复冷冻、解冻的方法制备出交联的水凝胶。该水凝胶在 NaCl 水溶液中加直流电场后表现出溶胀、收缩、弯曲行为，弯曲速度和最大弯曲度随电压及 NaCl 溶液浓度的增加而增大，最大形变量随凝胶中的海藻酸钠含量的增加而增大。这类对环境刺激，如温度、pH 值、光、电场、磁场或一定的化学环境等比较敏感的互穿网络聚合物共混体系被认为是智能释放系统的首选材料，因此在智能释放系统领域具有重要应用前景，可用作环境响应智能材料。

5.5 黄原胶

5.5.1 黄原胶的结构与性质

黄原胶（xanthan gum），又称黄胶、汉生胶，是由野油菜黄单胞杆菌以碳水化合物为主要碳源，经发酵工程技术生产的一种微生物胞外多糖。它是一种水溶性生物高分子聚合物，具有类似纤维素的聚 β-1,4-吡喃型葡萄糖的主链以及含糖的侧链（如丙酮酸和乙酸基团）。其分子结构如图 5-4 所示。黄原胶分子由 D-葡萄糖、D-甘露糖、D-葡萄糖醛酸、乙酸

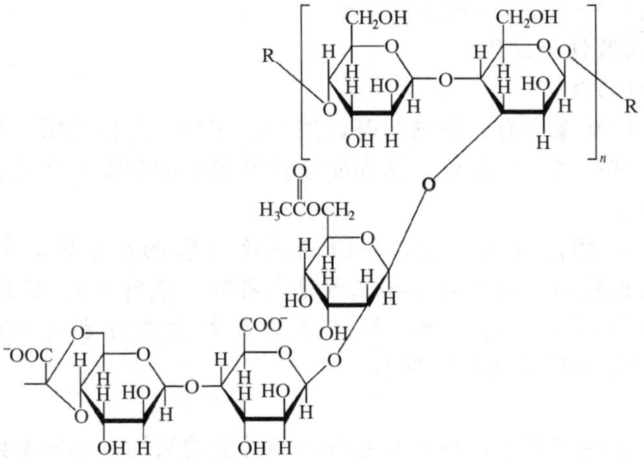

图 5-4　黄原胶的化学结构

和丙酮酸构成"五糖重复单元"结构的聚合体，它们的摩尔比为 $2.8：3：2：1.7：(0.51\sim0.63)$，重均分子量在 $2\times10^6\sim5\times10^7$ 之间。主链 β-D 葡萄糖经由 1,4-苷链连接，每两个葡萄糖残基环中的一个连接着一条侧链，侧链则是由两个甘露糖和一个葡萄糖醛酸交替连接而成的三糖基团。与主链直接相连的甘露糖的 C_6 上有一个乙酸基团，末端甘露糖的 C_4—C_6 上则连有一个丙酮酸（成缩酮）。黄原胶所含乙酸和丙酮酸的比例取决于菌株和后发酵条件。整个分子结构中含有大量的伯醇羟基、仲醇羟基。

黄原胶聚合物骨架结构类似于纤维素，但是黄原胶的独特性质在于每隔一个单元上存在的由甘露糖醋酸盐、终端甘露糖单元以及两者之间的一个葡萄糖醛酸盐组成的三糖侧链。黄原胶的高级结构是侧链和主链间通过氢键维系而形成的螺旋和多重螺旋结构。黄原胶的二级结构是侧链绕主链骨架反向缠绕，通过氢键维系而形成棒状双螺旋结构。黄原胶的三级结构则是棒状双螺旋结构间靠微弱的非极性共价键结合形成的螺旋复合体。由于这些多螺旋体易形成网络结构，使黄原胶在水溶液中具有良好的控制水流动的性质，因而具有很好的增稠性能。黄原胶分子中带电荷的三糖侧链围绕主链骨架结构反向缠绕，形成类似棒状的刚性结构。这种棒状结构一方面使主链免遭酸、碱、生物酶等其他分子的破坏作用，保持黄原胶溶液的黏度不易受酸、碱影响，抗生物降解。另一方面，该结构使其一定浓度的水溶液呈现溶致液晶的现象。由于侧链葡萄糖醛酸基带负电荷，因而阳离子一般可先与其作用而不再作用于主链，故其黏稠水溶液具有良好的抗盐性能。黄原胶水溶液对 K^+、Na^+、Ca^{2+}、Mg^{2+} 等盐具有良好的耐受性，随盐的浓度增高，金属离子对黄原胶侧链结构的屏蔽作用会使其分子链构象更加稳定，由于一定浓度的溶液具有耐温性，因而又提高了黄原胶水溶液的耐温性能。而且，在适宜的 pH 值下，黄原胶分子能与多价金属离子形成凝胶，如在 pH 值为 $11\sim13$ 时与钙镁盐形成凝胶，三价金属盐（如铝盐和铁盐）在较低的 pH 范围内即与黄原胶形成凝胶或沉淀，而高浓度的一价盐却抑制凝胶的生成。

我国黄原胶从 20 世纪 50 年代开始研究，60 年代末开始应用，是目前国内外正在开发的几种微生物多糖中最具特色的一种，也是世界上生产规模最大、用途最广的微生物多糖。由于黄原胶具有良好的增稠性、假塑流变性、水溶性、悬浮性、乳化稳定性、耐酸耐碱、抗盐、抗温、优良的兼容性等性能，已在食品、采油、轻工业、印染、造纸、纺织、陶瓷、涂料、医药、化妆品等领域应用。美国 Kelco 公司早在 20 世纪 60 年代初就已开始大量商业化生产黄原胶。世界上生产黄原胶的国家和地区主要有美国、英国、法国、日本、德国等，年总产量近 3 万吨，而且每年以 7%的速度增长。

5.5.2　黄原胶的改性与应用

5.5.2.1　黄原胶的改性

由于黄原胶主、侧链上含有大量的羟基、羧基、缩酮等活性基团，可发生醚化脱水、酯化脱水等化学反应，进行接枝功能化，从而赋予黄原胶新的功能和性能。

（1）酯化交联改性

通过黄原胶与氯乙醇的交联反应，可得到适度交联的水凝胶，其膨胀度在 420%～1000%之间，在此类材料中，可负载 1,3-二甲基黄嘌呤（茶叶碱）、硝酸异山梨醇酯（消心痛）、6α甲基-17α-羟孕酮（甲羟孕酮）等药物的最大含量分别为 80mg/g、150mg/g 及 28mg/g，可作为缓释药物的支撑载体材料。

（2）烷基化改性

由于黄原胶为水溶性多聚糖，利用其主链或侧链上的活性羟基等基团可在水溶液中进行接枝烷烃基、羟烷基等功能化改性。这些材料将具有表面活性剂类材料的性质，从而赋予产物良好的分散稳定、增稠、防腐、抗菌、杀菌性能，并可直接作为食品添加剂或医用外科材料。在碱催化下，溶于适量甲醇的黄原胶与环氧丙烷反应，制备得到醚化取代度为 0.11～4.10 的黄原胶羟烷基化醚，该产物具有良好的增稠、乳化稳定、防腐作用，可作为食品添加剂使用。Bu_4NCl 与黄原胶反应可得到阳离子化的黄原胶，还可进一步制备含阴离子表面活性剂的黄原胶组成物。它们可应用于染料或香波复配物中，具有良好的分散稳定性。

（3）共混改性

将三甲硅基封端的二甲基硅氧烷、羟基封端的二甲基硅氧烷及多硅酸乙酯的混合物，以超细 SiO_2 为填料，与含聚氧乙烯基团的非离子表面活性剂、聚氧化亚烃基硅氧烷阴离子表面活性剂、含氟表面活性剂以及含羟基水溶性的聚合物（如黄原胶）等物料混合复配，在催化剂 KOH 的催化作用下，加热反应可制备得到一种消泡剂。该消泡剂显示了持久的消泡活性，特别适用于一般消泡剂难以发挥效用的含有阴离子表面活性物质的水溶液体系的消泡。此外，黄原胶与多糖协同相互作用可以赋予多糖共混体系新的功能，如黄原胶与其他食品胶，如羟丙基淀粉、CMC-Na、瓜尔豆胶、刺槐豆胶、魔芋精粉等进行共混。研究结果表明，黄原胶与羟丙基淀粉、CMC-Na 复配无协同增效作用，黄原胶与刺槐豆胶、魔芋精粉、瓜尔豆胶有良好的协同增效作用，两者或三者按适当比例配合后，耐盐稳定性显著提高，用量比任一单一胶少，而且使用成本大幅度降低，因此复配食品胶在高盐食品中使用具有明显的优越性和广阔的应用前景。

5.5.2.2　黄原胶的应用

黄原胶可溶于冷水和热水中，具有高黏度，高耐酸、碱、盐特性，高耐热稳定性、悬浮性以及触变性等，是食品、饮料行业中理想的增稠剂、乳化剂和成型剂。特别是在某些苛刻的条件下，黄原胶的性能比明胶、CMC、海藻等现有的食品添加剂更具优越性。因而黄原胶常用于烘烤食品、冷冻食品、乳品饮料、浓缩果汁等食品工业，此外，还可以作为稳定剂、增稠剂以及乳化剂等添加剂用于日用化工、医药、采油、纺织、陶瓷、印染等领域。

（1）黄原胶在食品工业中的应用

由于黄原胶有许多优良的乳化稳定性、温度稳定性、与食品中其他组分的相容性以及流变性，所以广泛用于各种食品中。将黄原胶用于焙烤食品可提高食品在焙烤和储存期的持水性和口味的柔滑性；用于饮料可有效地延长果肉饮料的悬浮时间，提高水果和巧克力饮料的口味；用于冷冻食品可以通过结合自由水使其稳定，而且可以控制冰晶的生长速度提供理想的质构。在罐头食品中加入黄原胶可使物料便于泵送与灌装，而且易于保持产品的外观。黄原胶用于乳品生产中能提高牛奶、冰淇淋、饮料的稳定性、提高奶油保形力。用于调味料和调味汁，由于其对酸、碱的稳定性好，用于水包油乳浊液中可延长产品的保质期。另外黄原胶和槐豆胶的混合物还可用于糖果、果酱和果冻的制作。

（2）黄原胶在医药工业中的应用

黄原胶在医药工业可以作为药物生产中乳液和悬浮液的乳化稳定剂，使药剂均匀一致。黄原胶可代替琼脂用于细菌培养，在硬度和持水性方面及细菌生长的数量和菌落的水形态等方面均相当好，尤其是透明性远优于琼脂。黄原胶可用于乳液、药膏的增稠剂和稳定剂以及用作乳白鱼肝油的乳化剂。将黄原胶用于药膏，不沾污衣服，易于清洗，稳定性好。此外，黄原胶已成功地运用于口服缓控释制剂，它能有效控制骨架片中药物释放，是一种优良的亲水性骨架材料。黄原胶还可以用于药片赋形剂、镇咳剂和抗凝血药等。

（3）黄原胶在纺织印染工业中的应用

黄原胶应用于印染工业，可作为染料和颜料的悬浮剂、印染控制剂，控制印染泥浆的流变性质，防止染料的迁移，使图纹清晰，用作黏附、载色的印花糊料制成高档纺织品，其印花均匀鲜艳。黄原胶与瓜尔胶的相容性好，配合使用时具有极其稳定的性能和理想的流变性，而且与印染中的成分互溶，加之它本身的洗出特性，使其广泛用于纺织印染业中的增黏剂、上胶剂、稳定剂、上光剂和分散剂。黄原胶与海藻酸钠等增稠剂互溶性好，在并用时可大大提高增稠效果，并随其用量增加，黏性增长，因此已将黄原胶与其他增稠剂并用于地毯、丝绸等纺织印染业。

（4）黄原胶在石油工业中的应用

我国油田用化学品主要是聚丙烯酰胺、CMC、变性淀粉等，造成打井成本高、出油率低。黄原胶在增黏、增稠、抗盐、抗污染能力等方面远比其他聚合物强，尤其在海洋、海滩、高卤层和永冻土层钻井中用于泥浆处理和三次采油等方面效果显著，对加快钻井速度、防止油井坍塌、保护油气田、防止井喷和大幅度提高采油率等方面都有明显的作用，当黄原胶与磷酸酯化度在 $0.03\sim0.5$ 范围内的刺槐豆胶混合使用时可以取得更好的效果。将黄原胶调配成低浓度的水溶液可保持水基钻井液的黏度和控制流变性，因此在高速转动的钻头部位黏度极小，可以极大地节能，并且在相对静止的钻杆部位保持着高黏度，可防止井壁倒塌，便于碎石块排出。适当浓度的黄原胶水溶液其流动性低于地层油，将各种稠化液注入油层驱油，可减少死油区，提高产油率。由于黄原胶所具有的抗盐性、抗高温性，适用于海洋钻井、高层盐区等特殊环境下的钻井，已成为一种优良的固相泥浆添加剂。该产品作为一种理想的添加剂，有非常好的发展前景。

（5）黄原胶在日用化学品工业中的应用

黄原胶在日用化学品工业中最重要的用途是用于牙膏。其优良的剪切稀化流动行为使牙膏易于从管中挤出和泵送分装。黄原胶是所有类型牙膏的优良结合剂，其易于水化、优秀的酶稳定性可生产出均匀稳定的产品，并改良产品的延展成条性。在化妆品行业中，对于护肤霜和乳液，黄原胶可以提供优良的稳定性。黄原胶静置时的高黏度有利于个人护理产品中均匀分散油相的稳定，擦用时的剪切变稀性质则提供了良好的润滑和爽肤作用。化妆品中的抗氧化剂抗坏血酸，因为能促进胶原蛋白合成，预防老化，减少细纹、淡化黑色素常用于护肤类化妆品中，但是为了把有效成分运送到特定位置必须选用合适的运送体系，这时在 O/W 的微乳化体系中加入少量黄原胶作为增稠剂可以起到很好的效果。黄原胶还可以作为遮光剂用于防晒类护肤品中，使皮肤免受紫外线的伤害。黄原胶用于眼影中可以使眼影具有流体结构，良好的稳定性，更重要的是可以让眼影在 45℃ 的条件下保存两个月。在洗涤香波中加入少许黄原胶可以改良香波的流动性质，悬浮不溶性色素和药用成分，产生稳定、丰富、细腻的奶油状泡沫,而且在广范围 pH 值内与表面活性剂及其他添加剂有协同相互作用。经过热处理后的黄原胶作为固定剂用于头发化妆品中比其他固定剂在流变改进、突出的硬度,光泽等方面具有更多的优点。利用黄原胶对强酸和强碱的稳定性及增黏性,还可以制造工业用的酸性和碱性清洗液。黄原胶和刺槐豆胶的混合物还可以作为除臭剂使用。

(6)黄原胶在其他工业的应用

在陶瓷和搪瓷工业中,黄原胶在低浓度时的流变性能能使瓷釉中的不可溶成分较长期地悬浮,与瓷釉成分互溶,可防止粉碎性瓷釉成分的成团,并缩短研磨时间,同时也可控制干燥时间,降低炉温,并相应减少斑点等缺陷,从而大大改进陶瓷加工工艺,提高产品质量。在农业上黄原胶用作农药乳浊液的稳定剂和悬浮剂,在喷雾时能控制微液滴的大小和防止漂移,使药物很好地黏附于植物叶面,延长了药物成分与庄稼的接触时间,并耐雨水冲刷。

参 考 文 献

[1] Fang J M, Fowler P, Tomkinson J, et al. Carbohydr. Polym., 2002, 47: 285.

[2] Fang J M, Sun R C, Tomkinson J, et al. Carbohydr. Polym., 2000, 41: 379.

[3] Gao S, Nishinari K. Colloids and Surfaces B: Biointerfaces, 2004, 38: 241.

[4] Geng Z C, Sun R C, Lu Q, et al. J. Polym. Degrad. Stab., 2003, 80: 315.

[5] Glicklis R, Shapiro L, Agbaria R, et al. Biotechnol. Bioeng., 2000, 67: 344.

[6] Hoffman A S. Adv. Drug. Deli. Rev., 2002, 43: 3.

[7] Jacobs A, Palm M, Zacchi G, et al. Carbohydr. Res., 2003, 338 (18): 1869.

[8] Ju H K, Kim S Y, Lee Y M. Polymer, 2001, 42: 6851.

[9] Kim J H, Lee S B, Kim S J, et al. Polymer, 2002, 43: 7549.

[10] Kitayama T, Morimoto M, Takatani M, et al. Carbohydr Res, 2000, 325 (3): 230.

[11] Kobayashi S, Tsujihata S, Hibi N, et al. Food Hydrocolloids, 2002, 16: 289.

[12] Kong H J, Smith M K, Mooney D J. Biomaterials, 2003, 24: 4023.

[13] Miralles G, Baudoin R, Dumas D, et al. J. Biomed. Mater. Res., 2001, 57: 268.

[14] Rekha S S, John F K, Sajilata M. Carbohydrate Polymers, 2008, 72 (1): 1

[15] Simpson N E, Stabler C L, Simpson C P, et al. Biomaterials, 2004, 25: 2603.

[16] Sun J X, Sun R C, Zhao C L, et al. J. Appl. Polym. Sci., 2004, 92 (1): 53.

[17] Sun J X, Sun X F, Sun R C, et al. Carbohydr. Polym., 2004, 56 (2): 195.

[18] Sun R C, Fang J M, Tomkinson J. Polym. Degrad. Stab., 2000, 67: 345.

[19] Sun R C, Sun X F. Carbohydr. Polym., 2002, 49 (4): 415.

[20] Sun X F, Sun R C, Tomkinson J, et al. Carbohydr. Polym., 2003, 53: 483.

[21] Wang K, He Z. Inter. J. Pharm., 2002, 244: 117.

[22] Wang L, Shelton R M, Cooper P R. Biomaterials, 2003, 24: 3475.

[23] 崔孟忠,李竹云,徐世艾. 高分子通报,2003,3:23.

[24] 杜惠蓉,王碧. 化学世界,2005,9:571.

[25] 樊华,张其清. 中国药房,2006,17 (6): 465.

[26] 李娜,罗学刚. 食品工业科技,2005,10:188.

[27] 刘爱红. 胶体与聚合物,2007,25 (3): 43.

[28] 刘雪,曹克玺,骆定法等. 化学世界,2001,(6): 321.

[29] 柳明珠,曹明歆. 应用化学,2002,19 (5): 455.

[30] 庞杰,林琼,张甫生等. 结构化学,2003,22 (6): 633.

[31] 任俊莉,孙润仓,刘传富. 高分子通报,2006,12:63.

[32] 童林荟. 环糊精化学-基础与应用. 北京:科学出版社,2001.

[33] 吴绍艳,张升辉,辛厚豪. 安徽化工,2004,5:10.

[34] 谢建华,庞杰,朱国辉等. 食品工业科技,2005,12:180.

[35] 徐有明. 木材学. 北京:中国林业出版社,2006.

[36]　闫有旺. 化学世界，2006，(3)：252.

[37]　杨春玉，王霞，苏海军等. 现代化工，2005，25 (2)：21.

[38]　叶楚平，李陵岚，王念贵. 天然胶黏剂. 北京：化学工业出版社，2004.

[39]　张俐娜. 天然高分子改性材料及应用. 北京：化学工业出版社，2006.

[40]　张小菊，姜发堂. 化学与生物工程，2002，4：2.

[41]　赵燕，刘光烨. 塑料制造，2007，4：95.

[42]　周英辉，黄明智. 北京化工大学学报，2003，30 (5)：75.

第6章 蛋白质基材料

6.1 蛋白质概述

6.1.1 蛋白质的存在

蛋白质（protein）是生物体内主要的生物分子，存在于所有生物体内，从高等的动植物到低等的微生物，从人类到最简单的病毒，都含有蛋白质。蛋白质是生命的物质基础，没有蛋白质就没有生命。蛋白质主要由氨基酸组成，因氨基酸的组合排列不同而组成各种类型的蛋白质。蛋白质在细胞和生物体的生命活动过程中，起着十分重要的作用。各种生物功能和生命现象都是通过蛋白质来实现的，生物体的主要机能，如消化、排泄、运动以及对刺激的反应和繁殖都与蛋白质有关。蛋白质还参与基因表达的调节，以及细胞中氧化-还原、电子传递、神经传递乃至学习和记忆等多种生命活动过程。因此，蛋白质是与生命及与各种形式的生命活动紧密联系在一起的物质，具有极其重要的生物学意义。

6.1.2 蛋白质的化学组成

蛋白质一般含碳 50%～55%、氢 6%～8%、氧 20%～23%、氮 15%～18%、硫 0～4%，特种蛋白质还含有铜、铁、磷、钼、锌、碘等元素，因此蛋白质分子的组成较为复杂。各种蛋白质的含氮量较为接近，平均为 16%，因而通过测定生物制品中的含氮量就可以计算出其蛋白质的含量。

组成蛋白质的单体为氨基酸类，按照氨基在碳链上位置的不同，人们用 α、β、γ、δ、ε 等对不同的氨基酸进行区别。当氨基位于与羧基相邻的第一个碳原子上即 α-碳原子上时，这种氨基酸称为 α-氨基酸；如果氨基位于相邻的下一个碳原子（β-碳原子），则该氨基酸称为 β-氨基酸，以此类推。构成蛋白质的氨基酸全部是 α-氨基酸。它们具有以下的通式：

$$H_2N-\underset{\underset{H}{|}}{\overset{\overset{COOH}{|}}{C}}-R$$

目前已发现的氨基酸有很多种类，其中都带有不同的侧链，常见的氨基酸除脯氨酸外都具有共同的基本结构，即：

$$H_2N-\underset{\underset{H}{|}}{\overset{\overset{COOH}{|}}{C}}-H$$

这些氨基酸除最简单的甘氨酸外都具有旋光性。但在一般蛋白质中却仅有一种旋光体，即 L-异构体。这些旋光体的结构如下：

$$H_2N-\underset{\underset{H}{|}}{\overset{\overset{COOH}{|}}{C}}-R \qquad\qquad R-\underset{\underset{H}{|}}{\overset{\overset{COOH}{|}}{C}}-NH_2$$

L-型   D-型

D-型的旋光体仅见于细菌体中。氨基酸类的突出性质既取决于其所带有的侧链，更主要的是取决于氨基和羧基的空间结构。

6.1.3 氨基酸及其性质

6.1.3.1 氨基酸的分类

氨基酸是形成蛋白质的基石，除了组成蛋白质的肽链外，动植物体内也存在着游离的氨基酸。氨基酸的物理化学性质主要是由其碱性官能团氨基（—NH_2）和酸性官能团羧基（—COOH）、侧链取代基（R）及其相互作用而决定。

现已分离出的氨基酸将近百种，而主要的蛋白质则是由大约 20 种氨基酸所组成。这 20 种氨基酸可以形成无数的蛋白质。从结构上讲，这 20 种氨基酸可以分为中性、酸性及碱性三类氨基酸；中性氨基酸中，按照侧链官能团的极性，又可分为非极性即疏水性氨基酸和极性氨基酸。在每一类型的不同氨基酸之间，其侧链大小、形状和极性也有差别。在 20 种常见氨基酸中，除脯氨酸外，均为标准氨基酸。标准氨基酸的结构是具有 α-氨基和 α-羧基，它们之间的区别仅在于侧链官能团（R）。脯氨酸为亚氨基酸，它的 α-亚氨基与侧链共同形成吡咯烷结构。

表 6-1 给出了 20 种常见氨基酸的中英文名称及取代基结构，氨基酸也常用英文的前三个字母作为名称缩写。表中所示的 20 种常见氨基酸中，中性氨基酸只含有一个氨基和一个羧基，酸性氨基酸含有两个羧基和一个氨基，碱性氨基酸含有一个羧基和两个氨基。在极性氨基酸中，以半胱氨酸、酪氨酸极性最强。它们的巯基和酚羟基很容易在碱性条件下离解，即使在中性条件下也能轻度离解。碱性氨基酸中碱性最强的氨基酸是侧链带有胍基的精氨酸。

表 6-1 20 种常见氨基酸的名称及结构

项　目	中文名称	英文名称（缩写）	残基结构	R 的性质
中性氨基酸	甘氨酸	glycine (Gly)	H—	NP
	丙氨酸	ananine (Ala)	CH_3—	NP
	缬氨酸 *	valine (Val)	$(CH_3)_2CH$—	NP
	亮氨酸 *	leucine (Leu)	$(CH_3)_2CHCH_2$—	NP
	异亮氨酸 *	isoleucine (Ile)	$C_2H_5CH(CH_3)$—	NP
	苯丙氨酸 *	phenylalanine (Phe)	$C_6H_5CH_2$—	NP
	半胱氨酸	cysteine (Cys)	$HSCH_2$—	P
	苏氨酸 *	threonine (Thr)	$CH_3CH(OH)$—	P
	谷氨酰胺	glutamine (Gln)	$H_2NCOCH_2CH_2$—	P
	天冬酰胺	asparagine (Asn)	H_2NCOCH_2—	P
	蛋氨酸 *	methionine (Met)	$H_3CSCH_2CH_2$—	P
	丝氨酸	serine (Ser)	$HOCH_2$—	P
	脯氨酸	proline (Pro)	—$CH_2CH_2CH_2$—	P
	酪氨酸	tyrosine (Tyr)	HO—⬡—CH_2—	P
	色氨酸 *	tryptophane (Trp)		P
酸性氨基酸	天冬氨酸	aspartic acid (Asp)	$HOOCCH_2$—	A
	谷氨酸	glutamic acid (Glu)	$HOOCCH_2CH_2$—	A
碱性氨基酸	赖氨酸 *	lysine (Lys)	$H_2N(CH_2)_4$—	B
	精氨酸	arginine (Arg)	HN=CNH$(CH_2)_3$—　NH_2	B
	组氨酸	histidine (His)		B

注：NP——非极性；P——极性；A——酸性；B——碱性；*——必需氨基酸。

植物和某些微生物可以合成各种氨基酸，而人和动物则不同。人体和动物通过自身代谢可以合成大部分氨基酸，但有一部分氨基酸自身不能合成，必须由外界食物供给，这些氨基酸称为必需氨基酸。人体所需的必需氨基酸有8种，包括L-赖氨酸、L-色氨酸、L-蛋氨酸、L-苯丙氨酸、L-缬氨酸、L-亮氨酸、L-异亮氨酸、L-苏氨酸。当人体缺乏这8种必需氨基酸中的任何一种时就会引起生长发育不良，甚至引起一些缺乏症。如果一种蛋白质中含有全部必需氨基酸，能使动物或人正常生长，称为完全蛋白质，如酪蛋白、卵蛋白等。如果蛋白质组成中缺少一种或几种必需氨基酸则称为不完全蛋白质，如白明胶等。所以一种蛋白质的营养价值高低要看它是否含有全部必需氨基酸以及含量多少。

6.1.3.2　氨基酸的性质

氨基酸的性质是由它的结构决定的，不同氨基酸之间性质的差异只是在侧链上，因此氨基酸具有许多共同的性质。个别氨基酸由于其侧链的特殊结构还具有其特殊的性质。

（1）氨基酸的一般物理性质

氨基酸呈无色结晶，熔点较高（＞200℃），熔融时即分解。不同的氨基酸在水中的溶解度各不相同。氨基酸易溶于酸或碱，一般不溶于有机溶剂。通常用乙醇可以把氨基酸从其溶液中沉淀析出。除甘氨酸外，其他氨基酸都具有不对称的碳原子，因而具有旋光性，构型以左旋为多。它们的空间构型是以 α-碳原子为中心的四面体，并有两种对应异构体，即 L-氨基酸和 D-氨基酸。一般蛋白质水解得到的氨基酸都是 L-氨基酸，D-型氨基酸仅存在于细菌体，如细菌的细胞壁和某些抗菌素中。

（2）等电点

中性氨基酸含有一个羧基和一个氨基，没有可以离解的侧链，所以呈两性，形成一种内盐式的结构，由于这种分子同时具有两种离子的性质，所以也称为两性离子。

$$RCHCOOH \Longleftrightarrow RCHCOO^- $$
$$\underset{NH_2}{|} \qquad \underset{NH_3^+}{|}$$

这种两性离子，既可以作为一个碱和氢离子反应，也可以作为一个酸和氢氧离子反应：

$$\underset{(i)}{R-\overset{H}{\underset{NH_2}{\overset{|}{C}}}-COO^-} \underset{OH^-}{\overset{H^+}{\Longleftrightarrow}} \underset{(ii)}{R-\overset{H}{\underset{NH_3^+}{\overset{|}{C}}}-COO^-} \underset{OH^-}{\overset{H^+}{\Longleftrightarrow}} \underset{(iii)}{R-\overset{H}{\underset{NH_3^+}{\overset{|}{C}}}-COOH}$$

在上面的平衡式中，（ⅰ）是以负离子形式存在，（ⅲ）以正离子形式存在，而（ⅱ）为两性离子，假设（ⅰ）和（ⅲ）这二者的浓度相等，在电场内，不显示离子的移动，这种情形下相应的 pH 叫做该氨基酸的等电点。中性氨基酸的等电点一般在 6.2～6.8 之间，酸性氨基酸的等电点在 2.8～3.2 之间，碱性氨基酸的等电点在 9.7～10.7 之间。在等电点时，氨基酸的溶解度最低。

（3）氨基酸的化学反应

氨基酸的化学反应主要是指氨基酸分子中的 α-氨基和 α-羧基以及 R 基团所参与的化学反应，这些反应对氨基酸的分析、鉴定以及蛋白质的化学修饰都十分有用。

凡是具有游离氨基的氨基酸，都可以和茚三酮试剂发生一种紫色反应，此反应灵敏度很高，是鉴定氨基酸最迅速最简便的方法。该反应在水溶液中进行，茚三酮为强氧化剂。首先是氨基酸被氧化分解，放出氨和二氧化碳，氨基酸生成醛，水合茚三酮则生成还原型茚三酮。在弱酸性溶液中，还原型茚三酮、氨和另一分子茚三酮反应，缩合生成蓝紫色物质。所有氨基酸及具有游离 α-氨基的肽都产生蓝紫色，但脯氨酸和羟脯氨酸（脯氨酸的衍生物）与茚三酮反应产生黄色物质，因其 α-氨基被取代，所以产生不同的衍生物。根据反应所生成的蓝紫色的深浅，在 570nm 波长下进行比色就可测定样品中氨基酸的含量。也可在分离氨基酸时作为显色剂定性、定量地测定氨基酸。其反应如下：

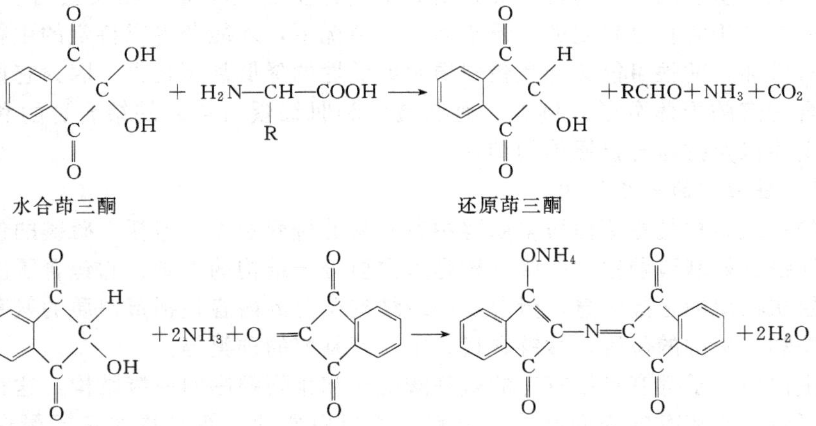

水合茚三酮   还原茚三酮

蓝紫色化合物

氨基酸与亚硝酸的反应是 Van Slyke 法测定氨基氮的基础，用于氨基酸定量和蛋白水解程度的测定。其反应如下：

$$H_2N-CH-COOH + HNO_2 \longrightarrow HO-CH-COOH + H_2O + N_2$$

在弱碱性（pH＝8～9）、暗处、室温或 40℃ 条件下，氨基酸的 α-氨基还可以与 2,4-二硝基氟苯（DNFB）反应，生成黄色的 2,4-二硝基氨基酸，此反应又称 Sanger 反应，可用来测定多肽或蛋白质的末端氨基，曾经广泛地应用于测定多肽或蛋白质中氨基酸的排列顺序。其反应如下：

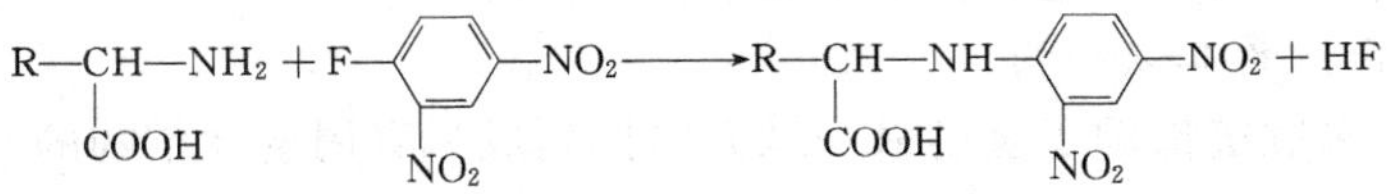

氨基酸的羧基在一定条件下可以与胺、醇、羧酸、卤化物反应，生成相应的酰胺、酯、酸酐、酰卤等衍生物。

此外，氨基酸的氨基和羧基还可以独立地与金属离子结合，形成稳定的配合物。如氨基酸的羧基与 Cr^{3+} 形成的配合物是皮革铬鞣的基本化学反应。另外，氨基酸的氨基和羧基也可以同时与某些金属离子（如 Cu^{2+} 等）生成螯合物，利用这个性质，可以用来沉淀蛋白质，水解后得到某些氨基酸。

6.1.4 蛋白质的结构

蛋白质是一种生物大分子，基本上是由 20 种氨基酸以肽键连接成肽链。蛋白质的结构可分为四个层次，即一级结构、二级结构、三级结构和四级结构。肽键连接成肽链称为蛋白质的一级结构，又称蛋白质的化学结构、共价结构或初级结构，不同蛋白质其肽链的长度不同，肽链中不同氨基酸的组成和排列顺序也各不相同。肽链在空间卷曲折叠成为特定的三维空间结构，包括二级结构和三级结构两个主要层次。有的蛋白质由多条肽链组成，每条肽链称为亚基，亚基之间又有特定的空间关系，称为蛋白质的四级结构。所以蛋白质分子有非常特定的复杂的空间结构，具体包括二级结构、超二级结构、结构域、三级结构和四级结构。一般认为，蛋白质的一级结构决定二级结构，二级结构决定三级结构。

蛋白质的生物学功能在很大程度上取决于其空间结构，蛋白质结构构象多样性导致了不同的生物学功能。蛋白质结构与功能关系研究是进行蛋白质功能预测及蛋白质设计的基础。蛋白质分子只有处于它自己特定的三维空间结构情况下，才能获得它特定的生物活性；三维空间结构稍有破坏，就很可能会导致蛋白质生物活性的降低甚至丧失。因为它们特定的结构允许它们结合特定的配体分子，例如，血红蛋白和肌红蛋白与氧的结合、酶和它的底物分子、激素与受体以及抗体与抗原等的结合。

6.1.4.1 蛋白质的一级结构

蛋白质的一级结构是指蛋白质多肽链中氨基酸的排列顺序，包括二硫键的位置。其中最重要的是多肽链的氨基酸顺序。一级结构是蛋白质分子结构的基础，它包含了决定蛋白质分子所有结构层次构象的全部信息。蛋白质一级结构研究的内容包括蛋白质的氨基酸组成、氨基酸排列顺序和二硫键的位置、肽链数目、末端氨基酸的种类等。

每一种蛋白质分子都有自己特有的氨基酸组成和排列顺序即一级结构，这种氨基酸的排列顺序决定了蛋白质特有的空间结构，也就是说蛋白质的一级结构决定了蛋白质的二级结构、三级结构和四级结构。

一个蛋白质分子由一条或多条肽链组成。每条肽链由所组成的氨基酸按照一定的顺序以肽键首尾连接而成。肽键是指一个氨基酸的羧基和另一个氨基酸的氨基之间失水所形成的酰胺键。通过肽键连接而成的化合物则称为肽（peptide）。由两个氨基酸组成的肽称为二肽，由几个到几十个氨基酸组成的肽称为寡肽，由更多个氨基酸组成的肽则称为多肽。组成肽链的氨基酸由于参加了肽键的形成而不再是完整的分子，故称为氨基酸残基，而第一个和最后一个氨基酸残基与其他残基不同，分别带有一个游离的氨基和羧基，分别称为氨基末端（N-末端）和羧基末端（C-末端）。氨基酸序列即从 N-末端氨基酸残基开始一直到 C-末端氨基酸残基为止。超过 100 个氨基酸所组成的多肽即为蛋白质。

蛋白质中主要的共价键是肽键，除此之外，某些蛋白质中还存在着肽链间或肽链内的二硫键。二硫键在蛋白质分子中起着稳定空间结构的作用。

6.1.4.2 蛋白质的二级结构

二级结构是指多肽链借助于氢键沿一维方向排列成具有周期性结构的构象，是多肽链局部的空间结构，而不涉及各 R 侧链的空间排布。二级结构主要有 α-螺旋、β-折叠、无规卷曲、β-转角等几种形式，它们是构成蛋白质高级结构的基本要素。

（1）α-螺旋构象

α-螺旋（α-helix）是蛋白质中最常见、最典型、含量最丰富的二级结构，是指多肽链的主链骨架围绕中心轴螺旋上升，形成类似螺旋管的结构。按照螺旋延伸的方向，分为左手螺旋和右手螺旋。在 α-螺旋中，每个螺旋周期包含 3.6 个氨基酸残基，残基侧链伸向外侧，同一肽链上的每个残基的酰胺氢原子和位于它后面的第 4 个残基上的羧基氧原子之间形成氢键，如图 6-1 所示。这种氢键大致与螺旋轴平行。一条多肽链呈 α-螺旋构象的推动力就是所有肽键上的酰胺氢和羧基氧之间形成的链内氢键。

（2）β-折叠构象

β-折叠（β-sheet）也是一种重复性的结构，可分为平行式和反

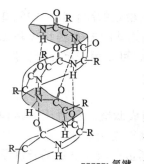

------ 氢键

图 6-1 右手 α-螺旋

平行式两种类型，它们是通过肽链间或肽段间的氢键维系，如图 6-2 所示。可以把它们想象为由折叠的条状纸片侧向并排而成，每条纸片可看成是一条肽链，称为 β-折叠股或 β-股（β-strand）。肽主链沿纸条形成锯齿状，处于最伸展的构象，氢键主要在股间而不是股内，α-碳原子位于折叠线上，由于其四面体性质，连续的酰胺平面排列成折叠形式。需要注意的是在折叠片上的侧链都垂直于折叠片的平面，并交替的从平面上下两侧伸出。

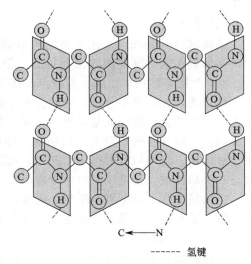

C←——N

------ 氢键

图 6-2　β-折叠构象

（3）β-转角结构

β-转角结构（β-turn）又称 β-弯曲、β-回折等，是一种简单的非重复性结构。一般由四个连续的氨基酸组成。在 β-转角中第一个残基的 C＝O 与第四个残基的 N—H 发生氢键键合，从而形成一个紧密的环，使 β-转角成为比较稳定的结构。如图 6-3 所示。β-转角的特定构象在一定程度上取决于其组成氨基酸，某些氨基酸如脯氨酸和甘氨酸经常存在这种结构。

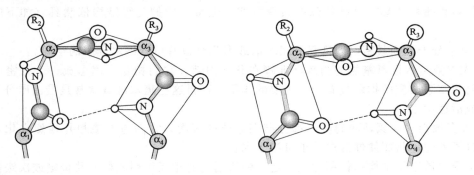

图 6-3　两种主要类型的 β-转角结构

（4）无规卷曲

与 α-螺旋、β-折叠等有规律的构象不同，某些多肽的主链骨架中，常常存在一些无规则的构象形式，如无规线团、自由折叠、自由回转等，无规卷曲即由此得名。在蛋白质中，除了含有螺旋和折叠构象外，还存在大量的无规卷曲肽段，无规卷曲连接各种有规则构象形成蛋白质分子。

6.1.4.3　蛋白质的超二级结构和结构域

（1）超二级结构

超二级结构（super-secondary structure）是介于蛋白质二级结构和三级结构之间的空间结构，指相邻的二级结构单元组合在一起，彼此相互作用，排列形成规则的、在空间结构上能够辨认的二级结构组合体，并充当三级结构的构件（block building），其基本形式有 α-螺旋聚集体（αα 型）、β-折叠聚集体（βββ 型）以及 α-螺旋和 β-折叠的聚集体（βαβ 型），如图 6-4 所示。常见的是 βαβ

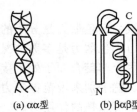
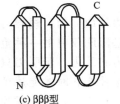

(a) αα型　　(b) βαβ型　　(c) βββ型

图 6-4　蛋白质中的几种超二级结构

型聚集体。

（2）结构域

结构域（domain）是在二级结构或超二级结构的基础上形成三级结构的局部折叠区，一条多肽链在这个域范围内来回折叠，但相邻的域常被一个或两个多肽片段连接。通常由50～300个氨基酸残基组成，其特点是在三维空间可以明显区分和相对独立，并且具有一定的生物功能，如结合小分子。对那些较小的球状蛋白质分子或亚基来说，结构域等同于三级结构，即这些蛋白质或亚基是单结构域，如红氧还蛋白；对于较大的蛋白质分子或亚基，其三级结构一般含有两个以上的结构域，即多结构域，其间以柔性的铰链（hinge）相连，以便相对运动。结构域有时也指功能域，功能域是蛋白质分子中能独立存在的功能单位，它可以是一个结构域，也可以是由两个或两个以上结构域组成。

结构域的基本类型有全平行 α-螺旋结构域、平行或混合型 β-折叠片结构域、反平行 β-折叠片结构域和富含金属或二硫键结构域等4种。

6.1.4.4 蛋白质的三级结构

蛋白质的三级结构（tertiary structure）主要针对球状蛋白质而言，是指多肽链在二级结构、超二级结构以及结构域的基础上进一步卷曲折叠形成的复杂球状分子结构。三级结构包括一级结构中相距远的肽段之间的几何相互关系以及骨架和侧链在内的所有原子的空间排列方式。如果蛋白质分子仅由一条多肽链组成，那么三级结构就是它的最高结构层次。

尽管各种蛋白质都有自己特殊的折叠方式，但蛋白质的三级结构依然具有如下的共同特点。

① 整个分子排列紧密，内部只有很小的或者完全没有可容纳水分子的空间。

② 大多数疏水性氨基酸的侧链都埋藏在分子内部，它们相互作用形成一个致密的疏水核，这对稳定蛋白质的构象具有十分重要的作用，而且这些疏水区域常常是蛋白质分子的功能部位或活性中心。

③ 大多数亲水性氨基酸的侧链都分布在分子的表面，它们与水接触并强烈水化，形成亲水的分子外壳，从而使球蛋白分子可溶于水。

稳定蛋白质三维结构的作用力主要是一些所谓弱的相互作用或称非共价键或次级键，包括氢键、范德华力、疏水作用和盐键（离子键）。此外共价二硫键在稳定某些蛋白质的构象方面也起着重要的作用。

（1）氢键（hydrogen bond）

由电负性原子与氢形成的基团（如 N—H 和 O—H）具有很大的偶极矩，成键电子云分布偏向电负性大的原子，因此氢原子核周围的电子分布就少，使得正电荷的氢核（质子）裸露在外侧。当遇到另一电负性强的原子时，就会产生静电吸引，即所谓氢键。氢键在稳定蛋白质的结构中起着极其重要的作用。多肽主链上的羰基氧和酰胺氢之间形成的氢键是稳定蛋白质二级结构的主要作用力。此外，氢键还可在侧链与侧链、侧链与介质水、主链肽基与侧链或者主链肽基与水之间形成。

（2）范德华力（van der waals force）

广义上的范德华力包括三种较弱的作用力即取向力、诱导力和色散力。色散力是分子的瞬时偶极间的相互作用力，是非极性分子或基团间仅有的一种范德华力。色散力是多数情况下主要作用的范德华力。范德华力包括吸引力和斥力。吸引力只有当两个非键合原子处于接触距离或称范德华距离即两个原子的范德华半径之和时才能达到最大。就个别来说范德华力很弱，但其相互作用数量大且有加和效应和位相效应，因此成为一种不可忽视的作用力。

（3）疏水作用（hydrophobic interaction）

蛋白质分子含有许多非极性侧链和一些极性很小的基团，这些非极性基团避开水相互聚集在一起而形成的作用力称为疏水作用。它在稳定蛋白质的三维结构方面起到很重要的作用。蛋白质溶液系统的熵增加是疏水作用的主要动力。

（4）盐键

盐键又称盐桥或离子键，它是正电荷与负电荷之间的一种静电相互作用。在近中性环境中，蛋白质分子中的酸性氨基酸残基侧链电离后带负电荷，而碱性氨基酸残基侧链电离后带正电荷，二者之间可形成离子键，如图6-5所示。盐键的形成不仅是静电吸引而且也是熵增加的过程。升高温度时盐桥的稳定性增加，盐键因加入非极性溶剂而加强，加入盐类而减弱。

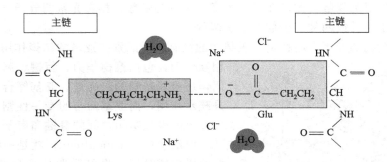

图 6-5　蛋白质中盐键的形成

（5）二硫键

二硫键是两个半胱氨酸巯基之间经氧化生成的强共价键，是蛋白质分子中最强的化学键之一。绝大多数情况下二硫键是在多肽链的 β-转角附近形成的。二硫键的形成并不规定多肽链的折叠，然而一旦蛋白质采取了它的三维结构，则二硫键的形成将对此构象起稳定作用。蛋白质中所有的二硫键被还原将引起蛋白质的天然构象改变和生物活性丧失。

上述化学键和分子间作用力，单独存在时都是弱键，而当大量的弱键加合起来时，其总键能足以维持蛋白质空间结构的稳定。一般情况下，二硫键的数量并不大，但对维持构象十分重要。图6-6示出了稳定蛋白质三维结构的各种作用力。

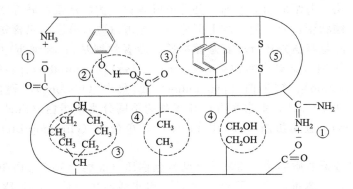

图 6-6　稳定蛋白质三维结构的各种作用力
①盐键；②氢键；③疏水作用；④范德华力；⑤二硫键

6.1.4.5　蛋白质的四级结构

四级结构（quaternary structure）是指在亚基和亚基之间通过疏水作用等次级键结合成为有序排列的特定的空间结构。四级结构的蛋白质中每个球状蛋白质称为亚基，亚基通常由一条多肽链组成，有时含两条以上的多肽链，单独存在时一般没有生物活性。仅由一个亚基组成的并因此无四级结构的蛋白质（如核糖核酸酶）称为单体蛋白质，由两个或两个以上亚基组成的蛋白质统称为寡聚蛋白质、多聚蛋白质或多亚基蛋白质。多聚蛋白质可以是由单一类型的亚基组成，称为同多聚蛋白质，或者由几种不同类型的亚基组成，称为杂多聚蛋白质。对称的寡居蛋白质分子可视为由两个或多个不对称的相同结构成分组成，这种相同结构成分称为原聚体或原体（protomer）。在同多聚体中原体就是亚基，但在杂聚体中原体是由两种或多种不同的亚基组成。

蛋白质的四级结构涉及亚基种类和数目以及各亚基或原聚体在整个分子中的空间排布，包括亚基间的接触位点（结构互补）和作用力（主要是非共价相互作用）。大多数寡聚蛋白质分子中亚基数目为偶数，尤以 2 和 4 为多；个别为奇数，如荧光素酶分子含 3 个亚基。亚基的种类一般是一种或两种，少数的多于两种。

稳定四级结构的作用力与稳定三级结构的没有本质区别。亚基的二聚作用伴随着有利的相互作用，包括范德华力、氢键、离子键和疏水作用，还有亚基间的二硫键。亚基缔合的驱动力主要是疏水作用，而亚基缔合的专一性则由相互作用的表面上的极性基团之间的氢键和离子键提供。

图 6-7　血红蛋白四级结构示意

血红蛋白（hemoglobin）就是一种具有四级结构的蛋白质分子。血红蛋白分子含有 4 个肽链，2 个 α 链（含 141 个氨基酸残基）和 2 个 β 链（含 146 个氨基酸残基），每个链都是一个三级结构的球蛋白，如图 6-7 所示。血红蛋白的四聚体中，每个亚基各有一个含亚铁离子的血红素辅基。血红素基团是一种含 Fe 的色素，血红素的存在使血红蛋白具有和氧结合的能力。四个亚基之间靠氢键和八个盐键维系着血红蛋白分子严密的空间构象。

6.1.5　蛋白质的分类

蛋白质的种类繁多，结构复杂，迄今为止没有一个理想的分类方法。着眼的角度不同，分类也就各异。例如从蛋白质形状上，可将它们分为球状蛋白质及纤维状蛋白质；从组成上可分为单纯蛋白质（分子中只含氨基酸残基）及结合蛋白质（分子中除氨基酸外还有非氨基酸物质，后者称辅基）；单纯蛋白质又可根据理化性质及来源分为清蛋白（又名白蛋白，albumin）、球蛋白（globulin）、谷蛋白（glutelin）、醇溶谷蛋白（prolamine）、精蛋白（protamine）、组蛋白（histone）、硬蛋白（scleroprotein）等，如表 6-2 所示。结合蛋白又可按其辅基的不同分为核蛋白（nucleoprotein）、磷蛋白（phosphoprotein）、金属蛋白（metalloprotein）、色蛋白（chromoprotein）等，如表 6-3 所示。

此外，还可以按蛋白质的功能将其分为活性蛋白质（如酶、激素蛋白质、运输和储存蛋白质、运动蛋白质、受体蛋白质、膜蛋白质等）和非活性蛋白质（如胶原、角蛋白等）两大类。

6.1.6　蛋白质的性质

蛋白质是由氨基酸组成的大分子化合物，其理化性质一部分与氨基酸相似，如两性电离、等电点、呈色反应、成盐反应等，也有一部分又不同于氨基酸，如高分子质量、胶体性、变性等。

表 6-2　蛋白质按溶解度分类

蛋白质类别	举　例	溶　解　度
白蛋白	血清白蛋白	溶于水、中性盐溶液、稀酸和稀碱,不溶于饱和硫酸铵溶液
球蛋白	免疫球蛋白、纤维蛋白原	不溶于水,溶于稀盐溶液、稀酸和稀碱,不溶于半饱和硫酸铵溶液
谷蛋白	麦谷蛋白	不溶于水、中性盐及乙醇,溶于稀酸、稀碱
醇溶谷蛋白	醇溶谷蛋白、醇溶玉米蛋白	不溶于水、中性盐溶液,溶于 $70\%\sim80\%$ 乙醇
硬蛋白	角蛋白、胶原蛋白、丝蛋白	不溶于水、盐、稀酸、稀碱和一般有机溶剂
组蛋白	胸腺组蛋白	溶于水、稀酸、稀碱、不溶于稀氨水
精蛋白	鱼精蛋白	溶于水、稀酸、稀碱、稀氨水

表 6-3　蛋白质按化学组成分类

蛋白质类别	举　例	非蛋白成分(辅基)
单纯蛋白质	血清蛋白、球蛋白	无
核蛋白	病毒核蛋白、染色体蛋白	核酸
糖蛋白	免疫球蛋白、黏蛋白、蛋白多糖	糖类
脂蛋白	低密度脂蛋白、高密度脂蛋白	各种脂类
磷蛋白	酪蛋白、胃蛋白酶	磷酸
色蛋白	血红蛋白、黄素蛋白	色素
金属蛋白	铁蛋白、铜蓝蛋白	金属离子

（1）蛋白质的胶体性质

蛋白质相对分子质量颇大，介于一万到百万之间，故其分子的大小已达到胶粒 1～100nm 范围之内。球状蛋白质的表面多为亲水基团，易于吸附水分子，使蛋白质分子表面常为多层水分子所包围，由于这层水化膜的存在，阻止了蛋白质颗粒的相互聚集。

与低分子物质相比，蛋白质分子扩散速度慢，不易透过半透膜，黏度大，在分离提纯蛋白质的过程中，可以利用蛋白质的这一性质，将混有小分子杂质的蛋白质溶液放于半透膜制成的囊内，置于流动水或适宜的缓冲液中，小分子杂质皆易从囊中透出，保留了比较纯化的囊内蛋白质，这种方法称为透析（dialysis）。

蛋白质大分子溶液在一定溶剂中超速离心时可发生沉降。沉降速度与向心加速度之比值即为蛋白质的沉降系数 S。分子愈大，沉降系数愈高，故可根据沉降系数来分离和鉴定蛋白质。

（2）蛋白质的两性电离和等电点

蛋白质是由氨基酸组成的，其分子中除两端的游离氨基和羧基外，侧链中尚有一些解离基，如谷氨酸、天冬氨酸残基中的 γ-羧基和 β-羧基，赖氨酸残基中的 ε-氨基，精氨酸残基的胍基和组氨酸的咪唑基等。作为带电颗粒它可以在电场中移动，移动方向取决于蛋白质分子所带的电荷。蛋白质颗粒在溶液中所带的电荷，既取决于其分子组成中碱性和酸性氨基酸的含量，又受所处溶液的 pH 值影响。当蛋白质溶液处于某一 pH 值时，蛋白质游离成正、负离子的趋势相等，即成为两性离子（净电荷为 0），此时溶液的 pH 值称为蛋白质的等电点（isoelectric point，PI）。处于等电点的蛋白质颗粒，在电场中并不移动。蛋白质溶液的 pH 值大于等电点，该蛋白质颗粒带负电荷，反之则带正电荷。各种蛋白质分子由于所含的碱性氨基酸和酸性氨基酸的数目不同，因而有各自的等电点。

凡碱性氨基酸含量较多的蛋白质，等电点就偏碱性，如组蛋白、精蛋白等。反之，凡酸性氨基酸含量较多的蛋白质，等电点就偏酸性，人体体液中许多蛋白质的等电点在 pH 值为 5.0 左右，所以在体液中以负离子形式存在。

（3）蛋白质的变性

天然蛋白质的严密结构在某些物理因素或化学因素作用下，其特定的空间结构被破坏，从而导致理化性质改变和生物学活性的丧失，如酶失去催化活力、激素丧失活性等，称之为蛋白质的变性作用（denaturation）。变性蛋白质只是空间构象发生破坏，一般认为蛋白质变性本质是次级键、二硫键的破坏，并不涉及一级结构的变化。

变性蛋白质和天然蛋白质最明显的区别是溶解度降低，同时蛋白质的黏度增加，结晶性破坏，生物学活性丧失，易被蛋白酶分解。

引起蛋白质变性的原因可分为物理因素和化学因素两类。物理因素可以是加热、加压、脱水、搅拌、振荡、紫外线照射、超声波的作用等；化学因素有强酸、强碱、尿素、重金属盐、十二烷基磺酸钠（SDS）等。在临床医学上，变性因素常被应用于消毒及灭菌。反之，注意防止蛋白质变性就能有效地保存蛋白质制剂。

变性并非是不可逆的变化，当变性程度较轻时，如去除变性因素，有的蛋白质仍能恢复或部分恢复其原来的构象及功能，变性的可逆变化称为复性。许多蛋白质变性时被破坏严重，不能恢复，称为不可逆性变性。

（4）蛋白质的沉淀

蛋白质分子凝聚并从溶液中析出的现象称为蛋白质沉淀（precipitation）。变性蛋白质一般易于沉淀，但也可不变性而使蛋白质沉淀，在一定条件下，变性的蛋白质也可不发生沉淀。

蛋白质所形成的亲水胶体颗粒具有两种稳定因素，即颗粒表面的水化层和电荷。若无外加条件，不至于互相凝聚。然而除掉这两个稳定因素（如调节溶液 pH 值至等电点或加入脱水剂），蛋白质便容易凝聚析出。

引起蛋白质沉淀的主要方法有下述几种。

① 盐析（salting out）。在蛋白质溶液中加入大量的中性盐以破坏蛋白质的胶体稳定性而使其析出，这种方法称为盐析。常用的中性盐有硫酸铵、硫酸钠、氯化钠等。各种蛋白质盐析时所需的盐浓度及 pH 值不同，故可用于对混合蛋白质组分的分离。

② 重金属盐沉淀蛋白质。蛋白质可以与重金属离子（如汞、铅、铜、银等）结合成盐沉淀，沉淀的条件以 pH 值稍大于等电点为宜。此时蛋白质分子有较多的负离子易与重金属离子结合成盐。重金属沉淀的蛋白质常是变性的，但若在低温条件下，并控制重金属离子浓度，也可用于分离制备不变性的蛋白质。临床上利用蛋白质能与重金属盐结合的这种性质，抢救误服重金属盐中毒的病人，给病人口服大量蛋白质，然后用催吐剂将结合的重金属盐呕吐出来解毒。

③ 生物碱试剂以及某些酸类沉淀蛋白质。蛋白质可与生物碱试剂（如苦味酸、钨酸、鞣酸）以及某些酸（如三氯醋酸、过氯酸、硝酸）结合成不溶性的盐沉淀，沉淀的条件是 pH 值小于等电点，这时蛋白质带正电荷，易于与酸根负离子结合成盐。临床血液化学分析时常利用此原理除去血液中的蛋白质，此类沉淀反应也可用于检验尿中的蛋白质。

④ 有机溶剂沉淀蛋白质。与水混溶的有机溶剂（如酒精、甲醇、丙酮等）对水的亲和力很大，能破坏蛋白质颗粒的水化膜，在等电点时能使蛋白质沉淀。在常温下，有机溶剂沉淀蛋白质往往引起变性。例如酒精消毒灭菌就是如此，但若在低温条件下，则变性进行较为缓慢，可用于分离制备各种血浆蛋白质。

⑤ 加热凝固。将接近于等电点附近的蛋白质溶液加热，可使蛋白质发生凝固（coagulation）而沉淀。加热首先使蛋白质变性，有规则的肽链结构被打开呈松散状不规则的结构，分子的不对称性增加，疏水基团暴露，进而凝聚成凝胶状的蛋白块。如煮熟的鸡蛋，蛋黄和蛋清都凝固。

蛋白质的变性、沉淀、凝固相互之间有很密切的关系。但蛋白质变性后并不一定沉淀，变性蛋白质只在等电点附近才沉淀，沉淀的变性蛋白质也不一定凝固。例如，蛋白质被强酸、强碱变性后由于蛋白质颗粒带着大量电荷，故仍溶于强酸或强碱中。但若将强碱和强酸溶液的 pH 值调节到等电点，则变性蛋白质凝聚成絮状沉淀物，若将此絮状物加热，则分子间相互盘缠而变成较为坚固的凝块。

（5）蛋白质的呈色反应

① 茚三酮反应（ninhydrin reaction）。α-氨基酸与水化茚三酮作用时，产生蓝色反应，由于蛋白质是由许多 α-氨基酸组成的，所以也呈此颜色反应。

② 双缩脲反应（biuret reaction）。蛋白质在碱性溶液中与硫酸铜作用呈现紫红色，称双缩脲反应。凡分子中含有两个以上—CO—NH—键的化合物都呈此反应，蛋白质分子中氨基酸是以肽键相连，因此，所有蛋白质都能与双缩脲试剂发生反应。

③ 米隆反应（millon reaction）。蛋白质溶液中加入米隆试剂（亚硝酸汞、硝酸汞及硝酸的混合液），蛋白质首先沉淀，加热则变为红色沉淀，此为酪氨酸的酚核所特有的反应，因此含有酪氨酸的蛋白质均呈米隆反应。

此外，蛋白质溶液还可与酚试剂、乙醛酸试剂、浓硝酸等发生颜色反应。

6.2 大豆蛋白

6.2.1 大豆蛋白的结构与性质

6.2.1.1 大豆的主要成分及大豆蛋白质的提取

（1）大豆的主要成分

大豆是一年生豆科大豆属草本植物，其种子也称为大豆，是世界上最重要的豆类。大豆原产于我国，已有 5000 年左右的历史。目前，世界大豆四大主产国分别为美国、巴西、阿根廷和中国。从近年来这些国家的生产情况来看，美国是目前世界上头号大豆生产国，其产量占世界大豆总产量的一半以上，巴西是第二大大豆生产国，我国的大豆生产居于世界第四位。据美国农业部（USDA）的官方统计，2005～2006 年度世界大豆总产量约为 2.22 亿吨。

大豆是豆科植物中最富有营养而又易于消化的食物，是蛋白质最丰富最廉价的来源。大豆最主要的组分是蛋白质、油脂、碳水化合物、粗纤维和水分。其中，蛋白质含量约为36%，油脂 19%，碳水化合物 22.5%，纤维 5%，水分 12%，灰分 5.5%。大豆油脂（豆油）是一种优质食用脂肪，消化率可达 98.5%。大豆中的碳水化合物组成较为复杂，主要成分是蔗糖、棉籽糖、苏糖、毛蕊花糖等低聚糖类和阿拉伯半乳聚糖等多糖。成熟的大豆中淀粉含量甚微，为 0.4%～0.9%。大豆蛋白质是大豆的主要组分，是资源丰富、品质优良、加工易得并且价格低廉的植物性蛋白质，约占全球植物蛋白蕴藏和消费总量的 60%，被誉为"生长着的黄金"。

大豆所含蛋白质中有 86%～88% 的大豆蛋白质在水中能够溶解。在这种水溶性蛋白质中，球蛋白占 85%，清蛋白占 5%，蛋白胨占 4%，非蛋白氮占 6%。大豆蛋白主要成分为大豆球蛋白和大豆乳清蛋白，其中，大豆球蛋白占 90%，pH 值在 4.5～4.8 之间，主要由 2S、7S、11S 和 15S 四种球蛋白亚基组成（S 为沉降系数），其中 2S 约为 8%、7S 约 35%、11S 约 52%、15S 约 5%，视品种和产地不同而不同。大豆乳清蛋白则主要由 γ-球蛋白、7S

碱性球蛋白、β-葡萄糖苷酶、脂肪氧合酶、磷酸酶、β-淀粉酶以及细胞色素 C 组成，这些蛋白质虽然含量不高，但对食品加工影响却很大。

（2）大豆蛋白质的提取

根据加工过程和蛋白质组分含量的不同，大豆的加工可分为大豆粉（soy flour，SF）、大豆浓缩蛋白（soy protein concentrate，SPC）、大豆分离蛋白（soy protein isolate，SPI）和大豆渣（soy dreg，SD），前三者是大豆蛋白质的主要产物，而大豆渣是副产物。

大豆粉分为全脂大豆粉和脱脂大豆粉，用作工业原料的主要是后者。脱脂大豆粉又分为烘烤的脱脂大豆粉和低变性脱脂大豆粉，它是大豆经过清洗、干燥、榨油（或抽提）、脱皮、脱除溶剂、粉碎、过筛等加工工序后所得的粉末，其中含蛋白质 48%～56%、油脂 0.5%～1.0%、碳水化合物 30%～33%、粗纤维 2.5%～3.5%、水分 6%～8% 以及灰分 2.5%～6.0%。与 SPI 相比，大豆粉含有更多的纤维素和其他碳水化合物，这是二者在组成上的最大区别。

大豆渣是大豆经榨油（或抽提）、并且分离出 SPC 或 SPI 后剩余的残渣。该残渣约占大豆总量的 15%～20%，主要成分为纤维素、不溶性碳水化合物和大豆蛋白质。通常，大豆渣主要成分为粗蛋白质 19.6%、粗脂肪 6.3%、碳水化合物及纤维素 70.3%、灰分 3.8%。大豆渣价格低廉，是产量最高的大豆蛋白质副产物之一；同时它富含—OH、—COOH 和 —NH$_2$ 等基团，能完全生物降解。因此，大豆渣在材料领域具有一定的应用前景，大力发展它在材料领域的应用有利于提高大豆副产品的附加值。

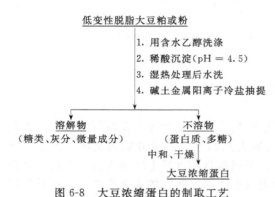

图 6-8　大豆浓缩蛋白的制取工艺

大豆浓缩蛋白是指从高质、干净、完整和脱皮大豆中除去大豆油和水溶性非蛋白部分后，含有不少于 70%（干基）的大豆蛋白质。制取大豆浓缩蛋白是以低变性脱脂豆粕为原料，将其所含的可溶性糖、灰分及其他微量组分除去，从而将蛋白质含量由大豆低变性脱脂豆粕的 50% 左右提高到 65% 以上。制备大豆浓缩蛋白的方法有四种。第一种方法是用乙醇水溶液洗去可溶糖分（蔗糖、棉籽糖、苏合糖）及少量灰分和一部分的低分子成分，有机溶剂溶液的浓度为 20%～80%；第二种方法采用稀酸溶液浸提，溶液的 pH 值为 4.5 左右；第三种方法是用蒸汽使蛋白质凝固，然后用水洗去低分子成分；第四种方法是采用含有碱土金属阳离子的冷盐溶液浸提。工业上最常用的是醇法和酸法。其制备工艺如图 6-8 所示。

大豆分离蛋白是指从高质、干净、完整和脱皮大豆中除去大豆油和水溶性非蛋白部分后，含有不少于 90%（干基）的大豆蛋白质。其工业上的制备方法一般是等电沉积法。制取过程一般分为三个步骤。第一步提取，即利用大豆蛋白质的溶解特性，采用弱碱性水溶液浸泡低变性脱脂豆粕，使可溶性蛋白质及碳水化合物（低分子糖类）萃取出来，然后用离心分离除去不溶性纤维和其他固体残渣物；第二步酸沉淀，即以一定量的酸（盐酸、硫酸、磷酸或乙酸等）加入已溶解出的蛋白液中，调节 pH 为大豆蛋白的等电点（pH=4.2～4.6），离心分离沉析的蛋白质凝乳；第三步中和、灭菌及喷雾干燥，即将蛋白凝乳解碎，加入 NaOH 溶液中和，高温下快速灭菌，浓缩并高压均质后，喷雾干燥得到粉状大豆分离蛋白。

表 6-4 列出了大豆粉、大豆浓缩蛋白以及大豆分离蛋白的各种组分及其含量。

表 6-4 大豆粉、大豆浓缩蛋白以及大豆分离蛋白的各种组分及其含量   单位：%

组　分	大豆粉（SF）	大豆浓缩蛋白（SPC）	大豆分离蛋白（SPI）
油脂	0.5～1.0	0.5～1.0	0.5～1.0
蛋白质	＞53	＞65	90～92
碳水化合物	30～32	19～21	3～4
粗纤维	2.5～3.5	3.4～4.8	0.1～0.2
灰分	2.5～6.0	3.8～6.2	3.8～4.8
水分	6.0～8.0	4～6	4～6

6.2.1.2　大豆蛋白质的化学组成和结构

大豆分离蛋白含有 92% 以上的大豆蛋白质，基本代表了纯大豆蛋白质，其主要组成元素为 C、H、O、N、S、P，还含有少量 Zn、Mg、Fe、Cu 等。大豆蛋白质是由甘氨酸、天冬氨酸、天冬酰胺、谷氨酸、谷氨酰胺、精氨酸、赖氨酸、组氨酸、丝氨酸、苏氨酸、酪氨酸、半胱氨酸、丙氨酸、亮氨酸、异亮氨酸、缬氨酸、脯氨酸、苯丙氨酸、蛋氨酸和色氨酸等 20 种氨基酸以肽键结合而形成的天然高分子化合物。表 6-5 列出了组成大豆和大豆分离蛋白的氨基酸种类及其含量。

表 6-5　大豆和大豆分离蛋白中的氨基酸组成及其含量   单位：g/16g

氨基酸组分含量			氨基酸组分含量		
组　成	大　豆	SPI	组　成	大　豆	SPI
甘氨酸	4.0	4.0	半胱氨酸	1.5	1.0
天冬氨酸	11.3	11.9	丙氨酸	4.0	3.9
谷氨酸	17.2	20.5	亮氨酸	6.5	7.7
精氨酸	7.0	7.8	异亮氨酸	4.8	4.9
赖氨酸	5.7	6.1	缬氨酸	4.8	4.8
组氨酸	2.6	2.5	脯氨酸	4.7	5.3
丝氨酸	5.0	5.5	苯丙氨酸	4.7	5.4
苏氨酸	4.3	3.7	蛋氨酸	1.3	1.1
酪氨酸	3.4	3.7	色氨酸	1.8	1.4

大豆蛋白质的结构可分为四个层次，即一级结构、二级结构、三级结构和四级结构。这 20 种氨基酸按一定的顺序以肽键相连形成的多肽链是大豆蛋白质分子的一级结构。二级结构是指大豆蛋白质的分子质量和分子中多肽链主链骨架的空间构象。大豆蛋白质的分子质量由于大豆产地和分离技术等方面的差异有一定的差别。通过激光光散射测定大豆分离蛋白质的重均分子质量（$\overline{M}_w$）为 2.05×10^5。大豆蛋白质的分子构象主要有 α-螺旋和 β-折叠两种。α-螺旋每隔 3.6 个氨基酸残基旋转一周，螺距为 0.54nm，每隔三个氨基酸残基的酰胺的 H 与羧基之间形成氢键。许多条多肽链或一条多肽链的一部分与另一部分并行排列，同时多肽链的主链皱缩，以利于通过侧面方向的氢键紧密地联系在一起，构成了大豆蛋白质二级结构的 β-折叠片层结构。蛋白质分子中氢键键能很弱，只有 4～20kJ/mol，但数量很多，总的氢键作用较大，所以大豆蛋白质的二级结构相对较稳定。大豆蛋白质的三级结构是指多肽链在二级结构的基础上进一步折叠和扭曲，形成近似于球形的紧密结构。多肽链的侧链即氨基酸残基（R 基团）相互作用形成的次级键是稳定蛋白质三级结构的主要因素，大豆蛋白质三级结构中起稳定作用的次级键包括二硫键、疏水基相互作用、离子型相互作用、氢键和偶极-偶极相互作用。其中最重要的作用力是疏水基的相互作用。大豆蛋白质的四级结构是指几条多肽链在三级结构的基础上缔合在一起形成的结构，维持四级结构的力主要是疏水作用和范

163

德华力。在一定的物化条件下，如一定的 pH 值、温度、剪切力作用下，大豆蛋白质的二级结构、三级结构、四级结构发生不同程度的变化，使原本包藏在球形结构内部的作用基团，即亲水基团、疏水基团等暴露出来，从而显著改变蛋白质的性质，有利于材料的加工、成型及性能的改善。

如前所述，大豆球蛋白主要由 2S、7S、11S 和 15S 四种球蛋白亚基组成，其中 2S 组分由低分子质量的多肽组成，相对分子质量为 8000～20000；15S 蛋白为大豆球蛋白的二聚物；7S 又称为 β-大豆结合糖蛋白，由酶（β-淀粉酶和唇氧酶）和红细胞凝聚素组成，相对分子质量为 150000～220000；11S 组分为大豆球蛋白，相对分子质量为 300000～380000。

6.2.1.3 大豆蛋白质的性质

（1）溶解特性

大豆蛋白质的溶解度是指处于特定环境下的大豆蛋白质中可溶性大豆蛋白质所占的百分比，也即特定环境下每 100g 大豆蛋白质中能溶解于特定溶剂中的最大质量（g），包括氮溶解度指数（NSI＝溶解在水中的氮量/总氮量）和蛋白质分散度指数（PDI＝分散在水中的蛋白质量/总蛋白质量）两种表示方式。通常情况下，PDI 值要略大于 NSI 值。当溶液的 pH 值为 9 以上时，大部分 SPI 能溶解于水中；当 pH 值为 4.64（大豆蛋白的等电点）时，其溶解度最小。当 pH 值低于 6.5 时，11S 球蛋白的溶解度比 7S 降低的快，因此可以分离提纯 11S 与 7S 级分。

（2）聚集-解聚

当蛋白质所处的环境发生变化时，7S 和 11S 球蛋白在水溶液中将发生可逆的或不可逆的聚集-解聚转变。引起聚集-解聚的因素很多，如酸碱度、离子强度、温度、加热时间、共存物以及超声波处理等。在含有巯基乙醇、半胱氨酸、亚硫酸钠、盐酸胍（GH）、尿素、十二烷基磺酸钠（SDS）等解聚剂的介质中，7S 和 11S 将发生不可逆解聚反应。

（3）变性

当大豆蛋白质受到外界各种因素的作用时，维持其高级结构的氢键或次级键遭到破坏，其分子原有的特殊构象发生转变，从而导致蛋白质的物理、化学及生物学特性发生变化，即大豆蛋白质的变性。变性不改变蛋白质的一级结构，仅引起二级结构、三级结构、四级结构的变化。蛋白质变性后最显著的特征是溶解度降低，因而测定其溶解度即可以衡量蛋白质的变性程度。引起大豆蛋白质变性的因素分为物理因素和化学因素，其中物理因素包括加热、冷冻、高压、辐射、搅拌、超声波等，化学因素包括与稀酸、稀碱、尿素、硫脲、乙醇、丙酮、盐酸胍、表面活性剂［如十二烷基磺酸钠（SDS）、十二烷基苯磺酸钠（SDBS）］及某些重金属盐等作用。制备蛋白质材料时利用较多的是化学变性。

（4）吸水和保水性

所谓吸水性是指干燥蛋白质在一定温度下达到水分平衡时的含水量。蛋白质对水有较高的亲和性，通常情况下，蛋白质分子的表面覆盖着一层键合水（2～3 个水分子/蛋白质残基），这一部分水可以认为是蛋白质结构的内在组成部分。在环境湿度高的情况下，蛋白质键合水层的外侧还包裹着与蛋白质没有直接键合的自由水。这些与蛋白质共存的水对于蛋白质的结构和功能起着举足轻重的作用。保水性是指离心分离后蛋白质中残留的水分含量。从材料学和高分子物理的观点出发，大豆蛋白质的吸水和保水性对于确定材料的加工条件，研究材料的结构与性能具有重要的意义。大豆蛋白的吸水性和保水性除与自身结构特征有关外，还与所处环境的 pH 值有关。

（5）凝胶性

凝胶性是指蛋白质形成胶体状结构的好坏程度。蛋白凝胶可分为热凝胶和钙盐等二价金属盐凝胶。凝胶的形成伴随着蛋白质的变性。蛋白质凝胶形成的先决条件是蛋白质分子、分子束或者聚集体之间以及蛋白质和水分子之间的相互作用使体系形成三维网络结构。从结构的角度来说，蛋白质凝胶可以分为无规聚集体凝胶和由缔合蛋白质分子束形成的有序程度较高的凝胶。无规聚集体凝胶通常是不透明的，而有序的蛋白质凝胶体系一般呈现透明的状态。凝胶形成条件的变化可以使一种蛋白质分子形成上述两种形式的凝胶。例如，体系 pH值的微小变化便可以导致两种蛋白质凝胶结构之间的变化。大豆蛋白质的变性和解离受水溶液中离子强度、温度、蛋白质浓度和 pH 值的影响很大，所以在研究大豆蛋白质的凝胶行为时必须考虑这些因素的影响。

（6）乳化性和起泡性

大豆蛋白质是表面活性剂，能使水和油的表面张力降低，还能降低水与空气的表面张力，使之发生乳化。大豆蛋白的乳化性有两种作用：一是促进油-水型乳状液的形成；二是使乳状液稳定。不同的大豆蛋白产品有不同的乳化效果，此外，大豆分离蛋白的乳化效果还受到 pH 值和离子强度的影响：含盐量越低（离子强度越小）、pH 值越高，乳化能力越强。由于大豆蛋白质是表面活性剂，因此，它的分散液在搅拌时会形成泡沫，使体积增大。这种泡沫主要是由许多空气小滴被一层表面活化的可溶性蛋白薄膜包裹着的群体所形成，它降低了空气和水的表面张力。几种大豆蛋白制品中，以大豆分离蛋白的起泡性最高。

6.2.2　大豆蛋白的改性

6.2.2.1　物理改性

用物理方法改变蛋白质功能特性的方法有机械处理、挤压、冷冻、加热、辐射、超声波处理等。例如，蛋白质粉末或浓缩物彻底干磨后会产生小粒子和大表面的粉末，与未研磨的试样相比吸水性、蛋白质的溶解度、起泡性质都得到了改进；在乳化的均质过程中蛋白质悬浊液受到强烈剪切力使蛋白质聚集体（胶束）碎裂成亚基，从而提高了蛋白质的乳化能力。此外，大豆蛋白与其他高分子共混也是物理改性的方法之一。例如，将纤维素分散在 6%（质量分数）NaOH/5%（质量分数）硫脲水溶液中，经冷冻（－80℃，12h）后取出解冻制成纤维素浓溶液；同时制备 10%的 SPI 溶液。将这两种溶液按不同的比例混合后用流延法制膜，并在 5%的 H_2SO_4 水溶液中凝固再生，干燥后可得到淡黄色透明的共混膜。这种膜不仅具有较高的力学性能，其拉伸强度和断裂伸长率可高达 136MPa 和 12%，而且膜表面具有促进细胞黏附和生长的功能。

6.2.2.2　化学改性

（1）酸、碱、盐作用下的改性

采用酸、碱、盐作用下的化学变性是制备大豆蛋白质黏结剂和塑料最常用的手段之一。溶液的 pH 值变化或用不同浓度的尿素、盐酸胍、SDS 或 SDBS 和 Na_2SO_3 破坏蛋白质分子链的折叠，将极性基团暴露出来，其功能性发生变化，从而导致化学变性。例如，经碱变性的 SPI 黏结剂对木材的黏结强度明显提高，此外，温和的碱试剂，如 $Ca(OH)_2$、Na_2HPO_4、氨水等，或者混合碱［如 NaOH 和 $Ca(OH)_2$ 或 $Mg(OH)_2$］也可用于使 SPI 变性而提高其耐水性和增加黏结持久性。不同浓度的尿素和盐酸胍也可以使蛋白质发生不同程度的变性，浓度越高，变性程度越大，即蛋白质分子链伸展的程度越大。

（2）酰化改性

蛋白质的酰化改性是蛋白质分子的亲核基团（例如氨基或羟基）与酰化试剂中的亲电基团（例如羰基）相互反应而引入新功能基的过程。酰基化一般有琥珀酰化和乙酰化，它们分别用琥珀酸酐和乙酸酐为酰化试剂。酰化后的蛋白质分子表面电荷下降，多肽链伸展和空间结构改变，导致分子柔韧性提高，从而增加了蛋白质的溶解性、持水束油性、乳化性和发泡性，并且改善了蛋白质的风味。此外，经酰化改性后的 SPI 可经流延成型得到 SPI 膜，也可经热压成型得到 SPI 塑料。

（3）磷酸化改性

蛋白质的磷酸化改性是无机磷酸的一个磷酸基选择性地接到蛋白质侧链的活性基团，如接到蛋白质上特定的氧原子（Ser、Thr、Tyr 的—OH）或氮原子（Lys 的 ε-氨基、咪唑环 1,3 位的 N、Arg 的胍基末端 N）形成—C—O—P 或—C—N—P 的酯化反应。磷酸化位置取决于化学反应的 pH 值。SPI 的磷酸化反应常用的磷酸化试剂是三偏磷酸钠（$Na_3P_3O_9$，STMP）、三聚磷酸钠（$Na_5P_3O_{10}$，STP）和三氯氧磷（$POCl_3$）。蛋白质的磷酸化作用可通过非酶法或酶法予以实现。至今为止，能大规模用于工业化生产的非酶法磷酸化试剂为三氯氧磷和三聚磷酸钠（STP）。使用 $POCl_3$ 进行磷酸化作用，可提高大豆蛋白凝胶形成能力；而用 STMP 处理，可增加大豆蛋白在酸性条件下的溶解性和乳化能力。

（4）蛋白质的交联

SPI 含有许多活性基团（如—NH_2、—SH、—COOH），可发生交联反应。交联反应一般用来增加蛋白质膜的耐水性、内聚力、刚性、力学性能和承载性能。用于 SPI 的主要交联剂有甲醛、乙醛、戊二醛、甘油醛等。用醛类交联时，由于生成的醛亚胺中的碳-氮双键与碳-碳双键形成共轭体系的稳定结构，从而可提高材料的疏水性。如戊二醛可与 SPI 中的赖氨酸和组氨酸的 ε-氨基残基反应，使其发生分子内和分子间交联。双醛淀粉是一种特殊的高分子量醛类交联剂，用于制备可食性交联蛋白塑料，该材料的拉伸强度和耐水性同时提高。用于分散在碱液中的 SPI 的交联剂有可溶性铜盐、铬盐、锌盐或脂肪族环氧化物。此外，以过硫酸铵作引发剂，在乳液聚合中，乙烯基单体可与 SPI 反应得到接枝共聚物，产物可与其他合成黏合剂一起用于纸张表面涂层。

6.2.2.3　酶法改性

大豆分离蛋白的酶法改性是通过酶部分降解蛋白质，或者增加其分子内或分子间交联，或者连接特殊功能基因，改变蛋白质的功能和性质。酶改性的优点在于反应条件温和、反应速率高、专一性强。经胰蛋白酶改性后的 SPI 在用作黏结剂时对软枫木表现出很高的黏结强度。胰蛋白酶改性的 SPI 黏结剂可以取代部分脲醛树脂，能提高其剪切强度。此外，枯草杆菌蛋白酶和转谷氨酰胺酶都是可用于改性 SPI 的微生物蛋白酶。转谷氨酰胺酶能快速水解 SPI 的酰氨基，催化相同或不同蛋白质分子之间的交联与聚合。SPI 凝胶经转谷氨酰胺酶交联后，凝胶的硬度、热稳定性明显提高。

6.2.3　大豆蛋白的应用

大豆蛋白质作为资源丰富、品质优良、加工易得并且价格低廉的植物性蛋白质，其应用前景相当广阔，应用领域主要包括蛋白质塑料、黏结剂、蛋白质纤维、蛋白质膜材料以及生物医用材料等领域。早在 20 世纪 20～30 年代，由于石油价格昂贵，西方国家便已开始进行关于大豆蛋白作为胶合板胶黏剂的研究；20 世纪 30～40 年代，就已出现将大豆蛋白质与酚醛树脂混合的大豆蛋白塑料，可用于生产汽车部件。然而随着石油价格的下跌，以石油为原料的树脂和塑料在第二次世界大战后迅速占领了市场，大豆蛋白质的研究与开发几乎停止。从 20 世纪 90 年代开始，全球性的石油供给失衡问题日趋严重，随着石油危机的加剧、石油价格的上涨和环境污染的日益严重，对基于可再生资源以及环境友好型的大豆蛋白的研究再次成为人们的研究热点。

6.2.3.1　大豆蛋白塑料

（1）小分子增塑的大豆蛋白塑料

SPI 具有热塑性，可以通过模压、挤出和注射等成型方法制备 SPI 塑料。纯大豆蛋白质的加工温度为 200℃ 左右，与其分解温度相近，为降低加工温度、避免其发生降解，通常加入一定量的增塑剂。增塑剂的加入同时也改善了纯大豆蛋白质材料的脆性，提高了材料的力学性能。大豆分离蛋白塑料所用的增塑剂通常是低挥发性小分子，它能够改变高分子原料的三维空间结构，减少分子间吸引力，增加链的自由体积和活动性，从而提高材料的延展性和弹性。

水是最常用的增塑剂之一。低含水量（约 5％）的大豆蛋白模压材料具有大约 50MPa 的高拉伸强度和 5％ 左右的断裂伸长率，但是由于缺乏足量的水作为增塑剂和润滑剂，SPI 的挤出或热压加工都非常困难。适量的水 [30％～100％（质量分数）] 则是 SPI 良好的增塑剂，可以改善大豆蛋白塑料的加工性能，使之能够在相对较低的温度下顺利挤出或模压成型。模压温度对水增塑的 SPI 塑料力学性能和吸水性的影响很大。例如，当温度为 80～140℃ 时，该塑料的拉伸强度、屈服强度和断裂伸长率分别为 15～30MPa、1～5.9MPa 和 1.3％～4.8％，而其吸水率则随温度的升高而从 170％ 迅速下降到 80％。水分含量的增加使材料的拉伸强度和杨氏模量降低，断裂伸长率明显提高，玻璃化温度下降。然而，由于水的沸点低且易挥发，极少单独作为大豆蛋白的增塑剂，通常与其他增塑剂一起共同调节大豆蛋白塑料的加工性能和力学性能。

甘油对 SPI 也有增塑作用。甘油增塑 SPI 的原理是甘油的 —OH 基团与 SPI 的 —NH$_2$、—NH—、—COOH 等基团相互作用，减少了 SPI 分子间和分子内的氢键等相互作用，大大提高了 SPI 分子及链段的运动，从而增加了材料的柔顺性，并提高其加工性能。例如，将一定量的甘油与 SPI 在常温常压下混合，并在 140℃ 和 20MPa 下热压 10min 可以得到淡黄色透明的大豆蛋白塑料片材。随着甘油含量从 0 提高到 50％（质量分数），该片材的杨氏模量从 860MPa 下降到 66MPa，拉伸强度从 44.5MPa 下降到 4.1MPa，而断裂伸长率从 8.5％ 提高到 112.6％。实际生产中，由于甘油/SPI 混合物的流动性较差，通常加入适量的水以增加体系的流动性，从而大大简化生产步骤。

此外，其他多羟基醇也可以作为大豆蛋白质的增塑剂。用 30％乙二醇、甘油、丙二醇和 1,3-丙二醇等分别增塑 SPI，并在 140℃ 和 19.6MPa 下模压 6min，所得塑料的断裂伸长率分别为 400％、330％、120％ 和 16％，拉伸强度均在 8～10MPa 之间。与同等含量的小分子增塑剂相比，使用大分子质量的增塑剂可以提高材料的拉伸强度和模量。聚合度为 200 和 400 的聚乙二醇与小分子多元醇相比，分子质量更大且极性更小，更适合作为 SPI 的增塑剂。采用玻璃化温度更高的糖类作增塑剂，则会使材料的玻璃化温度升高。另外，甘油的单乙酸酯、二乙酸酯、三乙酸酯及山梨醇等均可用于 SPI 的增塑。

甘油等增塑的大豆蛋白塑料虽然在干态下具有较好的力学性能，但由于大豆蛋白与甘油均为易吸水的物质，因而耐水性差，需进行化学改性或物理改性，以提高其实际应用价值。通过挤出成型或先挤出造粒再进一步注射成型的方法，也常用于 SPI 塑料的制备。热塑性挤出是在水或甘油等增塑剂的存在下形成非均相混合物的熔融过程。SPI 可以在较高的剪切力和较高温度作用下熔化形成流体。因为挤出过程剪切力和温度都较高，所以可能会产生分子内和分子间交联、二硫键断裂或重组等现象，这些都有利于 SPI 的改性。

（2）大豆蛋白/高分子共混塑料

大豆分离蛋白可分别与淀粉、纤维素、海藻酸钠等天然高分子共混，制备完全降解的大豆蛋白/天然高分子的共混塑料。纤维素短纤在保持模压 SPI 塑料较好耐水性的同时也提高了它的强度。不同长度和含量的苎麻纤维对 SPI 模压塑料有不同的增强效果，纤维长度和含量分别为 2.54mm 和 30％时效果最好，拉伸强度和断裂伸长率分别达到 80MPa 和 40％。此外，木质素对 SPI 也具有增强和提高耐水性的作用，在 SPI/木质素共混体系中添加 5%～25%（质量分数）的纤维素粉，在甘油增塑下热压制备复合塑料。其中木质素通过一些活性中心与 SPI 形成物理交联网络，刚性纤维素填充在网络中，能显著提高材料的强度和模量。甲壳素晶须也可用来与大豆蛋白共混以增强大豆分离蛋白塑料。例如，将经过处理得到的长度约为 500nm、直径约为 50nm 的甲壳素晶须悬浮液与大豆分离蛋白混合均匀后冷冻干燥，加入 30% 的甘油作为增塑剂，在 140℃、20MPa 下热压 10min 制得厚度约为 0.4mm 的片材。测试结果表明，甲壳素晶须的加入使材料的拉伸强度增大，断裂伸长率下降。同时该材料的耐水性比未加晶须的纯大豆蛋白质塑料有所提高。这种增强作用是因为晶须与晶须之间以及晶须与大豆分离蛋白基质之间通过分子间氢键形成了三维网络结构。

SPI 也可以与聚酯、改性聚酯或聚氨酯等合成高分子共混制备可生物降解型塑料。其中，聚酯包括经酸酐、聚乙烯醇内酰胺（PVL）或 MDI 改性的聚己内酯（PCL）或其他聚酯，由此制备的塑料耐水性显著提高。酸酐、PVL 和 MDI 在体系中具有良好的增容作用。可通过调节 SPI 和酸酐、PVL 或 MDI 的质量比而优化共混塑料的力学性能。例如，将 PCL 和 SPI 以 1:1 的比例共混，加入 2% 的 MDI 并在密炼机（160℃，120r/min）中密炼混合 10min，所得的共混物在 150℃ 下热压 5min，可以得到高抗水塑料。该材料的杨氏模量和拉伸强度可达 700MPa 和 25MPa，断裂伸长率为 13%，在水中浸泡 2h 和 26h 后吸水率仅为 4% 和 12%，其耐水性明显提高。SPI 可与聚（乙烯-丙烯酸酯-马来酸酐）（PEEAMA）共混，加入 MDI 增容还可以提高大豆蛋白塑料的加工性能、力学性能和耐水性能。例如，将 SPI 与 PEEAMA 用增强搅拌机于 150℃、120r/min 下搅拌 5min 后熔融混合，然后在室温下机械搅拌 10min；将共混物碾磨成微小颗粒后置于热压机模具中在 140℃ 下热压 5min 成型。测试结果表明，随着 PEEAMA 含量的提高，共混材料的拉伸强度从约 32MPa 下降到 5MPa 左右，而断裂伸长率从 5% 左右提高到 60%。随着 PEEAMA 含量的升高，共混物的耐水性升高。质量比为 50:50 的 SPI/PEEAMA 材料经过一个星期的浸泡后仍保持 24.5% 的低吸水率。由此说明，这种 SPI 共混材料在生物可降解塑料领域具有很好的应用前景。水性聚氨酯具有生物降解性，它与大豆有一定的亲和性，可替代传统的小分子增塑剂用来增塑大豆蛋白质塑料。例如，将聚丙二醇（PPG，$\overline{M}_n = 1000$）、2,4-甲苯二异氰酸酯（TDI）和二羟甲基丙酸（DMPA）在一定条件下反应，然后加入三乙胺（TEA）将聚氨酯中的羧基离子化形成水性聚氨酯乳液（WPU）。将大豆蛋白质和 WPU 以质量比 8:2 的比例混合，并在 120℃ 和 20MPa 下热压 10min 得到塑料片材。该材料具有 70% 左右的可见光透光率，拉伸强度和断裂伸长率可达到 18MPa 和 50%。由于在组分中引入了韧性较好的聚氨酯分子，并通过反应形成了聚氨酯交联网络，从而大大改善了材料的结构与性能，其加工性、力学性能和耐水性均优于未改性的大豆蛋白质、大豆粉或大豆渣试片，同时该材料还具备良好的生物降解性，是一种性能优良的生物可降解材料。

（3）化学改性大豆蛋白塑料

交联改性可以提高 SPI 塑料的拉伸强度、杨氏模量、硬度和耐水性。例如，1% 甲醛交联的 SPI 塑料的拉伸强度从未经交联时的 37MPa 上升到 41MPa，断裂伸长率从 4.1% 下降到 3.5%；当交联剂用量达到 5% 时，材料的强度可达 49MPa。此外，利用戊二醛交联大豆蛋白质（SPI）或大豆渣（SD）也可以提高材料的模量和强度。例如，将 5% 戊二醛（GA）、25% 甘油和 70% 大豆蛋白质或大豆渣按 5:25:70 的比例混合，并在 120℃ 和 20MPa 下热压 10min 得到交联的 SPI 或 SD 塑料片材。SD 材料的拉伸强度约为 14MPa，略微高于 SPI 的拉伸强度 13MPa，但均高于未交联前 SPI 和 SD 片材的强度；两种材料的断裂伸长率大约为 5%，低于未交联前材料。交联后的 SPI 和 SD 材料仍保持较好的生物降解性，培养基生物降解试验证明，大约有 70％的碳转化为 CO_2。

此外，还可以对蛋白质的主链进行化学修饰，主要是将活泼侧基进行酰化。SPI 中赖氨酸的 ε-氨基容易发生酰化反应，常用的酰化反应是乙酰化和琥珀酰化。乙酰化 SPI 相对分子质量大约为 26000，在不需增塑剂的情况下在 115℃可以将乙酰化 SPI 直接热压成型，其拉伸强度约为 2.21MPa，断裂伸长率可达 100％左右；湿态强度大约为 0.8MPa，断裂伸长率为 20％。该材料还具备较好的氧气和水蒸气透过性能。另外，还可以对 SPI 的羧基进行酯化以减少亲水性羧基的数目，改变其离子特性和电荷分布。酯化改性制备的 SPI 塑料在拉伸强度、断裂伸长率和耐水性三方面都有提高，酯化程度越高，提高的程度越大。

另外，在大豆蛋白质中引入一定量的具有良好反应活性的—NCO 基团也是提高材料耐水性的一种有效方法。—NCO 基团可与大豆蛋白质中的—NH_2、—OH 等活泼基团反应，形成脲键或氨酯键，从而提高材料的耐热性能和耐水性。例如，将 30％的大豆分离蛋白（SPI）、大豆浓缩蛋白（SPC）或脱脂大豆粉（DSF）与 60％的聚氧化丙烯三元醇混合，再加入 0.5％作为催化剂的叔胺、1％的表面活性剂（L-560）、0.5％的三乙醇胺和 3.5％的水，机械搅拌 5min，放置脱泡 2min。然后在混合物中迅速加入 6.5％的聚合 MDI，固化后得到泡沫塑料。与 SPC 和 DSF 相比，SPI 材料显示出最好的力学性能，其密度为 32.4kg/m³，40％应变时的压缩强度可达 280kPa，回弹性接近 35％。这种 SPI 泡沫塑料不仅原料来源于可再生资源，并且废弃后可作为饲料或土埋降解，属于环境友好的生态材料。

（4）大豆蛋白塑料的应用

SPI 塑料具有优良的力学性能、耐水性以及生物降解性，因而在医用、日用、工业、农业等领域具有良好的应用前景。利用 SPI 塑料可以制备出各种一次性用品，如盒、杯、瓶、勺子、片材以及玩具等家庭用品，育苗盆、花盆等农林业用品，以及各种工艺、旅游和体育用品等；还可以通过吹塑或流延等工艺制备 SPI 塑料薄膜，其具有很好的透气性和防紫外性；可用于大型机器的保护和包装等。另外，还可以根据需要制备具有不同密度、不同热性能的 SPI 生物降解泡沫塑料用作包装防震材料。此外，SPI 塑料在干态下具有高于双酚 A 型环氧树脂和聚碳酸酯的杨氏模量和韧性，因而其也具有应用于工程材料领域的可能性。

6.2.3.2　胶黏剂

大豆蛋白胶黏剂是最重要的植物蛋白胶黏剂。早在 20 世纪 20～30 年代，西方国家便已开始进行关于大豆蛋白作为胶合板胶黏剂的研究。1923 年，第一个大豆基胶黏剂的专利问世，这是植物蛋白胶黏剂的开端，到 1942 年美国西海岸几乎每个胶合板厂都采用大豆胶黏剂制造花旗松胶合板，这一时期大豆胶黏剂占领了美国胶合板市场的 85％。它的特点是价格便宜，原料来源丰富，加工制造使用等方面都比较方便；但其胶接强度低、耐热及耐腐蚀性差，特别是耐水性差限制了它的应用。第二次世界大战之后，由于石油工业的发展以及酚醛树脂、脲醛树脂等合成胶黏剂的出现，石油产品的品质、性能、成本均优于大豆蛋白产品，使得大豆胶黏剂逐渐退出木材胶黏剂的主导市场。近年来，由于石油储量的减少和基于石油的高分子材料带来的环境污染，尤其是用酚醛树脂、脲醛树脂胶黏剂所粘接的层压木板释放的游离甲醛等有毒气体对人体健康的危害，使得基于大豆蛋白质等天然高分子的胶黏剂东山再起，重新受到人们的重视。

大豆蛋白胶的基本组成是氨基酸，分子结构中含有氨基和羧基等基团，因而对木材具有良好的粘接能力。大豆蛋白胶黏剂的强度取决于大豆蛋白在水中的分散能力以及蛋白质的极性基团和非极性基团与木材之间的反应。原始状态的蛋白质中，由于范德华力、氢键以及憎水性作用而使得分子间紧密结合，无法获得极性基团和非极性基团，因此，必须采用物理、化学等改性手段，使极性的蛋白质分子展开或分散，从而与被粘接材料重新结合。最有效的处理方法是碱处理，使得浆液的 pH 值上升至 11 或更高，此时的大豆蛋白分子几乎完全不可逆地解卷，从而释放出其络合与活性结构的全部黏合潜力。最初的大豆蛋白胶黏剂就是用碱水把脱脂的大豆粉调和，然后添加二硫化碳、石灰、硅酸钠以及防霉剂等而制成的。此外，还可以采用其他试剂对大豆蛋白进行改性，如酸、脲、十二烷基硫酸钠（SDS）和盐酸胍（GuHCl）等。

大豆蛋白胶黏剂的胶接性能与豆粉颗粒的大小、木材表面性质、蛋白质结构、胶黏剂的黏度和 pH 值直接相关，其他影响因素还包括温度、压力和时间等工艺参数。

豆胶改性时加入碱量过多会使大豆蛋白变色，从而影响胶接制品的外观质量。与传统的脲醛树脂（UF）胶相比，用于分散蛋白质的溶剂具有高度的腐蚀性，会使木材变色，从而影响家具的美观；此外，大豆蛋白胶黏剂易受微生物的侵蚀，再加上其胶接强度不高，耐水性差等因素，限制了豆胶的广泛使用及其在市场上的竞争力。因而，针对上述缺陷，现在开发的大豆胶黏剂主要可分为三类：耐水性改进的用来代替脲醛树脂胶的豆胶、大豆蛋白与异氰酸酯的混合物以及豆粉-酚醛树脂（PF）胶。

为了改善 SPI 胶黏剂的性能，一般可在 SPI 胶黏剂中添加变性剂和交联剂以增加其耐水性、延长使用寿命；添加防腐剂或适量的苯酚、苯酚卤代物或其盐类以防止霉菌污染；加入酪素胶或血胶以提高胶接性能。另外，还可以将大豆蛋白胶与其他胶黏剂混合使用。如在脲醛树脂胶、酚醛树脂胶以及异氰酸酯胶黏剂中添加大豆蛋白胶，在不影响胶接强度的前提下降低胶黏剂的成本；将 SPI 与聚乙烯醇（PVA）或聚乙酸乙烯酯共混，还可获得具有较好黏结性和生物降解性的复合胶黏剂，可用于制造一次性植物纤维盒。由 SPI 或改性 SPI 制备的胶黏剂主要用于纸张涂层、木材粘接、油墨、印染等方面，尤其以用于纸张行业居多，它赋予纸张良好的光泽和洁白的表面。

与初期使用的大豆胶黏剂相比，改性大豆胶黏剂的性能已得到很大的提高，其应用范围也不断扩大，特别是在农作物秸秆人造板制造中的应用。秸秆表面富含硅和蜡质等成分，因而具有非极性和斥水性的特点，其与极性的 UF 和 PF 不相适，难以粘接，目前异氰酸酯（p-MDI）仍是秸秆粘接的主要胶种。利用改性的大豆胶黏剂或者将大豆胶与异氰酸酯混合，可用于农作物秸秆的热压黏结。这为降低秸秆板生产成本、解决热压时压板粘板等技术性问题开辟了新径。

利用豆粉也可以制备大豆胶黏剂。美国 IAWA 州立大学生物复合材料研究小组利用豆粉研究开发了一种木质人造板工业用大豆基胶黏剂。他们将脱脂豆粉与酚醛树脂（PF）进行横向交联，豆粉的加入量可达胶黏剂总量的 70%。与初期采用分离蛋白（纯大豆蛋白）制胶相比，利用豆粉（含蛋白质和碳水化合物）制胶是技术上的一次重大飞跃，使其在制造成本上具有了竞争力。通过对试验室压制的硬质纤维板、中密度纤维板和刨花板等板材的性能测试，证明这种胶黏剂的性能介于 PF 树脂胶和 UF 树脂胶之间，且甲醛释放量极低（<0.096mg/m³）。而且，还可以将这种胶黏剂制成粉末状，其更便于储存运输以及胶合过程的工艺操作。

6.2.3.3 膜材料

大豆分离蛋白在一定的 pH 值和一定浓度下通过流延成型工艺可以制备蛋白质膜材料。通过加入特定的添加剂可以改善膜的性能。例如，在 SPI、甘油和水体系中加入钙盐、葡萄糖酸内酯等可以形成均匀的交联三维网络结构，有利于提高蛋白质膜的力学性能；加入 SDS 所制备的蛋白膜虽然拉伸强度降低，但断裂伸长率却为 150%~200%，比原来提高了 3~4 倍，并且耐水性也有提高；采用乙酸酐、丁二酸酐、甲醛等作添加剂制备的蛋白质膜，其水溶性、强度、水蒸气渗透性以及氧气渗透性均有不同程度的改善；在 pH=9 的大豆蛋白溶液中加入 8% 的戊二醛和 50% 的甘油，室温下浇铸成膜，其拉伸强度和断裂伸长率分别为

14.9MPa和71.3％，明显高于未加戊二醛的大豆蛋白膜（8.3MPa和38.7％）。

另外，采用其他方法交联也可以提高蛋白膜的力学性能，例如，SPI与水溶性高分子如羟乙基纤维素、聚乙烯醇共混后可制备复合膜，经γ射线辐射交联后可显著提高膜的力学性能。苹果胶质与大豆蛋白共混，用转谷氨酰胺酶（MTG）交联，可以得到可食用的并可生物降解的塑料膜，该膜在相对湿度为50％时的拉伸强度可达12.4MPa，比未交联前提高了近一倍。酶化学修饰具有高效、安全和无毒等特点，因而采用酶化学修饰的蛋白质膜可用于食品包装领域。

6.2.3.4　纤维材料

大豆蛋白纤维是利用生物技术，将脱脂大豆粕中的球蛋白提纯，并加入助剂、生物酶改变球蛋白的空间结构，再添加聚乙烯醇共混通过接枝制成纺丝原料，用水配制成一定浓度的蛋白纺丝液，然后以水为溶剂通过湿法纺丝，经醛化稳定后，再经卷曲、热定型、切断而得到的纺织用高档纤维。纺丝原料中的蛋白质含量一般为23％～55％（质量分数），聚乙烯醇和其他成分为45％～77％（质量分数）。由于所用主要原料为大豆蛋白质，它无毒无害，生产全过程对空气、水等环境均无污染，产品的废弃物易生物降解，因此，大豆蛋白纤维是一种"绿色环保纤维"。大豆蛋白纤维具有天然纤维和化学纤维的综合优点：强度适中、密度小、手感柔软、光泽柔和，具有优良的吸湿、导湿、保暖性能，亲肤性好，抑菌功能明显，特别是抗紫外线性能大大优于棉、蚕丝等天然纤维。

常规的大豆蛋白质/聚乙烯醇共混纺丝工艺如下。

① 将大豆蛋白质溶解于水中，配制成浓度为15％的溶液，室温下该溶液的黏度为40Pa·s。

② 利用NaOH溶液调节体系的pH＝11.5，然后加入磺酸盐水溶液对大豆蛋白质进行处理。磺酸盐可采用将乙醇与氢氧化钠完全反应生成乙醇钠，再与二硫化碳反应生成磺酸乙醇钠而制备。

③ 在加热下将聚乙烯醇溶解于水中，配制成10％的溶液。

④ 大豆蛋白和聚乙烯醇溶液分别处于两个压力过滤容器内，通过改变计量泵的齿轮和纺丝溶液的浓度，可以控制纤维中蛋白质和聚乙烯醇的相对量。

⑤ 纺丝装置包括纺丝设备、凝结槽、交联槽、洗涤槽和一个拉伸单元。纺丝在锭子转速为12r/min下进行。凝结槽中的凝固剂选用1mol/L的硫酸钠饱和溶液，温度保持在50℃。卷绕后，凝胶化的纤维被送到含有8％甲醛的交联槽中，室温下，纤维在交联槽中保存3h，然后将交联过的纤维拉伸牵引。

6.2.3.5　生物医用材料

经交联、热处理或紫外辐射改性的SPI材料无毒无害，可生物降解，其力学性能和耐水性能优良，并且具有良好的生物相容性，能够满足生物医用材料的要求，因而可用于制备生物医用材料。例如，将SPI或交联改性的SPI与热稳定性较好的药物（如茶碱）混合并经螺杆挤出机挤出、造粒，然后注射或热压成型，可以制备具有缓释作用的药物复合物，该药物在pH＝7.4时茶碱释放60％需要250min左右，具有良好的缓释性能。

通过共注塑成型技术还可制备基于大豆蛋白的新型双层药物载体。例如，将100份的大豆蛋白、10份甘油和35份水搅拌预混，然后通过双螺杆挤出机在70～80℃下以200r/min的速度挤出塑化，最后共注塑成型，可以制备出以大豆蛋白为壳层的双层药物载体。该药物载体的壳层为大豆蛋白，核心为茶碱，核-壳比约为85：15，材料的杨氏模量可达1～1.5GPa，拉伸强度为30～40MPa，断裂伸长率在2％～22％的范围内。茶碱的释放试验证明，由这种共注塑成型制备的双层结构可以有效地延迟药物的释放。

6.3 蚕丝蛋白

蚕丝，也称天然丝，是一种天然蛋白质纤维，是熟蚕结茧时所分泌的丝液凝固而成的连续长纤维。蚕丝是人类利用最早的动物纤维之一。我国是蚕丝的发源地，据考古发现，约在4700年前中国就已利用蚕丝制作丝线、编织丝带和简单的丝织品。蚕分为桑蚕、柞蚕、蓖麻蚕、木薯蚕、柳蚕和天蚕等。由单个蚕茧抽得的丝条称为茧丝，它由两根单纤维借丝胶黏合包覆而成。缫丝时，把几个蚕茧的茧丝抽出，借丝胶黏合成丝条，统称为蚕丝。除去丝胶的蚕丝，称为精练丝。蚕丝中用量最大的是桑蚕丝，其次是柞蚕丝，其他蚕丝因数量有限未形成资源。蚕丝质轻而细长，蚕丝织物光泽好、穿着舒适、手感滑爽丰满、吸湿透气、导热性低，可用于织制各种绸缎和针织品，还可以用于工业、国防和医药等领域。中国、日本、印度、前苏联和朝鲜是主要产丝国，总产量占世界产量的90％以上。

6.3.1 蚕丝蛋白的结构与性质

蚕丝主要由丝素和丝胶两部分组成，丝素和丝胶都是蛋白质，它们占茧丝总重量的90％以上，此外还含有少量的无机物、脂蜡、色素和碳水化合物等。表6-6列出了几种蚕丝的组分含量。

表6-6　几种蚕丝的组分含量　　　　　　　　　　　　　　　单位：％

蚕丝种类	丝素	丝胶	脂蜡、色素	无机物
桑蚕丝	70～80	20～30	0.6～1.0	0.7～1.7
柞蚕丝	79.6～81.3	11.9～12.6	0.9～1.4	1.5～2.3
蓖麻蚕丝	80.2	15.5	1.5	2.7

6.3.1.1 丝素蛋白的组成及结构

丝素蛋白是蚕丝中主要的组成部分，约占蚕丝总质量的70％以上。丝素蛋白中包括18种氨基酸，其中较为简单的甘氨酸、丙氨酸和丝氨酸约占总组成的85％，三者的摩尔比为4∶3∶1，并且按一定的序列结构排列成较为规整的链段，这些链段大多在丝素蛋白的结晶区域；而带有较大侧基的苯丙氨酸、酪氨酸、色氨酸等主要存在于非晶区域。丝素蛋白中，带亲水基团的丝氨酸、酪氨酸、谷氨酸、天冬氨酸、赖氨酸和精氨酸等约占氨基酸重量的30％，酸性氨基酸多于碱性氨基酸。

丝素蛋白的分子质量很高，但由于其分子结构和分子间的相互作用极其复杂，不同方法测定的分子质量差别较大。一般认为，其聚合度约为400～500个氨基酸单元，相对分子质量约为$3.4 \times 10^5 \sim 3.7 \times 10^5$。丝素蛋白同其他蛋白质一样，除了包含C、H、O、N四种主要元素外，还含有多种其他元素，用质子诱导X射线发射光谱对多种丝素蛋白进行研究表明，它们中还含有K、Ca、Si、Sr、P、Fe、Cu等元素。

至于丝素蛋白的分子链是由单一分子链组成还是由两个或两个以上亚单元连接而成，目前尚无定论。Tashiro等认为丝素蛋白分子链是由相对分子质量为1.7×10^5的两个亚单元以二硫键连接起来的；Sasaki认为丝素蛋白分子链是由三个相对分子质量为2.6×10^4的亚基和一个相对分子质量为2.8×10^5的亚基组成；Sprague则认为丝素蛋白分子链是由分子质量几乎相等的两个亚基所组成。我国于同隐等人利用十二烷基硫酸钠-聚酰胺凝胶电泳（SDS-PAGE）分析方法研究发现，丝素蛋白是由相对分子质量分别为2.8×10^5、2.3×10^5和2.5×10^4的三种亚单元组成，并且进一步证明了丝素蛋白中存在两个或更多个非二硫键连接的独立亚单元。

丝素蛋白的聚集态结构由结晶态和无定形态两部分组成，其中结晶区占纤维总量的 $50\%\sim60\%$。由于丝素蛋白无定形区主要由带有较大侧基的氨基酸（如苯丙氨酸、酪氨酸和色氨酸等）组成，既阻碍了肽链整齐而密集的排列，又集中了具有活泼官能团的氨基酸残基，因而丝素蛋白与其他物质的化学作用主要发生在无定形区域。所以说，丝素蛋白的无定形区对于丝素蛋白的性质起着真正的主导作用。

丝素蛋白分子链主要包括三种构象：无规线团、α-螺旋和 β-折叠链结构。它有三种结晶，分别为 Silk Ⅰ、Silk Ⅱ 和 Silk Ⅲ 型。Silk Ⅰ 型中，分子链按 α-螺旋和 β-折叠构象交替堆积而成，其晶胞属于正交晶系（晶胞参数：$a=0.896\mathrm{nm}$，$b=1.126\mathrm{nm}$，$c=0.646\mathrm{nm}$）；Silk Ⅱ 型的结构是由"丙氨酸-甘氨酸"重复单元所形成的对称结构，其晶胞也属于正交晶系（晶胞参数：$a=0.944\mathrm{nm}$，$b=0.920\mathrm{nm}$，$c=0.695\mathrm{nm}$）；Silk Ⅲ 型为聚甘氨酸的三螺旋构象，其晶胞属于六边形（晶胞参数：$a=0.456\mathrm{nm}$，$b=0.456\mathrm{nm}$，$c=0.867\mathrm{nm}$）。丝素蛋白以反平行折叠构象为基础，形成直径大约为 10nm 的微纤维（微原纤），无数微纤维紧密结合组成直径大约为 $1\mu\mathrm{m}$ 的细纤维（原纤），大约 100 根细纤维沿长轴排列构成直径为 $10\sim18\mu\mathrm{m}$ 的单纤维，即蚕丝蛋白纤维。

6.3.1.2 丝胶蛋白的组成及结构

丝胶蛋白包在丝素蛋白的外部，占蚕丝总质量的 25% 左右，它可以溶解于热水中，所以蚕丝可以通过脱胶除去丝胶蛋白。丝胶蛋白的氨基酸组成与丝素蛋白相仿，但各氨基酸的含量却明显不同。丝胶蛋白中，甘氨酸、丙氨酸含量较少，而含有羟基的丝氨酸含量却较高，占 34% 左右，此外还包含 9% 左右含有羟基的苏氨酸。另外，丝胶蛋白中酸性和碱性氨基酸的含量均比丝素蛋白中高。由于丝胶蛋白表面分布着容易与水结合的亲水性基团，因而丝胶蛋白能够溶解于水。丝胶蛋白在丝素蛋白的外围呈层状分布，按照在水中溶解速度的差异，由外向内依次分为丝胶Ⅰ、丝胶Ⅱ、丝胶Ⅲ和丝胶Ⅳ。丝胶Ⅰ的溶解性能最好，对缫丝有利，精炼时可通过热的碱溶液预处理即可除去。丝胶Ⅱ、丝胶Ⅲ、丝胶Ⅳ的溶解性渐差，愈接近丝素蛋白的丝胶层愈难溶解。

X 衍射研究表明，丝胶Ⅰ为非结晶物质，而丝胶Ⅱ、丝胶Ⅲ、丝胶Ⅳ则为结晶物质，但是丝胶Ⅱ和丝胶Ⅲ具有不同的结晶结构。此外，丝胶Ⅲ中还有较多的蜡存在。丝胶蛋白的相对分子质量利用不同的方法测定差别较大，一般为 $6.5\times10^4\sim4.0\times10^5$。旋光和圆二色谱的分析结果显示，丝胶蛋白分子的构象呈现复合螺旋和 β-折叠的混合形式，其中 β-折叠约占 $23.3\%\sim35.6\%$，并且难溶的丝胶级分中，β-折叠的比例较高。

丝胶蛋白在丝的分泌过程中具有润滑功能，丝胶蛋白的某些级分还能够与丝素蛋白混合，以至于脱胶操作后仍有部分丝胶蛋白残留在丝素蛋白中，微量的丝胶蛋白可以保持丝的结构、防止丝纤维的破坏。此外，丝胶蛋白还具有一定的抗氧化作用。

6.3.1.3 蚕丝蛋白的性质

（1）物理性质

蚕丝的应力-应变曲线中存在着明显的屈服点，就屈服应力和断裂强度而言，桑蚕丝比羊毛要高得多。蚕丝纤维在形成过程中，受到拉伸和吐丝口的挤压作用，因而不但分子链较为伸直、取向度较高，而且分子链之间的排列也较为整齐，故而具有较高的断裂强度和较低的断裂延伸率。蚕丝不溶于水，但是能吸收相当的水分，吸水的同时体积膨胀，而且膨胀的主要表现为直径变粗，长度变化不明显。蚕丝的吸水率可达 $30\%\sim35\%$，体积膨胀可达 $30\%\sim40\%$。由于蚕丝吸湿性较强，随着相对湿度的变化，其拉伸性能也会发生一定的改变。一般说来，相对湿度较大，蚕丝的初始杨氏模量、屈服点、断裂强度下降，断裂延伸率增加。

（2）化学性质

酸碱都能够引起蚕丝蛋白的水解，水解程度主要由溶液的 pH 值、温度和反应时间决定。蚕丝蛋白中酸性氨基酸的含量大于碱性氨基酸，其酸性大于碱性，为弱酸性物质，因而碱对蚕丝蛋白的水解破坏作用强于酸。蚕丝蛋白对弱碱具有一定的抵抗能力，但对强碱的抵抗能力较弱，强碱的稀溶液即可使蚕丝蛋白溶解。稀酸在常温下对蚕丝蛋白的水解作用不明显，但如果提高温度，会对蚕丝蛋白有轻度的破坏，导致丝的光泽、手感、强度、延伸率等发生不同程度的下降。对于强酸来说，即使在室温下也会使蚕丝蛋白发生强烈的水解。

蚕丝蛋白对于氧化剂的作用敏感性很低，相比之下，对于还原剂的敏感性更低，因而，常用亚硫酸钠、亚硫酸氢钠等还原剂对蚕丝进行漂白脱色处理。

蚕丝的耐光性较差，在日光照射下容易泛黄。蚕丝中酪氨酸、色氨酸的残基容易吸收紫外线而氧化变性，对其性能影响较大，随照射时间的增加，蚕丝泛黄程度增加，特别是在有水存在下，泛黄更为严重。

蚕丝的耐热性较好。加热到 100℃ 时，蚕丝内的水分大量散失，但强度未受影响；120℃ 时，成为无水分的干燥丝，伸长率略有减小；150℃ 时蚕丝的色泽发生变化，强度下降；175℃ 时开始逐步失重，颜色由白变黄，至 280℃ 时完全变黑。蚕丝的导热性很低，因而比棉、麻、羊毛的保暖性都好。

6.3.2 蚕丝蛋白的改性

丝素蛋白虽然具有很多优良的使用性能，但也存在着一些难以克服的缺陷，如丝素蛋白在紫外线照射下，蛋白质分子链发生降解，白度明显下降，取向的 β-折叠构象被破坏，形成无序结构，同时力学性能和热性能也大幅下降，而且丝素蛋白还存在难以染色和易于褪色等问题。为使丝素蛋白保持原有的优良性能，改善现有的缺陷，通常对丝素蛋白进行改性。

6.3.2.1 接枝改性

利用化学引发法可以实现烯类单体在丝素蛋白纤维表面上的接枝聚合，常用的化学引发体系有三类：金属离子及还原剂引发体系；非金属化合物引发体系和光酶剂引发体系。例如，采用 Ce^{4+} 引发体系可以将强紫外吸收稳定剂 2-羟基-4-丙烯酰氧二苯酮（HAOBP）接枝到丝素蛋白纤维上，所得纤维的抗紫外辐射性能以及热稳定性能明显得到改善，但力学性能却大幅度下降。为防止力学性能的下降，可采用"无引发剂聚合"的方法将 HAOBP 接枝到丝素蛋白纤维上，结果表明，接枝 0.6% HAOBP 的丝素蛋白纤维，其热稳定性及紫外稳定性均得到了显著改善，而力学性能却没有下降。此外，还可以将甲基丙烯腈接枝到丝素纤维上，测试结果表明，随着接枝物甲基丙烯腈的加入，丝素纤维的拉伸模量有所降低，说明接枝反应使得丝素纤维变得更加柔软且有弹性。

为了改善蚕丝的染色性能，可以将三种染料单体 2-羟基-4-丙烯酰氧二苯酮、1-羟基-2-丙烯酰氧蒽醌和 1,5,8-三羟基-2 丙烯酰氧蒽醌采用一定的引发剂体系分别接枝到丝素蛋白纤维上，所得产物不仅色泽鲜艳、不褪色，而且热稳定性和抗紫外性均得到明显改善，力学性能也没有下降，从而成功地使蚕丝染色和抗紫外改性在同一步完成，将接枝整理工序和染色工序简化为一道工序。

异丁烯酰基丙烯酰基磷酸胆碱（MPC）是一种新合成的磷酸胆碱聚合物，其在没有抗凝血剂的条件下，也能有效地阻止血凝的发生。把 MPC 聚合物接枝到丝素蛋白分子链上，可以得到抗血凝性优良的丝素蛋白材料，其在生物医学领域具有良好的应用前景。

6.3.2.2 化学交联改性

丝素蛋白膜是研究最早和最深入的丝素蛋白材料，它由丝素溶液干燥而得。经不溶化处理后的丝素蛋白膜的脆性是丝素蛋白膜的最大缺点。可以通过化学交联的方法提高和改良丝素蛋白膜的力学性能。以环氧氯丙烷和聚乙二醇（PEG）为原料，在碱催化下反应得到聚乙二醇缩水甘油醚（PEGO），其可用作丝素蛋白膜的交联剂。随着 PGE 含量的增加，膜的拉伸断裂强度和杨氏模量减小，断裂伸长率增大，力学性能比纯丝素蛋白膜有明显提高。采用甲壳素交联丝素蛋白膜可以获得半渗透聚合体网状物，其对离子和 pH 具有很好的敏感性，预期可用作人工肌腱。

另外，采用二缩水甘油基乙醚作为交联剂可以制备具有良好强度和柔韧性的丝素蛋白凝胶（CFG），其压缩强度可大于 $0.98N/mm^2$（$100g/mm^2$），压缩变形率可大于 60%。CFG 的力学强度除与交联剂有关外，还与丝素蛋白水溶液的浓度有关。丝素蛋白浓度低时，所形成的三维网络的结合点稀疏，因此凝胶强度较低。因而，要得到高强度的 CFG，还需有合适浓度的丝素蛋白溶液。

6.3.2.3　共混改性

共混是普遍采用的改进高分子性能的一种简便易行的方法。蚕丝具有优良的吸湿性能，手感好，穿着舒适，光泽佳，但其耐光和耐化学试剂性能较差，其织物的抗皱性差；另一方面，腈纶对日光、大气及化学试剂等作用的稳定性非常好，也有很好的耐霉菌、耐虫蛀性能，但其吸湿性、透气性和抗静电性不足，而且织物易起球；为了发挥这两者的优点，克服彼此的缺点，可以将这两者进行共混纺丝。微观结构分析表明，两者部分相容，部分丝素蛋白呈"蜂窝"状结构分散于聚丙烯腈组分中；共混复合纤维中含量高的聚丙烯腈组分的晶型基本未变，只是晶粒尺寸变小，结晶度有所下降；部分丝素蛋白在复合纤维的外部，即聚丙烯腈被丝素蛋白包埋在中间，使共混纤维吸湿性得到了改善，吸湿率提高，吸湿速度较蚕丝为快。

将纤维素与丝素蛋白共混可以得到丝素蛋白/纤维素共混膜。纤维素的加入可以有效地改变共混膜的力学性能，其拉伸断裂强度随着纤维素的含量从 20% 起呈线性增加，断裂伸长率则在 $20\%\sim40\%$ 间急速增加，而后趋于缓和。含 40% 纤维素共混膜的柔韧度大约是纯丝素膜的 10 倍。此外，还可以将聚氨酯与丝素蛋白共混。结果表明，随着聚氨酯所占比例的提高，丝素/聚氨酯共混膜的断裂伸长率明显增大；当聚氨酯所占比例大于 40% 时，断裂伸长率增长速度明显加快。当共混比例为 50:50 时，断裂伸长率从 60.2% 提高到 226.2%。利用共混改性丝素蛋白膜的化合物的还有海藻酸钠、明胶、聚乙烯氧化物、聚乙烯基吡咯烷酮等，通过共混可以不同程度地改善丝素蛋白膜的强度和弹性。

6.3.3　蚕丝蛋白的应用

6.3.3.1　纺织领域的应用

真丝织物具有穿着舒适、手感柔软光滑、光泽和谐、华丽高贵等特点，因此一直受到人们的青睐。蚕丝具有优良的吸湿性和透湿性，其织物能够适应外界温度变并且及时做出调整，使体表始终保持一定水分，防止皮肤干裂。蚕丝的导热性小于绝大多数纺织纤维，真丝服装散热速度较慢，所以人们穿着真丝服装有冬暖夏凉之感。另外，蚕丝的吸湿热的能力较高，仅次于羊毛，因此真丝服装对温度变化有很好的缓冲作用。此外，蚕丝中的色氨酸和酪氨酸能吸收紫外线，因此真丝服装能阻止或减少太阳光中紫外线对人体的侵害，起到保护皮肤的作用。真丝服装经穿着使用后，容易产生原纤化，就像扫帚、毛刷一样，可以起到清除人体表面细微污垢和细菌的功能，防止皮肤痛痒症，因此蚕丝又称为"保健型纤维"。

另外，通过丝素蛋白和聚丙烯腈共混得到的复合纤维，其吸湿性能较腈纶有一定的改善，染色性能也得以增强，使纤维的染色品种大大扩展，阳离子染料、酸性染料等都能用于复合纤维的染色，并且均可以得到一定深度的色谱。

6.3.3.2　食品方面的应用

丝素蛋白组成中，甘氨酸、丙氨酸、丝氨酸、酪氨酸的含量较高。通过大白鼠添食丝素肽（丝素蛋白的水解物）的试验以及对丝素蛋白中氨基酸组成进行分析可知，丝素蛋白在以下方面具有一定的医疗作用。①降低血液中胆固醇浓度，防止高血压和脑血栓。蚕丝中的甘氨酸具有降低血液中胆固醇浓度的作用，可防治高血压和脑血栓，其功能明显优于其他降压药物。②预防"老年性中风"和痴呆症。蚕丝中的酪氨酸可在酪氨酸脱氨酶作用下生成多巴，多巴经脱羧酶的作用生成多巴胺，多巴胺能防治"老年性中风"，并且能控制各种神经系统失去平衡而出现手足颤抖、脸部神经扭曲等帕金森氏症。③促进胰岛素的分泌。丝素肽易与糖分结合，具有促进胰岛素分泌的作用，而且可起到减肥、抗病毒并能降低胆固醇，增强机体免疫力的作用。④解酒保肝。蚕丝中的丙氨酸是激活酒精代谢分解成乙醛和辅酶NADH的动力源，具有解酒保肝的作用。

由于丝素蛋白具有以上的医疗价值，在日本已成为新一代保健食品添加剂。20世纪80年代初就已制成了具有柠檬味、咖啡味等多种味道的丝素果冻，从而迈出了蚕丝食品开发的第一步。目前，日本已设立了专产食用丝素粉和丝素食品的工厂，生产丝素酱油、丝素饮料、丝素饼干、丝素糖果等，特别是在老年和儿童的食品生产中广泛添加丝素蛋白，有利于增强人们的体质。丝素蛋白在改善食品的物理形态上也有一定的作用。在开发丝素蛋白荞麦面的试验中，发现添加丝素蛋白的荞麦面成型性好，荞麦面成品率由普通荞麦面的不足80%上升到90%以上，且色泽鲜亮，口感滑爽，品质大为提高。

从天然蚕丝中提取的丝素蛋白除含有C、O、H、N元素外，还含有K、Cu、I、S、P、Fe等多种微量元素，并且其含有的18种氨基酸都是人体所必需的，因此可以用作食品的辅助原料，其水溶性好的特点又可以使之更有效的被人体吸收。在人们环保意识不断增强的市场背景以及人们追求健康、天然食品的愿望日益浓厚的条件下，这种新材料作为绿色食品以及食品辅料更容易为消费者所接受。

6.3.3.3　化妆品方面的应用

丝素蛋白具有天然的护肤美容效果。丝素蛋白中含量最高的几种氨基酸恰恰是皮肤胶原蛋白的主要成分，它与皮肤有很好的亲和性，极易被皮肤吸收，可视为能被皮肤直接"食用"的营养物质；丝素蛋白中含有大量的亲水基团如—OH、—COOH和—NH$_2$等，可发挥天然保湿因子的作用；丝素蛋白中含有相当数量的酚羟基，其具有吸收紫外线、抗氧化和防止或减缓皮肤黑色素形成的功效。

丝素蛋白在化妆品应用方面主要有两种形式：丝素粉和丝素肽。丝素粉保持了蚕丝蛋白的原始结构和化学组成，仍然具有蚕丝蛋白特有的柔和光泽和吸收紫外线、抵御日光辐射的作用，丝素粉光滑、细腻、透气性好、附着力强，能随环境温湿度的变化而吸收和释放水分，对皮肤角质层水分有较好的保持作用，因此丝素粉是美容类化妆品（如唇膏、粉饼、眼霜等）的上乘基础材料。丝素肽可溶于水，与常用的表面活性剂都能相溶。由于丝素肽分子侧链中含有较多的亲水基，使丝素肽具有较好的保湿作用。丝素肽分子质量较小，渗透性强，可透过角质层与上皮细胞结合，参与和改善上皮细胞的代谢，营养细胞，使皮肤湿润、柔软，富有弹性和光泽。另外，丝素肽具有较好的成膜性，能在皮肤和毛发的表面形成保护膜，这种膜具有良好的柔韧性和弹性，因此作为护肤护发和洗浴用品的基础材料相当合适。

早期开发的蚕丝化妆品主要是丝素水解物（丝素肽、丝素氨基酸）或丝素粉的化妆品，主要利用的是丝素成分的营养作用。近年来发现丝胶溶液可以隔离99%以上的紫外线，其功效远远超过丝素；此外，丝胶还有更好地保持皮肤水分作用和营养价值，能够润肤、养肤。因此，丝胶作为高档化妆品的原料已经开始被开发生产，并已成为蚕丝蛋白化妆品生产的主流。

6.3.3.4 日化和环保领域的应用

高分子塑料的废弃物已造成严重的环境污染，而蚕丝蛋白是天然纤维状蛋白质，在自然环境中受紫外线、微生物和生物酶的作用能够很快分解，因此层压蚕丝素膜作为高分子塑料的替代品正受到人们的重视。蚕丝素的成分与玳瑁相近，利用蚕丝素溶液制作丝素薄板，干燥后，数片重叠压缩，可以作为玳瑁的代用材料；蚕丝蛋白作为象牙的替代材料也已得到利用。此外，采用尼龙等合成纤维制作的钓鱼线，因在自然条件下不会腐败分解而引起环境污染。用光硬化树脂覆盖蚕丝后制成的无公害钓鱼线，已经实用化。

蚕丝蛋白具有规则的结晶结构和良好的吸湿性，将蚕丝用碱处理后，再用微粉碎机物理性粉碎后制成的微粉粒，添加一定比例的树脂就可以获得新型感触性涂层材料。利用超细丝素粉的细微、吸湿、光泽特点，涂层于皮革制品，使之光亮、柔和、吸湿、保湿，具有特殊效果。将丝粉调入某些涂料中制成的高级涂料，用来喷涂家具用品，能增加器物的外观高雅与感触良好的效果，目前已被广泛用于各种高档室内装潢。此外，利用蚕丝微粉粒为主要原料，制作圆珠笔内涂层，可以大大提高圆珠笔的质量，被称为"圆珠笔革命"，目前已有多家厂家生产。

6.3.3.5 医药领域的应用

（1）手术缝线

手术缝线是丝素蛋白在医药方面应用的最早产品之一。长期以来，外科手术主要使用羊肠线作为可吸收缝线。羊肠线柔韧性欠佳，组织反应大，在消化液和感染环境下抗张强度耗损快，而且羊肠线吸水后会因膨胀而造成结扎不牢。针对其缺点，一系列可降解的纤维缝合线不断出现，主要有聚二氧杂环己酮纤维（PDS）、聚乙烯醇纤维（PVA）、聚乙交酯纤维（PGA）、聚丙乙交酯纤维（PGLA）和聚乳酸（PLA）。近年来，天然降解高分子材料得到了生物医学界的追捧，美国和日本相继开发出甲壳素与壳聚糖纤维的手术缝线。鉴于丝素蛋白的优良特性，日本在蚕丝表面覆盖有机硅后编织成软质的绢丝手术缝合线，手术后不会对机体产生任何污染，是一种安全的医用手术缝线。近年来，美容用手术缝线使用量激增，要求缝线细、匀而结实，雄蚕丝等高等级细纤度蚕丝成为其主要原料，而利用基因工程技术将蜘蛛丝基因转移到蚕丝基因的重组蜘蛛丝基因蚕丝将是更新蚕丝传统概念的新型蚕丝。

（2）药物缓释

药物缓释技术是当前药剂学研究的热点之一，其目的在于寻求提供理想血药浓度的途径，提高药物的安全性和有效性。在控释剂中，膜控释剂的释药速度稳定、制备工艺成熟而得以广泛应用。目前采用的控释膜基材大多用合成高分子材料，其存在许多弊端，以丝素蛋白高分子材料作为基材的控释膜正有逐步替代的趋势。

丝素蛋白控释膜的性能及应用优势在于：①丝素蛋白膜的孔隙大小和孔隙率可以控制，使得缓释药物具有更大的控释范围；②天然生物材料作为主要原料，应用于医药行业其程序上有更多的便利条件；③原料丰富，成本低廉；④丝素蛋白为生物可降解材料，不造成环境污染；⑤丝素蛋白在可控条件下可以顺利实现水溶性与非水溶性的双向转化，这是丝素材料独有的优越性能；⑥丝素蛋白材料能够便利地为人体吸收，对人体无任何毒副作用。

（3）抗凝血活性

目前普遍使用的作为阻止血液凝固物质的肝素，是从猪的小肠等材料中抽提的硫化多糖，价格非常昂贵，其分子中的硫酸基对抗凝血活性起着重要的作用。当丝素蛋白中导入硫酸基时同样能表现出抗凝血活性。使用氯化硫酸代替浓硫酸，可使所得到的丝素蛋白抗血凝物质的抗血液凝固活性提高约 100 倍，活性达到肝细胞的 20％左右。由于这种物质可以低价制造，并且对人的红血球、白血球以及血小板等血液成分无任何不良影响，因而不仅可作为防止血液凝固的试用药，也可用于提高人工血液的抗凝固机能。

6.3.3.6 医学材料领域的应用

（1）人造皮肤

利用蚕丝蛋白制造人工器官的研究工作主要集中于人造皮肤。人类皮肤特别是真皮层被破坏后，皮肤将无法再生，只能进行皮肤移植，但移植后皮肤一般极难生长愈合。作为一种生物材料，丝素蛋白膜的透水、透气性介于新鲜断层猪皮与储存断层猪皮之间，透水、透气性及与创面的黏合等方面性能优越，具备制造人工皮肤的材料要求；丝素膜分子的构象及结晶度与膜的物理机械性能有关，制膜时施以适宜的交联及接枝共聚处理或高分子膜复合可制得具有接近正常皮肤的柔软性、伸缩性及润湿强度的丝素蛋白膜，加之它完全透明，覆盖于创面能看到膜下创面的变化情况与愈合过程，给临床治疗及创面愈合的研究提供了方便；此外，丝素蛋白膜还具有与人体很好的相容性，并且无毒、无刺激、无过敏性、抑菌杀菌，因而可用做人工皮肤。

目前研制的多孔蚕丝素蛋白膜，膜的结构和性能可控，动物试验表明毛细血管和成纤维细胞能长入膜中，多孔丝素膜能够血管化，全部或部分成活；研制的抗菌性药物丝素创面保护膜是具有抗感染、加速创面愈合作用的新型烧伤创面覆盖材料，其所含的药物抗菌谱广，对烧伤局部感染常见的革兰阳性球菌和革兰阴性感菌具有杀灭作用，可用于感染创面和深Ⅱ度烧伤创面的治疗。丝素创面保护膜已经工业化生产，并开始用于临床。而丝素蛋白膜作为人造皮肤真正在临床上的应用还需要进一步利用细胞工程技术，将丝素蛋白膜与真皮干细胞有机结合，形成有人类皮肤细胞活性、具有皮肤生长和体毛再生作用的真正意义上的（人造）皮肤组织。

（2）人造血管

人造血管的研制始于20世纪初，各国学者首先采用金属、玻璃、聚乙烯、硅橡胶等材料制成的管状物进行大量动物实验，但因其易在短期内并发腔内血栓而未能在临床上得到广泛应用。随着纤维材料和医学生物材料的不断发展，多种材料、多种加工方法生产的有孔隙的人造血管不断出现，并用于动物实验和临床。现已商品化的高分子材料人造血管有涤纶人造血管、蚕丝人造血管和膨体聚四氟乙烯人造血管。蚕丝素蛋白与人体的角蛋白、胶原蛋白的结构十分相似，具有极好的人体生物相容性，更适于研制人造血管。我国目前已研制成多种类型和不同直径的真丝人造血管。制造人造血管时，需要添加阻止血液凝固的物质，硫酸化丝素蛋白由于具有阻止血凝的作用，因而广泛用作人造血管的新型材料。

（3）人工肌腱和韧带

肌腱是连接骨骼肌与骨的致密结缔组织，通过肌肉的收缩带动关节的活动。杠杆作用、应力集中以及各种创伤极易造成肌腱断裂或缺损，而其治疗和修复一直是骨科的一大难题。蚕丝的强度和刚度数值与人体肌腱非常接近，同时丝素蛋白又具有良好的生物亲和性、弹性、韧性以及较好的介导细胞间信号传导及相互作用的性能，并且改性后的丝素蛋白可与生物骨质中的主要无机成分羟基磷灰石结晶中的基团紧密凝聚，从而改善钙的凝聚效果，因而非常适合制造人工肌腱与韧带。组织工程化肌腱要真正应用于临床进行产业化的生产，关键是模拟体内环境在体外成功构建肌腱组织，因而在体外利用生物反应器模拟体内环境进行组织工程化肌腱的构建将是未来的研究方向。

（4）人造骨骼及人造牙齿

高分子质量的丝素粉末经加热和加压后很容易按照模型成形，可以制成一定形状的固体，当添加黏着剂 MMA 或 GMA 后工艺性增强，其产品强度显著提高，能成为稳定的固体。尤其是添加 GMA 后更为突出，添加 40％时得到的成形品可与聚丙烯的强度相仿，以此为材料制造人造骨骼和人造牙齿都比较理想。在蚕丝上引进磷酸基团时，蛋白纤维就能够吸收钙离子，形成很强的结晶，而且，这些经过修饰的丝纤维具有良好的拉伸性能，这种很有潜力的生物材料，制作人造骨骼和人造牙齿将更为理想。

（5）蚕丝隐形眼镜及角膜

制造隐形眼镜、人工角膜的材料必须是通气与通水性好、易消毒灭菌、透光性优良以及对人体生理适应性好的材料。将化学处理后的丝素水溶液凝固，得到的块状物质用旋盘切削研磨；或者在丝素水溶液中添加甲醛、乙烯基化合物等，再放入模具内使之发生反应，可制得一种优质的丝素膜，在含水状态下其透氧率与目前隐形眼镜所使用的羟乙基异丁烯酸酯几乎相等，并且它具有良好的透气性。此种丝素膜的可见光线透过率可达 98％以上，同时与软组织具有良好的生物相容性，适宜用作制造隐形眼镜及人工角膜。目前，日本利用蚕丝蛋白已成功开发出商业化的隐形眼镜产品，而且还成功研制出了人工角膜等生物医学材料。

6.3.3.7 生物技术领域的应用

（1）固定化酶载体

酶的固定化是指通过物理方法或化学方法将酶固定在某种载体上，使其成为仍具有催化活性的酶或酶的衍生物的过程，从而大大提高酶的使用效率。与游离的酶相比，固定化的酶对热、酸、碱的稳定性得到了相应的提高，而且能轻易与底物和反应物分开、回收并反复利用。

近年来许多天然聚合物（如胶原蛋白、明胶和血清蛋白）常常用来固定酶、细胞或微生物，但用这些材料制造的固定化载体必须采用戊二醛、聚乙烯亚胺等试剂进行交联，或用纤维素透析膜进行覆盖。丝素蛋白是天然的高分子蛋白，具有独特的分子结构、优异的机械性能、良好的吸湿和保温性能以及抗微生物性能，是一种理想的酶固定化载体材料。在蚕丝液化处理后的水溶液中加入酶溶液，经过干燥形成可溶性的含酶丝素，再经酒精浸渍、延伸、高温等不溶性处理，就可以形成酶固定化丝素膜。丝素蛋白固定化酶的方法中不需要任何交联剂，所以方便可行，固定化酶后可以在更宽的 pH 值范围（6.0～8.0）以及更高的温度（≤60℃）使用，而且保存 4 个月后，活性基本不变，连续工作 8h 后，酶的活性还可以保存85％。丝素蛋白材料应用于生物酶的固定与原有的化学固定方法相比，使得酶固定化工艺大大简化，并且该技术可以利用低品级的蚕丝或废丝，从而减少了缫丝造成的环境污染以及二次污染，具有极好的环保效果。

以丝素蛋白作为固定化载体的形式有三种：丝素纤维固定化载体、丝素粉末固定化载体和丝素膜固定化载体。目前，已有多种蛋白酶可用丝素蛋白固定化载体固定，如葡萄糖氧化酶、辣根过氧化酶、α-淀粉酶、青霉素酰化酶、糖化酶、木瓜蛋白酶、L-天冬酰胺酶、超氧化物歧化酶、过氧化氢酶等。

（2）生物传感器

生物传感科学是 20 世纪 60 年代后新兴的一门交叉学科，它涉及生物化学、材料科学、电化学、微电子学、固体物理学、纤维光学等多个学科。生物传感器是一种以生物活性物质材料（如酶、抗体、核酸、细胞等）作为敏感基元，配以适当的换能器所构成的对被分析物具有高度选择性的现代化分析仪器。其测定原则可大致描述为：待测物质经扩散作用进入固定化生物敏感膜，经过分子识别，发生生物学反应，产生的信息被相应的化学或物理换能器变成可定量处理的电信号，再经二次仪表放大输出，从而获知待测物质含量的信息。生物传感器中研究和应用最多的是酶传感器。

丝素膜是一种优良的酶固定剂，它的优点在于不需要任何交联剂，只需通过物理作用和化学处理（如改变温度、pH 值、溶剂、拉伸等）就可以完成。因此，它减少了酶的失活，扩大了酶活性的 pH 值范围，提高了酶的利用效率，并且丝素膜对大多数溶剂都相当稳定，具有一定的强度和弹性，因此丝素膜可用来制作生物酶传感器。除了酶传感器外，丝素蛋白膜还可用于制作免疫传感器和神经传感器。

在利用丝素蛋白固定化酶制作生物传感器方面，已经开发出的有葡萄糖传感器，它能够将对葡萄糖有选择反应性的葡萄糖氧化酶封闭到丝素膜中，和氧电极结合起来测定葡萄糖的浓度，可用于糖尿病的诊断。日本开发成功的癌症自动诊断系统，即先将蚕丝用高浓度盐等溶解，然后干燥成膜，在这种膜上固定只与抗原起反应的单克隆抗体蛋白，在容器中加入血液和过氧化氢酶标抗体，用装有氧电极的免疫传感器，通过癌细胞所放出氧的数量来诊断是否患有癌症。在生理 pH 值条件下，神经递质一般为阳离子，而代谢产物为阴离子，利用丝素蛋白膜的两性电荷特性，制备丝素蛋白膜修筛电极，可用以测定神经递质中的阳离子浓度，从而测验大脑活动。

6.4　蜘蛛丝与重组蜘蛛丝

蜘蛛是一种极为神奇的节肢动物，其小小的体内所分泌出的丝既像钢铁般坚硬，又具有橡胶般的弹性。蜘蛛丝突出的性能主要表现在强度高、弹性好、断裂伸长大、初始模量大、断裂功大，而且耐腐蚀、抗酶解，可以说是迄今为止所知道的最强韧的材料，被誉为"生物钢"。蜘蛛丝作为一种以蛋白质为基质的高强韧材料，在航空材料、医用材料、复合材料等领域有着巨大的潜在用途，可以用作降落伞、防弹衣、外科手术缝合线等，是自然界提供给人类性能最好的材料之一。

6.4.1　蜘蛛丝蛋白的结构与性能

6.4.1.1　蜘蛛丝蛋白的结构

蜘蛛丝是由蜘蛛通过其腺体分泌所产生的纤维状蛋白质。蜘蛛的腹部有多种腺体，各种腺体抽出的丝线在性质及功能上也不完全相同。以大腹圆蛛为例，其腹部有七种腺体，即大囊状腺、小囊状腺、葡萄状腺、梨状腺、管状腺、鞭毛状腺、集合状腺。这些腺体可以分泌出具有不同功能的丝，如大囊状腺分泌出牵引丝（拖丝）、放射状丝以及构成蜘蛛网骨架的框丝；小囊状腺分泌出牵引丝、框丝；葡萄状腺分泌出捕获丝；管状腺分泌出包卵的卵茧丝；鞭毛状腺分泌出蜘蛛网的横丝；梨状腺分泌出附着盘；而集合状腺分泌出横丝表面的黏性物质。蜘蛛分泌的每一种蛛丝都是强韧的天然纤维，尤其是拖丝，是目前已知的具有高硬度、高强度、高韧度的生物材料之一。

蜘蛛丝的主要成分与蚕丝一样，也是蛋白质，基本组成单元为氨基酸。尽管不同种类的蜘蛛以及同一蜘蛛的不同腺体所分泌出的蛛丝的氨基酸组成存在着较大的差别，但所有蜘蛛丝最重要的组成单元均为小侧基的甘氨酸、丙氨酸和丝氨酸。与蚕丝明显不同的是，蜘蛛丝中还含有较多的谷氨酸、脯氨酸等大侧基的氨基酸。

蜘蛛丝与蚕丝在结构上有着相似之处，都是由结晶区和非结晶区交替排列而成，其结晶度约为蚕丝的 $55\%\sim60\%$。蜘蛛丝的分子构象主要为 β-折叠构象，分子链沿着纤维轴线的方向呈反平行排列，相互之间以氢键结合，形成栅片状的 β-片层结构并相互重叠在一起而构成结晶区，结晶区主要为丙氨酸链段。由于结晶区的多肽链分子间以氢键结合，因而分子间作用力很大，沿着纤维轴线方向排列的晶区结构使纤维在外力作用时有较多的分子链能承受外力作用，故而蜘蛛丝具有很高的强度。栅片之间为非结晶区，其距离不固定，在 $0.93\sim$ 1.57nm 之间，主要由甘氨酸、丙氨酸以外的大侧基氨基酸组成。这些氨基酸由于侧基较大，且在侧基中含有活泼性基团，阻碍了肽链的整齐排列而形成非结晶区。在非结晶区大分子多呈β-转角状，当受到拉伸时，会形成β-转角螺旋状，从而赋予蜘蛛丝良好的弹性。此外，沿着纤维轴线方向排列的晶态β-折叠链栅片还具有多功能的铰链作用，在非结晶区域内形成一个模量较高的薄壳，这也是蜘蛛丝具有较高模量和良好弹性的原因之一。

6.4.1.2 蜘蛛丝蛋白的性能

蜘蛛分泌出的各种蛛丝有着不同的性能，其中大囊状腺产生的拖丝是蛛网的主要结构丝和生命丝，因其杰出的力学性能而成为人们研究的重点。蜘蛛丝光滑、透明，耐紫外线性能强。在显微镜下观察，蜘蛛丝是一根单独的长丝，其横截面呈圆形，不像蚕丝含有水溶性丝胶。蜘蛛丝的平均直径为 $6\mu m$，约为蚕丝的一半；物理密度为 $1.34g/cm^3$，与蚕丝相似。蛛丝具有很好的耐高低温性能，蜘蛛丝在 $200℃$ 以下表现出良好的热稳定性，$300℃$ 以上才变黄。蜘蛛丝特别耐寒，可以在 $-60\sim-50℃$ 的低温下仍保持弹性。蜘蛛丝在水中有相当大的溶胀性，纵向有明显的收缩。蛛丝不溶于稀酸、稀碱，仅溶于浓硫酸、溴化锂、甲酸等，且耐腐蚀，对大部分蛋白水解酶具有抗性。由于蜘蛛丝的构造材料几乎完全是蛋白质，所以它是生物可溶的，并可以生物降解和回收。

蜘蛛丝的强度和弹性令人难以置信。蜘蛛牵引丝的强度与钢相近，虽低于 Kevlar 纤维，但明显高于蚕丝、橡胶及合成纤维；其伸长率则与蚕丝及合成纤维相似，远高于钢及 Kevlar 纤维；蜘蛛丝的断裂能大，是 Kevlar 纤维的三倍之多，因而其韧性好，再加上其初始模量大，质地轻，所以是一种非常优异的材料。表 6-7 列出了蜘蛛丝与其他几种纤维的力学性能。

表 6-7 蜘蛛丝和其他纤维的力学性能比较

材　　料	伸长率/%	初始模量/(N/m²)	强度/(N/m²)	断裂能(J/kg)
牵引丝	$10\sim33$	$(1\sim30)\times10^9$	1×10^9	1×10^5
蚕丝	$15\sim35$	5×10^9	6×10^8	7×10^4
尼龙	$18\sim26$	3×10^9	5×10^8	8×10^4
棉	$5.6\sim7.1$	$(6\sim11)\times10^9$	$(3\sim7)\times10^8$	$(5\sim15)\times10^3$
钢	8.0	2×10^{11}	2×10^9	5×10^3
Kevlar	4.0	1×10^{11}	4×10^9	3×10^4
橡胶	—	—	1×10^6	8×10^4

蜘蛛丝的力学性能受温度、含水量等的影响较大。干丝较脆，当拉伸超过其长度的 30% 时就会断裂；而湿丝则显示很好的弹性，拉伸至其长度的 300% 时才会发生断裂。蜘蛛丝在常温下处于润湿状态时，具有超收缩能力，可收缩至原长的 55%，并且其伸长率增加，但仍有很高的弹性恢复率，当延伸至断裂伸长率的 70% 时，弹性恢复率仍可高达 80%～90%。

蜘蛛丝润湿状态下具有超收缩能力的原因如下。当蜘蛛吐丝时，几乎所有的分子链段均要重新组合以形成液晶，分子链由腺体中的自由状态转化为非卷曲状态，并在剪切力和牵引力的作用下沿纤维轴线形成不同程度的取向排列。因为蜘蛛丝的玻璃化温度很低，故可以假设取向的分子链和链段在室温下以氢键结合，当水分子或其他溶剂分子进入纤维时，分子间的氢键逐渐被破坏，分子间的作用力下降，分子链段内旋转阻力减小，分子通过内旋转试图回复到卷曲状态，其宏观表现即为丝线长度短，呈现出极大的收缩率。

6.4.2 重组蜘蛛丝蛋白的生产

由于蜘蛛丝优异的机械性能，因此先得到这种蛋白质或类似的蛋白质，再进行纺丝，制备人造蜘蛛丝，长久以来一直都是材料科学家的梦想。然而，由于蜘蛛丝的来源极为有限，并且蜘蛛是肉食动物，不喜欢群居，相互之间残杀，使得像蚕丝那样大规模化的生产几乎不可能。因而，世界各国的科学家对蜘蛛丝的化学组成、结构以及蜘蛛丝蛋白基因组成进行了深入地研究，以期研制出人工制造的蜘蛛丝。

科学家们认为，获得这种新结构材料的基础是要有能力从分子层面开始控制材料构架的所有方面，切实可行的方法是重组 DNA 技术，即使用生物合成过程的能量来控制聚合的顺序和链的长度。将蜘蛛丝蛋白的基因复制编码植入酵母和细菌，使得细菌和酵母产生类似的蛋白质，其结构等同于蜘蛛用来拉丝的蛋白质，再将这种蛋白质溶解于化学溶剂中，溶液通过湿法成型纺丝即可纺出坚固的纤维，即重组蜘蛛丝。

6.4.2.1 蜘蛛丝蛋白的基因结构特征

对于蜘蛛丝蛋白的基因来说，研究较多的是大囊状腺产生的牵引丝。Xu 等人首先建立了络新妇属蜘蛛大囊状腺的单链 DNA（complementary DNA，cDNA）文库，根据 Gly-Glu-Gly-Ala-Gly、Gly-Ala-Gly-Glu-Gly 氨基酸所对应的密码子，设计了寡核苷酸，并以此为探针，筛选了 12 个阳性克隆。对其中较大的 6 个进行测序和筛选，从而获得了蜘蛛牵引丝基因 1（spidroin1）。此基因编码的蛋白可分 3 个保守区，核心区是由 GGX（G 代表甘氨酸，X 代表酪氨酸、亮氨酸、谷氨酸、丙氨酸）重复组成的 15 个氨基酸，极少被替代；GGX 可变区由 9 个氨基酸组成，有许多缺失，但几乎所有缺失都是 3 个氨基酸一起缺失；多聚丙氨酸区由 4～7 个丙氨酸组成。Hinman 也获得了络新妇属蜘蛛的牵引丝基因 2（spidroin2）。此基因编码的蛋白也有 3 个保守区，但可变区与 spidroin1 略有不同，它位于 15 个氨基酸组成的核心区和 6～10 个多聚丙氨酸中间，由 20 个氨基酸组成，含有 GPGGY 和 GPGQQ（G 为甘氨酸，P 为脯氨酸，Y 为酪氨酸，Q 为谷氨酸），两者交替排列，几乎所有的缺失都是 5 个氨基酸一起缺失，说明这 5 个氨基酸单位对蛋白质结构起着重要作用。

Lewis 研究小组在小囊状腺中发现了 *misp1* 和 *misp2* 2 个基因，Northern 杂交表明，转录单位长度分别为 9.5kb 和 7.5kb。*misp1* 的重复区由 10 个重复单元组成，每个重复单元有 2 个重复区：GGXGGY 和 (GA)3-6(A)2-5，二者交替排列。与 *misp1* 类似，*misp2* 有 (GGX)1-3（X 为酪氨酸、丙氨酸和谷氨酰胺）和 GGA 重复区，二者交替排列，2 个 *misp* 基因的重复区都被富含丝氨酸（由 137 氨基酸组成）的间隔区隔开，平均每 140 个氨基酸残基组成的间隔区间隔 10 个重复单元。*misp1* 和 *misp2* 的 C-末端基本一样，同源性达 99%，与 spidroin1 和 spidroin2 相差甚远，同源性分别为 50% 和 49%。

Hayashi 等人建立了鞭毛状腺的 cDNA 库，筛选出弹性很强的黏性丝蛋白基因。和所有的丝蛋白基因一样，该基因也含有大量的重复序列。主要的重复序列为 Gly-Pro-Gly-Gly-X（X 为小侧链氨基酸如 Ala、Ser、Tyr 或 Val），可串连重复达 63 次。这种基序很可能形成 β-转角，一系列的 β-转角串连在一起形成 β-折叠，这种像弹簧似的折叠是蛛丝具有弹性的基础。这个基因的另一种基序为 Gly-Gly-X（X 主要为 Ala 或 Ser），含量仅有 Gly-Pro-Gly-Gly-X 的 1/10。还有一个基因序列是打断上述 2 个富含 Gly 区的间隔区，这一区域最长，有 28 个氨基酸残基，Gly 含量少，且比前 2 个基序更保守，基序间仅有 1～2 个氨基酸不同。在所有发表的蜘蛛丝基因中，这个基因确定的序列最长。除了丝蛋白的重复区、3′端非翻译区外，还获得了含有 5′端序列的 2612bp 的克隆。起始密码子的位置在 +219，并含有 15～50 个氨基酸的信号肽。紧接丝蛋白重复区后面的是 C-末端，Gly 含量少，并且出现了 Cys、His 和 Met，这与其他 7 个丝蛋白基因的 C-末端明显不同。在终止密码子后的 96 个碱基处还出现了 Poly A 的尾巴。

6.4.2.2 蜘蛛丝蛋白基因的表达

（1）利用动物来表达生产蜘蛛丝蛋白

将能产生蜘蛛丝蛋白的合成基因移植给某些哺乳动物（如山羊、奶牛等），从其所产的乳汁中提取特殊的蛋白质，这种含蜘蛛基因的蛋白质可用来生产有"生物钢"之称的纤维，其性能类似于蜘蛛丝。例如，加拿大 Nexia 生物技术公司的研究人员利用转基因技术复制了蜘蛛产丝的基因，并将这种基因转移到山羊卵细胞中，从而在哺乳动物的细胞中表达生产出重组的蜘蛛丝蛋白，这种转基因山羊产的羊奶中含有经基因重组的类似于蛛丝蛋白的蛋白质 2～15g/L，用这种蛋白质生产的纤维强度比芳纶大 3.5 倍。美国科学家利用转基因法，将黑寡妇蜘蛛丝蛋白基因放入奶牛的胎盘内进行特殊培育，等到奶牛长大后，所产奶含有黑寡妇蜘蛛丝蛋白，再用乳品加工设备将蜘蛛丝蛋白从牛奶中提取出来，然后纺丝成纤维，其强度比钢大 10 倍，因此被称为"牛奶钢"，又称"生物蛋白钢"。我国开发"生物钢"技术也有一定的基础。中科院上海生物化学与细胞生物学研究所的科研人员利用转基因技术中的"电穿孔"方法，将蜘蛛"牵引丝"部分的基因注入只有半粒芝麻大的蚕卵中，使培育出来的家蚕分泌出含有"牵引丝"蛋白的蜘蛛丝。另外，我国科学家已成功地将"生物钢"蛋白基因转移到老鼠身上，培育出第一批携带"生物钢"蛋白基因的转基因老鼠，并成功地从第一代小白鼠的乳汁中获得"生物钢"蛋白。

（2）利用微生物来表达生产蜘蛛丝蛋白

这种方法是将能生产蜘蛛丝蛋白的基因移植给微生物，使该种微生物在繁殖过程中大量生产类似于蜘蛛丝蛋白的蛋白质。例如，美国杜邦公司已经发现一种名叫 *Escherichia coli* 的大肠埃希菌和一种名叫 *Pichia pastoris* 的甲基营养型酵母"巴斯德毕赤酵母"通过基因移植技术能合成出高分子质量的类似于蜘蛛拖丝的蛋白质。采用 *Escherichia coli* 大肠埃希菌可有效地生产出高分子质量的蜘蛛丝蛋白，其分子长度可达 1000 个氨基酸，但其产量和均匀性则受到一定限制，可能是由于在末端合成中某些端基出现错误所致；而用 *Pichia pastoris* 巴斯德毕赤酵母生产的高分子质量蜘蛛丝蛋白则没有不均匀的问题。俄罗斯科学家将蜘蛛丝蛋白的合成基因移植到一种名叫 *Saccharomyces cerevisiae* 的酵母菌上，繁殖后酵母菌体蛋白质的不溶组分中 80％以上为与蜘蛛丝蛋白相似的蛋白质，且产量可观。下一步的工作就是研究如何利用工业发酵的方法大量生产这种细菌或酵母菌，然后把这种类似于蜘蛛丝蛋白的蛋白质分离出来作为纺丝的原料。

（3）利用植物来表达生产蜘蛛丝蛋白

这种方法是将能产生蜘蛛丝蛋白的合成基因移植给植物（如花生、烟草和谷物等），使这些植物能大量生产类似于蜘蛛蛋白的蛋白质，提取后作为生产蜘蛛丝的原料。例如，德国植物遗传与栽培研究所将能复制络新妇属蜘蛛拖丝的基因移植到马铃薯和烟草的植株中，所培植的转基因烟草和马铃薯中含有数量可观的类似于蜘蛛丝蛋白的蛋白质，90％以上的蛋白质含有 420～3600 个碱基对，其基因编码与蜘蛛丝蛋白相似，这种经基因重组的蜘蛛丝蛋白既存在于烟草和马铃薯的叶子中，也存在于马铃薯的块茎中。由于这种经基因重组的蛋白质具有极好的耐热性，因而其提纯与精制过程简单而高效。研究人员估计，制造转基因植物的费用只是使用基因加工细菌费用的 1/10～1/5。与细菌相反，植物可以从更天然的原材料中制造自己的氨基酸，并且植物中的丝基因被重组的可能性更小。但是，利用从植物中提取的水溶性丝蛋白制造高强度的纤维并非易事，现在还没有人知道如何像蜘蛛一样制造这样的纤维。不过，科学家们认为大量原料蛋白的获得将有助于蜘蛛丝蛋白生物合成技术的发展。

尽管目前已能够根据蜘蛛丝的基因结构，设计、合成人工丝蛋白基因或者直接从动物体分离丝蛋白基因，在大肠杆菌、酵母或动植物体中表达而获得人工丝蛋白，但是，在人工表达生产蛛丝蛋白方面仍然存在一些问题，如和天然蛛丝蛋白相比，人工蛛丝蛋白基因及其表达还不是全长度的；表达效率还较低，而且存在表达系统的稳定性问题；表达的丝蛋白一般不具有分子取向；还不能够模拟蜘蛛丝的纤维化过程，将人工丝蛋白制成具有天然丝纤维特性的人工丝等。这其中最为关键的因素就是因为天然蛛丝蛋白在形成丝纤维过程中，丝蛋白分子要在蜘蛛的丝腺中逐步脱水，才能排列有序成为液晶态，最终经吐丝器牵引或拉伸而成一定结构和性能的丝纤维，所以由人工表达生产蛛丝蛋白到具有天然丝纤维特性的蛛丝，这中间的加工工艺还有待更深入的研究。

6.4.3 蜘蛛丝蛋白的应用

（1）军事方面的应用

蜘蛛丝具有强度大、弹性好、柔软、质轻等优良性能，尤其是具有吸收巨大能量的能力，是制造防弹衣的绝佳材料。蜘蛛丝中的牵引丝蛋白是目前人类已知强度最大的材料，用牵引丝蛋白纺织出来的防弹衣将把弹头或弹片击入士兵体内的危险降到最低限度，其性能优于用芳纶制作的防弹衣。蜘蛛丝的高吸能功能是以大变形为前提的，如果将蜘蛛丝用作防弹衣，弹丸对人体的贯穿性损伤和非贯穿性损伤均无法防御，因此要将蜘蛛丝应用于弹道防护产品，至少应与其他高强高模纤维合理搭配，形成合理结构。目前，美国已成功地从蜘蛛体内提取蜘蛛丝用来制造防弹背心。加拿大 Nexia 研究中心的工程师和分子生物学家也正在研究一种能吐出很坚韧的金黄色蜘蛛丝的巴拿马蜘蛛，以便给士兵配备一种轻便的防弹背心。此外，还可以利用蜘蛛丝制造一种全新的军装，这种军装不仅能成为士兵的防弹盔甲，还可以自动适应不同温度环境，甚至能为生病或受伤的士兵起到一定的医疗作用。另外，蜘蛛丝还可制成战斗飞行器、坦克、雷达、卫星等装备以及军事建筑物等的理想防护罩，还可用于织造降落伞，这种降落伞重量轻、防缠绕、展开力强大、抗风性能好，坚牢耐用。据报道，未来还可能利用人工蜘蛛丝制成高性能的"蜘蛛网"，甚至可以拦截 F-6 战斗机。在航空航天方面，蜘蛛丝可用作航天结构材料和织造航天服等。

（2）微电子领域的应用

蜘蛛丝的强度非常高，在拉断之前可以极大地延伸，因此是制造高强度纳米导线的理想材料。研究发现，用紫外激光脉冲能够均匀地缩减蜘蛛丝的直径，经几次缩减后，可把 $3\sim5\mu m$ 直径的蜘蛛丝缩减到 100nm 左右，并且不会降低蜘蛛丝的强度。将细蜘蛛丝缠在极细的导电金属丝上，可以得到强度极高的"纳米"导线。用这种蜘蛛丝制成的导线，不像目前的纳米导线那样脆弱，可以在任何地方使用。专家认为，用蜘蛛丝制成的超细导线可能会引起微型电子器件制造的一场革命。

（3）高强度材料方面的应用

蜘蛛丝可用于结构材料、复合材料和宇航服装等高强度材料。将蜘蛛丝编织成具有一定厚度的材料，其强度可比同样厚度的钢材高 9 倍，而弹性高于其他弹性材料，因此可对蜘蛛丝进行加工，用于织造武器装备防护材料、车轮外胎、高强度的渔网等。在建筑方面，蜘蛛丝可用作结构材料和复合材料，代替混凝土中的钢筋，应用于桥梁、高层建筑和民用建筑等，可大大减轻建筑物自身的重量。俄罗斯科学院基因生物学研究所的专家正在积极研究利用超强度的蜘蛛丝纤维来制造高强度材料，经进一步加工后，可用于制造高强度防护服、体育器械、人造骨骼、整形手术用具等产品。

（4）医疗卫生方面的应用

蜘蛛丝在医学和保健方面的应用尤为广泛。蜘蛛丝具有强度大、韧性好、可降解、与人体的相容性良好等现有材料不可比拟的优点，因而可用来制造高性能的生物材料，如人工关

184

节、人造肌腱、韧带、假肢、人造血管等组织以及组织修复、神经外科及眼科等手术中的可降解超细伤口缝线等产品。这些产品最大的优点在于和人体组织几乎不会产生排斥反应。此外，它们使用寿命也较长，通常可达5～10年。美国的科学家已制定开发计划，用人造蜘蛛丝纤维修复损伤的膝韧带，并将制造人造骨骼。欧洲科学家也正在进行一项号称"蜘蛛人"的研究计划，用蜘蛛丝制造人造组织，以期在医学领域获得广泛用途。

蜘蛛丝膜具有很好的透明性、生物可降解性和水-空气界面的通透性。与胶原蛋白和弹性蛋白相似，丝蛋白具有自装配性质，通过二级结构调节可以提供机械支撑；与聚酯相比，丝的柔韧性和弹性使其经得起重压和疲劳。丝蛋白生物相容性好，与胶原起同样的细胞黏附、扩展、分化和生长作用。丝基质还有机械诱导作用，通过调整丝基质的硬度，提供控制基质的最终机械特性来模仿天然机体组织的机械特性和支持宿主组织内生长，因此可以说蜘蛛丝蛋白是组织工程支架材料的有力竞争者。

（5）纺织制衣方面的应用

蜘蛛丝弹性好、柔软，而且穿着舒适。将蜘蛛"牵引丝"通过转基因的方法让普通春蚕"大批量"吐丝，这种转基因蚕丝在紫外线下会发出闪耀迷人的绿光，绿色荧光蛋白质是融合于丝蛋白质分子中的天然蛋白质，如果将荧光丝与普通丝交织成的织物制成服装、围巾、帽子，在紫色、蓝色灯光下发出荧光图案，其身价定会倍增。

21世纪是生物技术的时代，蜘蛛丝作为一种新兴的生物材料，有着独特、优异的性能。随着科技手段的迅速发展，人们必定越来越了解这种比钢还要强的生物蛋白丝，深入了解蜘蛛丝的基因背景、蛋白质结构特性及其独特的纺丝过程。这将推动蜘蛛丝人工制造与工业化的应用研究，使其产业化生产技术日趋成熟，尤其是基因微生物法合成蜘蛛丝技术的研究，将使蜘蛛丝无法像蚕丝那样大量生产的历史宣告结束，蜘蛛丝将会在越来越多的领域得到广泛应用。

6.5 其他蛋白质基材料

6.5.1 羊毛蛋白

羊毛作为一种天然蛋白质纤维，是人类在纺织上最早利用的天然纤维之一。人类利用羊毛的历史可追溯到新石器时代，由中亚细亚向地中海和世界其他地区传播，遂成为亚洲和欧洲的主要纺织原料。羊毛纤维柔软而富有弹性，可用于制作呢绒、绒线、毛毯、毡呢等生活用和工业用的纺织品。羊毛制品有手感丰满、保暖性好、穿着舒适等特点。绵羊毛在纺织原料中占有相当大的比重。世界绵羊毛产量较大的国家有澳大利亚、前苏联、新西兰、阿根廷、中国等。

无水的羊毛主要由羊毛蛋白（97%）组成，超过2%的剩余部分则由脂类、核酸、碳水化合物和无机物组成。干态羊毛中，其元素组成为碳（51.2%）、氢（6.9%）、氧（22.5%）、氮（15.8%）和硫（3.6%）。羊毛的高硫含量来自于其高胱氨酸含量。高胱氨酸含量是羊毛的特征性质，由此与其他蛋白质纤维如丝和胶原区分。羊毛的全水解氨基酸分析如表6-8所示。

与所有蛋白质一样，羊毛蛋白含有阳离子和阴离子两种基团，因而是两性的。阳离子特征是由于精氨酸、赖氨酸和组氨酸的侧链质子化所引起的，肽链末端极少量的游离氨基也有作用。赖氨酸、组氨酸、氨基末端以及半胱氨酸的巯基基团均是化学试剂和活性染料共价连接的重要位点。而阴离子基团则来自解离的天冬氨酸和谷氨酸侧链以及羧基端。

表 6-8　羊毛的氨基酸组分

基　　团	名　　称	侧　　链	氨基酸含量/(μmol/g)
"酸性"氨基酸及其 ω-酰胺	天冬氨酸	$HOOCCH_2-$	200
	谷氨酸	$HOOCCH_2CH_2-$	600
	天冬酰胺	H_2NCOCH_2-	360
	谷氨酰胺	$H_2NCOCH_2CH_2-$	450
"碱性"氨基酸和色氨酸	精氨酸	$HN=\overset{\overset{NH_2}{\mid}}{C}NH(CH_2)_3-$	600
	赖氨酸	$H_2N(CH_2)_4-$	250
	组氨酸		80
	色氨酸		40
侧链带羟基的氨基酸	丝氨酸	$HOCH_2-$	900
	苏氨酸	$CH_3CH(OH)-$	570
	酪氨酸	$HO-\bigcirc-CH_2-$	350
含硫氨基酸	半胱氨酸	$HSCH_2-$	10
	硫代半胱氨酸	$HS-S-CH_2-$	5
	磺基丙氨酸	HSO_3-CH_2-	10
	胱氨酸	$-CH_2-S-S-CH_2-$	460
	羊毛硫氨酸	$-CH_2-S-CH_2-$	5
	蛋氨酸	$H_3CSCH_2CH_2-$	50
侧链无活性基团的氨基酸	甘氨酸	$H-$	760
	丙氨酸	CH_3-	470
	缬氨酸	$(CH_3)_2CH-$	490
	脯氨酸	$-CH_2CH_2CH_2-$	520
	亮氨酸	$(CH_3)_2CHCH_2-$	680
	异亮氨酸	$C_2H_5CH(CH_3)-$	270
	苯丙氨酸	$C_6H_5CH_2-$	260

　　羊毛中两条肽链之间通过苯环之间的相互作用、天冬氨酸残基和丝氨酸残基之间的氢键、谷氨酸残基和精氨酸残基之间的盐桥、两个半胱氨酸残基之间的二硫桥以及谷氨酸和赖氨酸之间的异二肽 [$N_ε$-(γ-谷氨酰赖氨酸)] 桥彼此连接。二硫桥在稳定羊毛纤维的性能，尤其是对羊毛较高的湿强度、适度溶胀性以及不可溶性方面起着重要作用。而异二肽桥则为坚固的细胞膜和表皮提供了额外的稳定作用。

　　与蚕丝蛋白相比，羊毛蛋白的氨基酸组成提供了大量功能性侧链基团，在对羊毛纤维进行处理时，它们能够成为反应的参加者，与水、溶剂、酸、碱、氧化剂和还原剂等发生反应。

　　在中性 pH 条件下，羊毛不溶于蛋白质溶剂。如果羊毛蛋白质分子内的共价键即二硫键和异二肽发生断裂，则羊毛蛋白具有微溶性。获取羊毛蛋白溶液的最有效方式是使用还原剂（如硫代乙酸、2-巯基乙醇和二硫苏糖醇）以打断二硫键。彻底的还原常常需要过量的试剂、弱碱性 pH 和浓脲溶液、盐酸胍或溴化锂等试剂的存在下溶胀羊毛蛋白，破坏膜质并使二硫键更容易与还原剂反应。经典的还原步骤如下：硫代乙酸；较高 pH 值，即 pH 值为 10～11；蛋白质变性剂（如 8mol/L 脲）的存在；用吲哚乙酸盐对巯基封端。由此得到的可溶性羊毛蛋白质也称为 S-羧甲基还原角蛋白。目前，通过还原方法对羊毛蛋白质的提取已经成为标准程序，可以溶解高达 90% 的羊毛，剩下的则是膜状物和表皮异二肽交联物质。

6.5.2　酪蛋白

酪蛋白又称干酪素、酪素、酪朊或酪朊原，是一种属于磷蛋白类的复合蛋白质。酪蛋白为白色至黄色粉末，无嗅无味，相对密度为 1.25～1.31，平均分子量为 $7.5 \times 10^4 \sim 3.5 \times 10^5$，等电点约为 4.6。酪蛋白几乎不溶于水、醇及醚，溶于稀碱液、碱性碳酸盐溶液和浓酸，在弱酸中沉淀。酪蛋白具有吸湿性，干燥时稳定，潮湿时则迅速变硬。酪蛋白的元素组成为碳（53.13%）、氢（7.06%）、氧（22.40%）、氮（15.78%）、硫（0.77%）和磷（0.86%）。

酪蛋白主要存在于牛乳中，其他的一些物质如豆饼、糠饼等也存在少量的酪蛋白，工业上一般是从牛乳中提取。

牛乳中酪蛋白以胶体粒子的形式存在，约占牛乳中蛋白质总量的 80%，一般由酪蛋白、钙离子、无机磷酸盐、柠檬酸和柠檬酸盐组成。酪蛋白是磷蛋白质，20℃、pH＝4.6 时在乳中凝结析出，呈不溶性。酪蛋白可以分为 α-酪蛋白（其中包括 α_{s1}-酪蛋白、α_{s2}-酪蛋白）、β-酪蛋白、γ-酪蛋白和 κ-酪蛋白，其含量大约各为酪蛋白总量的 49%（α_{s1}-酪蛋白 38.5%、α_{s2}-酪蛋白 10.5%）、36.5%、2.0% 和 12.5%。大量的各种酪蛋白分子连在一起形成胶束，直径 100～250nm，其中还包括钙、磷和柠檬酸从而形成复合体，磷的存在对酪蛋白复合体的稳定起着非常重要的作用。

α-酪蛋白占牛乳总酪蛋白含量的一半左右，是酪蛋白胶粒结构中的基本组成部分。α-酪蛋白主要有 α_{s1}-酪蛋白和 α_{s2}-酪蛋白两种形式。α_{s1}-酪蛋白由 199 个氨基酸组成，每个分子上结合 8 个磷酸根离子，结合位点主要集中在肽链的第 43～79 位置处，在这个部位经酶解得到的磷肽，可结合钙、铁、铜、锌等金属离子形成可溶性盐，可以促进金属离子在体内的吸收。β-酪蛋白由 209 个氨基酸组成，每个分子上结合 5 个磷酸根离子，结合位点主要集中在肽链的第 14～21 位置处，形成一个高度磷酸化的区域。γ-酪蛋白在酪蛋白中只占很少一部分，γ-酪蛋白的各种成分都可以在 β-酪蛋白的结构中找到相应的位置，因而，γ-酪蛋白可以看作是由 β-酪蛋白衍生而来。κ-酪蛋白是一种对钙不敏感的酪蛋白，相对分子质量约为 19000，分子结构中具有分子间二硫键。κ-酪蛋白还是乳中惟一含糖的酪蛋白，在距离肽链 C-端 1/3 处结合着一些碳水化合物。κ-酪蛋白的存在起着稳定对钙离子敏感的 α-酪蛋白和 β-酪蛋白的作用。

酪蛋白各个部分的氨基酸组成存在明显不同。对于 β-酪蛋白和 γ-酪蛋白，每 100g 蛋白质中各含有 48.4g 和 49.1g 必需氨基酸；对于 α-酪蛋白和 κ-酪蛋白，每 100g 蛋白质中则各含有 43.3g 和 41.7g 必需氨基酸。β-酪蛋白和 γ-酪蛋白中富含亮氨酸和缬氨酸，α-酪蛋白中含有较高含量的赖氨酸、色氨酸、苏氨酸和异亮氨酸；β-酪蛋白和 γ-酪蛋白中不含胱氨酸。

酪蛋白的一些主要性质如下。

(1) 溶解性

在 pH 值为 3.5～4.5 时，酪蛋白的溶解性极差，有 90% 以上没有溶解（与牛乳中天然酪蛋白相比，以下同）；在 pH 值为 5.5 以上时，90% 都溶解。酪蛋白的溶解性受 Ca^{2+} 浓度影响较大，在 Ca^{2+} 浓度为 1～5mmol/L 时，溶解性明显下降；在 15mmol/L 时，比较稳定，溶解性仅为 16%。去磷酸根后，酪蛋白对钙离子的结合位点减少，敏感性下降；去磷酸根程度越高，稳定性越好；在 Ca^{2+} 浓度为 28mmol/L 以上时，去磷酸根的酪蛋白仍有 60% 溶解。

（2）黏度和胶凝性

酪蛋白能够在水中形成胶体，从而具有一定的黏度。可溶性高钙全乳蛋白水溶液有较高的黏度，而酪蛋白酸钙的水溶液黏度较低。酪蛋白在水溶液中的黏度顺序为酪蛋白酸钠＞富含 β-酪蛋白酸盐＞富含 α_s-酪蛋白酸盐或 κ-酪蛋白酸盐。黏度提高有利于凝胶的形成。去磷酸根的酪蛋白和冻解酪蛋白具有较好的胶凝性，制造的干酪更具有弹性。

（3）界面特性

酪蛋白为中性的两性物质，有着明显的疏水区和亲水区，具有较好的乳化性和发泡性。酪蛋白的乳化液稳定性顺序为富含 α_s-酪蛋白酸盐或 κ-酪蛋白酸盐＞酪蛋白酸钠＞富含 β-酪蛋白酸盐。酪蛋白乳化液的发泡性在低 pH 值和等电点附近时，不能形成稳定的泡膜。去磷酸根后，酪蛋白表面静电荷减少，静电引力降低，稳定性下降，泡膜在 6min 内消失。天然酪蛋白的发泡性较好，在 pH 值为 7~8 时形成的泡膜最稳定。

（4）营养特性

酪蛋白是全价蛋白质，含有人体必需的 8 种氨基酸，因而常作为食品组分或添加剂应用于食品工业。但由于酪蛋白不易被人体吸收，因而通常采用适度的酶法改性或化学改性，使其原有的功能特性更加适合于食品加工，从而扩大其在食品加工领域中的应用范围。但通过化学方法、酶法和基因工程等方法改性酪蛋白后，其营养价值有所下降。

酪蛋白的工业生产原理是将牛乳在适当温度下，使其发酵生成乳酸，保持在一定温度，由于酸性的作用，酪素便凝固而与水分离。将酪素分离经水洗后，干燥粉碎即得酪蛋白。此外，还可以通过加酸法、酶法、酸热结合法和超滤冷冻法从牛乳中提取得到酪蛋白。生产过程一般都分为三步，即沉淀和凝乳形成、凝乳的分离与洗涤以及后处理。

6.5.3 明胶

明胶（gelatin）是从动物的皮、骨、腱与韧带的胶原质中，通过部分酸法水解（A 型），或者部分碱法水解（B 型），甚至还可以通过酶解，提纯而获得的胶原蛋白。明胶是胶原的水解产物，是一种具有特殊性质的蛋白质。

明胶是由分子质量不相等的多肽链蛋白质构成的，分子质量很大，且呈多分散性。这也是明胶的基本特征之一。明胶没有固定的分子质量，也没有固定的结构。在酸、碱或酶的催化作用下，明胶彻底水解，最终产物为 α-氨基酸，其构型为 L-构型。几种明胶中氨基酸的含量如表 6-9 所示。不同来源的原料以及不同处理方法所得到的氨基酸的含量有所不同。明胶中除了含有氨基酸外，还含有水，占总量的 9%~15%；此外，还含有少量的碳水化合物、核酸碱基、醛类以及其量为 2% 以下的无机盐类。组成明胶的蛋白质含有 18 种氨基酸，其中 7 种为人体所必需。除 16% 以下的水分和无机盐外，明胶中蛋白质的含量占 82% 以上，是一种理想的蛋白源。

明胶的成品为无色或淡黄色的透明薄片或微粒。明胶不溶于冷水，但可缓慢吸水膨胀软化，明胶可吸收相当于其重量 5~10 倍的水。明胶可溶于温水或热水，形成热可逆性凝胶。明胶的溶解度和溶解速度受明胶分子结构、组成、溶剂的用量以及温度等因素的影响。在常温下，明胶还可以溶于尿素、硫脲、硫氰酸盐以及浓度较高的溴化钾或碘化钾的溶液中，也能溶于乙酸、水杨酸、苯二甲酸、甲酰胺、三氟乙醇等有机溶剂中。明胶不溶于甲醇、乙醇、二氯甲烷、乙醚、丙酮等有机溶剂。酸式盐或碱式盐对明胶的溶胀过程起增速作用。明胶溶液具有一定的黏度，明胶质量分数越高，其溶液的黏度越大，质量分数与黏度呈指数关系。明胶溶液的黏度在等电点时最低，尤以新配置的溶液更为显著。加入中性电解质，可以减弱 pH 值对黏度的影响，离子强度越大，效果越明显。由于组成明胶的氨基酸具有旋光性，因而明胶的溶液、凝胶和胶膜都具有旋光性。明胶受热至一定程度会发生变性，当用 X 射线、γ 射线或紫外线照射时，明胶也会发生变性。明胶分子侧链分布着各种不同的极性基团，水分子与极性基团之间可以形成氢键，发生水合作用，因而明胶是亲水胶体，具有胶体的性质。

表 6-9　几种明胶中氨基酸的含量（以每 1000 个残基中所含残基计）

名　称	牛皮胶	骨　胶	猪皮胶	名　称	牛皮胶	骨　胶	猪皮胶
赖氨酸	24.8	27.6	26.2	苏氨酸	16.6	18.8	17.1
羟基赖氨酸	5.2	4.3	5.9	甘氨酸	336.5	335.0	326.0
组氨酸	4.8	4.2	6.0	丙氨酸	106.6	116.6	110.8
精氨酸	47.9	48.0	48.2	缬氨酸	19.5	21.9	21.9
天冬氨酸	47.8	46.7	46.8	蛋氨酸	3.9	3.9	5.4
谷氨酸	72.1	72.6	72.0	亮氨酸	24.0	24.3	23.7
脯氨酸	129.0	124.2	130.4	异亮氨酸	11.3	10.8	9.6
羟基脯氨酸	94.1	93.3	95.5	酪氨酸	4.6	1.2	3.2
丝氨酸	39.2	32.8	36.5	苯丙氨酸	12.6	14.0	14.4

　　明胶分子中含有氨基和羧基双官能团，因而明胶既具有胺类官能团的性质，又具有羧基官能团的性质，即具有两性。明胶的化学性质主要与其氨基和羧基有关，在一定条件下氨基和羧基可以发生一系列的化学反应，如酰化反应、氧化反应、甲基化反应、酯化反应、酰胺化反应、酰氯化反应、还原反应、取代反应等。

　　明胶按用途可分为食用、照相、药用及工业四类。食用明胶是无脂肪的高蛋白，且不含胆固醇，是一种天然营养型的食品增稠剂。据报道，全世界的明胶有 60% 以上用于食品糖果工业，主要用于生产奶糖、蛋白糖、棉花糖以及果汁软糖、晶花软糖、橡皮糖等软糖。食用明胶还可用于食品添加剂、肉冻、罐头、冰糕、火腿肠、皮冻、汽水悬浮剂、雪糕等食品行业中。照相明胶是明胶中的高档产品，是感光材料生产中三大重要材料之一。由于它的物理化学性能独特，至今在银盐感光材料中作为载体，还没有可以全面取代明胶的物质。照相明胶可以广泛用于生产各种胶片、胶卷、医用 X 光胶片、印刷片、相纸等感光工业中。照相明胶可以分为彩色感光照相明胶和黑白照相明胶。明胶的凝胶性、固水性、黏结性和溶解性等多种特性，令明胶在医药行业也有广泛的应用。其中最主要的有医用软硬胶囊、代血浆、外科敷料、止血海绵和包衣等。工业明胶则主要应用于胶合板、纱布、砂石、印刷、黏合剂等。

　　明胶本身存在着一些性能缺陷，如脆性过大、吸水性过强、吸湿膨胀系数大、机械强度低等，这些缺陷对于明胶用于感光材料时尤为不利，因而常对明胶进行一些改性。明胶的改性可分为物理改性、共混改性和化学改性三类。物理改性是指在合适的条件下，通过一定的纯物理手段，改变明胶的分子结构以及大分子构象，从而达到改性的目的。共混改性是指将明胶与一些与其不发生化学反应的化合物（如低分子增塑剂以及聚乙烯醇及其衍生物、聚乙烯基吡咯烷酮、纤维素及其衍生物、多糖、甲壳素及其衍生物等高分子化合物）共混，组成多元体系来改变明胶原有的化学组成和结构。化学改性则是利用明胶分子中的各种官能团与其他低分子或高分子化合物进行反应，制备明胶衍生物。明胶衍生物中，一类是经过基团改性的衍生物，称为改性明胶；另一类为接枝明胶，是明胶与合成聚合物或其他天然高聚物的接枝产物。工业上通常采用接枝改性的方法得到适合各种用途的明胶衍生物。如将明胶与丙烯酸、丙烯酰胺、乙烯基吡咯烷酮等亲水性单体或者丙烯酸酯、丙烯腈等疏水性单体进行接枝共聚，以得到不同的明胶衍生物。

传统的明胶生产工艺主要有碱法、酸法、盐碱法等，其中碱法生产明胶最为常用，其生产步骤包括石灰水预浸、除污、石灰水浸泡、冲洗中和、熬胶、过滤除杂、浓缩和凝胶干燥。其工艺操作简单，所得产品质量优良；但生产周期长，效率低，依季节气候不同，从60天到100天不等，并且耗水、耗电量大，污染严重。此外，还可以采用新型的酶解生物工程方法取代传统的化学降解法制备明胶，其生产周期可以从传统工艺的60～100天缩短至6～10天，耗水、用电量大大降低，并几乎完全消除了对环境的污染。

6.5.4 贝类黏附蛋白

在自然界和人类文明社会，蛋白质作为胶黏剂具有悠长而丰富多彩的历史，例如，自从人类文明开始，动物血液、骨骼、蛋清和乳汁中的蛋白质一直就被用作胶黏剂使用。然而，在生物体内这些蛋白质极少用作黏合功能，但是，有一类蛋白质却与胶黏剂有着更为特别的联系，那就是在生物体内存在的一种特别适合于黏合作用的蛋白质-黏附蛋白。

在进化过程中，生物活体成功地应付了一系列具有技术限制的黏附挑战，如水下黏附、动态黏附和自愈合黏附等。而水下黏附和动态黏附就是生物体外黏附蛋白最典型的例子。生物体外黏附蛋白是由有机体活组织在体外分泌并应用的蛋白质。自然界中这类蛋白质广泛存在，在几乎所有的软体动物中均可发现。例如，海洋中的无脊椎动物（如牡蛎、贻贝等）可以黏附在潮湿的基质表面，蚂蚁和壁虎可以在墙上或天花板上吸附和行走等。其中海洋贝类中贻贝的足丝是目前研究最为广泛的生物体外黏附体系。

贻贝科动物（如贻贝、紫贻贝）在全世界潮水之间的地带广泛分布，因此它们必须应付海浪和潮汐所产生的力，为此，它们的基本适应策略就是产生足丝线。根据形态足丝可以分为黏着斑、远端足丝线、近端足丝线和连接柄。整个足丝结构在细胞外。在黏附研究中最重要的是黏着斑，因为这是唯一的足丝与基体直接发生作用的部分。迄今为止，从贻贝足丝中分离出了5种黏附蛋白，如表6-10所示。

表 6-10　贻贝黏着斑蛋白的特征

蛋 白 质	相对分子质量	DOPA 的摩尔分数/%	重复序列(n)	PTM
Mefp-1	110000	13	AKPSYP* PTYK(80)	4-羟基脯氨酸 二羟基脯氨酸
Mefp-2	40000	3	EGF 基序模块(11)	甲硫氨酸
Mefp-3	6000	20	R/NRY(4)	羟基精氨酸
Mefp-4	80000	4	—	—
Mefp-5	9000	30	YK(8)	磷酸丝氨酸

注：n 指重复序列的重复频率；DOPA 表示二羟基苯丙氨酸；PTM 表示除 DOPA 之外的氨基酸。

Mefp-1 是足丝蛋白中第一个被明确表征的黏附蛋白。在成熟型蛋白质中 Mefp-1 的酪氨酸被修饰成 DOPA，而且还同时存在反 2,3-顺 3,4-二羟基脯氨酸（3-diHyp）和反 4-羟基脯氨酸（4-Hyp）。Mefp-1 主要由衔接重复的十肽 AKPSYP* PTYK（P 表示 4-Hyp，P* 表示 3-diHyp）构成，在一级序列中这种重复出现约 80 次。虽然 Mefp-1 具有强大的黏结特性，但对贝类来说它不是功能性胶黏剂，而是作为一种涂料或防水剂涂覆在足丝线上。

Mefp-2 是一个相对分子质量为 40000 的蛋白质，以重复的表皮生长因子（EGF）模块为其特征。它是含量最大的黏着斑蛋白（质量分数最高可达 40%），但不认为其具有直接黏附的功能。Mefp-2 成熟蛋白质中含 2%～3% 的 DOPA，11 个表皮生长因子基序中每一个均被 3 个二硫键所稳定，而在黏着斑中，二硫键随机化可能导致分子间交联，这一过程对蛋白质泡沫的稳定化有重要意义。

Mefp-4 中含有 3%～4%的 DOPA 和大量的组氨酸，虽然已经推断出这种蛋白质的部分氨基酸序列，但试图用克隆 cDNA 的方法时却没有得到可靠的消息。Mefp-4 被认为大量存在于黏着斑的本体材料中，但是在黏着斑-基体作用的界面上却没有发现。

Mefp-3 和 Mefp-5 是最可能的"功能性黏合剂"。相对分子质量为 6000 的 Mefp-3 是黏着斑蛋白中最小的蛋白质，虽然其尺寸较小，但组成中 DOPA 的含量却大于 20%，羟基精氨酸和色氨酸的含量也很丰富，并无重复性基序。已经检测出 Mefp-3 有 20 种以上的 mRNA 变体，也发现了至少 9 种明显的蛋白质变体。最初认为 Mefp-5 是上述 Mefp-3 蛋白质变体中的一个，后来发现它是黏附分子的一组新成员。与富含精氨酸的 Mefp-3 不同，Mefp-5 富含赖氨酸。但是 Mefp-5 真正有别于所有其他黏着斑蛋白的特点是它含有大量的 DOPA（高达 27%）以及存在磷酸丝氨酸。

综上所述，可溶性蛋白质前体在浸没于水中的物体表面上分泌、混合和固化，这一黏附过程之所以在自然界起作用，至少有两个原因：蛋白质中亲水性基团和疏水性基团的相互影响；蛋白质翻译后修饰形成了活性功能基团。

黏着斑黏结强度对基体表面极性（表面能）和季节变化具有很大的依赖性，如表 6-11 所示。

表 6-11 贻贝的黏结强度

表　　面	表面能(γ_c)/(mJ/m^2)	破坏载荷[①]/10^{5}Pa
聚四氟乙烯	18.5	0.15
硬石蜡	26	0.15
乙缩醛	40	1.2
玻璃	70	7.5（6 月份）
		3.2（2 月份）
石板	100	8.5（6 月份）
		5.6（2 月份）

① 指将生物体从物质表面完全移取所需的力。

随着对自然条件下蛋白质胶黏剂力学行为越来越深入的了解，目前的研究开始集中于黏附蛋白在医学和商业上的应用。几乎所有贝类黏附蛋白的应用研究都是以 Mefp-1 或 Mefp-2 为主体进行的，尤其是 Mefp-1 作为 Cell-Tak™ 已经得到商业化，在日常细胞黏附实验中被大量应用。另外，由于 Mefp-1 对钢有很高的亲和吸附能力，它或许可以作为一种缓蚀剂，实际情况也表明 Mefp-1 能比对照样品更好地抑制钢的腐蚀。此外，在大多数人造胶黏剂缺乏水下黏结性能的情况下，海洋生物胶黏剂的仿生合成物是一种引人注目的水下胶黏剂。但遗憾的是目前的研究结果仍显示仿生合成的贝类胶黏剂所能达到的黏结强度还不足以促进大批量工业化生产的进行。不过，人们在合成接近胶黏蛋白和多肽的无规嵌段共聚物方面，取得了较为显著的成果，这对提高合成胶黏剂的黏结强度方面具有很大的促进作用。

参 考 文 献

[1] Altmana G H, Horan R L, Lu H H, et al. Biomaterials, 2002, 23 (20): 4131.

[2] Anthoula L, et al. Science, 2002, 295: 472.

[3] Chen P, Zhang L. Macromol. Biosci., 2005, 5: 237.

[4] Chen Y, Zhang L, Du L. Ind. Eng. Chem. Res., 2003, 42: 6786.

[5] Chen Y, Zhang L. J. Membr. Sci., 2004, 241: 169.

[6] Foulk J, Bunn J M. Ind. Corps. Prod., 2001, 14: 11.

[7] Fritz V, David P. Nature, 2001, (410): 541.

[8] Huang J, Zhang L, Chen F. J. Appl. Polym. Sci., 2003, 88: 3284.

[9] Huang J, Zhang L, Chen F. J. Appl. Polym. Sci. , 2003, 88: 3291.

[10] Huang J, Zhang L, Wang X. J. Appl. Polym. Sci. , 2003, 89: 1685.

[11] Huang W, Sun X. J. Am. Oil. Chem. Soc. , 2000, 77: 101.

[12] Huang W, Sun X. J. Am. Oil. Chem. Soc. , 2000, 77: 705.

[13] Inouye K, Nagai K, Takita T. J. Agric. Food Chem. , 2002, 50: 1237.

[14] Lodha P, Netravali A N. J. Mater. Sci. , 2002, 37: 3657.

[15] Loredana M, Prospero D P, Carla E, et al. J. Biotechnol. , 2003, 102: 191.

[16] Lu Y, Weng L, Zhang L. Biomacromolecules, 2004, 5: 1046.

[17] Mizuno A, Mitsuiki M, Motoki M. J. Agric. Food Chem. , 2000, 48: 3286.

[18] Mo X Q, Hu J, Sun X S, et al. Ind. Crops. Prod. , 2001, 14: 1.

[19] Mungara P, Chang T , Zhu J, et al. J. Polym. Environ. , 2002, 10: 31.

[20] Ortiz S E M, Cristina A M. J. Am. Oil. Chem. Soc. , 2000, 77: 1293.

[21] Park S K, Bae D H, Rhee K C. J. Am. Oil. Chem. Soc. , 2000, 77: 879.

[22] Park S K, Rhee C O, Bae D H, et al. J. Agric. Food Chem. , 2001, 49: 2308.

[23] Rhim J W, Gennadios A, Weller C L, et al. Ind. Crops. Prod. , 2002, 15: 199.

[24] Ring D, Petsko G A. Biophys. Chem. , 2003, 105: 667.

[25] S R 法内斯托克, A 斯泰因比歇尔. 生物高分子 Vol. 8-聚酰胺和蛋白质材料Ⅱ. 邵正中, 杨新林主译. 北京: 化学工业出版社, 2005.

[26] Sabato S F, Ouattara B, Yu H, et al. J. Agric. Food Chem. , 2001, 49: 1397.

[27] Tzanov T, Costa S A, Gubitz G M, et al. Journal of Biotechnology, 2002, 93: 87.

[28] Vaz C M, Van Doeveren P FNM, Reis R L, et al. Polymer, 2003, 44: 5983.

[29] Wang N, Zhang L. Polym. Int. , 2005, 54: 233.

[30] Wu Q, Zhang L. J. Appl. Polym. Sci. , 2003, 88: 422.

[31] Ying L, Kang E T, Neoh K G. Journal of Membrane Science, 2002, 208: 361.

[32] Zhang J, Mungara P, Jane J. Polymer, 2001, 42: 2569.

[33] Zhang L, Chen P, Huang J, et al. J. Appl. Polym. Sci. , 2003, 88: 422.

[34] Zhong Z K, Sun X S. J. Am. Oil. Chem. Soc. , 2001, 78: 37.

[35] Zhong Z K, Sun X S. Polymer, 2001, 42: 6961.

[36] Zhong Z, Sun S. J. Appl. Polym. Sci. , 2003, 88: 407.

[37] 陈嘉川等. 天然高分子科学. 北京: 科学出版社, 2008.

[38] 胡玉洁. 天然高分子材料改性与应用. 北京: 化学工业出版社, 2003.

[39] 孔祥东, 朱良均, 闵思佳. 功能高分子学报, 2001, (14): 117.

[40] 李苹, 刘利萍, 吴泽志等. 重庆大学学报, 2002, 25 (7): 75.

[41] 马光辉, 苏志国. 新型高分子材料. 北京: 化学工业出版社, 2003.

[42] 盛家镛, 潘志娟. 丝绸, 2000, (4): 8.

[43] 王镜岩, 朱圣庚, 徐长法. 生物化学. 第 3 版. 北京: 高等教育出版社, 2002.

[44] 叶楚平, 李陵岚, 王念贵. 天然胶黏剂. 北京: 化学工业出版社, 2004.

[45] 曾爱国. 明胶科学与技术, 2000, 20 (3): 156.

[46] 张俐娜. 天然高分子改性材料及应用. 北京: 化学工业出版社, 2006.

第7章 木 质 素

7.1 木质素的存在与获得

1838 年，法国农学家 Payen 从木材中分离出纤维素，同时还发现一种含碳量更高的化合物；后来 Schulze 仔细分析了这种化合物，并称之为"lignin"，是从木材的拉丁文"lignum"衍生而来，中文译作"木质素"，有时简称为"木素"。

木质素是植物界仅次于纤维素的最丰富和最重要的有机高聚物，广泛分布于具有维管束（即植物茎枝横断面可见明显车辐状纹理）的羊齿类植物（即叶子如羽的植物，多指蕨类）以上的高等植物（桫椤除外）中；是裸子植物和被子植物所特有的化学成分。木质素在木材中的含量为 20%～40%，禾本科植物中的木质素含量一般比木材低，约为 15%～25%。

木质素是一类由苯丙烷单元（⟨苯环⟩—C—C—C）通过醚键和碳-碳键连接的无定形高聚物，通常与纤维素伴生，与纤维素和半纤维素一起构成植物骨架的主要成分。估计每年全世界由植物生长产生的木质素约为 1500 亿吨。虽然人类利用纤维素已经有几千年的历史，但木质素真正的研究却始于 1930 年以后。由于木质素化学结构的复杂性和不稳定性，以及在细胞壁中与高聚糖之间错综复杂的关系，使得木质素至今没有得到很好的利用。木质素一般可分为阔叶材木质素、针叶材木质素和草木质素三种。

一般来说，木质素在植物结构中的分布具有一定的规律性，细胞壁与细胞壁之间的胞间层中木质素浓度最高，次生壁内层次之，细胞内部浓度最小。有人采用紫外线显微分光法测定花旗松的胞间层木质素浓度为 60%～90%，细胞腔附近为 10%～20%。但是由于胞间层宽度窄、体积小，所以胞间层的木质素占全部木素的比例并不大，仅占早材（春材）的 28% 左右、晚材（秋材）的 18% 左右。

在植物体内的木质素和分离后的木质素，随着分离方法的不同在结构上呈现出不同的差别，为此通常将未分离的木质素称之为"原本木质素"。木质素的分离方法大体上可分为两类：①将植物体中木质素以外的成分溶解除去，木质素作为不溶性成分被过滤分离出来；②木质素作为可溶解成分，将植物体中的木质素溶解而纤维素等其他成分不溶解进行分离。常见的木质素分离方法及其特征如表 7-1 所示。木材的酸水解是前一类木质素分离方法的典型例子：通过木材的酸水解，纤维素被水解成葡萄糖，木质素作为水解残渣被分离；木材水解可用 65%～72% 的硫酸或者 42% 的盐酸，由硫酸水解得到的叫硫酸木质素（注意：不同于硫酸盐木素），由盐酸水解得到的叫盐酸木素，总称木材水解木质素或酸木质素。制浆造纸是后一类木质素分离的典型代表，有两种方法：其一，用含有游离亚硫酸的钙、镁、钠、氨的酸式亚硫酸盐溶液，在 130～140℃加热蒸煮碎木，此时原本木质素被磺化为水溶性木质素磺酸盐，纤维素析出，滤除纤维素剩下的即是纸浆废液，用石灰乳处理即可沉析出木质素，称之为磺酸盐木素或木素磺酸盐；其二，是用浓烧碱高温蒸煮碎木或切碎的稻草或麦秸，此时原本木质素溶解成为碱木质素，纤维素则析出并滤除，剩下的便是富含木质素的造纸黑液，通过酸处理，即能沉析出木质素，称之为碱木质素。

迄今为止，人们还尚未分离出一种完全能够代表原本木质素的分离木质素，其主要原因是：①木质素与纤维素、半纤维素之间错综复杂的关系，包含了化学连接和物理连接，使木质素不易从纤维素和半纤维素中分离出来；②木质素化学结构很复杂，不同来源的木质素的化学结构都不尽相同；③木质素的不稳定性，使得分离过程中的温度、化学试剂、机械力甚至光照都会造成木质素结构或多或少地发生变化；④木质素的化学结构中某些组分和结构与高聚糖的结构相似，因此在不改变木质素化学结构的前提下，难以将具有相似结构的高聚糖与木质素完全分离开。

表 7-1　木质素的分离方法及其特征

分　离　方　法	木　素　名　称	特　　征
将木质素以外的成分溶解除去，木质素作为不溶性成分	硫酸木质素	化学变化大
	盐酸木质素 氧化铜木质素 高碘酸木质素	发生化学变化
溶解木质素进行分离，木质素作为可溶性成分	木质素磺酸盐 碱木质素 硫木质素 氯化木质素	发生化学变化，使用无机试剂的分离方法，与制浆有关
	乙醇木质素 酚木质素 巯基醋酸木质素 醋酸木质素 二氧六环木质素	发生化学变化，除二氧六环木质素外，试剂与木质素结合
	有机胺木质素	胺与木质素结合
	Brauns 天然木质素 丙酮木质素 酶木质素 磨木木质素	化学变化极小，用中性有机溶剂提取

7.2　木质素的结构与性质

木质素是结构非常复杂的一种天然高聚物，目前尚未完全清晰，主要原因有两个：一方面是木质素结构单元之间除了醚键连接之外，还有碳-碳键；另一方面是不可能把全部木质素以其天然状态分离出来。经过 100 多年的努力，特别是近 50 年来以生物合成、化学降解结合物理方法的研究，为木质素科学的深入研究积累了大量的知识。但是目前对于木质素的结构，也只是到了可以具体论述的阶段，尚未完全明晰。

7.2.1　木质素的元素组成

木质素由碳、氢和氧三种元素组成。由于木质素是由苯丙烷单元构成的芳香族高聚物，其碳的含量比木材或其他植物原料中的高聚糖要高得多。针叶材木质素的含碳量为 $60\%\sim65\%$，阔叶材为 $50\%\sim60\%$，这是由于阔叶材木质素的苯丙烷单元的甲氧基含量高于针叶材所致。一般，木材的木质素不含有氮元素，但在禾草类植物分离出的木素含有少量的氮，例如麦秆的磨木木质素中含氮量为 0.17%、稻草的磨木木质素中含氮量为 0.26%、芦竹的磨木木质素中含氮量为 0.45%。木质素的元素含量随着原料品种和分离方法不同略有差别。

在表示木质素的元素分析结果时，常用除去甲氧基量的苯丙烷（⬡—C—C—C）单元作标准，以相当于 C_9 的各种元素量来表示，再加上相当于每个 C_9 的甲氧基数。以云杉、桦

194

木、麦秸的磨木木质素的平均 C_9 单元的元素组成表示如下：

云杉　　$C_9H_{8.83}O_{2.37}(OCH_3)_{0.96}$

桦木　　$C_9H_{9.03}O_{2.77}(OCH_3)_{1.58}$

麦秸　　$C_9H_{7.39}O_{3.0}(OCH_3)_{1.07}$

7.2.2 木质素的结构主体和先体

目前公认木质素是以苯丙烷为主体，共有三种基本结构，即愈创木基结构、紫丁香基结构和对羟苯基结构，如图 7-1 所示。

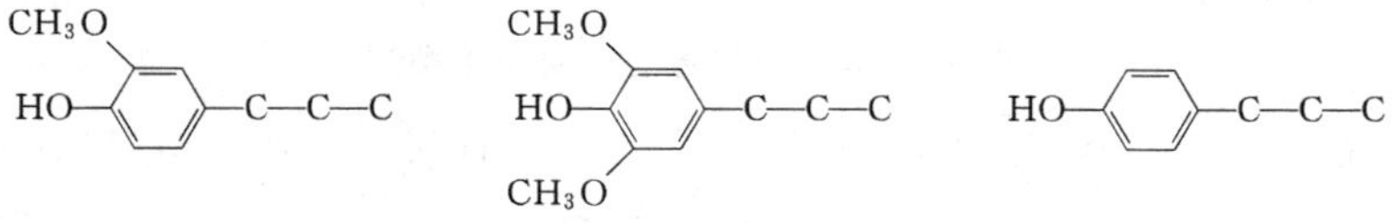

愈创木基结构　　　　　　　紫丁香基结构　　　　　　　对羟苯基结构

图 7-1　木质素主体的基本结构

生物合成的大量研究工作及示踪[14]C 测试结果表明，木质素的先体（母体）是松伯醇、芥子醇和对香豆醇，其结构如图 7-2 所示。它们都由葡萄糖经过莽草酸途径和肉桂酸途径合成。在莽草酸途径中，通过光合作用由二氧化碳生成的葡萄糖先转化为此途径最重要的中间体-莽草酸，再经过莽草酸生成莽草酸途径的最终产物-苯基丙氨酸和酪氨酸。这两种广泛存在于植物体中的氨基酸又是肉桂酸途径的起始物。它们在各自酶的作用下，发生脱氨、羟基化、甲基化和还原等一系列反应，最后合成了木质素的三种先体：松伯醇、芥子醇和对香豆醇。

松伯醇　　　　　　　　　　　　芥子醇　　　　　　　　　　对香豆醇

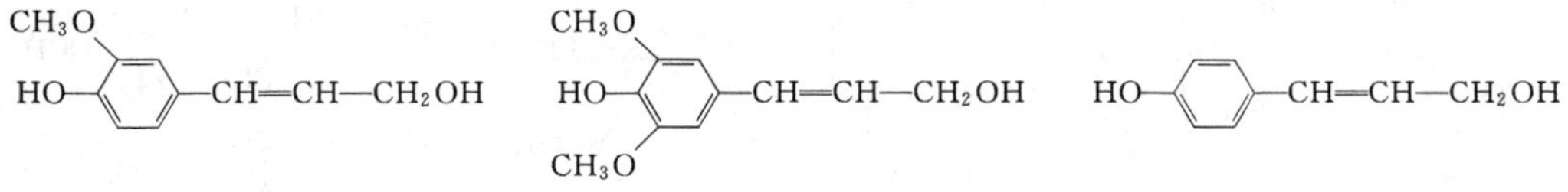

图 7-2　木质素的先体

示踪[14]C 研究表明，在针、阔叶材木质素的合成中，只有 L-苯丙氨酸参与反应，而在草木质素合成中，L-苯丙氨酸和酪氨酸都参加反应。由于不同植物中各自合成阶段酶的功能和活性差异以及基质的差异性，使得针叶材、阔叶材和禾本科植物中合成的木质素先体有差别，最后导致针叶材、阔叶材和草木质素结构的差别。根据木质素生物合成的研究和对木质素的化学分析，可以推论：针叶材木质素是由其先体松伯醇脱氢聚合而得；阔叶材木质素是由松伯醇和芥子醇混合物脱氢聚合而得；草木质素是由松伯醇、芥子醇和对香豆醇混合物脱氢聚合而得。

木质素结构主体之间的连接方式主要是醚键，占 2/3～3/4，还有 1/4～1/3 是碳-碳键连接。各种键型如图 7-3 和图 7-4 所示。

7.2.3 木质素的官能团

图 7-5 表示的是针叶材木质素的结构模型，由此可见木质素结构中含有多种官能团，常见的有芳香基（苯基）、酚羟基、醇羟基、羰基、醛基、甲氧基、共轭双键等，因此木质素的化学反应性较为活跃，能够发生多种化学反应。其中，影响木质素反应性能的主要官能团是羟基和羰基，现简要介绍这两种官能团。

7.2.3.1 羟基

木质素结构中存在较多的羟基，并以醇羟基和酚羟基两种形式存在。木质素中酚羟基数

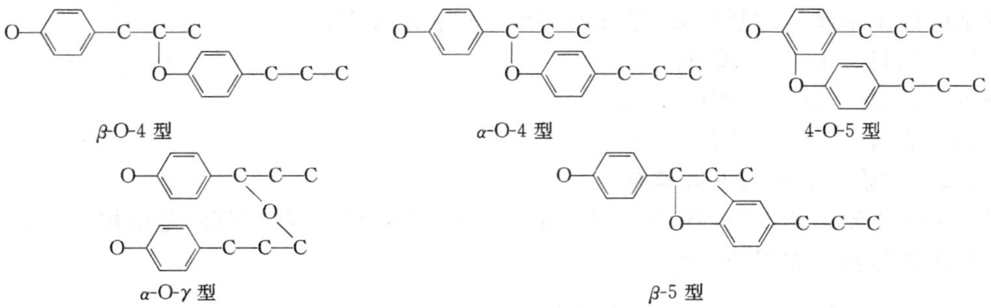

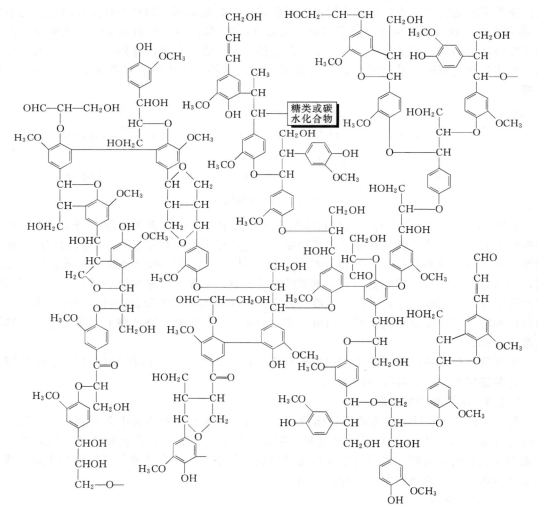

β-O-4 型　　　α-O-4 型　　　4-O-5 型

α-O-γ 型　　　β-5 型

图 7-3　木质素醚键的主要连接类型

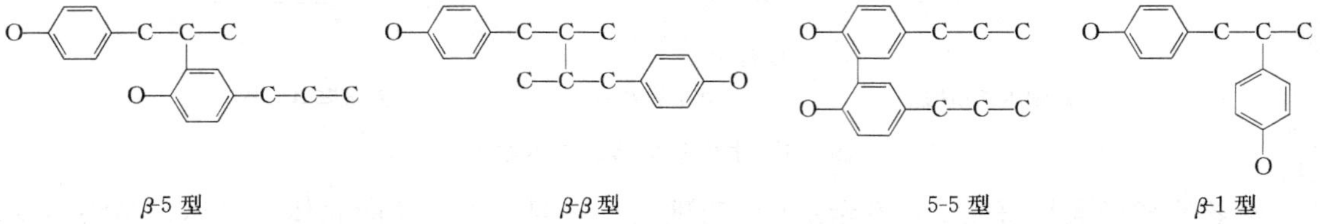

β-5 型　　　β-β 型　　　5-5 型　　　β-1 型

图 7-4　木质素碳-碳键的主要连接类型

糖类或碳水化合物

图 7-5　Sakakibara 提出的针叶材木质素模型

目是一个重要的结构参数，其数目直接影响到木质素的物理性质和化学性质，既能反映出木质素的醚化和缩合程度，同时也能够衡量木质素的溶解性能和其他反应性能。

磨木木质素中的羟基总数是 $1.00\sim1.25/OCH_3$，其中酚羟基的含量为 $0.24\sim0.33/OCH_3$。木质素酚羟基的主要结构如图 7-6 所示，大体上可分为四种类型：非缩合型 [(a)～(c)]、缩合型 [(d)、(e)]、侧链 α 位有羰基的共轭型 (f) 和肉桂醛型的共轭型 (g)。不言而喻，如果磨木木质素中酚羟基含量为 $0.3/OCH_3$，则醚化了的酚羟基数目为 $0.7/OCH_3$。一般而言，阔叶材木质素的醚化程度高于针叶材，例如都采用高碘酸盐法测量云杉和美国枫香的磨木木质素，其酚羟基分别为 20.5 个和 14.5 个酚羟基（每 100 个 C_9 单元）。

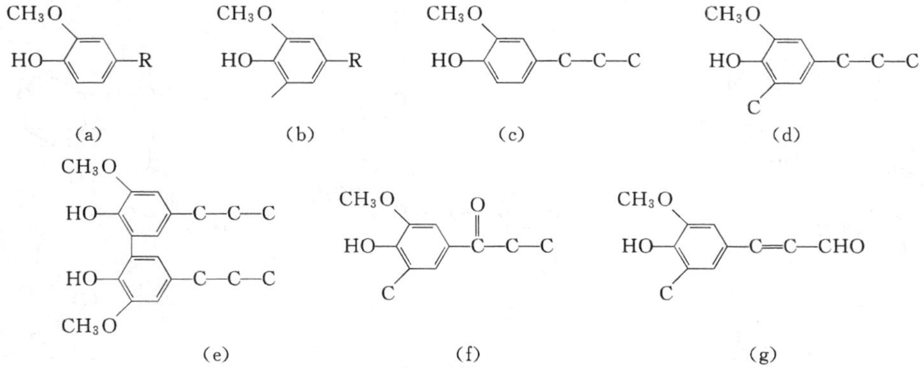

图 7-6　木质素酚羟基的主要结构

除了酚羟基外，木质素中还含有醇羟基，主要是构成木质素的苯丙烷单元上丙烷的羟基。以苯甲醇为例，木质素中的醇羟基结构有两类：一种是带有酚羟基的苯甲醇结构 (a)，另一种是酚羟基醚化的苯甲醇结构 (b)，如图 7-7 所示。木质素的醇羟基（尤其是苯甲醇结构）与制浆反应密切相关。

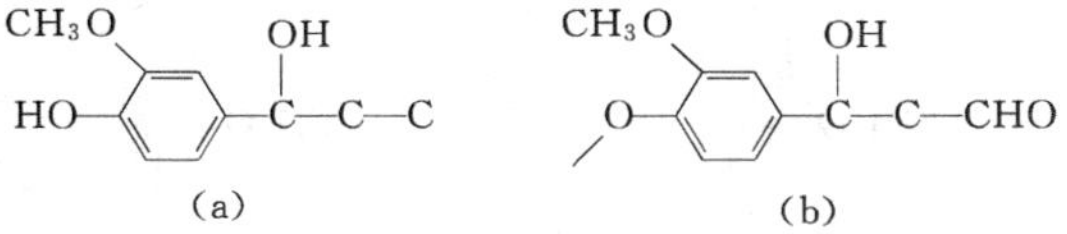

图 7-7　木质素苯甲醇结构示意图

7.2.3.2　羰基

木质素结构中存在多种羰基，通过盐酸羟胺肟化法可进行定量测试。在磨木木质素中，羰基的含量为 $0.18\sim0.20/OCH_3$。木质素结构中的羰基大体上可分为如图 7-8 所示六种，其中只有 (e) 和 (f) 是非共轭型的羰基，其含量约占羰基总量的 50%，(a) 和 (b) 是松伯醛型结构，是木质素的典型结构。

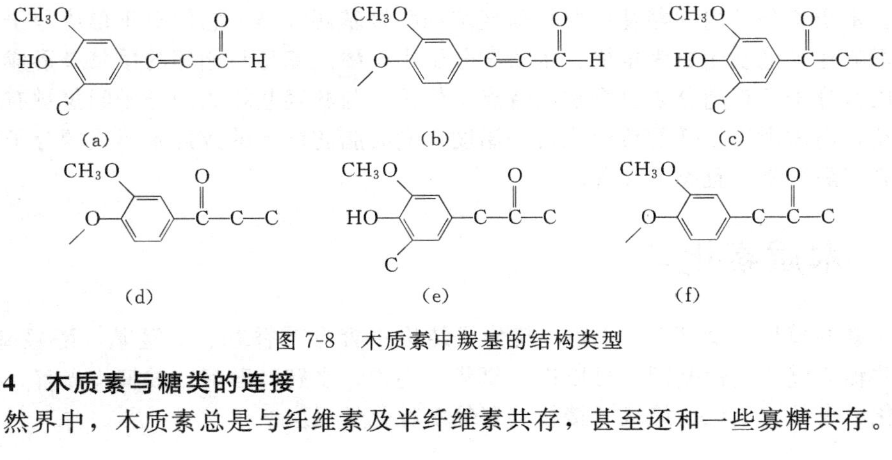

图 7-8　木质素中羰基的结构类型

7.2.4　木质素与糖类的连接

在自然界中，木质素总是与纤维素及半纤维素共存，甚至还和一些寡糖共存。其共存方式可能是物理混合，也可能是化学结合。如果木质素与糖类以物理混合的方式共存，则木质素和糖类之间就较为容易分离；但若以化学结合的形式共存，则就难以完全分离。长期的研究和实践表明，木质素的部分结构单元与半纤维素的某些糖基通过化学键连接在一起，形成木质素-半纤维素糖复合体，也可能存在由木质素与纤维素形成的木质素-纤维素糖复合体。

与木质素缩合的糖基有如下几种（图 7-9）：阿拉伯呋喃糖基、木吡喃糖基、半乳吡喃糖基和吡喃型糖醛酸基。木质素与糖类的连接方式大体上可分为糖苷键连接 [（a）、（b）]、缩醛键连接 [（c）、（d）]、酯键连接（e）、醚键连接（f）等。在各种连接中，糖苷键的连接可能性大些。

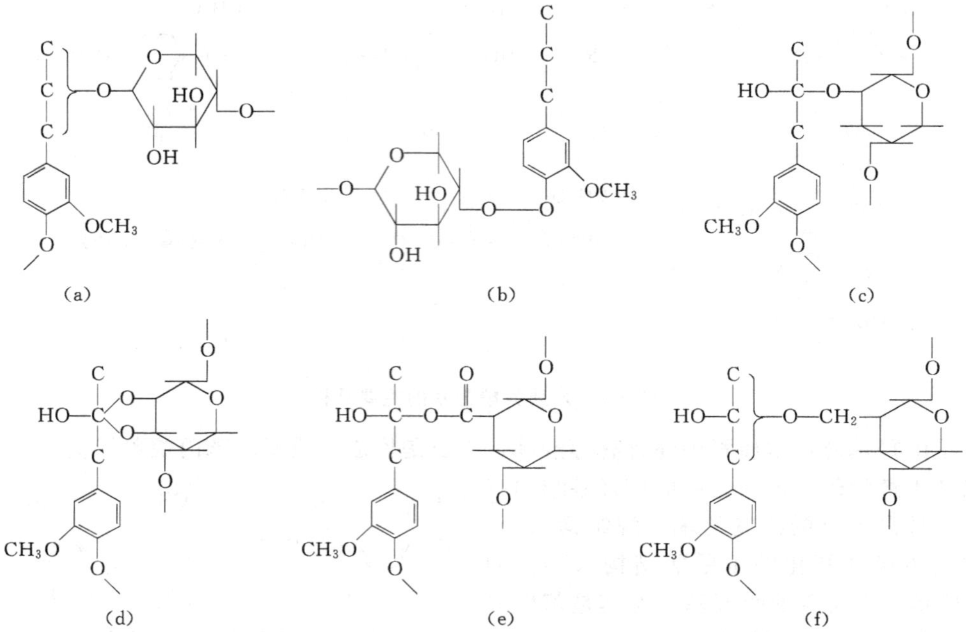

图 7-9 木质素与糖类的主要连接方式

7.2.5 木质素的超分子特性

木质素存在大量的羟基、甲氧基、羰基等极性基团，它们都是氢键的给体和受体，从而能够在分子内和分子间形成氢键。氢键的形成是木质素分子形成超分子"复合物"的基础，强的氢键作用将抑制木质素分子的热运动能力，从而对木质素及其材料的热和力学性质产生重要影响。木质素分子内的羟基主要是酚羟基和醇羟基两大类，它们对于形成分子内或分子间氢键的影响比其他基团更为重要。木质素分子中，酚羟基易与相邻的甲氧基形成分子内氢键，使木质素分子呈现超分子复合物的特点。但是，与酚羟基相关的分子间氢键有助于木质素分子运动，而体现出较低的玻璃化转变温度，同时脂肪链上的醇羟基形成的分子间氢键的强度明显高于酚羟基，且类型多种。

7.3 木质素化学

由木质素的模型（图 7-5）可见，其分子结构中含有芳香基、酚羟基、醇羟基、羰基、甲氧基、共轭双键等活性基团，可以进行氧化、还原、水解、醇解、酸解、光解、酰化、磺化、烷基化、卤化、硝化、缩聚、接枝共聚等多种化学反应。

7.3.1 氧化反应

在木质素的结构中，有许多部位可遭受氧化分解，且分解产物十分复杂。氧化反应对于木质素的结构研究曾起过很大的作用。木质素经碱性硝基苯氧化可生成大量的香草醛，由此而确立了木质素的芳香族特性。后来又从针叶材木质素的碱性硝基苯氧化产物中发现了微量的紫丁香醛和对羟基苯甲醛，由此可见木质素在芳香环结构上的差异。

木质素也能被高锰酸钾氧化，生成一系列的芳香酸。当在碱液中以金属氧化物为催化剂氧化木质素时，得到的产物更复杂，除了上述碱性硝基苯氧化的产物外，还有多种二聚的酮和酸。

通过对木质素各种氧化条件下的产物进行分离和鉴定，即可根据这些产物的结构来推测木质素的结构。例如，为了研究木质素中对羟基苯基、愈创木基与紫丁香基间的比例以及它们之间的联结方式，可采用碱性氧化铜降解木质素后再用高锰酸钾氧化的方法，这种方法温和，能最大限度地避免二次缩合，而且产物的产率高，重现性好。该方法首先将木质素样品乙基（或甲基）化，使木质素分子中所有的游离酚羟基均乙基（或甲基）化，接着用 CuO/NaOH 降解，然后再甲基化，使由酚-醚键开裂产生的新的酚羟基全部甲基化；经高锰酸钾氧化和过氧化氢氧化后，木质素进一步降解为芳香酸，用重氮甲烷甲基化后转变为甲基酯，最后利用模型化合物和气相色谱-质谱联用仪来定性和定量各种分解产物。

一般情况下，O_2 不能氧化木质素结构，但在碱性条件下（O_2/NaOH），木质素酚型结构中的酚羟基解离，可以给出的电子使 O_2 生成自由基（OO·），进而可与木质素发生自由基反应，也就是说，O_2/NaOH 只能氧化酚型木质素结构，先生成醌型过氧阴离子结构，如图 7-10 的（Ⅰ）或（Ⅱ），接着过氧阴离子对分子内的相邻原子进行亲核攻击，生成四环过氧化物，最后重排得到环氧乙烷结构的产物（Ⅲ）和己二酸二烯酯结构产物（Ⅳ）。

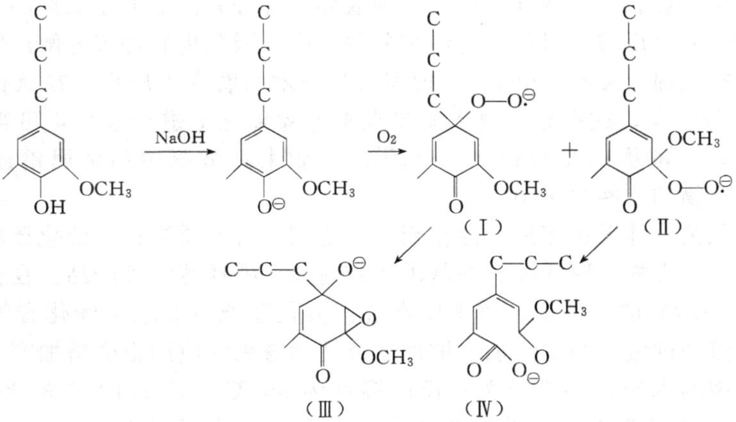

图 7-10　O_2 在碱性条件下对酚型结构木质素的氧化

臭氧具有很强的反应性，能与酚型和非酚型结构的木质素发生亲电取代反应。臭氧与苯环的反应如图 7-11 所示，臭氧与苯环发生亲电置换生成羟基化的环（1），甲氧基发生氧化断裂（2），同时臭氧分子加入芳环并使环芳断裂（3）。在臭氧与木质素的三个反应中，以反应（3）最为重要。臭氧与木质素的反应过程中生成 O_2 和 H_2O_2，后者在碱溶液中分解成多种氧化试剂，如羟基自由基（HO·）和氢过氧自由基（HO_2·）等，使臭氧与木质素反应的选择性变差。

在碱性介质中，H_2O_2 既不能氧化酚型木质素结构，也不能氧化非酚型木质素结构，但能氧化侧链的羰基结构或醌型结构，从而破坏木质素中的发色基团，实现漂白的目的。

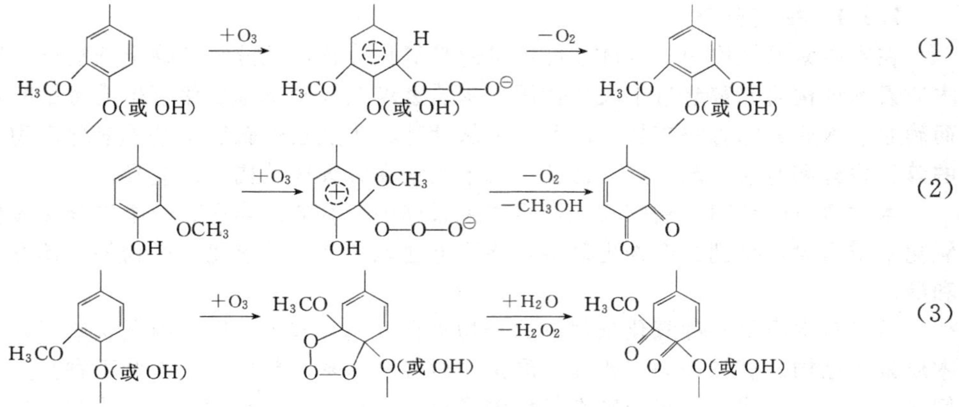

图 7-11　臭氧与木质素的氧化反应

除此之外，从 20 世纪 40 年代开始，就有许多电化学氧化木质素的研究报道，当采用 Ru、石墨、Ni 和 Pt 为阳极时，能氧化木质素结构中的侧链，生成低分子质量的芳香族化合物；在碱性溶液中，用 Pt 电极氧化木质素磺酸，可脱除芳环上的甲氧基形成酚羟基，并引入—COOH，使酸度提高；采用 PbO_2 为阳电极氧化木质素磺酸钠，—COOH 含量升高，—OCH_3 含量降低，苯环结构被破坏，氧化过程中有聚合和降解反应发生，分子质量随着电解电量增大而有一个从上升到降低的过程，氧化可改善木质素磺酸钠作为水泥添加剂的分散性能。

7.3.2　还原反应

研究木质素的还原反应有两个目的：一是通过对还原产物进行分离和鉴定，可推断木质素的结构；二是通过控制还原条件，生产苯酚或环己烷等有价值的化工产品。

木质素的催化氢化反应同时伴随着许多分解反应，因此也有许多分解产物，常用的催化剂是氧化铜铬和来尼镍（Raney niekl）。把桦木和栎木的磨木木质素，在氧化铜铬的催化下用 240～260℃进行氢化，或把颤杨材木质素在来尼镍催化下进行氢化，可得到产率很高的酚类，尤其是后者，酚类的得率达到 55.2%。木质素在液氨中用金属钠还原，可分解出 17% 的低分子化合物和一些二聚物。

采用液化的工艺，并采用溶剂、催化剂及氢化剂，对木质素进行液化还原，可以制取燃油、单酚化合物、芳香酮、取代酚、烷基苯、苯酚以及稠环芳烃等产品。在供氢溶剂存在且液化温度为 227～327℃的条件下，对木质素进行液化还原可制取单酚化合物，酚类化合物的产率随着供氢溶剂供氢能力的增加而增加，极性助溶剂的应用也会增加产率，产物中不同化合物分布跟所用的木质素种类有关；反应温度为 352℃，以 9,10-二氢化蒽为供氢溶剂，反应时间 4h，磨木木质素液化的单酚产率最高达 11%；木质素本身也是一个供氢的物质，它能裂解为芳香酮，如苯氧基苯乙酮。

用甲酸盐作为催化剂、在高压水中对工厂水解桉木木质素进行液化，可制备燃油，当温度为 270℃、压力为 12MPa 时，木质素的转化率是 49.3%，油的得率是 44.8%；然而当条件为温度 300℃、12MPa 时，在简单低成本的连续反应器中，木质素的转化率是 65%，油得率是 61%；油中含有 25%～30% 的氧，主要是取代酚；油中有 42% 是低沸点的产物，其中主要是愈创木酚和 2,6-二甲氧基苯酚。

对比硬木和软木的工业硫酸盐木质素，以及一种有机溶剂木质素的液化结果发现，当温度为 400℃、反应时间 40min，不同催化剂的条件下这些木质素都转化成油状的产品，油的产率占原始木质素量的 49%～71%；最高的油得率来自于有机溶剂木质素；用混合催化剂，负载在氧化铝-二氧化硅上的镍/钼催化剂与三氧化二铬的质量比是 1∶1，由气相色谱分析低分子量的产品（占木质素的 14%～38%），表明产品是由不同的烷基苯、苯酚以及稠环芳烃所组成的混合物。

在间歇和半连续反应中对有机溶剂木质素进行催化裂解，在间歇反应器中，随着催化剂含量的增加，产物液化油的氧含量从 20% 减少到 10%，产物的平均分子量从 1140 降到 630，分散度从 4.6 降到 2.0，产物的复杂性也降低了，产物几乎完全脱甲氧基，单酚含量从 4.3% 增加到 8.1%；在通入连续氢气流的半连续反应器中，油的性质都有很大的提高，例如，黏度、透明度等，甚至可以获得最高达 13.1% 的单酚产率。

木质素在金属硫化物为催化剂、低级脂肪醇为溶剂的条件下，氢解产生高产率的单酚，当用甲醇作为溶剂，以硫化亚铁、硫化铜、硫化锡作为催化剂时，最高单酚的产率为 65%，其中 45% 为甲酚；当用木质素焦油作为液化溶剂时，它本身也能形成很高的产率，这就提供了一个用两步法连续液化的机会。

在钨/镍催化剂条件下，木质素加氢裂解，能获得高产率的酚类化合物，而且选择性非常高；弱酸性的载体，如氧化铝、氧化铝-二氧化硅、正磷酸铝以及二氧化硅-正磷酸铝是非常高效的催化剂载体；如果加氢裂解是在水、低级脂肪醇以及路易斯酸（氯化亚铁）中进行，可以提高甲酚以及 C_6～C_9 酚类化合物的产率。

7.3.3　水解反应

木质素在热水中回流，也能发生部分水解，并从这些水解产物中鉴定出多种二聚物和一些三聚物及四聚物。50% 的二氧六环水溶液在 180℃ 下回流，也能使木质素水解，鉴定出来的产物有松柏醇、香豆醇及它们的醛类，还有香草醛、香草酸、紫丁香基衍生物，此外还有二聚物和一些三聚物。这些产物与木质素生物合成过程中鉴定出的中间物基本上一致。

在造纸制浆的过程中，木质素的水解是一个重要的反应，通过各种方式的碱性水解，使木质素结构单元间的连接断裂并使之溶解出来，从而可以与纤维素实现分离。

（1）酚型 α-芳基醚的水解

这一类结构最易发生碱性水解，这是因为 NaOH 促进了酚型结构的重排而消去了 α-芳基取代物，形成了亚甲基醌结构。酚型结构单元首先解离成酚盐阴离子，酚盐阴离子的氧原子通过诱导和共轭效应影响了苯环，使其邻位和对位活化，进而影响了 C—O 键的稳定性，使酚型 α-芳基醚键断裂，生成亚甲基醌中间体，进而生成 1,2-二苯乙烯结构。

（2）非酚型 α-芳基醚的水解

对于非酚型结构，由于酚羟基的醚化作用阻止了亚甲基醌结构的形成，α-芳基醚键对碱是稳定的，也就阻止了碱性水解作用的发生。非酚型 α-芳基醚键对酸是不稳定的，在酸性条件下发生水解反应。

Johanssonh 和 Miksche 从木质素模型物的酸水解实验中测出了 α-芳基醚键的水解速度是 β-芳基醚键的 100 倍，也就是说，在木质素的酸性水解中，主要发生的是 α-芳基醚键的水解，而 β-芳基醚键的水解是很难发生的，从测定该水解条件下酚羟基（PhOH）含量的增加，即可了解水解的情况。

（3）酚型 β-芳基醚的水解

对于酚型 β-芳基醚键来讲，其碱性水解多数不能发生，因为要进行 β-质子消除反应和 β-甲醛消除反应，只有通过 OH⁻ 对 α-碳原子的亲核进攻形成环氧化物时才能发生水解。但在硫酸盐法制浆时，由于 HS⁻ 的亲核攻击能力较 OH⁻ 强，所以能较顺利地形成环硫化物，从而促使 β-芳基醚连接发生水解。这一点是很重要的，说明同一种造纸原料，特别是针叶木硫酸盐法蒸煮比苛性钠法蒸煮有较快的脱木质素速率的主要原因，这也是消除反应与亲核反应竞争的结果。

（4）非酚型 β-芳基醚的水解

对于非酚型 β-芳基醚连接的水解，只能在两种情况下发生：一种是具有 α-羟基的非酚型 β-芳基醚键可以发生碱性水解；另一种是具有 α-羰基的非酚型 β-芳基醚键可以发生硫酸盐水解，其实质是必须能在 α-C 与 β-C 之间或 β-C 与 γ-C 之间形成环氧化物或环硫化物。

（5）烷基/烷基之间和烷基/芳基之间 C—C 键的断裂

烷基与烷基之间以及烷基与芳基之间的 C—C 键是十分稳定的，但是在长时间和压力的制浆蒸煮条件下，酚型木质素也能发生 α-C 与 β-C 之间和 α-C 与 α-芳基之间的键断裂。

7.3.4 醇解反应和酸解反应

用乙醇-盐酸加热回流木质素，从水解产物中分离出了 10% 的苯丙烷型化合物和紫丁香基衍生物，这对确证木质素结构中存在苯丙烷型单元是一个很有说服力的反应。而从木质素的结构模型来看，木质素发生了醇解反应与酸解反应。

7.3.5 光解反应

木质素在光照下不是很稳定（图 7-12），当用波长小于 385nm 的光线照射时，木质素的

$$L \xrightarrow{h\nu} L^* （激发态） \longrightarrow L\cdot$$
$$L\cdot + O_2 \longrightarrow L{-}OO\cdot$$
$$L{-}OO\cdot + L{-}H \longrightarrow L{-}OOH + L\cdot$$

图 7-12 木质素的光解反应式
L—木质素分子

颜色会变深，若波长大于 480nm，则木质素的颜色变浅，而光线的波长在 385～480nm 之间时，开始颜色变浅，继而变深。木材随时间而颜色变深，主要就是木质素造成的。

木质素在空气中的光解，是一个自由基反应，先是生成苯氧自由基，接着产生过氧自由基，第三步是生成氢过氧化物及木质素自由基，而氢过氧化物可能是木质素氧化分解产生的。

由于木质素的光解是自由基反应，那么木质素在光作用下不但会发生降解，也有可能发生聚合而形成新的高分子化合物（例如新自由基的偶合终止就会使分子质量增加）。由于木质素的光解，叔基结构自由基容易发生歧化分解，形成一个新的自由基，并形成羰基，如图 7-13 中的（1）和（2）反应式所示；加之木质素中的一些伯醇和仲醇羟基的逐步氧化，能形成酮基和羧基，如图 7-13 中的（3）和（4）反应式所示。因此光解反应或者老化后的木质纤维素材料，表面的羰基含量会明显更加。

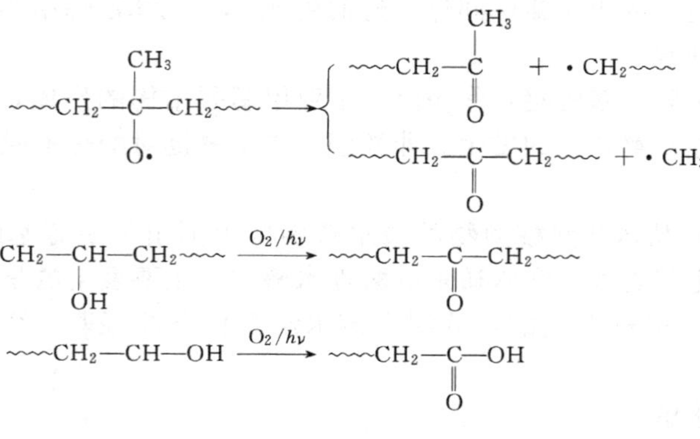

$$\text{(1)}$$
$$\text{(2)}$$
$$\text{(3)}$$
$$\text{(4)}$$

图 7-13 涉及木质素羰基增加的光解/老化反应

7.3.6 生物降解

木质素结构复杂，单元结构之间多为醚键和 C—C 键，十分稳定，不易降解。在植物体中，木质素是包裹在纤维素外面的，因此对造纸制浆和纸浆的漂白来说是一个重要的问题，

202

同时，对于木质素在自然界的降解，也是多年来木质素研究中的一个难题。在1983年以前，仅知道木质素降解是一个氧化过程，$C\alpha$-$C\beta$ 和 β-O-4 键断裂是木质素降解的主要方式，除了侧链氧化外，芳香环在从木质素大分子上脱离下来以前，就通过脱甲基而开裂。

1983年，Tien 和 Kirk 及 Glennr 两个实验室几乎同时独立地从桦黄孢原毛平革菌（*Phaneroehaete chrysosporium*）中发现了木质素过氧化物酶（lignin peroxldase, LiP），1984年 Kuwahar 又从同一菌株中发现了锰过氧化物酶（Mn-dependent peroxidase, MnP），这才为木质素降解研究打开了新的局面。

木质素的生物降解化学反应机制可归纳为如下几点。

① 木质素模型化合物的 $C\alpha$-$C\beta$ 断裂。现已基本确定，通过单电子转移机制，LiP 催化 B-1 非酚型木质素模型化合物及其芳香正离子自由基，经 $C\alpha$-$C\beta$ 断裂形成 3,4-二甲氧基苯乙醇自由基和质子化形式的藜芦醛。有氧存在时，前者加氧后再释放超氧离子形成羰基，或形成醇，无氧存在时则溶剂水参与反应而形成醇。

② $C\alpha$-氧化机制。LiP 催化 β-O-4 木质素模型化合物的主要反应是 $C\alpha$-$C\beta$ 断裂形成的藜芦醛和 2-甲氧基苯酚，后者在反应条件下易于聚合，同时还有相当一部分形成 $C\alpha$ 氧化产物；这种氧化产物是正离子自由基中间体失去质子或直接失去氢形成的；在活性氧存在时，后者更容易发生。

③ 芳香环取代机制。在催化反应中形成的芳香正离子自由基与溶剂水或其他亲核试剂作用，随底物的不同而发生不同类型的反应，例如，当苯环上的取代基是甲氧基时，就发生脱甲基反应，氧化形成相应的醚。

④ 氧的活化。在木质素模型化合物氧化过程中的一种普遍现象是分子氧与羟基取代的苯自由基间的反应能引起氧的活化，氧被还原成超氧离子，又与氢质子反应生成 H_2O_2 与 O_2，这个过程是发生在分子氧与苯基自由基中间体之间的纯化学过程。这个反应也出现在木质素过氧化物酶的催化循环中，其结果是 O_2 成为最终的电子受体。

⑤ 藜芦醇及其衍生物的氧化。藜芦醇（VA）是黄孢原毛平革菌的一个次级代谢产物，又被木质素过氧化物酶所分解，分解产物主要是藜芦醛（70%～90%），其次是开环产物（约20%）和醌（约10%），产物的分布受 pH 值控制。因此可以说藜芦醇在木质素降解中起着重要的作用。

关于开环产物的产生，现在提出的有两种开环机制。一种认为是超氧离子和过氧化氢离子同时参与，形成双氧四环结构，再发生环的开裂。另一种认为过氧化氢离子和水同时参与环的开裂。

⑥ 芳香环开裂。利用标记底物和反应物的方法对许多模型化合物进行芳香环的开裂反应。研究表明，藜芦醇开环反应的机制也适用于木质素单体、二聚体和低聚体模型化合物，在大多数情况下都得到了多种产物的混合物。

⑦ 单甲氧基芳香物的氧化。对于 3,4-二甲氧基芳香环，不仅可被 *Phanerochaete chrysosporium* 代谢，而且可被 LiP 氧化；单甲氧基芳香环虽然可被 *Phanerochaete chrysosporium* 代谢，却不被 LiP 氧化，然而加入少量的藜芦醇或其他的二甲氧基芳香物，则能大大提高单甲氧基芳香物的反应速度。其原因一方面是藜芦醇起到了中介作用，另一方面是藜芦醇还原 LiP Ⅱ 为 LiP，从而可以维持催化周期正常循环。

⑧ 醌/氢醌的形成。漆酶是一种含铜的酚氧化酶，它能催化酚型二聚体模型物 β-1 和 β-O-4 结构等经过 $C\alpha$-芳烃断裂，产生甲氧基取代的醌/氢醌。辣根过氧化物酶（HRP）也能得到类似的结果。单体木质素模型物（如香草酸、香草醛、香草醇等）也能被氧化成甲氧基取代的醌/氢醌。

⑨ 漆酶催化木质素氧化的机制。漆酶在氧气存在下能催化苯酚氧化生成苯氧自由基，而且不需要 H_2O_2 参与，对于木质素而言，其反应包括脱甲氧基、脱羟基、C—C 键断裂过程等。

归纳上述各点，木质素降解过程中，氧化反应占主要地位，同时需要还原反应的辅助。

云芝（*Coriolus versicolor*）是一种非常重要的白腐菌，对木质素的降解能力较强。比较不同云芝菌株对木质素的降解性能和降解方式，发现它们对木质素的降解率比 *Phanerochacte chrysosporium* 提高近一倍，而对综纤维素的降解率有不同程度的减少。云芝三种木质素降解酶即木质素过氧化物酶（Lip）、赖锰木质素过氧化物酶（Mnp）和漆酶的产生与培养条件的关系如下。

① 添加黎芦醇（VOH）作为诱导物，能显著地提高三种酶的产量。当 VOH 浓度为 1mmol/L 时，可使木质素过氧化物酶产量提高 10 倍。

② 添加 Mn^{2+} 对赖锰木质素过氧化物酶有促进作用，但对木质素过氧化物酶有抑制作用，提高其他微量元素（Cu^{2+}、Fe^{2+}、Zn^{2+}、Ca^{2+} 等）能显著促进三种酶的产生。

③ 三种酶的最适产酶 pH 值相差很大。木质素过氧化物酶在 pH＝4.5～5.5，赖锰木质素过氧化物酶在 pH＝5.5～6.5，漆酶是 pH＝3.5～4.0。

④ Tween 80 在低浓度时（0.01%～0.02%）有一定的促进作用，而在高浓度时则有抑制作用。

⑤ C/N 比对产酶有显著的影响，低碳培养基比低氮培养基更适合三种木质素降解酶的产生。

刘秀英等对 8 种木腐菌的 13 株菌株的木质素分解酶活力进行了研究，进一步证明白腐菌的木质素分解酶活力高于褐腐菌，而且它的酶活力增长速度快，高酶活力维持时间较长。白腐菌对制浆黑液中硫酸盐木质素的降解作用研究表明：硫酸盐木质素分水溶和水不溶两部分，后者是高相对分子质量（1500～3000）部分，占 90% 以上；白腐菌对不溶性部分降解最多，对水溶性部分降解较少，降解过程中也有一些聚合发生。白腐菌对硫酸盐木质素的降解最多，这为微生物法处理制浆黑液提供了重要的依据。

7.3.7 烷基化反应

由于木质素中含有醇羟基和酚羟基，能够与酰化试剂反应形成酯。与酰化有所不同，不但羟基可以发生烷基化反应，羧基、羰基也可进行烷基化，选择不同的烷基化方法，可分别与甲基、羧基或羰基进行烷基化反应，从而也可确定羟基的种类和数量。常用的烷基化反应是甲基化，常用的甲基化试剂有甲醇-盐酸、重氮甲烷、甲基碘-氧化银、硫酸二甲酯-氢氧化钠等。

所用的试剂不同，甲基化反应的种类也就不同，例如用甲醇-盐酸，则木质素侧链 α-位的苯甲醇型羟基、羰基、羧基都被甲基化；用重氮甲烷时，则羧基、酚羟基、烯醇型羟基被甲基化；甲基碘和硫酸二甲酯则使各种羟基全部甲基化，从增加的甲氧基可测出木质素分子中的羟基数。例如云杉材的 Brauns 天然木质素相对分子质量按 840 计，原来含有 14.8% 的甲氧基，即每分子合 4 个甲氧基；当木质素先在乙醚中用重氮甲烷甲基化后，甲氧基含量上升到 18.3%，每分子合 5 个甲氧基，即增加了 1 个甲氧基；当进一步在二氧六环中再用重氮甲烷甲基化后，甲氧基含量又上升到 21.4%，每分子合 6 个甲氧基，即又增加了 1 个甲氧基；再用硫酸二甲酯与之作用，甲氧基含量上升到 30.3%，每分子合 9 个甲氧基。

7.3.8 磺化反应

木质素的磺化反应，在制浆中有着非常重要的意义，因为在亚硫酸盐法生产纸浆的工艺中，正是亚硫酸盐溶液与木粉中的原本木质素发生了磺化反应，引进了磺酸基，增加了亲水性，这种木质素磺酸盐在酸性蒸煮液中进一步发生水解反应，使与木质素结合着的半纤维素发生解聚，从而使木质素磺酸盐溶出。可实现木质素、半纤维素与纤维素的分离，得到纸浆。

（1）中性亚硫酸盐蒸煮时木质素的磺化反应

酚型木质素结构单元无论在酸性、中性还是在碱性介质中都可以转变为亚甲基醌结构，不过在酸性介质中的亚甲基醌结构很快能在 α-C 上形成碳正离子，这样就更便于酸性亚硫酸盐蒸煮时的磺化作用。

在中性亚硫酸盐蒸煮条件下，亚甲基醌结构的碱化，不存在环氧化反应和环硫化反应，而是中性的 SO_3^{2-} 对 α-C 具有强的亲核性，导致 β 芳基醚的磺化反应而使 β-芳基醚键断裂。

酚型 α-芳基醚和烷基醚结构（如苯基香豆酮）和松脂醇结构在中性亚硫酸盐蒸煮时发生磺化反应。对于非酚型木质素结构单元，在碱性条件下，α-芳基醚是稳定的，而 β-芳基醚键的断裂是通过环氧化作用完成的，在中性条件下，α-芳基醚键和 β-芳基醚键都是稳定的，没有发生反应；在酸性条件下，则在 α-C 上仍能形成碳正离子，有利于磺化反应的进行。

（2）酸性亚硫酸盐蒸煮时木质素的磺化反应

在酸性条件下，酚型和非酚型的木质素结构单元都能发生有利于 α-C 上的磺化反应，有时也可能在 γ-C 上进行，但很少在 β-C 上发生。在酸性亚硫酸盐蒸煮时，酚型和非酚型木质素结构单元 α-C 离子上的—OR 基团，很快就会被脱除而形成碳正离子，于是亲核试剂 HSO_3^- 就进行攻击而发生磺化反应，如不能及时发生磺化反应，碳正离子就会很快发生缩合反应。必须指出，这种酸性的 HSO_3^- 的亲核性不如中性的 SO_3^{2-} 的亲核性强，所以 β-芳基醚键没有发生断裂。

7.3.9 卤化反应

木质素的卤化反应主要发生在其芳环上，在室温或室温以下就可进行。

在温和的条件下，氯主要在芳环上发生取代反应，如 C_5 和 C_6 位的氯取代，C_2 的取代较少；在 C_1 位也会发生氯取代，但同时伴随侧链的断裂；在较强烈的条件下，则在侧链上也将发生取代反应，而且反应条件愈激烈，在侧链上结合氯的比例愈高。必须指出，在木质素发生氯化反应的同时，也可能发生醚键的水解，即脱甲基反应、酚醚键的断裂等，还会发生芳香环的氧化等反应，甚至在芳香环之间还发生微量脱氢缩合反应。木质素磺酸盐在进行氯化时，可脱去 75% 的甲基，硫木质素则会被脱去 90% 的甲基。

木质素的溴化和碘化反应与氯化类似，但反应较氯化要弱一些，溴化要在酸性介质中进行，酸性愈强，则溴化反应愈快，此外，在减压条件下也能加快溴化反应的速度。

7.3.10 硝化反应

木质素可与硝酸反应，生成硝化木质素。在木质素的硝化反应中，除了亲电的取代反应外，还发生甲氧基的脱落和氧化开裂反应。用稀硝酸处理时，木质素发生的反应很复杂，一方面是芳香环的硝基化和侧链的断裂，另一方面是水解和还原，还有氧化等反应。在这些反应中，断裂反应是主要的，除了产生硝基愈创苯酚类外，还有 α-O-(2-甲氧基苯基) 甘油醛。用亚硝酸在 pH＝2.0 和 100℃下处理二氧六环木质素时，产生 4-硝基愈创木酚及 2,4-二硝基愈创木酚。

7.3.11 缩合反应

缩合反应是木质素的重要化学性质之一，也是研究其应用的一条重要途径。

（1）木质素在碱法制浆过程中的缩合反应

木质素在碱法制浆的蒸煮过程中，发生分解反应，产生一些结构单元，这些结构单元中的酚型结构在碱的催化下，可能会发生缩合反应。这种缩合反应大体有两种类型。

① Cα-芳基的缩合。一般以亚甲基醌结构也就是共轭羰基结构作为烯酮，各种碳负离子作为亲核试剂，进行加成反应，在此反应过程中，也包括缩合产物的重排过程。

② Cβ-Cγ的缩合。由松柏醇开始，通过亚甲基醌结构可进行 β-C 和 γ-C 之间的缩合反应。

（2）亚硫酸盐法制浆过程中的缩合反应

酸性亚硫酸盐法蒸煮制浆过程中，在硝化反应进行的同时，也会在发生磺化反应的部位发生各种Cα-芳基缩合反应，在中性亚硫酸盐法蒸煮制浆过程中则不会有这种缩合反应。

α-C 与芳基缩合反应的结果，一方面是抑制了磺化反应，使木质素结构中的磺酸基较少增加，也就降低了磺化木质素的可溶性；另一方面是使木质素的分子质量增大，更是造成木质素溶出的困难，因此这是对制浆有害的反应，要设法避免。

（3）木质素的酚型结构单元与甲醛的缩合反应

除了在制浆过程中发生的缩合反应外，木质素与甲醛在碱性催化下也能进行缩合反应，这个反应发生在木质素的愈创木酚环的 C_5 位，一部分甲醛与羰基邻接的活性氢反应。除了碱能催化这个缩合反应外，酸也能催化这个缩合反应，但甲醛的结合发生在环的 C_6 位。木质素与甲醛的缩合，是木质素应用的一个重要反应。

（4）木质素与两类的酸性催化缩合反应

在木质素与甲醛的反应中，木质素是作为酚类来使用的，若用酸作催化剂，木质素又可作为醛类与酚类发生缩合反应，此反应是在原本木质素侧链 α-位上发生的碳-碳连接。这一缩合反应，也是开发木质素实际应用的基础。

（5）木质素与异氰酸酯类的缩合反应

木质素结构中的醇羟基，可与异氰酸酯类进行缩合反应，生成木质素聚氨酯，这也为木质素的实际应用提供了一条途径。

7.3.12 接枝共聚

木质素的酚羟基能与环氧烷烃或氯乙醇反应，产物具有较高的胶合强度和优良的耐水煮沸性能。木质素与烯类单体在催化剂作用下发生的接枝共聚反应，也是木质素的重要的化学性质。常见与木质素或木质素磺酸盐接枝共聚反应的单体有丙烯酰胺、丙烯酸、苯乙烯、甲基丙烯酸甲酯、丙烯腈等，但对于木质素磺酸盐的研究很少。

木质素与烯类单体的自由基接枝共聚反应，研究得最多的是木质素与丙烯酰胺的反应，因为丙烯酰胺在这些烯类单体中活性最大，所用的引发剂有：铈盐、过氧化氢/亚铁盐体系、高锰酸钾、过硫酸盐及 γ 射线照射等。

下面是两个木质素与丙烯酰胺的接枝共聚反应实例。

实例 1　将木质素溶解于 0.001mol/L 的 NaOH 中，用 5‰ H_2SO_4 调节其 pH 值约为 8，浓度为 1g/L，用硝酸铈铵为引发剂，与丙烯酰胺共聚；在接枝反应产物中，相对分子质量小于 50000 的部分明显减少，大于 100000 的部分显著增多，几乎没有小于 5000 的部分；反应中只能生成接枝短链，各相对分子质量段的分子数也变化不一；采用扫描电镜（SEM）可看出，接枝产物表面的网孔结构虽然存在，但与木质素比，已基本上没有较大的网孔，而且网孔比较模糊。

实例 2　对于采用木质素磺酸盐与丙烯酰胺或丙烯酸的接枝共聚，可采用如下反应条件。木质素磺酸盐 0.52g（7.35×10^{-4} mol/L），单体丙烯酸 2.5ml（0.72mol/L）或丙烯酰胺 2.5g（0.70mol/L），氯化亚铁 18.5mg（2.95×10^{-3} mol/L），过氧化氢 20mg（1.18×10^{-2} mol/L），反应介质 50ml，反应温度对木质素磺酸盐-丙烯酸是 30℃，对木质素硝酸盐-

丙烯酰胺是 50℃，反应时间 2h。对于木质素磺酸盐-丙烯酸反应体系，用乙醇萃取丙烯酸的均聚物，然后用甲醇萃取共聚物。对于木质素磺酸盐-丙烯酰胺反应体系，未反应的木质素磺酸盐用二甲基甲酰胺萃取分离。

接枝共聚反应的介质，对于不同的单体有不同的要求。例如，带正电荷的单体（如苯乙烯），用甲醇就比用水好，而带负电荷的单体（如丙烯腈和甲基丙烯酸甲酯），甲醇就不如水。

H_2O_2-Fe^{2+} 是最常用的引发剂，在接枝共聚反应中，亚铁离子与过氧化氢反应形成羟基自由基和高铁离子，羟基自由基引发乙烯单体与木质素芳香环的接枝共聚，同时也发生了乙烯单体的自身聚合。

在 γ 射线照射下，盐酸木质素可与甲基丙烯酸甲酯发生接枝共聚，共聚在木质素的愈创木环的 C_5 位上进行。木质素的酚羟基有抑制这种接枝作用，故为了提高接枝率，可将酚羟基保护起来。溶剂的种类，也会对接枝率产生影响。

但是，醋酸乙烯酯不能与木质素发生接枝共聚反应。

7.4　木质素的改性

7.4.1　木质素的衍生化改性

木质素的分子结构中存在芳香基、酚羟基、醇羟基、羰基、甲氧基、羧基、共轭双键等活性基团，可以进行多种类型的化学反应。木质素的化学反应可以大致分为芳香核选择性反应和侧链反应两大类。在芳香核上优先发生的是卤化和硝化反应，此外还有羧甲基化、酚化、接枝共聚等。侧链官能团的反应主要是烷基化和去烷基化、氧烷基化、甲硅烷基化、磺甲基化、氮化、酰化、酯化（羧酸化、磺酸化、磷酸化、异氰酸酯化）等。此外，木质素通常还能进行氢解、氧化和还原、聚合等反应。这些反应是修饰木质素结构并加强官能化的基础，是制备木质素基高分子材料的基本途径。木质素能够直接反应合成酚醛树脂、聚氨酯、聚酯、聚酰亚胺等高聚物，并广泛用作工程塑料、胶黏剂、树脂、泡沫、薄膜等化工材料。下面简要介绍几种常见的木质素衍生化改性方法。

7.4.1.1　木质素的胺化改性

胺化改性木质素时，是通过自由基型衍生化在其大分子结构中引进活性伯胺、仲胺或叔胺基团，它们以醚键接枝到木质素分子上。通过改性，提高木质素的活性，可使之成为具有多种用途的工业用表面活性剂。

木质素分子中游离的醛基、酮基、磺酸基附近的氢比较活泼，可以进行 Mannich 反应。Mannich 反应是指胺类化合物与醛类和含有活泼氢原子的化合物进行缩合时，活泼氢原子被胺甲基取代的反应，可以表示为如下反应式［图 7-14（Ⅰ）］，式中 Z 为吸电子基。

木质素进行 Mannich 反应时，其苯环上酚羟基的邻位和对位以及侧链上的羰基 α 位上

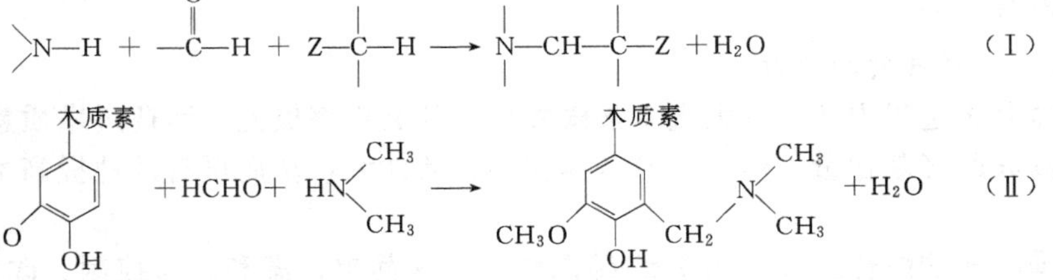

图 7-14　木质素的胺化反应式

的氢原子较活泼，容易与醛和胺发生反应，从而生成木素胺［图 7-14（Ⅱ）］。按参与反应的氨基团的不同可分为伯胺型木质素胺、仲胺与叔胺型木质素胺、季铵型木质素胺和多胺型木质素胺。利用木质素分子中的酚羟基对丙烯腈的亲核加成反应，碱木素与丙烯腈反应能生成氰乙基木质素，然后再还原成伯胺型木质素胺。合成季铵型木质素胺的代表性反应是利用二甲胺、二乙胺、三甲胺、三乙胺或类似的胺反应生成叔胺中间体，而后再与木素在碱性条件下反应制成叔胺型或季铵型木素胺。多胺型木质素胺是木质素中的醇羟基与多胺中的氨基通过亲核取代，高压脱水而形成木质素胺。

在木质素进行胺化改性时，参与反应的醛类和胺类物质的投料量取决于木质素中酚羟基的含量。一般是原料木质素量的 1～3 倍，醛类与胺类投料比的增加会导致木质素的交联，而胺甲基化的反应程度则取决于胺的 pK_a 值，pK_a 值越接近于 7，取代程度越大，产物的氮含量越高。

7.4.1.2　木质素的环氧化改性

木素与环氧乙烷的共聚反应，早在 20 世纪 60 年代就已有报道。Glasser 将硫酸盐木素与环氧丙烷共聚，生成的新产物可用作热固性工程塑料的预聚物。木质素与环氧丙烷在有催化剂存在的条件下加热可以直接反应得到如下产物（图 7-15）。

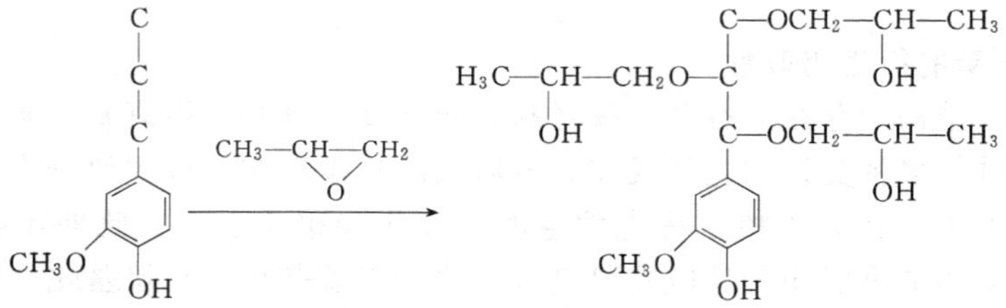

图 7-15　木质素的环氧化反应

在木质素磺酸与环氧氯丙烷发生环氧化反应的过程中，木质素磺酸的酚羟基与环氧氯丙烷反应，造成酚羟基含量降低的同时烷基醚键的含量增加，而磺酸基团被酚环取代。木质素的环氧化反应主要发生在木素的酚羟基上，小分子碱木素比大分子碱木素更容易与环氧乙烷反应。采用分步法比一步法更能获得高产率和更高分子质量的共聚物，但反应的速率却较低。如将木质素经过氢解，提高其酚羟基的含量，再与双酚作用改性，得到的改性产物也可与环氧氯丙烷发生环氧化作用。木质素经氢解反应处理后，可以提高羟基的含量（约为未氢解木质素的 2 倍），增加了木质素的活性，易于进行环氧化反应，改性后的木质素可作为酚类替代物合成环氧树脂。

将木质素溶解于乙二醇，并和丁二酸酐反应以生成羧酸衍生物-酯。在二甲基苄胺的存在下，将酯与二环氧甘油醚反应形成环氧树脂。随着交联点处酯链重复单元的增加，其玻璃化温度呈下降趋势，进而说明在交联点处的酯链长度影响环氧树脂网链中酯链的移动性。木质素经环氧化改性后得到的木质素环氧树脂具有较好的绝缘性、机械性能以及黏合效果等，可以应用于电气工业。

7.4.1.3　木质素的酚化改性

亚硫酸盐制浆过程中产生的大量木素磺酸盐，其利用率极低，而通过木质素磺酸盐的酚化改性可提高其酚羟基含量。由于酚羟基体积小、活性大，从而可有效地提高木质素磺酸盐的反应活性。

木质素磺酸盐的酚化主要采用甲酚-硫酸法，此法简单、温和、易控制、改性效果良好，磺酸基可几乎被全部脱去，生成酚木质素。该反应属于选择性酚化反应，在木质素苯环的 α-

碳原子上引入酚基，使木质素结构及反应的复杂性得到简化。采用间甲酚-硫酸法改性木质素磺酸钠，可使木质素的磺酸基被间甲酚完全取代，甲氧基几乎全部断裂，主链上的醚键亦有部分断裂；酚化改性反应显示，酚羟基含量提高了约2倍。

木质素的酚化改性对其进一步改性提供了良好的反应活性，如木质素在进行环氧化改性时，为了提高反应效率往往需先进行酚化改性以增加木质素的酚羟基含量。

7.4.1.4 木质素的羟甲基化改性

在碱催化作用下，木质素能与甲醛进行加成反应，使木质素羟甲基化，形成羟甲基化木质素。以愈创木基结构单元与甲醛在碱性条件下反应为例，其反应方程式如图7-16所示。

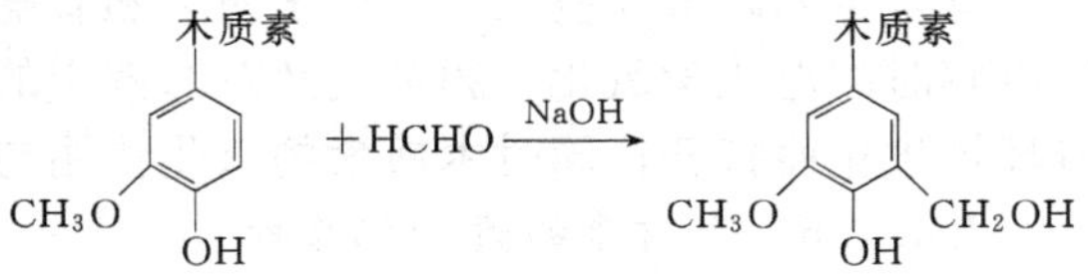

不同的木质素有不同的羟甲基化反应条件。硫化木质素羟甲基化反应的最佳pH值为8.0，温度为40℃。硫酸盐木质素羟甲基化的最佳pH值为12.0~12.5，室温下反应3天。当然，提高反应温度可缩短反应时间。

图 7-16 木质素的羟甲基化反应

长期以来，碱木素的催化羟甲基化都是在均相催化体系中进行的。这种体系首先夺去酚羟基的氢，促使氧上的富电子离域到苯环上，形成共振系统，从而达到活化酚羟基邻位、对位的目的。但此种体系不仅存在产物难以分离的缺陷，而且由于碱液的难以处理而存在对环境二次污染的问题。有人在实验室合成了既能催化反应又能促使碱木素在特定位断键的复合型固相催化剂，并以四氢呋喃为溶剂溶解碱木素，随后加入羟甲基化试剂（甲醛），建立多相催化反应体系；通过对不同催化反应体系、不同原料反应结果的对比，肯定了多相催化反应体系的有效性，例如，从多相改性产品的熔程来看，复合型固体催化剂更具有催化及诱导断键双重功能。

7.4.1.5 木质素氧化改性

木质素磺酸盐具有较强的还原性，可与多种氧化剂（如过氧化氢、重铬酸盐、过硫酸铵）反应。木质素磺酸盐在几种氧化剂存在下的降解或聚合均导致酚羟基减少，且在其发生降解时伴随着羧基的增加。以木质素磺酸钙愈创木基单元为例，反应方程式如图7-17。

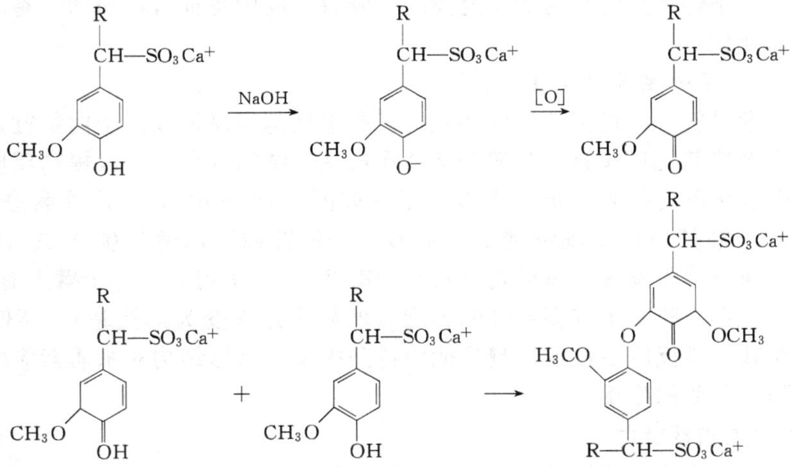

图 7-17 木质素磺酸钙氧化改性反应式

过氧化氢对木质素磺酸钙的聚合或降解作用均较弱，而过硫酸铵在其用量为4%~6%、反应温度为80~90℃、pH8~10时，可使木质素磺酸钙发生聚合反应，并显著改善木质素磺酸钙的表面物化性能，因为过硫酸铵在碱性条件下使木质素磺酸钙酚型物发生离子化脱氢，产生自由基，从而提高了木质素磺酸钙的反应活性，促进了木质素磺酸钙分子自由基之间的聚合反应。将木质素磺酸盐氧化改性后，可应用于钻井工艺中。不同的木素磺酸盐（金属阳离子种类不同），其氧化产物及其氧化产物所处理的钻井液性能具有相同的变化规律；同时，在氧化过程中，木素磺酸盐存在着聚合或降解两种趋势，主要决定于其浓度及 H_2O_2 的用量。

同时，很多研究者利用电化学氧化木质素。在碱性溶液中，用 Pt 电极氧化木质素磺酸盐，可脱除芳环上的甲氧基形成酚羟基，并引入了—COOH，提高了酸度。用 PbO_2 为阳电极氧化木质素磺酸钠，—COOH 含量升高，—OCH_3 含量降低，苯环结构被破坏，氧化过程中有聚合和降解反应发生，分子质量随着电解电量的增大先增加后降低。草类木质素在膜助电解时的电化学氧化，膜助电解对黑液中的有机物具有一定的氧化作用，能使木质素中的芳环被氧化而打开；同时木质素的氧化作用与施加的电压、阳极的电极材料等因素有关。

7.4.1.6　木质素的聚酯化改性

木质素含有酚羟基和醇羟基，它们可以与异氰酸酯进行反应，因此有可能利用木质素替代聚合多元醇用于生产聚氨酯。利用木质素与马来酸酐反应生成共聚物，再与环氧丙烷进行烷氧基化，生成多元醇结构的共聚物，这种产物进一步与二异氰酸酯反应，便合成出性能良好的聚氨酯甲酸酯，可用于制造黏合剂、泡沫塑料以及涂料等。木质素与环氧丙烷反应后，增加了醇羟基，而且增加了带羟基侧链的柔软性。以木质素为原料制备聚氨酯，关键在于提高木质素与异氰酸酯之间的反应程度，而提高木质素在聚氨酯中的反应活性，主要集中在如何提高醇羟基的数量。用甲醛改性木质素（羟甲基化），可以明显改善木质素与聚氨酯之间的接枝反应。有人用环氧丙烷对木质素进行改性，然后将羟丙基化木质素和二异氰酸酯溶于四氢呋喃中，加入一定量的催化剂，然后浇注成膜，在室温下放置 15min，挥发掉部分溶剂，再在真空烘箱中熟化 3h，可以得到聚氨酯薄膜。

以硫酸盐木质素和醇解木质素为原料制得的聚氨酯的结构决定了其力学性能、物理性质和热性能。木素基聚氨酯的热分解温度随木质素含量的增加而略有降低，这是由于木质素分子中酚羟基生成氨基甲酸酯的热稳定性较差所导致的。对于不同种类木质素制备的聚氨酯在氮气、氧气等不同条件下热解行为的研究发现，降解产物中特征官能团的数量均随聚氨酯中木质素的含量而变化。

7.4.1.7　木质素的羟丙化改性

大多数木质素材料都与羟基的反应相关，但是酚羟基容易形成分子内氢键，且反应活性较低，通常利用羟烷基化反应转化为醇羟基并形成星形结构的分子，以提高反应的活性和效率。为利用羟丙基化反应得到星形木质素分子（如图 7-18 所示），将木质素进行羟丙基化，木质素上任意一个羟基均可实现链增长，星形分子的臂数可以通过硫酸二乙酯（Et_2SO_4）醚化反应控制。通过检测发现，星形化合物平均有 2~6 个辐射臂，每个臂上有 1~4 个氧化丙烯单元。该反应不仅改变了许多羟基的类型（即从酚羟基变为醇羟基），还使羟基远离木质素球形核，使其化学反应活性或氢键化能力得到提高。星形结构对木质素应用于工程塑料和多相材料起到了重要的作用。

7.4.2　木质素的接枝共聚

接枝共聚是木质素化学改性的重要方法，能够赋予木质素更高的性能，例如甲基丙烯酸甲酯与木质素通过自由基引发得到的接枝共聚物比聚甲基丙烯酸甲酯具有更高的强度、模量和热稳定性，其中木质素的含量可达到约 11％（质量分数）。木质素的接枝共聚通常采用化学反应、辐射引发和酶促反应三种方式，前两者可以应用于反应挤出工艺及原位反应增容。木质素化学接枝最早采用自由基引发，将 2-丙烯酰胺接枝到牛皮纸木质素得到无定形棕色

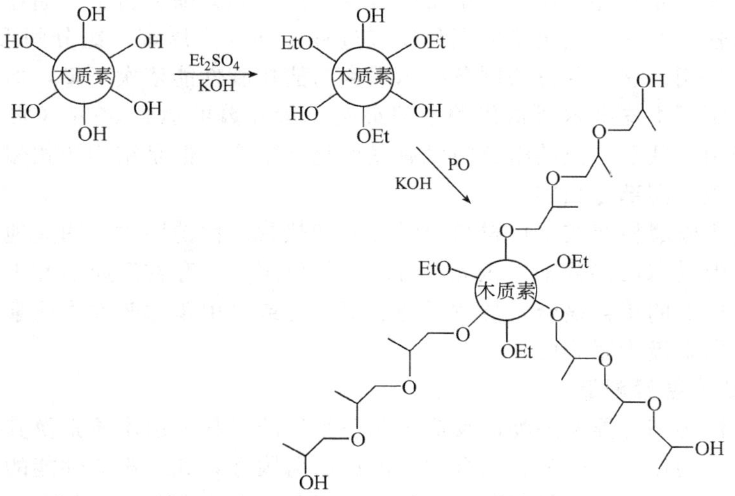

图 7-18　羟丙基木质素的制备及星形结构示意图

固体，通过尺寸排除色谱、溶解性、透析、分级等实验证明，两者间发生了接枝反应。此后，通过对乙烯基单体在木质素或木材表面的自由基接枝共聚反应的研究，开发出能够减少均聚物的新引发体系。将木质素分散于氮气保护的有机溶剂或含有 $CaCl_2$ 和 H_2O_2 的水/有机溶剂体系，通过 $CaCl_2$ 和 H_2O_2 反应生成的活性游离氯从木质素基质上夺取氢而形成大分子自由基而引发共聚合。然而在很多情况下，木质素对接枝反应具有抑制作用，例如木质素上的酚羟基对甲基丙烯酸甲酯自由基聚合具有抑制作用，但对木质素进行酯化改性后可以得到消除。

　　通过模压或挤压的方法将苯乙烯和木质素进行接枝共聚反应，可得到淡黄色、半透明、组分均匀的苯乙烯接枝木质素薄膜，其中木质素含量可以达到 52% （质量分数）。苯乙烯的引入改变了木质素的表面活性，该共聚物可用作热塑料、表面活性材料和密封胶。同时，苯乙烯接枝木质素共聚物的生物降解实验证明，共聚物分子的侧链位置恰好成为微生物攻击的切入点。此外，接枝共聚反应还可合成一系列非离子型、阴离子型和阳离子型的水溶性木质素磺酸盐接枝共聚物，这些共聚物具有两亲性，是有效的表面活性剂，已用作石油开采和油井泥浆处理的分散剂和乳化剂。

　　将三维体型的木质素视为表面多化学活性的刚性微球，认为在木质素分子上接枝共聚引入多个链后可得到的共聚物呈星形结构。将木质素羟丙基衍生化得到的星形结构分子与苯乙烯共聚产物中，木质素为硬链段，而相对分子质量为 10200 的苯乙烯为软链段。该共聚物只有一个玻璃化转变温度，其值可通过链的长度调节。此外，通过羟基引发己内酯单体本体接枝共聚合得到的以木质素为核心、己内酯链段为手臂的星形共聚物，每个己内酯手臂的平均相对分子质量为 1100。经己内酯接枝的木质素具有与极性烯烃更好的相容性，而且也能提高羟基的化学反应能力。

7.5　木质素基高分子材料

7.5.1　木质素基酚醛树脂

　　木质素既可在碱性条件下作为酚与甲醛反应，又可在酸性条件下作为醛与苯酚反应，制备出木质素酚醛树脂，主要有三种方法：①通过调节酸、碱性来控制木质素与苯酚或甲醛的反应次序制备酚醛树脂；②木质素与甲阶酚醛树脂反应制备酚醛树脂，通过共聚交联可产生较好的化学亲和性；③在酚醛树脂的固化反应过程中加入木质素，组分间形成接枝共聚物，木质素起扩链的作用。这三种方法制备的木质素酚醛树脂性能依次下降，但是木质素用量却可以逐渐增加，利用牛皮纸木质素代替酚的最高质量分数可达到 50％（质量分数）。此外，木质素可与酚醛树脂共混，虽然组分间没有发生化学反应，但是结构的相似性和极性基团间的相互作用导致组分间部分相容。

将木质素引入酚醛树脂在保持材料力学性能和热稳定性的同时，明显地提高了绝缘性和高温下的模量。但是木质素分子体积大、芳环上的位阻大，存在反应活性不足的缺点，甚至还会阻碍苯酚与甲醛的正常缩合，虽然可通过甲基化或羟甲基化改性木质素加以弥补，但是用其完全代替苯酚是极为困难的。

7.5.2　木质素基聚氨酯

木质素的活性羟基与异氰酸酯的反应可制备聚氨酯材料。由木质素及其衍生物制备的聚氨酯根据其性能可用作工程塑料、黏合剂、泡沫、薄膜等，其中影响性能的主要因素包括木质素类型、含量和分子质量、异氰酸酯类型、异氰酸酯基/羟基摩尔比等。利用羟烷基化提高木质素羟基活性后制备聚氨酯，其羟基的活性和数目以及高分子质量组分的增加均可使材料的模量增大、玻璃化转变温度升高。为了解决木质素基聚氨酯硬度太高、易脆的缺点，使用刚性小的二异氰酸酯或引入聚乙二醇（PEG）软段，可得到力学性能优良且不易碎的、具有低玻璃化转变温度的聚氨酯材料。引入官能度更多的聚酯三醇，适当的异氰酸酯基/羟基摩尔比和木质素含量有利于材料内部三维网络的形成，得到坚韧的聚氨酯。在木质素聚氨酯的制备过程中，木质素分子充当了交联剂和硬链段的双重作用，木质素分子质量的增大使交联密度增加，当木质素含量低于 30％（质量分数）且分子质量较低时聚氨酯具有优良的弹性。制备木质素聚氨酯的关键在于提高两者之间的化学反应程度，增加醇羟基的数量，可通过羟烷基化和己内酯衍生化反应实现。此外，将木质素填充聚氨酯，可参与部分聚氨酯固化过程，材料的模量提高，固体高分辨^{13}C-NMR 结果显示共混物体系中微相分离的相区间存在相互作用。

有意义的是，利用极少量的木质素硝酸酯与聚氨酯复合形成接枝/互穿聚合物网络结构，使材料的强度和伸长率同时显著提高，而且纯聚氨酯中代表橡胶态向塑态转变的应力屈服点消失。这是由于硝化木质素与聚氨酯分子上的异氰酸酯基发生接枝反应，形成以硝化木质素为中心接有多个聚氨酯或其网络的大星形网络结构。该结构中聚氨酯分子及其网络之间相互缠结和穿透，在发挥刚性硝化纤维素增强作用的同时提高了伸长率。质量分数为 2.8％的硝化纤维素、4,4′-二苯甲烷二异氰酸酯（MDI）和交联剂（三羟甲基丙烷）在异氰酸酯基/羟基摩尔比为 1.2 的条件下有利于在材料内部形成适当交联度的接枝网络结构，同时促进了聚氨酯硬段间氢键的物理交联，材料的拉伸强度和断裂伸长率最大可分别提高 3 倍和 1.5 倍。同时，在另一低木质素含量［小于 9.3％（质量分数）］的聚氨酯体系中也出现了强度和伸长率同步提高的情况，强度、韧性和伸长率分别增加到 370％、470％和 160％，在木质素含量为 4.2％（质量分数）时材料的热-力性质最佳。

7.5.3　其他木质素基高分子材料

木质素也用于开发价值较高的环氧树脂，主要方法如下：①木质素衍生物与环氧树脂共混；②环氧化改性木质素；③在环氧化前先改性木质素以提高反应活性。其中，木质素与环氧化合物在固化剂作用下可通过互穿聚合物网络的形式获得较高的相容性。

木质素环氧树脂的粘接强度高，将木质素与环氧树脂共混后于 100℃加热处理 2h，与未改性树脂相比粘接强度提高了 78％。但是大多数木质素环氧树脂存在有机溶剂溶解性和加工性能不好的缺点，目前尚未发现有效的解决方法。

将从硫酸处理牛皮纸制浆废液中得到的木质素与甲醛或糠醛聚合，可制备出磺化木质素离子交换树脂。最近，利用羟甲基木质素经苯酚/甲醛处理得到树脂，对其磺化后再用甲醛交联得到离子交换树脂，该树脂具有较高的离子交换容量。分别利用木质素磺酸盐和碱木素合成了大孔球形阳离子和阴离子交换树脂，并利用木质素阳离子交换树脂制备出具有良好吸附功能的球型多孔炭化树脂。

利用木质素的胶体性质制备水凝胶，其方法是将木质素改性后引入交联剂或直接进行接枝共聚。利用己二异氰酸酯或聚乙二醇二缩水甘油醚交联带有木质素的羟丙基纤维素，得到响应温度与人体温度十分接近的水凝胶；或者将丙烯酰胺和聚乙烯醇与木质素接枝共聚制备水凝胶。将酸水解木质素氨基化得到吸附性能增强的木质素基吸附剂，该吸附剂不仅能够吸附重金属离子，还对胆汁和胆固醇具有很高的吸附容量，可望在环保领域和医学领域得到应用。

最近报道可利用木质素制备热固性树脂并处理纤维。首先是将木质素作为填料加入热固性不饱和聚酯或大豆油树脂中，木质素起增塑的作用；利用马来酸酐和环氧豆油修饰木质素后，可以在一定程度上解决其与未饱和树脂的溶剂——苯乙烯不相容的难题，特别是马来酸酐修饰的木质素由于含有双键还可通过进行自由基反应而提高力学性能；利用该木质素改性树脂处理纤维，木质素在树脂与纤维界面形成的互锁结构提高了界面黏结强度，使复合材料的性能提高。酯化木质素与丙烯酸环氧豆油和苯乙烯未饱和热固性树脂复合后也可用于处理天然纤维，木质素丁酯的引入同样可促进树脂与麻纤维的界面黏合，提高了材料的弯曲强度。

7.6　木质素共混材料

7.6.1　木质素共混聚烯烃

木质素及其衍生物能通过共混改性聚乙烯（PE）和聚丙烯（PP）、聚氯乙烯（PVC）、聚甲基丙烯酸甲酯（PMMA）、聚乙烯醇（PVA）、乙烯-乙烯乙酸酯共聚物等烯烃类聚合物，木质素除了发挥增强作用外，同时提高了材料的热稳定、抗光降解等性能。

含有大量极性官能团的木质素与非极性的 PE 和 PP 之间相容性不好，必须进行增容。PE-PP-木质素共混物以乙烯/丙烯酸共聚物为增容剂，同时使用钛酸酯，木质素最高含量可达 30％（质量分数），由此改善了材料力学性能并提高了击穿电压。应用催化接枝技术在熔融共混过程中增容材料，两相间的化学反应增进了界面间的相互作用并赋予材料更好的力学性能。在 PP-木质素共混物中加入 PP 接枝共聚物作为增容剂或加入环氧化木质素可促进组分间的相容性，特别是马来酸酐接枝 PP 能与木质素发生酯化反应，显示出更好的效果。木质素的填充可显著改善 PP 的力学性能、老化性能、热稳定性、阻燃性能、导电性质和在光、热、氧下的降解行为，在提高力学性能方面优于碳酸钙或滑石粉等无机填充剂，并且材料的密度相对更低。

由于 PVC、PMMA 和 PVA 分子含有大量极性基团，因此与木质素之间具有较好的相容性。木质素上的羰基和羟基分别能与 PVC 的氢原子和氯原子产生强的相互作用，有利于提高力学性能，而且其受阻酚结构的影响可以捕获自由基而终止链反应，增强材料的热稳定性和抗紫外线降解性。对木质素进行衍生化，可进一步促进其与极性聚烯烃的相容。极性提高的星形己内酯接枝木质素，以 10～30nm 的尺度分散在 PVC 基质中，呈现单一玻璃化转变温度且符合 Fox 方程，材料的杨氏模量和拉伸强度增加但断裂伸长率降低。

添加木质素通常在强度提高的同时导致韧性明显下降，在实际应用中需要添加增塑剂来弥补。增塑使木质素的玻璃化转变温度明显下降，溶解度参数较大的增塑剂与木质素的相容性较好，通常增塑剂对 100 份木质素添加量为 30 份时效率最高。将增塑木质素与氯乙烯-乙烯乙酸酯共聚物进行共混，混容性很好，材料的力学性能与木质素的粒径和分布相关。通常添加 25%～40%（质量分数）木质素就使材料变脆，但利用两种增塑剂共同作用的木质素-聚乙酸乙烯酯共混物通过溶液流延法能制备出木质素含量高达 85%（质量分数）且力学性能良好的热塑性材料，这是目前报道的木质素含量最高的材料。该材料的拉伸强度和杨氏模量随木质素重均分子量增加而增加，分别可达到 25MPa 和 115GPa，熔融指数测试表明其适合挤出成型。

7.6.2 木质素填充橡胶

木质素兼具刚性的网络和柔顺侧链结构并含有众多活性基团，呈较大比表面积的微细颗粒状，不仅可通过羟基与橡胶中共轭双键的 π 电子云形成氢键，还可与橡胶发生接枝、交联等反应，因此常用作优良的橡胶补强剂。利用木质素填充橡胶，与炭黑填充橡胶的性能对比发现木质素可实现更高含量的填充并且填充材料的密度较小、光泽度更好、耐磨性和耐屈挠性增强、耐溶剂性提高。但是，在实际应用中首先需要解决的问题是如何提高木质素与橡胶的相容性，对木质素进行化学修饰可解决在橡胶基质中的分散问题，同时通过化学反应可构筑树脂-树脂、树脂-橡胶及橡胶交联的多重网络结构。

相同类型的木质素，在橡胶基质中分布的颗粒尺度越小，与橡胶的相容性越高，增强作用越明显。相对于炭黑和其他无机填料，木质素能够容易地进行各种衍生化反应，因此可以形成与橡胶更相容的支链结构，利于木质素的分散并发挥更好的增强作用。例如，将木质素进行甲醛改性后，降低了由于酚羟基所引起的自聚集趋势，提高粒子与橡胶基质的表面亲和力并促进了分散，而且还增强了木质素本体的强度。

经动态热处理、羟甲基化反应可以实现木质素粒子在橡胶基质中 100～300nm 的纳米尺度分散。此外，利用醛和二胺将分散于天然橡胶中的木质素分子相互连接，在柔软的橡胶网络中形成了贯穿较完整、坚硬的木质素网络，改善了橡胶的力学、磨耗和撕裂性能，并且赋予了材料优良的耐油和耐老化性能。

7.6.3 木质素共混聚酯/聚醚

木质素具有热塑性，利用低分子质量的聚酯或聚醚增塑可制备出力学性能优良的共混材料。将结构和拉伸行为与聚苯乙烯相似的烷基化牛皮纸木质素与脂肪族聚酯共混，组分间具有很好的相容性，木质素聚集形成扁球形超分子微区，聚酯作为增塑剂提高了伸长率。值得注意的是，聚酯上的羰基与木质素上的羟基之间形成的氢键强度适中是发挥聚酯增塑作用的最佳条件，因为适中的强度有利于增强聚酯/扁球状木质素超分子微区联系，相互作用太强将破坏超分子微区的结构，反而有损于材料的综合性能。以马来酸酐接枝的聚己内酯作为增容剂，反应挤出制备的聚己内酯/木质素共混材料具有较高的杨氏模量和较强的界面黏合，在 40%（质量分数）的木质素添加量时断裂伸长率超过 500%，此时高含量的木质素作为无毒的生物稳定剂，可提高复合材料在户外的使用寿命。

值得注意的是，在其他体系中木质素分子上形成分子间氢键能力较差的酚羟基却能与聚氧化乙烯（PEO）链上的氧形成较强的氢键，由此形成相容材料。该体系中 PEO 与木质素间的相互作用破坏了木质素的超分子结构。少量木质素作为成核剂增加了 PEO 结晶微区的数目，当木质素含量偏高时 PEO 结晶度和晶区尺寸下降。这类材料中木质素的侧链还具有内增塑剂的作用，同时 PEO 赋予了材料优良的热变形性质。PEO 增塑的木质素，使伸长率从约 0.6%±0.1% 增加到 19.7%±3.7%，在强度和伸长率方面均优于纯 PEO。

7.6.4 木质素复合天然高分子

将木质素与热塑性天然高分子共混，可望开发出可完全生物降解的热塑性塑料。将木质素磺酸盐和牛皮纸木质素分别填充淀粉薄膜，木质素磺酸盐能与淀粉良好相容并具有一定的增塑作用；加入疏水性较强的牛皮纸木质素，除改善淀粉膜的力学性能外还提高了抗水性，其中小分子质量级分也具有增塑剂的作用。将工业木质素在甘油增塑剂的作用下通过熔融共混方法填充大豆蛋白，热压成型制得片材。

适量木质素磺酸钙（LS）能同时提高大豆蛋白塑料的强度和伸长率，LS 含量为 30％（质量分数）时拉伸强度最大而在 40％（质量分数）时伸长率最高。这主要因为共混体系内多个大豆蛋白分子束缚于具有多极性基团的 LS 分子上，形成以 LS 分子为中心的物理交联网络结构。碱木素（AL）显示出比 LS 更明显的增强效应，但其改性的机理不同，只拥有较少极性基团并且缺少离子基团的 AL 无法形成类似的物理交联网络，强度的提高主要来源于 AL 的刚性。同时，AL 的疏水本质使材料抗水性提高。由 AL 衍生化的羟丙基木质素（HL）凭借其伸展的支链，能够与大豆蛋白基质产生更多的联系和更强的相互作用，仅添加 2％（质量分数）的 HL 就使大豆蛋白材料在保持伸长率的情况下拉伸强度提高了 1.3 倍。随着 HL 含量的增加，HL 聚集形成纳米尺度的超分子微区，值得注意的是，氧化丙烯支链的空间排斥提供了可与其他聚合物链互穿的空间。利用戊二醛交联羟丙基木质素/大豆蛋白体系，可观测到约 50nm 的羟丙基木质素微区均匀分布在大豆蛋白基质中，材料的拉伸强度可达 23MPa 而伸长率保持在 20％左右。利用 MDI（4,4′-二苯甲烷二异氰酸酯）原位增容牛皮纸木质素填充的大豆蛋白体系，组分间形成共聚物和交联结构，提高了材料的伸长率。适度的交联有利于材料的增强，其中共聚物和交联结构富集的微区成为促使力学性能提高的应力集中点。

木质素和纤维素、半纤维素在植物中共存，同时还与蛋白质发生作用，因此可以考虑将这些组分或其衍生物复合制备材料。植物中共存的半纤维素与木质素的共混材料却呈现相分离的形态，通过添加木质素-碳水化合物共聚物可在一定程度上提高相容性。通过反应性挤出将纤维素醋酸酯及丙酸酯与木质素共混，得到的材料具有较高的强度和模量。分别对酯化木质素与醋酸或丁酸纤维素形成的熔融共混物和溶液共混物研究发现，木质素酯与纤维素酯之间发生了酯交换反应，导致相界面间产生强烈的相互作用，使相区尺寸降到 15～30nm 尺度。利用微晶纤维素对木质素磺酸钙/大豆蛋白共混物进行增强改性，虽然微相分离程度加剧，但纤维素分子的刚性及其聚集的结晶区明显地提高了材料的强度。

7.7　木质素材料的改性方法及性能优化

7.7.1　木质素改性材料的高性能化

木质素是一种与工程塑料极为相似的，具有高抗冲强度且耐热的热塑性高分子，与其他聚合物复合后可以提高流动性和加工性能。但是，木质素分子由于酚羟基易形成分子内氢键而趋于团聚，导致材料的改性存在难度，经化学修饰制备核-多臂结构的星形结构或将木质素的球形结构转变为线性结构，可望扩展木质素的应用范围。

木质素的生物可降解性是其在高分子材料领域应用的主要动力之一。虽然木质素在正常状况下降解速率极为缓慢，但是可以通过添加某些小分子或使用特定的菌种（常见的如白腐菌）加速这一过程，因此可以在一定程度上实现其降解周期的可控。研究证明木质素基高分子材料的生物降解性随着木质素含量的增加而提高，这也是希望木质素高含量填充的原因之一。

木质素是一种优良的橡胶、聚烯烃等的填充增强材料。与通常使用的炭黑或其他无机增强材料相比，木质素最大的优势就在于具有大量多种类型的活性官能基，可通过化学修饰实现不同的物理性质，因此如何通过对木质素结构的控制优化材料性能是该领域的重要科学问题。目前发现通过构筑特殊网络结构、形成星形结构的共聚物以及调控分子间相互作用强度，均能造成材料性能的明显改善。此外，降低经济成本也是广泛研究木质素作为填充材料的重要原因，目前材料中木质素的含量最高可达 85%（质量分数）。

阻燃和耐热是高分子材料发展的新趋势。木质素分子中紫丁香基苯环上的甲氧基对羟基形成空间位阻结构，该受阻酚结构可以捕获热氧老化过程中生成的自由基而终止链反应，进而提高材料的热氧稳定性。同时，该受阻酚结构对自由基的捕获还使其成为光稳定剂，增强材料对紫外线辐射的耐受。

木质素因含有众多的芳环而具有屏蔽紫外线辐射的能力。利用硝化木质素与聚氨酯接枝互穿网络涂料涂敷再生纤维素膜后，发现紫外线对该膜材料的透过率下降至零，即紫外线被完全屏蔽。

木质素与结晶聚合物复合，表现出明显的成核剂性能。通过对木质素粒子对聚 3-羟基叔丁酯结晶行为的研究发现，木质素的添加使球晶生长速率加快，但对晶体结构和结晶度完全没有影响。木质素或其酯化衍生物对材料中结晶性聚合物组分结晶度的提高，使材料在室温下的模量明显增加。

7.7.2　木质素结构对材料性能的影响

木质素与聚合物共混，组分间的相容性对材料性能十分重要，例如相容性的提高有助于发挥木质素增强的聚合物抗氧化性能。木质素化学结构（如官能基的类型和数目、星形或超支化结构）通常导致其聚集微区尺寸和分布以及组分间的相互作用强度存在差异，进而影响与其他组分的相容性。同时，聚合物组分的极性和结构也是相容性的影响因素之一，溶解度参数仅发生很小的改变就能观测到共混体系中杂相形态向均一形态的转变，通常木质素与极性聚合物的相容性较好，但低分子质量木质素能与极性或非极性的基质均较好地相容，并且具有增塑的作用。

木质素分子上众多活性基团能与其他聚合物形成分子间氢键，是组分间相容的主要驱动力。即使对于不相容体系，组分间强的氢键可强行复合木质素与其他聚合物，如木质素可在与其共混不相容的 PVA 相中与 PVA 分子形成氢键。在复合材料中的木质素通常通过酚羟基与相邻的甲氧基的分子内氢键以及羟基、甲氧基、羰基、羧基等极性基团的分子间相互作用而自聚集，显示出超分子的特征，导致材料呈两相结构。但是，自聚集形成的超分子微区非但没有损害材料性能，还对材料的增强起着重要作用。因此，在平衡材料强度和韧性以及加工的流动性方面，需要考虑在聚合物组分与木质素氢键作用，破坏木质素超分子结构并实现增塑效果的同时，可保留适量木质素刚性超分子微区对材料强度的贡献。基于该思路，将烷基化木质素和丙烯酸化木质素与低玻璃化转变温度聚合物共混，随聚合物含量的增加组分间相互作用增强，木质素超分子结构逐渐破坏，低玻璃化转变温度聚合物显示出增塑作用，材料强度降低、伸长率增加。由此可见，对超分子微区形成的促进和抑制，可在一定程度上调控材料强度和伸长率之间的平衡。

通常木质素的众多活性基团被包裹在球形核（三维致密网络结构）内，球形粒子的表面活性点太少，因此反应活性点太少并且与其他组分的相互作用太弱。因此，可通过对木质素分子进行衍生化，使球形核能够伸出长臂形成类似星形结构的分子，由此增强或充分发挥活性基团的物理作用或化学反应能力。

值得注意的是，星形结构分子可与组分间反应形成的网络结构，实现材料的同步增强增韧，如硝化木质素与聚氨酯预聚物形成的大星形接枝互穿网络结构。此外，通过对星形分子的聚合物臂的性质和组成的选择，可望直接得到性能优良的木质素核增强且聚合物臂增塑的结构材料。

7.7.3 木质素改性材料的思路

木质素的开发应用是木材化学中极富挑战性的领域，木质素丰富的含量和可生物降解性有利于缓解能源危机和解决环境污染，符合可持续发展战略。综上所述，利用木质素及其衍生物制备和改性高分子材料是可行的，同时木质素的热塑性、阻燃和耐热性、防老化性、防紫外辐射、成核性以及生物降解等性能也均可移植于新材料之中。此外，还可以利用对木质素结构可控的化学修饰，通过提高其化学反应活性或控制其聚集态结构和相互作用力强度，在分子水平实现对材料性能的优化设计。

利用木质素通过化学反应制备高分子材料，联系着两种有意义的结构，即核和臂性质迥异的星形结构和发散型交联网络结构。通过分子设计，制备出木质素分子为核且可提供韧性的聚合物臂，二者相互协同有望制备出力学性能优良的材料，例如烷基化木质素就具有与聚苯乙烯相近的性质。网络结构存在众多可以调控的结构因素，如交联密度、链段特征等，因此可望由此平衡材料的各项力学性能指标。木质素与环氧或聚氨酯等预聚物反应，通常形成含有接枝结构的复杂网络结构，木质素网络球形分子能够增加材料的强度，而预聚物分子链相互缠结或网络互穿将提高材料的韧性，因此可望制备出强度和伸长率都提高的材料。

最近，木质素共混材料结构和性能的研究已经涉及与木质素超分子特征相关的聚集态结构。在共混材料内的木质素超分子微区，也因木质素化学结构的差别而显示出不同的尺寸、形状及与基质的相互作用强度。将酚羟基转换为醇羟基，抑制了木质素的自聚集并增强了与基质的相互作用，降低组分间的界面能而促进了相容性，在体系中形成纳米尺度均匀分散的木质素超分子微区。这是木质素填充橡胶体系发展的方向，也被成功地应用于木质素/大豆蛋白共混体系。同时，超分子微区与聚合物基质间的相互作用强度直接影响着材料的性能，可通过改变木质素官能基的类型和数目予以调控。利用星形结构的木质素分子改性材料，长支链可在增加与聚合物基质联系的同时充分发挥致密核的增强作用，而由其形成的超分子微区中支链间的体积排斥提供了可与其他聚合物链互穿的空间。

此外，由于化学改性木质素后进行共混的过程相对繁杂，因此原位反应增容的方法相对简单实用，被成功地用于木质素/聚烯烃、木质素/大豆蛋白等体系。原位反应增容主要有两条方法：利用聚合物组分间活性基团反应形成嵌段或接枝共聚物；或者引入多官能基小分子与组分反应形成含有各组分的共聚物或网络增容。

7.8　木质素材料的应用

木质素在自然界中存在的数量非常庞大，估计每年全世界由植物生长可产生 1500 亿吨木质素，其中制浆造纸工业的蒸煮废液中产生的工业木质素有 3000 万吨。至今木质素还没有得到很好的利用，我国仅约 6% 的木质素得到利用。木质素作为木材水解工业和造纸工业的副产物，若得不到充分利用，变成了造纸工业中的主要污染源之一，则不仅造成严重的环境污染，而且也造成资源的重大浪费。我国近年来将木素经过分离改性，使其在农林业、石油工业、冶金工业、染料工业、水泥和混凝土工业及高分子材料工业上的应用已取得了较好的经济效益和社会效益。下面简要介绍木质素及其材料在工业中的主要应用。

（1）橡胶补强剂

在天然橡胶中加入木质素，其分子中的酚基和羧基，与用作防老剂的胺类和醛类反应，交织成较坚韧的网络，使柔软而富于弹性的天然橡胶处于网络结构中，从而提高天然橡胶的物理机械性能。将木质素进行改性，再与陶土一起活化，然后用作丁苯橡胶的改性剂和补强剂，可使丁苯橡胶300％的定伸强度由2.88MPa提高到5.5MPa，抗撕力由24.5kN/m提高到31.4kN/m，硬度、磨耗等性能也得到改善。

（2）木质素在塑料方面的应用

干态木质素通常是粉末状的，像无机填料，因此习惯上常将它掺混进树脂的过程称为填充，但严格意义上应该属于共混的范畴。近10年来，木质素/树脂的共混技术已取得了显著进步，特别是在聚氯乙烯（PVC）、聚乙烯（PE）、聚丙烯（PP）、酚醛树脂（PF）和聚氨酯（PU）五个大品种树脂中的研究成果较为突出和集中。

木质素与PVC的相容性较好，可以直接进行共混，并有效提高PVC的热氧稳定性、抗光降解性和力学性能，但是木质素填充PVC的主要缺点是使冲击强度下降较大，在实际应用中需要通过添加适量的增塑剂或增韧剂的方法加以弥补。木质素是一种含有大量亲水性官能团的极性高分子，与非极性树脂PE间的相容性不好，一般须采用加入相容剂的方法克服，例如采用增容剂、偶联剂、催化接枝技术等相容技术，木质素在PE中的含量可以提高到30％左右。填充木质素对PP的力学性能、老化性能、热稳定性、阻燃性能、导电性质和光、热氧降解行为都有较为显著的影响；与PE类似，PP在与木质素共混时也需要借助增容技术。木质素分子中由于含有大量的苯酚结构单元，特别是愈创木基和对羟苯基的邻空位含有很强的反应活性，可以在一定条件下参与苯酚、甲醛的缩合固化反应，因而是一种极具前途的PF替代品；木质素应用于PF黏合剂中的研究起步较早，许多种类已经商品化，在三层胶合板用PF黏合剂中可用木质素部分替代苯酚而不影响性能，并已进行了工业化试验生产和经济评估；木质素应用于PF模塑粉的研究近年来也取得了显著的进展，木质素的掺入虽使力学性能稍有下降，但提高了绝缘性和模量。木质素分子中因为具有多个羟基，可以替代多元醇与二异氰酸酯进行缩聚，近年来这项研究成为木质素在高分子领域中应用的最热点之一，内容涉及材料的力学性能、微观形态、热稳定性以及交联结构等各个方面。

（3）在分散剂和表面活性剂中的应用

从木质素结构看，它含有非极性的芳环侧链和极性磺酸基等，因此具有亲油性和亲水性。木质素磺酸盐具有较强的阴离子表面活性基团，在中性和酸性水中均可溶解，具有很好的稳定性，因此可以用作混凝土减水剂、水泥助磨剂、沥青乳化剂、钻井泥浆调节剂、堵水剂、稠油降黏剂、三次采油用表面活性剂、表面活性剂和染料分散剂等。

（4）在黏合剂中的应用

木质素是一种天然高分子化合物，本身就有黏结性，再经过酚、醛或其他方法改性，其黏结性会更佳。木质素分子大，芳环上的位阻大，无论与苯酚、甲醛反应，还是与酚醛树脂反应，其反应活性明显不足，而且还阻碍了苯酚与甲醛之间的正常缩合。为了提高木质素的反应活性，可对木质素进行化学改性。按照如下两条路线：①木质素的脱甲基化；②木质素的羟甲基化。利用木质素的絮凝性把它从黑色造纸液中分离出来，作为黏合剂可代替脲醛和苯醛型树脂，或在铺路建筑中作为可塑剂。

（5）在皮革鞣剂制备中的应用

木质素磺酸盐直接用于皮革鞣制效果不好。经化学改性使木素改性产物具有合适的粒子半径分布、较好的水溶性并带上能与皮胶原蛋白活性基团反应的官能团，即可用于皮革的鞣制或复鞣。木素磺酸盐先与甲醛、对羟基苯磺酸缩合，再与间苯二酚缩合，得到木素-甲醛-

对羟基苯磺酸-间苯二酚缩合物（LFR）。LFR 与适量的甲醇、戊二醛反应生成 LFR-戊二醛缩合物（LFRGresin）。LFRG 与铬（Ⅲ）作用形成络合物复鞣剂——Retannage LG。

（6）木质素对金属离子和酶的吸附性

利用木质素和甘氨酸或者亚氨基二乙酸，通过 Mannich 反应以及酚羟基上的烷基化反应制备的离子交换树脂，对 Cu^{2+}、Cd^{2+} 有比较好的交换能力，螯合容量可达 0.6mmol/g。以麦草 Soda-AQ 木质素为原料，通过酚化、与氨基酸的 Mannich 反应以及经甲基化等一系列化学改性，研制出氨基酸型木质素螯合树脂具有良好的螯合性，并对 Cu^{2+} 表现出选择性亲和力；实践表明，$N\text{-}CH_2COOH$ 的螯合力大于 $O\text{-}CH_2COOH$，且对 Cu^{2+} 的选择性也更强。

用酸法沉淀出黑液中的碱木素，再经多种有机溶剂提纯，纯化后的碱木素对 Pb 和 Zn 的吸附特性如下：在 30℃时，木质素对 Pb 的吸附能力为 1587mg/g，对 Zn 的吸附能力为 73.21mg/g；在 40℃时分别增加到 1865mg/g 和 95.25mg/g。

利用不含半纤维素的粉状碱木素和聚合得到的球状碱木素能够较好地去除水溶液中的 Cr^{3+} 金属离子，但对 Cr^{6+} 作用不明显。

木质素对 CBHI 和 EGII 纤维素酶都有很强的吸附，对木聚糖酶也表现出一定的吸附能力（纯化了的木聚糖酶在碱木素的吸附为物理吸附，即通过范德华力相结合）。改性木质素吸附剂还能有效地去除废水中的卤化物。

（7）木质素用作肥料

利用木质素迟效性，可作为肥料使用。主要利用木质素结构单元苯环和侧链上的各种活性基团表现出来的缓释、螯合等性质对木质素进行改性，制备各种功能肥料，能与一些微量元素（如 Fe、Cu、Zn 等）螯合，防止植物缺乏微量元素。

（8）木质素用作农药缓释剂

碱木素能吸收紫外线，对光敏及氧敏农药有稳定作用，且具有无毒、能够生化降解、不残留污染物等优点，可用作农药缓释剂。

（9）木质素用作植物生长调节剂和饲料添加剂

木质素经稀硝酸氧化降解，再用氨水中和，可生产出邻醌类植物生长激素，对水稻、小麦、棉花、茶叶等作物具有一定的增产作用。

（10）木质素磺酸盐用作沙土稳定剂

在实验中发现，喷洒过木质素固沙剂后的地方，很快就可形成 0.5～1.0cm 厚的沙结皮，当有自然降水时，这些沙结皮逐渐下渗增厚，并可长时间维持，厚度最大可达 3～5cm。沙结皮可以有效地防止风蚀，同时起到吸湿和减少土壤水分蒸发的作用。在有降水发生时，固沙剂形成的沙结皮"软化"，自然降水可迅速渗透到沙层中，供植物种子吸收利用；天晴以后经太阳照射，"软化"的固沙剂又重新形成"沙结皮"。如此反复多次，有效地使"沙结皮"维持较好的表面强度。

（11）用作土壤改良剂

利用硫酸盐法处理制浆黑液得到的氨化硫酸盐木质素可作为土壤改良剂，用来改良紧密、含盐和被腐蚀的土壤，还可以促进磷、氮、镁等的肥效，使土壤产生团粒结构，进而改变土壤的水分特性。尤其是使用磷肥时，由于木质素具有螯合性，使用木质素基土壤改良剂能有效防止磷肥固着在土壤上，显著地提高肥效。

（12）木质素在其他方面的应用

木质素除了在上述工业、农业中有很好的应用外，在其他行业也有着广泛的应用。在医药上以木质素为原料制造的香草素，不仅是香料的原料，而且在医药方面用于甲基多巴（血管扩张剂）或多巴（帕金森氏病药）的原料。改性木素可用作啤酒的非生物稳定剂；硫酸盐木质素可用于制备优质粉状活性炭。木质素及其改性物还有其他用途：用于防晒护肤品生产、有机饲料生产、苗木促长、土壤改良、公路除尘、陶瓷加工、黑色金属冶炼等领域。

参 考 文 献

[1] Alexy P，Kosikova B，Podstranska G. Polymer，2000，41 (13)：4901.

[2] Celeghini R M S，Lancas F M. Energy Sources，2001，23 (4)：369.

[3] Chen P，Zhang L，Peng S，et al. J. Appl. Polym. Sci.，2006，101：334.

[4] Ciobanu C，Ungureanu M，Ignat L，et al. Ind. Crops. Prod.，2004，20：231.

[5] Elraghi S，Zahran R R，Gebril B E. Mater. Lett.，2001，46 (6)：1123.

[6] Feldman D，Banu D，Campanelli J，et al. J. Appl. Polym. Sci.，2001，81：861.

[7] Hatakeyama T，Izuta Y，Hirose S，et al. Polymer，2002，43：1177.

[8] Hirose H. Macromolecular Symposia，2005 (224)：343.

[9] Huang J，Zhang L，Wang X. J. Appl. Polym. Sci.，2003，89：1685.

[10] Huang J，Zhang L，Wei H，et al. J. Appl. Polym. Sci.，2004，93：624.

[11] Huang J，Zhang L. J. Appl. Polym. Sci.，2002，86：1799.

[12] Huang J，Zhang L. Polymer，2002，43：2287.

[13] Kai W，He Y，Asakawa N，et al. J. Appl. Polym. Sci.，2004，94：2466.

[14] Kubo S，Kadla J F. Biomacromolecules，2003，4：561.

[15] Kubo S，Kadla J F. Biomacromolecules，2005，6：2815.

[16] Kubo S，Kadla J F. Macromolecules，2004，37：6904.

[17] Li Y，Sakanen S. Macromolecules，2005，38：2996.

[18] Li Y，Sarkanen S. Macromolecules，2002，35：9707.

[19] Matsushita，Yasuda. Journal of Wood Science，2003，49 (2)：166.

[20] Nitz H，Semke H，Landers R. J. Appl. Polym. Sci.，2001，81：1972.

[21] Rozman H D，Tan K W，Kumar R N，et al. Europ. Polym. J.，2000，36 (7)：1483.

[22] Saisu M，Sato T，Watanabe M，et al. Energy & Fuel，2003，17：922.

[23] Saito K，Kato T，Tsuji Y，et al. Biomacromolecules，2005，(6)：678.

[24] SorumL，Gronli M G，Hustad J E. Fuel，2001，80 (9)：1217.

[25] Srinivas S T，Dalai A K，Bakhshi N N. Canadian Journal of Chemical Engineering，2000，18 (2)：343.

[26] Thielemans W，Can E，Morye S S，et al. J. Appl. Polym. Sci.，2002，83：323.

[27] Thielemans W，Wool R P. Composites：Part A，2004，35：327.

[28] Tuomela M，Vikman M，Hatakka A，et al. Bioresource Technology，2000，72：169.

[29] Uraki Y，Imura T，Kishimoto T，et al. Carbohydr. Polym.，2004，58：123.

[30] Wei M，Fan L，Huang J，et al. Macromol. Mater. Eng.，2006，294：524.

[31] Zhang L，Huang J. J. Appl. Polym. Sci.，2001，81：3251.

[32] Zhang L，Huang J. J. Appl. Polym. Sci.，2001，80 (8)：1213.

[33] Zoumpoulakis L，Simitzis J. Polym. Int.，2001，50：277.

[34] 黄进，周紫燕. 高分子通报，2007，(1)：50.

[35] 蒋挺大. 木质素. 北京：化学工业出版社，2001.

[36] 黎先发，罗学刚. 塑料工业，2004，32 (8)：60.

[37] 刘全校，杨淑蕙，李建华等. 中国造纸学报，2003，18 (1)：11.

[38] 刘育红，席丹. 聚氨酯工业，2003，18 (3)：5.

[39] 吕晓静. 化工进展，2001，(5)：10.

[40] 马涛，詹怀宇，刘明华. 中国造纸学报，2004，19 (2)：125.

[41] 王海洋，陈克利. 化工时刊，2004，18 (3)：27.

[42] 王海洋，陈克利. 化工时刊，2004，18 (4)：4.

[43] 王廷平，刘存海. 西南造纸，2006，35 (5)：13.

[44] 王晓红，陈文瑾，曾祥钦. 贵州工业大学学报（自然科学版），2000，29 (3)：65.

［45］王晓红，郝臣，曾祥钦. 上海环境科学，2002，21（4）：224.

［46］尉小明，刘庆旺，殷国强. 钻采工艺，2000，23（6）：63.

［47］薛建军，钟飞. 林产化学与工业，2002，22（3）：37.

［48］杨东杰，邱学青，陈焕钦. 精细化工，2001，18（3）：128.

［49］杨军，吕晓静，王迪珍. 高分子通报，2002，（4）：53.

［50］杨军，王迪珍，罗东山. 合成橡胶工业，2001，1：51.

［51］岳萱，乔卫红，申凯华等. 精细化工，2001，18（11）：670.

［52］曾祥钦，王晓红. 精细化工，2001，18（4）：196.

［53］张俐娜. 天然高分子改性材料及应用. 北京：化学工业出版社，2006.

［54］张中良，李广学. 纤维素科学与技术，2004，12（4）：44.

［55］赵斌元，胡克鳌，吴人洁等. 高分子材料科学与工程，2000，16（1）：158.

［56］赵斌元，李恒德，胡克鳌等. 纤维素科学与技术，2000，8（4）：19.

［57］周建，曾荣，罗学刚. 纤维素科学与技术，2006，14（3）：59.

［58］周强，陈昌华，陈中豪. 中国造纸学报，2000，15：120.

第8章 木 材

8.1 木材概述

木材是树木生长中产生的木质部部分，其主要成分是纤维素、木质素和半纤维素。因此木材是一种生物质材料。但是木材中的纤维素、木质素和半纤维素并不是分别独立存在，而是相互交叉分布，并伴随着一定的化学交联存在。因此，木材可以说是一种由纤维素、木质素和半纤维素三种生物质材料组成的生物质复合材料。木材作为树木生长躯干的一部分，在作为材料使用时，绝大多数情况下保留了树木的细胞结构以及独有的材料特性。因此，木材作为材料，在很多性质性能上又不同于纤维素材料、木质素材料和半纤维素材料。

木材是人类使用最古老的材料之一，自史前就是被作为居住、工具和燃料使用的材料，也是当今四大材料（钢材、水泥、木材和塑料）中唯一可再生的、又可以多次使用和循环使用的生物资源。其消耗量非常巨大，据统计，世界每年木材消耗总量约为 40 亿立方米。1998 年 3 月，据联合国粮农组织公布的世界森林资源评估报告结果，世界森林面积 34.4 亿公顷，森林总蓄积 3912 亿立方米。全球森林主要集中在南美、俄罗斯、中非和东南亚。这 4 个地区占有全世界 60% 的森林，其中尤以俄罗斯、巴西、印度尼西亚和民主刚果为最，4 国拥有全球 40% 的森林。根据第六次全国森林资源清查（1999～2003 年）结果：我国森林面积 1.75 亿公顷，森林覆盖率为 18.21%，活立木总蓄积 136.18 亿立方米，森林蓄积 124.56 亿立方米。

人类从森林里走出来，就开始了木材的使用。从远古时期到工业技术高度发达的今天，木材与人们的需要密切相关。史前时期，原始人使用棍棒防御和猎捕野兽，有巢氏"架木为巢"，燧人氏"钻木取火"；后来初步了解了木材性能，就有了独木舟和木车；再后来木材的应用就更加广泛。有森林就有木材，木材永远和人类共存。

在科学技术飞速发展的今天，人类利用自己的智慧创造了许多令人眼花缭乱的合成高分子材料，但至今木材在人类的日常生活中仍起着极大的作用，是人们珍爱的建筑、家具和室内装修材料。这是因为，和钢材、塑料、水泥等材料相比，木材具有独特的色、香、质、纹等特性，并且木材表面所具有的天然视觉美学特性风格独特，具有最优异最强烈的材质感，为此木材成为人们最喜爱的家具和室内装修材料。据调查，长期居住在木造住宅中的人的寿命较钢筋混凝土造集合住宅居住者平均高出 9～11 岁。

8.1.1 木材的人居环境特性

木材与人类环境有关的应用特性主要表现为木材的视觉特性、触觉特性、调湿特性和空间声学特性四个方面。

（1）木材的视觉特性

木材的视觉特性主要是指木材的颜色、反射、吸收、花纹等对人类生理与心理舒适性的影响。木材颜色是以橙色类为中心，且有一定的分布范围。紫檀、花梨木红味较强的木材及染色后的同种色调的木材，使人产生豪华、深沉的感觉，而明度高的木材给人以明亮、整洁、美丽的印象。如用着色剂处理使明度下降，就会有稳重、深沉、雅致的印象。彩度低的木材有素雅、厚重、沉静的感觉；彩度高则有华丽、刺激、豪华的感觉。木材的色调给人以美好的心理感觉，可以增加温暖感、稳定感和舒畅感。木材可以吸收阳光中的紫外线，减轻紫外线对人体的危害，同时又能反射红外线，使人产生温暖感。木纹是大自然奉献给人类的美好图案，木纹由一些大体平行但又不交叉的纹理构成，给人以流畅大方、井然有序和轻松自然的感觉。由于木纹图案受生长量、年代、气候、立地条件等因素影响，在不同部位产生不同的变化，给人以多变、起伏、运动的感觉。另外，木材与金属、大理石等材料相比，其眩辉对比非常小，可以大大减轻眼睛的疲劳程度。

（2）木材的触觉特性

人们经常接触家具或木制品，木材给人的感觉包括冷暖感、粗滑感、干湿感、轻重感、软硬感、舒适与不舒适感等，与木材的组织构成方式密切相关，不同树种的木材，其触觉特性也不同。非木质地板无论是乙烯树脂地板，还是聚氨酯涂装的地板，其结露值都较大，由于结露而光滑发生障碍性事故的例子很多，而木质地板难以结露，比较安全。利用木质的颤动（触觉特性）而设计适当硬度的地板，可使人们的滑倒事故大量减少。目前我国人造板生产出现了压有木材导管孔槽的表面材料，这不但有视觉特性，而且具有良好的触觉特性。

（3）木材的调湿特性

室内环境的温度、湿度影响着人们的健康。由木材构成的空间，可以调节室内小气候，改善人们的居住环境。木材的调湿性能是木材的特性之一，是木材作为室内装饰材料、家具用材的优点所在，也是人们喜爱用木材作为室内装饰材料和家具用材的重要原因之一。材料的调湿特性就是材料自身的吸湿及解吸作用，利用木材的调湿特性可以缓和室内空间的湿度变化。木材的调湿能力主要由室内的木材量所决定：室内的木材量多时，其室内湿度几乎可以保持不变；而当木材量太少时，则吸湿能力低，起不到调湿作用。

（4）木材的空间声学特性

木材具有良好的声共振性和音响性质，木材声阻抗比空气高出 10^4 的数量级，入射的声能大部分被反射回来。在要求声学质量的音乐厅、录音室等场所，大多用木材和木质材料来改善室内的音响条件。例如，北京音乐厅不仅内壁采用木材，并且在大厅后方还吊装一些木板，即声学板。乐器用木材还不能用其他材料代替。木材还具有良好的隔音性能，它能创造良好的室内声环境。总之，木材的声学特性是其他材料所不能相比的，随着对木材声学性质研究的发展，木材在声学领域的利用将更加合理，其价值更加显现出来。

由于木材具有这些优良特性，所以由木材制品和木质材料构成的生活环境，能够满足人们对健康、自然和美的生活追求。

8.1.2 木材的基本特点

木材作为重要的建筑和工业用材料，几千年来得到了最为广泛的利用，主要就是木材具有的特殊优越性，表现为如下优点。

① 易于加工。木材是加工能耗最低的材料，采伐后的木材可以直接加工使用，也可仅用简单的工具与较低的技术进行加工，例如采用手工就可以进行加工利用；除了可采用各种形式的榫结合外，还可以采用钉子、螺丝钉、各种金属或塑料连接件、胶黏剂等实现结合或装配；经过锯、铣、刨、钻、镂、削等工序，可以做成各式各样的零部件；还可结合蒸煮、低温液氨、高频加热等技术，对木材进行弯曲、压缩等处理，制备特殊结构和形状的材料，满足不同使用要求；通过胶拼、胶合、层积、指接、斜接、平接等工艺技术，将小尺寸木材制成满足结构用、家具制造、装饰用大尺寸木材，实现小材大用。

② 重量轻、强重比高。木材的强重比（强度与密度的比值）比一般的金属高，例如鱼鳞顺纹方向的抗拉强度为 133MPa，其密度为 $378kg/m^3$，其强重比为 0.352；而钢材的抗拉

强度为1960MPa，密度为7800kg/m³，强重比为0.251。因此，木材是一种应用较多的工业用材和建筑用材。

③ 木材是多孔性材料。组成木材的管胞、导管、木纤维等细胞都有细胞腔，因此木材具有多孔性材料特点。木材的多孔性对其性质与利用有很大影响：导热性低，如水松树根、轻木可作暖瓶塞；力学上具弹性，木材受重载荷冲击时能吸收相当部分的能量；容易锯解和刨切，具一定的浮力；适宜防腐、干燥和木材改性与化学加工处理。多孔性也是使木材相对强度较低、容易滋生腐朽菌的主要根源之一。

④ 调湿性。木材作为一种富含羟基的生物质材料，在环境湿度低时，木材会释放水分，环境湿度高时木材会吸收环境水分，起到环境湿度调节和稳定的作用，科学家测定数据结果表明，人类居室环境的相对湿度应在60%左右较为适宜；人体舒适湿度为40%～60%。用木材或木质材料装饰的住宅，其湿度变化远比混凝土、石板材或金属装饰的住宅变化要小。

⑤ 装饰性。木材具有美丽的纹理、光泽和颜色，极具装饰性；木材的木纹是天然生成的图案，是由一些大体平行但又不大交叉的图案构成的，给人以流畅、井然、轻松自如的亲切感；木纹图案由于受生长量、年代、气候、立地条件等因素的影响，形成变化多端的图案，给人以多变、起伏、运动的感觉，使人充满生机和活力。

⑥ 疗理性。国内外科学家测定结果表明，木材具有很高的吸收磁气作用，强紫外线刺激人眼会产生雪盲病，人体皮肤对紫外线的敏感程度高于眼睛。木材可以吸收阳光的紫外线，减轻紫外线对人体的危害，同时木材又能反射红外线，木制房屋及其大部分由木材及其制品构成的室内，人们居住其间会有安定感，对人体的健康也有益，木材对人体不足的磁气具有自然补足的机能。因此可以促进人体自律神经的活动，调节一些的病症，如自律神经失调、手足以下发冷症、麻木、肩上肌肉僵硬、头痛、腰痛等。

基于木材的调湿性、装饰性、疗理性，木材及其制品可以调节人居环境，并调节生物的生理与心理。

⑦ 热绝缘和电绝缘。气干和干燥的木材是一种良好的热绝缘和电绝缘材料，因此，一般需要绝热的器皿可以使用木材做把柄，利用木材的电绝缘性可以在加工中使用高频胶合工艺。

⑧ 吸收能量特性。木材作为一种多孔性材料和黏弹性材料，具有较大的损耗角正切，体现出能量阻尼特性，具有明显的吸收能量、吸音、隔音的作用。所以火车在枕木上运行的噪声和振动要比在水泥枕铺上的要小，予以旅客舒适感；在混凝土空屋里的回音很大，当摆设一定的木质家具后，回音基本消失。

木材也具有一些不足，如下。

① 干缩湿涨。木材的尺寸会随其含水率的变化而变化，表现为干燥收缩、吸湿膨胀的特征，而且在相同含水率变化时各个方向的尺寸变化不同。木材的干缩率和湿胀率在其顺纹方向极小，一般不到0.1%，基本可忽略不计；木材弦向的干缩率和湿胀率可达到7%～14%；木材径向的干缩率和湿胀率约为4%～8%。由于木材的在各个方向的干缩湿胀程度不同，因此木材及其制品的尺寸和形状都会改变，从而导致木材或者制品开裂、翘曲、鼓起、出缝等弊病。

② 各向异性性。木材不仅在干缩湿胀上表现出各向异性性，在力学强度和其他的很多特性都表现出各向异性。这主要是由于木材的解剖结构决定的，因为木材中存在多种组织和细胞结构，例如阔叶材中具有导管、木射线、木纤维、薄壁细胞等组织结构，而且在木材的不同部位、不同方向上，各种组织细胞的形状、大小、比例、排列方向都不尽相同，从而导致木材的各向异性。例如木材的纵向导电导热系数为横向的2倍；纵向湿胀干缩为弦向的十

分之几至百分之几，弦向为径向的 2 倍；顺纹抗拉强度为横纹的 40 倍；顺纹抗压强度为横纹的 5～10 倍。

③ 木材具有很大的变异性。木材的变异性是由于树种不同、树株和树干轴向与径向的部位不同、生长条件和森林培育措施不同、不同生长周期等因素，导致木材在构造、组成与性质等方面均有差异。木材的变异性使木材材性具有相当大的不均匀性和不确定性，使木材用途广泛，材质遗传改良潜力巨大，但也给加工利用带来许多困难。

④ 木材易腐、易虫蚀和易燃。木材作为一种生物质材料，其主要成分为纤维素、木质素和半纤维素，这些组分都易于被真菌和微生物腐蚀，并且易于燃烧。

⑤ 木材存在多种天然缺陷。在木材的生长过程中，由于木材自身的生长代谢特性、生长环境或者其他因素影响，木材会有很多天然缺陷，例如节疤、斜纹、油眼、虫害、裂纹、伤疤、树干形状弯曲等，从而影响了木材的强度、加工与装饰质量及外观。

8.2 木材的结构

材料的性能取决于其结构。对于木材也是如此，例如木材众多性质的各向异性就与其结构密切相关。在生物质材料（尤其是具有细胞结构生物质材料）的加工利用和研究开发中，它们的细胞结构以及其与材料性能的关联通常不被重视。人们对木材各种结构的研究较为透彻，为此本节将较为详细介绍木材的各种结构，这对于全面认识木材这种材料、为科学研究和利用其他生物质材料提供参考；同时也为实现木材的合理和科学利用，发挥木材的潜在利用价值，并且从本质上认知木材的一些重要性能提供科学依据。木材的结构分为宏观结构（宏观构造）和微观结构（显微构造）。

8.2.1 木材的宏观结构

木材是树木这一生物体的残留物，保留了无数不同形状、不同大小、不同排列方式的细胞结构。由于树木受遗传因子、地理环境和气候条件等因素的影响，各种树木的木材宏观结构都不完全相同，但也有一定的共性特征。用肉眼或借助 10 倍放大镜所能观察到的木材构造特征称之为木材的宏观结构，主要包括生长轮、早材、晚材、边材、心材、管孔、木射线、轴向薄壁组织、胞间道、纹理、花纹等。

（1）木材的三个切面

由于木材许多性质的各向异性，其结构从不同角度观察也表现出不同的特征，其中最有价值和代表性的观察角度有三个：横切面、径切面和弦切面，如图 8-1。

① 横切面。与树干或木纹垂直的切面，也称之为端面。在显微镜下，可清晰地看到木材细胞及其相互间的连接，是识别木材最重要的切面，还可看到髓芯、以髓芯为中心呈同心圆状的生长轮（年轮）、早材、晚材、管孔、木射线、心材、边材等木材组织结构。

② 径切面。沿着树干方面，通过髓芯锯割的切面，为标准的径切面。从横切面上观察，凡经过木射线的切面，或垂直于年轮的切面，均称为径切面。在径切面上也可看到生长轮、木射线、髓芯等结构，还可看到心材和边材，有时

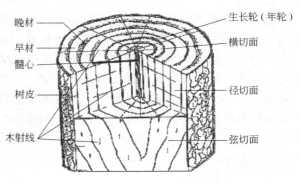

图 8-1 木材的三切面

早材、晚材观察不是很明显。其木材在径切面的生长带相互平行，而与木射线垂直。径切板材干缩小而匀，不易翘曲，多用于木尺、木瓦、地板和乐器共鸣板。

③ 弦切面。沿着树干方向与生长轮相切锯割的切面。经原木旋切出来的板面，其锯割线是一个生长轮的切线，又是另一个生长轮的弦线，板面年轮成 V 字形，花纹美观，用于胶合板的制造。成材多用于制造家具、桶板和船舶上的甲板。径切面和弦切面都是与树干或木纹方向平行的切面，故统称纵切面。锯解大径原木所得的板面，常会出现既非弦切又非径切的过渡区，难以辨别细胞真面目。故在识别木材时，必须切出标准的三切面，才能准确辨别，全面了解木材的构造、性质及其相互关系，并以此比较各种木材的优劣。

（2）生长轮、早材和晚材

生长轮是每个生长周期所形成的木材，在横切面上看为绕髓芯构成的同心圆，如图 8-2(a)。在温带地区和寒带地区生长的木材，由于一年只能形成一个生长轮，所以也可称之为年轮；但在热带，一年间的气候变化小，四季几乎无间断，一年之间可以形成几个生长轮。树木受到病虫害、霜雹、火灾以及其他气候突变等影响，生长中断而不能形成一个完整的圆环，称为断续年轮；经过一段时间后，生长又重新开始，在同一时期内形成两个或多个生长轮，称为双轮或复轮，如图 8-2(b) 所示。在双轮或复轮内的另一个或其他多个生长轮称为假年轮。在端面上看，有些木材的生长轮偏向髓芯的一侧，部分生长轮很宽而部分很窄，称之为应力木，如图 8-2(c) 所示，应力木的木材结构和性质都与正常木材不相同。

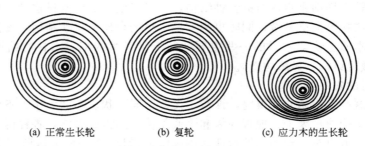

(a) 正常生长轮　　　　(b) 复轮　　　　(c) 应力木的生长轮

图 8-2　木材的生长轮示意

由于气候变化对树木的生长或生长轮的大小、形状和成分等会产生不同的影响，因此一棵古树就会通过年轮记录了历史的气象资料和历史事件，由此产生了树木年代学。例如，一棵古树某年的年轮突然变得很窄，说明这一年可能出现了干旱；再如某一年太阳出现了黑子暴发，从太阳表面射出的能量巨大的高能粒子进入大气层，与空气的氮元素作用形成了 ^{14}C 同位素，大气的 ^{14}C 与氧作用形成 $^{14}CO_2$，参与树木的光合作用，因此该年木材生长轮的 ^{14}C 同位素丰度高于其他生长轮，由此就可研究太阳黑子活动周期。

温带或寒带的树种，通常在生长季节的早期所形成的木材，细胞分裂速度快，生长较为迅速，同时体积也大，胞壁薄，材质较为松软，材色较浅，这部木材成为早材或春材。到了秋季，营养物质流动减弱，形成层细胞活动逐渐减弱，细胞分裂也衰退，形成了腔小壁厚的细胞，这部分材色深、组织较为致密的木材，称之为晚材或秋材。每年木材生长的早材和晚材就构成了一个年轮。有的木材早、晚材差别显著，例如马尾松和油松；有的则不明显，例如华山松和红松。晚材占年轮中的宽度比例称为晚材率，晚材与木材的力学性能存在一定的关系。一般上，晚材率越高的木材，其力学强度就愈高，反之晚材率越低的树种，其力学强度就相对较低。

（3）心材和边材

有许多树种的木材，靠近树皮的部分材色较浅、水分较多，称之为边材；在髓芯周围部分，材色较深、水分较少，称之为心材。有一些树种，木材的中心与外围部分的颜色差别不大，但中心的水分含量较低，这些木材称之为熟材。边材、心材材色区分显著的树种称之为显心树种或心材树种，而具有熟材的树种称之为隐心树种。常见的显心树种有栎属、木犀属、落叶松属、紫杉属、柏木属等，常见的隐心树种有冷杉属、云杉属、椴木属、桦木属等树种。

心材是由边材转变而来，其转变过程是一个复杂的生物化学变化，在这个过程中，边材中的生活细胞逐渐缺氧死亡，水分输导系统堵塞，导管或管胞中可能形成侵填体，胞腔内有树胶、碳酸钙、色素、单宁等沉积物，从而形成心材的各种颜色，材质变硬，密度增大，渗透性降低，耐用性提高。

（4）管孔

导管是绝大多数阔叶材（除水青冈和昆栏树外）所具有的输导组织，在木材的横切面上导管呈孔穴状，因此成为管孔。在纵切面上呈细沟状，叫导管线。所有具有导管的木材叫有孔材，而针叶材因不具导管，肉眼看不出管孔的存在，所以针叶材是无孔材。由于树种的不同，各种阔叶材的管孔分布、管孔组合、管孔排列、管孔大小等都不尽相同。

在一个生长轮内，管孔的分布因树种而异，一般可分为三大类型：散孔材、环孔材和半散孔材（或半环孔材）。散孔材是指年轮内，早晚材的管孔大小没有明显的区别，分布也较为均匀，或者是渐变的，如椴木、槭木、木莲、银桦等木材，环孔材是指木材中早材的管孔明显比晚材的大，沿年轮呈环状排列，有一列至多列，如刺楸、麻栎等为一列，刺槐、南酸枣等为多列；半散孔材是指在一个生长轮内，管孔排列介于环孔材和散孔材之间，早材管孔较大，略成环孔排列，早材管孔到晚材管孔渐变，但界限却不很明显，如核桃、枫杨等。

管孔的组合有两种：单管孔和复管孔。单管孔是指一个管孔完全为其他细胞所围绕。几乎全为单管孔的树种有壳斗科、茶科、金缕梅科、灰木科等。复管孔指两个或多个管孔仅靠在一起，在连接处呈扁平状。

管孔的排列较为复杂，在端面上看，散孔材或环孔材在晚材带上的管孔排列方式主要有星散型、径列或斜列、波浪型、火焰型、溪流型等。星散型的管孔大多数是单独的，分布较为均匀，无明显的排列方式，如水曲柳和荷木。径列或斜列的管孔排列呈径向或斜向的长行列或短行列，与木射线的方向一致或成一定角度，如柞木、核桃等。波浪型的管孔几个一团，略与年轮平行，弦向排列，呈切线型或波浪型，如榆科树种。火焰型的管孔在早材较大，似火焰的基部，在晚材较小，形似火舌，如麻栎、板栗等。溪流型的管孔排列呈溪流状，径向伸展，穿过几个生长轮，如拟赤杨、青冈属树种等。除上述管孔排列之外，还有之字型、人字型、树枝状等排列类型。

管孔有大有小，根据管孔的弦向直径，可分为四级：略小、中、略大和大。略小的管孔弦径小于 $50\mu m$，肉眼不可见但可在放大镜下可见。中等大小的管孔在肉眼下可见，弦径小于 $100\mu m$。略大的管孔在肉眼下明显，弦径在 $100\sim200\mu m$。大的管孔在肉眼下十分明显，弦径大于 $200\mu m$。

（5）木射线

在横切面上，可以看到许多颜色较浅的呈辐射状的线条，称为射线。起源于初生分生组织向外延伸的射线，称为初生射线。初生射线可以从髓芯直达树皮。起源于形成层的射线，称为次生射线。在木质部的射线部分称木射线；在韧皮部的射线部分称韧皮射线。

由于木射线的光泽与其他组织不同，所以在三个切面上表现出不同的花纹。木射线在横切面上呈辐射状，在径切面上呈垂直于年轮的平行短线；在弦切面上呈平行于木材纹理的短线。由于木射线的光泽与其他组织不同，所以在三个切面上表现出不同的花纹。

针叶树材的木射线不发达，用肉眼或放大镜观察在横切面和弦切面上表现的不明显；阔叶树材的木射线很发达，但不同树种的木射线宽度和高度是不同的。木射线的宽度和高度在弦切面上可以显示出来，垂直木材纹理方向的为宽度；顺着木材纹理方向的高度。

木射线的宽度分为宽木射线、细木射线和极细木射线三种。宽木射线在肉眼下甚明显，如青冈栎属、栎木属等木材；细木射线在肉眼下可见或明显，如色木、鸭脚木；极细木射线在肉眼下看不见或不明显，如枫杨、杨木。各树种的木射线高度变化很大，例如桤木的木射线高度可达 160mm，栎木中的木射线高度为 50mm，而黄杨木的木射线高度不足 1mm。一般木射线的高度都在 1mm 以上。

（6）轴向薄壁组织

在木材横切面上，用肉眼或放大镜可以观察到部分颜色较浅的组织，这部分是由轴向薄壁细胞组成，统称为轴向薄壁组织。针叶树材的轴向薄壁组织不发达或根本没有，仅在杉木、陆均松、柏木等少数树种中存在，在肉眼或放大镜下不易见；但轴向薄壁细胞内有时含有树脂，故能看到褐色小斑点。阔叶树材的轴向薄壁组织通常比较发达，在横切面上呈现各种类型的分布，其颜色常比周围的基本组织颜色浅。所以，只要有一定数量的轴向薄壁细胞存在就不难分别，特别在木材水湿后更容易看到，这是识别阔叶树材的重要识别特征之一。根据轴向薄壁组织与导管的连生关系，轴向薄壁组织可分为傍管和离管薄壁组织。

傍管薄壁组织是指轴向薄壁组织与导管相连生，又分为环管束状、翼状、聚翼状和傍管带状几类。环管束状是轴向薄壁围绕在导管四周呈不同宽度的鞘状，如水曲柳、椆树、红楠等。翼状是轴向薄壁组织围绕在导管四周并向两侧弦向伸展，形似鸟翼，如泡桐、洋槐、榆木、桑树、香樟、鼠李、紫树等。聚翼状是翼状薄壁组织相互连接在一起，如洋槐、刺槐、花榈木、刺桐等。傍管带状是轴向薄壁组织在横切面上形成同心线或同心带，而导管包藏于此宽度的薄壁组织中，如铁刀木、黄檀、榕树等。

离管薄壁组织是轴向薄壁组织不依附于导管周围，又可分为星散-聚合状、网状、轮界状、离管带状等类型。星散-聚合状是轴向薄壁组织在木射线间聚集成短弦线，如壳斗科的大多数树种。网状是轴向薄壁组织在木射线间聚集成短弦线，其弦线间的距离与木射线间的距离略等，互相交织成网状，如青冈栎属、胭脂木属、核桃科、山榄科、柿树科、木棉科的多数树种。轮界状是在生长轮交界处，轴向薄壁组织沿生长轮分布，单独或形成不同宽度的浅色细线，如黄杞、槭属、柚木属、胡桃科各属、鹅掌楸属、青檀属的树种。离管带状是轴向薄壁组织的同心线或同心带不依附于导管，如榕树、化香树、水青冈等。

轴向薄壁组织是树木的储藏组织，专门储藏养料。当木材作为材料使用时，轴向薄壁组织的存在会导致木材的强度降低，以及干燥时易开裂的问题。

（7）胞间道

胞间道系分泌细胞围绕而成的长形细胞间隙。储藏树脂的叫树脂道，如一部分针叶材；储藏树胶的叫树胶道，如一部分阔叶材。胞间道有轴向和径向（在木射线内）之分。有些树种只有一种，有些树种则两种都有。

针叶材的轴向树脂道在横切面上一般星散分布在年轮中，多见于晚材，为浅色小点，大的好像针孔。间或也有断续切线状分布的，如云杉。径向树脂道出现在纺锤形木射线中，非常细小，在木材的弦切面上呈褐色小点。具有正常树脂道的树种有松、云杉、落叶松、黄杉、银杉、油杉等。一般松属的树脂道大而多，如马尾松、广东松、南亚松、海南五针松等木材，可采割松脂。落叶松属次之，较小；云杉属和黄杉属的树脂道更少且小；油杉属树脂道只有轴向树脂道，且极稀少，而无径向树脂道。

阔叶树材（如坡垒、油楠、青皮等）具有正常的轴向树脂道，少数为单独分布的，多数倾向于弦向排列，容易与管孔混淆，不易判别。漆树科的黄连木、南酸枣、野漆，五加科的鸭脚木，橄榄科的嘉榄等一些树种具有正常径向树胶道。但在肉眼和放大镜下通常不易看见。轴向和径向树胶道同时存在于同一树种内。龙脑香科的黄柳桉、金缕梅科，豆科中某些树种。一般同时存在同一树种是少见的。

由于活树受伤而形成的胞间道，叫创伤胞间道。在针叶材中会出现轴向和径向创伤树脂道。轴向创伤树脂道在横切面上呈弦向排列，常在早材带内，如铁杉、冷杉等。雪松材则同时还具有创伤的径向树脂道。阔叶树材通常只具创伤轴向树胶管，在横切面上呈长的弦向排列，肉眼下可见，如山桃仁、枫香、木棉、猴欢喜等。

（8）纹理和花纹

纹理指纤维、导管、管胞等木材细胞的排列方向，可分为直纹理和斜纹理两类。

① 直纹理。木材轴向分子与树干的长轴相平行，如榆木。直纹理木材易于加工，但纹理单调。

② 斜纹理。木材轴向分子与树干的长轴不平行，成一定的角度。径向劈开时，易于观察到，又能形成各种美丽的花纹，用于装饰。常见的斜纹理又有螺旋纹理、交错纹理、波状纹理、皱状纹理等几种。斜纹理木材强度较低，不易加工，刨削面不光滑，易起毛刺。

螺旋纹理是木材纹理围绕树轴成单方向向左或向右呈螺旋状排列，如枝树、侧柏。交错纹理指螺旋纹理的方向有规律的反向，即纹理的倾斜角时向右，时而向左改变，结果轴向细胞交错排列，在径切板上形成带状纹理；用斧子劈开时，形成交替纵列的楔形槽，如蓝果树。波状纹理指轴向薄壁组织按一定规律向左右弯曲，呈波浪起伏，如樱桃、笔木等。皱状纹理基本上同波浪纹理，只是波幅较小，形如皱绸，常见于槭木、杨梅等木材。

木材因节、纹理、年轮、木射线、轴向薄壁组织、材色等而产生的图案，称之为木材花纹。花纹与木材构造有密切关系，有助于木材的识别，可作各种装饰材，提高了木材使用价值。常见的木材花纹有以下几种。

① 银光花纹。具有宽木射线的木材则产生银光花纹，如栎木。

② 泡状花纹和棉花状花纹。例如在槭树木材弦切面上呈现交织的细微凹陷图样。当交织的细微凹陷图样围成一系列不规则的圆形面积时，即形成泡状花纹。如果围起来的面积，垂直纹理方向的长度较平行于纹理方向的长度大，即形成棉花状花纹。

③ 波状花纹。木材细胞排列方向几乎与木材纵轴成直角而引起的，在径劈面上呈波浪形。若波状纹距离密而变化急剧时，则形成琴背花纹，为制作小提琴背板的好材料。

④ 鸟眼花纹。系指寄生植物寄生于树木皮部，促使局部木材凸陷，并突入木材的凹痕内，弦向锯板的表面形似鸟眼，故称鸟眼花纹。

⑤ 鱼骨花纹。沿树木枝丫锯切所得材面，由于木材分子相互成一定角度，近似鱼骨而得。

⑥ 树瘤花纹。树木受伤而形成一圆球状凸出物，这些树瘤是由许多大而未发育的芽所形成，纹理方向极不规则，因而产生树瘤花纹，可作高级的装饰材料。

由于木材不同的锯割方法，可形成美丽的径切花纹和弦切花纹，还可以通过改变旋切角度使材面形成各种花纹，或者应用不同纹理的木材拼接成各种图案。目前，随着各种珍贵装饰木材的日益锐减，为了获得满足人们各种装饰需要，采用不同的胶拼-热压-刨切工艺组合，已经开发出许多美丽、样式各异的饰面木材花纹，被称之为科技木或美化木。

8.2.2　木材的微观结构

木材的微观结构是指用肉眼或放大镜不能观察到的但在显微镜下观察到的木材构造特征。在显微镜下，可以观察到木材更为细微的结构特征，图8-3和图8-6分别表示针叶材和

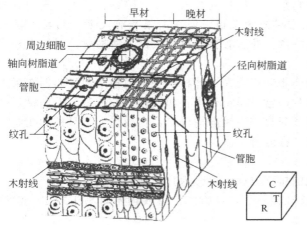

图 8-3 针叶材的微观构造的立体图
C—横切面；T—弦切面；R—径切面

阔叶材的显微结构立体图。

8.2.2.1 针叶材的微观结构

针叶树材的微观结构较为简单，各种解剖分子排列规则，主要的组成分子有管胞、木射线、树脂道等，多数针叶材的轴向薄壁组织不明显。在木材横切面显微图中，能够看到最为明显的就是木材的管胞和轴向树脂道，还能够看到木射线和切开的纹孔。在纵切面，可明显看到管胞分子的形状、木射线、纹孔、纵向树脂道等细胞和组织结构。

（1）管胞

管胞是一种轴向排列的厚壁细胞，两端封闭，内部中空，细而长，胞壁上具有纹孔，是构成针叶材的主要细胞，体积上占木材体积的 90% 以上，其主要功能是输导水分和强固树体。管胞在横切面上沿径向排列，相邻两列管胞位置前后略交错，早材呈多角形，常为六角形，晚材呈四边形。早材管胞，两端呈钝阔形，细胞腔大壁薄，横断面呈四边形或多边形；晚材管胞，两端呈尖削形，细胞腔小壁厚，横断面呈扁平状。管胞平均长度为 3～5mm，宽度 15～80μm，长宽比为（75～200）：1。晚材管胞比早材管胞长。细胞壁的厚度由早材至晚材逐渐增大，在生长期终结前所形成的几排细胞的壁最厚、腔最小，故针叶树材的生长轮界线均明显。早晚材管胞厚度变化有的渐变，如冷杉；有的急变，如落叶松。弦向直径，早晚材几乎相等，所以测量管胞的直径以弦向直径为准。

管胞长度的变异幅度很大，因树种、树龄、生长环境和树木的部位而异。但这些变异也有一定规律，在不同树高部位内的变异，由树基向上，管胞长度逐渐增长，至一定树高便达最大值，然后又减少。由于针叶树材成熟期有早有晚，管胞达到最大长度的树龄也不同。树木的成熟期关系到树木的采伐期和材质。针叶树材管胞一般在 60 年左右可达到最大长度，在这期间内管胞增长较快，以后保持稳定。

管胞壁的厚薄对木材材性影响很大，通常具有厚的管胞壁、小的管胞腔的树种，其力学强度高。晚材的管胞具有这一特征，因此晚材率影响着木材的力学性能。

在管胞壁上有纹孔，纹孔是木材细胞壁加厚产生次生壁时，初生壁未被加厚的部分，如图 8-4 所示。在立木中是相邻细胞间的水分和养料的输送通道。在木材的干燥和改性中，是水分和试剂进出通道。因此，纹孔的类型和结构影响木材改性时的试剂渗透性。纹孔多数成对，即细胞上的一个纹孔与相邻细胞的另一个纹孔成对，形成纹孔对。木材的纹孔对类型有四类：单纹孔对、具缘纹孔对、半具缘纹孔对和闭塞纹孔。在早材管胞径切面上，纹孔大而多，一般分布在管胞两端，通常 1 列或 2 列；在弦切面

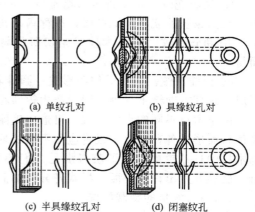

(a) 单纹孔对　　　　(b) 具缘纹孔对

(c) 半具缘纹孔对　　　(d) 闭塞纹孔

图 8-4 木材的主要纹孔对类型

上，纹孔小而少。而在晚材管胞，纹孔小而少，通常 1 列，纹孔内口呈透镜形，分布均匀，径切面、弦切面都有。

（2）木射线

针叶树材的木射线全部由横卧细胞组成。木射线由形成层射线原始细胞所形成，通常是由径向伸展的带状细胞群组成的带状组织。射线组织是组成针叶树材的主要分子之一，但含量较少，占木材总体积的 7% 左右。在显微镜下观察，木射线为许多的细胞组成，呈辐射状。每个单独细胞称为射线细胞。大部分木射线由射线薄壁细胞构成，在边材，活的薄壁细胞起储藏营养物质和径向输导作用。在心材、薄壁细胞已经死亡。有些树种木射线组成细胞中也具有厚壁细胞，这类厚壁细胞称为射线管胞，如松科的松、云杉、落叶松、铁杉、雪松和黄杉属树种的木射线均具有射线管胞。

根据针叶树材木射线在弦切面上的形态，可分为两种：即单列木射线和纺锤形木射线。仅有 1 列或偶有 2 个细胞成对组成的射线，称单列木射线，如冷杉、杉木、柏木、红豆杉等不含树脂道的针叶树材的木射线几乎都是单列木射线。在多列射线的中部，由于横向树脂道的存在而使木射线呈纺锤形，故称纺锤形木射线，常见的具有横向树脂道的树种，如松属、云杉属、落叶松属、银杉属等。

针叶树材的木射线，主要为射线薄壁细胞组成，有的树种还有厚壁射线管胞共同组成木射线。射线薄壁细胞是组成木射线的主体，为横向生长的薄壁细胞。形态上，射线薄壁细胞形体较射线管胞大，矩形、砖形或不规则形，壁薄，壁上具单纹孔，胞腔内常含有树脂。

（3）树脂道

树脂道是由薄壁的分泌细胞环绕而成的孔道，是具有分泌树脂功能的一种组织，为针叶树材构造特征之一，平均占木材体积的 0.1%～0.7%。根据树脂道发生和发展可分为正常树脂道和创伤树脂道，但并非所有针叶树材都有正常树脂道，仅在松科的六个属（松属、云杉属、落叶松属、黄杉属、银杉属和油杉属）中具有。

树脂道由泌脂细胞、死细胞、伴生薄壁细胞和管胞所组成，如图 8-5 所示。在细胞间隙的周围，由一层具有弹性、且分泌树脂能力很强的泌细胞组成，它是分泌树脂的源泉。在泌脂细胞外层，另有一层已丧失原生质，并已充满空气和水分的木质化了的死细胞层，它是泌脂细胞生长所需水分和气体交换的主要通道。在死细胞层外是活的伴生薄壁细胞层，在伴生

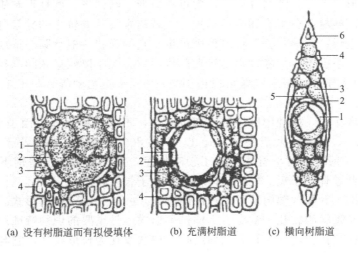

(a) 没有树脂道而有拟侵填体　　(b) 充满树脂道　　(c) 横向树脂道

图 8-5　树脂道

1—泌脂细胞；2—死细胞；3—伴生薄壁细胞；4—管胞；5—胞间隙；6—射线管胞

薄壁细胞的外层为厚壁细胞的管胞。伴生薄壁细胞与死细胞之间,有时会形成细胞间隙。但在泌脂细胞与死细胞这间,却没有这种细胞间隙存在。

在针叶树材中,凡任何破坏树木正常生活的现象,都可能产生受伤树脂道。针叶树材的受伤树脂道可分为轴向和横向两种,但除雪松外,很少有木材同时存在两种树脂道。轴向受伤树脂道在横切面上呈弦列分布于早材部位,通常在生长轮开始处较常见。而正常轴向树脂道为单独存在,多分布早材后期和晚材部位。横向受伤树脂道与正常横向树脂道一样,仅限于纺锤形木射线中,但形体更大。受伤树脂道除见于有正常树脂道的树种之外,也常见于雪松、红杉、冷杉、铁杉和水杉等属的木材中。

8.2.2.2 阔叶材的微观结构

阔叶树材除水青树、昆栏树等极少数树种外,都具有导管,故此称有孔材。阔叶树材的组成分子有导管、木纤维、轴向薄壁组织、木射线等。与针叶树材相比,阔叶树材构造特点是结构复杂,排列不规整,材质不均匀,如图 8-6 所示。其中导管约占 20%,木纤维占 50%,木射线占 17%,轴向薄壁组织占 2%~50%。各类细胞的形状、大小和壁厚相差悬殊。

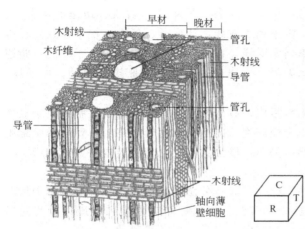

图 8-6　阔叶材的微观构造的立体图
C—横切面;T—弦切面;R—径切面

（1）导管

导管是由一连串的轴向细胞形成无定长度的管状组织,构成导管的单个细胞称为导管分子。在木材横切面上导管的横截面呈孔状,称为管孔。导管是由管胞演化而成的一种进化组织,专司输导作用。导管分子是构成导管的一个细胞。导管分子发育的初期具有初生壁和原生质,不具穿孔,以后随着面积逐渐增大,但长度几乎无变化,待其体积发育到最大时,次生壁与纹孔均已产生,同时两端有开口形成,即穿孔。

导管分子的形状不一,随树种而异,常见有鼓形、纺锤形、圆柱形和矩形等,一般早材部分多为鼓形,而晚材部分多为圆柱形和矩形。若树木仅具有较小的导管分子,则在早晚材中都呈圆柱形和矩形;若导管分子在木材中单生,它的形状一般呈圆柱形或椭圆形。

导管分子的大小也不一,随树种及所在部位而异。大小以测量弦向直径为准。小者可小于 $25\mu m$,大者可大于 $400\mu m$。通常可以用 $100\sim200\mu m$ 定为中等,小于 $100\mu m$ 者为小,大于 $200\mu m$ 者为大。

导管分子长度在同一树种中因树龄、部位而异,不同树种因遗传因子等影响差异更大,短者可小于 $175\mu m$,长者可大于 $1900\mu m$。以 $350\sim800\mu m$ 定为中等,小于 $350\mu m$ 为短,大于 $800\mu m$ 为长。一般环孔材早材导管分子较晚材短,散孔材则长度差别不明显。树木生长缓慢者比生长快者导管分子短。较进化树种导管分子长度较短。

导管与木纤维、管胞、轴向薄壁组织间的纹孔,一般无固定排列形式。而导管与射线薄壁细胞,导管与导管间的纹孔,常有一定的排列形式,是重要的识别特征。导管间纹孔排列形式有三种:梯状纹孔、对列纹孔和互列纹孔。梯状纹孔为长形纹孔,它与导管长轴成垂直方向排列,纹孔的长度常和导管的直径几乎相等,如木兰等。对列纹孔为方形或长方形纹孔,上下左右均对称地排列,呈长或短水平状对列,如鹅掌楸。互列纹孔为圆形或多边形的纹孔，上下左右交错排列。若纹孔排列非常密集，则纹孔呈六边形，类似蜂窝状；若纹孔排列较稀疏，则近似圆形。阔叶树材绝大多数树种均为互列纹孔，如杨树、香樟等。

在显微镜下，还能够看到导管的穿孔、螺旋加厚、侵填体等结构或物质，有兴趣的读者可参考与木材学相关的书籍。

（2）木纤维

木纤维是两端尖削，呈长纺锤形，腔小壁厚的细胞。木纤维壁上的纹孔具有缘纹孔和单纹孔两类，是阔叶树材的主要组成之一。约占木材体积的50%。根据壁上纹孔类型，具有缘纹孔的木纤维称纤维状管胞；有单纹孔的木纤维称韧性纤维。这两类木纤维可分别存在，也可同时存在于同一树种中。它们的功能主要是支持树体，承受力学强度。木材中所含纤维的类别、数量和分布与木材的强度、密度等物理力学性质关系密切。有些树种还可能存在一些特殊木纤维，如分隔木纤维和胶质木纤维。木纤维一般明显地比形成层纺锤形原始细胞长。长度为 $500\sim2000\mu m$，直径为 $10\sim50\mu m$，壁厚为 $1\sim11\mu m$，热带材一般直径大。在生长轮明显的树种中，通常晚材木纤维的长度较早材长得多，但生长轮不明显的树种没有明显的差别。在树干的横切面上沿径向木纤维平均长度的变动为：髓周围为最短，在未成熟材部分向外逐渐增长，达成熟材后伸长迅速减缓，达到稳定。

木纤维的长度、直径和壁厚等不仅因树种而异，即使同一树种不同部位变异也很大。一般木材密度和强度，随木纤维胞腔变小，胞壁变厚而显著提高。对于纤维板和纸浆等纤维用材，纤维长度和直径比值（长宽比）愈大，产品质量愈好。

木纤维长度根据国际木材解剖协会规定分七级如下：极短 $500\mu m$ 以下；短 $500\sim700\mu m$；稍短 $700\sim900\mu m$；中 $900\sim1600\mu m$；稍长 $1600\sim2200\mu m$；长 $2200\sim3000\mu m$；极长 $3000\mu m$ 以上。

（3）轴向薄壁组织

轴向薄壁组织是由形成层纺锤形原始细胞衍生成两个或两个以上的具单纹孔的薄壁细胞，纵向串联而成的轴向组织，其功能主要是储藏和分配养分。

轴向薄壁组织由数个薄壁细胞轴向串联而成。在这一串细胞中只有两端的细胞为尖削形，中间的细胞呈圆柱形或多面体形，在纵切面观察呈长方形或近似长方形。一串中细胞个数在同一树种中大致相等，或有变化。一般在叠生排列的木材中，每一串链中的细胞个数较少，为 $2\sim4$ 个细胞；在非叠生构造的木材中，每一串中的细胞数较多，为 $5\sim12$ 个细胞，在木材显微鉴别时有一定参考价值。在轴向薄细胞中根据树种不同有时可含油、黏液的结晶，它们分别称油细胞、黏液细胞和含晶细胞，因含各类物质造成细胞特别膨大时，又统称为巨细胞或异细胞。

阔叶树材中轴向薄壁组织远比针叶树材发达，其分布形态也是多种多样的，是鉴定阔叶树材的重要特征之一。根据轴向薄壁组织与导管加生的关系，分为离管型和傍管型两大类。以离管型轴向薄壁组织最为典型，它与导管或导管状管胞不紧贴而分离存在；傍管型轴向薄壁组织则围绕在导管或导管状管胞周围。

（4）木射线

木射线是指位于形成层以内的木质部上，呈带状并沿径向延长的薄壁细胞壁集合体。阔叶树材的木射线比较发达，含量较多，为阔叶树材的主要组成部分，约占木材总体积的17%。木射线有初生木射线和次生木射线。初生木射线源于初生组织，并借形成层而向外伸长。从形成层所衍生的射线，向内不延伸到髓的射线称次生木射线。木材中绝大多数均为次生木射线。

射线大小是指木射线的宽度与高度，其长度难以测定。射线宽度和高度在木材显微切片的弦切面上进行，宽度计测射线中部最宽处，高度则计测射线上下两端间距离。阔叶树材的木射线较针叶树材要宽得多，宽度变异范围大，如杨木仅一个细胞宽，至桤木、千金榆等宽度可达数十个细胞；通常，针叶树材以单列为主，而阔叶树材以多列为主。

除了上述结构和组成外，有些阔叶材树种在显微镜下还可以看到阔叶树材管胞、正常树胶道和受伤树胶道等结构。

8.2.2.3 针叶树材、阔叶材的微观结构对比

针叶树材、阔叶树材的组织构造有明显差异，前者组成细胞种类少；后者种类多，且进化程度高。主要表现于针叶树材主要组成分子是管胞，既有输导功能，又具有对树体支持机能；而阔叶树材作了分工，导管司输导，木纤维司支持机能。针叶树材、阔叶树材最大差异是前者不具导管，而后者具有导管。此外，阔叶树材比针叶树材射线宽，射线和薄壁组织的类型丰富，含量多。因此阔叶树材在构造和材性上比针叶树材要复杂、多变。针叶树材、阔叶树材构造上主要差异见表8-1。

表8-1 针叶树材和阔叶树材构造的主要差异

组成分子	针 叶 树 材	阔 叶 树 材
导管	不具有	具有
管胞木纤维	管胞是主要分子，不具韧性纤维。管胞横切面呈四边形或六边形。早晚材的管胞差异较大	具有阔叶树材管胞（环管管胞和导管状管胞）。木纤维（纤维状管胞和韧性纤维）是主要分子，细胞横切面形状不规则，早晚材之间差异不大
木射线	具射线管胞，组成射线的细胞都是横卧细胞，多数是单列。具有横向树脂道的树种会形成纺锤形木射线	不具射线管胞。组成射线的细胞可以都是横卧的，一般是横卧和直立，与方形细胞一起组成的较多。射线仅为单列的树种少，多数为多列射线，有些含聚合射线
胞间道	仅松科某些属具有树脂道，其分布多为星散状，或短切线状（轴向正常的为两个树脂道隔着木射线并列，而创伤树脂道呈短切线状弦向排列）	具有树胶道。某些树种具有轴向和横向两种。有些仅有轴向，而多数仅有横向。轴向胞间道的排列有同心圆状、短切线状或星散状等
矿物质	仅少数树种细胞含有草酸钙结晶，不含二氧化矽	在不少树种细胞中含有草酸钙结晶，结晶形状多样。有些热带树种细胞中含有二氧化矽

8.2.3 木材的细胞壁结构

在显微构造水平上，细胞是构成木材的基本形态单位。木材中的厚壁细胞在胞壁加厚以后变成围绕空腔的外壳，木材主要是由这类细胞构成，木材各种物理力学性质在宏观表现的各向异性都与木材细胞壁的超微构造和壁层结构有关。可以说，木材细胞壁的结构往往决定了木材及其制品的性质和品质。因此了解木材的细胞壁结构将有利于对木材的科学加工利用。

8.2.3.1 木材细胞壁的超微构造

木材的细胞壁主要是由纤维素、半纤维素和木质素三种成分构成的，它们对细胞壁的物理作用分工有所区别。纤维素是以分子链聚集成排列有序的微纤丝束的状态存在于细胞壁中，赋予木材抗拉强度，起着骨架作用，故被称为细胞壁的骨架物质；半纤维素以无定形状态渗透在骨架物质之中，借以增加细胞壁的刚性，故被称为基体物质；而木质素是在细胞分化的最后阶段才形成的，它渗透于细胞壁的骨架物质之中，可使细胞壁坚硬，所以被称为结壳物质或硬固物质。因此，根据木材细胞壁这三种成分的物理作用特征，人们形象地将木材的细胞壁称为钢筋-混凝土建筑。

木材细胞壁的组织结构，是以纤维素作为"骨架"的。它的基本组成单位是一些长短不等的链状纤维素分子，这些纤维素分子链平行排列，有规则地聚集在一起称为基本纤丝。在电子显微镜下观察，认为组成细胞壁的最小单位是基本纤丝。基本纤丝宽 3.5～5.0nm，断

面大约包括 40（或 37～42）根纤维素分子链，在基本纤丝内纤维素分子链排列成结晶结构。由基本纤丝组成一种丝状的微团系统称为微纤丝。微纤丝宽 10～30nm，微纤丝之间存在着约 1nm 的空隙，木素及半纤维素等物质聚集于此空隙中。由微纤丝的集合可以组成纤丝；纤丝再聚集形成粗纤丝（宽 0.4～1.0μm）；粗纤丝相互接合形成薄层；最后许多薄层聚集形成了细胞壁层。在木材超分子结构中，发现纤维素大分子链也存在不同的排列状态，即也存在纤维素的结晶区和非结晶区。

8.2.3.2　木材细胞壁的壁层结构

木材细胞壁的各部分常常由于化学组成的不同和微纤丝排列方向的不同，在结构上分出层次。在光学显微镜下，通常可将细胞壁分为初生壁（P）、次生壁（S）以及两细胞间存在的胞间层（ML）。在用番红对木材切片着色时，初生壁和胞间质因木素含量较次生壁高而都染色较深。初生壁是细胞最外的完整壁层，其内就是次生壁，如图 8-7 所示。

（1）胞间层

胞间层是细胞分裂以后，最早形成的分隔部分，后来就在此层的两侧沉积形成初生壁。胞间层主要由一种无定形、胶体状的果胶物质所组成，在偏光显微镜下呈各向同性。不过，在成熟的细胞中已很难区别出胞间层，因为通常在胞间层出现不久后，很快在其两侧形成了初生壁。当细胞长大到最终形体时，胞间层往往已很薄，很难再将胞间层与初生壁区别开。实际上，通常将相邻细胞间的胞间层和其两侧的初生壁合在一起称为复合胞间层。例如，在松杉类木材的管胞或被子植物的纤维和导管上，一般只能看到复合胞间层。

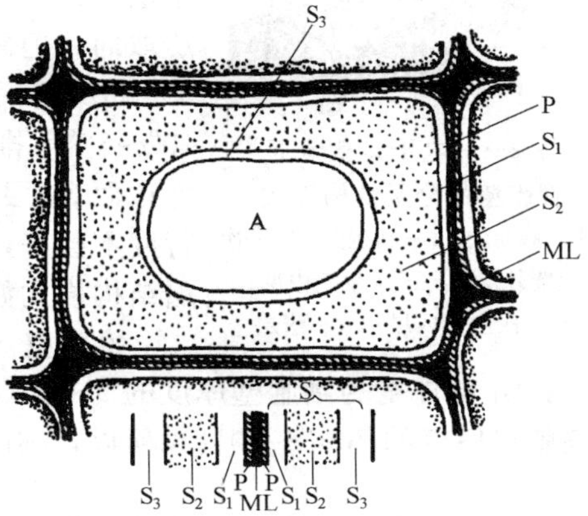

图 8-7　细胞壁的壁层结构
A—细胞腔；P—初生壁；S—次生壁；ML—胞间层；
S₁—次生壁外层；S₂—次生壁中层；S₃—次生壁内层

（2）初生壁

初生壁是细胞分裂后，在胞间层两侧最早沉积、并随细胞继续增大时所形成的壁层。所以鉴定初生壁的标准，是看细胞不断增大时，壁层是否继续增大；细胞停止增大以后所沉积的壁层，被认为是次生壁。初生壁的形成初期主要由纤维素组成，随着细胞增大速度的减慢，可以逐渐沉积其他物质，所以木质化后的细胞，初生壁木质素的浓度就特别高。初生壁一般较薄，通常只有细胞壁厚度的 1% 或略多一点。其实，初生壁也是会出现分层现象的，这是由于壁层生长时沉积了不同物质的结果。

（3）次生壁

次生壁是细胞停止增大以后，在初生壁上继续形成的壁层，这时细胞已不再增大，壁层迅速加厚，使细胞壁固定而不再伸延，一直到细胞腔内的原生质体停止活动，次生壁也就停止沉积，细胞腔变成中空。在细胞壁中，次生壁最厚，占细胞壁厚度的 95% 以上，次生壁的主要成分是纤维素和半纤维素的混合物，后期也常含有大量木质素和其他物质，但因次生壁厚，所以木质素浓度比初生壁低。次生壁的成熟细胞种类很多，而且形态上有多种多样的变化，因此次生壁的结构变化也较复杂。木材中的管胞、导管和木纤维等重要组成分子的细胞壁均有明显的次生壁，所以次生壁是木材研究时的重要对象。

8.2.3.3　木材细胞壁各层的微纤丝排列

细胞壁上微纤丝的排列方向，各层都很不一样。一般初生壁上多成不规则的交错网状，而在次生壁上，则往往比较有规则。

（1）初生壁的微纤丝排列

初生壁基本上由纤维素微纤丝组成，当细胞生长时，微纤丝不断沉积在伸展的细胞壁内壁，随着细胞壁的伸展而改变其排列方向。如木质部的管胞、木纤维等长形细胞，开始发生时，微纤丝沉积的方向非常有规则，与细胞轴略成直角，围绕细胞轴成横向地一圈圈互相平行，像桶匝一样，这样就限制了细胞的侧面生长，最后只有伸长。随着细胞伸长，微纤丝排列方向逐渐转变，并出现交织的网状排列，而后又趋向横向排列。总体来说，初生壁整个壁层上的微纤丝排列都很松散，这种结构和微纤丝的排列状态，有利于细胞的长大。

（2）次生壁的微纤丝排列

在次生壁上，由于纤维素分子链组成的微纤丝排列方向不同，可将次生壁明显地分为三层，即次生壁外层（S_1）、次生壁中层（S_2）和次生壁内层（S_3）。次生壁各层的微纤丝都形成螺旋取向，但斜度不同。S_1层的微纤丝呈平行排列，与细胞轴呈 $50°\sim70°$ 角，以 S 形或 Z 形缠绕；在 S_2 层，微纤丝与细胞轴呈 $10°\sim30°$ 角排列，近乎平行于细胞轴，微纤丝排列的平行度最好；而 S_3 层的微纤丝与细胞轴呈 $60°\sim90°$ 角，微纤丝排列的平行度不甚好，呈不规则的环状排列。在电子显微镜下管胞壁分层结构模式如图 8-8 所示。

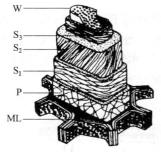

图 8-8　电子显微镜下管胞壁的分层结构模式

ML—胞间层；P—初生壁；S_1—次生壁外层；S_2—次生壁中层；S_3—次生壁内层；W—瘤层

次生壁 S_1 和 S_3 层都较薄，S_1 的厚度为细胞壁厚度的 $9\%\sim21\%$；S_3 的厚度为细胞壁厚度的 $0\sim8\%$；S_2 层最厚，在管胞、木纤维等主要木材细胞中可占细胞壁厚度的 $70\%\sim90\%$。所以，细胞壁的厚或薄主要 S_2 层的厚薄决定。

8.3　木材的化学组成

木材虽然由各种不同形状和功能的细胞组成，但是树木在生活期间，都是树叶中的叶绿素丛空气中吸收二氧化碳，与树木根系吸收的水分和矿物质在阳光下进行光合作用，形成各种木材组分。在光合作用过程中，在木质部中由碳、氢、氧及氮等元素形成了一系列复杂的细胞壁物质。干燥木材中元素平均含量为碳 50%、氢 6.4%、氧 42.6% 及氮 1% 以下。构成木材的组分由高分子物质和低分子物质组成。构成木材细胞壁的主要物质是三种高聚物：纤维素、半纤维素和木质素，占木材重量的 $97\%\sim99\%$，热带木材中的高聚物含量略低，约占 90%。在高聚物中以多糖居多，占木材重量的 $65\%\sim$ 75%。除高分子物质外，木材中还含有少量的低分子物质，主要是抽提物。木材中的化学组成如图 8-9 所示。

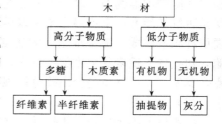

图 8-9　木材的化学组成

8.3.1　高分子物质

针叶木材、阔叶木材中所含有的三种高分子物质：纤维素、半纤维素和木质素，含量如表 8-2 所示。

（1）纤维素

纤维素是木材的主要组分，约占木材重量的 50%，在木材细胞壁中起骨架作用，其化学性质和超分子结构对木材性质和加工性能有重要影响。关于纤维素的化学性质见第 2 章。

表 8-2 针叶木材、阔叶木材中的高分子物质含量

高分子物质	针叶木材/%	阔叶木材/%
纤维素	42±2	45±2
半纤维素	27±2	30±5
木质素	28±3	20±4

由于纤维素在木材中起到骨架作用，它对木材的物理性质、力学性质和化学性质有着重要的影响。这些影响可归结于纤维素的刚性分子、纤维素的吸湿性和纤维素的超分子结构三方面。纤维素分子的刚性、结晶结构和氢键化，赋予并决定了木材力学强度和软化性。木材软化的关键就是破坏木材纤维素的结晶区和氢键。纤维素的吸湿性和吸湿滞后也主要决定了木材的吸湿性和吸湿滞后。纤维素的结晶结构和氢键化使得木材改性时药剂难以进入，或者药剂最后进入木材的结晶区。在木材强化改性时，进入木材非结晶区的交联剂与纤维素分子发生化学作用或者物理作用，限制非结晶区纤维素分子的相对运动，就可以提高木材的尺寸稳定性和力学性能。

（2）木质素

木质素是木材组成中的第二种高分子物质。其分子构成与多糖的完全不同，是由苯基丙烷单元组成的芳香族化合物，针叶材中含有的木质素多于阔叶材，并且针叶材与阔叶材的木质素结构也有不同。在细胞形成过程中，木质素是沉积在细胞壁中的最后一种高聚物，它们互相贯穿着纤维，起强化细胞壁的作用。关于木质素的化学性质见第 3 章。

木质素与木材物理性质的关系主要表现在如下几个方面。①木质素与木材强度的关系，因为木材细胞的胞间层主要由木质素组成，木质素起到强化细胞壁的作用，因此将木材中的木质素除去，纤维与纤维之间失去结合力，稍受外力，木材纤维之间就会相互分离；随着木材中的木质素逐渐溶去，木材的力学强度逐渐降低，当木质素溶出一定程度时，木材就完全失去强度。②木质素与木材软化的关系，由于木质素是一种无定形热塑性聚合物，在加热时（尤其是在湿度较高时），木质素很快就塑化，进而使木材纤维之间的束缚减弱或消失，因而能够相互分离，在纤维板制造中蒸煮热磨获取木纤维的原理即在于此；针叶材木质素的热塑化温度为 170～175℃，阔叶材的为 160～165℃。③木质素与木材电学和热传导性关系，研究表明，木材中的酸不溶木素与电容率和直流电导率呈线性相关，木材的木质素含量与热传导率几乎呈线性关系。

（3）半纤维素

木材的半纤维素是细胞壁中与纤维素紧密联结的物质，起黏结作用，主要由己糖、甘露糖、半乳糖、戊糖和阿拉伯糖等五种中性单糖组成，有的半纤维素中还含有少量的糖醛酸。其分子链远比纤维素的短，并具有一定的支化度。阔叶材中含有的半纤维素比针叶材的多，而组成半纤维素的单糖种类也有区别。关于半纤维素的化学性质见第 5 章 5.2 节。

① 针叶材的半纤维素。组成针叶木材半纤维素的主要多糖是半乳葡甘露糖，含量占木材的 15%～20%，这种多糖的主链由 β-D-吡喃葡糖基与 β-D-吡喃甘露糖基以 1→4 联结而成，含有一个单一的 α-D-吡喃半乳糖基侧链联结在主链的 C_6 位置上，还有乙酰基联结在 C_2 或 C_3 位置上，其结构如图 8-10(a) 所示。葡萄糖与甘露糖的比例约为 1∶3，半乳糖与葡萄糖的比例变化范围为 (1∶1)～(1∶10)。

组成针叶木材半纤维素的另一种主要的多糖是木聚糖，含量约为 10%，其主链由 β-D-吡喃木糖基 1→4 联结形成，带有两种侧链；一个是 4-O-甲基-α-D-葡萄糖醛酸，联结在主链的 C_2 位置上；另一个是 α-L-呋喃阿拉伯糖，联结在主链的 C_3 位置上。每 5 个木糖基含有一个酸基侧链，每 7 个木糖基含有一个阿拉伯糖基侧链，其结构如图 8-10(b) 所示。

此外，在落叶松属木材半纤维素中独有一种多糖——阿拉伯半乳聚糖，含量为5%～30%。与所有其他种木材的半纤维素不同，落叶松属木材中的阿拉伯半乳聚糖是一种具有高度支化度的聚合物。这种聚合物的主要组成是：以1→3联结的β-D-吡喃半乳糖基为主链，并带有几种不同长度的侧链，主要有1→6联结的β-D-吡喃半乳糖基、β-D-葡萄糖醛酸以及吡喃型和呋喃型的阿拉伯糖基。其结构式如图8-10(c)所示。与其他半纤维素不同，落叶松属木材中的阿拉伯半乳聚糖是细胞壁外之物，仅存在于心材中的管胞和射线细胞腔内，其组成独特，即由两种结构相似但分子大小不同的聚合物组成，其中相对分子质量为70000的占大多数，相对分子质量为12000的占少数。在活立木中，这两种聚合物均易产生流动和酸性水解。

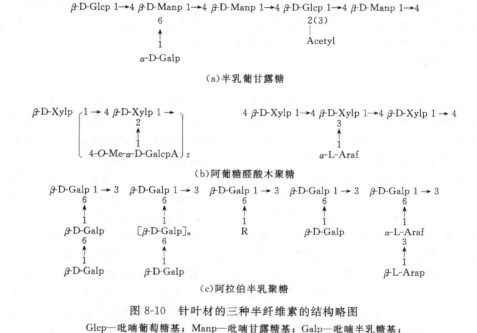

图 8-10　针叶材的三种半纤维素的结构略图

Glcp—吡喃葡萄糖基；Manp—吡喃甘露糖基；Galp—吡喃半乳糖基；

Acetyl—乙酰基；Xylp—吡喃木糖基；GalcpA—吡喃葡萄糖醛酸；

Araf—呋喃阿拉伯糖基；Arap—吡喃阿拉伯糖基

② 阔叶材的半纤维素。阔叶木材半纤维素中的一种主要多糖是酸性木聚糖，含量为除去抽提物木材重量的25%±5%。在少数树种如桦木中其含量最高可达35%。阔叶木材中的木聚糖是线性的，主链由1→4联结的β-D-吡喃木糖基组成，带有两种不同单元的侧链，一种是4-O-甲基-α-D-葡萄糖醛酸基以1→2联结，沿着木聚糖主链随机分布，通常在每10个木糖基中平均有一个侧链；另一种是乙酰基，与木聚糖主链的羟基相联结，一般每10个木糖基含有7个乙酰基。这种多糖的结构如图8-11所示。阔叶木材中酸性木聚糖的聚合度较低，约为200。它们是无定形物质，但是移出一些侧链后可由无定形结构转化为结晶结构。

阔叶木材中半纤维素的另一种多糖是葡甘露聚糖，由β-D-吡喃葡萄糖基与β-D-吡喃甘露糖基1→4联结形成的。这两种糖基的比例多数为1∶2。葡甘露聚糖含量约占除去抽提物木材重量的5%。

比较起来，针叶木材与阔叶木材中的半纤维素不仅总的含量不同，而且半纤维素的组成和各种糖基的比例也有明显的区别。就非葡萄糖单元而论，针叶木材中含有的甘露糖和半乳糖单元的比例比阔叶木材高，而阔叶木材中含有的木糖单元和乙酰基比针叶木材高。

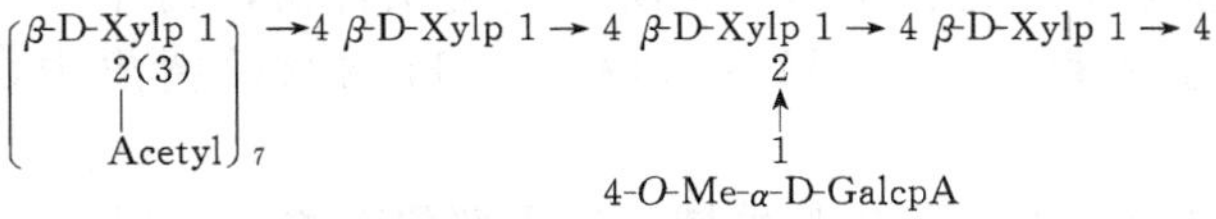

$$\left[\begin{array}{c}\beta\text{-D-Xylp}\ 1 \\ 2(3) \\ | \\ \text{Acetyl}\end{array}\right]_7 \rightarrow 4\ \beta\text{-D-Xylp}\ 1 \rightarrow 4\ \beta\text{-D-Xylp}\ 1 \rightarrow 4\ \beta\text{-D-Xylp}\ 1 \rightarrow 4$$
$$\begin{array}{c} 2 \\ \uparrow \\ 1 \\ 4\text{-}O\text{-Me-}\alpha\text{-D-GalcpA}\end{array}$$

图 8-11   阔叶材的葡糖醛酸木聚糖结构略图

Acetyl—乙酰基；Xylp—吡喃木糖基；GalcpA—吡喃葡萄糖醛酸

③ 半纤维素对木材材性的影响。半纤维素是木材聚合物中对外界条件最敏感、最易发生变化和反应的一种碳水化合物。它的存在和损失、性质和特点对木材材性有重要影响。

a. 对木材强度的影响。木材经热处理后碳水化合物的损失主要是半纤维素，因为半纤维素对高温的敏感性高于纤维素，且耐热性差。半纤维素的变化和损失不但削弱木材的韧性，而且也使抗弯强度、硬度和耐磨性降低。因为半纤维素在细胞壁中起黏结作用，受热分解后能削弱木材的内部强度。高温处理后阔叶木材的韧性降低远较针叶木材来得剧烈，因为阔叶木材中含有的半纤维素戊聚糖较针叶木材多 2~3 倍。

b. 对木材吸湿性的影响。半纤维素是无定形的物质，其结构具有支化度，并由两种或多种糖基组成，主链和侧链上含有亲水性基团，因而它是木材中吸湿性最大的组分，是使木材产生吸湿膨胀、变形开裂的因素之一；另一方面，在木材热处理过程中，半纤维中的某些多糖容易裂解为糖醛和某些糖类的裂解产物。在热量的作用下，这些物质又能发生聚合作用生成不溶于水的聚合物，因而可降低木材的吸湿性，减少木材的膨胀与收缩。

c. 对木材酸度的影响。在潮湿和温度高的环境中，半纤维素分子上的乙酰基容易发生水解而生成醋酸，因而使木材的酸性增加，当用酸性较高的木材制作盛装金属零件的包装箱时可导致对金属的腐蚀。木材在窑干过程中，由于喷蒸和升温作用，能加速木材中的半纤维素水解生成游离酸，因而时常发现干燥室的墙壁和干燥设备出现腐蚀现象。

d. 对制浆造纸质量的影响。半纤维素含量适当的纸料，打浆时容易吸水润胀，易于细纤维化，增加纤维比表面积，有利于纤维间形成氢键结合，因而可提高纸张强度。在一般情况下，用一般原料生产文化用纸，为了节约原料，提高制浆得率，在蒸煮和漂白过程中应尽量保留半纤维素。

8.3.2 木材抽提物

木材是天然生长形成的一种有机物，除了含有数量较多的纤维素、半纤维素和木质素等主要成分外，还含有多种次要成分。其中比较重要的是木材的抽提物，木材中有它们存在，对材性产生一定的影响。

木材抽提物是用乙醇、苯、乙醚、丙酮或二氯甲烷等有机溶剂以及水抽提出来的物质的总称。例如，用有机溶剂可以从木材中抽提出来树脂酸、脂肪和萜类化合物，用水可以抽提出来糖、单宁和无机盐类。木材抽提物包含许多种物质，主要有单宁、树脂、树胶、精油、色素、生物碱、脂肪、蜡、甾醇、糖、淀粉和硅化物等。在这些抽提物中主要有三类化合物：脂肪族化合物、萜和萜类化合物、酚类化合物。

木材抽提物比较大量地存在于树脂道、树胶道、薄壁细胞中，它们的成因十分复杂，有的是树木生长正常的生理活动和新陈代谢的产物；有的是突然受到外界条件的刺激引起的。在树木生长过程中，由于薄壁细胞的死亡而逐渐形成心材，在由边材转变为心材的过程中木材发生了复杂的生理生化反应，同时产生了大量的抽提物沉积在木材的细胞组织中，因而心材中聚积的较丰富的酚类化合物已成为心材的特征。

木材抽提物的含量及其化学组成，因树种、部位、产地、采伐季节、存放时间及抽提方法而异，譬如含量高者超过 30%，低者小于 1%。针叶树材、阔叶树材中树脂的化学成分不同，针叶材树脂的主要成分是树脂酸、脂肪和萜类化合物，阔叶树材树脂成分主要是脂肪、蜡和甾醇。而单宁主要存在于某些针叶树材、阔叶树材的树皮中，如落叶松树皮中含有30％以上的单宁。

木材中的树脂含量的变化与生长地域和树干部位有关。据记载，生长在斯堪的纳维亚半岛北部的挪威云杉树木中树脂的含量要比生长在南部的高得多；同一树干树脂含量的变化很不规则，总体来说，心材比边材含有更多的树脂。在针叶材中树种不同其树脂含量差异很大，如红松木材中含有苯醇抽提物7.54％，马尾松木材中含有3.20％，鱼鳞云杉木材中仅含有1.6％。

木材抽提物对木材材性和加工性影响主要表现在如下几点。

① 抽提物对木材颜色的影响。木材具有的不同颜色与细胞腔、细胞壁内填充或沉积的多种抽提物有关，材色的变化因树种和部位不同而异，如云杉洁白如雪，乌木漆黑如墨，心材的颜色往往比边材深得多，后者在于分布在心材中的抽提物明显高于边材的缘故；有些树种的木材含有天然色素（如黄酮类和酮类物质等），如苏木含有苏木素，在空气中易氧化成苏木色素，使木材泛红色，驰名珍贵的紫檀心材中含有紫檀香色素，其心材显红色。

② 抽提物对木材气味的影响。树种不同，其木材中所含抽提物的化学成分有差异，因而从某些木材中逸出的挥发物质不同所具有的气味也不同，具有香味的木材有降香木、檀香木、印度黄檀、白木香、香椿、侧柏、龙脑香、福建柏和肖楠等，其中檀香木具有馥郁香气，可用来气薰物品或制成工艺美术品，如檀香扇等，其香气来源于抽提物中的主要化学成分白檀精。

③ 抽提物对木材强度的影响。含树脂和树胶较多的热带木材其耐磨性较高；抽提物对木材强度的影响随作用力的方向有变异，顺纹抗压强度受木材抽提物含量的影响最大，冲击韧性最小，而抗弯强度则介于二者之间；有研究表明，木材的抗弯强度、顺压强度和冲击强度随着木材抽提物含量的增加而增加；但也有木材的抗弯强度与抽提物的含量无关，而弹性模量随抽提物含量的增加而减少。

④ 抽提物对木材渗透性的影响。假榄木材的心材含有较丰富的木材抽提材，因而木材的纵向渗透性较低；但分别经热水、甲醇-丙酮、乙醇-苯和乙醚等溶剂抽提后，其渗透性可增加3～13倍；一般来说，心材的渗透性小于边材，这是因为心材所具有的抽提物高于边材的缘故。

⑤ 抽提物对胶合性能的影响。主要表现为抽提物使木材表面污染，形成弱界面层或影响木材对胶黏剂的润湿性，而降低木材的胶合质量；部分抽提物会改变胶黏剂固化性质，一般认为，抽提物对碱性胶黏剂固化及胶合强度的影响不十分敏感，而对酸性胶黏剂，抽提物可能会抑制或加速胶黏剂的固化速度，这取决于抽提物缓冲容量和树脂反应的pH值，如柚木和红桉的水溶性抽提物会延迟脲醛树脂和脲醛-三聚氰胺树脂的凝胶时间。

8.4 木材与水分

树木生长时，根部从土壤中吸收水分，由树干的木质部将水输送到树木的各个器官，同时又将叶子光合作用所制造的养分由树干韧皮部输送到各个部位。因此，立木中的水分，即是树木生长所需要的物质，又是树木输送各种物质的载体。正是生物体生命活动与水密不可分，因此生物质材料的诸多性能与水关系密切，水分含量在一定程度上会影响许多生物质材料的强度、刚性、硬度、耐生物性、加工性、导热性、导电性、尺寸稳定性等性质。对于木材，当其所含水分重量是干燥木材重量的30％以下时，木材的许多性质就与水分密切相关。

8.4.1 木材的含水量

木材或木制品中的水分含量通常用含水率来表示。根据基准的不同分为绝对含水率和相对含水率两种。木材工业中一般采用绝对含水率（简称含水率），即水分重量占木材绝干重量的百分率。相对含水率在造纸和纸浆工业中比较常用，是水分重量占含水试材的重量的百分率。绝对含水率和相对含水率的计算公式如下：

$$MC = \frac{m - m_0}{m_0} \times 100\% \tag{8-1}$$

$$MC' = \frac{m - m_0}{m} \times 100\% \tag{8-2}$$

式中，MC 和 MC′分别是试材的绝对含水率和相对含水率，%；m 是含水试材的质量，g；m_0 是试材的绝干质量，g。

由于绝对含水率的计算式中的分母为绝干重量，所以含水率有可能出现高于 100% 的情况。表 8-3 中列出几种常见的针叶树和阔叶树的心材及边材生材含水率。

表 8-3　几种树种的生材含水率

类别	树　种	含水率/% 心材	含水率/% 边材	类别	树　种	含水率/% 心材	含水率/% 边材
阔叶树	白桉（White ash）	46	44	针叶树	美国侧柏（Western redcedar）	58	249
	白杨（Aspen）	95	113		花旗松（Douglas-fir）	37	115
	黄桦（Yellow birch）	74	72		白杉（White fir）	98	160
	美洲榆（American elm）	95	92		杰克松（Ponderosa pine）	40	148
	糖槭（Sugar maple）	65	72		拉布拉利松（Loblolly pine）	33	110
	北方红栎（Northern red oak）	80	69		红杉（Redwood）	86	210
	白橡木（White oak）	64	78		东岸云杉（Eastern spruce）	34	128
	枫香（Sweetgum）	79	137		西岸云杉（Sitka spruce）	41	142
	黑胡桃木（Black walnut）	90	73				

测定含水率最常用的方法是绝干称重法，即先测定含水试材的质量，然后将试材放置在温度为（103±2）℃的强制循环风干燥箱中，当试材的重量基本达到恒定时，再测定试材的质量。这种方法比较准确，简便易行，是得到公认、最常用的方法，已列入国家标准，其缺点是测定所需时间较长。由上述称重法得到的含水率偏高，不能满足更高精度的要求，原因主要为：干燥箱内初始相对湿度不为零；木材中的挥发性成分在干燥过程中蒸发。

8.4.2　木材中水分的存在形式

木材中存在的水分，可以分为自由水和结合水（或吸着水）两类。自由水存在于木材的细胞腔中，与液态水的性质接近，在木材中又分为细胞腔的水蒸气和细胞腔液态水，木材在吸收自由水时不发热。结合水存在于细胞壁中，与细胞壁无定形区（由纤维素非结晶区、半纤维素和木质素组成）中的羟基形成氢键结合。结合水又可分为表面结合水（分子吸着水）和二次结合水（毛细管凝结水）。在纤维素的结晶区中，相邻的纤维素分子上的羟基相互形成氢键结合，或者形成交联结合。因此，水分不能进入纤维素的结晶区。水分子在木材细胞壁中的位置如图 8-12 所示。

对于生材来说，细胞腔和细胞壁中都含有水分，其中自由水的水分含量随着季节变化，而结合水的量基本保持不变。假设把生材放在相对湿度为 100% 的环境中，细胞腔中的自由水慢慢蒸发，当细胞腔中没有自由水，而细胞壁中结合水的量处于饱和状态，这时的状态称为纤维饱和点。当把生材放在大气环境中自然干燥，最终达到的水分平衡态称为气干状态。气干状态的木材的细胞腔中不含自由水，细胞壁中含有的结合水的量与大气环境处于平衡状态。当木材的细胞腔和细胞壁中的水分被完全除去时木材的状态称为绝干状态。木材的不同状态与木材中水分的存在状态与存在位置的对应关系归纳于图 8-12 中。只要细胞腔中含有水分，说明细胞壁中的水分处于饱和状态。纤维饱和点是一个临界状态，因为一般自由水的量对木材的物理性质（除重量以外）的影响不大，而结合水含量的多少则对木材的各项物理力学性质都有极大的影响。

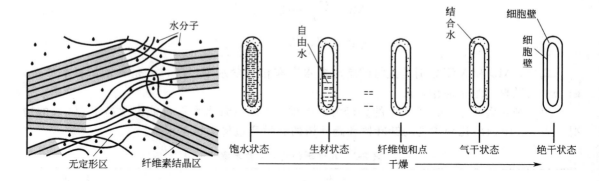

图 8-12　水分子在木材细胞壁中的位置　　　图 8-13　木材中水分的存在状态和存在位置

在图 8-13 中所列的木材各种含水状态，由两个特殊状态需要注意：纤维饱和点（FSP）和平衡含水率（EMC）。纤维素饱和点指木材细胞腔中的自由水完全失去，而结合水刚好处于饱和时的含水率。当木材的含水率逐渐低于纤维素饱和点时，许多性质开始发生转变，例如体积开始收缩、强度增加、电阻率增加等。因为木材的种类不同，其纤维素、半纤维素等亲水性成分和木质素、单宁、树脂等成分都不尽相同，因此木材的纤维饱和点并不完全相同，一般在 22％～35％ 之间波动，平均值大约为 28％。将木材置于一定温度和相对湿度环境中，木材表层的蒸汽压与环境的蒸汽压相等，此时木材吸收环境的水分与木材向环境解吸水分的量相等，含水率保持不变，此时的含水率就是平衡含水率。如果木材表层的蒸汽压大于环境的蒸汽压，则木材向环境解吸水分，反之，若木材表层的蒸汽压小于环境的蒸汽压，则木材向环境吸着水分。平衡含水率的存在就是木材调节与稳定环境湿度的本质原因。

8.4.3　木材的水分吸着和解吸

这里所讨论的水分吸着和解吸现象，都是在纤维饱和点以下的含水率范围内进行的。在木材与水分的关系讨论中，一定要分清楚两个概念，即吸收（absorption）和吸着：吸收是一种表面现象，比如液态水进入木材的细胞腔，成为木材中的自由水的过程；而对于木材吸着水分的过程，则是水分子以气态进入细胞壁，与细胞壁主成分上的吸着点产生氢键结合的过程。

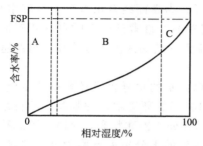

图 8-14　木材的水分吸着等温线

以相对湿度为横坐标，木材的平衡含水率为纵坐标得到的曲线称为水分吸着（或解吸）等温线，如图 8-14 所示。木材的水分吸着（或解吸）等温线呈 "S" 形曲线，具有 "多分子层吸着" 的特征。木材的水分吸着（或解吸）等温线一般可以分为三个区域：在低于 3％～5％ 的含水率范围内（A 区），水分子主要以单个分子的形式吸着在木材细胞壁中；高于此含水率时，进入木材内的水分子可能与吸着在木材上的水分子发生氢键结合，因而形成"多分子层吸着"的状态（B区）；在高相对湿度区域（C区），毛细管凝结水出现，并且随着相对湿度的增大毛细管凝结水在吸着水中的比例增大。

在相同的温湿度条件下，由吸着过程达到的木材平衡含水率低于由解吸过程达到的平衡含水率，这个现象称为吸着滞后现象（图8-15）。吸着达到的平衡含水率与解吸达到的平衡含水率之间的比值称为滞后率，通常用A/D表示。滞后率受树种、温度等因素的影响。在常温、相对湿度范围10%～90%的条件下滞后率在0.8左右。随着温度的升高，滞后率逐渐下降甚至消失，例如在75℃和100℃时欧洲云杉的吸着滞后现象消失。对于木材的吸着滞后现象的机理，存在着不同的解释。其中包括基于毛细管凝结理论的"墨水瓶"说、开孔说，基于润湿接触角的Zsigmondy说以及Urquhart提出的"有效羟基说"。根据"有效羟基说"，木材在干燥状态时分子之间距离接近，因此部分羟基和羟基之间形成相互间的氢键结合。当开始吸着水分时，一些氢键结合分离，但是另外一部

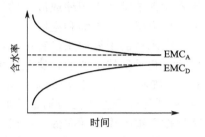

图8-15　木材的水分吸着滞后现象
EMC$_A$—吸着后的平衡含水率；
EMC$_D$—解吸后的平衡含水率

分仍然保持相互间氢键结合的状态。因此，木材中能吸着水分的"有效的"羟基的数目减少，从而降低了由吸着达到的平衡含水率。而解吸过程不经过干燥状态，所以不存在这个问题。

木材的水分吸着（或解吸）等温线受树种、温度、处理方法、水分吸着或解吸经历等因素的影响。每一种树种中主成分的比例不同，因此决定了各树种的水分吸着（或解吸）等温线之间的差异。木材的平衡含水率随着温度的升高而降低，这是由于温度越高，水分子的势能越高，因此水分子容易脱离木材分子的束缚而蒸发。经过热处理的木材的平衡含水率下降。一般，受热温度越高或受热时间越长，木材的吸湿性下降越明显。其他的物理处理或化学处理对木材的吸着和解吸都会有不同程度的影响。

8.4.4　木材中水分的移动

对应于木材中水分形态的多样性，木材中水分的移动形式也是多种多样的，其中既包括基于压力差的毛细管中的移动，基于浓度差的扩散，自由水在细胞腔表面的蒸发和凝结，以及细胞壁中结合水的吸着和解吸。

针叶树材中水分或其他流体的路径主要是由管胞内腔和具缘纹孔对组成的毛细管体系，另外纤维方向上的垂直树脂道，射线方向上的射线管胞的内腔和水平树脂道也是流体的移动路径。具缘纹孔对位于相邻的管胞之间，由纹孔缘、纹孔腔和纹孔膜组成。纹孔缘的开口部位称为纹孔口。纹孔膜的中间增厚的部分称为纹孔塞，一般呈圆形或椭圆形。水分不能透过纹孔塞，而是通过纹孔塞周围的呈网状的塞缘。纹孔塞和塞缘组成纹孔膜。在木材心材化或是进行干燥的过程中，纹孔塞移向一侧的纹孔口，形成闭塞纹孔，阻碍水分或流体的移动。

阔叶树材中水分或其他流体的移动路径主要是导管，另外还包括管胞、导管状管胞等。阔叶树材的导管上具有穿孔，所以在纤维方向上水分可以通过穿孔从一个导管进入纵向邻接的另一个导管。横向上，水分可以通过导管壁上的纹孔移动。阔叶树材的导管中经常含有侵填体，这是阻碍木材中水分移动的重要因素。另外，闭塞纹孔以及纹孔膜上抽提物的存在也是常见的影响水分移动的因素。在具有这些特征的木材中，水分的主要移动途径是扩散，干燥不容易进行。例如，水分在红杉、白橡木和胡桃木的心材几乎无法渗透。一般，水分在所有树种的边材都是可以渗透的。

需要说明一点，木材中的水分移动路线，也就是木材化学改性中药剂的移动路线。

8.4.5 木材的干缩湿胀

8.4.5.1 木材干缩湿胀现象及成因

木材干缩湿胀是指木材在绝干状态至纤维饱和点的含水率区域内，水分的解吸或吸着会使木材细胞壁产生干缩或湿胀的现象。当木材的含水率高于纤维饱和点时，含水率的变化并不会使木材产生干缩和湿胀。

在木材的干缩湿胀过程中，尺寸的变化主要是体现在木材的细胞壁上，而木材细胞腔的尺寸是几乎保持不变的，这是由木材细胞壁次生壁上三个壁层的微纤丝取向所决定的（图8-8）。细胞壁中层 S_2 层的微纤丝方向与细胞长轴几乎平行，而细胞壁外层 S_1 层和细胞壁内层 S_3 层的微纤丝取向与细胞长轴接近垂直，从而限制了 S_2 层向内膨胀及向外的过度膨胀，这种作用被称作"横向箍"作用。

在绝干状态下，对于小尺寸、无应力的实木试件来说，干缩和湿胀是可逆的。大尺寸的实木试件则由于内部干燥应力的存在，干缩和湿胀是不完全可逆的。纤维板和刨花板等木质材料的干缩和湿胀也是不完全可逆的，部分原因是由于制造工序中包括压缩这一过程。

木材的干缩率和湿胀率可以用尺寸（体积）变化与原尺寸（体积）的百分率表示：

$$干缩率(\%) = \frac{原尺寸（体积）- 干缩后尺寸（体积）}{原尺寸（体积）} \times 100\% \tag{8-3}$$

$$湿胀率(\%) = \frac{湿胀后尺寸（体积）- 原尺寸（体积）}{原尺寸（体积）} \times 100\% \tag{8-4}$$

木材的干缩性和湿胀性是因为木材在失水或吸湿时，木材内所含水分向外蒸发，或干木材由空气中吸收水分，使细胞壁内非结晶区的相邻纤丝间、微纤丝间和微晶间水层变薄（或消失）而靠拢或变厚而伸展，从而导致细胞壁乃至整个木材尺寸和体积发生变化。而细胞壁内相邻纤丝、微纤丝和微晶间的水层是如何变薄（或消失）或变厚的呢？如图8-16所示，水分子要进入相邻纤丝、微纤丝和微晶间，主要是由于组成基本纤丝的分子链上存在着游离羟基，或者在水分子的作用下将分子链之间的氢键打开，产生新的游离羟基，再通过这些游离羟基与水分子形成新的氢键结合，从而使分子链之间的距离增大。正是由于这些分子链之间的微小距离增大的累加，最终使木材在宏观中体现为尺寸的变大。而木材的干缩正好是一个与此相反的过程，首先相邻分子链之间的氢键断裂，脱离水分子，使得相邻分子链之间的距离缩小，最终在宏观上体现为木材尺寸的缩小。

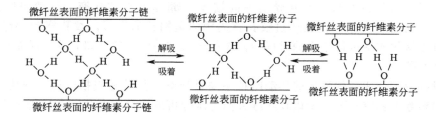

图 8-16　木材解吸和吸着时细胞壁内微纤丝间的水层厚度变化示意

8.4.5.2 木材干缩湿胀的各向异性

木材的多种细胞结构在不同方向的排列特点使其性质具有较强的各向异性，同样木材的干缩与湿胀也存在着各向异性。木材干缩湿胀的各向异性是指木材的干缩和湿胀在不同方向上存在差异。对于大多数的树种来说，轴向干缩率一般为 0.1%～0.3%，而径向干缩率和弦向干缩率的范围则为 3%～6% 和 6%～12%。可见，三个方向上的干缩率以轴向干缩率最小，通常可以忽略不计，这个特征保证了木材或木制品作为建筑材料的可能性。但是，横纹干缩率的数值较大，若处理不当，则会造成木材或木制品的开裂和变形。另外，需要注意的是，在幼龄材和应力木中轴向干缩率可能会较大。表 8-4 中给出了几种常见的阔叶树种和针叶树种的径向、弦向及体积干缩率。

表 8-4　几种常见阔叶树种和针叶树种的径向、弦向及体积干缩率

类　别	树　　种	径向干缩率/%	弦向干缩率/%	体积干缩率/%
阔叶树	白桉	4.9	7.8	13.3
	黄桦	7.3	9.5	16.8
	美洲榆	4.2	7.2	14.6
	糖槭	4.8	9.9	14.7
	北方红栎	4.0	8.6	13.7
	黑胡桃木	5.5	7.8	12.8
针叶树	美国侧柏	2.4	5.0	6.8
	海岸花旗松	4.8	7.6	12.4
	白杉	3.3	7.0	9.8
	加州铁杉	4.8	7.8	12.4
	拉布拉利松	4.8	7.4	12.3
	西岸云杉	4.3	7.5	11.5

木材干缩湿胀的各向异性的原因如下。

（1）木材轴向、横向干缩湿胀差异的原因

木材干缩湿胀的各向异性主要是由木材的构造特点造成的。针叶树材的主要细胞是轴向管胞，阔叶树材的主要细胞是木纤维，它们细胞壁的结构是相似的，且在排列上都与树干的主轴呈近似平行，因此要了解木材轴向、横向干缩湿胀之间差异的原因应该从主要细胞在长度方向、直径方向变化的差异入手。

木材主要细胞的细胞壁内微纤丝方向在次生壁外层（S_1）和内层（S_3）与细胞主轴几乎近于垂直，中层（S_2）则与主轴近似平行，而细胞壁中次生壁占的比例最大，次生壁中又以中层厚度最大。因此，木材的干缩或湿胀也就主要取决于次生壁中层（S_2）微纤丝的排列方向。次生壁中层（S_2）微纤丝的排列方向几乎是与细胞主轴相平行的，而微纤丝是由平行排列的大分子链组成的基本纤丝构成的，当木材湿胀与干缩时，水分子难以打开分子链进入分子链内部，或难以从分子链内部逃脱出来，而是进入分子链与分子链之间间隙相对较大、作用力较小的区域，或从此区域中逃脱出来，从而使分子链的长度几乎没有什么变化，但分子链间的间距却明显地增大或缩小了，这样，对于单个细胞来说直径方向变化较大，而轴向方向变化较小，最终在宏观上则体现了木材纵向尺寸变化很小，而横向尺寸的变化却很明显。

（2）木材径向、弦向干缩湿胀差异的原因

弦向干缩率大于径向干缩率这一现象的原因是复杂的，并非是由单一因素所决定的。可以从宏观木材构造、纤维排列重组及细胞壁壁层差异进行解释。

在木材细胞组成中，射线细胞是唯一横向排列的细胞。当射线细胞收缩时，由于纵向收缩小于横向收缩，因而射线细胞的纵向收缩抑制了木材径向收缩，使得径向收缩小于弦向收缩。

木材的收缩量与其所含实质（细胞壁）量有关。晚材密度大于早材，其实质含量也多于

早材，因此，晚材的收缩和膨胀量要大于早材。在木材的径向，早晚材是串联的，木材径向收缩是收缩量大的晚材和收缩量小的早材按照各自体积比值加权平均。而在弦向，早晚材是并联相接，由于晚材的强度大于早材，因此收缩大的晚材就会强制收缩小的早材同它一起收缩，最终导致木材弦向收缩大于径向收缩。

由于一般木质部纤维的径向壁比弦向壁的木质素含量高，因而吸湿变形性也小。同时，木材纤维的胞壁是微纤丝排列和化学组成明显不同的多层结构，这两者均是导致木材的径向、弦向干缩湿胀差异产生的主要因素。

纹孔的存在使其周围微纤丝的走向偏离了细胞长轴方向，产生了可达 45°的夹角，因此对细胞壁的收缩产生了较大的限制作用，而针叶树材管胞径面壁上的纹孔数量远较弦面壁的多，这使径向收缩受到限制作用很大，而对弦向收缩产生的限制很小，最终导致木材弦向干缩湿胀比径向的大。

综上所述，由于木材纤维微纤丝的长度方向与垂直方向湿胀或干缩的不等性，初生壁与次生壁微观构造的差异性，次生壁各层厚度的不同性，径向壁与弦向壁木质化程度的差别性，各壁层之间的制约性，胞间层以及其他细胞组织的相互影响作用，导致木材的干缩或湿胀产生很强的各向异性。

8.5　木材的改性

木材是国民经济建设中的重要原材料，随着世界性天然林资源的枯竭和国家天然林保护工程的实施，人工林木材的大量利用已成为解决木材供需矛盾的重要途径。同时随着人民生活水平的提高，对木材质和量的要求也在逐步提高。木材是天然的材料，有很多优点，但也存在许多缺点，为使木材更符合客观需求的要求和扩大应用领域，必须对其缺点和不足加以改良。

木材改性是在保持木材高强重比、易于加工、吸声隔热、纹理自然等优点的前提下，通过一系列的物理、化学或者物理化学处理，克服木材相对强度低、干缩湿胀、尺寸稳定性差、各向异性、易燃、不耐火、不耐磨、易变色等缺陷或不足，同时赋予木材某些特殊功能的过程。基于木材的缺陷和不足以及改性处理拟实现的目标，木材的改性可分为木材强化、木材尺寸稳定化、木材软化、木材颜色处理、木材防腐、木材阻燃等。本节重点介绍木材强化、木材尺寸稳定化、木材软化、木材防腐、木材阻燃、木材颜色处理等方面内容。

8.5.1　木材的强化

用物理或化学或两者兼用的方法处理木材，是处理药剂沉积填充于细胞壁内，或使木材组分发生交联，从而使木材密度增加、强度提高的过程，称之为木材强化。木材强化的主要制品有树脂浸渍木、胶压木、压缩木、强化木、塑合木等。下面简要介绍这几种木材强化改性方法。

8.5.1.1　浸渍木

木材在低分子质量树脂或单体溶液中浸渍，借助于压力（加压或负压）或者在常压下，树脂或单体扩散进入木材细胞壁使木材增容，通过干燥除去水分或溶剂，同时树脂固化而生成不同于水的聚合物，这样处理得的木材成为浸渍木。

目前已有许多不同类型的树脂成功地用于浸渍木的制备，例如酚醛树脂、脲醛树脂、糠醛树脂、间苯二酚树脂、三聚氰胺树脂、三聚氰胺改性脲醛树脂、聚氨酯树脂等。其中使用最为成功的是酚醛树脂，它具有比脲醛树脂更好的抗缩率和耐老化性，比糠醛树脂在干燥过程中更小的化学试剂损失。浸渍用树脂为了能够充分进入木材，要求使是低分子质量树脂。为了树脂充分进入，木材通常采用单板，并配合加压或者负压。

对于异氰酸酯树脂，由于异氰酸酯的反应活性很高，在常温以上的温度就能够实现固化，因此可以直接采用异氰酸酯单体对木材进行浸渍。常用的单体有4,4′-二苯基甲烷二异氰酸酯（MDI）和多亚甲基多苯基多异氰酸酯（PAPI、P-MDI、聚合MDI）。异氰酸酯单体进入木材后，在加热或催化剂存在下，异氰酸酯与水反应形成聚脲聚氨酯而固化，其间异氰酸酯还能够与木材细胞壁表面的羟基反应形成聚氨基甲酸酯，将与水反应得到的聚脲聚氨酯牢固附着于木材细胞壁表面。采用合适的固化工艺和催化剂种类，异氰酸酯单体或聚氨酯树脂还能够在木材孔腔内发泡，填充木材空隙，在有效增强的同时减少树脂的用量。

浸渍木的性质与所采用的树脂种类和树脂用量密切相关。一般上，木材的很多力学性质随着树脂用量的增加而增加，但当树脂含量超过一定量时，力学性能不再明显改变。与素材相比，大多数浸渍木的顺纹抗压强度、硬度、耐磨性、抗缩率等多数力学性能有不同程度的提高，但顺纹抗拉强度、顺纹剪切强度略有降低，冲击韧性降低较为明显。由于树脂固化后不亲水，而且会堵塞部分水分迁移通道，因此，浸渍木的尺寸稳定性（吸水性和吸水膨胀率）较素材有不同程度提高。虽然浸渍树脂不能使木材获得真正的耐火性，但能够改善炭的集结度和燃烧中的热质传导，从而隔断火势蔓延，使耐热性和阻燃性也会有所提高。

8.5.1.2 胶压木

将酚醛树脂的初期缩聚物扩散到单板的木材细胞中，对木材可起到增塑效应。在不使树脂固化的温度下使单板干燥并层积，再于高温（120～150℃）、高压（6.9～19.6MPa）下使树脂固化，制得的产品称为胶压木，又称硬化层积材。由于加热加压同时进行，单板的压缩变形快于树脂的固化速率，因此热压过程中木材的压缩变形大部分被固化的树脂固定，产品的密度可达到1.2～1.3g/cm³，因此胶压木是一种高密度、高强度的材料。它与浸渍木一样被树脂浸渍，但不同的是增加了压缩处理。

为了保证高强度，高的木材压缩比是必要的，由此决定了胶压木所使用的热固性树脂。虽然其他热固性树脂也可使用，但是没有酚醛树脂好。生产胶压木用的酚醛树脂有两种，一种是水溶性、低分子质量的酚醛树脂，能够浸透木材，制品尺寸稳定性好，但抗冲击性较低；另一种是醇溶性、分子质量较大的酚醛树脂，它只能够进入木材尺寸较大的孔隙，所以制品的尺寸稳定性较差，但抗冲击性较好。因此要根据最终胶压木的用途和性能要求，来选用浸渍的酚醛树脂。

胶压木因被压缩，部分可逆变形（黏弹变形）在潮湿或者浸水中恢复，所以厚度方向的尺寸稳定性较浸渍木差，但纵向的尺寸稳定性与浸渍木相当、且优于素材；胶压木的力学性能大多高于素材，增大程度与胶压木的密度呈正比，尤其是抗压强度和硬度增加明显；胶压木可抗木腐菌、白蚁、海生物侵蚀，电绝缘性与浸渍木相当，耐火性有较大程度的提高；胶压木的表面有天然光泽，可进行砂光或抛光修饰，易于切削或平旋；胶压木之间或者胶压木-木材之间可进行胶接。

8.5.1.3 压缩木

木材是一种天然的黏弹性材料，在热、湿和压力作用下，可以不破坏其结构，而将实体木材塑化压缩密实，以增加密度，提高处理材的力学强度。为了提高木材的力学性质和强度，在不破坏木材细胞壁的前提下，可采用压缩密实的方法，增加木材的密度来实现。

为了制备性能良好的压缩木，压缩密实应在木材纹理方向垂直施压，同时进行水热预处理。所有的针叶树材和大多数的阔叶树材应在径向压缩，但阔叶树种的散孔材也可在弦向上进行压缩密实。木材压缩前必须经过水热预处理，在较高温度下，木材中的水分犹如木材的增塑剂，使木材尽快充分塑化（软化），也可减少在压缩过程中木材分子间的内摩擦，减少木材微观结构的破坏，提高木材压缩变形的固定。

木材经压缩密实制得的压缩木，不仅解剖构造发生了很大的变化，其物理性质、力学性质也完全不同于素材。力学强度比素材要大很多，其增加值与压缩比（或密度）成正比。压缩木的韧性是素材的 1.5～2 倍，一般的化学改性木材是无法比拟的，但是抗腐朽能力并没有增加，由于密实化，可减缓微生物侵害速度。压缩木的缺点就是尺寸不稳定，在潮湿环境下会吸水回弹，逐渐恢复部分尺寸，因此要选择合适的使用环境。

目前为了改善压缩木的尺寸稳定性，基于胶压木的思想，在软化木材中引入低分子质量的酚醛树脂、三聚氰胺-甲醛树脂、聚氨酯树脂等热固性树脂，再密实化，固化的酚醛树脂起到交联剂的作用，能够对木材的变形进行固定，而明显提高压缩木的尺寸稳定性。但与胶压木不同，基于树脂固定的压缩木所使用的树脂量比胶压木少得多，而且使用实体木材。

8.5.1.4 强化木

采用低熔点合金以熔融状态注入木材细胞腔中，冷却硬化后和木材共同构成的材料称为强化木。金属注入量决定于细胞腔和细胞间隙的大小，强化木的强度和硬度都高于素材。强化木由德国的 Schmidt 提出，1930 年作为专利公开。

强化木制备所使用的合金熔点不能太高，常见的两种合金配方如下：①铋 50％、铅 31.2％、锡 18.8％，这种合金的熔点 97℃；②铋 50％、铅 25％、锡 12.5％、镉 12.5％，这种合金的熔点 65.6℃。将拟处理的试材抽真空，然后注入熔融的合金浸没试材，恢复常压，再加压，使熔融合金进入木材孔隙内，最后恢复常压，冷却。

由于密度较大的金属浸注到木材，强化木的密度增加幅度很大，所以其各项力学性能都明显提高，尤其是硬度增加更为明显；当用明火加热强化木时，金属熔化膨胀，加之木材内空气的膨胀，使金属溢出木材并包裹木材，使木材不能燃烧，只会炭化。由于金属具有导电性，因此强化木能够导电，导热性也很好。由于其独特性能和价格较为昂贵，金属木目前主要用于一些特殊的场合，如有辐射的空间、抗静电、导电以及电磁屏蔽材料等。

8.5.1.5 塑合木

塑合木是指通过浸渍的方法，将乙烯基单体浸注到木材中，通过引发剂引发、热引发或者辐射引发，使乙烯基单体固化，填充木材的孔隙或接枝到木材分子上，而制得的制品。它是一种同时具备木材和塑料属性的一种复合材料。

常用的浸渍单体主要有苯乙烯、甲基丙烯酸甲酯、醋酸乙烯、丙酸腈、不饱和聚酯、丙烯类低聚体等，由于上述单体的化学结构不同，例如苯乙烯的结构中含有苯环、大 π 存在以及空间位阻的影响，使得它进行聚合时所需要的能量比较多，难以完全聚合，因此目前经常与其他的树脂混合使用，如苯乙烯与不饱和聚酯共混。甲基丙烯酸甲酯其发生自由基反应的活性较高，但其极性较弱，与木材的中极性较大的基团结合性不好且聚合时常会造成聚合物收缩较大，有时使得木材内空隙较多，因此常与丙烯腈混合使用；丙烯腈的结构中含有极性强腈基，将丙烯腈接枝到细胞上后未反应完的腈基可能会增加改性木材的极性，因此改性后木材的尺寸稳定性能不好，丙烯酸酯类低聚物一般黏度较大，给浸渍工作带来困难。比较在这几种单体改性木材的作用效果得出：木材经苯乙烯单体改性后其静曲强度比用其他单体的效果好，经甲基丙烯酸甲酯作用后的木材其抗冲击韧性有很大改善。应特别指出的是上述树脂既可以单独使用，亦可以按比例混合使用，混合后几种乙烯基单体形成的共聚物的性能比均聚物的性能优越，这是因为共聚体在很大程度上可以改变均聚体的物理-机械性能与化学性能。

塑化木材主要改善了木材的尺寸稳定性以及木材的一部分力学性能，如硬度、顺纹抗压强度、耐磨性、抗弯强度等。有研究表明，木材进行塑化前应先进行一定的预处理，再利用乙烯类单体改性，由于预处理可能会增加木材本身的反应活性以及反应点，常用的预处理剂有甲基丙烯酸、过氧化氢、氯化锌等，预处理后再进行改性的木材其综合性能得到提高。

除了使用乙烯基单体实现对木材的塑料化，还可采用木材衍生化的方法提高木材的塑性，或赋予木材一些新的功能。通常采用酯化和醚化的方法，例如采用脂肪酸酐、二羧酸酐、马来酸酐、乙酸酐、丙酸酐或者对应酸的酰氯对木材进行酰化处理制备不同酯化度的改性木材；再如通过醚化反应在木材引入甲基、乙基、苄基、氰乙基、羟甲基、羟乙基、羟丙基等基团。

8.5.2　木材尺寸稳定化

木材细胞壁在纤维饱和点以下吸着水的增减会产生干缩或湿胀，这是木材作为建筑和工业用材的最主要缺点。木材的各向异性又使木材的干缩湿胀在各个方向的尺寸变化不一，导致翘曲、变形、开裂。为此，人们采用物理、化学或者二者兼用的方法处理改性木材，以提高尺寸稳定性。

木材尺寸稳定化的机制可分为四类：①采用化学法封闭木材中的亲水基团（主要是羟基）；②通过增容堵塞木材的水分迁移通道；③引入更强的亲水物质，争夺木材羟基上的水分；④表面阻水处理。依照尺寸稳定化机制，可将木材的尺寸稳定化分为物理方法和化学方法。

8.5.2.1　物理法实现木材尺寸稳定

（1）表面的防水防湿处理

木材作为可湿性和吸湿性材料，水分进入木材内部必须经过表面。为此可在木材表面进行防水处理或者防湿处理，例如涂饰憎水的硅油、石蜡、松香、干性油或者涂刷防湿的涂料或胶贴防湿的饰面材料。一般上涂饰硅油、石蜡、松香、干性油等憎水剂的处理效果优于防湿涂料或饰面材料，尤以涂施石蜡的效果为最佳。表面防水防湿处理方法简便，易于实现，但效果不持久（除石蜡外）。

（2）酚醛树脂处理

与浸渍木类似，将低分子质量酚醛树脂注入实体木材，加热使其缩聚、固化，生成不溶于水的体型聚合物，能够使木材的尺寸稳定性明显提高，其作用机制是低分子质量酚醛树脂富含羟基，能与木材细胞壁上的羟基发生氢键化或者化学作用，同时固化后不溶于水的树脂增容木材，堵塞水分迁移通道。

（3）聚乙二醇处理

采用聚乙二醇（聚氧乙烯二元醇，PEG）浸渍或者涂刷的木材，能够有效地减缓木材的干缩湿胀程度，由此能够有效防止木材的开裂、翘曲、变形等，因而广泛用于古木的保存。聚乙二醇尤适于处理生材或者湿材，处理条件是将相对分子质量为 $1000\sim1500$、浓度为 $25\%\sim30\%$ 的水溶液浸渍、涂刷或者扩散到木材中。聚乙二醇浸入膨润的细胞壁内，在低相对湿度时，因聚乙二醇吸湿性很高，置换木材内的水分，而保持膨润状态；当相对湿度很高时，细胞壁的聚乙二醇变为水溶液，仍保持膨润状态。聚乙二醇处理材的尺寸稳定性以增容效应为主，因其高吸湿性和低蒸汽压，聚乙二醇置换木材羟基上的水分，以蜡状保留在细胞壁中，使木材处于膨润状态，维持木材的尺寸稳定性。

8.5.2.2 化学法实现木材尺寸稳定

所谓的化学法是将木材中的某些组分或者基团反应消耗或者转化为另一种物质或基团，来实现木材的尺寸稳定化。由于木材成分复杂，尺寸稳定化处理过程中的化学反应不易确定，因此在前面讲述的物理法也可能伴随着化学反应，例如低分子质量酚醛树脂的缩聚就是十分典型的例子。常见的用化学法实现木材尺寸稳定的方法有热处理、乙酰化处理、异氰酸酯处理、甲醛处理、马来酸酐处理等。

（1）热处理

通过对木材的高温热处理能够使处理木材的尺寸稳定性得到改善，其改善的机制主要有两方面。①半纤维素是无定形的物质，其结构具有支化度，并由两种或多种糖基组成，主链和侧链上含有亲水性基团，因而它是木材中吸湿性最大的组分，是使木材产生吸湿膨胀、变形开裂的因素之一；通过热处理，半纤维中的某些多糖容易裂解为糖醛和某些糖类的裂解产物，这些物质又能发生聚合作用生成不溶于水的聚合物，因而可降低木材的吸湿性，减少木材的膨胀与收缩。②在热处理过程中，木材的水分逐渐失去，细胞壁非结晶区的纤维素分子链间距减小，游离羟基相互之间分子作用力增加，形成氢键总数增加，从而使木材非晶区纤维素分子的取向增强，使热处理处理材的尺寸稳定性改善。

热处理木材的吸湿性降低，尺寸稳定性提高，但质量会降低、材色变暗、表面胶合性和涂饰性变差、力学强度也有所降低，阔叶材的强度降低大于针叶材。

（2）乙酰化处理

木材乙酰化处理是采用乙酰剂中的疏水性乙酰基置换木材中的亲水性羟基，由于乙酰基的导入，产生酯的增容效应以及亲水羟基的减少，使木材的尺寸稳定性明显提高。木材的乙酰化处理属于木材的酯衍生化处理。

乙酰化的工艺以气相法、液相法或综合法进行，其中最常使用的为液相法。液相法处理效果与树种有很大关系，这种方法处理后木材的尺寸稳定性良好，但存在处理材吸取的过量药液的排除困难和催化剂回收困难的问题，工艺复杂的问题。而气相法仅适用于单板以及厚度较小的材料。综合法是指乙酰化处理与热处理相结合后，用作交联处理，使综合处理后木材的耐水性以及尺寸稳定性均有明显提高。

除了使用乙酸酐试剂外，还可采用长分子链的丁酸酐、己酸酐、酰基氯化物、乙烯酯以及多元羧酸化合物等，这些不同结构的酰化试剂的引入影响了改性后木材的性质，如大分子链以及疏水性基团的引入会明显增加改性后木材的阻湿性。目前，采用各种饱和乙烯酯类以及不饱和的乙烯酯类为酰化试剂，利用无机物为催化剂，可实现木材的酯化改性，提高尺寸稳定性。

与过去所使用的酯化试剂酰基氯化物、酸酐与木材发生的酯化反应所得产物相比，乙烯酯改性木材有很好的效果而且反应的副产物乙醛无酸性且易去除，从而解决了酸对木材损失大的问题。多元羧酸化合物是一种新型的、水溶的、无毒害、无污染非甲醛系试剂交联体系。

酯化后木材的阻湿性、抗胀缩性都有所提高；力学性能根据不同的催化剂、反应条件会有所不同，其中横纹抗压强度、硬度和韧性等稍有增加，抗剪切强度降低，同时处理材有一定的防腐蚀的功能。

（3）异氰酸酯处理

异氰酸酯含有高活性的异氰酸酯基（—NCO），既可以与木材中的羟基反应又可以与水反应。处理木材用异氰酸酯种类有甲基异氰酸酯、乙基异氰酸酯、丁基异氰酸酯、苯基异氰酸酯、甲苯二异氰酸酯、4,4′-二苯基甲烷二异氰酸酯、多亚甲基多苯基多异氰酸酯（又称P-MDI、粗 MDI、PAPI 等）、异氰酸酯预聚体等。采用单异氰酸酯基处理木材与乙酰化处理类似，通过异氰酸酯基与木材亲水性羟基反应，形成疏水的氨基甲酸酯，实现木材尺寸稳定性的明显改善。但若采用二异氰酸酯单体或者多异氰酸酯单体或者异氰酸酯预聚体，异氰酸酯不仅与木材的羟基发生氨酯化反应，还能够与木材中的水分发生反应形成聚脲基聚氨酯，甚至在木材孔腔中发生发泡（如图 8-17 的 A 处），填充木材的孔隙。异氰酸酯与水分反应形成聚脲基聚氨酯会沉积于木材细胞壁表面（如图 8-17 的 B 处），沉积层通过氨基甲酸酯桥而牢固附着于细胞壁上，因而有效堵塞水分迁移通道，明显改善木材的尺寸稳定性，同时聚脲基聚氨酯沉积层对木材细胞壁的增厚作用，也能够使木材的强度显著提高。

（4）甲醛处理

甲醛在强酸或无机盐或者二者兼用条件下催化，能够与木材分子发生交联化反应，使木材分子链分子间发生架桥，从而使得在低的用药量下，被处理木材获得高的抗胀率或抗缩率，使得尺寸稳定性明显提高。其作用机制是在催化剂作用下，甲醛先与木材非晶区中的一个木材分子上的羟基发生半缩醛化反应，然后再与另一个木材分子上的羟基发生缩醛化反应，最终在两个木材分子之间形成一个亚甲基醚架桥，同时封闭了亲水性羟基，实现尺寸稳定性的改善。由于亚甲基醚对木材非晶区分子的化学键交联强度大于结晶区的氢键交联，因此甲醛处理的木材表现出了非常

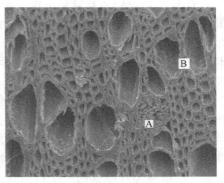

图 8-17　异氰酸酯预聚体改性木材
的 SEM 照片（横切面）

稳定和良好的尺寸稳定性，即使在干湿交替的环境中，依然具有良好的尺寸稳定性。

8.5.3　木材软化

由于木材缺乏塑性，因此未经处理的木材不能像金属或塑料一样进行弯曲，在制备异性工件时不便于加工。为了使木材易于加工，需要对木材进行软化处理。木材的软化处理就是是木材在一定条件下暂时具有良好的塑性，以便于弯曲、压缩等塑性加工或操作的进行。

木材的软化主要是木材吸着水、氨、低分子醇、酚、胺等极性气体或液体后，产生膨胀。这些膨胀剂进入构成木材的分子链之间，使分子链的间距拉大，分子间的结合力减弱。此时，在外力作用下，分子链容易产生相互间的错位或滑移，变形得以实现。另外，在构成木材的三大组分中，木质素和半纤维素在湿润状态下的软化温度急剧下降，如表 8-5 所示，这也使在高湿条件下木材易于软化的重要因素之一。

表 8-5　木材细胞壁主要成分的软化温度

木材成分	干燥状态/℃	湿润状态/℃
纤维素	231～253	222～250
木质素	134～235	77～128
半纤维素	167～217	54～142

木材的软化处理方法可分为水热处理法和化学处理法两类。水热处理法包括蒸煮法和微波法：蒸煮法即热水浸渍或用高温水蒸气处理而使木材软化；微波法即采用高频波或微波加热软化木材，微波加热软化木材能在很短的时间内使木材弯曲成不同曲率半径的形态。化学处理法有碱处理和氨处理等方法。

8.5.3.1　水热处理法

水热处理法是以水为软化剂，在加热条件下使木材纤维素、半纤维素和木素发生复杂的物理化学过程，最终使木材软化。当采用蒸煮法实现木材的软化时，可采用热水煮沸，或者高温蒸汽汽蒸，处理时间随树种、木料厚度、处理温度等因素的不同而异。在处理厚材时，为了缩短时间，可采用耐压锅蒸煮。蒸煮法对各种软硬木材都适用，对木材的结构无破坏作用，宜于提倡。

把高频介质加热或微波应用于木材软化，具有加热速度快、软化周期短、加热均匀的特点，比蒸煮法软化工效提高 10 倍以上，比窑干法干燥定型工艺提高工效 120~180 倍。而且与蒸煮法不同，木料越厚，该方法的优点越明显。

8.5.3.2　化学处理法

采用 10％~15％氢氧化钠水溶液或 15％~20％氢氧化钾水溶液对木材进行软化处理，很快就能够使木材明显软化。取出木材用清水清洗，即可进行自由弯曲。该方法软化效果很好，但易产生木材变色和坍塌等缺陷。为此，可采用 3％~5％的双氧水漂白浸渍过碱液的木材，应用甘油浸渍，可防止上述缺陷。碱处理过的木材虽然能够干燥定型，但若再次浸入水中，弯曲木材会回弹。

采用液氨或联氨软化木材，可以使几乎所有的阔叶材得到充分软化，而且成型时的辅助外力小，时间短，成品破损率低，定性后制品恢复原状的回弹性小等优点。但是，氨类试剂具有刺激性且臭味大，有毒，软化操作必须在封闭系统中进行。氨对纤维素、木质素和半纤维素均能够发生软化作用：氨能使纤维素膨胀，因为氨能够进入纤维素结晶区，形成氨化纤维素，所以氨是纤维素的一个极为有效的膨胀剂；氨也能够使半纤维素分子在细胞壁上重新定向；氨还能够在木材软化过程中，使木质素分子扭曲，而成软化状态。

8.5.4　木材的防腐处理

木材是一种生物材料，除了可再生性外，其特定的组成成分和解剖构造还使其具备了纹理美观、质量体积比小、可加工性强等诸多优点，同时也存在容易腐烂的缺点。一般，具有优越的天然防腐性能的木材多为名贵木材，价格比较高。对于普通木材来说，通过应用防腐技术可以达到延长使用寿命、扩大应用范围的目的。

木材防腐技术的发展已经有很长的历史。在 18 世纪，人们就开始将 AgCl 和 CuSO₄ 用作木材防腐剂。19 世纪 30 年代，Moll 发明了将煤杂酚油用作木材防腐剂的专利，贝塞尔（Bethell）发明了用满细胞法对木材进行防腐处理，这两项专利的应用在很大程度上促进了木材防腐的工业化发展。在至今的近 170 年的时间里，木材防腐剂的种类逐渐增多，相应的木材防腐处理工艺也在不断发展。在防腐处理木材的用途方面，从最初单一用途逐渐向多用途方向发展。最初防腐处理的应用只局限于船只用木材，19 世纪 70 年代起开始用于处理铁路枕木和电线杆，20 世纪 70 年代开始扩展到露台、篱笆等，甚至整个木建筑框架（如夏威夷等地）。

木材防腐剂主要包括油类防腐剂、油载防腐剂和水载防腐剂三类，目前使用最为广泛的是水载防腐剂。现简要介绍三类木材防腐剂及应用。

8.5.4.1　油类防腐剂

油类防腐剂通常是指煤焦油及其分馏物，如煤焦杂酚油、蒽油和煤焦杂酚油与石油混合液等。从煤焦油中高温提炼出来的这些分馏物可统称为煤杂酚油，它本身可能含有几百种有机化合物，目前已鉴定出的有 100 多种。除了对人畜的毒性大以及对环境造成的影响之外，煤杂酚油处理的另一个主要缺点是处理后制品的表面有渗出现象，这些缺点限制了煤杂酚油的应用范围。目前，这种防腐剂只能用于处理工业用材，如枕木和电线杆等，而不能处理露台等民用木材。在所有用途的处理材中，枕木占 70%，电线杆占 15%～20%，其他用途占 10%～15%。尽管煤杂酚油的使用面临着许多来自环保方面的压力，但是 Barnes 等认为煤杂酚油可以在土壤中迅速降解，并且废弃的处理材还是一种很好的燃料，因此他们认为许多对煤杂酚油的指责是没有根据的。在一些特定的用途方面，还没有别的防腐剂可以代替煤杂酚油，因此这种防腐剂还将继续使用。目前需要解决的问题是渗出现象，得到一个干净的处理材表面。煤杂酚油需要进行压力处理，使防腐剂能很好地渗入木材中，提高处理质量。

8.5.4.2 油载防腐剂

油载防腐剂主要包括五氯酚、环烷酸铜等。五氯酚（$C_6C_{15}OH$）是氯和苯酚的反应产物，是一种结晶化合物。1928 年开始作为木材防腐剂使用，是一种使用比较广泛的油载防腐剂，主要用于处理电线杆和桩材。但是由于它对人畜毒性较大以及对环境的影响，因此在许多国家（如新西兰）已经被禁止使用。这种防腐剂对腐朽菌及大部分的虫类有效，但是对海底钻孔的虫类无效。

环烷酸铜在 1889 年开始就用于木材防腐，但是一直没有得到广泛使用。直至 20 世纪 80 年代，才开始用于处理电线杆、桥梁、篱笆等用材。有研究指出，油载防腐剂的高效性除了来自于防腐成分本身，还在很大程度上来源于所采用的载体-油。例如，同样的环烷酸铜用烃有机溶剂处理后防腐性能很差。

8.5.4.3 水载防腐剂

由于能源危机、表面特性以及性能优越的水载防腐剂的出现，在许多应用场合油载防腐剂已逐渐被水载防腐剂所取代。下面介绍几类主要的水载防腐剂及其应用现状。

（1）含砷和铬的水载防腐剂

铬砷酸铜 CCA 是近年来应用最为广泛的水载防腐剂，其中的有效成分为铜、铬、砷的氧化物或盐类。这 3 种主要成分在防腐处理中起到不同的作用，铜可以抵制腐朽菌的侵入，砷具有抗虫蚁以及抵制一些具有耐铜性的腐朽菌的侵入，而铬可以增强处理材的耐光性和疏水性。这几种成分可以与木材的组成成分产生结合，增强抗流失性。根据铜、铬、砷比例的不同，CCA 包括 CCA-A、CCA-B 和 CCA-C 3 个配方。根据 2002 年的统计，CCA 处理木材在美国民用市场上的份额占 80%。CCA 的价格便宜，处理后防腐性能、力学性能和表面涂饰性能良好，与木材之间结合好（抗流失性强）。但是，CCA 中含有的砷和铬有可能危害人身健康及环境质量，并且 CCA 处理材的废弃处理仍缺乏妥善的途径，因此在很多国家开始禁用 CCA。2002 年 2 月 12 日，联合国环境保护署 EPA（Environmental Protection Agency）宣布了一项工业界自愿作出的决定，即从 2003 年 12 月起将含砷的压力处理木材撤出民用木材市场，这意味着 CCA 处理木材的市场将削减 70%左右。针对这种形势，各个国家的木材防腐产业做出的反应也各不相同，日本的反应最为迅速，他们马上从 CCA 转向其他不含砷和铬的防腐剂。

除了 CCA 之外，其他含有砷或铬的防腐剂还有 ACC（酸性铬酸铜）、ACA（氨溶砷酸铜）、ACZA（氨溶砷酸锌铜）、CCB（加铬硼酸铜）等，这些防腐剂也面临着同样的问题。

（2）基于其他金属的水载防腐剂

除了砷和铬以外，其中可用于木材防腐的金属还包括铜、锌、铁、铝等。通过不同的有机生物杀灭剂与这些金属的氧化物或盐类进行组合，可以产生很多种可能的木材防腐剂。这些有机生物杀灭剂包括烷基胺类、苯胺类、苯并咪唑类、拟除虫菊酯、取代苯、取代木素、氨磺酰类、秋兰姆类、三唑类、2,4-二硝基苯酚、苯并噻唑类、氨基甲酸酯类和胍基衍生物等。目前，在工业上应用的主要是几种铜系水载防腐剂，其中包括 ACQ（季铵铜）和 CA（铜唑）。ACQ 共有 3 个配方：ACQ-B、ACQ-C 和 ACQ-D，其中常用的 2 个配方是 ACQ-B

和 ACQ-D，两者的区别在于 ACQ-B 的溶剂中含氨而 ACQ-D 的溶剂中含胺。CA 的 2 个配方 CA-A 和 CA-B 的区别在于 CA-B 的配方中加入了硼。铜在木材防腐中扮演着重要的角色，从最初的 $CuSO_4$ 到现在的 CCA、ACQ 和 CA，很多木材防腐剂的配方中都含有铜。这主要是因为铜对腐朽菌有很高的毒效，另外价格低廉，对人畜毒性低也是原因之一。对于其他的金属（如锌、铁等），虽然也有很多相关的专利，但是实际应用还不是很多。

（3）无机硼类

硼类木材防腐剂在澳大利亚、新西兰和欧洲的使用已有 50 年左右的历史，它的优点是低毒性和广谱抗菌性，通常用于处理锯材、胶合板、定向刨花板、门窗、家具等。但是这类木材防腐剂都是水溶性的，因此抗流失性很差，几乎不可能用于处理室外用材。目前正在进行的研究主要是将硼类化合物与有机化合物进行结合，产生一种抗流失性强的复合体，从而使复合体中的硼发挥防腐的作用；另外，通过应用不同的防腐处理工艺也可以提高无机硼类防腐产品的性能，目前应用前景最好的是气相硼处理法。

总之，水载防腐剂在目前以及今后的一段时间内仍将是最主要的木材防腐剂种类，所需要解决的关键问题是提高防腐剂中有效成分的抗流失性。因此，一方面要弄清楚防腐剂有效成分与木材主要成分之间相互作用；另一方面要改进木材防腐处理工艺，使木材与防腐剂之间的结合更加充分。

由于对环境问题的日益关注，防腐剂配方中的金属成分因为对环境不利终将被淘汰。因此，专家们预测，未来的木材防腐剂应该是由几种有机生物杀灭剂的混合物组成，这几种不同的生物杀灭剂将有不同的针对性，如有的针对腐朽菌，有的针对虫类等。在北欧，目前已经有商品化的有机防腐剂。目前有机防腐剂的研究需要针对以下几个方面的内容：①需要开发经济适用的耐光和防水添加剂；②增强有机木材防腐剂的抗霉变能力；③降低成本；④增强与地面接触时的有效性；⑤考察对不同木材性质的影响，如对金属的腐蚀性、可涂饰性、胶合性、导电性、强度、阻燃性以及回收处理的便利性等。

8.5.5　木材的阻燃

木材是天然的高分子有机化合物，其主要化学组成为纤维素、半纤维素和木质素三种有机高分子。它们都属于固体可燃物质，受到高温时，会化学分解-热分解，产生木炭，热解的蒸汽和气体，这些气体和空气混合可以点燃起来。

8.5.5.1　木材的燃烧性

木材的燃烧过程大体可分成如下四个阶段。

① 干燥阶段（升温）。木材在外部热源作用下，温度逐渐升高，当达到分解温度时产生诸如一氧化碳、甲烷、乙烷、乙烯、醛、酮等可燃性气体。它们通过木材内部的空隙逸出，或由自身积累的压力挤出，在木材表面形成一层可燃气体层，此阶段气体是难燃性的。

② 预炭化阶段（热分解）。当温度达到 110℃ 以上，木材热分解加快；化学成分开始变化，测定桦木和松木的半纤维素在 117℃ 和 127℃ 开始分解。

③ 炭化阶段。当温度上升到 260℃ 以上时，木材急剧热分解，二氧化碳气体迅速下降，生成大量的气体产物甲烷和乙烯等，以及液体产物醋酸、甲醛、焦油等。以纤维素分解的左旋葡萄糖等，并放出大量的热，这时木材已经炭化。

④ 燃烧阶段。当温度达到 350~425℃ 时，热分解结束，木炭开始燃烧。木材起火的危险温度，即热分解液体的起始温度一般为 210~260℃。

8.5.5.2　阻燃剂

木材阻燃剂种类繁多，分类方法也各有不同。一般按引入阻燃剂的方法分为添加型和反应型；按阻燃剂的类型分为有机阻燃剂和无机阻燃剂；按阻燃剂的有效阻燃元素又可分为磷系阻燃剂、卤素阻燃剂、硼系阻燃剂、金属氢氧化物阻燃剂以及各种元素的组合阻燃剂。事实上，人们在实际应用中往往采用综合的分类方法，如较常用的聚磷酸铵（APP）木材阻燃剂属于非卤素磷系膨胀型无机阻燃剂。

在实际木材阻燃中，应用何种阻燃剂主要取决于木材对阻燃剂的要求。其中反应型阻燃剂具有稳定性好，不易流失，毒性小等优点，但其操作和加工工艺复杂，且使用范围尚有待扩展，实际应用中不及添加型阻燃剂应用普遍。在阻燃元素方面含卤阻燃剂在高温下，会燃烧产生有害气体，对人体及环境都会产生不良影响，目前各国都逐渐禁止使用。氢氧化铝及氢氧化镁等金属氢氧化物阻燃剂应用于阻燃时，所需的添加量较大，与有机物质的相容性较差。基于上述情况，在较长时期内磷-氮-硼系添加型水基阻燃体系将是木材阻燃剂的主流。

作为木材阻燃剂应具备如下条件。

① 在火焰温度下能阻止发焰燃烧，降低木材的热降解及炭化速度。

② 阻止木材着火。

③ 阻止除去热源后的发焰燃烧和表面燃烧。

④ 价格低廉，无毒无污染，使用方便，有耐久性。

⑤ 处理后不腐蚀木材和金属，对木材加工不产生有妨碍的化学反应。

⑥ 具有耐溶脱性。

⑦ 不析出到木材表面。

⑧ 不降低木材的物理力学性能。

8.5.5.3　木材阻燃处理方法

木材阻燃处理方法有如下三种。

（1）深层处理

即通过一定手段使阻燃剂或具有阻燃作用的物质浸注到整个木材中或达到一定深度。一般采用浸渍法和浸注法。浸渍法适合于渗透性好的树种，而且要求木材应保持足够的含水率。浸渍法的浸透深度一般可达几毫米，并且用来处理渗透性差的木材，常用真空加压法注入。

（2）表面处理

表面处理，即在木材表面涂刷或喷淋阻燃物质。这种处理方法不宜用阻燃剂处理成材，因为成材较厚，涂刷或喷淋只能在木材表面形成微薄一层阻燃剂，达不到应有的阻燃效果。如果处理单板，通过层积作用，药剂保持量增加，能保证有一定的阻燃作用。例如胶合板、单板层积材的阻燃处理，大多是先处理单板再层积。

（3）贴面处理

贴面处理是在木材表面贴具有阻燃作用的材料。如，无机物或金属薄板等非燃性材料，或者经阻燃处理的单板，或者在木材表面注入一层熔化的金属液体，形成所谓的"金属化木材"。

8.5.5.4　木材阻燃剂的发展趋势

（1）理想的木材阻燃剂

木材也是一种价廉物美、生物学和环境学特性优异而深受人们喜爱的材料，因此作为一类特性材料，阻燃木材不仅要具有阻燃性能，而且应该基本保留木材的原有优良性能。理想的木材阻燃剂应该具有如下特点：①阻燃效力高，既能阻止有焰燃烧，又能抑制阻燃（无焰燃烧）；②阻燃剂本身无毒，在生产和使用过程中不污染环境，阻燃木材的热解产物少烟、低毒和无腐蚀性；③阻燃性能持久。在使用过程中不发生热、光分解，不易水解和流失；④吸湿性低，阻燃木材的尺寸稳定性好；⑤木材的物理力学性能和工艺性能基本不受影响；

⑥具有防腐、防虫性能；⑦木材的视觉、触觉和调节等环境学特性基本不受影响；⑧成本低廉，来源丰富，易于使用。

虽然完全满足上述要求的完美的阻燃剂目前还没有出现，但是根据使用场合的不同，具有某些突出优点的阻燃剂（如 Dricon、FRW 等），也能够满足使用要求，是目前有实用价值的优秀阻燃剂产品。

（2）木材阻燃剂发展趋势展望

纵观木材阻燃学的演进历程，社会需求是木材阻燃剂发展的根本推动力，它的未来发展也必然要与整个人类社会的发展和科技进步相适应。预期木材阻燃剂的发展将呈现如下特征。

① 鉴于目前科学技术的发展状况。在较长时期内，磷-氮-硼系水基阻燃体系仍将是木材阻燃剂的主流，今后的工作主要是进一步提高抗流失性、耐迁移性和降低成本。

② 随着社会的进步，人们对材料的性能要求不仅越来越高而且越来越全面。具有阻燃、防腐、抗流失和尺寸稳定等多方面效力的木材保护药剂，即一剂多效，将成为木材阻燃剂的主要发展方向。

③ 火灾发生时，因浓烟尤其是有毒浓烟造成的直接人员伤亡和因妨碍扑救而造成的间接财产损失往往不亚于火烧损失。抑烟性研究将成为木材阻燃剂的重要研究课题。

④ 随着人们对阻燃机理认识的逐步深入，新阻燃体系的研究将引起学者们的重视。预期目前已经在合成高分子材料领域得到飞速发展的膨胀型阻燃体系，将在木质复合材料领域发挥作用。

⑤ 许多人认为，热塑性合成高分子材料的生产规模已经大到对木材工业构成了威胁。但是从另一角度看，由于塑料的不可生物降解性，未来若干年内回收塑料的量将急剧增大，这就为研究制造新型热塑性塑料-木材复合材料提供了原料基础。该类材料将从根本上避免甲醛树脂胶黏剂释放游离甲醛和在使用过程中因缓慢分解而释放甲醛的问题。热塑性塑料-木材复合材料的阻燃将成为木质材料阻燃的新课题。

⑥ 木材阻燃剂需求量巨大，使用过程中常常与人体接触，与阻燃塑料相比多孔性的阻燃木材更易释放阻燃剂，因而木材阻燃剂在生产和使用过程中对人身健康和环境的影响将成为制约木材阻燃剂发展的重要因素。开发环境友好的新品种是木材阻燃剂发展的必然趋势。

8.5.6　木材颜色处理

木材的颜色出现是木材中化学成分吸收光所造成的，即光被木材吸收后，残留的光再反射到人的眼睛里作为颜色而呈现。而且木材的变色也是从木材中化学成分吸收光线开始的，一些木材由于种种原因材色不理想，需要加以漂白或调色。采用合适的浓度、温度、时间、pH 值、助剂组成的漂白工艺参数，对木材进行漂白处理，能在保留天然木质花纹的同时，使材色变浅或洁白均匀。影响木材染色的主要因素是染色液的温度、浓度、时间和溶比，采用热扩散法进行染色，比较适合单板和薄木的内部完全染色。影响木地板染色深度的各个因素，以压力、温度、浓度、真空度的影响最为显著，染料渗入木材内的深度也与树种、染料种类关系密切。采用壳聚糖处理木材再进行染色处理，可使木材染色均匀，没有色斑，颜色浓深，木材纹理清晰；同一树种的壳聚糖处理材用不同染料的染色效果与未处理材相比，染色效果不同，亮色系染料效果较暗色系染料好。山杨、银桦、安息香、核桃楸、长白落叶松、华山松等木材经壳聚糖处理后与未处理再用同一染料染色并辐射一定时间后，处理材色差均比未处理材低；壳聚糖处理的安息香木材用一些染料染色后，其耐光性优于未处理材，但随染料种类不同略有差异。壳聚糖处理木材表面的最佳深度是 2.0%，处理后对木材表面的进一步着色或涂饰无大影响。染料溶液的渗透方向、染料质量浓度和试件含水率对木材染色效果影响较大；渗透剂加入量及染料处理时间对其也有一定影响，不同树种不同细胞种类对酸性橙、直接蓝、碱性绿3种染料的染色性能存在差异。商业上木地板染色时，选用水性着色剂，染料选用较易调配的成品酸性混合染料，如钠粉、黑钠粉，适当加入少量酸性原染料，操作方便，价格低廉。绿色植物叶绿素染色液对木材的染色液着染效果好，可以得到绿色调纹理的木制品。

8.6　木材基材料及其应用

木材是一种可再生的生物质材料，木材的来源-树木和森林是人类目前赖以生存的地球的绿色屏障，是人类赖以生存的宝贵资源和财富。木材还是一种功能材料，它具有其他材料所不具备的特殊功能，如木材的调湿功能、木材的装饰功能、木材的吸音功能、木材和人类生活的友好协调性等。加之，木材资源丰富、分布广泛，可满足不同的使用要求和功能性，木材与人类有了不解之缘，一直以来伴随着人类文明的发展，是人类生产与生活所必需的重要材料，木材在人类的众多领域得到了广泛的应用。

木材基（木基质）材料种类众多，应用广泛，下面就整体木材、薄木、木基质复合材料等木材基材料种类和应用作一简要介绍，并重点介绍木基质复合材料。

8.6.1　整体木材

整体木材是将圆木直接应用或者通过去皮、锯割等简单加工后直接利用的木材。整体木材保持了木材原有的大部分特性和结构，不经胶合、加热、加压等物理化学处理，属于木材的一种直接利用方式。整体木材根据外形，其种类又可细分为圆材和锯材两大类。

圆材又有原条和原木之分：原条指伐倒木剥去树皮且截去直径（去皮）不足6cm梢头后的树干；而原木指原条按尺寸、形状、质量和有关标准与使用要求，截成一定材种的木段。圆材是制备锯材的原料。在人类工业化以前，圆材是人们利用木材的主要途径之一，例如用以建造房屋（立柱、横梁等）、支撑重物、修路造桥、矿井立柱等。目前，人们利用圆材相对较少，有时在人造景观、室内装饰、仿古典建筑、原生态建筑、山区建房等场合会利用圆材。多数圆材是用于加工其他木基质产品的原料，例如锯材、旋切单板、刨切薄木、实木家具和器材等。

锯材是将原木锯割成不同截面尺寸和长度的实木产品，如板材、方材、枕木、罐道木、机台木等。锯材按照树种可分为针叶材锯材和阔叶材锯材两类；按照截面形状可分为对开材[图8-18(a)]、四方材[图8-18(b)]、等边毛方[图8-18(c)]、不等边毛方[两面加工，图8-18(d)]、一边毛方[三面加工，图8-18(e)]、枕木[四面加工的厚方材，图8-18(f)]、毛边板[图8-18(g)]、整边板[图8-18(h)]、半毛边板材[图8-18(i)]、梯形板[图8-18(j)]和工业用板皮[图8-18(k)]11类；按照锯材的厚度可分为薄板（<21mm）、中板（25～30mm）及厚板（>40mm）；由于下锯方法不同导致的锯材年轮与材面形成的角度不同，可分为径切板、弦切板和半径切板（或半弦切板）三类：径切板的板面方向垂直或近乎垂直于年轮，弦切板的板面方向平行或近乎平行于年轮，而半径切板（或半弦切板）则是板面方向与年轮呈锐角（通常大于45°角）。

锯材的应用广泛，可用作建筑用材（屋架、檩条、地板、门窗等）、家具及室内装饰用材（实木家具、踢脚线、楼梯扶手等）、采矿用材（坑木、灌道木等）、车辆用材（车厢支架、车内装饰与用材）、造船用材（木船骨架、舵、桨、橹、甲板等）、枕木用材、军工用材（步枪枪托、军工包装材）、动力机械基础垫木、农业机械及农具用材（把柄、扁担、农具构

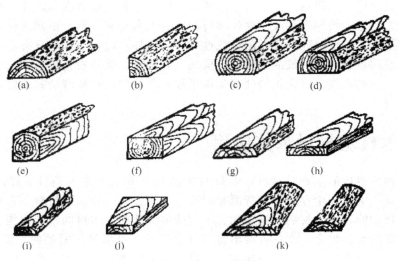

图 8-18 锯材的主要截面形状

件等)、纺织用材(木梭、卷布轴等)、乐器用材(琴壳、风箱、琴杆、琴头、共鸣部件等)、体育器材用材(球棒、平衡木、球拍、滑雪板等)、文具用材(绘图板、木尺等)、箱盒用材(木桶、木箱)等,涉及人们生产生活的方方面面。

8.6.2 薄木

薄木是将纹理美观的木材经刨切或旋切制成的薄木及单板。目前,通过胶合技术结合锯割或刨切技术,可人为地制造多种纹理和图案的人造薄木,又称美化木或科技木(如图8-19中提及的组合薄木、集成薄木和染色薄木)。薄木贴面能够最有效地利用木纹美丽大方的珍贵树种木材,使人造板或普通木材表面具有天然木材或特殊木材的质感。生产中还根据特殊要求,将薄木选拼成各种图案、花纹,使其具有更加独特的性能。因此,薄木的种类丰富多彩。薄木的分类如图 8-19 所示。

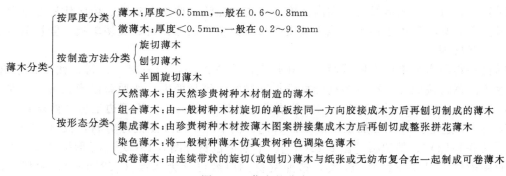

图 8-19 薄木的分类

薄木制造用树种。适于制造薄木的树种很多,一般要求早晚材比较明显、木射线粗大或密集、能在径切面或弦切面上形成美丽木纹的树种。要求木材易于切削、胶接和涂饰等加工处理。对于阔叶材要求其导管直径不宜过大,否则制成薄木后易于破碎,胶贴时还容易产生透胶现象。常用的树种:国产材有水曲柳、黄波罗、花梨木、楸木、柞木、桦木、椴木、麻栎等,进口材有柚木、桃花心木、色木、红木、榉木、奥古曼等。利用小径珍贵木材、小规格珍贵木材、甚至普通木材经过湿材胶接成大木方,然后刨切薄木,这是今后珍贵小径木材、珍贵小规格木材以及普通木材高效利用的一个有效途径。

薄木制造的方法一般有旋切法、刨切法、半圆旋切法等几大类。选择哪种方法主要根据树种、原木及设备情况而定。一般针叶材及纹理通直、木射线丰富的阔叶材，采用刨切法。纹理交错、树瘤多、节子多的树种则采用旋切法。总之，主要根据制造出来薄木的纹理而定。目前国内外主要采用刨切和旋切法。

刨切法生产需先将原木剖分成木方，然后进行蒸煮、软化后再在刨切机上将木方刨切成薄木。刨切薄木纹理通直，适于拼成各种图案。

未经干燥的微薄木，在长期保存时，应注意防止水分散失，但也要注意防止霉变。因此，在生产中应尽量做到随刨随用，不宜大量长期储存。微薄木与无纺布等复合后，可在较低含水率条件下长期储存。

薄木的主要用途就是人造板和家具的贴面与饰面，以及室内装修的表面装贴。

8.6.3　木质基复合材料

在木质基复合材料提出和广泛应用之前，人们通常采用"人造板"一词描述传统的"木基质复合材料"。通常所说的人造板主要包括胶合板、普通刨花板、均质刨花板、大片刨花板（定向刨花板和华夫板）、水泥刨花板、石膏刨花板、纤维板（湿法纤维板、低密度纤维板、中密度纤维板、高密度纤维板）、细木工板等种类；简言之，人造板以胶合板、纤维板、刨花板和细木工板为主要品种。后来，许多含有木材或者以木材为主的新材料品种不断涌现和发展，例如木材层积塑料板、单板层积材、集成材、胶合木、单板条结构材、定向层积材、重组木、胶合木、铁化木材、木陶瓷、复合板材、木塑纤维复合材料、木质碎料复合材料、强化地板、复合地板、玻璃纤维增强复合材料、金属-木材复合材等，使得"人造板"一词难以全面概述这些新涌现的材料种类。对于传统人造板而言，它们本身就是一种复合材料，它是以木材为连续相、胶黏剂为分散相的复合材料。因此，"木基质复合材料"一词更为适于描述上述含有木材组分的各种材料。然而，各种新出现的木质基复合材料种类虽然很多，但广泛工业化生产和应用的仍是以胶合板、纤维板、刨花板和细木工板四大品种的人造板为主，例如我国2004年、2005年和2006年四大品种的人造板产量分别占木质基复合材料总量的95.2%、95.9%和96.8%。因此，目前"木基质复合材料"和"人造板"两词是通用的，但内含不同。

由于世界性的天然林木材资源的锐减，致使木质原料供给结构发生了根本变化，速生材、小径材、低劣质材已经成为主要木质原料，而木基质复合材料（人造板）生产是一种高效利用这种木质原料的重要手段之一。另外，木基质复合材料（人造板）生产还可以实现节约木材资源，提高优质木材原料的利用效能和附加值。现今，木基质复合材料（人造板）工业已经成为我国木材工业的重要组成部分，并且，近年来我国的人造板工业发展特别快，表8-6列举了我国近7年的人造板发展情况。

表 8-6　我国 2000～2006 年期间的人造板生产情况　　　　单位：×10⁴ m³

年份	2000	2001	2002	2003	2004	2005	2006
木质基复合材料（人造板）总量	2001.66	2110.82	2930.18	4553.36	5446.49	6393	7429.00
刨花板	286.77	344.53	369.31	547.41	642.92	576	843.00
纤维板	514.43	570.11	767.42	1128.33	1560.46	2061	2467.00
胶合板	992.54	904.06	1135	2102.35	2098.62	2515	2729.00
细木工板		216.37	550	617.24	880.94	982	1155.00
其他人造板		75.75	108	158.03	263.55	259	235.00

8.6.3.1 木质基复合材料的分类

木质基复合材料品种繁多，由于不同类型的木质基复合材料的应用场所不同，其产品性能差别较大、功能不同。另外，不同用途的木质基复合材料在密度、胶黏剂种类、原料种类、被胶接单元的形状，以及制造方法等方面的差别也较大。因此，关于木质基复合材料（人造板）的分类尚无统一的标准。在此就从木质单元和复合材料的角度进行分类。

（1）从木质单元的种类和单元纤维方向进行分类

根据木质基复合材料构成原料单元的种类（或尺寸大小）及其纤维的排列对木质材料分类如表 8-7 所示。木质基复合材料（人造板）是将不同规格的木质单元在一定条件下黏合制成的板状材料，不同板种的差别主要体现在木质单元的种类（尺寸大小）和单元纤维的排列方向差别。

表 8-7　构成木质基复合材料的木质单元种类和单元纤维排列

构成要素 （木质单元）		木质单元纤维排列方向		
		一维纵向排列	二维交错排列	随机排列
大 ↑ 单 元 尺 寸 ↓ 小	木板	集成材、胶合木 木材-金属复合材		
	木束	重组木		
	单板	单板层积材	胶合板/型材	
	单板条	单板条结构板材/型材	单板条层积板材/型材	
	大片刨花	定向刨片结构板材/型材	定向刨花板/型材	
	长条刨片			华夫板材/型材
	薄片刨花			条片板材/型材
				刨花板材/型材
				均质刨花板材/型材
	细长刨花			刨花-聚合物板材/型材
				刨花-石膏板材/型材
				刨花-水泥刨花板材/型材
				刨花-金属板材/型材
				软质纤维板材/型材
	纤维			中密度纤维板材/型材
				硬质纤维板材/型材
			（定向 MDF）	木纤维-聚合物板材/型材
				石膏纤维板材/型材
				水泥纤维板材/型材
				木纤维-金属板材/型材
	木粉			木粉-聚合物板材/型材

木质基复合材料构成原料单元的种类主要有木板、单板、单板条、刨花、纤维和木粉六种。木板（锯材）是厚度为 10mm 以上的板材；单板是厚度为 0.8～3mm 的连续薄板，多为旋切板；单板条是宽度为 10～20mm 的短栅状单板；大片刨花是厚 0.6mm×宽 50mm×长 50～70mm 左右的刨花；长条刨片是厚 0.6mm×宽 20mm×长 50～300mm 左右的刨花；细长刨花是厚 0.3～0.6mm×宽10mm×长 10～30mm 以下的刨花；纤维是木材纤维束；木粉是颗粒状尺寸小于 16～32 目的粉末。

构成木质基复合材料的原料单元纤维方向有一维纵向排列、二维纵向排列和随机排列三种情况。一维纵向排列指原料单元的纤维按一个方向排列，所制成的材料沿纤维方向的强度很高，一般作为梁等结构材料；二维纵向排列指原料单元的纤维在板材平面呈 90°垂直排列；随机排列指原料单元的纤维在板材的长、宽和厚度方向随机排列。纤维二维纵向排列或纤维随机排列制成的材料多作为壁板等平面非结构材料使用。

（2）从复合材料的角度进行分类

复合材料的种类繁多，分类方法也很多，按基材可分为金属复合材料、塑料复合材料、陶瓷复合材料、木质复合材料等，同理也可按其不连续相、单元的形态和性质、复合方法等进行分类。因此，复合材料的种类 K＝A×B×C×D，其中：A 指基材（连续相），B 指不连续相（填料或其他具增强作用的物质），C 指基材单元的形状和性质，D 指复合方式。有时不连续相或单元形状和性质为两种或两种以上时，上式应写作：

$$K＝A×B1×B2×\cdots×C1 C2×\cdots×D$$

基于 A×B×C×D 复合材料的分类方法，其中 A 主要是木材；B 可以是合成树脂、塑料、可聚合单体、金属、无机物、或者它们的复合；C 有碎料复合材料、纤维复合材料、层叠复合材料、连续木基复合材料等；木材加工中的复合方法 D 主要有层压、饰面、模压、浸渍、烧结等。因此，理论上讲，只要改变 A×B×C×D 复合材料分类方法中 B、C 或 D 的任一参数，就能够获得一种新的复合材料。表 8-8 列举了几种参数变化得到木质基复合材料种类。

表 8-8　"A×B×C×D" 复合材料分类方法对木质基复合材料的列举

B×C×D 参数变化	木质基复合材料种类
①A 木材×B 合成树脂×…	
A 木材×B 合成树脂×C 刨花×D 层压	普通刨花板、均质刨花板、定向刨花板、华夫板、条片板等
A 木材×B 合成树脂×C1 单板×C2 层叠×D 层压	胶合板、单板层积材等
A 木材×B 合成树脂×C 单板条×D 层压	单板条层积材
A 木材×B 合成树脂×C 木板×D 层压	集成材
A 木材×B 合成树脂×C 纤维×D 层压	软质纤维板、中密度纤维板、硬质纤维板等
A 木材×B 合成树脂×C 刨花×D 模压	普通刨花板型材、均质刨花板型材、定向刨花板型材、华夫板型材、条片板型材等
A 木材×B 合成树脂×C 单板×D 模压	胶合板型材、单板层积材型材等
A 木材×B 合成树脂×C 单板条×D 模压	单板条层积材型材
A 木材×B 合成树脂×C 纤维×D 模压	软质纤维板型材、中密度纤维板型材、硬质纤维板型材等
A 木材×B 合成树脂×C 连续木质×D 浸渍	重组木、胶合木
A 木材×B 合成树脂×C 连续木质×D 烧结	铁化木材、木陶瓷
②A1 木材×A2 塑料/橡胶×…×B 树脂…	
A1 木材×A2 塑料×B 树脂×C 纤维×D 层压	木纤维-塑料复合板材
A1 木材×A2 塑料×B 树脂×C 纤维×D 模压	木纤维-塑料复合板材
A1 木材×A2 塑料×B 树脂×C 木粉×D 层压	木粉-塑料复合板材
A1 木材×A2 塑料×B 树脂×C 木粉×D 模压/挤出/注射	木粉-塑料复合板型材
A1 木材×A2 塑料×B 树脂×C 刨花×D 层压	木刨花-塑料复合板材
A1 木材×A2 浸渍纸×C 层叠×D 层压	浸渍纸饰面人造板、强化地板
A1 木材×A2 木材×B 树脂×C1 层叠×C2 薄木×D 层压	薄木饰面人造板
A1 木材×A2 木材×B 树脂×C1 连续木质×C2 单板×C3 木条×D 层压	细木工板
③A 木材×B 可聚合单体×连续木基×…	塑合木
④A 木材×B 金属×…	
A 木材×B1 金属×B2 树脂×C1 连续木质×C2 金属板/金属箔/金属纤维×D 层压	木材-金属复合材
⑤A 木材×B 无机物×…	
A 木材×B 石膏×C 木纤维×D 层压	石膏纤维板
A 木材×B 石膏×C 刨花×D 层压	石膏刨花板

8.6.3.2　木质基复合材料的分类

下面将按照 A×B×C×D 分类方法对主要的木质基复合材料进行分类和简要介绍。

（1）A 木材×B 合成树脂×…

这一类木质复合材料可表述为借助于合成树脂的胶接作用或填充作用，达到对木质材料的功能改良。所借助的多数是合成树脂胶的胶接作用，对木材所改良的往往是其强度，依据单元的形状和性质以及复合方法的不同，所改良的功能会有所不同。

该类木质复合材料包含了绝大部分传统人造板，主要有刨花板、纤维板、胶合板、细木工板等，也包含了多数人造板较年轻的成员，如复合板材、重组木、单板条层积材、集成材、木材层积塑料、浸渍木、木陶瓷等。

① A 木材×B 合成树脂×C 刨花×D 层压。按照上述分类定义，刨花板包括普通刨花板、华夫板、定向刨花板、均质刨花板、单板条层积材和单板大片刨花复合板，都属于层压的刨花复合板。

木质刨花为相对连续相，合成树脂以点状或不连续面的形式相对均匀地分布于体系中。以公式表示为 A 木材×B 合成树脂×C 刨花×D 层压，式中 D 主要以热压为主。

这一类木质复合材料的加工原料可取自枝丫材及其他木材加工剩余物、小径木、速生材、低质、劣质抚育间伐材或木材，因此这一类材料极具生命力，是世界上最主要的木质复合材料之一。其性能主要取决于碎料的形态和使用的合成树脂，使用的合成树脂主要有：脲醛树脂、酚醛树脂、异氰酸酯树脂等。用以不同形式的刨花形态和树脂种类可生产出更新、差异很大的不同种类的复合材料。例如在所提及四种刨花板中，工艺流程是基本相同的，但是均质刨花板性能均一，接近于中密度纤维板，在某些场合如制造家具可进行铣、镂等操作；华夫板具有更高的综合强度，定向刨花板的纵向强度很高，如使用耐水性合成树脂，它们可替代木材或其他结构性材料，完全可用于室外。单板条层积材或单板大片刨花复合材的原料多取于低质速生小径木和胶合板生产的碎单板，一般都是定向铺装，产品材质均匀，物理力学性能优良，强度分布上很像定向刨花板，顺纹强度远大于横纹强度，很适于单向载荷的应力场合，但是机械加工性能较定向刨花板差。

这一类复合材料的制备工艺为：制备复合单元（刨花、单板碎料），干燥、施胶，（定向）铺装成型，（预压）热压成型。

② A 木材×B 合成树脂×C 纤维×D 层压/模压。纤维板，尤其是干法纤维板属于 A 木材×B 合成树脂×C 纤维×D 层压/辊压型复合材料。对于湿法纤维板不属于复合材料定义。纤维板的性能取决于胶种和板的密度。目前干法纤维板生产用合成树脂主要是脲醛树脂和三聚氰胺改性脲醛树脂，某些场合会使用三聚氰胺-尿素共缩合树脂。纤维板的密度和胶种可决定其使用方向，例如密度在 $0.50\sim0.88\mathrm{g/cm^3}$ 的脲醛树脂纤维板，被称之为中密度纤维板，以性能均匀和可镂铣等用于家具制造、装饰；密度高于 $0.88\mathrm{g/cm^3}$ 的高密度三聚氰胺改性脲醛树脂纤维板可用于集装箱底板或复合地板制造，密度低于 $0.50\mathrm{g/cm^3}$ 的低密度纤维板，以优异的吸音性和隔音保暖性，多用于顶棚、歌唱屋墙壁的装饰。其生产工艺与碎料板接近。

对于模压纤维板（A 木材×B 合成树脂×C 纤维×D 模压），生产工艺与干法纤维板略有差异，主要是在最终热压成型上，将预压的平板或直接将施胶干燥的纤维置于模具上，再模压成型。而且根据产品的用途和要求，有时在模压前板坯上附一张装饰薄膜，有 PVC、浸渍纸等，有的则在模压后再饰面。模压纤维板可根据用户需求直接生产终端产品，产品种类有门、墙体、棚顶装饰材料、异型家具面板及配件等。

③ A 木材×B 合成树脂×C 连续木质×D 浸渍/烧结。重组木、胶合木和浸渍木属于连

续木质基复合材料。所谓连续木质基是指作为复合材料基体的木材作为一个连续的整体。

a. 重组木。是利用小径级劣质木材、间伐材、枝丫材等经辗搓加工成横向不断裂、纵向松散而又交错相连的大束木材，再经干燥、铺装、施胶和热压（模压）制成。为保证产品性能以浸胶为最合适，但是耗胶量大。重组木是一种机械加工性能良好、几乎不弯曲、不开裂，密度可人为控制，产品稳定的结构复合材料，其强重比更高。据报道，杨木重组木的横纹抗压强度比辐射松刨花板高8倍之多。在生产中，通过加入填料、颜料、阻燃、防虫、防腐药剂等，可使重组木满足特殊领域用材的需求。

b. 胶合木（又称胶合层压木）和浸渍木。都是实木通过浸渍方法将热固性树脂，如酚醛树脂、脲醛树脂、糠醇树脂、三聚氰胺树脂等浸入实木而制得。通过加热引发缩聚反应制得的称浸渍木，而通过热压引发缩聚反应制得的称胶合层压木。目前使用最成功的是甲阶酚醛树脂，它比脲醛树脂的抗缩率和耐老化性好，比糠醇树脂的药剂损失性低。酚醛树脂浸渍木具有较良好的耐酸、耐碱、绝缘性和一定的阻燃效果，酚醛树脂浸渍的木材还具有较好的防腐性。胶合木是将树脂浸入木材后，再热压引发树脂缩聚，借助于树脂固定部分压缩变形。因此，胶合层压木的密度较高可达 $1.2\sim1.3g/cm^3$，因此胶合层压木具有更好的尺寸稳定性并且力学强度大幅度提高，强度提高的幅度与密度增加成正比。

c. 铁化木材。铁化木材和部分木陶瓷属于 A 木材×B 合成树脂×C 纤维×D 烧结的复合材料，前者是前苏联利用铁化工艺法，将质地松软的木材在真空下用油页岩处理，然后再对之进行焙烧，木材就如金属一般，同时具有防火抗腐的功能。铁化木材主要是针对松软木材开发利用而设计的。

d. 木陶瓷。是利用热固性树脂浸渍的原木、胶合层压木、浸渍木或其他木质材料，在真空或氮气保护下高温加热烧结而制得。使用的浸渍树脂主要是热固性的酚醛树脂、呋喃树脂等，借助于树脂渗入细胞壁，而加强木材细胞壁，防止烧结时木陶瓷裂纹与变形的产生。木陶瓷最初的利用设想是碳素导电和多孔结构的电磁屏蔽材料，但进一步研究揭示，木陶瓷具有更广泛的应用前景：密度低、高比强度，可用作结构材料；质硬、耐磨，可用作摩擦材料；耐热、耐氧化、耐腐蚀，可用于高温、腐蚀环境中等。木陶瓷的成功制备关键在于合适的浸渍树脂、浸渍方法和烧结工艺。因为，木材实体直接浸渍困难，尤其是大尺寸时，因此在制造木陶瓷时，有人以木质纤维、胶合板、纤维板等为木质单元，用热固性树脂浸渍后再真空烧结，由此解决木材树脂浸渍困难问题。这种情况木陶瓷的分类为 A 木材/人造板×B 合成树脂×C 纤维//纤维复合材料/层叠复合材料×D 烧结。对于木陶瓷的制备，树脂不一定是热固性树脂，其他浸渍物质有硅类物质和无机盐类，如四乙醛硅氧烷、正硅酸乙酯、黏土等；木质材料不一定是木材，也有先使用木炭浸渍后再烧结的。

④ A 木材×B 合成树脂×C 层叠×D 层压。胶合板、细木工板、复合板材、集成材、木材层积塑料属于木质复合材料中的层叠复合材料。其特点是复合单元木材层状分布。它们的制备工艺为：先制备复合单元，包括减弱或去除缺陷，再施胶或浸渍树脂，拼板形成层叠组合，最后热压成型。在所有木质复合材料的分类中，性能差异以这一类为最大。因为这一类材料的复合单元的尺寸相对大，可保持木材的众多优点，从胶合板的单板、细木工板的对接板条、集成材指接木条，到复合板材的人造板等尺寸形态各有不同，形态差异很大，因此不同的单元形态可赋予材料不同的性能，这是这类复合材料差异性大的原因之一。因为复合单元尺寸相对大，人为提高可控性和可操作性强，人们可以根据产品用途和需要对复合单元进行有效的再加工，通过工艺改进产品性能，尤其是拼板工艺。例如，胶合板中的集装箱底板用胶合板和普通胶合板在拼板工艺上有差别，前者的层数多为15层、17层和19层三种，其纵向单板层数明显多于横向单板层数，对于15层和17层胶合板的纵/横向单板层数分别

为 10/5 和 12/7，而普通胶合板的纵横向单板层数相差仅为一层，因此，造成前者在强度上纵向比横向大很多。从某种意义上讲，集装箱底板具有一些"定向"胶合板的意味。再者细木工板的芯板多采用对接，因此其幅面强度远低于指接的单层"集成材"。

a. 木材层积塑料。是以单板为单元，在浸注热固性树脂以后，按照不同的纤维方向配置板坯中的各层单板，最后通过热压工艺成型。如果各层单板的纤维方向配置不同，可制得力学性能不同的木材层积塑料。它具有质轻强度高、耐磨、绝缘性好等特点，可用于制造风叶片、滑道、无声齿轮等。

b. 复合板材。是利用单板、刨花板、中密度纤维板、胶合板等进行复合，再制造新的复合材料，具有复合再复合的特征。这种复合材料是针对产品用途或不足进行复合，一般是为了提高尺寸稳定性和某些强度性能需求。例如，电脑绣花机的台面需要高稳定性的复合板，可使用薄的胶合板或 MDF 做表板，以纵多横少拼板工艺压制的厚板作为芯板，再组合所压制。由于复合板材制造中，至少有一种是已成型的人造板，因此，复合技术采用冷压和热压两种。冷压用胶黏剂多为冷压脲醛树脂胶与乳白胶共混的胶黏剂。

（2）A1 木材×A2 塑料/橡胶/…×B 树脂…

这类木质复合材料主要是利用木质碎料、木粉、木纤维等，与聚乙烯塑料、聚丙烯塑料、聚酯塑料、轮胎橡胶等混合后，进行铺装成型。最终成型方法主要是热压（层压）和模压两种。由于木质原料主要是由极性大分子质构成，而塑料或橡胶等为大分子质量非极性分子，因此在压制过程中，（部分）熔融的塑料或橡胶分子难以浸润木质单元，在两种复合单元界面产生的结合力不是很理想。因此，在实际复合中，往往要加入一定量的合成树脂进行增强，或在复合前对塑料、橡胶或木质单元进行改性预处理，即提高塑料等的极性或降低木质单元的极性，使二者分子性质接近，才能达到满意的效果。如果只利用木质材料和塑料或橡胶直接成型，往往要求塑料和橡胶的软化点不能太高，而且塑料或橡胶的添加量不宜过低，由此造成：a. 过多的塑料或橡胶的加入，虽对复合材料的尺寸稳定很有利，但会封闭木材，使木材的众多特性不能体现；b. 因为这一类复合材料开发的初衷是针对众多难以降解的塑料和橡胶"垃圾"的利用问题，如果只是利用软化点不高的塑料橡胶，使得产品对原料束缚太大，不实际。因此应使用一定量的合成树脂进行增强。

这类复合材料的木材复合单元主要是以纤维或木粉为主，也有使用刨花等碎料的，如加上所述的复合地板和饰面人造板的话，人造板或实木地板条也是主要木质复合单元之一。

① 木塑纤维复合材料。将废弃或低等级的木质材料制成纤维后，与塑料混合，利用气流成型；或者利用无纺技术将木纤维与合成纤维（塑料的一类）随机地织在一起后根据需要模压成型。按上述分类为 A1 木材×A2 塑料（合成纤维）×B 树脂×C 纤维×D 模压/层压。

这种复合材料具有模压成型性好、尺寸稳定性高、抗张性能和抗冲击性能优良、材料无毒耐用等优点，被誉为汽车工业"绿色革命"的重要内容，用作汽车车门内层、顶棚内层、仪表盘等非受力构件，也可用作家具制造、模压门制造等。

② 木质碎料复合材料。这类材料分类为 A1 木材×A2 塑料/橡胶×B 树脂×C 碎料×D 层压，碎料的具体形式为刨花碎料和木粉，刨花碎料的成型采用层压，木粉则采用挤出成型或模压成型。复合技术是将木质碎料与塑料纤维、塑料粉末、橡胶细颗粒混合后，施加合成增强树脂或胶黏剂，挤出成型、模压或层压制得。

③ 饰面人造板与复合地板。饰面人造板和复合地板在木质复合材料上的分类为 A1 木材×A2 塑料/橡胶/…×B 树脂×C 层叠×D 层压。

④ 饰面人造板。生产工艺是砂光后的刨花板、纤维板、胶合板等人造板，在表面覆一层塑料贴面、浸渍纸或薄木，由于贴面塑料和浸渍纸在饰面时，能与基材良好黏附，因此一

般无需胶黏剂，对于薄木饰面则需要胶黏剂。饰面后的人造板不仅美观，还有利于降低游离甲醛和提高强度。

⑤ 复合地板。分实木基复合地板和强化地板。生产工艺都为先施胶组坯，再热压。实木基地板可以是以实木拼板为面层、实木条为芯层、单板为底层制成的企口地板，也有为了提高实木地板的冲击性和降低噪音，在实木企口地板下覆一层橡胶；还可在实木地板表层黏覆一层耐磨、美观的 WPC 层等。对于前两种实木地板，为了提高表面耐磨性，表面一般都涂覆一层耐磨树脂漆，这也应该是一种复合。

⑥ 强化地板。起源于欧洲，近年来发展迅猛。它都是三层结构，即表层由 $0.2\sim0.8mm$ 的装饰层和耐磨层组成，芯层是中高密度纤维板或表面精细的刨花板，底层黏附 $0.2\sim0.3mm$ 的平衡纸。耐磨层是带有氧化铝的经三聚氰胺浸渍的表层纸，其氧化铝含量对地板的耐磨性有重大影响，研究表明氧化铝含量从 $30g/m^2$ 增加到 $62g/m^2$ 时（约 1 倍），地板耐磨度由 4000 转提高到 18000 转，提高了 4.5 倍。装饰层和底层为三聚氰胺浸渍纸，平衡层则是酚醛树脂浸渍纸，作用是防潮和防止变形。按照耐磨程度，强化地板有三类：a. 通用型强化地板，主要用于家庭居室装饰；b. 高耐磨强化复合地板，在通用型强化地板的装饰层下加一层增强层，以提高抗冲击性能、硬度和耐磨性，产品用于公共场所装饰；c. 超耐磨强化复合地板，其结构为高压三聚氰胺树脂防火装饰纸-底层纸-高密度纤维板-底层纸-高压三聚氰胺树脂防火装饰纸，用于耐磨性和防火要求较高的场所。

（3）A 木材×B 可聚合单体×连续木基×…

这一类复合材料主要是指塑合木，也称木塑复合材（wood plastic composite，WPC），是将一些可聚合单体，通常为烯类化合物，浸渍到木材内部，通过加热或射线引发单体聚合而制得的一种较新的复合材料，于 1961 年问世。由于较多的烯类化合物的引入，引入的烯类化合物在热和射线的作用下，能与木材中的纤维素发生接枝，以及特殊聚合物不易燃等原因，使得塑合木具有众多木材所不具有的新特性。主要为力学强度的大幅度增加、尺寸稳定性大大提高，耐热性、耐磨性、耐候性和耐腐性优良，因此广泛地应用于建筑、工业、家具、工艺品、问题用品的制造等。

制造塑合木的浸渍单体主要有苯乙烯、甲基丙烯酸甲酯、丙烯腈、丙烯酸、氯乙烯、乙烯、丙烯酸酯、β-丁烯酸、顺丁烯二酸酐等，由于共聚可以很大程度地改变均聚产品的物化性能，为了制造性能更优越的塑合木，多是采用两种或两种以上的单体浸渍。

由于实体木材的浸渍性较困难，尤其是大尺寸的制造单元，因此制造塑合木时，有人采用胶压木的工艺方法，即将木材制成薄板或单板，浸渍树脂后再加热聚合。有时根据使用，虽然采用大尺寸实木作为浸渍对象，但并不要求树脂浸渍太深，如制造地板或家具，只要求木材表面 WPC 化即可，这样既可简化工艺、降低成本，同时又能满足使用要求。

（4）A 木材×B 金属×…

金属与木材的复合常见的主要有三种：①金属以层状覆于木质材料表面或搁置于层状木质材料中心，这种复合以对木材强度增强为主要目的；②金属以网状夹于木质层中或以颗粒状均匀分布于木质材料内部，以电磁屏蔽为主要目的；③低沸点金属熔融后浸注到木材内部，即金属木，以提高导热性、尺寸稳定性和提高力学性能为主要目的，但是浸注金属种类不同，其目的略有差异，如浸注铅的金属木，对 X 射线有良好的吸收和隔离作用，可用作有射线辐射空间的防辐射装饰材料。

将金属以层状覆于木质材料（实木或刨花板等人造板）表面，即使层状金属是厚度为 0.35mm 的铝箔，对木质材料的静曲强度的改良也很明显，提高幅度可达基材的 1.2 倍，这样，对于类似刨花板等人造板，同时还可以赋予其更好的表面抗冲击能力和改进握钉力等。

将层状金属搁置于木质材料内部，主要是在胶合板、刨花板、层积材等中进行，研究的主导是日本。在刨花板的两个表芯层之间各加入一层 0.1～0.15mm 厚的金属箔，木刨花与金属箔一次成型，所制得的金属-木材复合材料称之为金属箔层积刨花板，这种刨花板，较普通刨花板的力学性能更优异，同时具有良好的电磁屏蔽效果和一定的耐火性能。有研究表明：用于金属箔层积刨花板制造的各种金属箔中，铁箔对于抗拉强度和耐破坏强度的提高最为实际且效果良好，而铜箔的拉伸率最好。当将这种复合材料用于电磁屏蔽场合时，虽屏蔽效果由于复合系电磁屏蔽材料的价格低于碳纤维电磁屏蔽材料，但在接缝处易出现电磁泄漏。类似原理，如果只用于改进强度，可将金属箔或金属层搁置于胶合板和层积材中间，以提高力学性能。

金属以网状夹于木质层中或以颗粒状均匀分布于木质材料内部时，由于金属的形态特点，决定它不能用于改善力学强度，这种复合方式主要是提高木质材料的电磁屏蔽效应。如果只出于木质材料的电磁屏蔽效应考虑，可采用的工艺主要有：①木质材料中混合或填充金属丝、金属颗粒粉末等；②对木质材料表面覆贴金属箔或金属板层；③对木质材料进行金属镀层处理。这三种方法存在以下问题：a. 由于金属分布不连续，施加量大；b. 失去木材本色，尤其考虑装饰性时；c. 成本高，工艺复杂，难以实现工业化。因此目前多以金属网代替之，电磁屏蔽效果取决于金属网的层数和目数。当金属网目数较大时，一般采用两层，较小时采用一层即可满足要求。金属网的目数一般是电磁波的波长的 1/4 左右，当小于电磁波波长 1/4 时，一层金属网即可形成良好的电磁屏蔽效果。

金属木是将融化的低熔点合金或金属浸渍到木材内部而制得的复合材料，也称金属化木材，这种复合材料具有两大特点：密度高，不燃烧。为了不使木材在浸注时产生降解，所使用的金属或合金的熔点一般在 100℃ 以内。浸渍金属的工艺有表面浸注、局部浸注和整体浸注三种。由于金属木的成本高，目前其使用范围极为有限，仅在一些特殊场合使用。

木材与金属的复合还有一种比较特殊的方式是以金属为骨架、以木质材料为填充材料，在表面覆以表面材料，通过机械方法（钉、铆等）或利用胶接等手段，将之组合在一起，形成的金属-木材复合材料，常见的主要是：钢木复合门。

（5）A 木材×B 无机物×…

以木材和无机物制造的复合材料种类较多，主要有无机胶粘剂胶接的人造板、玻璃纤维增强的复合材料、矿物增强的复合材料等。适用于这种复合的复合材料单元具有多种形态，因此产品种类相当丰富。以无机胶黏剂胶接的人造板和玻璃纤维增强的复合材料为常用；矿物增强的复合材料由于成本高等众多因素，只使用于特殊用途，很难在一般领域得到普遍应用。

无机胶黏剂胶接的人造板是以刨花、木丝、木纤维为骨架，用无机胶黏剂胶接成型的复合材料，因此分类上可写作 A 木材×B 无机物×纤维/碎料×…这类复合材料不仅具有木材的质轻、强重比大、隔音隔热等优点，还具有无机材料的耐水或阻燃或高强度等性能。因此可用作建筑和装饰材料，如非承重墙体、天棚等。国内外研究的无机胶黏剂胶接的木质复合材料主要有石膏刨花板、石膏纤维板、水泥刨花板、水泥纤维板，复合方法主要是冷压和模压，近期也有人采用无机硅化物与木材进行复合。

玻璃纤维增强复合材料　属于纤维增强复合材料的一种，因为纤维可分为无机纤维和有机合成纤维两类，后者被归到木塑纤维复合材料中。使用的无机纤维主要有玻璃纤维、碳纤维等，以玻璃纤维最为常见。玻璃纤维具有力学性能高、来源广泛、成本低廉，伸缩率小、不吸水、不燃烧等众多优点，是一种理想的增强材料。国外在这一方面的研究较早，早在 20 世纪 70 年代就已开始。目前国内已在玻璃纤维布覆面刨花板、玻璃纤维增强刨花板、玻璃纤维复合木质材料等方面开展了一些研究。

（6）A1 木材×A2 竹材/秸秆×B 树脂×…

我国生产竹子，竹材和木材一样都是各向异性材料，但与木材相比，它又具有更好的硬度、强度、刚性等。最重要的是，它们都是天然高分子材料。因此将竹材与木材复合能制得性能较好的竹木复合材料。产品有竹木复合层积材、竹木复合定向刨花板、竹木复合胶合板、竹木复合中密度纤维板、木竹复合板等，有人也研制开发过竹木复合集装箱底板和汽车车厢底板等竹木复合材料，其生产工艺与对应的木质人造板相近。为了赋予这一类复合材料更好的物化性能，所使用的胶黏剂多为酚醛树脂胶黏剂。

我国是农业大国，农作物种类丰富，数量巨大，分布广泛。世界重要非木材植物纤维约有 50 多种，其中我国可供应 40 多种。据统计，2000 年，我国生产农业剩余物约 6.65 亿吨，其中，稻草 1.35 亿吨，麦秆 0.8 亿吨，玉米秆 1.73 亿吨，棉花秆 0.30 亿吨，豆类作物秸秆 0.76 亿吨，而这些农作物均为一年生植物，在全国各地均有不同面积的分布。在木材资源日趋紧张、人造板原料供应不足的情况下，合理利用这些原料，会节约很大一部分资源。为此，国内外积极开展秸秆人造板的研发与应用研究。但由于结构与化学组分问题，秸秆等草本植物纤维中有效化学成分少，纤维形态又细又短，同时含有对制板不利的化学成分，其材质、材性较木材差。为了充分利用秸秆，制备满足使用要求的人造板，采用木材纤维/秸秆纤维复合（质量比 1∶1），以脲醛树脂为胶黏剂在 12% 的施胶量下，就可制得与木质纤维板相当的复合板材。

8.6.4 衍生化木材

木材的衍生化主要是利用醚化、酯化以及其他的化学反应将木材的主要成分纤维素、半纤维素、木质素衍生化，借以改善木材的尺寸稳定性等性能，目前有两种理论以及相应的处理方法。

8.6.4.1 木材细胞壁非结晶区和基质的改性处理

这一理论的要点是：不破坏使木材具有优良力学性质的纤维素微细纤维的构造，而将纤维素的非结晶区和基质成分衍生化。经化学改性将细胞壁非结晶纤维素大分子和基质中的羟基，用其他有机取代基置换。使用的典型化学试剂有，醋酸酐及其他酸酐、异氰酸酯（前文已介绍）等。

（1）酯化木材

酯化木材是有效木材衍生化方法。酯化试剂主要包括酰化剂以及催化剂，常用的催化剂有吡啶、二甲基甲酰胺等，常用的酰化剂有脂肪酸氯化物、脂肪酸酐、二羧酸酐、马来酸酐、十二月桂酸、乙酸等。

乙酰化是酯化木材最常用的方法，酯化产物可以取代木材中的羟基，有利于提高木材的尺寸稳定性。乙酰化的工艺过程分为气相法、液相法或综合法。其中最常使用的为液相法。液相法处理效果与树种有很大关系，用这种方法处理后木材的尺寸稳定性良好，但存在处理材吸取的过量药液的排除困难和催化剂回收困难的问题，且工艺复杂。而气相法仅适用于单板以及厚度较小的材料。综合法是指乙酰化处理与热处理相结合后，用做交联处理，这用综合处理后木材的耐水性以及尺寸稳定性均有明显提高。

除了使用乙酸酐试剂外，现在还采用分子链长的丁酸酐、己酸酐、酰基氯化物、乙烯酯以及多元羧酸化合物等，这些不同结构的酰化试剂的引入影响了改性后木材的性质，如大分子链以及疏水性基团的引入会明显增加改性后木材的阻湿性；使用脂肪酸酰氯做改性剂时脂肪酸氯化物起到溶剂和反应物的双重作用，改性产物增重率高且热塑性增加。目前，国外采用各种饱和乙烯酯类以及不饱和的乙烯酯类为酰化试剂，利用无机物为催化剂实现木材酯化，与过去所使用的酯化试剂酰基氯化物、酸酐与木材发生的酯化反应所得产物相比，乙烯酯改性木材有很好的效果而且反应的副产物乙醛无酸性且易去除，从而解决了酸对木材损失大的问题。研究新型的、水溶的、无毒害、无污染非甲醛系试剂交联体系是木材交联反应未采用过的，多元羧酸化合物就属于这类的酯化试剂，多元羧酸酯化的木材阻湿性、抗胀缩性都有所提高，力学性能根据不同的催化剂、反应条件会有所不同，其中横纹抗压强度、硬度和韧性等稍有增加，抗剪切强度降低，同时处理材有一定的防腐蚀的功能。

（2）醚化木材

引入小分子取代基（如甲基、乙基）或亲水性取代基（如羟甲基、羟乙基、羟丙基等）化学方法改性木材。可以还可利用异丙醚缩水甘油醚与木材发生醚化反应。改性木材的核磁共振光谱和红外光谱分析表明，改性后木材的耐腐性能和耐光性能优良，木材与异丙醚缩水甘油醚反应生成的新的醚键中含有异丙基基团。改性后木材有良好的耐光性，这是因为异丙醚缩水甘油醚可以有效的减少苯氧基自由基形成。

8.6.4.2　木材细胞壁的改性处理

这一理论要点是：将木材细胞壁的三种主要成分全部衍生化，从而破坏木材细胞壁，赋予细胞原来并不具有的特性和性能，从而达到改性木材的目的。

（1）酯化木材

不同的改性理论以及不同的改性方法决定了改性后木材的性质，木材细胞壁理论提高了木材的热塑性。将上述改性后的酯化木材进一步处理，会使改性后的木材的热塑性增加。通常使用的方法包括：①乙酰化后再皂化；②将丁酰基、乙酰基与乙酰基一起引入木材；③乙酰化处理的同时将木素中的非环状结构部分开链，导致木素低分子化并减少交联；④乙酰化后用乙烯基单体等接枝聚合。改性后木材的动态弹性模量大幅度降低，热塑化木材制成的薄片在室温下呈现弹性体性状，可能是由于酰基侧链而不是主链的微布朗运动所致。

（2）醚化木材

① 氰乙基化木材。木材氰乙基化改性反应是典型的 Williamson 亲核取代反应，木材结构中的羟基碱化后与氰乙基发生反应，生成醚键。影响氰乙基化改性木材的因素有很多；如选用的醚化剂的用量、反应温度、反应时间、碱浓度等。通常情况下，醚化单体用量越大，对氰乙基化反应越有利。但在反应过程中，由于碱水溶液的存在，醚化试剂一方面与木材羟基发生醚化反应，另一方面又会发生碱性水解反应，因此现在多使用 KSCN-NaOH 作预润胀剂，则使醚化剂的使用量大大降低的同时，氰乙基化程度增加。虽然木材氰乙基化反应是一个放热反应，但在较低的温度下，反应缓慢，用丙烯腈做醚化剂时，温度在 40℃为宜。木材用 KSCN 饱和的低浓度 NaOH 水溶液润胀后，其细胞壁上的纤维素结晶区会受到一定程度的破坏，细胞壁通道变宽，在此基础上增加时间有利于木材的氰乙基化。木材氰乙基化后其热塑性增加，可与 PS、PVA、ABS 等合成高聚物共混，并可热压成半透明的薄片。为了进一步改进氰乙基化木材的性质，可采用氯化的方法对于氰乙基木材的进一步改性，其热流动温度有很大幅度的降低。

② 苄基化木材。木材苄基化改性也是典型的 Williamson 亲核反应，是将大取代基团苄基引入木材中使木材塑料化的一种方法。影响木材苄基化的因素有反应介质、氯化苄用量、反应温度、反应时间、碱浓度等。由于木粉与醚化剂的极性相差较大，有时需要一些稀释剂（如甲苯），稀释剂的加入可以改善改性效果。在适当的碱浓度和反应温度下延长反应时间，有利于氯化苄扩散渗入到木材细胞壁与羟基发生取代反应，碱性的增加也有利于木材的苄基化反应。反应中加入季铵盐可以有效地提高醚化反应效率并提高醚化剂利用率。在苄基化反应的过程中使用油浴加热和使用微波加热各有特点，例如微波加热有利于提高增重率的同时

减少反应时间，但反应程度不容易控制。

③ 烯丙基化木材。目前关于烯丙基化木材的研究不多。以质量分数为 20%～30% 的 NaOH 水溶液为预润剂和催化剂，以溴代丙烯作醚化剂，在 50～70℃ 下反应 0.5～3h，木材改性后具有表面热容性。将其两片试样叠合并在 160℃、0.8～1.1MPa 条件下热压可自行黏合，其黏合剪切强度平均为 15.6MPa，接近于木材固有的剪切强度。

8.6.5 木材的液化转化及应用

木材是自然界中应用最广泛的天然高分子材料之一。由于它难熔难溶，难以通过加热和加压等方式进行加工。此外森林资源中尚有许多劣质木材因不能作为材料应用而浪费。因此，为了开辟木材利用的新技术，提高木材资源的利用效率，并开创未来生物物质的利用途径以及缓解能源和原料紧张的局面，国内外学者采用液化转化，即在适当的溶剂和催化剂作用下将木材转化为液体的热化学过程，木材液化产物可作为燃料，也可用于制造胶黏剂、模塑材料、聚氨酯泡沫等高分子材料的原料。

8.6.5.1 木材的液化方法

初期的木材液化通常是指在非常剧烈的条件下将木材转化为燃油的过程。Tshiteya 以 $Co(NO_3)_2 \cdot 6H_2O$ 为催化剂，在压力为 10～35MPa 的 H_2 和 CO 混合气体存在下，350～420℃ 反应 30min，将木材转化为重油。这种以高温高压液化条件为特征的纯粹的木材热化学液化，只能称为"油化"。随着对木材液化方法的进一步研究，人们发现在有机溶剂中，木材可以在比较温和的条件下液化，没有催化剂作用时，其液化温度一般是 240～270℃，而在酸催化剂存在下仅需 80～150℃ 即可液化。

（1）改性木材的液化

高温高压下直接将木材原料液化的过程条件过于剧烈，另外，用这种方式液化，使木材组分降解的很厉害，不利于作为制备高分子材料的原料，为此，人们一直寻求在相对温和的条件下进行木材液化的方法，并取得了显著进展。

早期由于对催化剂和反应溶剂的研究相对滞后，要实现温和条件下的液化，木材需要进行化学改性。对木材进行化学改性（如烷基化、酰化、酯化或醚化），引入取代基，增加了木材组织内的自由空间，加上改性反应过程中木素网络结构的断裂，引起木材体积的溶胀，降低了木材组分分子间的相互作用力，降低了木材的液化温度。

例如，经酯化或醚化改性的木材可溶于中性有机溶剂或其混合溶剂中，如脂肪酸酯化木材在苯甲醚、氧化苯乙烯、苯酚、间苯二酚、苯甲醛、苯-丙酮、三氯甲烷-二氧六环等有机溶剂中，在 240～270℃ 下反应 20～45min 即可液化。甲基化木材、乙基化木材、烯丙基化木材及乙酰化木材等改性木材同样可于 1,6-己二醇、1,4-丁二醇、1,2-乙二醇、丙三醇、双酚 A 等多元醇中液化，其过程中伴有木质素大分子的醇解，可获得均相黏性溶液，产物可作为制备高分子材料的原料。后来又发现化学改性木材可在一定催化剂存在下于 80℃ 反应 30～150min，通过木质素的酚解而溶解于苯酚中。

（2）未改性木材的液化

木材改性后再液化，方法复杂，成本高，因此后来进行的液化研究基本上并不沿用这种方法，而是从研制新型催化剂、合理使用有机溶剂和选择适当的温度、压力入手，直接将木材液化。

人们在研究化学改性对木材液化的影响时，发现未经化学改性的木材同样能在一些有机溶剂中液化。如木片和木粉均可以在苯酚、双酚 A 等醇类中液化；多元醇，如 1,6-己二醇、1,4-丁二醇；氧化醚，如甲基乙二醇乙醚、二甘醇、三甘醇、聚乙二醇、环己酮等溶剂中于 250℃ 条件下反应 15～180min 液化。同时还发现以磷酸、硫酸、盐酸、草酸、乙酸等酸作催化剂时，在常压和 120～180℃条件下可使木材液化，而没有催化剂时则需 250℃下才能液化。强酸作催化剂容易造成设备的腐蚀，以弱酸作催化剂液化反应进行不彻底。而不用催化剂的液化产物黏度很高，不易转移利用。为此，Maldas 等在 250℃条件下，木材与苯酚按照质量比 4∶6 混合后，利用碱及金属盐作为催化剂，可以将木材液化，产物可用于制备黏合剂。

木材在多元醇中液化，反应速度较慢，且残渣率较高，如在乙二醇中反应 120min 仍有30％的残渣率，在聚乙二醇中也需反应 100min 才能得到满意的结果。Yamada 等报道了利用环碳酸酯（如碳酸乙烯酯、碳酸丙烯酯等）作为溶剂，将木材于 150℃下反应 10～40min即可完全液化。但碳酸乙烯酯对于针叶木液化效果不好，残渣率较高，使用乙二醇与碳酸乙烯酯的混合溶剂进行液化，可以解决这个问题。

总体看来，在酚或醇的存在下有或无催化剂的木材液化效率及液化产物中的可溶物含量都比较高。而有催化剂存在下的液化反应温度要比无催化剂存在时低。

8.6.5.2　木材液化的机理

木材含有 40％～45％的纤维素、20％～30％的半纤维素及 20％～30％的木质素。不同的分子结构使它们具有不同的反应历程和反应活性，同时也使木材液化机理的研究变得非常困难。

木质素是木材的主要成分之一，分子结构相当复杂，因此常用模型物进行液化反应，通过分析中间产物和最终产物的结构来推测木材液化反应的历程。Lin 等用愈创木基甘油-愈创木基醚（GG）作模型物，研究了木质素在苯酚中的无催化液化反应及其机理，用 GPC 和GC-MS 分析了 GG 的液化产物，发现反应首先是生成低分子质量的自由基中间产物，然后通过自由基之间的缩合逐渐转化为高分子产物。用液相色谱分离和鉴定出 28 种中间产物，主要是松柏醇和愈创木酚以及酚化物。根据这些中间产物的结构，提出了一种自由基反应机理：GG 首先在 βO-4 处发生均裂，生成松柏醇和愈创木基自由基等主要中间体。松柏醇自由基进一步与酚自由基生成一系列酚化产物。而愈创木基自由基则主要被还原成愈创木酚，其中一些与酚自由基反应产生相应的二聚物，这种二聚物很稳定，不再进一步生成高分子化合物。同时，还发现苯酚在抑制反应性中间体的自身缩合反应中起着重要作用。

纤维素也是木材的主要成分之一，在液化过程中较难液化。Yamada 等研究了纤维素在苯酚和水的存在下，在 250℃温度下的液化反应，发现液化产物中的低分子质量中间产物为5-羟甲基糠醛、低聚糖和葡萄糖等，提出了纤维素液化的机理应是纤维素降解成低聚糖，再降解为葡萄糖，进一步生成 5-羟甲基糠醛。5-羟甲基糠醛的生成可能导致其自身的聚合和与苯酚的反应，直到反应后期生成交联的高分子化合物。

Lin 等通过对苯酚存在下的液化反应产物的分子质量及其分布的研究，提出在液化反应中，木材组成主要发生分解、酚化和再缩聚三类反应。其中木材组分的分解在液化反应的初期即开始进行。酚化与再缩聚则是两个竞争反应。因为中间产物与酚的反应会减少活性点的数量，从而对再缩聚起到抑制作用。这两种因素竞争的结果决定着最终液化木材的结构特性。

总体来说，有关木材液化反应历程、机理的研究还不充分，有待于进一步深入的研究。

8.6.5.3　木材液化产物在高分子材料中的应用

根据木材液化方法的不同，产物结构与用途也不同。木材酚解产物可用于制备酚醛树脂和环氧树脂，醇解产物可用于制备聚氨酯材料。

（1）黏合剂

以 NaOH 作催化剂，用乙基化木材的双酚 A 酚解产物在 95℃下与环氧氯丙烷缩合，反应 90min，制成乙基化木材/双酚 A 型环氧树脂黏合剂。乙基化木材环氧树脂具有双酚 A 环氧树脂的类似固化性能，以乙二胺为固化体系对铝/铝基材的胶合强度约为 6101 环氧树脂的 1/2，通过添加 60%的 6101 环氧树脂，其胶合强度即可接近 6101 环氧树脂的胶合强度。

羧甲基化木材（CMW）与等质量的苯酚在盐酸作用下于 80~90℃搅拌 60min 即可溶解获得均一的棕黑色黏稠溶液。按不同的比例加入 35%的甲醛溶液到上述 CMW 苯酚溶液中，NaOH 作为催化剂进行反应，即可制得水溶性 CMW-酚醛树脂。该树脂可作为木材工业尤其是室外耐候级优质胶合板用黏合剂。

（2）酚醛模塑材料

以盐酸作催化剂，在 150℃生成的苯酚化木材的黏度比普通的合成树脂高一个数量级，其表观热流动温度约为 134.4~199.8℃，也高于普通的合成树脂。同时，剪切应力和剪切速率的关系表明，苯酚化木材树脂熔体是剪切稀化流体。DSC 研究结果表明，结合苯酚在 80%以上时，其固化行为与常规树脂相似，其机械性能也随着结合苯酚的数量增加而提高；结合苯酚高于 100%时，其弹性模量与常规树脂相当，但该酚化木材的吸水性大于常规合成的酚醛清漆树脂。由于材料的生物降解所引起的质量损失较大，酚化木材制备的模塑材料的质量损失高于常规树脂，表明相对常规的酚醛清漆树脂来说，酚化木材制备的模塑材料具有更好的生物降解性。

（3）聚氨酯发泡材料

将烯丙基木材溶于多元醇或双酚 A 中，以 35%的盐酸作为催化剂，100℃下反应 120min，得到褐色高黏性的胶状液体，用 40%NaOH 溶液中和后，加入等质量的 10%MDI 溶液，混合物在 100℃下 2min 开始发泡，7min 完成，制得表观密度为 0.04g/cm³、有相当强度的聚氨酯泡沫材料。而用双酚 A 代替 1,6-已二醇可在更温和的条件下溶解烯丙基化木材，但获得的聚氨酯泡沫表观密度较高，为 0.1g/cm³，而且强度不高。甲基化木材以及乙基化材木同样可用相似的方法制备聚氨酯泡沫材料。

将木材和淀粉按一定比例混合后在聚乙二醇中以硫酸为催化剂共同液化，可制得综合性能较好的聚氨酯泡沫塑料。该泡沫体密度为 0.03g/cm³，抗压强度达 80~150kPa，弹性模量为 3~10MPa，与常规聚氨酯硬泡沫塑料相当。由单纯的淀粉液化产物制得的泡沫塑料具有较高的抗压强度和弹性模量，但是相对较脆，变形恢复能力较差。而由木材和淀粉共同液化制得的泡沫塑料虽然抗压强度和弹性模量低一点，但是有着很大的弹性。由此可见，木材组分在其中起着维持泡沫体尺寸稳定性的重要作用。

参 考 文 献

[1] Chang H，Chang S. Bioresource Technology，2002，85（1）：201.

[2] Chang H，Chang S. Bioresource Technology，2006，97：1265.

[3] Crawford D M，DeGroot R C，Watkins J B，et al. Forestry Product Journal，2000，50（1）：29.

[4] Evans P. Forestry Product Journal，2003，53（1）：14.

[5] Furuno T，Imamura Y，Kajita H. Wood Science and Technology，2004，137（5）：349.

[6] Gao Z，Wang X M，Wan H，et al. Journal of Applied Polymer Science，2008，107（3）：1555.

[7] Gao Z H，Li D. Journal of Applied Polymer Science，2007，104（5）：2980.

[8] Gindl W，Muller U，Teischinger A. Wood & Fiber Science，2003，35（2）：239.

[9] Gindl W，Hansmann C，Gierlinger N，et al. Journal of Applied Polymer Science，2004，93（4）：1900.

[10] Kartal S N，Yoshimura T，Imamura Y. International Biodeterioration & Biodegradation，2004，53：111.

[11] Manabendra D，Wolfgang G.，Rupert W. Indian Journal of Chemical Technology，2007，14（2）：134.

[12] Shi J，Li J. Journal of Beijing Forestry University，2006，28（2）：123.

[13] Slpan D，Guven O. Polymer Composites，2001，22（1）：90.

［14］　Wan H，Kim M G. Wood & Fiber Science，2006，38（2）：314.

［15］　Xing C，Deng J，Zhang S Y，et al. Journal of Apply Polymer Science，2005，98（5）：2027.

［16］　Xing C，Zhang S Y，Deng J. Holzforschung，2004，58（4）：408.

［17］　曹金珍. 林业科学，2006，42（17）：120.

［18］　陈瑞英，邓邵平. 东北林业大学学报，2000，28（4）：44.

［19］　方桂珍，庞久寅. 木材工业，2000，14（5）：13.

［20］　李坚，吴玉章. 中国木材，2001（3）：52.

［21］　刘波，张双保. 木材加工机械，2005，（4）：37.

［22］　刘君良，李坚，刘一星. 东北林业大学学报，2000，28（4）：16.

［23］　刘磊. 木材工业，2001，15（3）：8.

［24］　刘亚兰. 东北林业大学学报，2005，33（2）：89.

［25］　刘一星，李坚，刘君良. 东北林业大学学报，2000，28（4）：9.

［26］　刘一星，刘君良，李坚. 东北林业大学学报，2000，28（4）：13.

［27］　刘一星，赵广杰. 木质资源材料学. 北京：中国林业出版社，2004.

［28］　马掌法，李延军. 浙江林学院学报，2000，17（3）：321.

［29］　梅长彤，周晓燕，金菊婉. 人造板. 北京：中国林业出版社，2005.

［30］　潘明珠. 草木纤维复合机理及制板工艺研究. 南京林业大学硕士学位论文，2003.

［31］　皮锦红，王章忠. 南京工程学院学报（自然科学版），2006，4（2）：17.

［32］　钱俊，叶良明，余肖红等. 木材工业，2001，15（2）：14.

［33］　邱坚. 林业科学，2003，39（3）：98.

［34］　邱坚. 云南林业，2002，23（4）：20.

［35］　王传耀，陈刚. 福建农林大学学报，2006，35（6）：598.

［36］　王东华，程发. 天津大学学报，2002，33（6）：806.

［37］　王洁瑛，赵广杰，饭田生穗. 北京林业大学学报，2000，22（1）：72.

［38］　吴玉章，松井宏昭，片冈厚. 林业科学，2003，39（6）：136.

［39］　吴章康. 木材工业，2000，14（3）：7.

［40］　谢涛，谌凡更，詹怀宇. 纤维素科学与技术，2004，12（2）：47.

［41］　于夺福. 木材工业，2000，14（1）：21.

［42］　张世伟，李天祥，解田等. 消防科学与技术，2007，26（1）：77.

［43］　周兆等. 木材工业，2000，14（1）：32.

［44］　朱家琪. 木材工业，2001，15（3）：5.

第9章 作物秸秆

9.1 作物秸秆概述

9.1.1 秸秆资源的可获量

农作物秸秆是籽实收获后剩留下的含纤维成分很高的作物残留物，包括禾谷类作物秸秆（如稻秸、麦秸、玉米秸、高粱秆等）、豆类作物秸秆（如大豆秆、绿豆秆、蚕豆秆、豌豆秆等）、薯类作物秸秆（如甘薯藤、马铃薯藤、红薯藤等）、油料作物秸秆（如花生秆、油菜秆、芝麻秆、胡麻秆等）、麻类作物秸秆（如红麻秆、黄麻秆、大麻秆、亚麻秆等）以及棉花、甘蔗、烟草、瓜果等多种作物的秸秆等。

农作物秸秆是世界上数量最多的一种农业生产副产品，我国是农业大国，也是秸秆资源最为丰富的国家之一，秸秆分布主要集中在山东、河南、四川、黑龙江、河北、江苏、吉林、安徽等省。其中东北地区黑龙江以玉米秸和大豆秸为主，华北以玉米秸和麦秸为主，华东、华中以稻秸和麦秸为主，华南以稻草为主，西南地区以稻秸和玉米秸为主，西北以玉米秸、麦秸和棉花秸为主。作物秸秆总量以华东最高，其次是华中、东北和西南。根据国家统计局、农业部的年度统计资料，对全国及各省的粮食和经济作物的产量进行汇总，并结合谷草比例，

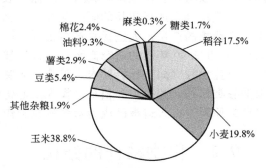

图 9-1 近年我国各种秸秆的产量比例

得到我国近年各种秸秆的产量比例，见图 9-1。近年来我国秸秆总量约为 7 亿吨，其中稻谷、小麦和玉米秸秆占秸秆总量的 76% 左右。

不同作物秸秆的有机质成分基本相似，根据不同用途可选择适合的秸秆。一般而言，用作饲料和食用菌基料要求粗蛋白、粗脂肪、无氮浸出物的含量要高，纤维素、木质素和灰分的含量要低；作为建筑材料和能源材料要求纤维素、木质素的含量和热值要高，对蛋白质、脂肪、无氮浸出物的含量要求较低。

9.1.2 发展秸秆复合材料的意义

随着生产的高速发展以及人们对生活质量的追求，对木材的需求越来越旺盛。但是，但我国森林资源严重短缺，根据第 6 次全国森林资源清查结果统计，森林面积 1.75 亿公顷，森林覆盖率 18.21%，森林蓄积 124.56 亿立方米；人工林面积 0.53 亿公顷，蓄积 15.05 亿立方米；现在全国每年森林蓄积消耗总需求量已达 5.5 亿立方米，每年缺口 2 亿立方米；4 年后将扩大到 3 亿立方米。从木材消费情况看，2004 年木材市场消费总量 3.1 亿立方米，其中建筑用材占 35.8%，家具用材占 9.1%，造纸用材占 24.5%。2005 年（不计薪材）国内木材需求量 3.3 亿～3.4 亿立方米，木材缺口 1.4 亿～1.5 亿立方米。目前，解决以上木材供需矛盾的途径主要有三条：大力发展人工速生林；适度增加木材进口；寻找木材代替材料。目前用以代替木材的生物材料有竹材、农作物秸秆等，相对于竹材的开发与利用，农作

物秸秆工业化利用起步较晚,利用麦秸、稻秸生产人造板,将是一种重要经济价值和环境效益的合理利用途径。

我国是农业大国,农作物种类丰富,数量巨大,分布广泛。世界重要非木材植物纤维约有 50 多种,其中我国可供应 40 多种。根据最新的统计资料,全国农作物秸秆量每年在 7 亿吨左右(玉米、高粱、棉花等农作物秸秆约 2 亿吨,麦秸和稻草约 4 亿吨,豆类及油料作物秸秆约 1 亿吨),其中可供收集利用的约有 6 亿吨以上。在过去,秸秆主要供农民盖房、饲养家畜、做燃料以及用于造纸。随着社会生产发展以及科技的进步,这些用途已纷纷弱化,在收获季节,有些农民常常就地焚烧秸秆,不仅污染环境,浪费资源,而且影响交通安全,影响社会生产和人民生活,已成为一个严重的经济和社会问题,成为政府关心、社会关注、舆论关注的热点和难点问题。

在木材资源日趋紧张、人造板原料供应不足的情况下,合理利用这些原料,会节约很大一部分资源。就稻秸而言,我国目前年产稻谷约 3 亿吨,与此相应的稻草秸秆数量也是 3 亿吨。考虑各种因素后,按 25% 的利用率考虑,一年约有 7500 万吨,可以生产出稻草板 7500m³,以弥补我国现阶段木材供应不足,其经济意义显而易见。因此,充分利用农作物秸秆资源不仅可以解决人造板原料供应不足的问题,而且可以解决农作物焚烧带来的环境问题,还可以增加农民收入,具有"环保+效益"的重大意义。

农业纤维人造板产品的研究与开发,北美地区开展的最早。目前全世界利用农业剩余物生产人造板的产量占人造板总产量的 15%~20%,目前仍在发展中。我国从早期的初步探索到 20 世纪 90 年代的研究高潮,几代科技工作者在秸秆制板上取得了一系列成果。除去一些小产量秸秆(如豆秆、椰衣、芦苇、亚麻秆、玉米秆等)经过了实验室试验以外,产量较大的谷类作物,如麦秸和稻草已投入工业化生产。近年来,由于木质原料的短缺,以农作物秸秆为原料制造人造板已成为众多科技工作者的研究目标。

9.2　作物秸秆的结构

前面提及的各种秸秆作物,在植物学上都属于禾本科植物。为此,下面将简要介绍禾本科植物茎秆的结构。

9.2.1　禾本科植物茎秆的生物构造

在禾本科植物茎秆的横切面上,利用光学显微镜可以看到三种组成:表皮组织、基本薄壁组织和维管束组织。有的禾本科植物还有纤维组织带,如图 9-2 是芦苇秆部的横切面。

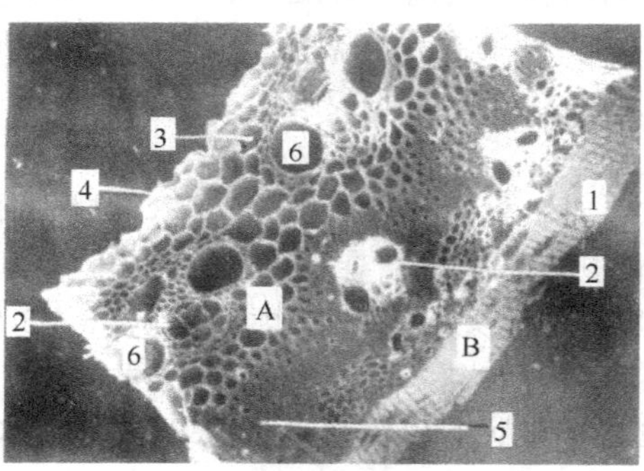

图 9-2　芦苇秆部横切面 (SEM×25)

1—外表皮膜及表皮细胞;2—维管束;3—薄壁细胞;
4—内表皮膜;5—纤维组织带;6—导管;
A—横向切面;B—表皮部

9.2.1.1　表皮组织

表皮组织是植物茎秆最外面的一层细胞,由表皮膜、表皮细胞、硅质细胞和栓质细胞组成,是 1 个长细胞与 2 个短细胞交替排列,如图 9-3 所示。长细胞边缘多呈锯齿形,故称锯齿细胞;短细胞分为两种,充满 SiO_2 的称为硅质细胞;具有栓质化的细胞(为栓质细胞)。由于矿质化和栓质化的结果,表皮层能防止茎秆内部水分过度蒸发和病菌的侵入。

9.2.1.2　维管束组织

禾本科单子叶植物草本茎与双子叶植物草本

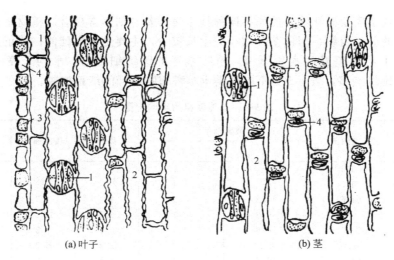

图 9-3　禾本科草类植物叶子和茎的表皮层
1—气孔器；2—长细胞；3—栓质细胞；4—硅质细胞；5—表皮毛

茎的主要区别是，前者维管束散生于基本薄壁组织中，因而区别不出皮层和髓的界线；维管束组织由纤维、导管和筛管组成，纤维在导管周围作环状排列，形成维管束鞘。

散生的维管束由原形成层形成，分布不均匀。维管束的外面由维管束鞘包围，维管束鞘为大型的薄壁细胞，其中有造粉体，以及包含着大淀粉粒。维管束中韧皮部和木质部均已发育，主要为筛管和导管。

从放大的维管束可以看到：原生韧皮部的一部分被破坏成为小的细胞间隙，韧皮部大部分为后生韧皮部分子，即筛管和薄壁细胞。木质部中有原生木质部的导管存在，后生木质部的导管尚未成熟，仍具有生命力，可见大型的细胞核和细胞质，其壁的增厚刚开始。未成熟的导管分子之间的端壁穿孔亦未发生。在维管束周围是薄壁细胞。

9.2.1.3　纤维组织带

在外表皮层下，有一圈由纤维细胞连接而成的纤维组织带，其中嵌有较小直径的维管束，这里的纤维壁厚，细胞腔小，力学强度较高。

9.2.1.4　薄壁组织

由薄壁细胞组成，在各种组织构造中薄壁组织所占体积比例较大，相对密度较小，主要生长在靠近内壁的维管束周围，在外表皮和纤维带之间，也有少量薄壁组织，细胞直径较小，多为棒状。细胞腔内常含有叶绿体等色素。

9.2.1.5　导管与筛管

和阔叶木一样，导管细胞是组成导管的基本单位，为两端开口的管状细胞，一般比阔叶木的长，底壁平直，有的略有倾斜，导管形状较多，有环纹、螺纹、网纹及孔纹等。草类植物导管分子两端一般都是平直的，即横隔膜与周壁垂直。筛管存在于韧皮部，是运输营养物质的组织细胞。筛管与导管一样是沿茎秆纵向排列的。与导管不同的是，筛管的细胞壁较薄，一般没有木质化，主要是由纤维素组成。相连的两个筛管分子的横隔膜与周壁垂直，也有倾斜的。横隔膜上有许多小孔，小孔称为筛孔。筛管的数量较少。

9.2.1.6　几种作物秸秆的细胞构成和纤维长宽比

禾本科植物多为一年生植物，生长期短，木质化程度低。与木材相比，非木质原料在宏观构造与微观构造、物理力学性能和化学特性等方面都具有其自身的特殊性。

同一种植物茎秆的外径变化较小，相对均匀，但有中空和实心结构之分，外表层有较坚

275

硬或有一层生物蜡质及硅化物，然而不同种类原料间差异则非常显著。植物茎秆的生长靠植物末梢和节部的分生组织，因此茎秆的径向生长较少，主要是纵向延伸，这正是非木质原料与木材在外形上产生差异的本质原因。植物茎秆的纤维细胞短，平均长度一般为 1.0～2.0mm，非纤维细胞多，表 9-1 为不同种类禾本科植物茎秆的细胞构成。

表 9-1　各种原料的细胞含量　　　　　　　　　　单位：%

原　料	纤维细胞	薄壁细胞		导管	表皮细胞	其他
		秆状	非秆状			
马尾松	98.5	—	1.5	—	—	—
钻天杨	76.7	—	1.9	21.4	—	—
芦苇	64.5	17.8	8.6	6.9	2.2	—
棉秆（去皮）	70.5	6.7	4.9	3.7	10.7	3.5
甘蔗渣	70.5	10.6	18.6	5.3	1.2	—
稻草	46.0	6.1	40.4	1.3	6.2	—
麦草	62.1	16.6	12.8	4.8	2.3	1.4
高粱秸	48.7	3.5	33.3	9.0	0.4	5.1
玉米秸	30.8	8.0	55.6	4.0	1.6	—
蓖麻秆	80.0	—	9.5	10.5	—	—
龙须草	70.6	6.7	4.9	3.7	10.7	3.5

决定植物茎秆原料质量的因素很多，除了纤维细胞含量之外，还有纤维形态、化学组成及原料的加工性能等。表 9-2 给出了部分植物茎秆原料和部分木质原料纤维形态的对比情况。由表 9-2 可见，各类原料纤维的长宽度均有一定的分布范围。如纤维的长度以棉、麻最大，可达 18mm 以上，草类最短。纤维的长度、长宽比对人造板制造时纤维的交织和结合性能有重要影响。对于原料质量，除了要考虑纤维形态，还要考虑原料的加工性能，这些原料的柔韧性和塑性比较差，刚性较高，如竹材原料在制定生产工艺和选择设备时必须要充分考虑这一问题。

表 9-2　不同植物茎秆原料纤维的长度、宽度和长宽比

原料	长度/mm				宽度/mm				长宽比	平均纤维长度/mm
	平均值	最大	最小	一般	平均值	最大	最小	一般		
马尾松	3.61	6.33	0.92	2.23～5.06	50.0	105.4	19.6	36.3～65.7	72	4.01
白皮桦	1.21	1.58	0.61	1.01～1.47	18.7	27.0	10.8	14.7～22.0	65	1.15
甘蔗渣	1.73	4.79	0.42	1.01～2.34	22.5	78.4	6.8	16.7～30.4	77	2.04
棉秆芯	0.83	2.15	0.29	0.63～0.98	27.7	60.8	11.8	21.6～34.3	30	1.03
芦苇	1.12	4.51	0.35	0.60～1.60	9.7	25.2	4.2	5.9～13.4	115	1.46
棉秆皮	2.26	6.26	0.53	1.40～3.50	20.6	41.2	7.8	15.7～22.9	113	2.81
亚麻	18.3	47.0	2.00	8.00～40	16.0	27.0	5.9	8.8～24.0	1140	27.96
高粱秆	1.18	3.40	0.24	0.59～1.77	12.1	23.5	4.9	7.4～15.7	109	1.58
玉米秆	0.99	2.52	0.29	0.52～1.55	13.2	29.4	5.9	8.3～18.6	75	1.31
烟秆	1.17	9.51	0.46	0.72～1.29	27.5	63.7	7.4	19.6～34.3	43	1.36
麦秸	1.32	2.94	0.61	1.03～1.60	12.9	24.5	7.4	9.3～15.7	102	1.49
稻草	0.92	3.07	0.26	0.47～1.43	8.1	17.2	4.3	6.0～9.5	114	1.22

注："一般"的长宽度是指除去最大长宽度（15%）和最小长宽度（15%）后剩余 70% 原料的长宽度。

植物茎秆原料中的棉秆、麻秆、甘蔗渣、玉米秆、高粱秆等均有软的髓结构，由秆的横切面组织估算髓芯量，棉秆约为 7.4%、麻秆约为 12%、甘蔗渣约为 10%，玉米秆和高粱秆的髓芯量更大。这类物质具有较强的吸收胶黏剂性能，同时髓芯自身密度低、结构酥松且

强度低，一般施胶方法只有表面有胶，胶接后无胶的髓芯内部强度极低，成为胶接破坏的基点和吸水的源泉，最终影响界面结合性能，导致胶接制品强度性能不理想。髓芯的存在对板材的耐水性影响大，因此使用这类原料时一定要考虑去除髓芯的问题。

棉秆、麻秆外层都有柔软的外皮层，虽然它属于长纤维，但在生产过程中，切削表皮层时易塞刀和缠绕风机叶片，不仅影响物料的输送，而且还极易造成设备故障。这类原料在切削或纤维分离时形成的皮纤维及纤维束易于卷曲成团，影响施胶的均匀，铺装时也不易松散而影响铺装质量，因此，在可能的前提下尽量除去外表皮。

9.2.2　禾本科草类纤维超微构造结构模型

在植物解剖学领域内，将光学显微镜看不到而在电子显微镜下才能看到的微细结构称为超微结构，即主要指纤维细胞壁的分层结构及各层纤维壁上微细纤维的排列状态。

禾本科草类植物与木材生物结构有诸多相似之处，但禾本科草类植物的微细结构与木材的纤维微细结构仍有差异。根据禾本科草类植物的结构特点，可以概括成四种结构模型（图9-4）。

第一种模型胞腔较大，和某些针叶木纤维结构形态相似，但 S_1 层较厚，S_2 微纤维角度较大，由 ML、P、S_1、S_2、S_3 组成。微纤维排列状态：ML 为网状，S_1 为近横向交叉螺旋形，S_2 为缠绕角为 $30°\sim40°$ 的平螺旋形，S_3 为近于横向交叉螺旋形。

第二种模型和某些树皮纤维结构相似，特点是细胞腔极小，细胞壁厚，S_2 层是细胞壁的绝对主要部分，S_2 层微纤维的缠绕角约 $30°\sim40°$。稻草、麦草纤维主要是由第一、二模型的纤维构成的。

第三种模型为草类纤维所独有，其特点是细胞壁中 S_3 也作为细胞壁中层的主要组成部分，其厚度往往和 S_2 相当。S_2 和 S_3 微纤维方向往往是相反的，其细胞壁内层为 S_4。芦苇、荻、甘蔗渣、芒秆等均由第二、三两种模型的纤维组成。

第四种模型也为禾本科纤维所独有，主要特点

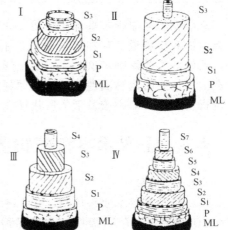

图 9-4　禾本科植物纤维的四种结构模型图
Ⅰ，Ⅱ—稻草、麦草；Ⅱ，Ⅲ—芦苇、蔗渣、荻；Ⅱ，Ⅳ—龙须草、竹子

是细胞壁中层呈更多层结构，多者可达 $8\sim9$ 层以上。各层壁之间的松紧程度不一样，微纤维走向不一样，木素含量不一样，交错排列有 S 形和 Z 形两种螺旋缠绕方式，竹子、龙须草主要由第二、四两种模型的纤维组成。

9.3　禾本科植物茎秆的化学组成

禾本科植物作为一种植物种类，其化学组成仍以纤维素、木质素和半纤维素为主。表9-3给出了几种禾本科植物茎秆原料的主要化学组分，可见棉秆、甘蔗渣和芦苇等的纤维素含量接近，一般低于木材，而草类原料最低，这是通常禾本科植物茎秆原料的强度低于木材的原因所在。禾本科植物多为一年生植物，其木质化程度较低，因此，禾本科植物木质素含量较木材低；它们的灰分含量都比木材高，一些植物（如稻秸）的灰分含量甚至是木材的40倍左右；禾本科植物茎秆的抽提物含量也远高于木材，有些成分对板材的胶接性能有不良影响，特别是禾本科植物原料一般生长期短，单糖类物质含量高，易导致板材尺寸稳定性下降及发霉等问题产生。

表 9-3　几种禾本科植物茎秆原料的主要化学组成　　　　　　单位：％

种类	产地	水分	灰分	抽提物					戊聚糖	蛋白质	果胶	木质素	综纤维素	纤维素	聚甘露糖
				冷水	热水	乙醚	苯醇	1%NaOH							
马尾松	四川	11.47	0.33	2.21	6.77	4.43	—	22.87	8.54	0.86	0.94	28.42		51.86	6.00
白毛杨	北京	7.98	0.84	2.14	3.10	—	2.23	17.82	20.91			23.75	78.85		
芦苇	河北	14.13	2.96	2.12	10.69	—	0.74	31.51	22.46	3.40	0.25	25.40		43.55	
芦苇	江苏	9.63	1.42	—	—	2.32	—	30.21	25.39			20.35		48.58	
甘蔗渣	四川	10.35	3.66	7.63	15.88	—	0.85	26.26	23.51	3.42	0.26	19.30		42.16	
蔗髓	四川	9.92	3.26	—	—	3.07	—	41.30	25.43			20.58		38.17	
棉秆	四川	12.46	9.47	8.20	25.65	—	0.72	40.23	20.76	3.14	3.51	23.16		41.26	
高粱秆	河北	9.43	4.76	8.08	13.88	—	0.10	25.12	24.40	1.81		22.51		39.70	
玉米秆	四川	9.46	4.66	10.65	20.40	—	0.56	45.62	24.58	3.83	0.45	18.38		37.68	
麦秸	河北	10.65	6.04	5.36	23.15	—	0.51	44.56	25.56	2.30	0.30	22.34		40.40	
稻草	河北	—	14.00	—	—	5.27	—	55.04	19.80			11.93		35.23	

有些原料外表含有硅和生物蜡，如麦秸、稻草、芦苇、竹材等，特别是麦秸和稻草及芦苇因为硅和生物蜡的存在形成非极性的表层结构，它直接影响通常醛类胶黏剂的吸附和润湿，致使醛类胶黏剂对这类材料难以形成理想的胶接效果，同时还会影响这类原料所制成板材在二次加工时的贴面性能。这类原料若经过适当的表面机械改性处理，如纤维化等可以在一定程度上改善醛类胶黏剂的胶接性能。

9.4　主要禾本科植物茎秆原料

9.4.1　稻草

稻谷是禾本科禾亚科植物，是世界重要的粮食作物。世界每年产稻 44983 万吨；我国每年稻的产量约为 17218 万吨，占世界稻产量的 38.3％。稻的谷草比一般在 1.0 左右，照此计算，全世界每年将有 44983 万吨的茎秆可作为副产品产生，是一笔十分巨大的资源。稻草主要分布在中国、印度、日本等国，其中我国为 17218 万吨，占 38.3％。但目前对稻草的利用却不十分理想，除在部分地区用作造纸（制造包装纸、普通文化纸、草纸板等）、种植食用菌等外，大部分作为废物直接燃烧，不但造成了资源的巨大浪费，还给环境带来了污染。国内已经研究用稻草作为人造板的原料及墙体材料。

稻是一年生草本植物，秆直立，丛生，高 1m 左右（矮秆稻 50～60cm），其秆直径 4mm 左右，秆壁厚约 1mm，髓腔较大。稻草是草类植物中纤维较短而细的一种，稻草纤维较短、较细，其纤维平均长度不到 1mm，宽度只有 8μm 左右。稻草的非纤维状细胞（杂细胞）含量甚大，达到 54％（面积比），其中主要是细碎不整的薄壁细胞。稻草叶、草节和草穗中的非纤维细胞比茎部多。

稻草中稻秆的木质素含量低于一般禾本科植物，但其草叶、草节、草穗的木质素含量很高。稻草的木质素属于愈疮木基-紫丁香基木质素类（GS-木质素），基本结构单元为愈疮木基和紫丁香基，含有少量的对羟苯基，紫丁香基与愈疮木基之间的比例为 0.5～1.0。木质素中含有 7％～12％的酯基，其中对香豆酸和阿魏酸是酯基化合物的主要组分。木质素中含碳量达 60％～66％，含氢 5％～65％，因为木质素含碳量高、含氢量低、分子质量低，降低了木质素的化学稳定性。

稻草的主要半纤维素是阿拉伯糖基葡萄糖醛酸基木糖。与许多由草类分离的聚木糖相似，由 β-D-吡喃式木糖以 1→4 连接的长链为主链，也带有短支链。α-L-呋喃阿拉伯糖基支链以 1→3 连接到木糖基的 C_3 位置上，还有 D-吡喃式葡萄糖醛酸基以 1→2 连接在主链木糖基的 C_2 位置上。

稻草中灰分含量高（3%～12%），尤其草叶、草穗又高于茎秆，灰分中 SiO_2 含量很高，其中 60% 以上为二氧化硅。粗蛋白含量 3%，粗脂肪含量 1% 左右。

9.4.2 麦秸

小麦是世界重要的粮食作物，也是我国北方的粮食主作物之一。我国麦秸资源年产量达 1 亿吨左右，但大部分未得到合理利用，造成了资源的极大浪费。麦秸是优良的造纸原料，我国有 80% 以上的造纸原料为非木材原料，其中麦秸是主要的原料。同时麦秸又是良好的人造板用原料，国外已经开发多条麦秸人造板生产线，国内也开发研究多年。采用异氰酸酯胶黏剂制造人造板不但解决了醛类胶黏剂对麦秸难胶接问题，并且板材具有防水性，在生产工艺上还具有对被胶接麦秸含水率适应范围广，不用施加石蜡防水剂，产品无甲醛和游离酚等污染环境问题。但是，目前异氰酸酯胶黏剂价格较贵，并且以生产的 I 类防水板材与普通室内型人造板竞争板材市场，影响产品的市场竞争力，需要开辟其适宜的应用领域。

小麦是一年生禾本科植物，由茎秆、叶子、叶鞘、穗轴等组成，其根系为茎须根系，秆高可达 1m 以上，叶片披针形。茎秆的节间重量比为 52.4%，叶子为 29.1%，节子为 9.2%，穗轴为 9.3%。其高度为 29～97cm，秆直径为 2～3mm，秆壁厚为 0.3～0.7mm，髓腔直径为 0.9～1.9mm，秆壁厚度由下而上变薄。麦秸的纤维细胞约占 62.1%，薄壁细胞占 29.4%，导管占 4.8%，表皮细胞占 2.3%，另有 1.4% 其他杂细胞。麦秸纤维较稻草纤维长而粗，长度接近阔叶材纤维，平均长度为 1.5mm，其中长度在 1～1.5mm 之间者约占一半，胞腔较大，但宽度较小，为 $14\mu m$，厚 $3\mu m$。

完全成熟的麦秸，其表面光滑带有浅沟，表面有一层蜡状物，支持着植株的地上部分。麦秸的主要化学成分是纤维素、半纤维和木质素。麦秸节间纤维素含量最高，麦秸半纤维素中聚戊糖含量相当于阔叶树材最高值。麦秸的木质素也属于愈疮木基-紫丁香基木质素类，其含量分别约为 6.7% 和 9.3%，对羟苯基木质素含量为 1.4% 左右；麦秸木质素经皂化和温和酸解后的降解产物主要为对香豆酸，有少量阿魏酸等；麦秸木质素中含有较多的酚酸，这是其不同于木材木质素的重要特点。麦秸的半纤维素主要是阿拉伯糖基-葡萄糖醛酸基-木聚糖；这种高聚糖的主链是 β（1→4）连接的 D-吡喃式木聚糖，支链由 L-呋喃式阿拉伯糖基和 D-吡喃式葡萄糖醛酸基构成；在聚木糖的主链木糖基上，同时有两个阿拉伯糖基分别连接在 C_3 和 C_2 位置上；此外，麦秸的半纤维素分子上还有乙酰基。

麦秸的次要成分为灰分，其含量远高于木材，95% 以上是 SiO_2。麦秸的热水抽出物含量也较高，为 10%～23%，其中果胶质为 10% 左右，大部分为淀粉等低聚糖。麦秸的 1% NaOH 抽提物含量大约比木材高 1 倍，说明麦秸中的低分子碳水化合物含量较高。

9.4.3 麻秆

麻是禾本科一年生草本植物，关于主要的麻的种类和纤维结构在 2.5.2 一节已介绍，此处不再重述。我国为最早栽培麻的国家，蔡伦造纸所用的破布和渔网，其原料就主要是麻。其后日本、越南、朝鲜、印度和东南亚各国均从我国引种，后来渐渐传入欧美、非洲等地，但质量不佳。目前，我国麻产量占世界总产量的 80% 以上，黄河、长江和珠江流域都有栽培，其产量以四川、湖北等省为最多。麻秆一年可收割 2～3 次，是纺织的优良原料，麻纺布透气性、抗水性较好，柔韧、坚韧，可织造麻布、帆布、强韧绳索、降落伞等。麻秆是造纸的优良原料，钞票纸、证券纸、字典纸、卷烟纸等也常掺部分麻纤维。纺织工业中麻织品的下脚料和工业剩余物可以用作人造板原料，亚麻屑是非常好的人造板原料。因为亚麻屑是亚麻原料厂的下脚料，集中量大，原料供给方便，所以在我国北方和新疆等地建设了多条亚麻屑人造板生产线。

麻类纤维原料均有较多的纤维素，除少数麻（如黄麻、青麻）外，其他木质素含量较少，果胶质较多，常见麻类的化学组成见表9-4，麻是韧皮纤维的一种，几种韧皮纤维原料的化学组成见表9-5。

表9-4　麻类的化学组成　　　　　　　　　　　　　　　单位：%

| 原料 | 水分 | 灰分 | 溶液抽提物 | | | | | 聚戊糖 | 木质素 | 酸溶木质素 | 果胶质 | 克贝纤维素 |
			冷水	热水	乙醚	苯醇	1%NaOH					
大麻	9.25	2.85	6.45	10.50	5.0	6.72	30.76	4.91	4.03	—	2.00	69.51
亚麻	10.56	1.32	5.94	—	2.34				—	—	9.29	70.75
柠麻	6.60	2.9	4.08	6.29	—		16.81		1.81	—	3.41	82.81
青麻	8.89	1.26	3.55	3.92	4.89	4.06	11.87	18.79	15.42	—	0.37	67.84
黄麻	9.40	5.15	8.94	—					11.78	—	0.38	65.32
红麻	—	2.41	3.45	8.18		1.85	24.35	15.80	18.83	3.56	1.96	46.83
红麻皮	—	4.13	13.31	13.36		3.23	29.74	20.33	9.31	4.50	2.60	49.50

表9-5　几种韧皮纤维原料的化学组成　　　　　　　　　　单位：%

| 原料 | 水分 | 灰分 | 溶液抽提物 | | | | 聚戊糖 | 蛋白质 | 木质素 | 果胶质 | 硝酸乙醇纤维素 |
			冷水	热水	乙醚	1%NaOH					
桑皮	—	4.40	—	10.42	6.13	8.74	8.84	54.81	—	2.00	69.51
构皮	11.20	2.70	5.85	9.48	6.04	14.32	9.46	39.98		9.29	70.75
雁皮	10.37	2.48	6.70	12.45	5.18	17.46	12.84	38.49		3.41	82.81
三丫皮	12.43	3.25	7.25	10.12	5.54	12.15	8.81	40.52	—	0.37	67.84
檀皮	11.86	4.79	6.45	8.14	4.25	10.31	5.60	40.02	4.50	2.60	49.50

麻秆的化学组成与麦秸等相似，主要化学成分是纤维素、半纤维和木质素。麻秆半纤维素中聚戊糖含量相当于阔叶树材最高值。麻秆的灰分含量远高于木材。麻秆的热水抽出物含量也较高，为10%～25%，大部分为淀粉等低聚糖。麻秆的1%NaOH抽提物含量高于木材。

9.4.4　棉秆

棉花是禾本科双子叶草本植物，是半木质化原料。黄河流域、西北、华北、东北、华南为主要棉产区。棉的应用主要是作为纺织原料，而它的副产物棉秆一般被燃烧或丢弃。我国每年约有4000万吨棉秆，其中约85%作为燃料消耗，大量的棉秆资源未被充分利用。其实，棉秆中纤维素含量高，其中以性能优良的α-纤维素为主，是棉短绒、木浆原料的重要补充；棉秆皮即棉花的茎秆韧皮可用于制绳、织麻袋、造纸、造船填缝等；棉秆芯制成浆后可与长纤维浆料配合抄纸；全秆是很好的造纸和人造板的原料。各国都在研究棉秆制板技术，国内外也都建立了棉秆碎料板生产线。但是，用棉秆制造人造板的关键技术问题是棉秆皮和棉桃问题，也就是如何将棉秆加工成适于制造人造板胶接单元是制约棉秆人造板发展的瓶颈技术问题。

棉秆、大麻、亚麻、苎麻、红麻、黄麻等属于韧皮纤维。棉秆高度多在2m以下，主茎直径多在2cm以下。正株棉包括根、茎、冠三部分，根系由主根和毛根组成；茎由主干和支干组成；冠由分枝、叶、桃组成。韧皮纤维的茎秆主要由两大部分组成，即韧皮部和木质部。按重量比，皮占总量的30%，木质部占65%，髓占4.5%。按体积比，皮占总体积的20.75%，木质部占63.3%，髓占15.95%。皮质部分厚度在2mm左右，皮质部分又分为表皮角质层、皮层薄壁细胞和初生韧皮部。表皮角质层约0.1mm厚，皮层薄壁细胞约0.1mm

厚，初生韧皮部 0.4～0.5mm。纤维的平均长度 1.72mm，最长的可达 4.5mm，平均宽度 20μm。表皮外层细胞近似长方形，外壁角质化，并覆有角质膜，表皮上有气孔茸毛。气孔是植物体与外界交换气体的通道，皮层外部有一层由蜡质似角质细胞形成木栓层，占棉秆重量的 0.3％～0.6％的表皮角质层为深褐色薄片状，遇水氧化成黑色，它使人造板和纸张表面形成黑斑。

棉秆的木质化部分主要由导管、木纤维、射线和轴向薄壁组织等组成，其中木纤维在棉秆内起骨架作用。棉秆芯纤维较短，枕形和球形薄壁细胞较多，导管分子两端开口，具有蛇状尾部，与阔叶木导管形态相似。棉秆中还有一定量的果胶，主要分布在韧皮部及形成层中。棉秆的髓芯占棉秆总体积的 8％，由较大的薄壁细胞组成，呈多面体或椭圆形，细胞排列疏松，有明显的胞间隙。棉秆的髓强度低而易碎，是人造板和造纸的不利因素。

棉纤维和棉绒化学组成材成分主要是纤维素，棉纤维不含木质素，此外含少量的果胶质、脂肪与蜡，极少的灰分，棉纤维经脱脂后，几乎是纯纤维素组成。棉秆皮的外皮中含有较多的蜡和果胶质，与棉纤维的化学组成有较大差别，棉秆的化学组成见表9-6。

表 9-6　棉秆的化学组成　　　　　　　　　　　　　　　　单位：％

组　分	棉　秆　皮		棉　秆　芯		秆皮混合料（四川）
	四川	河北	四川	河北	
灰分	6.85	4.87	1.66	1.56	3.20
苯醇抽出物	2.10	3.92	0.98	1.57	1.43
1％NaOH 抽出物	46.40	55.83	20.68	40.84	28.53
聚戊糖	17.51	17.41	21.19	19.33	19.21
果胶质	—	7.38	—	1.35	—
木素	19.18	15.26	23.07	16.55	22.00
综纤维素[①]	44.69	55.26	54.47	64.26	50.23

① 亚氯酸钠法综纤维素，综纤维素是纤维素和半纤维素的合称。

棉秆随储存时间的延长和储存条件不同，化学成分、纤维质量及制成的产品的物理力学性能均有变化。棉皮中棉皮纤维韧性很强，适宜于作人造板和制浆造纸的原料，但不易切断，给刨花制备、干燥、铺装等造成困难。

据分析，棉秆中含粗蛋白 4.9％，粗脂肪 0.7％，粗纤维 41.4％，可溶性碳水化合物 53.6％，粗灰分 3.8％，还有丰富的矿质元素。近年来，我国大力推广低酚棉，种植面积不断增加。低酚棉秸秆含水分 6.27％，粗蛋白 6.01％，粗脂肪 0.47％，无氮浸出物 4.80％，粗灰分 5.07％，钙 1.81％，磷 0.08％，纤维素 42.26％，半纤维素 20.80％，木质素 14.43％，所以低酚棉秸秆可作草食家畜的饲料资源。

9.4.5　芦苇

芦苇是根茎型的禾本科高大草本植物，为多年生高大草本植物，营养繁殖力强，喜生沼泽地、河漫滩和浅水湖，广布全球各大洲。我国北自寒温带，南至亚热带都有分布。芦苇对土壤要求不严，耐盐，可以在潮湿无水或水深 1m 左右的环境中正常生长，在 pH 值 6.5～9.0 的偏酸性、中性、碱性以及在氯离子含量高达 0.5％的滩盐土或水边都可形成以芦苇为优势种和伴生种的群落。生长季节长，生长快，产量高。在适宜环境条件下常形成单种群落。芦苇具有较高的经济价值，可用于造纸、编织、药材等，营养生长期粗蛋白含量在禾本科类植物中居于上等，是优良的饲草；叶、茎、花序、根亦可入药；与木材相仿，是优质的造纸原料，在我国造纸工业中居重要的地位；同时也可作为刨花板、纤维板的原料。我国每年大约生产芦苇 200 万吨，约占世界总产量的 6％，主要分布在湖南、湖北、江苏、河北、辽宁、黑龙江和新疆等地。国内曾尝试用芦苇制造人造板，但遇到的问题与麦秸和稻草等同样是因其表面富含生物蜡和硅而不适于用醛类胶黏剂胶接。

芦苇秸秆长 2.5～4.2m，直径一般为 0.3～0.8cm（最大为 1～1.2cm），茎秆壁厚 0.3～0.9mm。芦苇上下部直径相差较小，与荻不同，节间无枝丫，节部包有鞘叶。荻，花穗易散落，而芦苇花穗则不易散落。芦苇茎秆的内皮，比一般禾本科植物厚，常称其为芦苇膜，不透明，硅质化程度较高，受到外力时容易和与其相连的薄壁组织分离。芦苇纤维长度、宽度介于稻草和麦草之间，平均长度为 1.12mm 左右，宽度为 9.7μm 左右。芦苇的纤维形态与稻草很相似，但芦苇非纤维细胞比稻草和麦草少，非纤维细胞中有较多的杆状薄壁细胞。芦苇的导管及表皮细胞都较稻草的粗而长。

芦苇的主要成分是纤维素、半纤维素和木质素，还有少量的可溶性糖类、粗蛋白等。芦苇纤维素分子由 800～1200 个葡萄糖分子组成，其平均聚合度为 1000 左右。

芦苇的木质素属于愈疮木基-紫丁香基木质素类（GS-木质素），基本结构单元为愈疮木基和紫丁香基，含有少量的对羟苯基。紫丁香基与愈疮木基之间的比例为 0.5～1.0。木质素中含有 7%～12% 的酯基，其中对香豆酸和阿魏酸是酯基化合物的主要组成。

芦苇的主要半纤维素是阿拉伯糖基葡萄糖醛酸基木糖。与许多草类分离的聚木糖相似，由 β-D-吡喃式木糖以 1→4 联结的长链为主链，也带有短支链。约 52 个吡喃式木糖构成的主链上，连有 3.2 个 L-呋喃阿拉伯糖基支链和 1.7 个 D-吡喃式葡萄糖醛酸基，一般连接在主链木糖基的 C_2 和 C_3 位置上。

9.4.6 玉米秸

玉米是禾本科旱地栽培粮食作物，别名：包谷（通称）、包米（东北）、棒子（山东）、玉米（河北、广西、四川）、玉茭（山西）等，在世界粮食生产中的产量居第 3 位。玉米秸秆资源丰富，可作为酿酒、生产人造板和造纸的原料。全世界每年玉米秸的产量超过 7.9 亿吨，其中我国约为 1.2 亿吨，仅次于美国居世界第 2 位。但目前玉米秸除了极少一部分被用作牛羊等畜类饲料外，绝大部分被废弃，并未得到合理应用。国内在 20 世纪 80 年代就尝试使用玉米秸制造人造板，但是，除了玉米秸表面富含生物蜡和硅外，还存在髓芯和叶子的处理和利用问题，如若只将其韧皮单独分离出来的话，是非常好的人造板原料。

玉米秸在禾本科植物中较为粗壮，长度为 0.8～3m，直径 2～4.5cm，有明显的节和节间。每亩玉米可产气干秸秆 400～500kg。玉米秸主要由叶和茎组成，其中茎又由外皮和髓组成，茎中含有较多的髓是玉米秸的特点，其叶、外皮和髓的重量比约为 8：7：3。玉米秸和其他禾本科草类原料最大的不同点是杂细胞含量大，占总面积比的 70% 左右（未去髓），纤维长度一般在 0.7～2mm 之间，宽度在 10～20μm 之间，壁厚在 2.7～3.5μm 之间，腔径在 13.8～18.8μm 之间；纤维分布的情况和甘蔗渣近似，不过近心部的纤维更少。

玉米秸的主要成分是纤维素、半纤维素、木质素、粗蛋白、脂肪和水等。玉米秸中多戊糖为 17%～26%，纤维素为 20%～30%，木质素为 19%～23%。

玉米秸纤维素分子由 800～1200 个葡萄糖分子组成，其平均聚合度为 1000 左右。玉米秸的木质素属于愈疮木基-紫丁香基木质素类（GS-木质素），基本结构单元为愈疮木基和紫丁香基，含有少量的对羟苯基。紫丁香基与愈疮木基之间的比例为 0.5～1.0。木质素中含有 7%～12% 的酯基，其中对香豆酸和阿魏酸是酯基化合物的主要组成。木质素中含碳量达 60%～66%，含氢 5%～6.5%。其木质素的化学性质不稳定性，使玉米秸较易蒸煮。

玉米秸的半纤维素由 β-D-吡喃式木糖以 1→4 连接的长链为主链，也带有短支链。在玉米秸半纤维素支链上的糖基是 L-呋喃阿拉伯糖基及 D-吡喃木糖基。在玉米穗轴半纤维素聚糖的支链上的糖基是 4-O-甲基-葡萄糖醛酸基或葡萄糖醛酸基，一般连接在于主链木糖基的

C_2 上，数量是每 100g 聚木糖含 0.7g 4-O-甲基-葡萄糖醛酸基及 0.4g 葡萄糖醛酸基。另在支链上还连有阿拉伯糖基，数量为木糖基∶阿拉伯糖基＝（10∶1）～（20∶1）。

玉米秸在未成熟和成熟期均具有一定的营养价值，由表 9-7 成熟期春玉米秸秆各结构部位营养分析可知，成熟期春玉米秸秆粗蛋白含量以叶片最高，雄穗和茎秆次之，苞叶最低，粗纤维以茎皮最高，茎髓次之，叶片最低；粗脂肪以叶片最高，雄穗最低，各结构部位营养排序从高到低依次为叶片、雄穗、茎秆和苞叶。茎秆中茎皮占 64.8%，茎髓占 35.2%。

表 9-7　成熟期春玉米秸秆各结构部位营养分析

部位	干物质含量/%	粗蛋白含量/%	粗脂肪含量/%	粗纤维含量/%	粗灰分含量/%	无氮浸出物含量/%	总能/(MJ/kg)	全株比例/%
雄穗	90.43	4.24	0.62	30.60	9.23	45.74	13.79	1.80
叶片	90.70	4.67	1.25	24.93	11.60	48.25	14.00	25.54
茎秆①	90.89	4.20	0.81	34.32	4.28	47.28	14.04	52.77
茎皮	92.54	3.01	0.75	38.16	5.60	45.02	16.75	34.20
茎髓	92.80	3.54	0.78	31.12	6.00	51.36	15.93	18.57
苞叶	90.33	2.75	0.91	31.98	2.74	51.95	15.01	19.87

① 茎秆是茎皮和茎髓之和。

9.4.7　高粱秸

高粱是禾本科旱地栽培作物，世界四大粮食作物之一。别名：蜀黍、番麦。在世界的谷物粮食中，高粱排在小麦、稻谷、玉米和大麦之后，位居第五。种植总面积曾达到 4920 万公顷。种植面积较大的国家有印度、美国、尼日利亚和中国。近年来国外高粱发展较快。美国由于饲料用量的增加，高粱种植面积比原来扩大了近 3 倍，总产提高近 13 倍。欧洲面积扩大 1 倍，总产提高 3 倍。法国由原来的 670hm² 增加到 8 万公顷。澳大利亚由原来的 260 万亩，增加到 1000 万亩。阿根廷由原来的 900 万亩，增加到 2300 万亩。在印度它的产量第三，仅次于稻谷和小麦。拉丁美洲是世界高粱生产的最新发展地区，高粱种植约占世界高粱面积的 8%，年生产约 900 万吨高粱，占世界高粱产量的 15.3%。它也是世界半干旱热带地区和亚热带地区的主要农作物。大部分种植在不适宜玉米生长的地区。我国高粱的分布较广，种植面积较大的地区有辽宁、河北、山东等，种植面积在 66.67 万～132 万公顷，其次是吉林、黑龙江、山西等省高粱年产量在 600 万吨左右，为世界第 3 位。高粱适应性强，具有耐旱、耐涝、耐盐碱、耐瘠薄和较强的适应性与稳产性。高粱用途广泛，其籽粒不仅可食用、饲用，还是制造淀粉、酿酒和酒精的重要原料；加工后的副产物如粉渣和酒糟是家畜的良好饲料，粉渣是做醋的上等原料。高粱秸原料丰富，价格低廉，纤维的平均长度和直径之比与一般木材的比值相当，表皮坚硬且轻，容易得到笔直的秆茎，适宜制备重量轻强度大的板材，与木材人造板比较，具有绝热、保温、隔音、防水、轻便、坚固耐用等优点，应用领域广泛。高粱秸人造板另一重要特点是素板与贴面一次热压成型，省去贴面生产线的设备。

高粱生长期最短的仅 36 天，最长的 199 天；株高：最矮的仅 0.55m，最高的达 6.55m；穗长：最短的仅 2.5cm，我国的许多帚用高粱品种可达 80cm。高粱秸的杂细胞含量比甘蔗渣多，比玉米秸少。纤维比玉米秸的纤维略长、略细，薄壁细胞甚薄，多呈球形，纤维长度一般在 0.6～1.82mm 之间，宽度在 7.6～16μm 之间壁厚在 1.6～2.2μm 之间，腔径在 12.3～16.4μm 之间。

高粱秸的木质素属于愈疮木基-紫丁香基木质素类（GS-木质素），基本结构单元为愈疮木基和紫丁香基，含有少量的对羟苯基，木质素的含量为 17%～23%。紫丁香基与愈疮木基之间的比例为 0.5～1.0。木质素中含有 7%～12% 的酯基，其中对香豆酸和阿魏酸是酯基化合物的主要组成。高粱秸秆的半纤维素由 β-D-吡喃式木糖以 1→4 连接的长链为主链，也带有短支链。高粱秸与其他禾本科植物相似，提取物含量较高，含有较多的可溶性糖、淀粉和少量蛋白质，可作为动物饲料或经化学技术或生物技术处理后，制备化学品。

高粱的茎叶具有较高的饲用价值，且适口性强，是一种优质的青饲料作物。杂交高粱秸不但易消化，营养成分高，又能提高奶的产量。因为高粱根液中含有较多的酚酸、含氰糖苷和由双氢醌氧化形成的 P-苯醌植物毒素，这些化合物破坏了杂草和其他作物体内细胞膜的渗透性，导致生物中毒，种子的胚芽和初生根受到严重抑制，初生根生长缓慢、畸形，抑制正常生长，而对高粱本身影响较少。因此，利用高粱这种化学相克特性通过合理轮作，能起到良好的除草效果。

高粱秸也是制取纤维素、造纸以及工业化学品的良好原料。高粱秸还可以提取抗高温蜡质，是制造蜡纸、油墨、鞋油的原料。高粱秆含有红色花青素，可以做染皮革和羊毛的染料。

9.4.8 甘蔗渣

甘蔗属热带、亚热带作物，具有喜高温、需水量大、吸肥多、生长周期长的特点，对热量和水分的要求尤为严格。我国是世界上最早种植甘蔗的国家之一，华南、云南南部一带可能是世界甘蔗原产地之一。甘蔗种植面积较大的国家有依次为巴西、印度、古巴、中国、巴基斯坦、泰国、墨西哥、美国、哥伦比亚、澳大利亚、阿根廷、菲律宾、南非、印度尼西亚、越南，这 15 个国家的种植面积占全世界的 85%。甘蔗种植面积和总产量的 90% 以上集中在亚洲和拉丁美洲。甘蔗是制糖的主要原料，蔗糖占我国食糖总产量的 80% 左右。甘蔗在压榨制糖过程中，除获得主产品蔗糖外，还有蔗渣、废糖蜜、蔗泥三大副产品，以压榨 1t 甘蔗计，大约可获得蔗糖 120kg、湿蔗渣 270kg。目前全世界甘蔗种植面积约 1700 万公顷，蔗糖年产量约 11.2 亿吨；中国种植面积约 112 万公顷（不含台湾地区），年加工原料甘蔗 6500 万吨，蔗糖产量约 700 万吨，产生的湿蔗渣据推算有 1760 万吨。蔗渣是优良的非木材植物纤维原料，可直接用作燃料，或作制浆造纸、纤维板和刨花板原料，还可用作饲料或栽培食用菌，制取纤维素、糠醛、乙酰丙酸、木糖醇等化学产品。我国的甘蔗渣人造板技术成熟，发展良好。

甘蔗植物种类主要有中国蔗、肉蔗、印度种蔗、细茎野生种蔗、大细茎野生种蔗等。

① 中国蔗。常称中国种，是最古老的栽培种，一说发源于中国，也有说自印度传入中国，主要分布于中国、印度北部、马来西亚一带。该种蔗茎挺直高大，蔗皮硬厚，纤维多，糖分高，是传统糖坊制糖的唯一原料。因蔗茎坚硬、表皮灰黄绿色，又称竹蔗或芦蔗。

② 肉蔗。常称热带种，是栽培种之一，原产南太平洋新几内亚群岛、印度尼西亚群岛。该种产量高、糖分高、纤维少、蔗汁多、茎粗蔗肉厚、蔗皮薄软，适于加工制糖。因传统为嚼食用蔗，又称食用蔗。

③ 印度种蔗。是栽培种之一，主要分布在印度恒河流域，中国南方也有分布。该种植株矮，早熟、纤维多、糖分含量较高。

④ 细茎野生种蔗。又称割手密，野生种之一。该种分布很广，南纬 10° 至北纬 40° 内均有发现。最多分布于我国云南省南部及西南部、缅甸、印度支那、印度尼西亚、马来西亚和印度一带，喜马拉雅山麓及山坡上也有分布。其特点是纤维多、蔗汁少、空心、糖分低。

⑤ 大细茎野生种蔗。野生种之一，亦称伊里安野生种，原产南太平洋新几内来一带，主要分布伊里安岛、婆罗洲岛、新大不列颠及西里伯斯岛，分布范围有限。该种生长势旺，茎坚硬、纤维多、糖分低。

甘蔗由根、茎和叶三部组成，通常茎秆高 2~4m，茎秆直径 3~4cm，蔗茎为制糖原料，甘蔗渣即蔗茎压榨后的主要副产物。蔗茎由若干个节和节间组成，其上长有生叶、顶芽和侧芽。蔗茎一般为圆柱形或略带弯曲，茎高可从不足 0.5m 到 6m 以上。蔗茎常两端细中间粗，直径平均为 3~4cm。蔗茎有不同颜色，有淡黄绿色、紫红色等，有的还有花纹。

蔗种不同，蔗茎的纤维含量不同，影响蔗渣的综合利用价值，特别是制浆造纸和人造板生产的产品质量，甘蔗纤维含量愈高，蔗渣作为纤维原料的利用价值也愈高。蔗茎所含薄壁细胞组织的量因蔗种不同而差异颇大，大致为 23%~36%。大量的薄壁细胞是蔗渣浆中杂细胞的最主要成分，是造成蔗渣质量低下的重要原因，因此在造纸和人造板生产中，除髓成为一道重要的工序，这也是蔗渣作纤维原料利用时的一个显著特点。同一蔗秆的不同位置，纤维细胞的密度也不同。在蔗茎的高度方向上，纤维细胞的含量由底部向梢部逐渐减少，底部的纤维细胞含量可比梢部高 23% 左右。节部的纤维密度高于节间的纤维密度；茎外周的纤维含量则远远高于茎中心的纤维含量。

甘蔗纤维的形态，包括纤维的长度、宽度、胞壁的厚度、细胞腔的直径、长宽比、壁腔比等。各种甘蔗的纤维形态不同，蔗渣作为纤维利用的价值不同，所制备的纸张、纤维板、刨花板等产品的质量变亦有差别。各种甘蔗的纤维形态是不同的，同一品种，由于种植的地域、气候及生长期不同，也可造成纤维形态的差异，总体来说，甘蔗纤维的长度为 1.0~2.0mm、宽度为 14~28μm、长宽比为 60~80、壁腔比则远小于 1，具有长度中等、宽度较大、壁腔比很小的特点。与木材纤维相比，甘蔗纤维的长度仅为针叶材的一半，比阔叶材略优；宽度小于针叶材纤维，而与阔叶材纤维相近，长宽比与木材纤维相似，壁腔比则小于木材纤维。在常用的禾本科原料中（竹子除外），甘蔗纤维较长，宽度远大于其他品种，壁腔比则为禾本科原料中最小的。

甘蔗中含量最高的化学成分是水，其次是糖分、各类细胞的细胞壁成分（即纤维素、半纤维素和木素），以及少量的抽出物（脂肪、蜡）和灰分等。甘蔗在糖厂中经过预处理（粉碎或撕裂）、提取蔗汁后留下来的大量纤维性废渣，俗称甘蔗渣。甘蔗的蔗渣产率为 20%~30%，新榨出的蔗渣含水量（压榨法）为 46%~52%。

甘蔗渣的主要化学成分是纤维素、半纤维素和木素，其次是抽出物。与甘蔗最主要的区别是蔗渣的热水抽出物和 1%NaOH 含量相对较低。表 9-8 为蔗渣和蔗髓的化学成分。蔗髓中的灰分、抽出物、树脂含量均高于蔗渣中各部分的平均值，木素与纤维素含量低于蔗渣，造成制浆中水解严重，浆料质量差。蔗渣的化学成分与木材相比，聚戊糖含量、1%NaOH抽出物和灰分含量较高，木素和纤维素的含量与阔叶材的杨木相近，略低于针叶材。

表 9-8　蔗渣及蔗髓的化学成分　　　　　　　　　　　单位：%

原料	醋酸乙醇纤维素	聚戊糖	木素	树脂	灰分	热水抽出物	1%NaOH 抽出物
蔗渣	45.62	26.51	20.25	2.09	1.33	2.70	32.77
蔗髓	38.15	26.89	19.53	2.22	4.67	2.84	39.31

9.5　作物秸秆的改性

与木材相比，秸秆原料的特点是纤维细而短、非纤维状细胞较多；另外，与木材类似，秸秆原料的主要化学成分为纤维素、木质素和半纤维素，纤维素是秸秆纤维的主要成分并构成纤维，决定秸秆材料的力学强度，半纤维素和木质素在秸秆原料的细胞中起着"黏合剂"和"填充剂"的作用，分布在细纤维之间的间隙内。

秸秆纤维在高温下会发生明显降解，并随着温度的升高和加热时间的延长，秸秆纤维内部的降解速率和程度增加。秸秆纤维包含含量较高的木质素和半纤维素，其热稳定性差，当温度高于160℃时，就发生明显降解，生成小分子化合物，影响纤维的机械性能；纤维的机械性能与热处理有关，随温度的升高，强度和弹性模量降低。由于秸秆原料或多或少含有硅和生物蜡，如麦秸、稻草、芦苇、竹材等（特别是麦秸和稻草及芦苇）形成非极性的表层结构，直接影响胶黏剂对秸秆原料的吸附和润湿，致使多数胶黏剂对这类材料难以形成理想的胶接效果，同时还会影响这类原料所制成板材在二次加工时的贴面性能。另外，秸秆纤维的表面具有强烈的吸湿/吸水性，而通常秸秆复合材料的基材是聚乙烯、聚丙烯、聚苯乙烯、氯化聚乙烯等疏水的热塑性树脂，因此，二者相容性差，导致其界面的黏附性差，影响复合材料的润湿性和机械性能。为了获得性能稳定和纤细化的秸秆纤维，及改善秸秆纤维与热塑性树脂基材或胶黏剂的相容性，需通过机械处理和化学处理对秸秆进行改性或者预处理，以提高秸秆复合材料界面剪切应力的传播和机械性能。目前最常用的方法是采用物理方法或化学方法。

9.5.1 物理方法

（1）物理加工

通过碾磨、拉伸、压延和热处理等方法对植物纤维等进行机械预处理，这种方法不会改变其表面的化学组成，但通过细化会改变纤维的结构与表面性能，例如，破坏秸秆表面连续的硅质和蜡质层、增加纤维表面积等。

（2）酸处理

用低浓度的酸液处理植物纤维，主要除去影响材料性能及部分影响纤维/聚合物相容性的果胶等杂质。

（3）有机溶剂处理

主要用来脱去植物纤维中的蜡质，从而提高木质部分和聚合物基体间的黏结性，例如采用三氯甲烷与甲醇或苯酚与乙醇等混合液浸泡处理。

（4）等离子体处理

对秸秆纤维表面进行等离子体改性能够提高界面的黏附力。通过等离子体改性，在纤维表面引入电子给予体基团，或在纤维表面形成一层酸性等离子体高分子层，以此来增强纤维表面化学反应活性，提高界面黏附力。冷等离子体的产生是将低压、室温下的气体在一个高能量的电磁场中分解，产生许多原子团、离子、光子和其他活性微观物质。这些活性微观物质引发和促进在冷等离子体环境中纤维表面的化学反应。通过控制等离子体变量、气体种类、气体流动速率和压力、能量和时间等参数，可以产生不同的表面效果。用于等离子处理的气体是氨气、氮气和异丁烯酸。

（5）静电表面刻蚀

主要采用电晕放电刻蚀。静电刻蚀可使植物纤维表面活性提高，改变表面能。

9.5.2 化学方法

（1）碱溶液处理

在秸秆纤维中，半纤维素与阿魏酸以酯键连接，而木质素与阿魏酸和对香豆酸则以醚键和酯键连接。因此，可用碱性溶液（如氢氧化钠和过氧化氢溶液）处理，打破酯键和醚键，使部分半纤维素和木质素溶解，提高秸秆纤维的热稳定性。同时，碱溶液处理能够部分除去秸秆纤维表面的蜡质层，提高秸秆纤维与热塑性基材和胶黏剂之间的界面相容性与反应性。如果在碱处理之前，对秸秆纤维进行脱蜡处理，效果则更好。

（2）蒸汽爆炸处理

蒸汽爆炸法是目前应用最为广泛的方法，其目的是除去秸秆纤维中大部分的半纤维素和木质素、改变纤维表面形态、增加纤维表面积、细化纤维和增强纤维表面化学反应性等，以使纤维可用作一种增强材料。蒸汽爆炸法的一般操作过程如下：植物茎秆原料放入密闭的容器中，在200～250℃的饱和蒸汽下加热几分钟，突然释放压力，导致纤维组织中的水分发生绝热膨胀，使纤维发生性能改变；细化的纤维经旋式接收器收集到80℃左右的恒温箱进行长时间的干燥，以除去纤维在蒸汽爆炸过程吸收的水分；最后，处理好的纤维进行冷却储藏。

在蒸汽爆炸过程中，自动水解作用大量地降低了半纤维素和木质素的成分，而没有使纤维素大分子链聚合。在低压力和短反应时间下，秸秆纤维逐渐分离，脉管和表皮组织几乎全部毁坏。在更严格的条件下，纤维可分离得到单一的短纤维。不同的处理条件，得到的蒸汽爆炸秸秆纤维的成分、含量、结构不同，因而有不同的用途。处理时间不变的条件下，温度过高会导致纤维素的聚合度下降，而木质素却在进行化学改性和再聚合反应。

（3）使用相容剂或偶联剂

马来酸酐改性聚丙烯（MAPP）已证明是一种有效提高纤维素纤维与基体聚丙烯（PP）界面黏附性的方法。该方法是在基体材料聚丙烯的骨架上接枝马来酸酐，形成MAPP。在纤维素纤维与聚丙烯熔融复合过程中，MAPP以纤维质量5%（质量分数）的含量作为纤维与聚丙烯的界面相容剂加入，使纤维与基体之间形成化学键，增强界面的黏附性。也可将纤维素纤维先在含有5%（质量分数）的MAPP甲烷溶液中处理，在纤维表面不同位置以酯键形式连接长链的聚丙烯分子，其酯键主要是MAPP共聚物与纤维素纤维表面的羟基发生反应形成。接好支链的纤维与聚丙烯进行复合。在后一种改性方法中，MAPP的改性使纤维素纤维表面强亲水性转变为较好的疏水性，而且MAPP改性使纤维素纤维表面的能量接近于聚丙烯表面，因此增加了纤维与基体相容性。更为重要的是，附于纤维表面的PP分子链能够扩散到基体中，形成机械缠结，以机械的方法增强了界面的黏附性。实践证明，经过MAPP改性的复合材料具有更良好的机械性能。采用扫描电子显微镜（SEM）、差式扫描量热分析仪（DSC）、张力测试仪、溶胀技术等手段，对秸秆纤维-MAPP复合材料的各项性能测试表明：MAPP复合材料断裂界面的组织形态良好，揭示秸秆纤维表面的聚丙烯分子链伸入到基体之中，形成良好的界面；聚丙烯的玻璃化转变温度不随秸秆纤维的填入而改变；随着纤维含量的增加，其断裂强度和模量增加，但其脆性仍比较差；马来酸酐提高了界面黏附力，阻止了水分浸入复合材料；红外光谱显示酯键的存在，证实了MAPP与纤维表面的羟基发生了反应，并形成共价键。

偶联剂是一类具有两性结构的物质，其分子结构中一般存在两种有效的官能团：一种官能团可与疏水性的高分子基体发生化学反应或有较好的相容性；另一种官能团可与亲水基团形成键结合。这样偶联剂具有桥梁作用，可以改善高分子材料和填料之间的界面性能，提高界面的黏合性，从而提高复合材料的性能。

采用偶联剂对植物材纤维进行预处理的方法有四种，分别为浸泡、喷洒、搅拌和混合。其中喷洒法最为常用，这种方法节约偶联剂，同时偶联剂的分布较为均匀。硅烷偶联剂和钛酸酯偶联剂是应用最广泛的两类偶联剂。偶联剂的添加量通常为所处理植物纤维质量的1%～7%。由于偶联剂的成本较高所以会直接影响到产品的价格，因此应根据产品的用途来调整偶联剂的添加量。近年来，高分子偶联剂的应用越来越多，前面提到的马来酸酐接枝聚丙烯就是一种高分子偶联剂，除此常见的高分子偶联剂还有马来酸酐接枝聚乙烯等。

（4）表面接枝法

采用合适的引发剂可以将单体直接接枝聚合到纤维表面上，这种化学反应是由纤维素分子的自由基引发的，纤维素用含水的选择性离子溶液处理后，在高能辐射下激发，然后纤维素的分子之间相互碰撞破裂形成原子基团。再用适当与聚合物基体相容的溶液处理纤维的自由基部分，例如用乙烯单体、丙烯腈、甲基丙烯酸甲酯和聚苯乙烯来处理。两者共聚合反应的结果是，它既具有纤维素分子的特性又具有接枝聚合物的特性。例如采用接枝氰乙基改性木纤维，使处理后木纤维所制得复合材料的拉伸强度提高的同时，保持了较高的拉伸断裂伸长率。此种方法处理比较复杂，不利于工业生产，但接枝纤维与基体树脂的相容性明显改善。

接枝的方法常见的有自由基引发、光引发、辐射引发等。引发剂有三价锰离子、四价铈离子、五价钒离子以及高锰酸钾、过硫酸盐等。

9.6 作物秸秆及其制品的应用

9.6.1 秸秆综合利用的领域

秸秆作为一种生物质资源，其潜在利用价值已被政府部门、科研单位和企业重视，从不同领域开展秸秆综合利用的研发，并取得了系列成果。研发和产业化重点主要集中在秸秆能源化、秸秆肥料化、秸秆饲料化及利用秸秆造纸和生产建材。农林生物质资源综合开发利用已经列入国家的中长期发展战略规划优先主题，但从目前技术储备以及成本方面考虑，尚不存在大规模工业化推广的基础和技术支持。秸秆造纸是我国目前秸秆工业化利用的主体，但呈逐年下降的趋势，主要是中小型企业的污染问题。秸秆饲料和肥料化是我国秸秆利用的传统领域，但目前也尚未达到大规模工业化利用。"十五"期间，秸秆在建材领域，特别是在人造板领域的应用得到了快速发展，年产能已经达到了 20 万立方米。采用秸秆生产人造板不存在环境污染问题。如果能针对各种秸秆的原料特性，开发具有不同使用功能的人造板产品，将大大减少木材使用量，缓解造纸行业与人造板行业争抢木材原料的局面。

国外研究和应用最广的是麦秸和稻草人造板，始于 20 世纪 90 年代中期，随着异氰酸酯（MDI）应用到秸秆人造板领域，麦秸和稻草的胶合问题得到了较好的解决，1999 年北美的麦秸板设计产能已达到 150 万立方米。加拿大成功开发了秸秆 MDF 和麦秸定向刨花板（OSSB）的生产技术，较好地解决了秸秆纤维制备的技术和设备问题，取得了良好的中试效果，荷兰某公司正在与其合作，进行秸秆 MDF 和麦秸 OSSB 的产业化推广，世界上第一条麦秸 MDF 生产线正在埃及筹建。

我国在"十五"期间，以过去的研发为基础，进入了第二个麦秸、稻草人造板的快速发展阶段。中国林科院木材工业研究所、南京林业大学、东北林业大学等单位进行了有益的探索，主要研究方向集中在麦秸碎料板、稻草碎料板、麦秸纤维板、麦秸/塑料复合材、稻秸/塑料复合材、甘蔗渣/聚合物复合材、秸秆层积材等方面。

9.6.2 农作物秸秆作为复合材料工业原料的可行性

近年来，国内外对农作物秸秆制造人造板（复合材料）进行了大量的研发和产业化工作，并取得了令人瞩目的成就，如能够在此方面获得突破，将在人造板领域的原材料供应方面形成革命性的转变，并对人造板工业、造纸工业、生态环境问题、"三农"问题及木材供需问题，产生巨大的影响并提供新的解决途径。

（1）人造板工业的高速发展导致的原料紧张问题急需解决

我国已成为世界最大的人造板生产国，原料的供应问题随之成为人造板工业快速发展所面临的最主要问题。据有关数据显示，2000～2005 年刨花板和 MDF 企业所需要的木材原料成本呈逐年上涨之势，目前每吨枝丫材的收购价格达 350 元左右，总体上升了 50%～70%，给企业的成本控制带来巨大压力。

（2）农作物秸秆用于人造板工业原料的可行性分析

农作物秸秆的主要化学组分与部分阔叶树材类似，因而为将其用于人造板工业提供了可能。农业剩余物来源广泛，具有可持续发展利用的特性。从研究和应用实践的角度看，采用麦秸、稻草、棉秆、亚麻屑、甘蔗渣等农作物秸秆和加工剩余物生产人造板都已取得了成功的经验。据初步测算，仅将麦秸、稻草产量的5％用于人造板生产，则其规模即可达到2000万立方米，相当于我国2003年刨花板、细木工板和MDF产量的总和。

9.6.3 秸秆复合材料的主要新产品及应用

9.6.3.1 秸秆复合材料的主要新品种

（1）塑料/秸秆复合材

从环境保护和资源开发利用的角度出发，对植物秸秆进行一定的化学处理和机械处理，作为复合材料的增强材料在国内外已受到高度重视，并取得了可喜的进展。现在国内已研发报道的塑料/秸秆复合材料的种类有：聚丙烯/麦秸碎料（纤维）、聚丙烯/稻秸碎料（纤维）、甘蔗渣/聚乙烯、麦秸/聚乙烯、酚醛树脂/碳化秸秆、聚氯乙烯/秸秆等，甚至研发聚合物/秸秆陶瓷材料等。通过对秸秆碎料的多种预处理或改性，诸如碱处理、引入硅烷偶联剂、马来酸酐接枝、炭化烧结处理等，增加秸秆原料与聚合物的相容性，从而可制备各种性能良好、满足不同使用要求的塑料/秸秆复合材料。

（2）玉米秆人造板

我国玉米秆主要用于饲料、秸秆还田和农村燃料。20世纪80年代末期，中国林科院木材工业研究所曾经开发出玉米秆刨花板，主要选用外径（茎秆皮）部分作为原料。由于分离过程复杂，利用率低，使产品成本提高，所建几条生产线最终停产或转产。2004年，中国林科院木材工业研究所开发出了玉米秆全生物量利用技术，采用二次纤维分离工艺，成功分离出占玉米秆总量65％左右的纤维或纤维束，用于制造玉米秆均质板，其余的35％小于60目的粉末状物质可用于饲料。玉米秆均质板采用UF树脂作为胶黏剂，其性能指标完全达到刨花板国家标准的要求。板材的目标市场为包装材料，生产成本比普通木材刨花板低10％～15％，具有较强的市场竞争力。

（3）葵花秆人造板

与其他农作物秸秆相比较，葵花秆具有单位面积产量高、木质化程度高，收集、储存容易等特点，在我国内蒙古河套地区建有小规模的葵花秆刨花板厂。由于葵花秆的髓心未能有效去除，严重影响了产品的质量。中国林科院木材工业研究分别对葵花秆制造刨花板、杨木与葵花秆混合制造刨花板、MDI葵花秆刨花板和葵花秆MDF进行了重点研究，并于2005年进行了生产性试验。采用二次气流分选方法可使葵花秆髓心物质的去除率达到90％以上，板材的物理力学性能基本接近杨木刨花板。采用MDI生产的无甲醛葵花秆刨花板的生产性试验也取得了成功。

（4）棉秆人造板

我国棉秆主要产区位于新疆、山东、河北、河南和江苏等省，目前棉秆主要用于还田和农村燃料使用。20世纪90年代初，我国曾经分别从芬兰和德国引进设备生产棉秆刨花板，但是由于备料工段存在设备和工艺问题（纤维结团），严重影响到产品质量。另外，棉秆价格与木材原料相比较，优势不明显，加之政府又无相关的鼓励政策，影响了企业的积极性，最终全部改为生产木材刨花板。如今人造板用木材原材料的价格翻了一倍，为棉秆用于人造板工业原料提供了良好的时机。中国林科院木材工业研究所对棉秆刨花板和MDF的研究，特别是对棉秆碎料制备的研究取得了阶段性成果。

（5）其他新型秸秆复合材料

除了上述秸秆复合材料人造板外，国内外研究人员目前还正在积极探索其他的新型秸秆复合材料，例如秸秆层积材、秸秆水泥复合材料、秸秆石膏复合材料等。

9.6.3.2 秸秆复合材料的主要应用

（1）秸秆人造板

秸秆人造板是利用秸秆为原料，添加改性异氰酸酯胶黏剂或者复合型胶黏剂，在一定温度压力下压制而成的一种新型人造板。包括秸秆碎料板、木草复合板、中密度稻草板和中密度秸秆纤维板等，此类产品可以替代木质人造板用于包装行业和家具制造业。

（2）秸秆墙体材料

充分利用秸秆材料中空保温隔热特点，借助化学或机械结合方式，利用秸秆复合制造技术，生产轻质秸秆材料以替代传统的黏土砖用作框架结构房屋的内墙或外墙。包括秸秆模压墙体材料、挤压秸秆墙体材料、平压法轻质保温内衬材料和定向结构组合墙体。该类产品可以根据墙体幅度的需要，制成不同的规格，有助于墙体的预制和现场拼装。

（3）秸秆包装材料

以秸秆为原料，用专门设备将其加工成杆状单元，施加异氰酸酯或酚醛树脂后铺装成型，热压成板条，也可以将板条分割成板块，成为包装箱底层垫块。可以制成包装托架和包装箱。

（4）秸秆纤维复合材料

以秸秆纤维为基本原料，与无机矿物材料或塑料复合而成的一种板材。另外，可以在秸秆材料上，利用化学技术和机械技术在其面板上复合石膏板、水泥板、胶合板、石膏刨花板和水泥刨花板等，制成新型复合材料。可以用作建筑材料或包装材料。

（5）秸秆模压制品

以秸秆为原料，用一步模压成型法直接制成产品，例如，桌面、凳面、托盘、家具构件和建筑构件等。

参 考 文 献

[1] Albano C, Ichazo M, González J, et al. Mat. Res. Innovat., 2001, 4: 284.

[2] Bledzki A K, Faruk O. Composites: Part A, 2006, 37: 1358.

[3] Coutts R S P. Cement & Concrete Composites, 2005, 27: 518.

[4] Grigoriou A H. Wood Science and Technology, 2000, 34: 355.

[5] Hoenich N. BioResources, 2006, 1 (2): 270.

[6] Hubbe M A. BioResources, 2006, 1 (2): 172.

[7] Hubbe M A. BioResources, 2006, 2 (1): 1.

[8] Kuan C G, Kuan H, Ma C M, et al. Composites: Part A, 2006, 37: 1696.

[9] Laborie M G, Salme L, Frazier C E. Holzforschung, 2004, 58: 129.

[10] Matuana L M, Mengeloglu F. Journal of Vinyl & Additive Technology, 2001, 7 (2): 67.

[11] Nunez A J, Sturm P C, Kenny J M, et al. Journal of Applied Polymer Science, 2003, 88: 1420.

[12] Pehanich J L, Blankenhorn P R, Silsbee M R. Cement and Concrete Research, 2004, 34: 59.

[13] Selke S E, Wichman I. Composites: Part A, 2004, 35: 321.

[14] Shi S Q, Gardner D J. Composites: Part A, 2006, 37: 1276.

[15] Starka N M, Matuana L M. Polymer Degradation and Stability, 2004, 86: 1.

[16] Taherzadeh M J, Karimi K. BioResources, 2007, 2 (3): 472.

[17] Tserki V, Zafeiropoulos N E, Simon F, et al. Composites: Part A, 2005, 36: 1110.

[18] 藏克峰，项素云. 中国塑料，2001，15 (2): 71.

[19] 陈庆云，王云海. 再生资源研究，2002，(2): 33.

[20]　冯绍华，尹文燕，沈海燕等. 塑料科技，2006，34（12）：2.

[21]　高振棠，柏雪源，彭思来. 塑料工业，2007，35（10）：64.

[22]　姜洪丽，李斌. 高分子材料科学与工程，2005，21（2）：204.

[23]　李华，王芳. 山西化工，2002，22（2）：18.

[24]　李鹏，孙可伟，柴希娟. 中国资源综合利用，2006，24（1）：23.

[25]　廖利华，王笃雄. 扬州大学学报（自然科学版），2002，5（4）：80.

[26]　刘一星，赵广杰. 木质资源材料学. 北京：中国林业出版社，2004.

[27]　彭思来，蔡红珍，柏雪源等. 林产工业，2007，34（1）：25.

[28]　沈文星，周定国. 林业科学，2007，43（3）：103.

[29]　滕翠青，杨军，韩克清等. 东华大学学报（自然科学版），2002，28（1）：83.

[30]　王澜，董洁，卜雅萍. 塑料，2005，34（5）：1.

[31]　王澜，董洁，卜雅萍. 塑料，2005，34（5）：3.

[32]　肖力光，李会生，张奇志. 吉林建筑工程学院学报，2005，22（1）：1.

[33]　肖亚航，傅敏士. 工程塑料应用，2005，33（1）：34.

[34]　薛盎芳. 工程塑料应用，2007，35（8）：36.

[35]　杨鸣波，李忠明，冯建民等. 材料科学与工程，2000，18（4）：27.

[36]　杨小军. 农作物秸秆层积材地板的开发研究. 中南林学院硕士学位论文，2004.

[37]　于文吉. 木材工业，2006，20（2）：41.

[38]　张洋. 林产工业，2003，30（5）：25.

第 10 章　竹　　　材

几千年来，木质材料以其独特的材料性能以及优良的环境科学特性深受人们喜爱，被广泛用于人类的生产生活环境中，发挥着重要的作用。作为资源和原料的木质材料在广义上不仅限于木材或来源于木材的物质，可将一切能够提供木质部成分或植物纤维以供利用的天然物质都可统称为木质资源材料。除了木材和作物秸秆以外，其实还有很多以纤维素、木质素、半纤维素等为主要成分的生物质材料，例如竹材、藤材等。

我国具有丰富的竹类资源，无论是竹子的种类、面积、蓄积量还是年采伐量均居世界之首。由于竹类植物生长速度快、产量高、代木性好，加之木材资源日益紧缺，竹类资源日益受到重视。我国对竹的科学研究、生产和开发利用也已具有国际领先水平，并不断深化与扩大。目前已研制出多种竹制产品，如竹制家具、竹人造板、竹地板、竹编织物、竹筷、竹席、竹牙签等，正在向以竹代木、以竹养木的目标发展。为此，本节将简要介绍竹材这一生物质材料。

10.1　竹子的种类与分布

10.1.1　竹子的种类

竹类属种子植物门（Spermatophyta）、被子植物亚门（Angiosperms）、单子叶植物纲（Monocotydons）、禾本目（Graminales）、禾本科（Gramineae）、竹亚科（Bambusoideae）。

虽然竹子和作物秸秆在归属上都属禾本科，但是竹子属于禾本科的竹亚科，作物秸秆归属于禾亚科。竹亚科为木本，秆茎木质化程度高、坚韧、并多年生，叶片具短柄，与叶鞘连接处常具关节而易脱落；禾亚科为草本，秆通常为草质，叶片不具短柄而与叶鞘连接，也不易自叶鞘上脱落。

世界竹类植物有 70 多属，1200 多种，中国为世界上种类资源最丰富的国家，有约 48 属，近 500 余种。在我国作为竹材利用的主要竹种有：刚竹属（Phyllostachys）的毛竹（P. pubescens）、桂竹（P. bambusoides）、淡竹（P. glauca）、刚竹（P. viridis），矢竹属（Pseudosasa）的茶秆竹（P. amabilis），苦竹属（Pleioblastus）的苦竹（P. amarus），刺竹属（Bambusa）的车筒竹（B. sinospinosa），牡竹属（Dendrocalamus）的麻竹（D. latiflorus）以及慈竹属（Neosinocalamus）的慈竹（N. affinis）等。其中毛竹在我国分布最广、蓄积量和产量最大，是人工栽培工业用竹材中最重要的竹种。

10.1.2　竹子的分布

竹类植物分布于热带和亚热带，目前全世界竹林面积约 2200 万公顷，可分为三大竹区：亚太竹区、美洲竹区和非洲竹区。主要分布于亚洲，其次为非洲、拉丁美洲、北美洲和大洋洲，欧洲无天然分布，仅有少量引种。

亚太竹区是世界最大的竹类资源分布区。竹林面积超过 1000 万公顷。分布于南至新西兰（南纬 42°），北至俄罗斯库页岛（北纬 51°），东至太平洋诸岛，西至印度洋西南部的广大地区。本区竹子约 50 多属，900 余种。其中有经济价值的 100 多种。主要产竹国有中国、印度、缅甸、泰国、孟加拉、柬埔寨、越南、日本、印度尼西亚、马来西亚、菲律宾、韩国、斯里兰卡等，其中中国和印度是世界上最大的两个产竹国。

美洲竹区分布于南至南纬 47° 的阿根廷南部，北至北纬 40° 的美国东部，共有 18 个属 270 多种。竹子主要分布于南北美洲的东部地区，北美乡土的竹种仅数种，而南北回归线的墨西哥、危地马拉、哥斯达黎加、尼加拉瓜、洪都拉斯、哥伦比亚、委内瑞拉和巴西的亚马逊河流域是竹子的分布中心，竹种资源也丰富，竹林面积近 1000 万公顷。

竹类植物在非洲地区的分布范围较小，南起南纬 22° 的莫桑比克南部，北至北纬 16° 苏丹东部。在这一范围内，分布从西海岸的塞内加尔南部直到东海岸的马达加斯加岛，形成从西北到东南横跨非洲热带雨林和常绿落叶混交林的斜长地带。非洲竹子种类少，仅 10 余种，竹林面积近 150 万公顷。

10.1.3 我国的竹子资源分布

中国竹子资源十分丰富，竹林面积 720 万公顷，其中纯竹林 420 万公顷，蓄积量大、种类多。分布于北纬 40°、黄河流域以南的广大地区。由于地理环境和竹种生物学特性的差异，我国竹子分布具有明显的地带性和区域性，大致可分为四个区域。

（1）黄河至长江竹区

位于北纬 30°～40° 之间，包括甘肃东南部、四川北部、陕西南部、河南、湖北、安徽、江苏、山东南部及河北西南部。主要分布有刚竹属（*Phyllostachys*）、苦竹属（*Pleioblastus*）、箭竹属（*Fargesia*）、青篱竹属（*Arundinaria*）、赤竹属（*Sasa*）等的一些竹种，以散生竹为主。

（2）长江至南岭竹区

位于北纬 25°～30° 之间，包括四川西南部、云南北部、贵州、湖南、江西、浙江和福建的西北部。这是我国竹林面积最大、竹子资源最丰富的地区，其中毛竹的比例最大，仅浙江、江西、湖南三省的毛竹林合计约占全国毛竹林总面积的 60％。在本区内，主要有刚竹属（*Phyllostachys*）、苦竹属（*Pleioblastus*）、刺竹属（*Bambusa*）、短穗竹属（*Brachystachyum*）、大节竹属（*Chimonobambusa*）、方竹属（*Indosasa*）、慈竹属（*Neosinocalamus*）等属的竹种。

（3）华南竹区

位于北纬 10°～25° 之间，包括台湾地区、福建南部、广东、广西、云南南部。这是我国竹种数量最多的地区，主要有刺竹属（*Bambusa*）、酸竹属（*Acidosasa*）、牡竹属（*Dendrocalamus*）、藤竹属（*Dinochloa*）、巨竹属（*Gigantochloa*）、单竹属（*Lingnania*）、矢竹属（*Pseudosasa*）、梨竹属（*Melocanna*）、滇竹属（*Oxytenanthera*）等属的竹种，是丛生竹分布的主要区域。

（4）西南高山竹区

位于华西海拔 1000～3000m 的高山地带。本区主要为原始竹丛，主要有方竹属（*Indosasa*）、箭竹属（*Fargesia*）、慈竹属（*Neosinocalamus*）、筇竹属（*Qiongzhuea*）、玉山竹属（*Yushania*）等属的竹种。

虽然我国的竹种资源丰富，共有竹类植物 40 多属 500 余种，但竹秆高大、竹径较粗、具工业化利用价值的仅 10 余种。这些具经济价值的竹种，竹林常呈成片集中分布，这为我国的竹材工业化利用提供了十分有利的条件。我国最具经济价值的毛竹，竹林面积约 300 万公顷。全国每年采伐竹材产量 1800 万吨以上，其中毛竹约占 80％，达 4 亿根左右，相当于 1000 万立方米的木材。我国竹林面积超过 30 万公顷，重点产竹县有湖南省的桃江县、安化县、浏阳市，福建省的建瓯市、顺昌县、永安市、浦城县，江西省的宜丰县、奉新县、浙江省的安吉县、临安市，安徽省的广德县。

10.2 竹子的植物形态与解剖构造

10.2.1 竹子的植物形态

竹子的外部结构可分为三部分：一是横生于地下的部分，称为地下茎或主鞭，具有明显的分节，节上生根，节侧有芽，可以萌发为新的地下茎或发笋出土成竹；二是直立于地上部分的秆茎，称地上茎，俗称竹竿，即为一般可用的竹材；三是从秆茎上生出竹枝，枝上又有分枝，叶长于分枝上，总称枝叶。

竹竿是竹子的主体，分为秆柄、秆基、秆茎三部分，如图10-1所示。

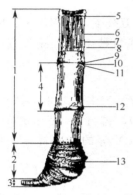

图10-1 竹类植物的秆柄、秆基和秆茎

1—秆茎；2—秆基；3—秆柄；
4—节间；5—竹隔；6—竹青；
7—竹黄；8—竹腔；9—秆环；
10—节内；11—箨环；
12—芽；13—根眼

秆柄是竹竿的最下部分，连接于母竹秆基或根状茎，由十余节至数十节组成，直径向下逐减，节间很短，通常实心。节上有退化叶，但不生根、不发芽。秆柄是竹子地上和地下系统连接输导的枢纽。

秆基位于竹竿下部，是竹竿入土生根部分，由数节至十数节组成。节间缩短，直径粗大，节上密生不定根。随竹种不同，秆基上有数枚至10枚互生大型芽，可萌笋长竹；也有芽数量较少的，可萌芽，也可抽鞭；或仅有能长成根状茎的芽。秆基各节密集生根，称竹根，形成竹株独立的根系。秆基、秆柄和竹根合称为竹蔸。

秆茎为竹竿的地上部分，通常端直，圆筒形，中空有节，两节之间称为节间。每节有彼此相距很近的两环，下环称箨环，又称鞘环，系秆箨脱落后留下的环疤；上环称为秆环，为居间组织停止生长后留下的环疤。两环疤之间为节内。相邻两节间有一木质横隔，称为节隔，着生于节内部位，使秆更加坚固。随竹种不同，节间长短、数目及形状有所变化。一般节间中空，即为竹腔，其木质坚硬的环绕部分是秆壁或竹壁，竹壁厚度随竹种差异较大，但也有实心竹。节间横断面有成圆形（或稍成椭圆形的）、三角形和近于方形的几种。

竹竿是竹类植物地上茎的主干，多为圆柱形的有节壳体。不同竹种竹竿的节数和节间长度差异很大，有的节数可达70个左右，如毛竹；有的仅有十几个节。节间长的可以达到1m以上，短的仅为几厘米。节间多为中空，周围的竹材称为竹壁。节间直径和竹壁厚度因竹种而异，粗的直径可超过20cm，细的仅为几毫米。竹节内部有节隔相连，把中空的竹竿分隔成一个个空腔。竹节和竹隔不仅有巩固竹竿的作用，而且也是竹竿横向输导水分和养料的"桥梁"。

10.2.2 竹子的解剖构造

竹材的构造与木材有所不同，主要区别为：竹材是单子叶植物，维管束成不规则分布，没有径向传递组织和形成层，具有节间分生组织，因此竹子只有高生长而没有直径生长；无真正的髓和射线组织，节中空、节间以节膜相隔，具空髓；所有细胞都严格地按轴向排列，其构造较木材为整齐；因此竹材的抗拉强度较大，但易于劈裂，即抗剪切强度小。木材是双子叶植物，维管束在幼茎初生组织中呈环状分布，束中形成层连成一圈，形成形成层，能进行直径生长；具髓和木射线；与竹材相比，抗拉强度相对较小，抗剪切强度较大。

10.2.2.1 竹壁的宏观构造

竹壁的构造是竹壁在肉眼和扩大镜下观察到的构成，可以说是竹材的宏观结构。在竹壁横切面上，有许多呈深色的菱形斑点；纵面上它呈顺纹股状组织，用刀剔镊拉，可使它分离。这就是竹材构成中的维管束。竹壁在宏观下自外向内由三部分构成：竹皮、竹肉和髓环组织（髓环和髓）。竹皮是竹壁横切面上不具维管束的最外侧部分，表面光滑，具蜡质，俗称竹青。髓外组织是竹壁邻接竹腔的一层薄膜，为发育不完全的髓的一部分，俗称竹衣或竹膜，它也不含维管束。竹肉位于竹皮和髓外组织之间，在横切面上有维管束分布，维管束之间是基本组织。竹肉中维管束的分布，从外向内，由密变疏。外侧，质地坚韧、组织致密，俗称竹青，即维管束数量多的外侧部分；内侧，质地脆弱、组织疏松，俗称竹黄，即维管束少的内侧部分，图 10-2 所示为竹壁横切面维管束在宏观下的分布。

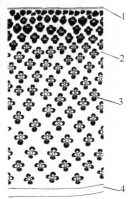

图 10-2　竹壁横切面
宏观结构

1—竹皮；2—基本组织；
3—维管束；4—髓外组织

10.2.2.2　竹壁的解剖构造

竹子的秆茎由表层系统（表皮、皮下层、皮层）、基本系统（基本组织、髓环和髓）和维管束系统组成。表层系统是竹皮，位于秆茎的最外方。髓环和髓位于最内侧。它们形成竹竿壁中的内、外夹壁，把基本组织和维管束系统紧夹其间。整个竹竿组织含有薄壁细胞组织约 50%、纤维 40% 和输导组织（含导管与筛管）10%，上述比例随不同竹种而略有变异。

（1）表层系统

表皮层是竹壁最外面的一层细胞，由长形细胞、栓质细胞、硅质细胞和气孔器构成（图10-3）。长形细胞占大部分表面积，顺纹平行排列。栓质细胞和硅质细胞形状短小，常成对结合，插生于长形细胞的纵行列之中。栓质细胞略成梯状（六面体），小头向外。硅质细胞近于三角状（六面体或五面体），顶角朝内，含硅质。表皮层细胞的横切面多呈方形或长方形，排列紧密，没有缝隙，外壁通常增厚。表皮上穿插着许多小孔，为气孔。

紧接着表皮层之下的是皮下层，由 1～2 层柱状细胞构成，纵向排列，横切面呈方形或矩形；一般的细胞壁稍厚或很厚。位于皮下层以内，是无维管束分布的部分，细胞亦呈柱状，纵向排列；横切面上呈椭圆形或矩形，其形状较皮下层细胞大。禾本科植物的茎中不像双子叶植物中那样能清楚地划

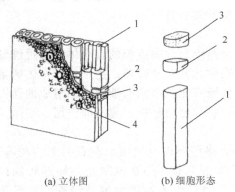

(a) 立体图　　(b) 细胞形态

图 10-3　竹材的表皮层

1—长形细胞；2—硅质细胞；
3—栓质细胞；4—气孔器

分皮层，仅能将秆茎外缘没有维管束分布的部分笼统地称为皮层。

（2）基本系统

基本组织是薄壁组织，主要分布在维管束系统之间，其作用相当于填充物，是竹材构成的基本部分。基本组织细胞一般较大，大多数胞壁较薄，横切面上多近于呈圆形，具明显的细胞间隙，见图 10-4。纵壁上的单纹孔多于横壁。从纵切面的形态，它可区分为长形的和近于正立方形的矩细胞两种，但以长细胞为主，短细胞散布于长细胞之间。

长形细胞的特征是胞壁有多层结构，在笋生长的早期阶段已木质化，其胞壁中的木质素含量高，胞壁上出现瘤层。短细胞的特点是胞壁薄，具稠浓的细胞质和明显的细胞核，即使在成熟竹竿中也不木质化。1～2 年生竹材长形薄壁细胞中的淀粉含量丰富，而生长不到 1 年的幼竹中几乎没有，在数年以上的老竹内也不存在，但在短细胞中不含淀粉。

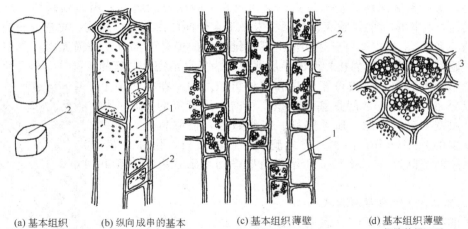

| (a) 基本组织
薄壁细胞形态 | (b) 纵向成串的基本
组织薄壁细胞 | (c) 基本组织薄壁
细胞的纵切面 | (d) 基本组织薄壁
细胞的横切面 |

图 10-4　竹材秆茎中的基本组织薄壁细胞

1—长形细胞；2—短细胞；3—淀粉粒

髓环位于髓腔竹膜的外围。它的细胞形态和基本组织不同，呈横卧短柱状，有如烟囱内壁的砌砖。其胞壁随竹龄加厚，或发展为石细胞。石细胞一般由薄壁组织细胞形成。当石细胞成熟时，次生壁具有特别的增厚过程，最后细胞壁变得很厚。

髓一般由大型薄壁细胞组成。髓组织破坏后留下的间隔，即竹竿的髓腔。髓呈一层半透明的薄膜黏附在秆腔内壁周围，俗称竹衣，但也有含髓的实心竹。

（3）维管束系统

维管束散布在竹壁的基本组织之中，是竹子的输导组织与强固组织的综合体。通过维管束中的筛管与导管下连鞭根，上接枝叶。沟通整个植物体，并输送营养。由于竹子个体通常比较高大，为了保护输导组织的畅通，在输导组织的外缘有比较坚韧的维管束鞘组成的强固组织加以保护。在维管束之间，则具有薄壁组织细胞，它们比较疏松，起缓冲作用，以刚柔相济来增强竹竿弹性。

维管束在横切面上略呈 4 瓣"梅花形"（图 10-5），平周方向（弦向）左右两个"花瓣"

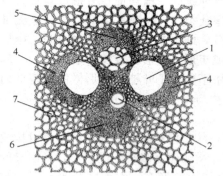

图 10-5　竹材秆茎的维管束横切面

1—后生木质部梯纹导管；

2—原生木质部梯纹和环纹导管；

3—初生韧皮部；4—侧方纤维帽；

5—外方纤维帽；6—内方纤维帽；

7—基本组织薄壁细胞

是维管束内的后生木质部，外观像眼睛一样形状的两个大的孔状细胞，是后生木质部的梯纹导管。在垂周方向（径向），上下也有个"花瓣"，其中一瓣中心为完整的网眼状，而另一瓣中心为破碎状，或有一中孔或二中孔。其网眼状范围为初生韧皮部，而破碎状部位或中孔处为原生木质部。按它们在秆壁中的方位，韧皮部位于外侧，原生木质部在内侧。

竹材维管束四周是纤维鞘，向秆壁外侧的为外方纤维帽，向髓腔方向为内方纤维帽，位于维管束两侧的为侧方纤维帽。

以上为散生竹竿壁中维管束构成状况。丛生竹与散生竹的维管束结构不同，丛生竹维管束由中心维管束和纤维股两部分构成，即在竹壁的内方或内外两方还具有一个或两个分离的纤维股，位于外侧的为外纤维股，内侧的为内纤维股，这些纤维股的横断面积往往超过中心维管束的横断面积，有的超过一倍或一倍以上。

纤维是竹材结构中的一类特殊细胞。其形态特点是细而长、两端尖削，其横切面近于圆形，细胞壁很厚，约有 10 层微纤丝组成；竹材中纤维的壁厚通常随竹龄增加而增加。胞壁上有少数小而圆的单纹孔，属韧性纤维。其平均长度在 1.5～4.5mm 之间，直径变化为 11～19μm，长宽比大，为（150～250）∶1，是纸浆工业的适宜原材料。在节间内纤维的纵向长度变化很大，最短的纤维始终靠近节部，最长的在两节之间的中部；随竹竿高度的增加，纤维长度略有减小。

竹材维管束中的韧皮部，其结构相当于树木的韧皮部分，是维管束中的原生木质部和后生木质部的总和，相当于针叶树、阔叶树的木材部分。这样，一个维管束的结构就相当于一株树茎。但竹材维管束内没有形成层，所以竹材在完成高生长后也就不存在直径生长；竹材和木材另一点不同处是竹材中没有横向的射线组织。

竹竿横断面维管束的形状和分布，一般是位于外侧的小而密，位于内侧的大而疏，近表皮通常分别有 1 层或 2 层未分化的维管束，这种没有分化的维管束没有筛管与导管，只有纤维团或纤维束，形状也不规则，排列十分紧密，形成竹竿坚硬的外壁，往内具有 1～3 列半分化的维管束，这种半分化的维管束开始具有输导组织，排列仍然比较紧密，在半分化的维管束的内侧出现典型维管束。典型维管束通常位于竹竿横切面的中部或内部，按斜行排列具有 2 行或多达 10 行以上，接近秆内壁的维管束其形态与排列往往出现混乱与倒置，因此接近内壁的维管束不能称为典型维管束。由于竹壁外侧维管束密而多，而内侧稀而少，所以竹材的密度和力学强度都是竹壁的外侧大于内侧。在竹竿长轴方向上，维管束的大小从秆基至顶端逐渐减小，维管束的数目随着竹竿高度之增加而递减。

竹材的维管束在竹竿节间相当平行而整齐地沿长轴方向排列，形成直纹理。但是，通过竹节时，除了竹壁最外层的维管束在笋箨脱落处（箨环）中断及一部分继续垂直平行分布外，另一部分却改变了方向，竹壁内侧维管束在节部弯曲，伸向竹壁外侧，另一些竹壁外侧的维管束弯曲而伸向竹壁内侧，还有一些维管束从竹竿的一侧通过节隔交织成网状分布而伸向竹竿的另一侧。竹节维管束的走向，纵横交错，有利于加强竹竿的直立性能和水分、养分的横向输导，但对竹材利用则是缺陷之一。

10.3　竹材的性质

10.3.1　竹材的主要化学成分

竹材和木材相似，主要化学成分为有机组成，是天然的高分子聚合物，主要由纤维素（约 55%）、木质素（约 25%）和半纤维素（约 20%）构成。应当指出，和其他植物基生物质材料类似，纤维素、木质素和半纤维素在竹材中的分布并不均一，各种组分的含量都与取样部位、竹种、竹龄、产地等因素密切相关。

10.3.1.1　纤维素

不同竹种，竹材的纤维素含量大致在 40%～60% 范围内。同一竹种，不同竹龄、不同部位的竹材中纤维素含量也是有差异的。据研究，毛竹纤维素含量随竹龄增加而减少，到 3 年左右，纤维素含量趋于稳定；用硝酸乙醇法测定表明 2 个月竹龄的竹材纤维素含量显著地高于 1 年至数年竹龄的竹材，1 年生竹材与 5 年生、7 年生、9 年生的相比，纤维素含量有显著差异，而 3 年生、5 年生、7 年生、9 年生竹材之间的纤维素含量无显著差异。不同竹竿部位的纤维素含量也存在差异：从下部到上部略呈减少趋势。竹壁内外不同部位差异显著，由竹壁内层到竹壁外层纤维素含量是逐渐增加的，如表 10-1。

表 10-1　不同竹秆部位毛竹材纤维素含量

竹壁部位	竹秆高度	不同高度平均含量/%	竹壁内壁的平均含量/%
内层	下部	39.20	38.66
	中部	38.25	
	上部	38.54	
中层	下部	39.99	40.28
	中部	39.07	
	上部	41.77	
外层	下部	44.02	43.18
	中部	43.89	
	上部	41.63	

10.3.1.2　半纤维素

竹材的半纤维素成分几乎全为多缩戊糖，而多缩己糖含量甚微。纤维素大分子的主链为聚戊糖，即木聚糖，占大分子的 90% 以上；而支链上则有多缩己糖，即 D-葡萄糖醛酸，也有多缩戊糖，即 α-L-阿拉伯糖。实验表明，竹材半纤维素是聚 D-葡萄糖醛酸基阿拉伯糖基木糖，它包含 4-O-甲基-D-葡萄糖醛酸、L-阿拉伯糖和 D-木糖，它们的分子比为 1.0：(1.0～1.3)：(24～25)。竹材和针、阔叶树材的阿拉伯糖基木聚糖在糖的组成比上有不同外，还有竹材木聚糖的聚合分子数比木材高。竹材戊聚糖含量在 19%～23% 之间，接近阔叶材的戊聚糖含量。远比针叶材（10%～15%）高得多。说明它可用于制浆或水解生产的同时，萃取糖醛的综合利用也是可取的。

10.3.1.3　木质素

竹材木质素的构成类似于木材，也由三种苯基丙烷单元构成，即对羟基苯丙烷、愈疮木基苯丙烷和紫丁香基苯丙烷。但竹材是典型的草本木质素，含有较高比例的对羟基苯丙烷。竹材木质素的构成类似于阔叶树材木质素，但三种结构单位的组成比例有较大差异，对于阔叶树材，愈疮木基苯丙烷和紫丁香基苯丙烷的比例一般为 1：3，只有少量的紫丁香基苯丙烷，而竹材的对羟基苯丙烷、愈疮木基苯丙烷和紫丁香基苯丙烷按 10：68：22 分子比组成。竹子木质素特殊之处在于它除了含松柏基、芥子基和对-羟基苯基丙烯醇的脱氢聚合物外，尚含有 5%～10% 的对-羟苯基丙烯酸酯。一年生竹子的木质素含量在 20%～25% 之间，接近阔叶材和一些草类（如麦秸 22%）的木化程度，比针叶材略低，木质素含量稍低，说明在制浆蒸煮过程中耗药量减少，且较易于成浆。

10.3.2　竹材的少量成分

抽提物是指可以用冷水、热水、醚、醇和 1% 氢氧化钠等溶剂浸泡竹材后，从竹材中抽提出的物质。竹材中抽提物的成分十分复杂，但主要是一些可溶性的糖类、脂肪类、蛋白质类以及部分半纤维素等。

一般竹材中冷水抽提物 2.5%～5%，热水抽提物 5%～12.5%，醚、醇抽提物 3.5%～9%，1% NaOH 抽提物 21%～31%。此外，蛋白质含量为 1.5%～6%，还原糖的含量为 2%，脂肪和蜡质的含量为 2%～4%，淀粉类含量为 2%～6%。

同一竹种，在不同竹龄的竹材中，各类抽提物的含量是不同的，如慈竹中 1% 氢氧化钠抽提物，嫩竹为 34.82%，一年生竹为 27.81%，二年生竹为 24.93%，三年生竹为 22.91%。

竹种不同，各种抽提物的含量也是不同的，如表 10-2。

表 10-2　不同竹种的抽提物含量

抽提物类别	毛竹	淡竹	撑篙竹	慈竹	麻竹
冷水抽出物/%	2.60	—	4.29	—	—
热水抽出物/%	5.65	7.65	5.30	—	12.41
醇、乙醚抽出物/%	3.67	—	5.44	—	—
醇、苯抽出物/%	—	5.74	3.55	8.91	6.66
1%氢氧化钠抽出物/%	30.98	29.95	29.12	27.72	21.81

燃烧后残存的无机物称灰分，占竹材总量的 1%～3.5%，含量较多的有五氧化二磷、氧化钾、二氧化硅等。灰分中以二氧化硅含量最高，平均约 1.3%。

10.3.3　竹材的物理性质

10.3.3.1　含水率

竹材在生长时，含水率很高，依据季节而有变化，并在竹种间和秆茎内也有差别。新鲜竹材的含水率一般在 70% 以上，最高可达 140%，平均为 80%～100%。

通常竹龄愈小，其新鲜材含水率愈高，如 1 年生毛竹新鲜材的含水率约 135%，2～3 年生的约为 91%，4～5 年生的约为 82%，6～7 年竹的约为 77%。

竹竿自基部至梢部含水率逐步降低，如某 7 年生毛竹新鲜材的基部含水率为 45.7%，而其梢部含水率可达 97.1%。竹壁外侧（竹青）含水率最高，中部（竹肉）和内侧（竹黄）次之，如某毛竹新鲜材的竹青含水率为 36.7%，竹肉含水率为 102.8%，竹黄含水率为 105.4%。

气干后的平衡含水率随大气的温度、湿度的变化而增减，根据测定，毛竹在北京地区的平衡含水率为 15.7%。

10.3.3.2　密度

竹材基本密度在 0.40～0.9g/cm³ 之间。这主要取决于维管束密度及其构成。一般，竹竿上部和竹壁外侧的维管束密度大，导管直径小，因此竹材密度大。表 10-3 为一些竹种的气干密度和基本密度值。

表 10-3　不同竹种的密度值　　　　单位：g/cm³

竹种	基本密度	气干密度	竹种	基本密度	气干密度
毛竹	0.61	0.81	硬头黄竹	0.63	0.88
刚竹	0.63	0.83	撑篙竹	0.58	0.67
斗竹	0.39	0.55	车筒竹	0.67	0.92
水单竹	0.77	1.0	龙竹	0.52	0.64
刺竹	0.64	0.97	黄竹	0.83	1.01

从竹笋长成幼竹，完成高生长后，竹竿的体积不再有明显的变化。但竹材的密度则随竹龄的增长而有变化，如毛竹，前五年，由于竹材细胞壁随竹龄增长而增长及木质化程度的提高，竹材密度逐步增加，五至八年稳定在较高的密度水平，八年后，随着竹子进入老龄，竹材密度开始略有下降，如图 10-6 所示。

10.3.3.3　干缩性

竹材采伐后，在干燥过程中，由于水分蒸发，而引起干缩。竹材的干缩，在不同方向上，有显著差异。毛竹由气干状态至全干，测定其含水率减少 1% 的平均干缩率，结果为：纵向 0.024%，弦向（平周）

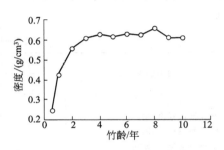

图 10-6　毛竹竹材密度与竹龄的关系

0.1822%，径向（垂周）0.1890%（有节处0.2726%、无节处0.1521%）。可以看出，纵向干缩要比横向干缩小得多，而弦向和径向的差异则不大。

竹材秆壁在同一水平高度，内外干缩也有差异。竹青部分纵向干缩很小，可以忽略，而横向干缩最大；竹黄部分纵向干缩较竹青大，而绝对值仍小，但横向干缩则明显小于竹青。不同竹龄的毛竹，竹龄愈小，弦向和径向的干缩率愈大，而竹龄对纵向干缩影响很小。表10-4为一些竹种的全干缩率值。

表 10-4　不同竹种的全干缩率值

竹　种	纵向干缩率/%	径向干缩率/%	弦向干缩率/%	体积干缩率/%
毛竹	0.32	3.0	4.5	—
车筒竹	0.1	2.5	3.8	6.3
硬头黄竹	—	5.5	4.7	10.6
水单竹	—	4.3	5.5	10.0

10.3.4　竹材的力学性质

竹材与木材相似，是非均质的各向异性材料。竹材密度小、强度相对较大，可以说它是一种轻质高强的材料。竹材的物理性质、力学性质极不稳定，在某些方面超过木材，如竹材的顺纹抗拉强度约比密度相同的木材高1/2，顺纹抗压强度高10%左右。其复杂特性主要表现在以下几方面。

① 由于维管束分布不均匀，使密度、干缩、强度等随竹竿不同部位而有差异。一般，竹材秆壁外侧维管束的分布较内侧更密，故其各种强度亦较高；竹材秆壁的密度自下向上逐渐增大，故其各种强度也增高。

② 含水率的增减亦引起密度、干缩、强度等的变化。据测定，当含水率为30%时，毛竹的抗压强度只相当于含水率为15%时的90%；但也有报告影响的程度较此大1倍。

③ 竹节部分与非竹节部分具有不同的物理性质、力学性质。如竹节部分的抗拉强度较节间为弱，而顺纹抗劈性则较节间大。

④ 随竹材竹龄的不同，其物理性质、力学性质亦不一致。一般二年龄以下的竹材柔软，缺乏一定的强度；四至六年龄则坚韧富有弹性而力学强度高；七年龄以上，质地变脆，强度也随之减低。

⑤ 竹材三个方向上的物理性质、力学性质亦有差异。如竹材的顺纹抗劈性甚小；顺纹抗压强度是横纹的10倍左右。

综上所述，竹材的物理性质、力学性质差异较大，影响因素复杂，所以利用竹材时应充分考虑上述情况。

由于竹材胞壁物质分布不均匀，且呈空心圆柱状。已有的关于竹材力学强度的测定数据，都是测定竹材完整壁厚试样的结果。表10-5为四川、浙江和安徽三地产的毛竹力学性能数据。

表 10-5　毛竹的主要力学强度指标

力学强度指标	产　地		
	四川	浙江	安徽
顺纹抗拉强度/MPa	212	181	150～210
顺纹抗压强度/MPa	51	71	80～100
静弯曲强度/MPa	135	154	150～180
顺纹抗剪强度/MPa	12	15	20～25
冲击韧性/(kJ/m²)	—	—	100～230

10.4 竹材性质及应用研究进展

10.4.1 竹材微观结构和力学性质之间的关系

竹材作为一种生物质材料，是植物中作为结构材的最好的原料之一，它具有强度高、弹性好、性能稳定、密度小的特点。竹材的比强度和比刚度高于木材和普通钢铁，能广泛用于建筑工程。竹材的内部构造决定其性能，竹材的微观结构与力学性质之间有着重要的联系。对毛竹和蒿竹的研究结果显示：竹材主要由起承载作用的纤维厚壁细胞和起连接作用并传递载荷的薄壁细胞基体所组成。竹材具有良好的比强度和比刚度，是其厚壁细胞和竹纤维整齐排列的结果。从宏观性能上看，毛竹高于蒿竹，上部大于基部，竹壁外侧高于内侧，这与纤维组织细密、纤维层厚和纤维密度等因素有关。某些竹材的超微结构特征是具有层状的厚次生壁结构，层状纹理由不同纤维走向的交变宽窄层组成。这种层状竹壁结构在竹壁周围的纤维上表现得十分明显，对提高竹材的抗弯强度有重要意义，薄壁细胞纤维无层状纹理。

竹材与其他植物相比，在生态和形态上既有相同之处，也有不同之处。其重要的生长特征之一就是节间生长。竹材作为天然的生物复合材料，已经被国内外作为仿生材料研究的对象。与木材相比，竹材组织结构简单，维管束和竹秆平行排列，因此抗劈性高，适合于弯曲加工。竹材的抗劈性和分割性都优于木材，几乎是针叶树木材平均值的2倍。竹材外皮层、维管束鞘、基本组织及内皮层对密度及抗压强度均有影响，如外皮层及维管束鞘增加，密度就增加；基本组织及内皮层增加，密度就减小。竹材的抗拉强度约为针叶树木材的4倍，为阔叶树木材的2倍。竹材单位面积内的维管束数量、纤维束排列方向以及纤维本身的强度是影响竹材强度的重要因素。

10.4.2 竹材干燥特性

竹材干燥是竹材工业化利用不可或缺的一个重要环节。由于竹材本身各向异性的特点以及其固有的节间组织，如干燥不好势必造成开裂等各种现象发生。竹壁外侧的维管束微小，但数量多，而竹壁内侧的维管束大而少。由于这种独特的结构，竹秆干燥时很容易劈裂。如果采用高温干燥，当温度从60℃升到120℃时，竹材（桂竹）不会出现开裂现象。近年来对竹材干燥特性的研究不是很多，研究的焦点主要集中于干燥方式的选用及干燥参数的确定，竹材干燥通常采用自然干燥法。Sharama对印度的9个竹种的气干和窑干的试验结果研究显示：就整竹干燥而言，窑干时竹秆表面比气干时更易开裂、内裂和变形，故不适于整竹干燥。黄竹极易干燥，有时干燥开始表面有细小裂缝，但随后愈合；印度刺竹干燥时无大的变化，成熟竹秆干燥较慢；*B. hamlitonii*竹干燥快，效果好；牡竹干燥时间长，成熟竹材干燥结果令人满意。竹材胶合板用竹片（毛竹）胀缩的变化规律如下：径向大于弦向大于纵向；有竹节处大于无竹节处；竹片含水率和密度相关，且随竹龄和立地条件不同呈较大差异；竹片宜采用热风气流循环干燥，以保持其平整。由于温度和湿度随自然环境而变化，所以一般情况下很难保持竹秆的含水率稳定。

10.4.3 竹材的化学成分与加工性质的关系

与木材相比较，竹材的pH值变化范围偏小。对雷竹和毛金竹等21种竹材的pH值和缓冲容量测试结果表明：竹材的pH值在4.80～6.66之间，平均为5.698，呈弱酸性。散生竹变化范围较大，在5.42～6.66之间。丛生竹较小，在4.80～5.72之间，且pH值普遍较散生竹小。大部分散生竹的基部pH值较梢部大。而丛生竹则是梢部较基部大。丛生竹的

pH 值变异性较大。竹材的 pH 值受抽提时间和蒸馏水比例的影响较大。散生竹的酸碱缓冲容量变化较大，其范围在 0.1522～0.5568meq 之间，丛生竹相对较小，变化范围在 0.0919～0.2534meq 之间。竹材结合酸含量范围为 0.207～1.80meq/100g；可溶性酸含量范围 0.211～2.228meq/100g。脲醛树脂胶黏剂的固化时间与结合酸含量及总酸含量关系密切，其中结合酸相关性比总酸量关系更为密切，总酸量增加，固化时间缩短；但对于更常用的酚醛树脂胶黏剂，竹材 pH 值越低、碱缓冲容量越高、结合酸越多，越不利于酚醛树脂的固化，因此需要增加酚醛树脂胶的用量、延长热压时间或升高热压温度。

与木材相比，竹材纤维素、半纤维素和木素的分布具有极大的不均匀性，纤维素由外及内逐渐减少，木素由内向外逐渐增多，这种不均匀性，对加工过程及工艺性能有明显影响。竹材中的硅含量较高，影响竹材的纸浆品质、切削性能和粘接性能。

竹材中可溶性淀粉的含量为 2% 左右，淀粉总量为 2%～6%，蛋白质含量为 1.5%～6%，脂肪含量为 2%～4%。竹材在存放和使用过程中极易受到虫害及霉菌的影响，这与竹材中糖类与淀粉的分布差异有关。对信浓赤竹的研究结果表明：竹材的游离糖及淀粉含量随季节性变化显著，当年生竹材其淀粉含量只有 0.1%～0.3%，随着竹叶的急剧增加，到第 2 年发笋前淀粉含量达 6%。因此在实际生产和操作中，应对竹材的采伐时间予以推敲和分析。化学分析和纤维素酶糖化作用结果表明：不同生长期和采伐时间对竹材的化学成分变化没有显著影响，随着竹子木质化程度的提高，酶对纤维素的糖化作用降低。对竹材进行水预浸渍，经蒸汽处理后竹材中溶解木聚糖的含量明显提高。

10.4.4 竹类植物的遗传改良和定向培育

无论从竹材造纸和竹材人造板的角度看，还是从竹类的生态功能和观赏作用角度来看，竹子的遗传改良都有很大意义。目前，竹子的组织培养研究，已有较大进展，由竹子的器官获得愈伤组织，进而获得再生植株已不成问题，还可通过竹子的组织培养筛选抗性植株，如果能够由原生质体诱导出再生植株，可望通过转基因技术实现竹子的遗传改良，从而从根本上改善竹类资源的加工利用现状。

竹材种间材性、造纸性能、产量差异大，需要根据不同的开发目的，选用、培育相应的竹种。例如丛生竹，其产量较高、纤维长、造纸工艺简单，总体适应性广等特性，已成为各地造纸用竹材的主要竹种。目前广东、江西、福建和湖北等省区正在重点发展竹产业，在开发现有的竹资源的同时，选用优良竹种、定向培育优良的纸浆用竹。

10.4.5 未来竹材的研究趋势

作为一种重要的森林资源，竹子的生物量巨大并广泛应用于人类的日常生活，竹子的经济价值正在不断增长。基于这一趋势，继续对竹材的特性进行深入研究已成必然。未来的研究应主要集中于以下几个方面：①竹材的微观力学性质研究。竹材作为生物复合体，纤维束之间的连接和分离以及其受温度的影响等，将为竹材纤维制浆提供主要的基础数据；②竹材纤维的超微结构特征研究。对竹材纤维细胞壁 S_1 及 S_2 层微纤丝角的变化的研究目前相对较少，而这种研究对纤维利用性能的优劣将有着重要影响；③竹材细胞壁层状纹理与密度的关系，对研究竹材性质的变化将有一定的启发性；④竹材的生物物理与生物力学方面的研究，将对充分开发竹材用途提供更多的途径；⑤竹材不同层面的物理力学性质研究，将为竹材的加工利用提供基础理论支持；⑥纤维素、半纤维素及木素的分布对竹材加工工艺的影响。竹材中的硅含量对采伐和制浆质量的影响，竹材不同层面的化学成分分布特点及胶合特性，竹材中某些化学成分（如糖类、淀粉等）随季节的变化程度；从竹材内部的化学成分变化判定竹材的最佳生命生长周期等。

10.5 竹子制品及应用

10.5.1 竹材人造板

与木材相比，竹材收缩量小，具有高度的割裂性、弹性和韧性，顺纹抗压强度、抗拉强度大，竹材的力学性能强于木材。对我国竹材进行测定表明：其抗拉强度约为针叶材的4倍、阔叶材的2倍，抗压强度约为木材的1.5~2.0倍。但竹材也有自身的局限性：壁薄中空、直径较小、尖削度大、结构不均匀，易产生虫蛀和霉变等，因此传统的木材加工设备和工艺不能直接用于竹材加工，故竹材长期停留在原竹利用、编织工艺品、制作简单家具和生活用品等初级利用阶段，未能作深度开发。20世纪40年代，国外开始研制竹材人造板，相继建成了竹纤维板和单板生产线；我国竹材人造板开发起步较晚，始于20世纪70年代，发展于80年代，现已具有相当的规模，其产品日新月异，品种众多。

10.5.1.1 竹质胶合板

竹质胶合板是竹材以不同几何形状的构成单元，通过干燥、施胶，按一定结构组成板坯，热压胶合而成。包括竹编胶合板、竹帘胶合板、竹材层积板和竹材胶合板等。

竹编胶合板，也称竹席胶合板，是由竹材劈篾、编席、涂胶热压胶合而成。一般情况下，编席及其以前工序为手工操作，可分散加工，然后集中到工厂进行后续工序处理，加工成制品，其工艺简单，设备投资少，在大径竹少、资金不丰的地方，适于发展竹编胶合板生产。由于竹席由竹篾经纬交织而成，胶合板材的纵横向差异很少。经测定，静曲强度51~102MPa，抗冲击强度很高，产品主要为薄板，可用于包装箱板、室内顶板、铁路棚车顶板、侧壁板等，少量厚板用于建筑模板。竹编胶合板的构成单元为竹席，而竹席的加工很难用机器完成，因而生产效率很低，该板表面平整度差，比表面积大，胶耗量大，用做模板时，脱模困难，使用渐少。现有改进型品种，如饰面竹编胶合板、薄木贴面竹编胶合板等。

竹帘胶合板，是以竹帘为构成单元，热压胶合而成的竹质人造板，其物理力学性能除纵向静曲强度略低于高密度的竹篾层积材外，其他各项指标均较理想。研究表明，采取厚竹片单片、薄竹片单板相间组坯时，所得竹帘胶合板胶合强度较高，变异性小；组坯时薄平板数目越多，竹帘板密度越高，范围为0.60~0.68g/cm³，板的含水率为5%~6%，最佳热压温度为130~140℃，保压时间为80s/mm，热压压力3.5MPa。以竹帘代替竹席作芯材，节省了编席时间，提高了劳动效率，成本降低。其成本分别为竹材层压板、竹编胶合板的89%和84%。主要用作建筑模板，其强度高、韧性好、幅面宽、拼缝少、表面光滑容易脱模、耐水耐热、不变形周转次数高。径向竹篾帘改变了以往的弦向剖篾为径向剖篾，是一种新型构成单元，可以利用直径6cm以下的中小径材，其出材率和加工效率均高于其他竹质胶合板，其胶耗量较少，成本低，竹材的利用率可由弦向剖篾的40%提高到70%左右，每立方米产品的胶耗量减少到50kg，成本仅为弦向板的70%左右，具有较好的发展前景。

竹材层积板，用一定规格和含水率的去青竹篾为原材料，经干燥、浸胶、组坯、热压胶合而成。组坯时，竹篾纵向排列的称为单向结构板，单向强度很高，竹篾垂直交叉排列的称非单向板。该产品生产工艺简单，不需编席织帘，但胶耗量大，使用酚醛胶作胶黏剂，价格较高。研究认为，水溶性PF树脂胶比较适合，不宜使用低聚PF树脂，更不宜使用pH值高的PF树脂。竹材层积板一般作工程结构用材，主要作火车、载重汽车底板和集装箱底板。其改进型产品竹帘层积材，以竹片拼织的竹帘单板代替竹篾为构成单元，通过涂胶、组坯、热压等一系列工序制得的竹材板。既避免了竹编胶合板编席过程，又避免了竹材胶合板复杂的软化展平过程。在该板的单板中竹片无重叠，表面平整，胶耗量较小；实现单板整张化，可减轻劳动强度，提高劳动效率；单板中竹片间有空隙，热压时水蒸气易排除，几乎没有鼓泡分层等现象，合格品率高。

竹材胶合板，以毛竹等直径较大的竹种为原料，经热处理后，软化、展平、干燥、涂胶、热压胶合而成，其主要特征为竹材在高温条件下软化展平，再经刨削加工，此法可获得最大厚度和宽度的竹片，减少劳动消耗和胶耗量，成品强度高、刚性好，是优良的结构用材，普通三层板的密度为 $0.788g/cm^3$，纵向静曲强度约为 $115.5MPa$，横向静曲强度约为 $73MPa$，主要用作汽车车厢底板及建筑模板的基材。由于该板在展平过程中对竹材表面有一定破坏，因而外观质量较差，并且对原材料要求高（眉围 26cm 以上），对原料的利用率较低，加之该产品加工工艺复杂、设备多、难控制等因素的影响，大规模发展有一定困难。

10.5.1.2 竹质地板

竹质地板，是竹材经截断、开条、干燥、浸胶、组坯、热压胶合而成。根据其结构不同可分为三层弦向板、单层径向板和横切断面板，前两种较为常见。竹材因含有丰富的营养物质，易发生虫蛀、霉变和腐朽，用做地板时须作蒸煮及"三防"处理，处理后的竹材白度和亮度增加，一般不需再进行漂白，但有时还要作炭化处理，以适应不同客户对色泽的不同需求。

使用的胶黏剂多为脲醛树脂胶，该胶黏剂价格比较便宜，但胶合性能尚需改进，由于竹地板的构成单元为等宽等厚的竹板，板面光滑，比表面积小，因而胶耗量小。地板的涂饰一般采用底漆辊涂与面漆淋涂的方式进行，所用紫外线固化油漆，固化迅速，漆面收缩小，干燥后漆膜平整光洁，表面硬度大，耐刮磨，阻热、防潮功能较好，具有传统木地板油漆无法比拟的漆光和着色效果。竹地板克服了竹材的天然缺陷，保持了竹材天然的质感、光泽和纹理，防虫蛀、防霉变，耐磨阻燃，冬暖夏凉，是优良的地板材料。据测定，其含水率、导热系数均低于木地板，抗弯、抗压强度、基本密度和硬度大于木质地板，收缩性小，抗老化、弹性好。竹地板对生产设备及技术要求很高，竹材利用率低（约16％），因而成本高，售价高，市场扩展空间受到很大限制。

10.5.1.3 竹材碎料板

竹材碎料板，包括竹材纤维板、竹材刨花板等，以竹材的采伐和加工剩余物以及小径杂竹为主要原料，经干燥、施胶、铺装成型，热压而成。竹材刨花板的外观及物理力学性能均较普通木质刨花板优良。研究表明，竹质碎料的形态和尺寸不仅直接影响竹碎料板的静曲强度、平面抗拉强度、握钉力等物理力学性质，还影响着板面质量和板边质量。竹材刨花板的强度随着刨花的长度增加而增加，刨花以长度 20～30mm、宽度 10～12mm、厚度 1.2～0.4mm 为宜。竹材刨花板的静曲强度高达 45.0MPa，比普通木质刨花板高一倍多。酚醛胶竹材刨花板较脲醛胶竹材刨花板有更好的抗蠕变性能，在竹材刨花板的表层贴一层竹席，则抗蠕变性能进一步提高。发展竹材碎料板，有利于竹类资源的综合利用，前景广阔。

10.5.1.4 竹材复合板

竹材复合板，以竹材为主要原料之一，由两种或两种以上性质不同的材料，或者以竹材不同构成单元为原料，利用合成树脂或其他助剂，经特定的加工工艺制成。这类产品可以根据不同的使用要求，灵活地进行结构设计，使其中的各构成单元都能充分的发挥自己的特长。竹木复合板既能最大限度地利用竹材和木材的优势，又能节约大量的珍贵木材资源，尤其是竹材和速生小径材的复合板，市场广阔。以竹材或木材旋切片为面材的竹木复合板既具有一般竹、木地板的冬暖夏凉、隔音防潮、弹性适中等优点，其价格也相对较低。以软化展平的竹片为表板、马尾松为芯板制成的竹木复合板做车厢底，其物理力学性能达到林业行业标准。由竹材和木材复合而成的层积材可做车厢底版，其横纹静摩擦系数要大于红松。通过调整竹材胶合板的结构，并与木材复合，可得到性能优良的板材；竹条或竹席与木质板材组合生产强化胶合板可提高板材的抗弯曲性能和抗剪切特性，研究表明，竹黄篾与杉木的厚度比对复合板的密度、纵横向静曲强度、横向弹性模量有极显著影响。配以先进的方式，可制造出高强覆膜竹胶合模板，该板强度大、刚性好，板面光洁，平整度好，表面耐磨，吸湿膨胀率低，主要物理性能已达或超过世界名牌模板水平。

10.5.2 竹纤维

竹纤维主要有两类：竹浆黏胶纤维和天然竹纤维。竹浆黏胶纤维，又称再生竹纤维，是采用化学方法将竹材制成竹浆粕，将浆粕溶解制成竹浆黏胶溶液，然后通过湿法纺丝制得竹浆黏胶纤维。这种竹浆纤维已批量化生产，它具有与黏胶纤维相似的优良服用性能，且相对于以棉短绒、木材为原料加工的黏胶纤维具有经济上的优势。天然竹纤维是将竹材通过物理机械的方法，通过整料、制竹片、浸泡、蒸煮、分丝、梳纤、筛选等工艺，除去竹子中的木质素、多戊糖、竹粉、果胶等成分，提取天然纤维素部分，直接制得天然竹纤维。天然竹纤维保持了竹子纤维原有的天然特性。

从目前的市场来看，似乎天然竹纤维和竹浆黏胶纤维均已开发成功，已实现工业生产，并已有产品出口。然而竹浆黏胶纤维因为对环境的污染严重，而且在纸浆、纺丝过程中，对竹材中某些物质有损伤，因此传统的竹黏胶纤维生产工艺还需不断成熟，目前有人采用 N-甲基氧化吗啉（NMMO）进行溶剂纺丝制备竹 Lyocell 纤维。而对于天然竹纤维的开发更是困难，因为竹材中的单纤维只有 2～4mm、长宽比仅为 100 左右，同时竹材的脱胶远比苎麻困难。到目前为止，还未见到有如此短的纤维应用纺织、服装上。

竹纤维具有如下的特点。

① 竹纤维的天然抗菌性。所谓抗菌性，是指持续的杀菌、消毒或抑菌作用。对纺织材料而言，主要是抑菌作用（不能杀灭细菌，但能抑制细菌繁殖，使细菌数减少）；竹子其自身就具有天然抗菌、防菌、防臭功能，在生长过程中无虫蛀、无腐烂、无需使用任何农药。国外曾对竹干沥馏液（简称竹沥）作过大量实验，证实其对金黄色葡萄球菌和大肠杆菌有广泛的抗微生物功能，具有很强的抑菌作用。在生产过程中采用高新工艺，保持竹纤维的抗菌物质始终不被破坏，让抗菌物质始终结合在纤维素大分子上，即使竹纤维织物经反复洗涤、日晒也不会失去其独特的抗菌性能。

② 竹纤维的呼吸功效和吸湿性能。经微观检测，竹纤维的最大特点是表面有无数微细凹槽，横截面高度天然中空、布满椭圆形空隙，呈梅花形的排列，这些凹槽和大大小小的空隙可在瞬间吸收或蒸发大量的水分，使其具有良好的吸湿及放湿性、透气性和优良的染色性能，被专家誉为"会呼吸的纤维"。竹纤维纺织品其大分子链氢键和电子能很好地结合，加上纤维分子间较大的空隙，室内湿度高时吸收水分子，干燥时能将水分再释放出来。这使得竹纤维及其纺织品的吸湿、放湿、导湿性能极佳，纺织物不黏搭、不滞湿、具有舒适的干爽手感，且能够吸附各种异味、灰尘及花粉等有害物质。竹纤维纺织品这种"呼吸作用"具有净化空气，调节湿度的作用。

③ 除臭及防紫外线作用。由于竹纤维纺织品中含有叶绿素铜钠，使其具有良好的除臭作用，对酸臭和氨气的除臭效果比棉布要好得多。实验表明，竹纤维纺织品对紫外线的反射率比麻布、棉布低，也就意味着其具有更强的防紫外线作用，效果更明显。

为此，自竹纤维面世以来，下游的纺织企业就开始了大量的应用工作，对其纺纱、织造、染整加工等进行了系统的探索，并依照竹纤维的特殊性能调整加工工艺，开发出了大量的下游产品。目前产品覆盖了服用纺织品。家用纺织品两大用途，包括纯纺、混纺和交织，从低支到高支的棉纺、毛纺、绢纺、麻纺等上千个产品，如不同比例的竹/棉、竹/绢、竹/

毛、竹/涤、竹/麻、竹/腈等混纺产品以及纯竹浆黏胶纤维和纯天然竹纤维产品。其产品多用于夏季服装、连衣裙、睡衣睡裤、休闲装、西服套装、床单、毛巾、浴衣等。随着竹纤维加工工艺的不断改进和成熟，竹纤维将涉入到服装、服饰、家用的各个领域中。

竹纤维还可用于制备经济墙板。经济墙板原是木纤维水泥空心墙板的简称，是以水泥、砂和木纤维为原料制成的一种新型墙体材料。用竹纤维制备的经济墙板综合了竹纤维和水泥两者的良好特性，具有防火、隔音、隔热、耐水、防蛀及安装简便、经济实用等优点。经济墙板主要用作各类建筑物的内墙、高速公路的隔音墙及各类围墙等。与传统的墙体材料相比，该产品的性能特点更适合于现代建筑。此外，由于经济墙板的抗弯、抗压性能较好，可作为单层楼房的承重墙。

另外，竹纤维还可用于制备竹/玻璃纤维复合材料、竹纤维/树脂复合材料及竹碳纤维等。竹/玻璃纤维复合建筑材料是以竹纤维为主要原料，添加玻璃纤维和填充材料复合而成的一种三维复合材料。竹/玻璃纤维复合可替代以钢、木为主的各种建筑结构。这样，不仅可以保护我国日益减少的森林资源，而且可节约大量能源，降低建筑造价。竹/玻璃纤维复合建筑材料是一种超混杂复合材料。该复合材料是利用一种纤维或基体的优点来弥补另一种纤维或基体的不足，从而更加完善。以竹/玻璃纤维复合建筑材料为主体骨架模板组成的活动房屋，具有重量轻、节约能源、经久耐用、耐腐蚀、不怕风吹雨淋及雨水浸泡、防火性强等特点。竹纤维与树脂复合制作的竹纤维增强塑料是用竹纤维为增强材料，以树脂（如环氧树脂、不饱和聚酯树脂以及乙烯基树脂等）作为基体材料的复合材料。竹纤维和树脂复合制作的竹纤维增强塑料的强度相当高，可以作为许多土建工程的主次承力构件，耐腐性比钢材好，也可以应用于交通运输、建筑、管道、家具等行业。竹炭纤维的加工方法是将竹纤维拉长并与化纤、棉线等交织在一起再炭化得到，竹炭纤维保留了竹纤维的抗菌、除臭、抗紫外线、吸湿、放湿等优良特性，并且具有比竹纤维更良好的吸附性能，所以其应用领域更加广阔。

10.5.3　竹材制浆造纸

竹子是速生植物资源，生长快，易繁殖，平均每年每公顷可产鲜竹 22～25t。竹类植物含有丰富的纤维素，并且大多数竹种属中长纤维，就竹材的纤维形态和化学成分而言，竹材适合作造纸原料，常用制浆竹材有 30 多种，不少竹种尤其是某些丛生竹更是造纸的优良原料，"热带林业技术中心"曾研究过喀麦隆、刚果、象牙海岸、加篷、马达加斯加、塞内加尔 6 国所生产的龙头竹、锐药竹的纤维和造纸性能，认为竹材纸浆质量相当于、甚至优于针叶材。

竹浆与木浆、草浆合理搭配，可生产文化、生活、包装用纸及纸板等多种纸品。随着新闻、出版、包装业的迅速发展，我国已成为纸张的生产大国和消费大国。由于我国是一个少林国家，生态保护任重道远，木浆的生产能力和市场的需求之间矛盾日益突出，发展竹浆是解决我国纸业供需矛盾的有效途径，也是调整我国纸业原料结构的现实方法，可以弥补我国目前中高档纸浆的缺口。

在印度，竹浆造纸的种类主要有打字纸、拷贝纸、胶版纸、书写纸、凸版纸、印刷纸、招贴纸，有光牛皮纸、白纸板、染色双面异色纸板等，也用作新闻纸的长纤维组分。在日本竹纸主要用做印刷纸，也用做贴面纸、股票纸、铜版纸、包装纸、水彩画纸等。竹纸一般保留天然纹理，有大而多孔的结构，吸水性强，通过纸浆精加工和添加化学成分，可改善竹纸的印刷性能。

用竹材制浆造纸应择材而用。不同竹种硫酸盐法制浆造纸分析表明：慈竹仅 1%NaOH 抽提物较其他竹种高，其纤维细长，薄壁纤维比例高，细小组分少，木质素含量低，纸浆得率高达 58.0%，强度最大，硬度适中为 46.7，且筛渣不高，是优良的造纸原料。漂白实验显示：五月桂竹的粗浆、细浆得率均明显高于其他竹种，K 值较低；五月桂与龙竹的漂损明显低于其他竹种，白度及成浆得率较高，纤维平均长度高于其他竹材，更利于纸机抄造和提高成品质量，降低木浆配比，是较好的造纸原料，而楠竹不太适宜造纸。

竹子制浆的常用方法有碱法或硫酸盐法、碱性亚硫酸法，以及多硫化物制浆法。其中以碱法为最好，该法脱木质素效果好，纸浆得率高，一般本色浆的生产多采用化学机械浆。

就碱法或硫酸盐法而言，不同竹龄竹子的制浆造纸特性为：1~2 年生的竹子易于生物分解，不耐储藏，不宜使用；3~4 年生的竹子性能近于相同，适宜制浆和造纸，但 3 年生竹浆试样的强度特性略低于 4 年生竹浆试样。不同竹竿部位竹子的制浆造纸特性为：中部和下部削得的竹片比上部的长，研成粉末后，综纤维素和木质素含量随着竹子由下到上而下降，灰分含量则相反。制浆结果，随着竹竿高度增加，获得给定卡伯价浆料所需的活性碱量下降，浆料的得率也下降，漂白浆的筛分和纤维形态变化为下部的浆料的纤维长于中、上部，纤维的平均长度和直径随竹竿高度上升而下降，纸张的强度特性：随竹秆的上升而下降。硫酸盐本色竹浆的最佳扣解度应控制在 35°SR 左右，提高打浆浓度，利于纤维长度的保持和形成优良的纸页。

碱性亚硫酸盐与硫酸盐法相比，其未漂浆及漂白浆得率均较高，但漂白药耗增大。采用CEHP 四段漂白篱竹浆，K 值在 14~20 范围内，总用氯量在 6%~9%，H_2O_2 量为 1.5%的基础上，在 E 段增加通氧量或施加 H_2O_2，可使漂白浆增加 1~1.5 度，漂白前进行硫酸处理，H 段漂白后进行草酸或亚硫酸处理具有提高和稳定白度作用，并可提高未漂浆的硬度。在碱性亚硫酸盐制浆时添加 AQ，可获得较高的浆得率并可降低蒸煮温度或缩短蒸煮时间，降低卡伯价。竹材亚硫酸盐-AQ 浆的结合强度好，其抗张强度及耐破度均优于硫酸盐浆，但撕裂因子较硫酸盐浆低。在一定的抗张强度下，纸张的撕裂因子随 AQ 添加量及亚硫酸化度的增加而下降。

关于竹子与其他原料混合制浆效果的研究较多。用芒秆和小山竹混合制浆可代替或减少高档纸浆中进口木浆的使用量，抄造的高档薄型纸符合部颁标准。竹与阔叶木混合制浆，阔叶木可下降至 30%。竹浆与木浆配合抄纸，可生产高档纸，经济效益很高。例如，用云杉、冷杉加工后的板皮和 1~3 年生慈竹，按竹木配比 35/65 混合抄造纸袋纸，并与 100% 木浆相比较，成纸质量完全合格。思茅松与实心竹的混合制浆实验也表明，纸张各项强度指标均高于思茅松。竹浆含量是影响纸张紧度的重要因素，掺用的竹浆增加，成纸紧度下降，强度降低，竹浆的配比以 20% 为最大值。日本采用 60%~90% 的竹浆与 10%~40% 漂白阔叶木KP，掺入 5%~30% 的丙烯酸酯树脂制出伸缩性很低的纸，可作为记录纸在高温条件下使用。在高强纸袋中，通过添加化学助剂搭用竹浆，可以提高质量，降低成本，其纸浆伸长率可提高 25% 以上，竹浆配比可从 20% 提高到 40% 左右。竹浆掺入木浆可抄造铜版纸、字典纸、新闻纸、普通包装纸、单面涂料卡纸和白卡纸等。

10.5.4 竹子的药用及保健功能

竹笋不仅营养丰富，美味可口，无毒无污染，而且低脂减肥，是一种质优价廉的膳食纤维资源，具有一定的保健作用。我国医书记载：竹笋有清热去痰之功效，并能促进肠道蠕动，有助于消化、通便、透疹、健脾、益气，对肺热、咳嗽有一定疗效。据研究，竹笋还有一定的抗癌作用，其中含有抗小白鼠艾氏癌和肉瘤-180 作用的多糖类等有效成分。竹笋富含 18 种氨基酸，其中 8 种人体必需氨基酸占 33.27%~36.30%，K、Ga、P、Zn 等的含量也相当丰富，此外还有脂肪、糖类、有机酸以及胡萝卜素、维生素等。竹笋中富含酪氨酸，占总氨基酸的 57%～67%，酪氨酸具有治疗甲亢的功能。另外，竹笋中还含有大量食用纤维，可降低对脂肪的吸收，有利于减肥，并能防治便秘和结肠癌。现代医学证明，从鲜笋中榨取的汁液，经加工可代替传统中药竹沥，有清热化痰，镇惊、通络的功能，尤其对急慢性支气管炎疗效显著。

鲜竹沥具有化痰止咳，清热解毒的疗效，药用历史悠久。竹竿、竹叶、竹笋提取的新鲜竹汁通过适当酿造和调制可生产竹汁酒、竹汁饮料、出口创汇。活体竹汁含丰富的多糖、氨基酸和锗等生物活性物质。

淡竹叶和淡竹沥是中医传统的清热解毒药。现代研究表明，竹叶含有黄酮及其苷类、活性多糖、特种氨基酸及其肽类、必需微量元素和芳香成分等 5 类有用成分。竹叶黄酮及其苷类具有 SOD 的作用，有清除活性氧自由基，改善心血管系统功能和抗衰老作用；竹叶活性多糖有抗癌作用；特种氨基（δ-羟基赖氨酸）也有清除活性氧自由基作用等药理功能和营养保健作用。

现代医学证明：衰老、癌症及炎症的发生和发展与体内的活性氧自由基，特别是与羟自由基及脂质过氧化有直接的关系。黄酮、多糖等能清除活性氧自由基，诱导生物体内的抗氧化酶系的活性，增强机体抗应激和抗疲劳能力，预防脂质过氧化，分解过氧化物，从而达到消炎、抗癌、降血脂的能力。用 NBT 光化还原法，对从竹叶种提取的黄酮类化合物清除超氧阴离子自由基和羟基自由基的效果进行测定，结果表明，竹叶水溶液提取物和超声波提取物对超氧阴离子自由基的清除率分别达 77.52%和 79.68%，清除作用强于抗坏血酸；而超声波提取物对羟基自由基的清除率达 89.95%。竹叶多糖的动物实验也表明，竹叶多糖能提高小鼠腹腔巨噬细胞的吞噬能力，增加正常小鼠的脾指数和胸腺指数，对荷瘤小鼠影响更明显，在作用剂量 100mg/kg 下，对移植 S180 肿瘤的抑制率可达 50%。研究还表明，竹叶多糖有强烈的抑菌作用及较强的抗氧化作用，因此可用做食品抑菌剂，无毒性、无致突变性，是优良的保健性食品添加剂。

近年来，人们对竹汁的营养成分和医疗保健功能给予了很大的关注，针对开发研制竹汁保健品作了许多研究。我国先后开发出竹啤、竹汁神酒、竹汁可乐、天然竹饮和竹香米等多种天然保健饮料和食品。箬竹酒利用含有多种营养保健物质的箬竹叶及有关原料制造，风味独特，含有多种氨基酸、微量元素等，是一种营养保健饮料酒。国外，以竹汁为基本原料制成的保健品也颇受欢迎。日本人不但用竹汁治疗多种疾病，还用竹汁制作保健饮品和食品添加剂；德国人则直接将竹汁加进牛奶引用；坦桑尼亚人收集 *Oxythenathera braunii* 的竹汁，经过发酵可制成美味的特效酒，一只嫩竹可制 10L。

10.5.5 竹子的其他制品与应用

竹的生态作用。据统计，每年因在西南地区上游的水土流失而进入长江的泥沙量达 5 亿吨，水土流失加重了长江中游地区的水患，且呈逐渐上升趋势。在治理长江水患的行动中，退耕还林是一项有效措施，而竹类植物枝叶繁茂、盘根错节滞雨、固土，防止水土流失的能力较强，为马尾松的 1.5 倍，是杉木的 1.3 倍，营造竹林是长江水土保持的一项重要措施。竹子根茎具有良好的通气性，可生长在湿地。国外已培育出耐盐竹品种，利用大面积海滩，用耐水湿的竹种营造海岸防护林。

竹炭是竹材热解后的产物，是一种节能性材料和环保材料。据测定，1g 竹炭的比表面积可达 1000m^2 以上，100kg 竹炭可吸收空气中的 4kg 水分，净化 5000L 空气。竹炭再制品，极耐酸碱，不霉不蛀，能吸收水分空气中的水分，吸附有害气体，是一类功能独特，市场前景广阔的居室环保产品。竹炭可用竹材的加工剩余物为原料，从而使竹材的利用率达到 95%以上。

参 考 文 献

[1]　Akeju T A I. Falade F. Structural Engineering, Mechanics and Computation, 2001: 1463.

[2]　Chand N, Dwivedi U K. Journal of Materials Processing Technology, 2007, 183 (2-3): 155.

[3]　Chuang C, Wang M, Ko C, et al. Bioresource Technology, 2008, 99 (5): 954.

[4]　Chung K F, Yu W K. Engineering Structures, 2002, 24 (4): 429.

[5]　Chung M, Cheng S, Chang S. Building and Environment, 2008, 43 (5): 745.

[6]　Embaye K, Christersson L, Ledin S, et al. Bioresource Technology, 2003, 88 (1): 33.

[7]　Feng J, Li Y, Hou F, et al. Materials Science and Engineering: A, 2008, 473 (1-2): 238.

[8]　Ghavami K. Cement and Concrete Composites, 2005, 27 (6): 637.

[9]　Ismail H, Edyham M R. Wirjosentono B. Polymer Testing, 2002, 21 (2): 139.

[10]　Kim Y, Lee B, Suezaki H, et al. Carbon, 2006, 44 (8): 1592.

[11]　Kubisz L, Ehrlich H. Journal of Non-Crystalline Solids, 2007, 353 (47-51): 4497.

[12]　Lee S, Wang S. Composites Part A, 2006, 37 (1): 80.

[13]　Lin C, Wang Y, Lin L, et al. Journal of Materials Processing Technology, 2008, 198 (1-3): 419.

[14]　Lo T Y, Cui H Z, Leung H C. Materials Letters, 2004, 58 (21): 2595.

[15]　Lou C, Lin C, Lei C, et al. Journal of Materials Processing Technology, 2007, 192-193: 428.

[16]　Lugt P, Dobbelsteen A, Janssen J. Construction and Building Materials, 2006, 20 (9): 648.

[17]　Okubo K, Fujii T, Yamamoto Y. Composites Part A, 2004, 35 (3): 377.

[18]　Scurlock J M O, Dayton D C. Hames B. Biomass and Bioenergy, 2000, 19 (4): 229.

[19]　Shen Q, Liu D S, Gao Y, et al. Colloids and Surfaces B, 2004, 35 (3-4): 193.

[20]　Shih Y F. Bioresource Technology, 2007, 98 (4): 819.

[21]　Shih Y F. Materials Science and Engineering: A, 2007, 445-446: 289.

[22]　Sulaiman O, Hashim R, Wahab R, et al. Bioresource Technology, 2006, 97 (18): 2466.

[23]　Suzuki K, Itoh T. Phyllostachys aurea Carr. Trees, 2001, 15: 137.

[24]　Terriac E, Emile J, Axelos M A V, et al. Colloids and Surfaces A, 2007, 309 (1-3): 112.

[25]　Thwe M M, Liao K. Composites Science and Technology, 2003, 63 (3-4): 375.

[26]　Tong J, Ma Y, Chen D, et al. Wear, 2005, 259 (1-6): 78.

[27]　Wada M, Nishigaito S, Flauta R, et al. Nuclear Instruments and Methods in Physics Research Section B, 2006, 206: 557.

[28]　Walter L. Journal of Nanjing University (Natural Sciences Edition), 2001, 25 (4): 1.

[29]　Wu K H, Shin Y M, Yang C C, et al. Materials Letters, 2006, 60 (21-22): 2707.

[30]　Yamashita O, Imanishi H, Kanayama K. Journal of Materials Processing Technology, 2007, 192-193: 259.

[31]　Zhang X, Xu C, Wang H. Journal of Bioscience and Bioengineering, 2007, 104 (2): 149.

[32]　Zhao D, Zhang J, Duan E, et al. Applied Surface Science, 2008, 254 (10): 3242.

[33]　Zhao R, Wang X, Yuan J, et al. Journal of Chromatography A, 2008, 1183 (1-2): 15.

[34]　丁雨龙. 林业科技开发, 2002, 16 (1): 6.

[35]　于文吉, 江泽慧, 叶克林. 世界林业研究, 2002, 15 (2): 50.

[36]　关传友. 竹子研究汇刊, 2002, 21 (2): 71.

[37]　唐莉莉, 丁霄霖. 食品研究与开发, 2000, 21 (1): 8.

[38]　孙宝芬. 山东纺织科技, 2003, (2): 46.

[39]　张齐生, 姜树海. 南京林业大学学报, 2002, 26 (1): 1.

[40]　徐有明, 郝培应, 刘清平. 东北林业大学学报, 2003, 31 (5): 71.

[41]　曹泰钧, 刘刚毅. 湖南文理学院学报 (自然科学版), 2005, 17 (1): 57.

[42]　李琴. 浙江林业科技, 2000, 20 (3): 79.

[43]　林冠烽, 程捷, 黄彪. 亚热带农业研究, 2007, 3 (1): 69.

[44]　江泽慧. 世界竹藤. 沈阳: 辽宁科学技术出版社, 2002.

[45]　江泽慧. 竹子研究汇刊, 2002, 21 (1): 1.

[46]　沈建福, 张英. 中国粮油学报, 2001, 16 (4): 14.

[47]　王朝晖. 竹材材性变异规律与加工利用研究. 北京: 中国林业科学研究院博士论文, 2001.

[48] 王越平. 世界竹藤通讯，2005，3（4）：21.

[49] 甘小洪，丁雨龙. 竹子研究汇刊，2002，21（1）：11.

[50] 罗蒙川. 四川纺织科技，2000，（6）：6.

[51] 虞华强. 世界竹藤通讯，2003，1（4）：5.

[52] 许斌，蒋身学. 林业科技开发，2000，14（6）：22.

[53] 许钢，张虹，胡剑. 分析化学，2000，28（7）：857.

[54] 贺新强，王幼群，胡玉熹等. 植物学报，2000，42（10）：1003.